Timm Gudehus

Logistik I

Springer

Berlin
Heidelberg
New York
Barcelona
Hongkong
London
Mailand
Paris
Singapur
Tokio

Timm Gudehus

Logistik I

Grundlagen, Verfahren und Strategien

113 Abbildungen

 Springer

Dipl.-Phys. Dr. rer. nat.
Timm Gudehus
Strandweg 54
D-22587 Hamburg

ISBN 3-540-66849-7 Springer-Verlag Berlin Heidelberg New York

Die Deutsche Bibliothek – CIP-Einheitsaufnahme

Gudehus, Timm:
Logistik / Timm Gudehus. – Berlin ; Heidelberg ; New York ; Barcelona ; Hongkong ; London ; Mailand ; Paris ;
Singapur ; Tokio : Springer
(VDI-Buch)
1. Grundlagen, Verfahren und Strategien – 2000
ISBN 3-540-66849-7

Springer-Verlag ist ein Unternehmen der Fachverlagsgruppe Bertelsmann-Springer
© Springer-Verlag Berlin Heidelberg 2000
Printed in Germany

Umschlaggestaltung: Struve & Partner, Ilvesheim
Satz/Datenkonvertierung: MEDIO, Berlin
SPIN: 10726496   68/3020 - 5 4 3 2 1 0 – Gedruckt auf säurefreiem Papier

Geleitwort

Die zunehmende Globalisierung und die daraus resultierende Vernetzung der Unternehmen, die weiter sinkenden Lieferzeiten sowie die höheren Kundenanforderungen an die Flexibilität der Unternehmen erfordern eine praxisnahe und fundierte Logistik. Die Logistik ist in der Praxis als ein wettbewerbsentscheidender Faktor erkannt worden. Das Interesse am Aufbau und an der Optimierung von logistischen Systemen besteht nicht nur seitens der Anwender sondern ist auch in den mittleren und obersten Managementebenen festzustellen. Das Management konzentriert sich zunehmend auf die strategische Planung von Logistikkonzepten und die schnelle Implementierung innovativer Logistiksysteme.

Das vorliegende Werk über die Logistik nimmt sich der Aufgabe an, nicht nur die Grundlagen der Logistik zu erläutern. Es stellt den strategischen Rahmen der Logistik vor und verbindet diesen mit beispielhaften Anwendungen. Die Darstellung der Erkenntnisse zu strategischen Themen, wie Organisation der Logistik und Prozeßsteuerung, sowie das Vorgehen zur Planung und Realisierung von Systemen, bilden den Rahmen. Dabei erläutert der Verfasser Verfahren der Potentialanalyse sowie Strategien zur Optimierung von Logistiksystemen. Ein weiterer Teil des Werkes befaßt sich mit den administrativen und informatorischen Aspekten der Logistiksysteme. Die Parameter Zeit und Kosten sind hierbei von herausragender Bedeutung. Weiterhin werden Konzepte für die Leistungs- und Qualitätsvergütung, für die Auftragsdisposition und Produktionsplanung unter logistischen Gesichtspunkten sowie für die Versorgungsdisposition behandelt.

Der Schwerpunkt des Buchs liegt in der detaillierten Herleitung und bisher einzigartigen Erläuterung der theoretischen Grundlagen, Berechnungsformeln und Algorithmen, die für die Planung und Optimierung innovativer Logistiksysteme so entscheidend sind. Die Teilsysteme der Logistiknetzwerke, wie die Lager- und Kommissioniersysteme, die Logistikketten, wie die Belieferungs- und Transportketten, und der Einsatz von Logistikdienstleistern werden theoretisch fundiert bearbeitet und anwendungsgerecht beschrieben.

Der Verfasser dieser Monographie, Dr. rer.nat. Timm Gudehus, ist als Analytiker, Manager und Unternehmensberater weithin bekannt. Er hat seit vielen Jahren mit seinen grundlegenden Arbeiten über Kommissioniertechnik, Transportsysteme, Grenzleistungsgesetze und andere Bereiche wertvolle Beiträge zur Entwicklung der Logistik geleistet. Seine theoretischen Erkenntnisse sowie seine langjährigen Praxiserfahrungen sind in dieses Werk eingeflossen.

Ich wünsche dem Leser einen hohen Nutzen sowie dem Buch viel Erfolg.

Berlin, Juni 1999   Prof. Dr.-Ing. Helmut Baumgarten

Vorwort

Seit Beginn meiner Industrietätigkeit haben mich die *Probleme* und *Aufgaben* der Logistik mit ihren Dimensionen *Raum* und *Zeit, Material* und *Daten, Organisation* und *Technik, Leistung* und *Kosten* fasziniert. Diese zweibändige Studienausgabe einer 1999 erschienenen *Monographie der Logistik* ist eine Zusammenfassung von Erkenntnissen und Erfahrungen aus meiner Tätigkeit als Planer und Projektmanager im Anlagenbau, als Privatdozent für Lager-, Transport- und Kommissioniertechnik, als Geschäftsführer von Unternehmen der Fördertechnik, des Maschinenbaus, der Zulieferindustrie und der Textilindustrie sowie als Berater für Logistik und Unternehmensplanung.

Eingeflossen sind Anregungen, Ideen, Lösungen und Kenntnisse aus Büchern und Veröffentlichungen, aus Diskussionen mit Fachkollegen und Kunden sowie aus der Bearbeitung von Projekten für Industrie, Handel und Dienstleistung. Die Lösungen und Beiträge anderer habe ich im Verlauf der Jahre weiterentwickelt und in eigener Arbeit neue Erkenntnisse hinzugewonnen. Einige neu entwickelte Problemlösungen und Strategien, die sich in der Beratungspraxis bewährt haben, werden hier erstmals veröffentlicht.

Erarbeitet und verfaßt habe ich das Buch neben meiner beruflichen Arbeit an Wochenenden und Feiertagen sowie in den Wartezeiten auf Geschäftsreisen. Mein größter Dank gilt meiner Frau *Dr. Heilwig Gudehus*. Sie hat meine häufige Geistesabwesenheit mit Verständnis ertragen, mich in Phasen des Zweifels zur Weiterarbeit ermutigt und mir durch geduldiges Zuhören und kritische Fragen beim allmählichen Verfertigen der Gedanken geholfen [1].

Meinem Vater *Herbert Gudehus*, der sich schon zu Zeiten mit Fragen der Logistik beschäftigt hat, als es den Begriff noch nicht gab, verdanke ich das kritische Denken, den Spaß an der Lösung mathematischer Probleme und viele Anregungen [70; 208; 222].

Einen besonderen Dank schulde ich *Prof. Dr. Helmut Baumgarten*, dem Nestor der Logistik in Deutschland. Professor Baumgarten hat mich 1991 in die Logistik zurückgeholt und mir die Zusammenarbeit mit dem *Zentrum für Logistik und Unternehmensplanung GmbH* (ZLU) in Berlin ermöglicht, dessen Gründer und geistiger Vater er ist. Mein weiterer Dank richtet sich an die Kollegen und Mitarbeiter des ZLU. Allen voran und zugleich stellvertretend für das gesamte ZLU-Team danke ich *Dr. Frank Straube* und *Dr. Michael Mehldau*. In der kreativen Atmosphäre des ZLU haben viele Fachdiskussionen im Rahmen der Beratungsprojekte und die Realisierung hieraus entwickelter Konzepte zum Entstehen des Buches beigetragen.

Für hilfreiche Unterstützung, nützliche Informationen, kritische Diskussionen und konstruktiven Widerspruch danke ich *Prof. Dr. Dieter Arnold, Astrid Boecken, Dr. Rudolf von Borries, Dr. Wolfgang Fürwentsches, Oliver Gatzka, Richard Kunder, Karsten Lange, Prof. Dr. Heiner Müller-Merbach, Dr. Jochen Miebach, Martin Reinhardt, Prof. Dr. E. O. Schneidersmann, Prof. Dr. Dieter Thormann, Wilhelm Vallbracht, Ole Wagner* und vielen anderen. Danken möchte ich auch dem *Springer-Verlag*, insbesondere *Herrn T. Lehnert*, für sein Interesse am Gelingen des Werks und die rasche Drucklegung sowie *Frau Claudia Hill* für die sorgfältige Gestaltung.

Diese Monographie über die Logistik mit Band 1 *Grundlagen, Verfahren und Strategien* und Band 2 *Netzwerke, Systeme und Lieferketten* richtet sich an Volks- und Betriebswirte, an Ingenieure, Techniker und Informatiker, an Praktiker und Theoretiker, an Planer und Berater, an Anwender und Betreiber, an Anfänger und Fortgeschrittene. Ich hoffe, daß das Werk in Forschung und Lehre, in der Beratung und für die Unternehmenslogistik von Nutzen ist und breite Verwendung findet.

Timm Gudehus
Hamburg, im Mai 1999

Inhalt

Inhaltsübersicht Band II

Netzwerke, Systeme und Lieferketten

Die Verweise im Text, die sich auf Band 2 (Kapitel 15–20) beziehen, sind durch „II" gekennzeichnet.

Tabellen in diesem Band

Einleitung

Die Logistik hat eine lange Geschichte. Wie in nachstehender *Abbildung* skizziert, wurde Logistik unter anderen Namen immer schon betrieben: Handel, Spedition, Schiffahrt, Post und Eisenbahnen; Getreidesilos, Stapelplätze, Lagerhäuser und Stauereien; Fördern und Heben; Kanal-, Straßen- und Hafenbau. Die *Logistikdienstleister* der Vergangenheit waren Fuhrunternehmen, wie *Wells Fargo*, Postgesellschaften, wie *Thurn & Taxis*, und Kaufleute, wie die *Fugger*, die *Welser*, die *Godeffroys* oder die *Stinnes*. Die Leistungsfähigkeit der Logistikunternehmer, die schon vor weit mehr als 150 Jahren große Warenmengen um den gesamten Globus transportierten, Güter aus aller Welt beschafften und Briefe in ganz Deutschland bereits am nächsten Tag zustellten, ist heute weitgehend in Vergessenheit geraten [2; 3; 4; 5; 17].

Neu an der Logistik von heute sind – abgesehen von dem Begriff – die Vielzahl der technischen Lösungsmöglichkeiten, die höheren Geschwindigkeiten und größeren Kapazitäten und die zunehmende globale Vernetzung. Hinzu kommen die vielfältigen Möglichkeiten, die sich aus der Steuerungstechnik, der Telekommunikation und der Informatik ergeben [85].

Um diese Veränderungen zu beherrschen, muß sich die *Logistik als Fachdisziplin* wandeln von einer *Erfahrungswissenschaft* der historisch gewachsenen Fertigkeiten, Geschäftspraktiken und Trends zu einer theoretisch begründeten *Erkenntniswissenschaft* [6; 7; 8; 9; 10; 223; 233]. Diese zweibändige Studienausgabe einer 1999 erstmals erschienenen *Monographie der Logistik* will zum Wandel der Logistik beitragen. Sie gibt eine zusammenfassende Darstellung aller aktuellen Bereiche der Logistik und beschreibt die theoretischen Grundlagen, technischen Möglichkeiten und praktischen Verfahren zur systematischen Bearbeitung und zielführenden Lösung von logistischen Aufgaben.

Schwerpunkt der ersten Kapitel von *Band 1 „Grundlagen, Verfahren und Strategien"* ist die *deskriptive Logistik*. Hier werden die *Aufgaben* und *Ziele* der Logistik festgelegt, die *Aktionsfelder* abgegrenzt, die *Systeme*, *Strukturen* und *Prozesse* beschrieben, die Möglichkeiten der *Organisation* und *Prozeßsteuerung* aufgezeigt und das allgemeine *Vorgehen* bei der Planung, Realisierung, Disposition und Kostenrechnung dargestellt. Damit wird das begriffliche Instrumentarium für die analytisch-normative Logistik geschaffen, die Gegenstand der weiteren Kapitel ist.

Die *analytisch-normative Logistik* entwickelt allgemeingültige *Regeln* und *Verfahren* zur Planung und Disposition, *Berechnungsformeln* für die Dimensio-

2000	**Logistik 2000**
Logistische Netzwerke	FTS Systeme (1970) Hochregallager (1962) Mondlandung (1959) EDV-Systeme (ab 1950) Gabelstapler (ab 1940) Luftverkehr (ab 1920) Flugzeuge (1900)
1900	
Globale Transporte	Kraftfahrzeuge (1890) Elektromotor (1870) Eisenbahnen (ab 1825) Dampfschiffe (ab 1800) Speditionen Nachrichtübermittlung
1800	
Kontinentale Handelsnetze	Postdienste Welthandel Entdeckung von Amerika (1492) Hanse (ab 1100)
1000	
Kontinentale Transporte	Handelszentren Handelswege Stapelplätze Krane Fördertechnik Kanalbau
0 Chr.	
Küsten-Schiffahrt	Fernhandel Seefahrt Spurführung · Hafenanlagen
1000 v. Chr.	Straßenbau
	Segelschiffe
	Karawanen
Lokale Transporte	Karren
	Räder
	Hebezeuge
	Rollen
10000 v. Chr	Boote

Historische Entwicklung der Logistik

nierung und *Lösungsverfahren* für konkrete Aufgaben. Sie schafft die *Grundlagen* und *Algorithmen* zur mathematischen Modellierung und Optimierung logistischer Prozesse und Systeme. Ergebnisse der normativen Logistik sind *Strategien* und *Entscheidungshilfen* für die Planung und den Betrieb von Logistiksystemen.

Viele Unternehmen halten ihre eigenen Logistikprobleme für einzigartig. Dieser Eindruck wird verstärkt durch eine unternehmens- oder branchenspezifische Begrifflichkeit. Wer die Logistik der Unternehmen verschiedener Branchen analysiert, erkennt jedoch, daß die meisten Logistikprobleme trotz mancher Besonderheit vergleichbar sind, überall die gleichen Grundsätze gelten und ähnliche Lösungsverfahren zum Ziel führen. Die Ausführungen des Buches abstrahieren daher weitgehend von Branchen, Regionen und spezieller Technik.

Eine rein technische oder allein wirtschaftliche Sicht der Logistik verstellt den Blick für das Ganze und verbaut viele Handlungsmöglichkeiten. Volks- und Betriebswirtschaftslehre, Ingenieurwissenschaften, Technik, Informatik und andere Fachbereiche tragen gleichermaßen zur *interdisziplinären Logistik* bei. Die organisatorischen, technischen und wirtschaftlichen Aspekte der Logistik werden daher in diesem Buch gleichrangig dargestellt. Die Lösungsverfahren des *Operations Research* für Probleme der Logistik, wie die Verschnitt-, Transport-, Zuteilungs-, Standort- und Reihenfolgeprobleme, werden soweit behandelt, wie es im Kontext erforderlich ist. Das gilt auch für die Grundlagen der *Betriebswirtschaft* und die Verfahren der *Technik* [11; 12; 13; 86; 171].

Die Grundsätze, Strategien und Berechnungsformeln wurden für den Bedarf der *Praxis* entwickelt und haben sich bei der Lösung konkreter Probleme bewährt. Auch wenn die Anregungen aus der Praxis kommen, wird in dieser Monografie zuerst die *Theorie* entwickelt [6; 10; 233]. Danach werden zur Erläuterung ausgewählte praktische Anwendungsmöglichkeiten dargestellt.

Das Werk zeigt *Handlungsspielräume* und *Optimierungsmöglichkeiten* auf und bietet *Lösungsansätze* und *Entscheidungshilfen*. Es enthält *Verfahren* und *Tools* aus der Planungs- und Beratungspraxis, gibt Hinweise auf häufig vorkommende *Fehler* und weist auf *Gefahren* von Standardprogrammen und gebräuchlichen Verfahren hin. Ergebnisse sind vielseitig anwendbare *Planungs- und Gestaltungsregeln, Verfahren zur Problemlösung, Betriebsstrategien* und *Dispositionsregeln* sowie allgemeingültige *Berechnungsformeln* zur Dimensionierung und Optimierung von Netzwerken, Logistiksystemen und Lieferketten.

Der vorliegende *Band 1* beginnt mit einer Abgrenzung der *Aufgaben und Ziele der Logistik*. Danach werden *Aufbau, Strukturen* und *Organisation* von Logistikprozessen und Leistungssystemen beschrieben. Gegenstand der weiteren Kapitel sind die Verfahren der *Planung* und *Realisierung*, die *Potentialanalyse* und die *Strategien der Logistik*. Die betriebswirtschaftlichen Grundlagen der Logistik werden in zwei Kapiteln über *Logistikkosten* und *Leistungspreise* entwickelt.

In einem zentralen Kapitel von *Band 1* wird die Rolle der *Zeit in der Logistik* behandelt, aus der sich Strategien für das *Zeitmanagement* ableiten. Anschließend werden die *Zufallsprozesse in der Logistik* analysiert und die Möglichkeiten und Grenzen der *Bedarfsprognose* dargestellt. Die *Bedarfsprognose* ist Ausgangspunkt für die *Disposition* von Aufträgen, Beständen und Lagernachschub. Die

Verfahren und Strategien der *Auftragsdisposition und Produktionsplanung* sowie
der *Bestands- und Nachschubdisposition* in den Logistiketten werden in den folgenden Kapiteln behandelt.

Durchlaufende Elemente der *Logistikketten* sind die *Logistikeinheiten*. Deren
Funktionen und Bestimmungsfaktoren werden in einem gesonderten Kapitel behandelt, das mit einer Darstellung der zur *Auftragsübermittlung* und *Prozeßoptimierung* benötigten *Logistikstammdaten* abschließt. Grundlegend für die Leistungsberechnung und Systemdimensionierung sind die *Grenzleistungsgesetze*
und *Staueffekte*, die Gegenstand des folgenden Kapitels sind. Das letzte Kapitel
von *Band I* behandelt die Beziehungen zwischen *Vertrieb und Logistik*.

Die in *Band 1* entwickelten Grundlagen, Verfahren und Strategien werden in
Band 2 „Netzwerke, Systeme und Lieferketten" genutzt zur Gestaltung und Dimensionierung der *Lager-, Kommissionier-* und *Transportsysteme* und zur Optimierung
der *Liefer- und Transportketten*. Die Kapitel der beiden Bände der Studienausgabe
sind durchlaufend numeriert. Sie sind aufeinander abgestimmt und durch Querverweise verbunden. Die einzelnen Kapitel sind jedoch auch in sich verständlich.

Zur leichteren Auffindbarkeit werden neu eingeführte *Begriffe* und *Stichworte*
kursiv geschrieben. *Definitionen* und allgemeingültige *Grundsätze* sind mit einem Spiegelpunkt (•) eingerückt und dadurch besser erkennbar. *Abbildungen*
und *Tabellen* erleichtern das Verständnis des Textes. Zur Vereinfachung der Programmierung sind die *Formeln*, soweit es die Verständlichkeit zuläßt, einzeilig
und mit schrägen Bruchstrichen geschrieben. Besonders nützliche Formeln sind
durch **Fettsatz** hervorgehoben und dadurch leichter auffindbar. Ein *Sachwortverzeichnis* und *Tabellen* mit *Kennzahlen* und *Richtwerten* machen das Buch zum
praktisch nutzbaren *Nachschlagewerk*.

1 Aufgaben und Aspekte der Logistik

Die von den Unternehmen, Haushalten und Konsumenten benötigten Waren, Güter, Teile und Einsatzstoffe werden in der Regel nicht an dem Ort und zu dem Zeitpunkt erzeugt, in dem sie gebraucht werden. Sie entstehen meist auch nicht in der benötigten Menge und Zusammensetzung.

Hieraus resultiert die *Grundaufgabe der Logistik* [229]:

- *Effiziente Bereitstellung* der geforderten *Mengen* benötigter *Objekte* in der richtigen *Zusammensetzung* zur richtigen *Zeit* am rechten *Ort*.

Die Logistik gestaltet und organisiert die *Prozesse* und *Strukturen* zum Abholen und Bereitstellen der Logistikobjekte nach dem Bedarf der Versender und Empfänger. Sie muß dabei in allen Stufen der Logistikketten stets das Ziel und den Bedarf der Empfangsstellen im Auge behalten.

Logistikobjekte sind Handelswaren, Lebensmittel, Rohstoffe oder Material, Vorprodukte, Halbfertigfabrikate und Fertigwaren, Investitionsgüter oder Konsumgüter ebenso wie Produktions- und Betriebsmittel. Auch Abfallstoffe und ausgebrauchte Produkte können Gegenstand der Logistik sein. Logistikobjekte, die besondere Sicherheit und einen speziellen Service erfordern, sind Personen und Lebewesen. Andere, immaterielle Objekte der Logistik sind die *Aufträge* und *Informationen*, die zur Auslösung und Durchführung der Logistikprozesse benötigt werden [15; 16; 17; 18; 19; 177;].

Damit die Logistikobjekte zur geforderten Zeit abgeholt werden und an die Zielorte gelangen können, plant und realisiert die Logistik die *Verbindungen* und *Stationen* zwischen den *Quellen* und *Senken*. Im laufenden *Betrieb* regelt und steuert die Logistik die *Objektströme* auf den Verbindungswegen sowie die *Güterbewegungen* und *Warenbestände* in den Stationen.

Quellen, Lieferanten oder *Auslieferstellen* können Rohstofflager, Produktionsanlagen, Halbfertigwarenlager, Werkstätten, Fabriken und Fertigwarenlager von *Industrieunternehmen* sein sowie Vorratslager, Importlager und Logistikzentren von *Handelsunternehmen* oder *Logistikdienstleistern*. *Senken* oder *Anlieferstellen* am Ende der *Logistikketten* sind die Geschäfte, Märkte und Filialen des *Handels* und die Verbrauchsorte der *Konsumenten*. Die Warenquellen, aus denen die *Verbrauchsstellen* beliefert werden, sind selbst *Empfänger* von Gütern und Waren, die aus anderen Quellen kommen. Produzenten, Handel und Konsumenten sind wiederum Quellen von Leergut, Verpackungsabfall, Reststoffen und ausgebrauchten Produkten, die zu entsorgen sind.

Für die *Logistik im engeren Sinn* sind die Standorte der Quellen und Senken, die Produktions- und Versandmengen sowie die Bedarfs- und Verbrauchsmengen vorgegeben. Sie befaßt sich ausschließlich mit den in *Abb. 1.1* dargestellten *Funktionen* und *Logistikleistungen*:

Transport zur Raumüberbrückung
Umschlagen zur Mengenanpassung
Lagern zur Zeitüberbrückung   (1.1)
Kommissionieren zur Auftragszusammenstellung.

Verfahrenstechnische Prozesse zur Gewinnung, Erzeugung, Herstellung, Abfüllung und Verpackung sind nicht Gegenstand der Logistik. Aufgabe der Logistik ist die Versorgung dieser Prozesse mit den benötigten Einsatzstoffen und Teilen, die Distribution der resultierenden Erzeugnisse und die Entsorgung anfallender Abfälle und Reststoffe.

Logistiksysteme sind spezielle *Leistungssysteme*. Leistungssysteme, die außer den Logistikfunktionen (1.1) weitere Leistungen erbringen, wie Entwicklungs-, Beschaffungs-, Produktions- und Serviceleistungen, sind Gegenstand der *Logistik im weiteren Sinne*. Diese hat die Aufgabe, Systeme zur Erzeugung materieller und immaterieller *Leistungen* aufzubauen, zu betreiben und zu optimieren. Hieraus resultieren Aufgabenüberschneidungen mit der Unternehmensplanung, der Produktionsplanung, dem Maschinenbau, der Fertigungstechnik, dem Anlagenbau, der Verfahrenstechnik, der Informatik und anderen Bereichen der *Technik* und *Betriebswirtschaft*.

Im *weitesten Sinn* umfaßt die Logistik auch den *Einkauf* und den *Verkauf*. Einkauf und Verkauf bahnen die *Logistikketten* zwischen den Unternehmen und zu den Konsumenten an und vereinbaren *Lieferbedingungen* und Preise [19].

Die Logistik ist interdisziplinär. Sie nutzt und verbindet das Wissen anderer Fachbereiche, für die wiederum die Logistik eine *Hilfswissenschaft* ist. Das gilt analog für die Informatik, deren Aufgabe die Bereitstellung und Verarbeitung von *Informationen* in der benötigten Form zur richtigen Zeit am rechten Ort ist.[1]

Zur Einführung in die Grundlagen der Logistik werden in diesem Kapitel die *Aufgabenbereiche* und *Ziele* der Logistik definiert, die *Strukturen* und *Prozesse* von *Leistungssystemen* untersucht und die Funktionen von *Leistungsbereichen* und *Leistungsstellen* definiert. Danach werden Aufbau und Strukturen von *Logistiksystemen* und die qualitativen *Effekte von Logistikzentren* beschrieben, deren Quantifizierung Gegenstand der nachfolgenden Kapitel ist. Abschließend werden

---

1 Auch wenn die Informatik für die Logistik heute eine immense Bedeutung hat, sind Logistik und Informatik selbständige Fachbereiche, die sich zwar gegenseitig befruchten aber nicht ersetzen können. Aufgrund der Unterschiedlichkeit ihres Gegenstands, physische Objekte einerseits und immaterielle Informationen andererseits, unterscheiden sich Logistik und Informatik vor allem in der Ausführung und Technik der Systeme [233]. Abgesehen davon ist die Informatik der Logistik in der globalen Vernetzung, der Nahtstellenabstimmung, der Standardisierung und der theoretischen Durchdringung heute noch weit voraus.

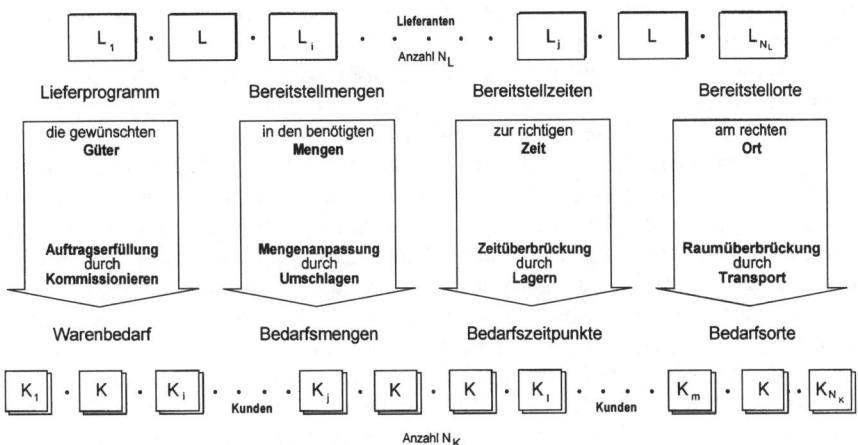

Abb. 1.1 Funktionen und Leistungen der Logistik

das *Netzwerkmanagement* von Logistiksystemen und die Aufgabenteilung in der Logistik behandelt.

1.1
Leistungssysteme und Maschinensysteme

Der Begriff *Leistungssystem* ist eine Erweiterung des Begriffs *Maschinensystem*. Viele Definitionen, Grundlagen und Methoden der *Theorie der Maschinensysteme* und der *Systemanalyse* lassen sich daher auf allgemeine Leistungssysteme und die Logistik übertragen [9; 228; 233].

Ein *Maschinensystem* erfüllt *Fertigungsaufträge* und führt nach einem gleichbleibenden *technischen Verfahren* an physischen Objekten materielle Transformationen durch. Maschinensysteme arbeiten deterministisch, haben konstante Durchlaufzeiten und sind zentral gesteuert. Beispiele für Maschinensysteme sind Druckmaschinen, Werkzeugmaschinen, Chemieanlagen, Abfüllanlagen und Montagelinien. Ein Maschinensystem ist ein spezielles Leistungssystem mit *wenigen Freiheitsgraden*.

Neben vielen Analogien gibt es zwischen Maschinensystemen und allgemeinen Leistungssystemen gravierende Unterschiede:

- Ein allgemeines *Leistungssystem* erfüllt *Leistungsaufträge* und führt nach gleichen oder wechselnden *Strategien* an physischen und informatorischen Objekten materielle und immaterielle *Transformationen* aus.

Beispiele für *technische Leistungssysteme*, die von physischen Objekten durchlaufen werden, sind Fabriken, Krankenhäuser, Montagebetriebe, Verkehrssysteme und Logistiksysteme. *Informatorische Leistungssysteme* sind die EDV-Systeme, die Informations- und Kommunikationssysteme (I+K-Systeme) oder Nachrichtendienste. Verwaltungsbetriebe, Banken und Versicherungen sind Beispiele für *administrative Leistungssysteme*.

Leistungssysteme werden in der Regel *stochastisch* in Anspruch genommen. Sie haben schwankende Durchlaufzeiten, sind weitgehend dezentral organisiert und bieten daher *viele Handlungsmöglichkeiten*. Die *kinematischen Ketten* und *Fertigungsprozesse* eines Maschinensystems sind durch die Struktur bestimmt. Die *Logistikketten* und *Leistungsprozesse* in einem Leistungs- und Logistiksystem sind von der *Struktur* und von den *Strategien* abhängig. Außer den *Strukturen*, die für alle Systeme gleichermaßen von Bedeutung sind, spielen die *Prozesse* für die Logistiksysteme eine ganz besondere Rolle. Die Entwicklung und Analyse von Strategien zur Gestaltung und Durchführung der Prozesse sind daher zentrale Aufgaben einer *Theorie der Logistiksysteme* [7].

Die Funktionen eines Leistungssystems werden primär von den *Leistungsanforderungen* bestimmt. Für die Gestaltung, Dimensionierung und Optimierung eines Systems sind daher vom *Auftraggeber* die *Aufgaben* und *Ziele* vorzugeben, die gewünschten *Leistungsergebnisse* zu spezifizieren, die *Schnittstellen* und *Rahmenbedingungen* zu definieren, die *Leistungsqualität* festzulegen und die benötigten *Leistungsmengen* zu quantifizieren.

Dabei muß sich der Auftraggeber entscheiden zwischen einer *Ergebnisspezifikation*, einer *Verfahrensspezifikation* und einer *Einzelspezifikation*:

* Die reine *Ergebnisspezifikation* legt nur die Leistungsergebnisse fest. Sie läßt Verfahren, Technik, Strukturen und Prozesse offen und erlaubt eine Vielzahl von Lösungen.

* In einer funktionalen *Verfahrensspezifikation* werden die techischen Verfahren und die Leistungsprozesse vorgegeben, sodaß nur ein begrenzter Gestaltungsspielraum besteht.

* In einer technischen *Einzelspezifikation* werden außer den Verfahren und Prozessen auch das Material, die Konstruktion und die Verknüpfungen der Systemelemente vorgeschrieben.

Welche dieser *Spezifikationsarten* zweckmäßig ist, hängt ab von den Zielen und der Kompetenz des Auftraggebers sowie von der Art des Systems. In vielen Fällen wird die Ergebnisspezifikation ergänzt um eine Verfahrensspezifikation der wichtigsten Prozesse und die Verfahrensspezifikation um eine Einzelspezifikation der funktionskritischen Elemente.

Für Maschinensysteme ist in Ergänzung zur Ergebnisspezifikation meist eine Einzelspezifikation und für technische Leistungssysteme eine Verfahrensspezifikation sinnvoll. Die reine Ergebnisspezifikation ist für außerbetriebliche Logistiksysteme und für administrative Leistungssysteme am besten geeignet (s. *Kapitel 20/II*).

1.2
Aufgabenbereiche und Ziele

Jede konkrete Logistikaufgabe hat bestimmte *Zielvorgaben* und betrifft einen *Aktionsbereich*, der durch die Standorte und Funktionen der Quellen, Senken und

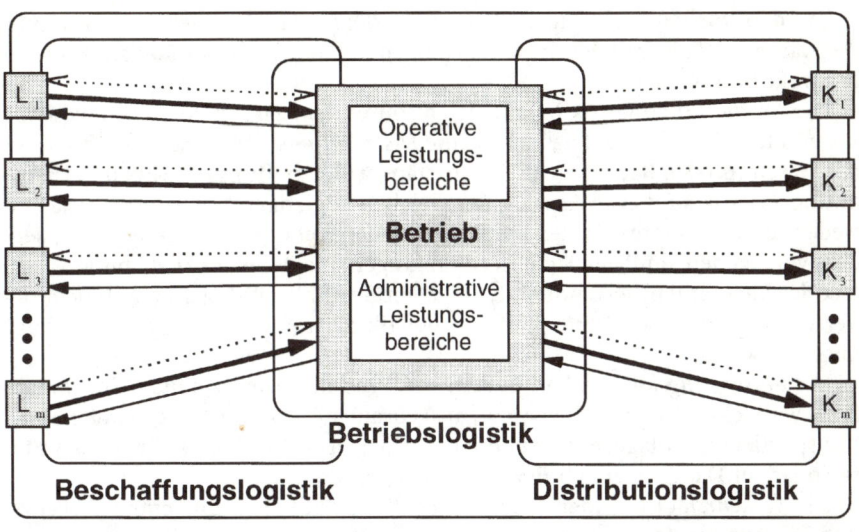

Abb. 1.2 Bereiche der Unternehmenslogistik

Li: Lieferanten
Kj: Kunden

Leistungsstellen sowie durch die vorgegebenen Material- und Datenströme definiert ist.

Die *Makrologistik* oder *Wirtschaftslogistik* behandelt die *Güter- und Informationsströme* zwischen einer Vielzahl von Quellen und Senken einer Region, eines Landes oder rund um den Globus, unabhängig davon, wem die Quellen, Senken und Güter gehören. Die Makrologistik ist ein Teil der *Volkswirtschaft*. Ihr Ziel ist es, durch Gesetze, Institutionen und Schaffung einer geeigneten *Infrastruktur* rationelle Verkehrs- und Informationsströme zu ermöglichen, die Voraussetzung sind für eine optimale Wirtschaftsentwicklung [177].

Die *Mikrologistik* oder *Unternehmenslogistik* betrachtet die *Material- und Datenströme* zwischen einzelnen Lieferanten und Abnehmern und in den Unternehmen. Die Mikrologistik ist Teil der *Betriebswirtschaft*. Ziel der Unternehmenslogistik ist es, durch eine geeignete Organisation und Prozeßsteuerung sowie durch Schaffung optimaler Logistiksysteme rationelle Material- und Datenströme zu ermöglichen, die Voraussetzung sind für eine optimale Geschäftsentwicklung [177].

Die *Unternehmenslogistik* umfaßt, wie in *Abb. 1.2* dargestellt, die innerbetriebliche und die außerbetriebliche Logistik. Die *innerbetriebliche Logistik*, auch *Betriebs-, Werks-* oder *Standortlogistik* genannt, verbindet an einem Logistikstandort, in einem Werk oder in einem Betrieb den Wareneingang, die internen Senken und Quellen und den Warenausgang. Die *außerbetriebliche Logistik*, die in Zulaufrichtung als *Beschaffungslogistik*, in Auslaufrichtung als *Distributionslogi-*

stik und in Rücklaufrichtung als *Entsorgungslogistik* bezeichnet wird, verbindet die Warenausgänge mit den Wareneingängen unterschiedlicher Logistikstandorte, Werke und Betriebe.

Die *Beschaffungslogistik* befaßt sich also mit dem *Zulauf* der Waren von den Lieferanten bis zu den Betrieben und die *Distributionslogistik* mit der *Verteilung* der Waren von den Betrieben an die Empfänger. Beschaffungslogistik und Distributionslogistik sind zwei Aspekte der gleichen Logistikaufgabe, deren *Ziele* entweder von den Interessen des Empfängers oder von den Interessen des Versenders vorgegeben sind: aus Sicht der Empfänger sind Teile der Distributionslogistik der Lieferanten Bestandteil der eigenen Beschaffungslogistik; aus Sicht der Versender sind Teile der Beschaffungslogistik der Kunden Teil ihrer Distributionslogistik.[2]

Die *Entsorgungslogistik* hat die Aufgabe, Produktionsrückstände, Konsumabfälle, Verpackungsmaterial, Leergut, ausgebrauchte Waren und Reststoffe abzutransportieren, zu lagern, aufzubereiten, einer erneuten Verwendung zuzuführen oder auf Dauer in einem *Endlager* zu deponieren.

Die *Verkehrslogistik* oder *Transportlogistik* befaßt sich mit reinen Verkehrsund Transportsystemen zur *Beförderung* von Waren, Gütern, Personen und anderen Objekten [209; 218]. In den Stationen oder *Knotenpunkten* der Verkehrsund Transportsysteme werden keine Warenbestände gelagert und primär Durchsatz- und Umschlagleistungen erbracht (s. *Kapitel 18/II*).

Allgemeine *Ziele* der Planung, der Realisierung und des Betriebs von Leistungssystemen sind:

Leistungserfüllung
Qualitätssicherung   (1.2)
Kostensenkung.

Das sind auch die *Hauptziele der Unternehmenslogistik*. Inhalte, Priorisierung und Gewichtung der Ziele sind abhängig von der konkreten Aufgabenstellung (s. *Abschnitt 3.4*).

1.3
Strukturen und Prozesse

Leistungsysteme sind – wie in *Abb. 1.3* dargestellt – *Netzwerke* von Leistungsstellen, die von *Material* und *Daten* durchlaufen werden und bestimmte Leistungen erzeugen. Abgesehen von den verfahrenstechnischen und administrativen Prozessen in den Stationen ist jedes Leistungssystem ein *Logistiksystem*.

Ähnlich wie die Strömungssysteme in der Hydrodynamik lassen sich Leistungs- und Logistiksysteme aus *stationärer Sicht* unter dem *Strukturaspekt* oder aus *dynamischer Sicht* unter dem *Prozeßaspekt* betrachten. Für die Lösung der vielfältigen Aufgaben der Logistik sind beide Aspekte erforderlich. Einige Proble-

---

2   Die Distributionslogistik wurde zeitweilig auch als Marketing-Logistik bezeichnet [229].

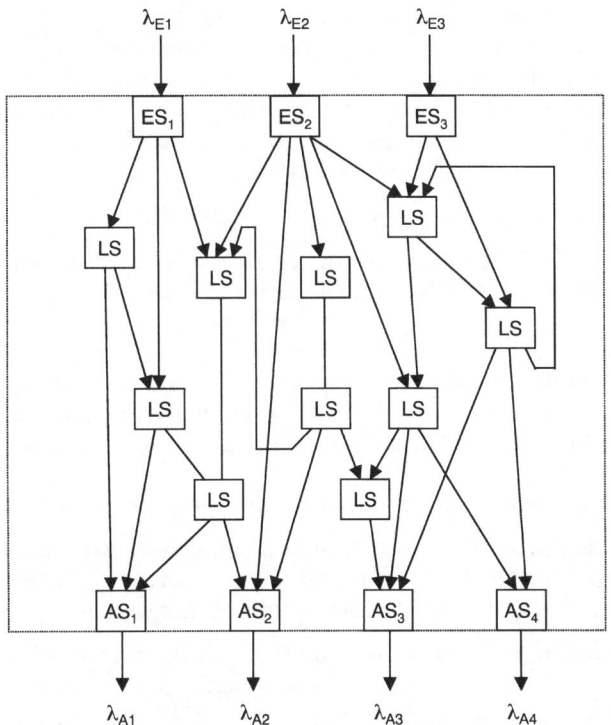

Abb. 1.3 Struktur eines Leistungs- und Logistiksystems

LS	Leistungs- oder Logistikstationen
ES_i	Eingangsstationen $\quad\lambda_{Ei}$ Einlaufströme
AS_j	Ausgangsstationen $\quad\lambda_{Ai}$ Auslaufströme
$\rightarrow$	Verbindungen $\quad\quad$ - - - - Systemgrenze

me, wie die Optimierung der Prozesse in *vorhandenen Systemen,* lassen sich besser aus prozeßorientierter Sicht lösen. Andere Aufgaben, wie die Gestaltung *neuer Systeme,* erfordern primär eine strukturorientierte Betrachtung. Logistisch Denken heißt daher, zielgerichtet in Prozessen, Strukturen und Systemen denken.

1. Strukturaspekt

Unter dem Strukturaspekt werden *Aufbau, Netzstrukturen, Funktionen, azitäten* und *Leistungsvermögen* des Systems und der Leistungsstellen von der Warte eines ruhenden Betrachters analysiert und geplant.

Aus *stationärer Sicht* ist die Aufgabe der Logistik eine *Systemoptimierung* [7; 233]:

- Das *Logistiksystem* ist so zu gestalten, zu dimensionieren, zu organisieren und zu betreiben, daß die *Leistungsanforderungen* bei vorgegebenen *Restriktionen* optimal erfüllt werden.

Der erste Schritt der Systemoptimierung ist eine *Strukturanalyse*, in der untersucht wird, aus welchen Leistungsstellen sich ein System zusammensetzt und welche Material- und Datenströme zwischen den Leistungsstellen fließen. Die sich anschließende *Potentialanalyse* zeigt auf, ob und in welchem Umfang das System zur Bewältigung vorgegebener Leistungsanforderungen geeignet ist (s. *itel* 4).

Für die Gestaltung der Strukturen gilt der *Grundsatz*:

- Die Prozesse bestimmen die Strukturen, nicht die Strukturen die Prozesse.

Bei rein stationärer Sichtweise besteht die Gefahr, den Zweck der Systeme und das *Ziel* der in ihnen ablaufenden Prozesse aus dem Auge zu verlieren.

2. Prozeßaspekt

Unter dem Prozeßaspekt werden die *Abläufe* im Logistiksystem und die *Vorgänge* in den Leistungsstellen von der Warte eines Betrachters, der den Waren und Daten auf ihrem Weg durch das System folgt, in ihrer *Abfolge* und ihrem *Zeitbedarf* analysiert und gestaltet.

Aus *dynamischer Sicht* ist die Aufgabe der Logistik eine *Prozeßoptimierung*:

- Aus der Vielzahl der Möglichkeiten sind die *Prozesse* und *Leistungsketten* so auszuwählen, zu gestalten, zu kombinieren und zu steuern, daß die *Leistungsanforderungen* bei Einhaltung der *Restriktionen* optimal erfüllt werden.

Der erste Schritt der Prozeßoptimierung ist die *Prozeßanalyse* (s. *Abschnitt 4.3*). Die *Prozeßanalyse* ist darauf ausgerichtet, zu erkennen, wie effektiv die einzelnen Vorgänge in den *Leistungsketten* ablaufen und ob die Leistungsstellen so miteinander verknüpft sind, daß die *Ziele* der Auftraggeber, die *Aufträge* der Kunden und die *Erwartungen* der Empfänger erfüllt werden.

Für die Gestaltung und Optimierung der Prozesse gilt der *Grundsatz*:

- Nur wenn alle Leistungsprozesse in einem System bekannt sind, lassen sich die Leistungsstellen dimensionieren, die Leistungskosten errechnen und das Gesamtoptimum erreichen.

Bei rein prozeßorientierter Betrachtung werden häufig die *konkurrierenden* oder *parallel ablaufenden Prozesse* nicht berücksichtigt, die gegenseitigen Einflüsse nicht beachtet und die *Synergiepotentiale* übersehen.

1.4
Leistungsstellen und Leistungsbereiche

Leistungs- und Logistiksysteme setzen sich aus einzelnen *Leistungsstellen* zusammen, die in der Regel zu *Leistungsbereichen* und *Organisationseinheiten* zusammengefaßt sind. Eine Leistungsstelle mit den in *Abb. 1.4* dargestellten *Input-Output-Beziehungen* ist wie folgt definiert:

- In einer *Leistungsstelle* [LS] werden nach *Aufträgen* oder *Anweisungen* unter Einsatz von *Material* und *Ressourcen*, wie Personen, Flächen, Gebäuden, Ein-

Prozeßsteuerung

Anweisungen   Rückmeldungen

Material   Produkte

Erzeugungs-
prozeß

Ressourcen   Leistungen

Input   **Leistungsstelle**   **Ouput**

Abb.1.4 Input und Output einer Leistungsstelle

richtungen und Betriebsmitteln, *materielle* oder *immaterielle Leistungen* erbracht.

Aufgabe der Leistungsstellen ist es, bei möglichst geringen Kosten anforderungsgerechte Leistungen zu erbringen, die zur *Wertschöpfung* beitragen. Leistungsstellen sind auch *Kostenstellen*. Nicht alle Kostenstellen der Betriebsabrechnung
aber sind Leistungsstellen [14].

Mehrere Leistungsstellen, die sich in einem abgegrenzten Betriebsteil oder in
gesonderten Räumlichkeiten befinden, lassen sich, wie in *Abb. 1.5* dargestellt, zu
einem *Leistungsbereich* zusammenfassen. Leistungsbereiche, in denen *gleichartige Leistungen* erbracht werden oder die einen bestimmten *Abschnitt der Leistungskette* umfassen, bilden eine *Organisationseinheit*.

Organisationseinheiten sind *Betriebs-* oder *Leistungsbereiche*, für deren *Leistungen, Qualität* und *Kosten* die Betriebsleitung oder ein *Dienstleister* verantwortlich ist. Zur *Ausschreibung* und *Vergabe* an einen *Dienstleister* sind geeignete
Leistungsstellen zu einer *Organisationseinheit* zusammenzufassen und so klar
voneinander abzugrenzen, daß sich eindeutige *Leistungsumfänge* definieren lassen und eine selbstregelnde und zielführende *Leistungs- und Qualitätsvergütung*
möglich ist (s. *Kapitel 7* und *20/II*).

Die *Art der Leistungen* wird durch *Spezifikation* des Leistungsergebnisses und
durch Angabe der *Leistungsmerkmale* definiert, wie die Beschaffenheit der Waren oder Produkte, die Transportentfernungen und die Lagerzeiten. Weitere Leistungsmerkmale sind Lieferzeiten, Lagervorschriften, Sicherheitsauflagen und
Qualitätsanforderungen.

Für die Systemanalyse und die Systemgestaltung ist es zweckmäßig, die Leistungsstellen nach ihrer Funktion und anderen Merkmalen in Klassen einzutei-
len und diese Klassen gesondert zu betrachten [233].

1. Leistungsergebnisse

Das Ergebnis eines Leistungsprozesses kann materiell oder immateriell sein:

- *Materielle Leistungsergebnisse* sind physische Objekte, wie Rohstoffe, Material, Bauten, Industrieerzeugnisse, Konsumgüter oder allgemein *Produkte*, die aus einem Gewinnungs-, Erzeugungs-, Herstellungs-, Veredelungs-, Bearbeitungs- oder Montageprozeß resultieren.

- *Immaterielle Leistungsergebnisse* sind informatorische, mengenmäßige, räumliche oder zeitliche *Veränderungen* von oder an Objekten, Personen, Daten oder Informationen, wie ein Abfüllen, Umordnen, Stapeln, Verpacken, Handhaben, Befördern oder Lagern.

Ist das Leistungsergebnis ein materielles Produkt, wird der Prozeß als *Produktionsprozeß* bezeichnet. Bei einem immateriellen Leistungsergebnis spricht man von einem *Leistungsprozeß*.

In vielen Fällen ist die Unterscheidung zwischen Produktionsprozeß und Leistungsprozeß jedoch nur eine Frage des Standpunkts und des Eigentums an den behandelten Objekten. So werden Veredelung, Montage, Abfüllen und Verpacken als Teil des Produktionsprozesses betrachtet, solange sie in einem Unternehmen mit *eigenem Material* stattfinden. Sie werden zu Leistungsprozessen, wenn sie von Dritten außerhalb des Unternehmens mit *fremdem Material* durchgeführt werden.

Beispielsweise ist die Konfektion von Kleidung in einem Textilunternehmen aus gekauften oder selbst hergestellten Stoffen nach eigenen Schnitten ein *Herstellungsprozeß*. Die gleiche Leistung, ausgeführt nach fremden Schnitten mit bereitgestellten Stoffen, ist eine *Dienstleistung*, die als *passive Lohnveredelung* bezeichnet wird.

Eine Unterscheidung zwischen Produktionsprozeß und Leistungsprozeß hat daher aus prozeßorientierter Sicht wenig Sinn. Es gibt nur eine *Leistungsproduktion* mit materiellen oder immateriellen Ergebnissen. Das materielle Produkt ist ein *Leistungsträger*, in dem das Ergebnis der einzelnen Leistungsschritte quasi gespeichert ist.

Das Ergebnis und der Durchsatz einer Leistungsstelle werden in *Leistungseinheiten* [LE] gemessen. Meßgrößen für *materielle Leistungsergebnisse* sind *Mengeneinheiten* [ME], wie *Gewicht* [kg; t], *Volumen* [l; m³], *Stück* [ST] oder *Ladeeinheiten* [LE]. Meßgrößen für *immaterielle Leistungsergebnisse* sind *Vorgangseinheiten* [VE], wie *Aufträge* [Auf], *Positionen* [Pos], *Bearbeitungseinheiten* [BE] oder definierte *Leistungsumfänge* [LU].

Vorgangseinheiten zur Messung von spezifischen *Logistikleistungen* sind:

- *Transportleistungseinheiten*: *Transportgut-Entfernung* [Transportgut-km], *Laderaum-Kilometer* [m³-km], *Tonnen-Kilometer* [t-km], *Ladeeinheiten-Kilometer* [LE-km] oder *Personen-Kilometer* [Pers-km].

- *Lagerleistungseinheiten*: *Lagergut-Aufbewahrungszeit* [Lagergut-Tage], *Lagerraum-Tage* [m³-Tage] und *Ladeeinheiten-Tage* [LE-Tag], wie Paletten-Tage oder PKW-Abstelltage.

2. Typen von Leistungsstellen

Maßgebend für das *Leistungsvermögen* ist die *Funktionsvielfalt* einer Leistungsstelle. Danach lassen sich monofunktionale und multifunktionale Leistungsstellen unterscheiden:

- In einer *monofunktionalen Leistungsstelle* findet nur ein *gleichartiger Leistungsprozeß* statt.
- In einer *multifunktionalen Leistungsstelle* werden *gleichzeitig* oder *nacheinander* mehrere unterschiedliche Leistungsprozesse durchgeführt.

Leistungsstellen können *direkte Leistungen* erbringen, die *unmittelbar* für einen *Geschäftsprozeß* benötigt werden, oder *indirekte Leistungen,* die für den Geschäftsprozeß nur *mittelbar* von Nutzen sind, wie die Leistungen von Reparaturbetrieben, der Instandhaltung oder der Personalverwaltung.

Interne Leistungsbereiche befinden sich innerhalb der Gebäude oder der Werke in der Verantwortung des eigenen Unternehmens. *Externe Leistungsbereiche* liegen außerhalb einer Betriebsstätte oder in der Verantwortung anderer Unternehmen.

Abhängig von der *Zielsetzung* und dem erforderlichen *Detaillierungsgrad* ist es notwendig, entweder *elementare Leistungsstellen* zu untersuchen, oder effektiver, *zusammengesetzte Leistungsstellen* zu betrachten (s. *Abb. 1.5*):

- *Elementare* oder *irreduzible Leistungsstellen* sind Leistungsstellen, die sich ohne Funktionsverlust nicht weiter zerlegen lassen und zu einer Zeit jeweils nur eine *Leistungsart* erzeugen können.
- *Zusammengesetzte Leistungsstellen* bestehen aus *parallel* oder *seriell* angeordneten elementaren Leistungsstellen und können gleichzeitig mehrere Leistungsarten erzeugen.

Abhängig vom *Leistungsgegenstand* sind zu unterscheiden:

- *Operative Leistungsstellen*: In diesen werden an oder mit *materiellen Objekten*, wie *Material, Ware, Güter* oder *Ladeeinheiten,* Veränderungen, Bearbeitungsvorgänge, Umwandlungen, Produktionsprozesse oder andere *operative Leistungen* durchgeführt.
- *Administrative Leistungsstellen*: In diesen werden an oder mit *Aufträgen, Daten* oder anderen *Informationen* Bearbeitungsvorgänge, Umwandlungen,

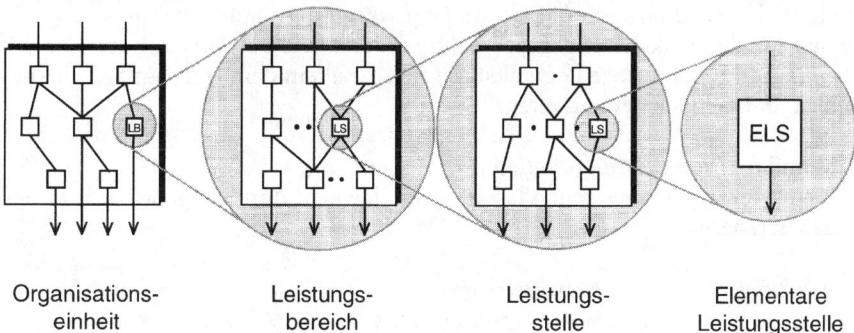

| Organisations-
einheit | Leistungs-
bereich | Leistungs-
stelle | Elementare
Leistungsstelle |

Abb.1.5 Aufbau von Leistungsstellen, Leistungsbereichen und Organisationseinheiten aus elementaren Leistungsstellen

Übertragungen, Verarbeitungsprozesse, Verwaltungstätigkeiten oder andere *administrative Leistungen* erbracht.

In einer operativen Leistungsstelle können neben den operativen Funktionen auch administrative Arbeiten an den warenbegleitenden Auftragspapieren, Informationen und Belegen geleistet werden.

In den *operativen Leistungsstellen der Fertigung* werden Rohstoffe, Güter und Teile durch die Leistungsprozesse in Produkte umgewandelt. *Operative Leistungsstellen der Fertigung* sind beispielsweise:

- *Produktionsstellen*, in denen aus unterschiedlichem *Eingangsmaterial* durch Verfahrens- oder Herstellprozesse *materielle Produkte* erzeugt werden,
- *Montagestellen*, in denen aus zugeführten *Teilen, Baugruppen* und *Modulen* fertige Geräte, Fahrzeuge, Maschinen, Anlagen oder andere Produkte erzeugt werden,
- *Abfüllstellen*, in denen Güter in *Flaschen, Dosen, Säcke* oder andere *Verkaufseinheiten* abgefüllt werden,
- *Verpackungsstellen*, die Produkte oder Verkaufseinheiten in *Kartons, Trays, Paketen, Gebinden* oder anderen *Ladungsträgern* zu *Verpackungs-, Versand- oder Ladeeinheiten* verpacken,
- *Demontagestellen*, die ausgediente Produkte demontieren und zum Recycling sortieren.

Operative Leistungsstellen, in denen der einlaufende Gegenstand seine Identität bewahrt, sind *Abfertigungs- oder Servicestellen*. Hierzu gehören :

- *Reparaturstellen*, in denen beschädigte oder defekte Produkte, Transportmittel oder Ladungsträger repariert werden,
- *Bearbeitungsstellen*, in denen an einem zugeführten Gegenstand ohne inhaltliche Veränderung ein Bearbeitungsvorgang, wie das Kodieren oder Erfassen, durchgeführt wird.

In den *operativen Leistungsstellen der Logistik* finden an den Waren, Gütern und Ladeeinheiten *räumliche, zeitliche* und *informatorische Veränderungen*, aber keine inhaltlichen Umwandlungen statt. *Logistikstationen* sind Leistungsstellen, in denen nur Logistikleistungen erbracht werden. *Transportknoten* oder *Knotenpunkte* sind bestandslose Logistikstationen, die allein dem Durchsatz, dem Umschlag und dem Sortieren dienen.

3. Kenndaten von Leistungsstellen

Die einzelnen Leistungsstellen lassen sich allgemein durch folgende *Kenndaten* charakterisieren:

Leistungen	Auftragsarten
	Leistungsmerkmale LM_i
	Funktionen F_α
	Leistungsprozesse (Transaktionen)

Objekte	Beschaffenheit der ein- und auslaufenden physischen Objekte
	Art der ein- und auslaufenden Daten und Informationen
Zeiten	Betriebszeiten, Laufzeiten und Arbeitszeiten
	Bearbeitungszeiten und Durchlaufzeiten
azitäten	Puffer- und Lagerazitäten für materielle Objekte
	Speicherazität für Daten und Informationen
Grenzleistungen	Produktionsgrenzleistungen μ_P [PE/ZE]
	Durchsatzgrenzleistungen μ_{ij} [LE/ZE]
Ressourcen	Flächen und Räume
	Betriebsmittel und Einrichtungen
	Förderanlagen und Transportmittel
	Personalbesetzung
Relationen	Standorte
	betriebliche und organisatorische Zuordnung
	Schnittstellen zu anderen Leistungsstellen.

$$(1.3)$$

Die aktuelle *Nutzung* der Leistungsstelle, also die *Leistungsbeanspruchung*, ist – wie in *Abb. 1.6* dargestellt – gegeben durch die *Durchsatzraten* λ_i [LE/ZE], die *Taktzeitverteilung* und die *Durchlaufzeiten* der eingehenden Aufträge sowie der verarbeiteten, durchlaufenden und erzeugten Güter und Informationen.

Aus der Leistungsbeanspruchung ergeben sich in Verbindung mit den *Dispositions- und Betriebsstrategien* bei vorgegebenen oder geeignet festgelegten *Betriebszeiten, Maschinenlaufzeiten* und *Arbeitszeiten* der *Personalbedarf* und die Anzahl *benötigter Betriebs- und Transportmittel*.

1.5
Strukturen von Logistiksystemen

Logistiksysteme bestehen aus *Transportnetzen* und *Leistungsstellen*, die von Warenströmen durchflossen werden (s. *Abb. 1.3*). In den *operativen Logistikstationen* werden die *einlaufenden Warenströme* bearbeitet, zwischengelagert, kommissioniert oder umgeschlagen zu *auslaufenden Warenströmen*. In den *administrativen Logistikstationen* werden *Informationen* und *Daten* erzeugt und bearbeitet, die den *Warenfluß* in den Transportnetzen und operativen Leistungsstellen auslösen und begleiten.

Umschlag-, Lager- und *Kommissioniersysteme* sind spezielle Logistiksysteme, die nur eine oder zwei der logistischen Grundfunktionen (1.1) erfüllen (s. *Kapitel 16/II, 17/II*). *Transportsysteme* dienen der reinen Raumüberbrückung. Sie setzen sich zusammen aus *Transportverbindungen* oder *Verkehrswegen*, auf denen die zur Warenbeförderung benötigten Transportströme fließen, und aus *Transport-*

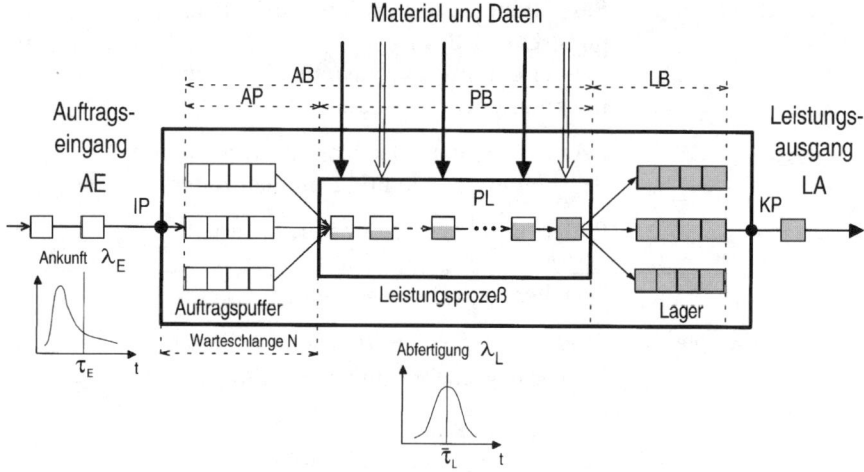

Abb. 1.6 Leistungsprozeß und Kenndaten einer Leistungsstelle

IP Identifikationspunkt   KP Kontrollpunkt
$\lambda_E = 1/\tau_E$ = Ankunftsrate = mittlere Ankunftstaktzeit
$\mu_L = 1/\tau_L$ = Abfertigungsrate = mittlere Leistungstaktzeit
$\lambda_A = 1/\tau_A$ = Verbrauchsrate = mittlere Verbrauchstaktzeit
AE: Auftragseingang   PL: Produktionsleistung   LA: Leistungsausgang
AB = AP + PB = Auftragsbestand, AP = AB – PB = Auftragspuffer
PB = Produktionsbestand, LB = Lagerbestand
GB = LB – AB = Gesamtbestand
DZ_{min} = minimale Durchlaufzeit; DZ = aktuelle Durchlaufzeit

knoten, in denen die einlaufenden Transportströme zu auslaufenden Transportströmen verzweigt werden (s. *Kapitel 18/II*).

Die Logistiksysteme lassen sich unterscheiden nach der Stufigkeit der Lieferketten zwischen den Quellen und Senken. Die *Stufigkeit* einer Lieferkette wird bestimmt von der Anzahl der Zwischenstationen, die von den logistischen Objekten durchlaufen werden. Sie ist wie folgt definiert:

• Eine *N-stufige Lieferkette* besteht aus *N Transportabschnitten*, die durch *N-1 Zwischenstationen* miteinander verbunden sind.

Die Struktur eines Logistiksystems wird durch folgende *Strukturparameter* definiert:

• *Anzahl, Standorte* und *Funktionen* der *Quellen* und *Lieferstellen.*
• *Anzahl, Standorte, Funktionen* und *Zuordnung* der *Logistikstationen* zwischen den Quellen und Senken
• *Anzahl, Standorte* und *Funktionen* der *Senken* und *Empfangsstellen.*

Die *Zwischenstationen* können reine *Transportknoten*, bestandsführende oder bestandslose *Umschlagpunkte, Lagerstationen* mit oder ohne Kommissionierung oder größere *Logistikzentren* mit vielfacher Funktion sein.

Ein Teil der Strukturparameter, wie die Standorte der Lieferanten und Kunden, sind in der Regel *Fixpunkte*, die sich kurzfristig nicht verändern lassen. Die übrigen Strukturparameter, insbesondere die Anzahl, Standorte und Funktionen der Zwischenstationen, sind freie *Gestaltungsparameter*.

Bei bekannten Leistungsanforderungen und vorgegebenen Rahmenbedingungen ist es möglich, ein Logistiksystem durch Variation der freien Gestaltungsparameter zu optimieren. Zusätzlich besteht die Möglichkeit, die stärksten Warenströme direkt, die schwächeren Sammel- oder Verteilströme zweistufig und die schwächsten Ströme zwischen den Quellen und Senken drei- oder mehrstufig laufen zu lassen. Hierdurch entstehen Logistiksysteme mit gemischter Struktur. *Strukturgemischte Systeme* sind Überlagerungen von Logistiksystemen mit unterschiedlicher Stufigkeit.

Zur Darstellung der strukturellen Möglichkeiten und ihrer Eigenschaften ist es sinnvoll, die *strukturreinen Logistiksysteme* gesondert zu betrachten. Zur Gestaltung eines *vollständigen Logistiksystems* ist jedoch die Auswahl und Optimierung der Belieferungsketten primär unter dem Prozeßaspekt erforderlich (s. *Kapitel 19/II*).

1. Einstufige Systeme

In einem einstufigen System, wie es in *Abb. 1.7* dargestellt ist, bestehen zwischen den Quellen und Senken nur ungebrochene *Direktverbindungen*.

Solange die verfügbaren Transportmittel durch die Warenmengen, die zwischen den Quellen und Senken zu befördern sind, wirtschaftlich ausgelastet werden, ist eine Direktbelieferung mit *zielreinen Transporten* von den Quellen zu den Senken sinnvoll.

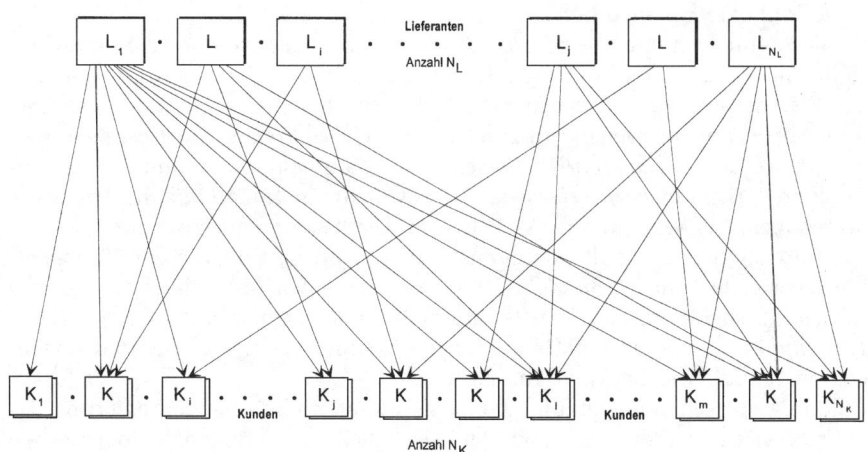

Abb. 1.7 Einstufige Struktur mit Direktbelieferung

L_i: Lieferanten K_i: Kunden

Wenn von einer Quelle mehrere Senken, die nicht zu weit von der Quelle entfernt sind, mit kleineren Mengen zu versorgen sind, werden die Zustellorte in *zielgemischten Transporten* auf *Verteiltouren* beliefert. Umgekehrt werden kleinere Warenmengen, die für einen naheliegenden Zielort bestimmt sind, von mehreren Quellen in einer *Sammeltour,* auch *milkrun* genannt, abgeholt und als *quellengemischter Transport* zugestellt (*s. Abbildung 19.5/II*).

2. Zweistufige Systeme
In einem zweistufigen System sind die Verbindungen zwischen den Quellen und Senken durch <u>eine</u> *Zwischenstation* unterbrochen.

Sind *wenige Empfangsstellen* von vielen, weit verteilten Quellen über *große Entfernungen* mit Mengen zu beliefern, die in der Direktrelation keine größeren Transporteinheiten füllen, kann eine zweistufige Logistikstruktur mit einem Warenfluß über *Umschlagpunkte* vorteilhaft sein, die sich als *Sammelstationen* in der Nähe der Versandorte befinden.

Wenn von *wenigen Quellen* über große Entfernungen eine Vielzahl flächenverteilter Empfänger mit Mengen zu versorgen ist, die in der Direktrelation keine größeren Transportmittel füllen, laufen die Waren günstiger über Umschlagpunkte, die als *Verteilstationen* an geeigneten Standorten in der Region der Empfangsorte liegen.

3. Dreistufige Systeme
Bei einer Belieferung vieler Empfänger von einer größeren Anzahl weit entfernter Versender mit Warenmengen, die in den Direktrelationen keine ausreichend großen Transportmittel füllen, kann eine dreistufige Logstikstruktur optimal sein.

In einem dreistufigen System sind die Verbindungen zwischen den Quellen und Senken entweder, wie in *Abb. 1.8* dargestellt, durch *Sammelstationen* und *Verteilstationen*, oder, wie in *Abb. 1.9*, durch *Logistikzentren* und nachgeschaltete *Verteilstationen* zweimal unterbrochen.

Die Sammelstationen befinden sich in der Nähe der Versender, die Verteilstationen in der Nähe der Empfänger. In den *bestandslosen Umschlagstationen* können Warenumschlag und Transportbündelung nach dem *Crossdocking-Verfahren* ohne Sortierung oder nach dem *Transsshipment-Verfahren* mit Sortierung durchgeführt werden (s. *Abb. 19.1/II*). Zwischen den Sammelpunkten und den Verteilpunkten verkehren *Ferntransporte*, die sogenannten *Hauptläufe*, in denen die Waren mehrerer Versender für viele Empfänger zusammengefaßt sind.

In dreistufigen Logistiksystemen ist eine erhebliche Senkung der Transportkosten erreichbar durch *Bündeln* der Transporte in den Sammel- und Verteilstationen, durch Einsatz der jeweils rationellsten Transportmittel, durch *paarige Hin- und Rücktransporte* im Hauptlauf, durch kombinierte Sammel- und Verteilstationen und durch *optimale Touren*.

Eine weitergehende Senkung der Logistikkosten und eine Verbesserung des Lieferservice lassen sich durch Bündeln zusätzlicher Funktionen der logistischen Prozeßkette in *bestandsführenden Umschlagstationen* oder in *Logistikzentren* erreichen. Bei *dezentraler Organisation* wird die Umschlagfunktion einer Gruppe von Sammel- oder Verteilstationen mit der Lagerhaltung, dem Kommissionieren

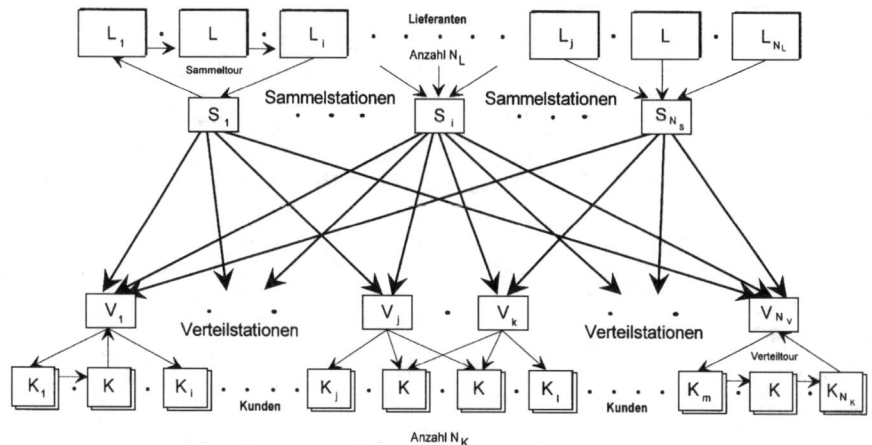

Abb. 1.8 Dreistufiges Logistiksystem mit Sammel- und Verteilstationen

L: Lieferanten   K: Kunden
S_i: Sammelstationen V_j: Verteilstationen

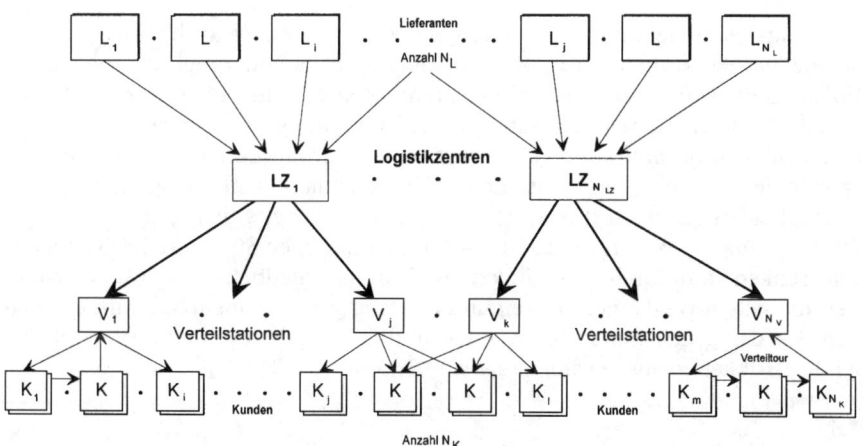

Abb. 1.9 Dreistufiges System mit Logistikzentren und Verteilstationen

LZ_n: Logistikzentren

und anderen Funktionen, wie in *Abb. 1.9* gezeigt, in einem Logistikzentrum zusammengefaßt, ohne die Stufenzahl des Systems zu erhöhen.

4. Mehrstufige Systeme
Mehrstufige Systeme haben mehr als zwei Unterbrechungen der Verbindung zwischen den Quellen und Senken.

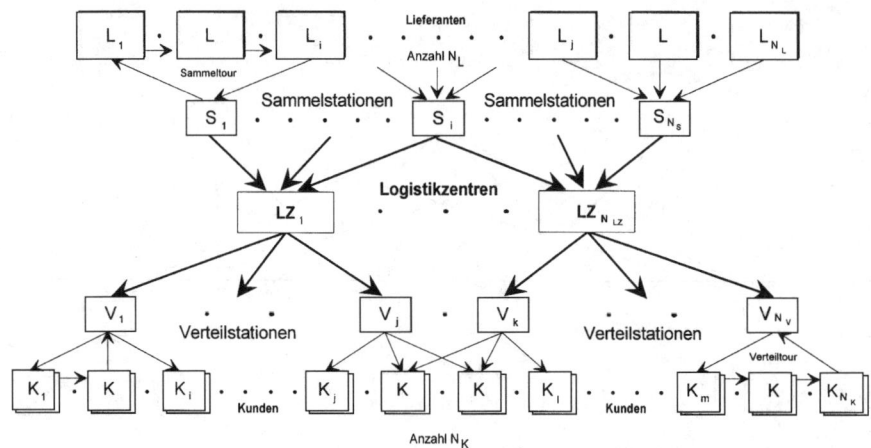

Abb.1.10 Vierstufiges System mit Sammel- und Verteilstationen und mehreren Logistikzentren

So entstehen vierstufige Systeme, wenn zur weiteren Zentralisierung der Bestände und Funktionen, wie in *Abb. 1.10* dargestellt, ein oder mehrere multifunktionale Logistikzentren an geeigneten Standorten zwischen die Sammelstationen und die Verteilstationen geschaltet werden. Mehrstufige Transportsysteme ergeben sich auch im *multimodalen Transport* über große Entfernungen, zum Beispiel in der Luft- und Seefracht mit Vor- und Nachlauf (s. *Abb. 19.4, 19.21/II*).

Die Logistiknetze, in die ein Unternehmen eingebettet ist, sind in der Regel *Überlagerungen* von ein-, zwei-, drei- und mehrstufigen Strukturen. Die Quellen und Senken sind durch Logistikketten mit unterschiedlicher *Stufigkeit* verbunden, die sich in Weglänge, Laufzeit und Leistungskosten voneinander unterscheiden. Aus den gegebenen Möglichkeiten sind die jeweils zeit- und kostenoptimalen Logistikketten auszuwählen (s. *itel 19/II*).

1.6
Funktionen von Logistikzentren

Um die benötigten Logistikleistungen besonders rationell ausführen und einen besseren Service bieten zu können, sind in einem Logistikzentrum die in *Abb. 1.11* dargestellten Funktionen zentralisiert. In einem Logistikzentrum werden außerdem Distributions- und Beschaffungsströme gebündelt. Dadurch lassen sich die Transportkosten optimieren.

Ein *offenes Logistikzentrum* besteht aus mehreren Gebäudekomplexen mit umgebenden Verkehrsflächen, Verbindungsstraßen und Verkehrsanschluß an Straße, Bahn, Wasser oder Frachtflughäfen. Offene Logistikzentren umfassen die logistischen Betriebsstätten mehrerer Unternehmen, Umschlagbetriebe, Speditionen und anderer Logistikdienstleister.

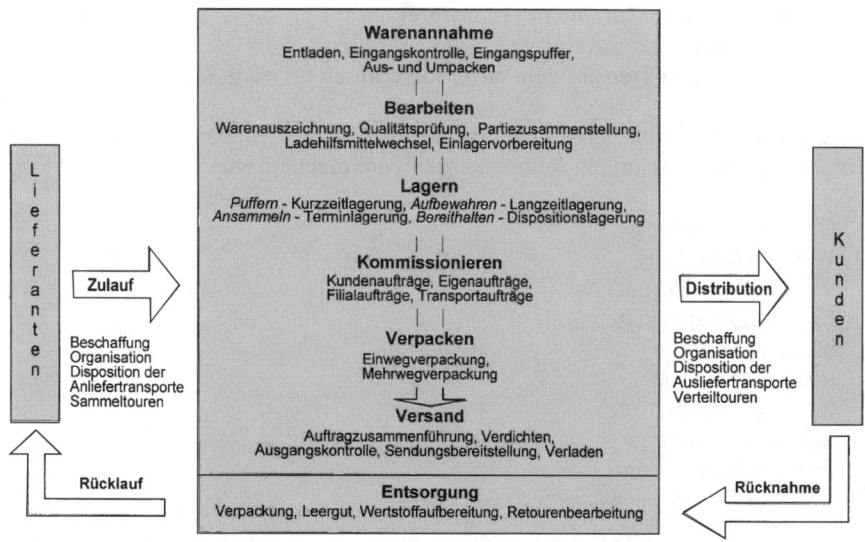

Abb. 1.11 Funktionen eines Logistikzentrums

Typische offene Logistikzentren sind Bahnhöfe, Flughäfen, Binnenschiffshäfen und Seehäfen. Weitere offene Logistikzentren, die zunehmend an Bedeutung gewinnen, sind die *Güterverkehrszentren* (GVZ). Güterverkehrszentren an der Peripherie von Ballungsgebieten und Großstädten sind Ausgangspunkt der *City-Logistik* zur Bündelung der Transporte in und aus den Ballungszentren [20].

In einem *geschlossenen Logistikzentrum* befinden sich die Leistungsstellen in einem zusammenhängenden Gebäudekomplex, der von einer nach außen abgegrenzten Verkehrsfläche umgeben ist. Geschlossene Logistikzentren haben Straßenanschluß, in besonderen Fällen auch Bahnanschluß oder eine unmittelbare Verbindung zu Wasserstraßen oder Flughäfen. Ein geschlossenes Logistikzentrum ist die *Betriebsstätte* eines Industrie-, Handels- oder Dienstleistungsunternehmens oder einer selbstständigen Betreibergesellschaft.

Beispiele für geschlossene Logistikzentren sind *Distributionszentren* DZ, *Versandzentren* VZ, *Lagerzentren* LZ, *Zentrallager* ZL, *Warenverteilzentren* WVZ, *Regionalverteilzentren* RVZ, *Warendienstleistungszentren* WDZ, *Versorgungszentren* VSZ und *Umschlagzentren* UZ.[3]

Die meisten Logistikzentren bieten die *operativen Standardleistungen* der Logistik:

---

3 Die Vielfalt der Bezeichnungen für Logistikzentren ist nicht allein aus den unterschiedlichen Leistungsschwerpunkten oder aus dem Bemühen um werbewirksame Namen zu erkären, sondern hat auch steuerliche Gründe. Für ein „komplexes" Logistikzentrum, das viele Arbeitsplätze verspricht, sind leichter Fördermittel und Steuererleichterungen zu erhalten als für ein einfaches Lager.

Lagern der Waren von mehreren Lieferanten
Kommissionieren der Aufträge für viele Kunden   (1.4)
Umschlagen von *Transferware* vieler Lieferanten für viele Kunden.

Außerdem werden in vielen Logistikzentren *Zusatzleistungen* erbracht, die aus einem Logistikzentrum ein *Kompetenzzentrum* machen, wie:

Qualitätssicherung
Warenbearbeitung
Abfüllen und Verpacken
Ein- und Auspacken
Montagearbeiten
Reparaturdienste   (1.5)
Retourenbearbeitung
Reklamationsdienst
Leergutbearbeitung
Entsorgen.

Die logistischen Standardleistungen werden in den *operativen Leistungsbereichen* eines Logistikzentrums erbracht:

Wareneingang
Lagerbereiche
Kommissioniersysteme
Transportsysteme   (1.6)
Sortiersysteme
Warenausgang.

Für weitere Leistungen gibt es zusätzliche operative Leistungsbereiche, wie die *Qualitätssicherung*, die *Retourenaufarbeitung*, die *Reklamationsbearbeitung* oder *Reparaturbetriebe*.

Neben den operativen Leistungsbereichen haben große Logistikzentren *administrative Leistungsbereiche*, wie

Auftragsdisposition
Arbeitsvorbereitung
Datenverarbeitung   (1.7)
Transportmanagement
Betriebsleitung.

Die operativen Leistungsbereiche und die innnerbetrieblichen Logistikketten eines Logistikzentrums zeigt *Abb. 1.12*.

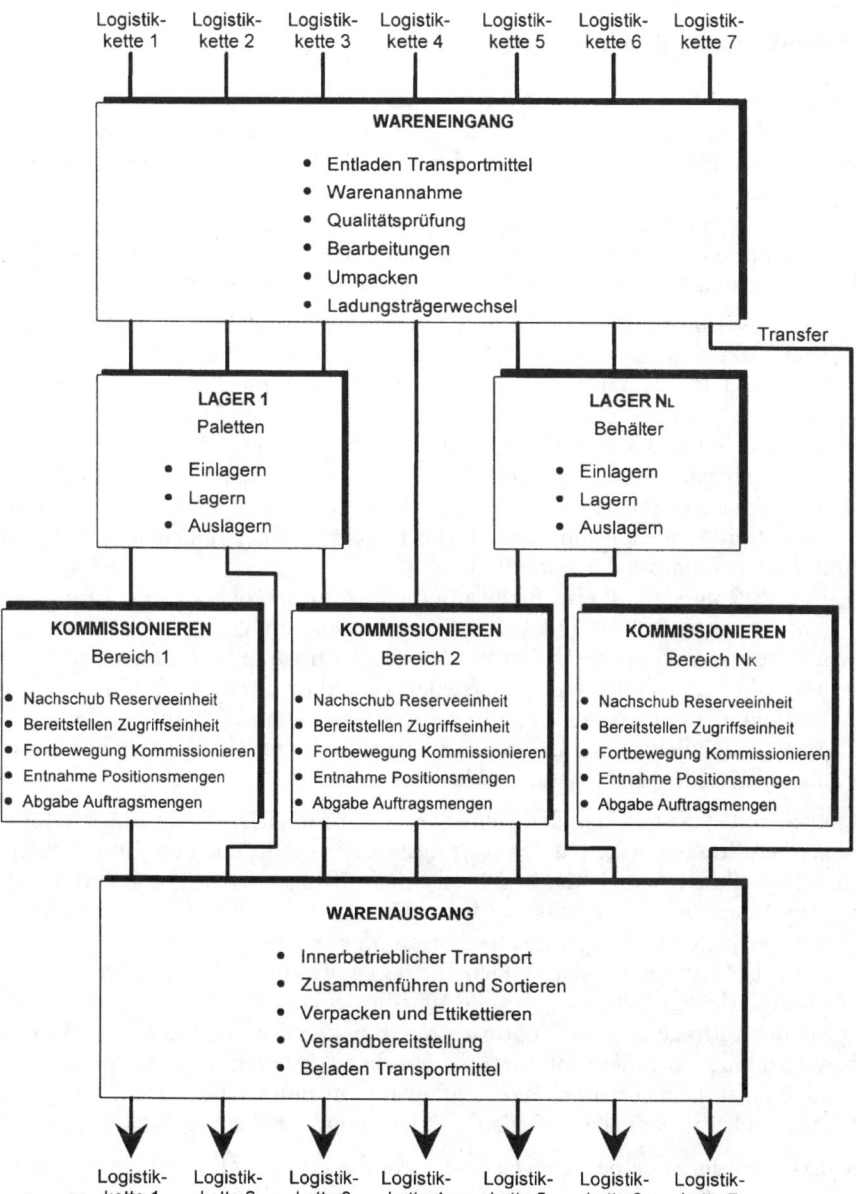

Abb. 1.12 Leistungsbereiche und innerbetriebliche Logistikketten eines Logistikzentrums

1.7
Prozeßketten und Logistikketten

Eine Folge zeitlich nacheinander ablaufender *Vorgänge*, die in einer räumlichen Kette von *Leistungsstellen* und *Stationen* stattfinden und zu einem *Leistungsergebnis* oder einer *Wertschöpfung* führen, wird als *Prozeßkette, Leistungskette* oder *Wertschöpfungskette* bezeichnet.

Abhängig davon, ob die Vorgänge in operativen oder administrativen Leistungsstellen stattfinden und ob sie materielle oder immaterielle Objekte betreffen, sind die Leistungsketten *Logistikketten, Informationsketten* oder *Auftragsketten* (s. *Abb. 1.13*):

- Eine *Logistikkette* ist eine Reihe operativer Leistungstellen, die von materiellen Objekten durchlaufen wird. Ein- und auslaufende Objekte der Logistikkette sind Material, Waren oder Sendungen, die sich im Verlauf des Prozesses räumlich, zeitlich oder physisch verändern. Der Durchfluß durch eine Logistikkette wird als *Material-* oder *Warenfluß* bezeichnet.

- Eine *Informationskette* ist eine Reihe von Leistungsstellen, die von Informationen oder Daten durchlaufen wird. Die ein- und auslaufenden Objekte einer Informationskette sind immateriell. Der Durchsatz einer Informationskette ist der *Informations-* oder *Datenfluß*.

- Eine *Auftragskette* ist eine Reihe administrativer *und* operativer Leistungstellen, die von Aufträgen und Auftragsergebnissen durchlaufen wird. In den administrativen Leistungsstellen werden die Aufträge angenommen und bearbeitet. In den operativen Leistungstellen lösen die Aufträge die Erzeugung von Produkten und Leistungen aus. In eine Auftragskette laufen Aufträge, also immaterielle Objekte hinein. Heraus kommen Produkte, Waren oder Sendungen, also materielle Objekte (s. z.B. *Abb. 3.7*).

Logistikketten beschreiben den *Lieferprozeß* von den Lieferanten bis zu den Kunden, die Auftragstragsketten den *Auftragsprozeß* vom Kunden bis zum Kunden. Eine Logistikkette wird in der Regel von einer Auftragskette ausgelöst und von einer Informationskette begleitet. In den sogenannten *I- und K-Punkten* treffen Informationsketten und Logistikketten zusammen (s. *Abschnitt 2.6*).

Zur Ausführung ein und desselben Auftrags gibt es in der Regel mehrere mögliche Auftragsketten. Es ist eine zentrale Aufgabe der Logistik, abhängig von Art und Inhalt der Aufträge die jeweils optimale Kombination der möglichen Prozeßketten herauszufinden und diese anforderungsgerecht zu gestalten (*s. Kapitel 19/II*).

Eine *vollständige Leistungskette* umfaßt alle Leistungsstationen von der Quelle bis zur Senke. Sie läßt sich aufteilen in externe und interne Logistikketten:

- *Externe* oder *außerbetriebliche Logistikketten* sind die Abschnitte der Prozeßkette *zwischen* den Versandorten, den Umschlagpunkten, den Logistikzentren und den Empfangsorten.

- *Interne* oder *innerbetriebliche Logistikketten* sind die Leistungsketten *innerhalb* einer Station, eines Betriebs, eines Umschlagpunktes, eines Logistikzentrums oder einer Filiale.

Der Aufbau, die Gestaltung und die Optimierung externer Logistikketten werden in *Kapitel 19/II* ausführlich behandelt.

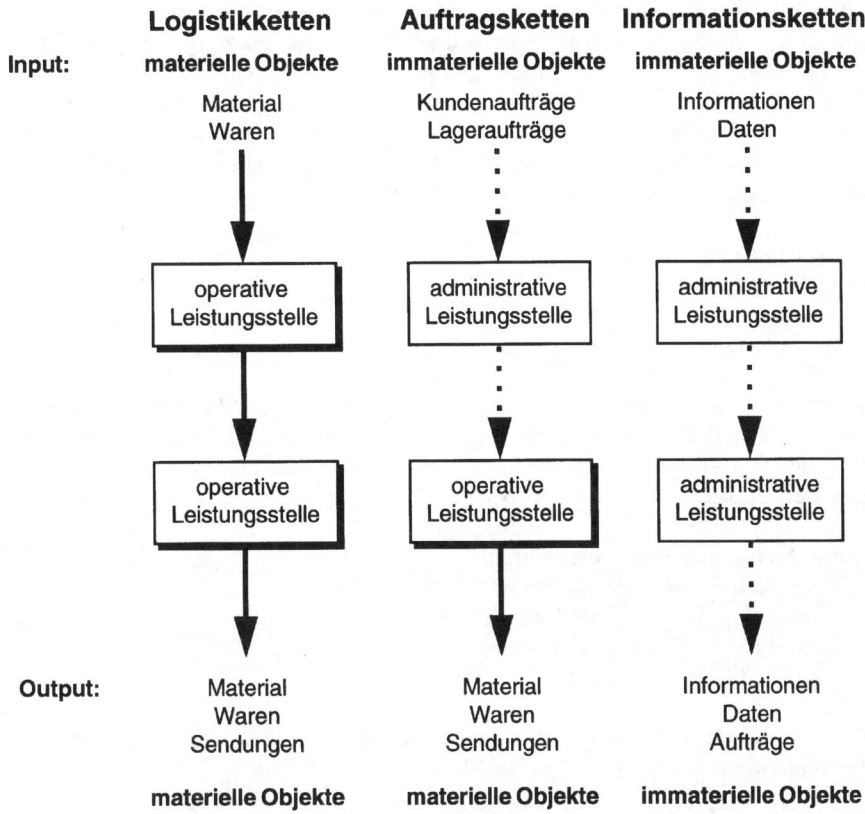

Abb. 1.13 Logistikketten, Auftragsketten und Informationsketten

⟶ Materialeinfluß   – – ⇢ Datenfluß

Abb. 1.12 zeigt die *internen Logistikketten* eines Logistikzentrums. Jeder mögliche Weg einer Ware durch die operativen Leistungsbereiche (1.6) eines Logistikzentrums, also jede zulässige Aneinanderreihung der verschiedenen Lager-, Kommissionier- und Umschlagprozesse, ist eine *interne Logistikkette*. Eine *interne* Logistikkette durch ein Logistikzentrum beginnt im *Wareneingang* mit den *Umschlag- und Bearbeitungsvorgängen*:

Entladen der Anlieferfahrzeuge
Warenannahme
Qualitätsprüfung   (1.8)
Bearbeitungen
Umpacken
Ladungsträgerwechsel.

Für *Transfer-* oder *Transitware*, die im Logistikzentrum nicht gelagert sondern nur umgeschlagen wird, schließen sich an diese Wareneingangsvorgänge direkt die Umschlag- und Bearbeitungsvorgänge (1.11) im Warenausgang an. Das direkte Durchlaufen der angelieferten Ware von Wareneingang bis Warenausgang wird auch als *Crossdocking* oder *Transshipment* bezeichnet (s. Abschnitt 19.1/II).

Wenn die angelieferte Ware gelagert werden soll, folgt auf die Vorgänge im Wareneingang der *Lagerprozeß* mit den *Teilvorgängen*:

Transport zum Lager
Einlagern   (1.9)
Lagern
Auslagern.

Werden im Warenausgang nicht nur *ganze* und *artikelreine Ladeeinheiten* benötigt, sondern *Teilmengen* und *artikelgemischte Versandeinheiten*, schließt sich an das Lagern der *Kommissionierprozeß* an. *Teilvorgänge* des Kommissionierens, also der Zusammenstellung von Ware nach vorgegebenen Auftträgen, sind [21]:

Nachschub der Reserveeinheiten
Bereitstellen der Zugriffseinheit
Fortbewegung des Kommissionierers   (1.10)
Entnahme der Positionsmengen
Abgabe der Auftragsmengen.

Die innerbetrieblichen Logistikketten schließen ab mit den *Umschlag-* und *Bearbeitungsvorgängen* im *Warenausgang*:

Transport zum Versand
Zusammenführen und Sortieren
Packen und Ettikettieren   (1.11)
Verdichten und Verschließen
Versandbereitstellung
Beladen der Transportfahrzeuge.

Die Leistungsbereiche eines Logistikzentrums bestehen in der Regel aus einzelnen Leistungsstellen, in denen parallel oder nacheinander definierte Einzelleistungen erbracht werden. Die Inhalte der einzelnen Teilvorgänge, die Zuordnung zu den Leistungsstellen, die Zusammenfassung von Leistungsstellen zu Leistungsbereichen und die Verbindung der Leistungsstellen zu innerbetrieblichen Logistikketten sind für jedes Projekt anders und fallspezifisch festzulegen.

Grundsätzlich finden in allen Logistikzentren die Vorgänge (1.8) bis (1.11) in ähnlicher Folge statt. In Logistikzentren mit *mehrstufigen Lager- und Kommissioniersystemen* laufen die Vorgänge des Lagerns (1.9) und des Kommissionierens (1.10) in aufeinander folgenden Leistungsbereichen nacheinander ab [21].

Setzt sich ein Lager- und Kommissioniersystem aus *parallelen Leistungsbereichen* zusammen, die auf bestimmte Artikelgruppen oder Auftragscluster spezialisiert sind und in denen ein paralleles oder serielles Arbeiten möglich ist, gibt es, wie in *Abb. 1.12* dargestellt, mehrere *interne Logistikketten*. Für die Auswahl der jeweils kostenoptimalen internen Logistikkette werden geeignete *Zuweisungsstrategien* benötigt (s. *Kapitel* 10 und 19/II).

1.8
Effekte von Logistikzentren

Die Logistikkosten für die Warenbelieferung über ein Logistikzentrum setzen sich aus folgenden *Kostenanteilen* zusammen:

- *Zulaufkosten* für die Anlieferung von den Lieferstellen zum Logistikzentrum.
- *Zinskosten* für das in den Lagerbeständen gebundene Kapital.
- *Leistungskosten* für die Funktionen im Logistikzentrum.
- *Distributionskosten* für die Auslieferung zu den Empfangsstellen.

Jeder dieser Kostenanteile hängt ab vom Ausmaß der Bündelung der Beschaffung, der Bestände, der Funktionen und der Distribution, also von der *Anzahl* und von den *Funktionen* der Logistikzentren zwischen den Liefer- und Empfangsstellen. Die einzelnen Effekte von Logistikzentren, wie Beschaffungsbündelung, Zulaufbündelung, Bestandsbündelung und Funktionsbündelung, werden nachfolgend näher erläutert.

Die Auswirkungen der Anzahl und Funktionen der Logistikzentren auf die Logistikkosten sind unterschiedlich und teilweise gegenläufig. Hieraus folgt:

- Bei vorgegebenen Leistungsanforderungen und Randbedingungen gibt es in der Regel eine *optimale Anzahl von Logistikzentren*.

Als Beispiel zeigt *Abb. 1.14* das Ergebnis einer Optimierung des Logistiksystems eines deutschen Kaufhauskonzerns mit der in *Abb. 1.9* dargestellten Logistikstruktur. In diesem Beispiel aus der *Handelslogistik* summieren sich die einzelnen Kostenanteile derart, daß die Gesamtkosten zunächst mit Verringerung der Anzahl Logistikzentren kontinuierlich abnehmen bis für zwei Logistikzentren ein flaches *Minimum* erreicht ist.

Für nur ein Logistikzentrum steigen die Gesamtkosten infolge der überproportionalen Zunahme der Distributionskosten wieder an. Die Gesamtkosten der betrachteten Logistikkette ließen sich in diesem Fall durch Bündelung aller Funktionen, Bestände und Warenströme aus bisher 10 Regionallagern in zwei Logistikzentren um ca. 12 % reduzieren [22; 23].

Außer einer Kostenreduzierung ermöglichen Logistikzentren Verbesserungen des *Servicegrades* und der *Logistikqualität*, die in dezentralen Strukturen ohne Kompetenzzentren kaum erreichbar sind.

1. Beschaffungsbündelung
Durch Bündelung vieler kleiner Einzelbestellungen der Empfangsstellen zu *Sammelbestellungen*, die zu bestimmten Terminen in größeren Sendungen an das Logistikzentrum ausgeliefert werden, lassen sich bei den Lieferanten Kosten einsparen.

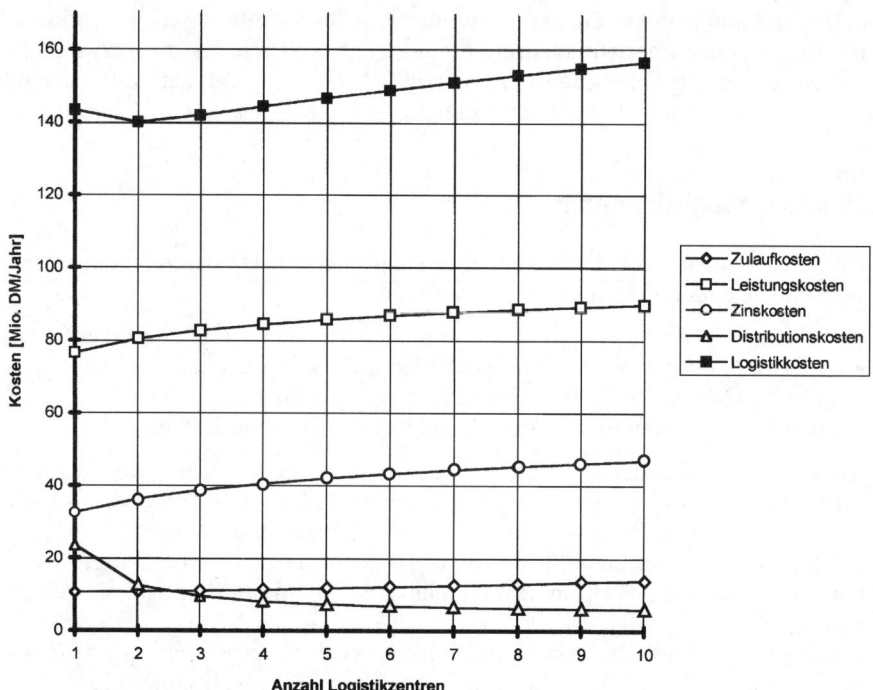

Abb. 1.14 Abhängigkeit der Logistikkosten von der Anzahl der Logistikzentren

Beschaffungssystem eines deutschen Handelskonzerns mit 250 Filialen
Beschaffungsstruktur wie Abb. 19.22/II, Lieferketten wie Abb. 19.23/II

Größere Lieferaufträge in geringerer Frequenz erleichtern die Disposition und erhöhen die Auslastung der Produktionsanlagen. In Auftragsabwicklung, Fertigung, Lager und Versand sinken die anteiligen Rüstkosten.

Je nach Art der Güter und Fertigungstiefe der Lieferanten sind durch eine Beschaffungsbündelung Kosteneinsparungen möglich, die eine Größenordnung von 2 bis 5 % des Beschaffungswertes und darüber erreichen können. Zusätzlich lassen sich günstigere Lieferbedingungen, wie *Mengenrabatte, Just-In-Time-Anlieferung* oder Verwendung von *Standardladungsträgern* vereinbaren, die zur Kostensenkung und Verbesserung der Wettbewerbsposition beitragen.

Die Beschaffungskosten sind für ein Logistikzentrum minimal und nehmen mit Anzahl der Logistikzentren zu.

2. Zulaufbündelung

Durch Zusammenfassen der Warensendungen eines Lieferanten für viele Kunden zu wenigen größeren Sendungen an ein Logistikzentrum reduziert sich die Anzahl der Zulauftransporte, also die *Zulauffrequenz*. Zugleich erhöht sich die Liefermenge pro Sendung.

Dadurch lassen sich im Zulauf *genormte Ladeeinheiten*, wie Behälter, Paletten oder Container, mit hohem Füllungsgrad einsetzen. Die Auslastung der Transportmittel verbessert sich. Transportfahrzeuge mit größerer Kapazität – Sattelauflieger, Lastzüge, Wechselbrücken, Container, Waggons – und mit geringeren spezifischen Transportkosten, wie die Bahn, können genutzt werden. Rationellere Verladetechniken ergeben weitere Kosteneinsparungen.

Durch *optimale Standorte* der Logistikzentren im jeweiligen *Transportschwerpunkt* läßt sich der *durchschnittliche Fahrweg* der Zulauftransporte minimieren und im Vergleich zur Direktbelieferung meist reduzieren, zumindest aber konstant halten. Hieraus folgt generell:

- Durch Belieferung über ein Logistikzentrum lassen sich im Vergleich zur Direktbelieferung die *Zulaufkosten* reduzieren.

Die mögliche Reduzierung der Zulaufkosten durch Senkung der Anzahl Logistikzentren, die sich zwischen den Lieferanten und den Filialen befinden, zeigt für das Beispiel der Handelslogistik *Abb. 1.14.*

In diesem Fall lassen sich die Zulaufkosten, die zu den Logistikkosten zwischen 5 und 10 % beitragen, um ca. 25 % senken, wenn die Filialen statt über 10 Regionallager über nur ein Logistikzentrum beliefert werden.

3. Bestandsbündelung

Bei *optimaler Bestands- und Nachschubdisposition* läßt sich durch das Zentralisieren der Bestände gleicher Artikel mit kontinuierlichem Absatz aus vielen dezentralen Lagern in einem Logistikzentrum der Gesamtbestand bei gleichem Servicegrad erheblich reduzieren oder bei gleichem Gesamtbestand der Servicegrad deutlich verbessern.

Durch optimale Nachschubdisposition werden die im Logistikzentrum zusammengefaßten Bestände von nachdisponierbarer Ware auf eine Höhe gesenkt, die gleich der Wurzel aus der Quadratsumme der zentralisierten Einzelbestände ist. So läßt sich durch Zusammenfassen von zwei dezentralen Lagerbeständen mit gleichem Durchsatz und gleichem Sortiment in einem Zentrallager bei unverändertem Servicegrad ein Gesamtbestand erreichen, der nur noch $1/\sqrt{2} = 71$ % der Summe der Einzelbestände beträgt (s. *Kapitel 11*).

Um den gleichen Faktor, um den sich der Gesamtlagerbestand durch Zusammenfassen mehrerer Lager in einem Zentrallager senken läßt, erhöht sich der *Lagerumschlag* des Zentrallagers im Vergleich zum Umschlag der Summe der dezentralen Lager. So erhöht sich durch das Zusammenfassen zweier gleich großer Lagerbestände des gleichen Sortiments der Lagerumschlag um den Faktor $\sqrt{2} = 1,41$.

Hieraus folgt:

- Der *Warenbestand* und damit *Kapitalbindung* und *Zinskosten* nehmen mit der Anzahl der Logistikzentren ab.
- Der *Lagerplatzbedarf* und damit die *Lagerkosten* lassen sich durch Herabsetzung der Anzahl Lagerorte reduzieren.

- Der *Lagerumschlag* erhöht sich durch das Zusammenfassen vieler dezentraler Lagerbestände in einem oder wenigen Logistikzentren. Damit sinken die *Umschlagkosten*.

Diese Effekte sind jedoch nur bei *nachdisponierbarer Ware* erreichbar, die zur Deckung eines regelmäßigen Bedarfs gelagert und bereitgehalten wird. Pufferbestände, Aktions- und Terminwaren oder Langzeitbestände, die sich durch die Nachschubdisposition nicht beeinflussen lassen, mindern den Effekt der Bestandsbündelung in dem Maße, wie sie Anteil am Gesamtbestand haben (s. *Kapitel* 11).

Für das betrachtete Beispiel einer Zentralisierung der Lagerhaltung eines Kaufhauskonzerns ergibt sich bei einem Anteil der nachdisponierbaren Ware am Gesamtbestand der dezentralen Lager von ca. 45 % die in *Abb. 1.14* dargestellte Abhängigkeit der Zinskosten von der Anzahl Logistikzentren.

Die Zinskosten für das im Lagerbestand gebundene Kapital, die zwischen 25 und 35 % der Gesamtlogistikkosten ausmachen können, lassen sich in diesem Fall durch Errichtung nur eines Zentrallagers anstelle von 10 dezentralen Lagern um ca. 20 % senken.

Der reduzierte Lagerplatzbedarf und der erhöhte Lagerumschlag bewirken zusammen mit anderen Zentralisierungseffekten, wie die Degression der Lagerplatzkosten mit zunehmender Lagergröße, außer der Verminderung der Zinskosten eine Senkung der Betriebskosten der Logistikzentren (s.. *Abschnitt 16.3/II*)

4. Funktionsbündelung

Die Bündelung der *Logistikfunktionen* (1.4) und (1.5) in einem oder wenigen Logistikzentren hat bei richtiger Gestaltung, Dimensionierung und Organisation des Logistikzentrums mehrere positive Effekte:

- Erhöhte Effizienz von Betrieb und Verwaltung.
- Einsetzbarkeit rationeller Lager-, Kommissionier-, Transport- und Steuerungstechnik.
- Reduzierter Anteil angebrochener Ladeeinheiten.
- Bessere Volumennutzung optimaler Ladungsträger.
- Abnehmende Lagerplatz- und Umschlagkosten.
- Ausgleich und bessere Bewältigung von Belastungsspitzen.
- Möglichkeit zur effizienten Anlagennutzung im Mehrschichtbetrieb.
- Senkung der Verwaltungskosten durch Einsatz moderner Datentechnik.
- Reduzierung des anteiligen Führungsaufwands.

Ein entscheidender Beitrag zur Kosteneinsparung durch Zentralisierung der Lagerbestände ergibt sich aus der mit zunehmender Lagerkapazität abnehmenden *Lagerplatzinvestition* und den sinkenden *Umschlagkosten* pro Lagereinheit.

Bei größerer Lagerkapazität, hohem Durchsatz und Mehrschichtbetrieb sind automatisierte Hochregallager wesentlich wirtschaftlicher als konventionelle Lager. Hochregallager sind nur ein Beispiel für eine *rationellere Technik*, deren Einsatz erst nach Schaffung großer Logistikzentren erhebliche Kosteneinsparungen bringt (s. *Kapitel 16/II*).

Eine weitere Möglichkeit der *Funktionsbündelung* und *Rationalisierung* ist das Verlagern der Kommissionierung der Kundenaufträge aus den Verteilstationen oder von den Auslieferfahrzeugen in ein Logistikzentrum. Auch hierdurch lassen sich bei Betrachtung der gesamten Logistikkette Kosten einsparen und Qualitätsverbesserungen erreichen.

Aus den Effekten der Funktionsbündelung ergibt sich:

- Mit abnehmender Anzahl Logistikzentren sinken die Kosten für die internen Logistikleistungen.

Das Ausmaß der durch Funktionsbündelung in Logistikzentren erreichbaren Kosteneinsparungen ist von Fall zu Fall sehr unterschiedlich. In dem betrachteten Beispiel aus der Kaufhausbranche lassen sich die Betriebskosten der Logistikzentren, die mit einem Anteil von 50 % bis 60 % am stärksten zu den Gesamtlogistikkosten beitragen, durch eine Zentralisierung von 10 Regionallagern auf 1 Logistikzentrum um ca. 15 % reduzieren. In anderen Fällen waren durch *optimale Gestaltung, Dimensionierung* und *Organisation* der Logistikzentren noch größere Effekte erreichbar.

5. Distributionsbündelung
Durch Bündelung vieler Einzelauslieferungen über ein oder wenige Logistikzentren zu wenigen größeren Sendungen, die direkt oder über Verteilstationen an die Kunden ausgeliefert werden, läßt sich die Anzahl der Ausliefertransporte erheblich senken. Zugleich erhöhen sich die Ausliefermengen pro Sendung.

Für den *Ferntransport* vom Logistikzentrum zu den Verteilstationen oder zu Großkunden können – ähnlich wie beim Zulauf – genormte Ladeeinheiten verwendet und Transportfahrzeuge mit größerer Kapazität und geringeren spezifischen Transportkosten eingesetzt werden. Der Frachtraum wird besser genutzt und gleichmäßiger ausgelastet. Der Anteil von Teilladungen und Stückgut reduziert sich.

Für die Auslieferung von den Verteilstationen an die einzelnen Kunden, also für die *Flächenverteilung*, lassen sich die Kapazitäten eingeführter *Gebietsspediteure* nutzen. Bei Logistikzentren, die sich in stadtnahen *Güterverkehrszentren* befinden, ist die *City-Logistik* einsetzbar. Durch Zusammenfassung von Auslieferungstouren für mehrere Unternehmen sind weitere Bündelungs- und Wegoptimierungseffekte möglich, die zu Entlastungen im *Nahverkehrsbereich* führen [194].

Diesen Bündelungseffekten der Distribution und Flächenverteilung steht jedoch eine mit abnehmender Anzahl und größerer Entfernung der Logistikzentren von den Zustellorten *zunehmende Weglänge der Transporte* gegenüber. Dieser gegenläufige Effekt führt zu einer *größeren Verkehrsbelastung der Straßen*, wenn es nicht gelingt, die Ferntransporte weitgehend über die Bahn abzuwickeln. Volkswirtschaftlich sind daher Logistikzentren erst dann ein Gewinn, wenn die Verkehrsinfrastruktur dem veränderten Bedarf angepaßt wird.

Generell gilt:

- Mit abnehmender Anzahl Logistikzentren lassen sich die Auslieferfrequenzen reduzieren und rationellere Transportmöglichkeiten nutzen.

- Die Zunahme der Auslieferungsentfernung kann bei ausgedehntem Servicegebiet dazu führen, daß trotz abnehmender Transportfrequenz die Distributionskosten mit abnehmender Zahl der Logistikzentren ansteigen.

Die Abhängigkeit der Distributionskosten von der Anzahl der Logistikzentren ist für das untersuchte Beispiel der Kaufhauslogistik in *Abb. 1.14* dargestellt. In diesem Fall nehmen die Distributionskosten zu den Kaufhausfilialen bei Belieferung über nur ein Logistikzentrum statt über 10 dezentrale Filiallager um mehr als einen Faktor 3 zu. Ihr Anteil an den Gesamtlogistikkosten steigt damit von ca. 4 auf ca. 14 % an.

Wie der Verlauf der Gesamtlogistikkosten zeigt, wird durch den Anstieg der Distributionskosten ein wesentlicher Teil der Einsparungen, die sich durch die Errichtung von einem oder zwei Logistikzentren erzielen lassen, wieder aufgezehrt. Dabei sind allerdings noch keine Kostenreduzierungen durch Vergabe des Betriebs an einen *Systemdienstleister* oder durch Teilverlagerung der Ferntransporte auf andere Verkehrsträger, wie die Bahn, berücksichtigt.

6. Weitere Effekte und Potentiale

Logistikzentren bringen gegenüber einer dezentralen Logistikstruktur bei großen Durchsatzmengen und hohen Beständen erhebliche Einsparungen. Die erreichbaren Kostensenkungen durch Transport- und Funktionsbündelung in Logistikzentren sind in der Praxis oftmals deutlich größer als in dem vorangehend dargestellten Beispiel aus der Handelslogistik.

Die Größe der Einsparungen hängt ab von der richtigen Gestaltung und Auswahl der Lieferketten, von der optimalen Gestaltung und Organisation der Logistikzentren und von der Gesamtstruktur des Logistiksystems. Zur Gestaltung, Dimensionierung und Optimierung des Logistiksystems sowie zur Quantifizierung der Effekte von Logistikzentren und anderer Handlungsmöglichkeiten werden Verfahren, Strategien und Berechnungsformeln benötigt, die nachfolgend entwickelt werden.

Zur Kosteneinsparung und Serviceverbesserung kann auch die Einschaltung eines qualifizierten *Logistikdienstleisters* als Betreiber des Logistikzentrums und für die Ausführung der Zulauf- und Distributionstransporte beitragen. Der Logistikdienstleister bietet zusätzlich zu seiner Kompetenz die Möglichkeit, ein Logistikzentrum *gleichzeitig* für mehrere Unternehmen zu betreiben und dadurch weitere *Synergieeffekte* zu erzielen (s. *Kapitel 20/II*).

1.9
Netzwerkmanagement

Die Logistik eines Konsumenten, eines Unternehmens oder eines anderen Wirtschaftsteilnehmers ist stets Teil eines größeren Logistiknetzwerks, das über seine direkten Einflußmöglichkeiten hinausreicht. Jedes Unternehmen muß sich daher entscheiden, wo es die Grenzen seines Logistiknetzwerks zieht, und für das abgegrenzte Logistiknetzwerk ein geeignetes Netzwerkmanagement aufbauen [26].

Die Aufgaben des *Netzwerkmanagements*, das abhängig vom Aufgaben-
schwerpunkt auch als *Supply Chain Management (SCM)* oder *Unternehmenslogistik* bezeichnet wird, ergeben sich aus der *Art des Logistiknetzwerks*, in dem das
Unternehmen arbeitet [26; 223; 241]. Hierfür ist zu unterscheiden zwischen *temporären* und *permanenten Logistiknetzen* sowie zwischen *festen, flexiblen* und
kombinierten Netzwerken.

1. Temporäre Netzwerke
Temporäre Netzwerke werden für einen befristeten Bedarf aufgebaut und nur für
begrenzte Zeit betrieben. Beispiele sind die temporären Logistiknetzwerke von
Baustellen, Ausstellungen, Jahrmärkten, Veranstaltungen, Umzügen und Ent-
wicklungsprojekten:

- Das Management temporärer Logistiknetzwerke ist Aufgabe der *Projektlogistik.*

Für Unternehmen, deren Geschäftszweck die regelmäßige Durchführung von
Großprojekten an wechselnden Standorten ist, zählt die Projektlogistik zu den
Kernkompetenzen. Beispiele sind die *Baulogistik* der Baukonzerne, die *Anlagen-
logistik* der Unternehmen des Anlagenbaus und die *Objektlogistik* von Großver-
anstaltern. Zentrale Aufgaben der Projektlogistik sind der Aufbau des temporären Logistiknetzwerks, der Einsatz von geeigneten *Spezialdienstleistern*, wie Mö-
bel-, Schwerlast- und Massengutspeditionen, und die *Systemführung* bis zum
Projektabschluß.
Wenn ein Projekt für ein Unternehmen ein einmaliges Ereignis ist, wie ein Fir-
menumzug, eine Messeteilnahme oder ein einzelnes Bauvorhaben, lohnt es sich
in der Regel nicht, eine eigene Projektlogistik aufzubauen. Hierfür gibt es spezialisierte *Projektdienstleister*, wie Umzugsunternehmen oder Bauspeditionen.

2. Permanente Netzwerke
Permanente Netzwerke werden für einen lange Zeit anhaltenden Bedarf aufgebaut und für unbefristete Zeit betrieben.
Die Regelmäßigkeit und Größe der Logistikaufträge bestimmt die Ausführung
des Netzwerks:

- *Feste* oder *starre Logistiknetzwerke* bestehen aus Logistikstationen mit gleichbleibendem Standort, wie Versandstellen, Umschlagpunkten, Logistikzentren
  und Empfangsstellen, die durch ein festes Transportnetz miteinander verbunden sind.

Beispiele für starre Logistiknetzwerke sind die Netzwerke der *Verbunddienstleister*, wie der Bahn, Post, Paketdiensleister, Linienfluggesellschaften und Linien-
schiffahrtsunternehmen. Andere Beispiele sind die festen *Beschaffungsnetzwerke*
der *Handelsunternehmen* mit eigenen Logistikzentren und regionalen Umschlagpunkten (s. *Abschnitt 19.11/II*).
Kleinere Handelsunternehmen, Internet-Händler und Industriebetriebe mit
häufiger wechselnden Lieferanten- und Kundenbeziehungen betreiben in der Regel ein flexibles Logistiknetzwerk [223]:

- *Flexible, veränderliche* oder *virtuelle Logistiknetzwerke* sind Netzwerke mit permanent wechselnden Beteiligten, Stationen und Transportverbindungen.

Betreiber von flexiblen Netzwerken sind auch Chartergesellschaften und Spediteure ohne eigene Transportmittel und mit wenigen eigenen Betriebsstandorten. Feste regionale oder nationale Netzwerke lassen sich bedarfsabhängig mit flexiblen lokalen oder globalen Netzwerken zu kombinierten Netzwerken verbinden:

- *Kombinierte Logistiknetzwerke* bestehen aus einer Anzahl fester Stationen, zwischen denen im *Hauptlauf* regelmäßige Transporte stattfinden, in Verbindung mit flexiblen lokalen Netzwerken und temporären Relationstransporten über größere Entfernungen.

Typische Beispiele für kombinierte Netzwerke sind die globalen Beschaffungs- und Distributionsnetzwerke großer Automobilwerke, Chemieunternehmen und Konsumgüterhersteller mit Werken in vielen Ländern und mehreren Kontinenten (s. *Kapitel 19/II*).

So zeigt *Abb. 1.15* das Logistiknetzwerk eines Automobilmontagewerks, dessen Besonderheit darin besteht, daß sich alle *Modullieferanten* in unmittelbarer Nachbarschaft des Werks befinden. Das Netzwerk der Automobilfabrik erstreckt sich von den Teile- und Komponentenherstellern über die Modullieferanten, das Montagewerk, die Zentrallager und Umschlagpunkte bis zu den Verkaufsstellen in aller Welt. Das Distributionsnetz und die Belieferungsketten für die Fertigfahrzeuge sind in den *Abb. 19.20/II* und *19.21/II* dargestellt.

Auch mittelständische Industrieunternehmen mit Werken in europäischen Ländern und Niederlassungen in aller Welt benötigen ein festes *Euro-Logistiknetzwerk* in Verbindung mit einem flexiblen außereuropäischen Netzwerk.

Weltweit tätige *Logistikdienstleister*, wie internationale Speditionen, Containergesellschaften, Luftfahrtunternehmen und Reedereien, verfügen ebenfalls über ein kombiniertes Logistiknetzwerk. Sie verbinden ein firmeneigenes globales *Festnetz* mit flexibel nutzbaren lokalen Netzwerken von Vertragspartnern und Subunternehmern und können so weltweit ein *flächendeckendes Gesamtnetz* anbieten [26].

3. Aufgaben des Netzwerkmanagements

Die Logistik ist grenzenlos. Um sie zu beherrschen, ist es notwendig, Grenzen zu ziehen, die Anschluß- oder Nahtstellen abzustimmen, innerhalb der Grenzen Ziele festzulegen, die Aufgaben zu bestimmen sowie deren Ausführung richtig zu verteilen und zu kontrollieren. Das sind die wesenlichen Aufgaben des *Netzwerkmanagements*.

Wer Logistikaufgaben bearbeitet, muß über die Grenzen seines eigenen Logistiknetzwerks hinaus sehen. Er muß mindestens die Eingangsstufen der Beschaffungsketten seiner Kunden und die Ausgangsstufen der Belieferungsketten seiner Lieferanten kennen. Nur dann lassen sich *Schnittstellen* vermeiden und in *Anschlußstellen* mit einem ungehinderten Material- und Informationsfluß verwandeln.

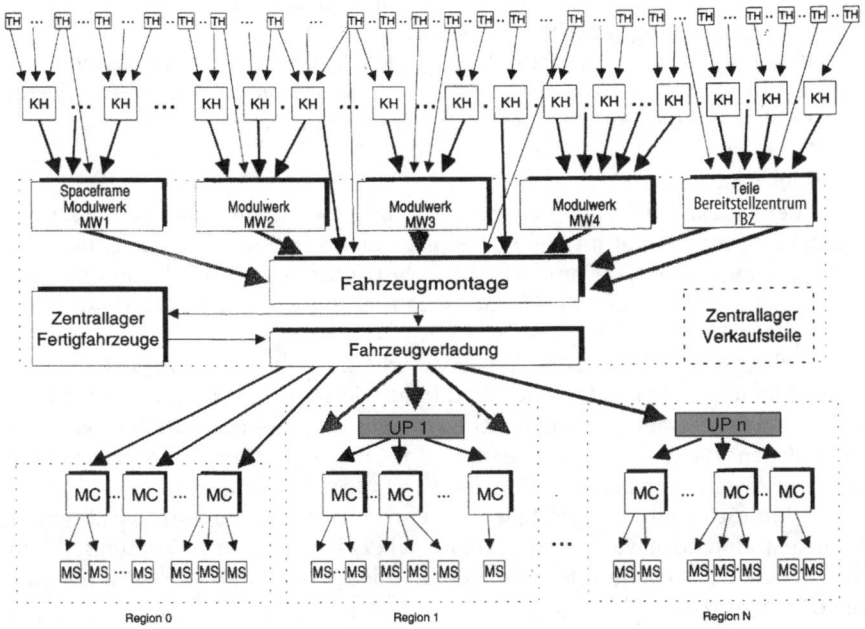

Abb. 1.15 Logistiknetzwerk eines Automobilwerks

TH	Teilehersteller	KH	Komponentenhersteller
MW	Modulwerke	FM	Fahrzeugmontage
UP	Umschlagpunkte	ZL	Zentrallager
MC	Marketcenter	MS	Verkaufsstellen

Prinzipdarstellung ZLU [250]

Abhängig vom Logistiknetzwerk und von den Unternehmenszielen umfaßt die *Unternehmenslogistik*, zu der das *Supply Chain Management* und das *Netzwerkmanagement* gehören, folgende *Aufgabenbereiche*:

Bedarfsanalyse und Bedarfsplanung
Gestaltung der Belieferungsketten
Strategieentwicklung und Netzwerkkonzeption
Logistikplanung und Netzwerkaufbau
Anschluß- und Nahtstellenabstimmung   (1.12)
Auftrags- und Bestandsdisposition
Netzbetrieb und Betriebssteuerung
Logistikcontrolling und Logistikberatung.

Die Aufgabenbereiche der Unternehmenslogistik haben in den Unternehmen unterschiedliche Inhalte und Schwerpunkte und sind entsprechend zu organisieren. In Unternehmen, für die Logistik eine Kernkompetenz ist, sollte die Unternehmenslogistik eine eigenständige Organisationseinheit sein, die gleichrangig neben Finanzen, Verwaltung, Einkauf, Technik, Produktion und Vertrieb in der Unternehmensleitung verankert ist (s. *Abschnitt 2.9*).

Einige Aufgaben, wie die Strategieentwicklung, die Netzwerkkonzeption und die Logistikplanung fallen meist nur temporär oder projektabhängig an. Hierfür bietet sich daher der Einsatz eines kompetenten *Unternehmensberaters* an.

4. Zukunftsaufgaben

Nach der Industrialisierung der technischen Prozesse, die Anfang des 19. Jahrhunderts begonnen hat und heute weitgehend abgeschlossenen ist, ist die Herausforderung des 21. Jahrhunderts die *Industrialisierung der Leistungsprozesse*. Hierzu muß die Logistik durch Industrialisierung der Logistikprozesse einen Beitrag leisten.

Die Phase des Aufbaus fester Transport- und Logistiknetzwerke ist weitgehend abgeschlossen. In den dicht besiedelten Industrieländern ist kaum noch Platz für den Bau neuer Straßen, Eisenbahntrassen, Flughäfen und Logistikbetriebe. Die Zukunft gehört daher dem Aufbau und dem Management flexibler Netzwerke mit dem Ziel einer optimalen Nutzung der vorhandenen Ressourcen.

Die hierfür benötigten gesetzlichen Rahmenbedingungen und zielführenden Strategien sind noch wenig erforscht und daher ein wichtiges Betätigungsfeld für die Logistik wie auch für internationale Gremien, wie die *Europäische Union* und die *OECD* [25; 35].

1.10
Aufgabenteilung in der Logistik

Mit zunehmender Ausweitung und Spezialisierung entfernen sich in der Logistik – ebenso wie in anderen Fachdisziplinen – *Theorie, Umsetzung* und *Praxis*. Die Aufgabenbereiche dieser drei Arbeitsfelder und ihre Wechselwirkungen sind in *Abb. 1.16/II* dargestellt. Entsprechend dieser Aufgabenteilung gibt es *strategische, realisierende* und *operative Logistiker*, die schwerpunktmäßig in der Theorie, in der Umsetzung oder in der Praxis tätig sind.[4]

Aus den Fähigsten und Erfolgreichsten der drei Gruppen rekrutieren sich die *Logistikmanager*. Die Logistikmanager geben die Ziele vor, treffen Entscheidungen über Lösungsvorschläge und stellen die Weichen für neue Entwicklungen und Konzepte.

Voraussetzung für den Erfolg der theoretischen, der realisierenden und der operativen Logistiker sind gegenseitiger Respekt, ausreichende Kenntnis der Aufgaben und Leistungen der anderen Bereiche und die gemeinsame Ausrichtung aller Arbeit auf den *praktischen Nutzen* für das Unternehmen, die Kunden und die Gesellschaft.

---

4 Dem Verfasser sind erst wenige *Logistikerinnen* begegnet. Zu wünschen ist, daß noch mehr Frauen die beruflichen Chancen erkennen und nutzen, die ihnen die Logistik bietet.

1. Strategische Logistiker

Strategische oder *theoretische Logistiker* haben die *Aufgabe*, durch Erforschung der Grundlagen und durch Entwicklung neuer Konzepte und Strategien der Logistik *praktischen Nutzen zu stiften*. Zu ihnen gehören die Professoren, Forscher und Theoretiker an den Hochschulen, die Strategen, Organisatoren und Systemanalytiker in den Unternehmen und die auf Logistik spezialisierten Unternehmensberater.

Voraussetzungen für das erfolgreiche Wirken eines strategischen Logistikers sind, abgesehen von der Kenntnis der Grundlagen, Strategien und Methoden der Logistik und des *Operations Research*, analytisches Denken, Offenheit für neue Ideen, Kreativität und Urteilsvermögen. Ein weiterer Erfolgsfaktor des Theoretikers ist eine gute Kenntnis der Gegebenheiten und des Bedarfs der Praxis.

Viele Theoretiker sind *Generalisten* und neigen dazu, tautologische Begriffssysteme aufzubauen, realitätsfremde Modelle zu erfinden und abstrakte Überlegungen anzustellen, die wenig Bezug zur Praxis haben. Da die Logistik ihre Existenzberechtigung aus der Anwendbarkeit bezieht, ist jedoch allein der praktische Nutzen Maßstab für den Wert der Leistung eines theoretischen Logistikers.

Wer fragt „*Was* ist Logistik?" oder „*Was* verstehen wir unter *Supply Chain Management?*", kann endlos neue Begriffe definieren oder alte Begriffe neu interpretieren ohne Nutzen zu stiften. Nur wer fragt „Welche *Aufgabe* hat die Logistik?" und „*Wie* ist die Aufgabe lösbar?" gelangt zu nützlichen Antworten und schafft sich hierfür die erforderlichen Begriffe [10; 233].

2. Realisierende Logistiker

Die *realisierenden* oder *ausführenden Logistiker* haben die *Aufgabe*, durch Entwicklung, Konstruktion, Planung, Organisation, Programmieren und Aufbau neuer Maschinen, Anlagen und Systeme *praktischen Nutzen zu bewirken*.

Zu ihnen gehören die Entwickler, Konstrukteure, Systemtechniker und Programmierer der Lieferfirmen von Maschinen, Betriebsmitteln, Fahrzeugen, Software und Steuerungstechnik sowie die Planer und Projektleiter der *Generalunternehmer* für lagertechnische, fördertechnische, transporttechnische und logistische Gesamtanlagen.

Voraussetzung für den Erfolg eines realisierenden Logistikers sind, abgesehen von der Kenntnis der Lösungsmöglichkeiten seines Fachgebiets, konstruktives Denken, Organisationsvermögen und Durchsetzungsfähigkeit sowie ein gesichertes Wissen über die Umstände und den Bedarf des praktischen Betriebs.

Die realisierenden Logistiker neigen zum *Spezialistentum* und übertechnisierten Lösungen. Sie haben häufig den undankbarsten Part: Im Erfolgsfall war der Stratege oder der Auftraggeber der Ideengeber. Bei einem Mißerfolg wird allein das ausführende Unternehmen verantwortlich gemacht.

3. Operative Logistiker

Der *operative, praktizierende* oder *praktische Logistiker* hat die *Aufgabe*, durch den leistungs- und kostenoptimalen Betrieb eines Logistiksystems *permanenten*

Nutzen zu schaffen. Zu ihnen gehören die Praktiker, die Disponenten, die Betriebsleiter, die Betreiber und die Nutzer von Anlagen und Systemen der Logistik. Die meisten praktischen Logistiker sind bei den Logistikdienstleistungsunternehmen beschäftigt.

Ein operativer Logistiker benötigt für eine erfolgreiche Arbeit die Fähigkeit zum praktischen Denken, Improvisationsvermögen und die genaue Kenntnis der Technik und Leistungsfähigkeit der Betriebsmittel, Anlagen und Systeme seines Tätigkeitsbereichs. In leitender Position muß er darüber hinaus Menschen führen und Betriebsabläufe organisieren können.

Praktiker, die lange Zeit nur in einem Bereich oder einer Branche tätig sind, unterliegen der Gefahr der *Betriebsblindheit.* Hieraus resultiert häufig ein Überlegenheitsdünkel der Praktiker gegenüber den Theoretikern, die ihrerseits zur Herablassung gegenüber den Praktikern neigen.

4. Spezialisten und Generalisten

Die Erkenntnisse, Handlungsmöglichkeiten und Lösungen der Logistik sind relativ einfach, aber so zahlreich und vielfältig, daß rasch der Überblick verloren geht.

Spezialisten kennen sich in wenigen Fachgebieten sehr gut aus. Sie wissen auf ihrem Gebiet nahezu alles und kennen die Lösungsmöglichkeiten. Sie sehen aber auch die Hindernisse und Probleme. Der Spezialist denkt in Konstruktion und Technik, in Erfahrungen und Beispielen, in Programmen und Rechnerkonfigurationen oder in Geldeinheiten und Kapitalrückfluß.

Vor lauter Bedenken und Detailfreudigkeit sind manche Spezialisten entschlußunfähig. Sie verlieren leicht den Überblick und neigen zur Überbewertung von Teilaspekten. Wer jedoch im Dickicht der Zahlen und in der Fülle der technischen Details stecken bleibt, sieht den Wald vor lauter Bäumen nicht und verfehlt die optimale Gesamtlösung.

Generalisten kennen viele Fachgebiete der Technik und Betriebswirtschaft. Sie überschauen ein sehr breites Feld, sehen Zusammenhänge und denken in Systemen. Sie sind in der Regel entscheidungsfreudiger und risikobereiter als die Spezialisten. Wegen mangelnden Tiefgangs und begrenzter Fachkenntnis läuft der Generalist jedoch Gefahr, die Probleme zu unterschätzen, Realisierungshindernisse zu übersehen und innovative Lösungsmöglichkeiten unberücksichtigt zu lassen.

Wer die Grundlagen und die Lösungsmöglichkeiten nicht kennt, nicht rechnen kann und die Details nicht beachtet, wird rasch zum Phantasten. Er neigt zu „intergalaktischen Lösungen" ohne praktischen Wert. Derart abgehobene Generalisten bezeichnen eine größere Anzahl relativ einfacher Zusammenhänge als „hochkomplex", propagieren das Beziehungsgeflecht zwischen Zulieferfirmen und Hersteller als „virtuelles Unternehmen" oder die Rückbesinnung auf das Werkstattprinzip als „fraktale Fabrik" [51; 52].

Andere Theoretiker und Strategen betrachten nur einen Aspekt der Logistik, wie *Just In Time* oder *Kanban* oder *Geschäftsprozesse* oder *Outsourcing* oder *Benchmarking* oder *I+K* oder *PPS/MRP/ERP/APS* oder *Supply Chain Management* (SCM) oder *Netzwerkmanagement*, aus dem heraus sie alle Aufgaben und Probleme lösen wollen. [5] Die Logistik aber hat viele Facetten und erschließt sich erst bei Betrachtung aller dieser und weiterer Aspekte.

Ein guter Logistiker ist sowohl Spezialist auf einem Gebiet der Technik oder Betriebswirtschaft als auch Generalist auf allen Feldern, von denen die Logistik abhängt. Er arbeitet nach dem *Habicht-Prinzip*:

- Der Logistiker erhebt sich über das Geschehen der Praxis. Mit scharfen Augen sieht er die Strukturen, Prozesse und Zusammenhänge. Wenn sich auf einem Gebiet eine Lösung abzeichnet, fokussiert er seinen Blick. Erscheint die Lösung interessant, schießt er in die Niederungen von Theorie und Praxis hinab, analysiert die Details und macht Ideenbeute für seine weiteren Überlegungen.

Auf diesem Weg des permanenten Wechsels von *Top-Down* zu *Bottom-Up* und wieder zurück erweitert der Logistiker seine Kompetenz und gewinnt die Fähigkeit zur Problemlösung.

Wer keinen Abstand hat, sieht das Ganze nicht. Nur wer die Details analysiert, versteht auch die Zusammenhänge. Denn ein System ist mehr als die Summe seiner Teile, aber die Funktion des gesamten Systems kann von einem einzigen Teil abhängen [233].

5. Theorie und Praxis

Abgesehen von den Beiträgen des *Operations Research* ist die Logistik in weiten Bereichen noch immer eine *Fertigkeit*, die auf Erfahrungen und Experimenten beruht. Das wird von vielen *Praktikern* der Logistik besonders betont. Wer zu einem praktischen Problem einen theoretisch begründeten Lösungsvorschlag macht, bekommt daher nicht selten zu hören, das mag in der Theorie richtig sein, gilt aber nicht für die Praxis.

Über das Verhältnis von Theorie und Praxis schrieb bereits vor 200 Jahren *Immanuel Kant* in einer Abhandlung mit dem Titel „Das mag in der Theorie richtig sein, gilt aber nicht für die Praxis" [69]:[6]

„Daß zwischen der Theorie und Praxis noch ein Mittelglied der Verknüpfung und des Übergangs von der einen zur anderen erfordert werde, die Theorie mag auch so vollständig sein, wie sie wolle, fällt in die Augen; denn zu dem Verstandesbegriffe, welcher die Regel enthält, muß ein Aktus der Urteilskraft hinzukommen, wodurch der Praktiker unterscheidet, ob etwas der Fall der Regel sei oder nicht; und da für die Urteilskraft nicht immer wiederum Regeln gegeben werden können, wonach sie sich in der Subsumtion zu richten habe (weil das ins Unendliche gehen würde), so kann es Theoretiker geben, die in ihrem Leben nie praktisch werden können, weil es ihnen an Urteilskraft fehlt."

---

5 Zu jedem dieser Schlagworte, unter denen jeder etwas anderes versteht, gibt es Hunderte von Publikationen. Nur wenige davon sind von bleibendem Erkenntniswert [227]

6 Der Verfasser dankt *Prof. Dr. Heiner Müller-Merbach*, der als OR-Fachmann diesen Einwand ebenfalls von Praktikern häufiger gehört hat, für den Hinweis auf die Abhandlung von Kant.

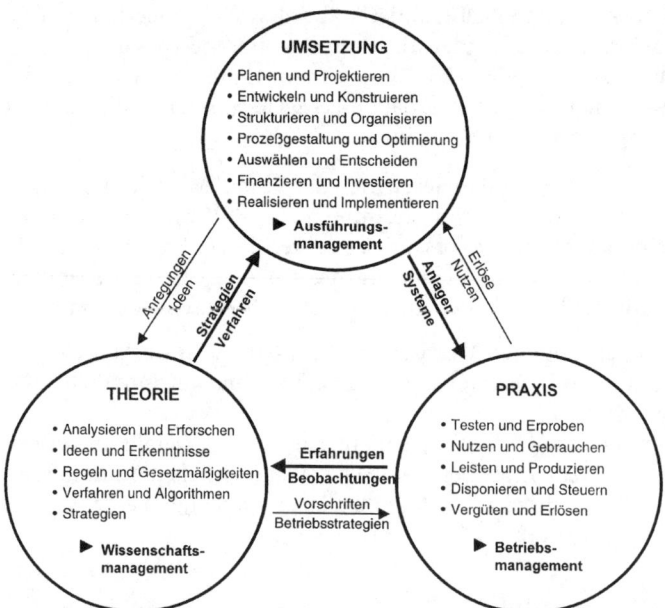

Abb. 1.16 Aufgaben und Wechselwirkungen von Theorie, Praxis und Umsetzung

Den Praktikern erwidert Kant auf den Gemeinspruch „Das mag in der Theorie richtig sein, gilt aber nicht für die Praxis":

„Es kann niemand sich für praktisch bewandert in einer Wissenschaft ausgeben und doch die Theorie verachten, ohne bloß zu geben, daß er in seinem Fache ein Ignorant sei: indem er glaubt, durch herumtappen in Versuchen und Erfahrungen, ohne gewisse Prinzipien (die eigentlich das ausmachen, was man Theorie nennt) zu sammeln, und ohne sich ein Ganzes (welches, wenn dabei methodisch verfahren wird, System heißt) über sein Geschäft gedacht zu haben, weiter kommen können, als ihn die Theorie zu bringen vermag."

Zwischen Theorie und Praxis gab es also zu allen Zeiten ein Spannungsverhältnis, das ewig weiter bestehen wird. Ohne dieses Spannungsverhältnis, dessen Beziehungsgeflecht aus *Abb. 1.16* ersichtlich ist, gibt es in der Praxis keinen Fortschritt und in der Theorie keine neuen Erkenntnisse [10,233].

2 Organisation und Prozeßsteuerung

Die Organisation der Leistungsbereiche und Transportsysteme und die Steuerung der Prozesse bestimmen die *Leistungsfähigkeit* und die *Wirtschaftlichkeit* eines Logistiksystems.

Durch Organisation und Prozeßsteuerung nach optimalen *Strategien* lassen sich Technikeinsatz und Betriebsmittelbedarf minimieren. Eine optimale Organisation und Steuerung ist daher entscheidend für die Lösung der Logistikaufgabe. Bevor eine teure *Hardware-Innovation* realisiert wird, ist stets zu prüfen, ob nicht das gleiche Ziel durch eine kostengünstige *Software-Innovation* erreichbar ist, etwa durch eine bessere Organisation oder eine wirkungsvolle Betriebsstrategie.

Für die Organisation und Prozeßsteuerung bestehen folgende *Handlungsmöglichkeiten*:

Gestaltung der Prozesse und Strukturen
Dispositionsstrategien und Strategieparameter
Anzahl und Funktionen der Hierarchiestufen
Zentralisieren oder Dezentralisieren   (2.1)
Aufbauorganisation und Ablauforganisation
Architektur der Rechnerkonfiguration
Einsatz von Standard- oder Spezial-Software.

Diese organisatorischen Handlungsmöglichkeiten sind Gegenstand des folgenden Kapitels.

2.1
Aufträge

Die Vorgänge und Prozesse in den Systemen werden von Aufträgen ausgelöst. Ein Auftrag enthält *Logistikanforderungen* und *Operationsanweisungen*:

- Die *Logistikanforderungen* lösen die logistischen Prozesse aus. Sie geben vor, was in welcher Menge wann und wo zu fertigen oder abzuholen und zu welcher Zeit an welchen Orten abzuliefern oder bereitzustellen ist.
- Die *Operationsanweisungen* spezifizieren, was wie zu produzieren oder zu leisten ist. Operationsanweisungen sind Fertigungs-, Bearbeitungs- und Montageanweisungen oder Vorschriften für die Leistungserstellung.

Damit eine unmißverständliche, fehlerfreie und termingerechte Ausführung möglich ist, müssen die Logistikanforderungen folgende Angaben enthalten:

- *Adressen* der Lieferstelle und der Empfangsstelle;
- *Auftragspositionen* mit Angabe der Artikel- oder Produktbezeichnung;
- *Positionsmenge*, die angibt, welche Menge von einer Position zu liefern ist;
- *Zeitangaben* über Abholtermin, Lieferzeit oder Zustelltermin.

Maßgebend für das gesamte Geschehen in einem Leistungs- oder Logistiksystem sind die *externen Aufträge*, die von Versendern, Empfängern, Kunden oder anderen *externen Auftraggebern* erteilt werden. *Externe Aufträge* sind:

Lieferaufträge
Fertigungsaufträge
Bearbeitungsaufträge
Versandaufträge   (2.2)
Abholaufträge
Transportaufträge
Lageraufträge.

Für die *Auftragsdisposition* sind zu unterscheiden:

- *Einpositionsaufträge*, die die Liefermenge nur eines Artikels anfordern,
- *Mehrpositionsaufträge*, die mehrere Artikel betreffen,

- *Einzelstückaufträge*, deren Positionen nur eine Artikeleinheit anfordern,
- *Mehrstückaufträge*, die pro Position mehr als eine Artikeleinheit enthalten.

Aus den externen Aufträgen leiten sich die internen Aufträge ab. *Interne Aufträge* regeln, wann und wie in welchen Leistungsbereichen und von welchen Leistungsstellen welcher Aufgabenumfang der externen Aufträge durchzuführen ist. Die internen Aufträge lösen die Prozesse in den und die Transporte zwischen den einzelnen Leistungsstellen aus (s. *Kapitel* 10).

2.2
Auftragsbearbeitung und Auftragsdisposition

Jeder operative Leistungsbereich benötigt eine vorbereitende Auftragsbearbeitung, von der die laufend eingehenden Aufträge in terminierte Aufträge für die einzelnen Leistungsstellen umgewandelt werden.

Bei *zentraler Organisation* eines Unternehmens ist die Auftragsbearbeitung für alle Leistungsbereiche in einer gesonderten administrativen Leistungsstelle, der *Auftragszentrale* oder *Auftragsabwicklung*, zusammengefaßt, die auch ein Zentralrechner mit entsprechender Auftragsplanungs- und Dispositionssoftware sein kann. Bei *dezentraler Organisation* der einzelnen Betriebe, Werkstätten oder Leistungsbereiche findet die Auftragsbearbeitung in einer zugeordneten *Arbeitsvorbereitung* oder *Produktionsplanung* statt. Bei vollständig dezentraler Organisation des Unternehmens ist die Auftragsbearbeitung den einzelnen operativen Leistungsstellen weitgehend selbständig überlassen.

Die Auftragsbearbeitung umfaßt *vertriebliche, kommerzielle, technische* und *logistische Aufgaben* [27]. Diese Aufgaben sind in den Unternehmen meist aufgeteilt zwischen kaufmännischer und technischer Auftragsbearbeitung:

- Die *kaufmännische Auftragsbearbeitung*, auch *Auftragsabwicklung* (AAW) genannt, ist in der Regel dem *Vertriebsinnendienst* zugeordnet und für die Auftragsannahme und kaufmännische Bearbeitung verantwortlich.
- Die *technische Auftragsbearbeitung*, auch *Arbeitsvorbereitung* oder *Produktionsplanung* genannt, ist meist der Produktion zugeordnet und für die technische Bearbeitung, die Einplanung und die Durchführung der Produktionsaufträge zuständig.

Die Verantwortung für die *logistische Auftragsbearbeitung* ist nicht immer klar geregelt und unterschiedlich verteilt. Nur in Unternehmen mit einer gut organisierten Unternehmenslogistik gibt es neben der techischen und kaufmännischen Auftragsbearbeitung eine eigenständige logistische Auftragsbearbeitung (s. *Kapitel* 10):

- Die *logistische Auftragsbearbeitung*, auch *Auftragsdisposition, Logistikdisposition* oder *Order Management* genannt, hat die Aufgabe, die kaufmännisch akzeptierten externen Aufträge zu erfassen, nach *Prioritäten* zu ordnen, nach geeigneten *Dispositionsstrategien* in interne Aufträge aufzulösen und diese an die Arbeitsvorbereitung der betreffenden Betriebe und Leistungsbereiche zur Ausführung weiterzuleiten.

Als Ergebnis der Auftragsdisposition entstehen also durch *Auflösung* der kaufmännisch geprüften externen Aufträge *interne Aufträge* und *Teilaufträge*, die nach geeigneten *Dispositionsstrategien* auf die beteiligten Leistungsstellen verteilt werden. Nach dem Verteilen der Aufträge verfolgt und kontrolliert die Logistikdisposition die termingerechte, vollständige und fehlerfreie Ausführung der internen Aufträge durch die operativen Leistungsbereiche [254].

Interne Aufträge, die nur einen bestimmten *Leistungsbereich* oder eine *Leistungsstelle* betreffen, sind beispielsweise:

Nachschubaufträge
Produktionsaufträge
Beförderungsaufträge
Einlager- oder Auslageraufträge
Bereitstellungsaufträge
Kommissionieraufträge   (2.3)
Sortieraufträge
Pack-, Abfüll- oder Stauaufträge
Ver- und Entladeaufträge
Bearbeitungsaufträge
Prüf- und Kontrollaufträge.

Nach erfolgreichem Abschluß eines Auftrags werden die ausgelieferten Waren und erbrachten Leistungen dem Auftraggeber in Rechnung gestellt und die an der Leistungserstellung beteiligten *Organisationseinheiten* und *Dienstleister* vergütet (s. *Kapitel* 7).

Zusätzlich zur Bearbeitung und Disposition der externen Aufträge kann die logistische Auftragsbearbeitung weitere *administrative Leistungen* übernehmen, wie

> *Auskünfte* über Lieferfähigkeit, Termine und Lieferstatus
> *Verfolgung* von *Verbleib* und *Herkunft* von Sendungen
> *Bestandsführung* und *Nachschubdisposition* (2.4)
> *Finanzdienstleistungen*, wie Rechnungsstellung, Inkasso und Mahnwesen
> *Abrechnung von Logistikdienstleistungen*.

Systemdienstleister übernehmen für ihre Kunden außer den operativen Leistungen zunehmend auch die Durchführung derartiger administrativer Leistungen.

Für die Aufteilung der Aufgaben der Auftragsbearbeitung zwischen zentralen und dezentralen Stellen und für die Zuordnung der Auftragsdisposition zu Vertrieb, Produktion oder einer eigenständigen *Unternehmenslogistik* gibt es keine allgemeingültigen Lösungen. Die Organisation der Unternehmenslogistik ist abhängig von der Größe, der Standortverteilung, dem Liefer- und Leistungsprogramm und den Vertriebskanälen des Unternehmens. Unabhängig vom einzelnen Unternehmen aber gelten bestimmte *Grundsätze der Organisation und Prozeßsteuerung* sowie allgemeine *Strategien für die Auftragsdisposition* (s. *Kapitel* 10).

Ziel der Auftragsdisposition ist die Ausführung vorliegender Aufträge innerhalb der zugesagten Lieferzeiten oder zu den geforderten Lieferterminen mit einer bestimmten Lieferfähigkeit durch kostenoptimalen Einsatz der verfügbaren Leistungsstellen und Betriebsmittel. *Strategien* zum Erreichen dieses Ziels sind:

1. *Beschaffungsstrategien* zur Entscheidung über *Eigen- oder Fremdleistung*, über *Kunden- oder Lagerbeschaffung* und über *kundenspezifische Fertigung* oder *Lagerfertigung*.
2. *Zeitstrategien* zur Einhaltung von *Lieferterminen* oder *Lieferzeiten* mit einer definierten *Termintreue* bei maximalem Handlungsspielraum für Betriebsstrategien.
3. *Betriebsstrategien* zur kostenoptimalen Belegung der Leistungsstellen mit den vorliegenden Aufträgen bei Einhaltung der geforderten Liefertermine mit einer vorgebenen Termintreue.
4. *Bestands- und Nachschubstrategien* für lagerhaltige Ware zur Minimierung der Logistikosten bei vorgegebener *Lieferfähigkeit*.

Die *Make-Or-Buy-Strategien* der Beschaffung hängen von der *Unternehmenspolitik* ab, werden aber sehr wesentlich von der Logistik beeinflußt [28]. Die Möglichkeiten der Fremdbeschaffung von Logistikleistungen und die Probleme, die mit dem *Einsatz von Logistikdienstleistern* verbunden sind, werden in *Kapitel 20/II* behandelt.

Die Auswirkungen und Strategien der *Zeitdisposition* werden im *Kapitel* 8 ausführlich dargestellt. Im Zusammenhang mit den Zeitstrategien werden auch Kriterien für die Entscheidung über *Auftragsfertigung* oder *Lagerfertigung* entwickelt.

Gegenstand von *Kapitel 10* sind die Möglichkeiten der Auftragsdisposition nach unterschiedlichen *Betriebsstrategien*. Hierauf aufbauend werden in den *Kapiteln 13 bis 19/II* spezielle Betriebsstrategien für Lager-, Kommissionier-, Transport-, Belieferungs- und Beschaffungssysteme entwickelt.

Die Strategien zur optimalen *Bestands- und Nachschubdisposition* sind Schwerpunkt von *Kapitel* 11. In *Abschnitt 11.2* dieses Kapitels werden die Entscheidungskriterien über Kunden- oder Lagerfertigung ergänzt durch Auswahlkriterien für lagerhaltige Artikel.

2.3
Aufbauorganisation und Ablauforganisation

Die Aufbau- und Ablauforganisation schafft die Voraussetzungen dafür, daß die externen und internen Aufträge fehlerfrei, vollständig und termingerecht ausgeführt werden:

- Die *Aufbauorganisation* legt die Aufgaben, die Funktionen und die Weisungsabhängigkeit der Leistungsstellen fest. Sie bestimmt die *Organisationsstruktur*.

- Die *Ablauforganisation* steuert und regelt den Durchlauf von Daten und Informationen und den Ablauf der Auftragsbearbeitung. Sie bestimmt den *Prozeßablauf* im System.

Die Organisation größerer Leistungssysteme und komplexer Logistiksysteme ist *hierarchisch* aufgebaut. Sie kann grundsätzlich in drei *Organisationsebenen* unterteilt werden, deren *Aufgaben* und *Merkmale* in *Tabelle 2.1* dargestellt sind. Für die Aufgabenteilung zwischen und in den Organisationsebenen gelten bestimmte *Organisationsgrundsätze*.

1. Administrative Ebene

Auf der *administrativen* oder *strategischen Ebene* werden Lieferprogramme und Artikelsortimente festgelegt, Absatzmengen geplant, Unternehmenspläne erarbeitet, Strategien entwickelt, Leistungen organisiert, Rahmenverträge für die Beschaffung ausgehandelt und Maßnahmen vorbereitet, die auf *zukünftige Leistungsanforderungen* ausgerichtet sind.

Die administrative Ebene arbeitet nach bestimmten *Planungs- und Nutzungsstrategien* auf der Grundlage von unsicheren Informationen, Erwartungen, Prognosen und Unternehmenszielen.

2. Dispositive Ebene

Auf der *dispositiven* oder *taktischen Ebene* werden nach den Anweisungen der administrativen Ebene aus den *externen Aufträgen* der Kunden *interne Aufträge* für den Betrieb erzeugt und *Abrufaufträge* bei den Lieferanten ausgelöst. Die Disposition *verwaltet, disponiert* und *kontrolliert* Aufträge, Bestände und Betriebsmittel.

Administrative Ebene

Aufgaben
- Unternehmensplanung
- Strategieentwicklung
- Programmplanung
- Marketing
- Verkauf
- Einkauf
- Finanz- und Rechnungswesen
- Personalverwaltung
- Controlling der Gesamtprozesse

Merkmale
Aufträge der Unternehmensleitung
Vorgaben des Marktes
Arbeiten nach Planungs- und Nutzungsstrategien
unsichere Informationen
lange Entscheidungszeiten (Stunden bis Wochen)

Dispositive Ebene

Aufgaben
- Auftragsdisposition
- Auftragsverwaltung
- Produktionsplanung
- Arbeitsvorbereitung
- Bestandsführung
- Nachschubdisposition
- Betriebsmitteldisposition
- Auftragsverfolgung
- Kontrolle der operativen Prozesse

Merkmale
Externe Aufträge
Vorgaben der administrativen Ebene
Arbeiten nach Dispositionsstrategien
relativ gesicherte Informationen
mittlere Bearbeitungszeiten (Minuten bis Stunden)

Operative Ebene

Aufgaben
- Auslösen der Prozesse
- Steuern der Einzelvorgänge
- Regeln der Prozesse
- Überwachung der Prozesse
- Sicherung der Durchführung

Merkmale
Interne Aufträge
Vorgaben der dispositiven Ebene
Ausführung nach Betriebsstrategien
gesicherte Informationen
kurze Reaktionszeiten (Sekunden bis Minuten)

Tab. 2.1 Aufgaben und Merkmale der Organisationsebenen

Die dispositive Ebene bearbeitet *vorliegende Leistungsanforderungen* nach vorgegebenen *Dispositionsstrategien* auf der Grundlage relativ gesicherter Informationen und ist verantwortlich für die effiziente Nutzung der verfügbaren Ressourcen.

3. Operative Ebene

Die operative Ebene umfaßt die *Prozeßsteuerung* für den operativen Betrieb der Leistungsbereiche. Sie steuert und regelt die Ausführung der von der dispositiven Ebene vorgegebenen internen Aufträge und koordiniert die reibungslose Zusammenarbeit zwischen den einzelnen Leistungsstellen. Die Prozeßsteuerung sorgt nach geeigneten *Betriebsstrategien* dafür, daß die Prozesse korrekt und mit hoher Verfügbarkeit ablaufen.

Die operative Ebene arbeitet mit gesicherten Informationen und ist verantwortlich für einen funktionierenden und sicheren Betrieb.

2.4
Organisationsgrundsätze

Aus den *Zielvorgaben* und den *Anweisungen* von oben nach unten und den *Vollzugs-* und *Störungsmeldungen* von unten nach oben ergeben sich enge Wechselwirkungen zwischen den Organisationsebenen. Um bei sich verändernden Umständen eine schnelle *Rückkopplung* und *Zielanpassung* zu erreichen, ist es notwendig, die *Entscheidungkompetenz* an die jeweils unterste der möglichen Organisationsebenen zu delegieren. Hierfür gilt der

- *Grundsatz maximaler Entscheidungsdelegation*: Entscheidungen sind so dezentral wie möglich und nur so zentral wie nützlich zu fällen.

Wird dieser Grundsatz nicht beachtet, enstehen lange Entscheidungswege und ablaufhemmende *Reaktionszeiten*. Die Organisation wird träge und ineffektiv.

In einer *flexiblen Organisation* sind die Organisationsebenen nicht streng hierarchisch getrennt sondern in unterschiedlicher Ausprägung realisiert. Innerhalb einzelner Organisationseinheiten können sich die drei Organisationsebenen wiederholen. Unter Umständen ist es auch zweckmäßig, die Organisationsebenen weiter zu unterteilen.

Ein flexibles, leistungsfähiges und kundenorientiertes Unternehmen arbeitet nach folgenden *Organisationsgrundsätzen*:

- *Selbstregelungsprinzip*: Anweisungen, Entscheidungsspielräume, Qualitätsbewertung und Leistungsvergütung müssen für die einzelnen Leistungsstellen und Leistungsbereiche so geregelt sein, daß sie im eigenen Interesse weitgehend *selbstregelnd* die erteilten Aufträge korrekt und termingerecht ausführen.
- *Prozeßorientierung*: Jede Leistungsstelle muß die Gesamtprozesse des Unternehmens vom Kunden bis zum Kunden kennen und *eigenverantwortlich* dazu beitragen, daß ihre Leistungen optimal zum Gesamterfolg beitragen.

- *Anweisungsklarheit*: Keine Stelle darf zur gleichen Aufgabe von mehr als einer Stelle Aufträge erhalten.
- *Informationsdisziplin*: Jede Stelle muß die Informationen, die sie zur Ausübung ihrer Funktionen benötigt, rechtzeitig, vollständig und korrekt erhalten und alle Informationen, die andere Stellen über ihre Leistungen benötigen, an diese rechtzeitig, vollständig und korrekt abgeben.
- *Check- and Balance*: Durch wechselseitige Kontrolle der Informationen und Entscheidungen wird eine hohe *Prozeßqualität* gesichert.
- *Beherrschbarkeit*: In einer Stelle dürfen nicht mehr Funktionen und Entscheidungen konzentriert sein, als eine qualifizierte Leitungsperson beherrschen kann (Begrenzung der *span of control*).

Bei der Gestaltung einer neuen Organisation werden zunächst für alle *regulären Geschäftsprozesse* Standardabläufe entwickelt und die Bearbeitung der Prozeßschritte den einzelnen Leistungsstellen zugewiesen. Dabei werden häufig die *irregulären Geschäftsprozesse* übersehen oder vernachlässigt, die durch falsche Daten, Fehler, Qualitätsmängel und Ausfall der Auftrageber, der Leistungsstellen und der Mitarbeiter ausgelöst werden können. Die Organisation von *Notabläufen* und *Ausfallstrategien* ist jedoch in der Regel mindestens so aufwendig und in vielen Fällen weitaus schwieriger als die Organisation der regulären Geschäftsprozesse.

Daher gilt der *Sicherheitsgrundsatz*:

- Eine Organisation ist erst dann vollständig und sicher, wenn sie auch auf Fehler und Ausfälle vorbereitet ist und für die irregulären ebenso wie für die regulären Geschäftsprozesse über Standardabläufe verfügt.

Im Verlauf einer *Potentialanlayse* wird rasch erkennbar, ob die aufgeführten Organisationsgrundsätze in einem Unternehmen durchgängig eingehalten werden. Wo das nicht der Fall ist, ist eine *organisatorische Schwachstelle* zu vermuten, die sich unter Umständen kurzfristig ohne großen Aufwand beheben läßt (s. *Kapitel* 4).

2.5
Programmebenen und Rechnerkonfiguration

Die Verwaltung der Auftrags- und Artikeldaten, die Auftragsdisposition sowie die Steuerung und Kontrolle der Leistungsprozesse können heute von *Rechnerprogrammen* ausgeführt oder unterstützt werden. Die Mitarbeiter geben die *Artikelstammdaten*, die *Auftragsstammdaten* und die *Prozeßparameter* ein, erteilen *Auskünfte* und fällen *Entscheidungen*, die nicht dem Rechner überlassen werden.

Den unterschiedlichen Organisationsebenen entsprechen verschiedene *Programmebenen*:

1. *Planungs- und Verwaltungsprogramme* arbeiten für Vertrieb, Einkauf, Finanz- und Rechnungswesen, Personalwesen und Unternehmensplanung. Die Planungsprogramme, wie die <u>A</u>dvanced <u>P</u>lanning and <u>S</u>cheduling (APS)-, die <u>E</u>nter-

prise Resource Planning (ERP)- und die *Supply Chain Managament (SCM)-Pro-gramme*, ermitteln den Ressourcenbedarf und die Ressourcenbelegung für ei-nen geplanten oder prognostizierten Bedarf [234]. Die Verwaltungsprogramme führen die *Logistikkostenrechnung* durch, stellen Rechnungen für *Logistiklei-stungen* aus und führen die *Leistungs- und Qualitätsvergütung* für externe Dienstleister nach dem *Gutschriftsverfahren* durch (s. *Kapitel 7*).

2. *Dispositionsprogramme*, wie das *Network-Resource Planning (NRP)*, das *Mate-rial-Resource Planning (MRP)*, und die *Produktions-Planungs- und Steue-rungsprogramme (PPS)*, generieren aus externen Aufträgen nach *Dispositions-strategien* interne Aufträge, führen Bestände, vergeben und verwalten Lager-plätze, generieren Nachschubvorschläge, lösen Bestellungen aus, registrieren die Auslastung von Transportmitteln, Anlagen und Betriebsmitteln, führen Tourenplanungen durch und registrieren die Leistungsergebnisse der operati-ven Ebene.

3. *Steuerungsprogramme* steuern, regeln und kontrollieren entsprechend den in-ternen Aufträgen nach vorgegebenen *Betriebsstrategien* den Ablauf in den ein-zelnen Leistungsstellen, Anlagen und Teilsystemen. Sie erfassen mit Hilfe ent-sprechender *Zähleinrichtungen* die von den einzelnen Leistungsstellen er-brachten Leistungseinheiten.

Nach dem Grundsatz der maximalen Entscheidungsdelegation und dezentralen Aufgabenverteilung werden die Programme in einer *Rechnerhierarchie* mit *Ver-waltungsrechner*, *Dispositionsrechnern* und *Prozeßrechnern* realisiert und den Benutzern als dezentrales *Client-Server-System* angeboten:

* Ein *Host-Rechner* oder zentraler *Server* übernimmt die administrativen und planerischen Aufgaben sowie die Stammdatenverwaltung.

* Die *Client-Stationen*, die dezentral in den Auftragsbearbeitungsstellen und in den Betrieben aufgestellt sind, stehen den weitgehend autonomen Arbeitsplät-zen für dispositive Aufgaben und Steuerungsfunktionen zur Verfügung.

Für die administrativen und dispositiven Logistikaufgaben gibt es *Spezialpro-gramme*, wie die *Warenwirtschaftssysteme* (WWS) des Handels oder die *Touren-planungsprogramme* (TPS) für Speditionen, und *Standardsoftware*, wie die SAP-Softwaremodule *SD Sales and Distribution*, *MM Materialmanagement* und *PP Produktionsplanung* [30]. Qualität und Leistungsfähigkeit der Standard- und Spezialprogramme sind sehr unterschiedlich. Die in den Programmen enthalte-nen *Algorithmen* und *Strategien* der Logistik sind daher vor der Benutzung kri-tisch zu prüfen, da sie nicht für alle Anwendungsfälle geeignet sind und bei Ein-gabe unzutreffender Parameter zu falschen Ergebnissen führen.

Die meisten Rechner und Peripheriegeräte eines Unternehmens sind heute über ein *internes Datennetz*, das sogenannte *Intranet*, miteinander verbunden. Um doppelte Datenbestände und mehrfache Datenpflege zu vermeiden, sollten möglichst alle Programme eines Unternehmens auf nur *eine* zentrale *Datenbank* zurückgreifen. Für die Speicherung der umfangreichen Unternehmens- und Lo-gistikdaten stehen heute leistungsfähige *Datenbanken* zur Verfügung, wie ORA-CLE, SQL-Server, Adabas oder DB/4 von IBM.

Ein grundsätzliches Problem, das bei der Auslegung der DV-Systeme häufig nicht ausreichend beachtet wird, sind die *Antwortzeiten* oder *Bearbeitungszeiten*. Die *Antwortzeiten* auf die Anfrage oder den Befehl eines einzelnen Benutzers steigen mit der Anzahl der Teilnehmer und der Inanspruchnahme nach dem Gesetz der *Warteschlangen* an (s. *Abschnitt* 13.5). Antwortzeiten, die zu Zeiten durchschnittlicher Belastung im Bereich von wenigen Sekunden liegen, können bei unzureichender Systemauslegung in Spitzenzeiten auf Werte ansteigen, die für den Benutzer nicht mehr akzeptabel sind. Die Reaktionszeiten sind dann für viele logistische Prozesse, deren Prozeßzeiten im Bereich weniger Minuten liegen, zu lang und führen zu einer Ineffizienz, die oft erst nach der Realisierung eines Systems erkannt wird.

Die *zeitkritischen Prozesse* der Leistungskette sollten daher im DV-System von den administrativen Vorgängen entkoppelt werden. Das ist möglich durch unterlagerte *Leitrechner* oder *Prozeßrechner* mit spezieller Software, wie die *Prozeß-Planungs- und Steuerungssysteme* PPS, die *Lager-Verwaltungs-Systeme* LVS und die *Transport-Leit-Systeme* TLS, die abgegrenzte zeitkritische Aufgabenumfänge übernehmen. Wenn eine Anlage im *Echtzeitbetrieb* arbeitet, sind dem Prozeßrechner in automatischen Systemen *Einzelsteuerungen* für Teilsysteme, Systemkomponenten und Transportmittel unterlagert.

2.6
Informations- und Datenfluß

Die laufend eintreffenden Aufträge lösen die Prozesse der Leistungserstellung aus und führen zu einem permanenten *Informationsfluß*. Die Warenströme durch die Logistikketten erfordern weitgehend *synchrone Datenflüsse*. Zwischen den Organisationsebenen, den Programmen und den Rechnern findet ein dauernder Informationsaustausch von Anweisungen und Rückmeldungen statt.

Vor oder mit dem Eintritt der Ware in einen Leistungsbereich oder eine Leistungsstelle wird ein Auftrag mit der Information benötigt, was mit der Ware geschehen soll. Beim Eintritt in einen Leistungsbereich werden die Waren an Identifikationspunkten, den *I-Punkten*, identifiziert, erfaßt und kontrolliert. Beim Verlassen des Leistungsbereichs wird an Kontrollpunkten, den *K-Punkten*, geprüft, ob der Auftrag korrekt ausgeführt wurde. Zusätzlich werden am K-Punkt die Kenndaten der auslaufenden Ware erfaßt.

Um eine doppelte Datenerfassung zu vermeiden, sollten innerhalb des gleichen Betriebs die K-Punkte der Leistungsstellen und die I-Punkte der sich unmittelbar anschließenden Leistungsstellen möglichst identisch sein. Das ist durchaus nicht überall der Fall. Daher bestehen in der Abstimmung der Datenerfassung und in der Zusammenlegung von I- und K-Punkten in den innerbetrieblichen Leistungsketten Rationalisierungsmöglichkeiten. Das gilt auch für *überbetriebliche Logistikketten*, wenn zwischen Lieferstellen und Empfangsstellen ein elektronischer Datenaustausch möglich ist.

Zur Prozeßsteuerung, zur Identifikation, zur Kontrolle, zur Sicherung eines unstrittigen *Gefahrenübergangs* und zur *Sendungsverfolgung* der Waren, Ladeeinheiten und Sendungen beim Durchlaufen der Logistikkette sind *Begleitinformationen* erforderlich. Die Begleitinformation umfaßt

- eine *Identinformation* zur Idendifikation des Artikels, des Packstücks oder der Ladeeinheit,
- die *Absenderinformation* zur Kennzeichnung von Herkunftsort und Versender,
- die *Zielinformation* zur Erkennung des Bestimmungsortes und des Empfängers
- *Steuerungsinformationen* mit Angaben über Lieferweg, Zwischenstationen und Lagerorte.

Zur Dokumentation und Bereitstellung der jeweils benötigten Begleitinformationen gibt es verschiedene Möglichkeiten [29]:

- Die Begleitinformation wird in *Klarschrift* oder als *Barcode* direkt auf die Artikeleinheiten, Packstücke oder Ladeeinheiten von Hand aufgeschrieben oder aufgedruckt und an den I- und K-Punkten von einer Person, einem Scanner oder einem anderen Gerät gelesen.
- Die Begleitinformation ist in Klarschrift oder als Barcode auf ein *Etikett* aufgedruckt oder in einer anderen *Kodierung* enthalten, die an den Artikeleinheiten, Packstücken oder Ladeeinheiten angebracht ist, und wird an den I- und K-Punkten gelesen.
- Die Artikeleinheiten, Packstücke und Ladeeinheiten tragen nur die *Identinformation*, die als Identnummer oder Barcode direkt oder auf ein Etikett aufgedruckt ist. Die übrige Information befindet sich auf einem *Begleitdokument*, das der Ware oder Sendung beigefügt ist.
- Die Artikeleinheiten, Packstücke und Ladeeinheiten tragen nur die *Identinformation*, nach deren Lesung die zusätzlich benötigte Begleitinformation an den I- und K-Punkten über den Rechner angezeigt oder ausgedruckt wird.

Das *Kodieren* und *Etikettieren* sowie das *Lesen* und *Scannen* erfordern Zeit und verursachen Kosten. Die Zeiten und Kosten können sich über die gesamte Logistikkette zu Werten summieren, die nicht vernachlässigbar sind.

Der Empfänger, der seine Ware oder eine Sendung wie bestellt erhalten hat, benötigt außer der Identinformation und der Absenderinformation in der Regel keine weiteren Angaben über die Stationen und Transportwege, die die Sendung bis zu ihm durchlaufen hat.

Hieraus ergibt sich der *Kodierungsgrundsatz*:

- Artikeleinheiten, Packstücke und Ladeeinheiten dürfen nur mit *einem* Etikett, *einer* Beschriftung oder *einer* Kodierung versehen sein, die möglichst nur die Identinformation, die Absenderinformation und die Zielinformation enthält.

Zusätzlich benötigte Steuerungsinformationen sollten nicht direkt auf das Logistikobjekt aufgebracht werden sondern in einem Begleitdokument enthalten sein oder am Bedarfsort über den Rechner angezeigt werden. Abweichend von diesem Grundsatz befinden sich heute am Ende der Logistikkette auf einer Artikeleinheit, einem Packstück oder einer Ladeeinheit oft zwei, drei oder mehr

Beschriftungen, Etiketten und andere Aufkleber. Besonders krasse Beispiele sind die vielen Aufkleber und Aufschriften auf Gepäckstücken und Paketsendungen.

Viele *Kodierungen* und *Identifikationssysteme* sind branchenabhäng standardisiert [29]. Die am weitesten verbreitete Kodierung ist der *EAN-Code*, der auf einem standisierten *Strichcode* und einem normierten *Nummernsystem* beruht [31].

Zur beleglosen Übertragung von Aufträgen und anderen Logistikdaten mit Hilfe der *Datenfernübertragung* DFÜ (*Electronic Data Interchange* EDI) werden standardisierte *Informationssätze* benötigt. Hierfür gibt es *EDI-Standards*, wie EDIFACT, ODETTE, SEDAS oder CEFIC. Die branchenübergreifende Durchsetzung eines oder mehrerer dieser Standards wird jedoch noch längere Zeit benötigen [31; 32; 33; 34; 36; 37].

2.7
Möglichkeiten der Information und Kommunikation

Mit den modernen *Informations- und Kommunikationstechnologien*, den *I+K-Systemen*, eröffnen sich für die Logistik bisher ungeahnte *Möglichkeiten* zur Rationalisierung [85]. Zugleich aber erhöht sich auch die *Gefahr* von Fehleinschätzungen, Übertreibungen und Mißbrauch.

Rationalisierungsmöglichkeiten durch den Einsatz moderner Informationstechnologien in der Logistik sind:

- Austausch vollständiger *Stammdaten* von Artikeln und Aufträgen zwischen Lieferanten und Empfängern, mit deren Hilfe sich rasch Entscheidungen fällen und optimale Dispositionsstrategien realisieren lassen.
- *Avisieren* von Anlieferungen und Lieferdaten per EDI durch den Lieferanten an den Empfänger vor Ankunft der Ware.
- Abstimmung der *Datenerfassung* an K-Punkten und I-Punkten inner- und überbetrieblicher Leistungsketten zur Vermeidung von Mehrfacherfassung und Zeitverlusten.
- Automatische *Nachschubauslösung* beim Lieferanten auf der Grundlage vereinbarter Lieferfähigkeiten, Nachschubzeiten und Nachschubmengen (*Efficient Consumer Response* ECR und *Continuous Replenishment* CRP).
- Verbesserte *Bedarfsprognose* und *Reaktionsmöglichkeit* der Disposition von Nachschub und Produktion durch Nutzung der am *Point of Sale* (POS) von Scannerkassen verzeichneten Abverkäufe oder von Auftragsterminals erfaßten Kundenaufträge.
- Verwendung der über Satellitenfunk oder Datenfernübertragung permanent verfügbaren Standorte und Ladungsdaten von Transportmitteln und der eingehenden Transportaufträge zur *dynamischen Transportoptimierung*.
- Nutzung gepeicherter Daten der Vergangenheit in Verbindung mit prozeßsynchron erfaßten Daten zur Realisierung von *Nutzungs-, Belegungs- und Betriebsstrategien*, die auf mathematischen *Prognoseverfahren* und *Dispositionsalgorithmen* beruhen (s. *Kapitel* 9).

- Austausch von Informationen über den Standort von Ladeeinheiten und Transportmitteln in der Logistikkette, die sich zur *Kontrolle* und zur *Steuerung* nach optimalen Betriebsstrategien nutzen lassen.
- Nutzung der an den I- und K-Punkten der Leistungsstellen erfaßten Informationen über Aufträge und Ladeeinheiten zum *Logistikcontrolling* von Eigenleistungen und zur verursachungsgerechten *Vergütung* der Logistikleistungen von Dienstleistern (s. *Kapitel 7*).
- Aufbau von Systemen zur *Sendungsverfolgung* (tracing) und zur Dokumentation der *Sendungsherkunft* (tracking).
- Aufbau einer effizienten *Qualitätssicherung* auf der Basis der systematischen Erfassung von *Qualitätsmängeln* und der *Pönalisierung* der Abweichungen von vereinbarten Qualitätsstandards (s. *Kapitel 7*).

Die konsequente Nutzung dieser und weiterer Möglichkeiten der modernen Informationstechnologie hat in der Logistik erst begonnen und wird die zukünftige Entwicklung maßgebend beeinflussen [85].

2.8
Gefahren und Fehlerquellen der Telematik

Da die Nutzung der modernen Informationstechnologie in der Logistik erst am Anfang steht, werden häufig die damit verbunden Gefahren übersehen. Fast alle denkbaren Fehler, die aus diesen Gefahren resultieren können, sind in der Praxis zu beobachten.

Besondere *Gefahren* und *Fehlerquellen* des kritiklosen Einsatzes der technischen Mittel und Möglichkeiten von *Telekommunikation* und *Informatik*, kurz der *Telematik*, sind:

- Trotz allen Fortschritts halten viele *Standardprogramme zur Planung, zur Disposition und zur Abwicklung* der Geschäftsprozesse, wie PPS, MRP, ERP, APS, SCM, LVS und TLS, in der Praxis nicht alles, was ihre Hersteller versprechen. Die meisten Standardprogramme sind stark von der Informatik geprägt und berücksichtigen zu wenig die Möglichkeiten, Strategien und praktischen Gegebenheiten der Logistik. Sie enthalten teilweise *falsche Algorithmen*, machen *unzulässige Annahmen* und *bieten nicht alle erforderlichen Funktionalitäten* [234; 235; 236; 241].
- Der *Aufwand für die Anpassung* und der *Zeitbedarf für die Implementierung* der Standardprogramme werden in der Regel unterschätzt. Infolgedessen ziehen sich die Implementierung und die Anpassung an die speziellen Geschäftsgegebenheiten, das sogenannte *Customizing*, endlos hin und belasten das Tagesgeschäft.
- Um endlich zu einem Abschluß zu kommen, werden häufig Kompromisse gemacht, *unzulässige Vereinfachungen* durchgeführt und eigentlich erforderliche Funktionen nicht realisiert. Infolgedessen beschränkt und belastet die Software das Geschäft stärker als erwartet, statt es zu entlasten und zu optimieren.

- *Stammdatensätze sind unvollständig* oder *unvorteilhaft strukturiert*. So fehlen in vielen Standardprogrammen wichtige *Logistikstammdaten*, wie die Abmessungen und Gewichte der Verkaufs-, Verpackungs- und Ladeeinheiten (s. *Abschnitt* 12.7)
- Mangelhafte Daten- und Programmpflege führen zu verfälschten Ergebnissen.
- *Lange Antwortzeiten, Datenverarbeitungszeiten, Totzeiten* und *Druckerzeiten* verzögern die Abläufe und mindern die Effienz.
- *Lange Batchläufe* des Rechners verursachen unzulässig lange Wartezeiten im Prozeß, verzögern die Arbeit in den Leistungsstellen und bewirken *Totzeiten* für andere Nutzer.
- Die *Mehrfacherfassung* der gleichen Daten an I- und K-Punkten bewirkt Zusatzaufwand.
- Das *Fehlen von Logistikstammdaten*, wie Artikelabmessungen, Gewichte und Ladungsträgerzuordnung, verhindert den Einsatz vieler Optimierungsverfahren (s. *Abschnitt* 12.7).
- Anwendungsprogramme führen wegen Eingabe falscher Parameter oder mangelhafter Datenpflege zu *falschen Ergebnissen* oder werden wegen nicht erfüllter Vorraussetzungen oder Unkenntnis der Algorithmen der Programme falsch genutzt.
- *Falsche oder zu stark vereinfachende Algorithmen* der Dispositionsprogramme generieren unbrauchbare Bestellvorschläge.
- Rechner und Programme werden für betriebsfremde Tätigkeiten mißbraucht, z. B. für Computer-Spiele oder für private Zwecke.
- Die Möglichkeiten der Rechner verleiten zu *überzogenen Kontrollen,* zum *übermäßigen Informationsangebot* oder zu *übertriebener Schönheit der Darstellung* von Ausdrucken und Anzeigen. Farbige Grafiken, dreidimensionale Diagramme und bewegte Bilder ohne Berücksichtigung des Nutzens verursachen vermeidbaren Aufwand.
- Die Ergebnisse und Daten werden *mangelhaft aufgearbeitet* und *schlecht visualisiert*. Überfüllte Tabellen, endlose Listenausdrucke, Zahlenfriedhöfe und unübersichtliche Bildschirmmasken verhindern die sinnvolle Nutzung.
- Es werden *zu viele* oder *veraltete Daten* erfaßt, gespeichert und ausgetauscht.
- Auf den Artikel- und Logistikeinheiten sind unnötige *Etiketten, Aufschriften* und *Kodierungen* angebracht.

Zur Vermeidung der zuletzt genannten Probleme sind folgende *Grundsätze* geeignet:

- So wenig Daten und Kontrollen wie möglich, nur soviel wie unbedingt nötig.
- Statt vieler Daten nur wenige gezielte und übersichtliche Informationen.
- Der Detaillierungsgrad der Informationen wird vom Nutzer bestimmt.

Im Umgang mit den Möglichkeiten der Informationstechnologie sind *Erfahrung, Urteilsvermögen* und *Augenmaß* erforderlich. Vor allem aber müssen die Ziele des Unternehmens und die Interessen des Kunden gesehen werden.

So interessiert es einen Empfänger, der seine Ware rechtzeitig, vollständig und fehlerfrei erhält, nicht, auf welchem Weg und in welchen Etappen das geschehen ist. Ein enttäuschter Kunde aber will nur selten wissen, wo sich die vermißte Ware noch befindet, warum sie zu spät kommt oder wo sie zuletzt erfaßt wurde, sondern seine Lieferung so schnell wie möglich erhalten. Daher gilt für die Logistik:

- Identifikations- und Informationssysteme sind Mittel zum Zweck und kein Selbstzweck.

Sie sind wichtige Instrumente zur effizienten Erzeugung von Logistikleistungen. Anders als vielfach propagiert aber sind Kommunikations-, Informations- und Identifikationssysteme an sich keine zusätzliche Serviceleistung für den Kunden, solange dieser davon keinen unmittelbaren Nutzen hat.

2.9
Organisation der Unternehmenslogistik

Um durchgängige Auftrags- und Logistikprozesse zu sichern, ist es wegen der hierfür erforderlichen Fachkompetenz und der Querschnittsfunktion der Logistik sinnvoll, die Unternehmenslogistik neben Marketing und Vertrieb, Produktion und Entwicklung, Einkauf, DV, Organisation, Finanzen und Verwaltung als eigenständigen *Servicebereich* zu organisieren. Primäres Ziel der Unternehmenslogistik ist die Sicherung der Wettbewerbsfähigkeit durch Aufbau und Betrieb optimaler Beschaffungs-, Auftrags- und Belieferungsprozesse.

Die zuvor beschriebenen Aufgaben der Unternehmenslogistik lassen sich unterteilen in Aufgaben der strategischen Logistik und Aufgaben der operativen Logistik. Die mittel- und langfristig ausgerichtete *strategische Logistik*, auch *Systemmanagement* oder *Netzwerkmanagement* genannt, umfaßt das *Logistikcontrolling* und die *Logistikplanung*. Zur kurzfristig ausgerichteten operativen *Logistik*, auch *Systembetrieb* oder *Netzwerkbetrieb* genannt, gehören die *Logistikdisposition* und der *Logistikbetrieb* [26].

Diese Aufgabenbereiche, deren Arbeitsinhalte nachfolgend näher beschrieben werden, lassen sich, wie in dem *Organigramm Abb. 2.1* dargestellt, in entsprechenden Organisationseinheiten zusammenfassen. In kleineren und mittleren Unternehmen können die Aufgabenbereiche enger zusammengefaßt werden und Hierarchieebenen entfallen. In Unternehmen mit mehreren Standorten und in größeren Konzernen ist eine Differenzierung, Spezialisierung und Dezentralisierung der operativen Logistikbereiche notwendig.

Alle Logistikbereiche sind Servicestellen und müssen ihre Aktivitäten auf den Nutzen der Kunden, des gesamten Unternehmens und der anderen Unternehmensbereiche ausrichten.

1. Logistikcontrolling
Das Logistikcontrolling soll die kostenoptimale Erbringung aller benötigten Logistikleistungen kontrollieren und hierauf aufbauend die Logistikplanung, die Auftragsdisposition, den Logistikbetrieb und andere Unternehmensbereiche über die logistisch bedingten Kosten informieren [58; 67].

Arbeitsinstrumente für das Controlling sind die in *Kapitel* 6 dargestellte *Logistikkostenrechnung* und ein *Berichtswesen* über die Kosten-, Leistungs- und Qua-

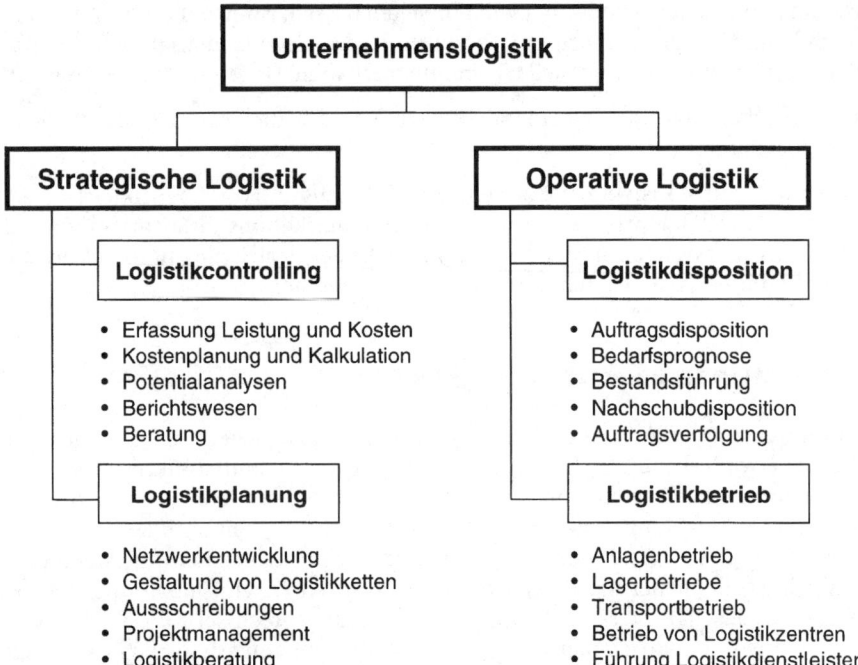

Abb. 2.1 Organisation und Aufgaben der Unternehmenslogistik
Strategische Logistik = Systemmanagement = Netzwerkmanagement
Operative Logistik = Systembetrieb = Netzwerkbetrieb

litätskennzahlen der Logistikbetriebe. Diese Instrumente sind laufend dem aktuellen Bedarf anzupassen und fortzuschreiben.

Für alle Leistungen, die von Logistikdienstleistern durchgeführt werden, muß das Logistikcontrolling die Leistungs- und Qualitätsvergütung konzipieren, den Dienstleistungsmarkt und die aktuellen Leistungspreise verfolgen sowie die laufenden Abrechnungen überprüfen (s. *Kapitel 7 und 20*).

2. Logistikplanung
Die Logistikplanung muß die *zukünftige Wettbewerbsfähigkeit* der Unternehmenslogistik vorbereiten und sicherstellen. Zu den Aufgaben der Logistikplanung gehören:

- Konzeption, Aufbau und Weiterentwicklung der Unternehmenslogistik
- Abgrenzung und Gestaltung des Logistiknetzwerks
- Gestaltung und Optimierung der Beschaffungs- und Belieferungsketten
- Auswahl und Einsatz von Logistikdienstleistern
- Planung und Aufbau von Logistikzentren und Logistiksystemen

- Vereinbarung von Servicegrad und Logistikqualität
- Gestaltung und Optimierung der innerbetrieblichen Logistikprozesse
- Auswahl und Implementierung von Verfahren zur Bedarfsprognose.

Diese Aufgaben erfordern eine enge Mitwirkung der Logistikplanung bei der Konzeption der Informations-, Kommunikations und Datenverarbeitungssysteme.

Das Logistikcontrolling und die Logistikplanung haben gemeinsam die Aufgabe, die übrigen Unternehmensbereiche, insbesondere den Vertrieb, in allen Fragen der Logistik zu beraten. Die wichtigsten *Beratungsaufgaben* der Unternehmenslogistik sind in *Abschnitt 14.7.4* aufgeführt.

3. Logistikdisposition

Wie bereits zuvor dargestellt und in *Kapitel* 10 genauer ausgeführt, hat die *Logistikdisposition* oder *Auftragsdisposition* die Aufgabe, die kaufmännisch akzeptierten externen Aufträge zu erfassen, nach Prioritäten zu ordnen, nach geeigneten Strategien in interne Aufträge aufzulösen und diese an die betreffenden Betriebe und Leistungsbereiche zur Ausführung weiterzuleiten.

Weitere Aufgaben der Auftragsdisposition sind die Zeitdisposition sowie die Nachschub- und Bestandsdisposition in den Lagern, die der Unternehmenslogistik direkt unterstellt sind. Hierzu gehören die rollierende Bedarfsprognose, die Überprüfung der Bestände und die Aktualisierung von Meldebeständen, Sicherheitsbeständen und Nachschubmengen (s. *Kapitel* 11).

Außerdem verfolgt und kontrolliert die Auftragsdisposition die termingerechte, vollständige und fehlerfreie Ausführung der internen Aufträge durch die beauftragten operativen Leistungsbereiche. Sie muß dabei einerseits sehr eng mit dem Vertrieb und andererseits mit der Produktion, dem Einkauf und den Lieferanten zusammenarbeiten (s. *Kapitel* 14).

4. Logistikbetrieb

Der operative Logistikbetrieb ist für die *aktuelle Wettbewerbsfähigkeit* der Unternehmenslogistik verantwortlich. Er umfaßt die Führung der Mitarbeiter und die Einsatzdisposition der Betriebsmittel in den eigenen *Logistikbetrieben*, wie der innerbetriebliche Transport, die Lagerbereiche für Roh-, Hilfs- und Betriebsstoffe, die Halbfertig- und Fertigwarenlager, die Logistikzentren der Distribution und der Fuhrpark.

Wenn die operativen Leistungsbereiche der Unternehmenlogistik, wie Fertigwarenlager, Logistikzentren, Displayfertigung, Umschlagpunkte und Transporte, an *Logistikdienstleister* vergeben sind, beschränkt sich der Logistikbetrieb auf die Systemführung, die Koordination und die Leistungsüberwachung der Dienstleister (s. *Kapitel* 20/II).

3 Planung und Realisierung

Die Aufgabe der *Planung von Logistiksystemen* besteht darin, aus einer Vielzahl von Möglichkeiten geeignete Anlagen und Betriebsmittel so auszuwählen, in Leistungsstellen anzuordnen, zu Leistungsketten und Logistiksystemen zu verknüpfen, zu organisieren und zu dimensionieren, daß die vorgegebenen *Leistungsanforderungen* unter Berücksichtigung aller *Rahmenbedingungen optimal* erfüllt werden.

Aufgaben der Realisierung sind die *Ausführungsplanung*, die *Konstruktion*, der *Aufbau*, die *Inbetriebnahme* und die *Abnahme* des geplanten Systems. Planung und Realisierung erfordern ein qualifiziertes *Projektmanagement*.

Nach den *Handlungsmöglichkeiten* werden in diesem Kapitel das *Vorgehen* und die *Ziele* der *Planung* und *Realisierung* logistischer Systeme dargestellt. Für ein Planungs- und Realisierungsvorhaben müssen die *Rahmenbedingungen* und *Leistungsanforderungen* bekannt sein, deren Inhalte und Ermittlung in den folgenden Abschnitten erläutert werden.

Danach werden Verfahren zur *Darstellung von Systemen und Prozessen* beschrieben, die zur *Systemanalyse* und *Systemplanung* benötigt werden, sowie *Programme* und *Rechnertools*, die zur Planung und Optimierung einsetzbar sind. Die letzten beiden Abschnitte behandeln die Möglichkeiten der *Technik in der Logistik* und das *Vorgehen bei der Lösungsauswahl*.

3.1
Handlungsmöglichkeiten

Entscheidend für den Erfolg der Planung und Realisierung von Logistiksystemen und Lieferketten ist die Kenntnis der *Ziele, Leistungsanforderungen, Rahmenbedingungen* und *Handlungsmöglichkeiten*. Wie in *Abb. 3.1* dargestellt, gibt es in der Logistik folgende Handlungsmöglichkeiten:

- *Organisatorische Handlungsmöglichkeiten*: *Gestaltung* der Prozesse und Strukturen; Entwicklung von *Strategien*; *Variation* der Strategievariablen; *Verkopplung* und *Vernetzung* der Systeme.
- *Technische Handlungsmöglichkeiten*: Auswahl der technischen Elemente; Verbesserung und Neukonstruktion von Maschinen, Anlagen und Transportmitteln; Layoutgestaltung; Dimensionierung; Spezialisierung, Mechanisierung und Automatisierung; Einsatz von Steuerungs- und Datentechnik.

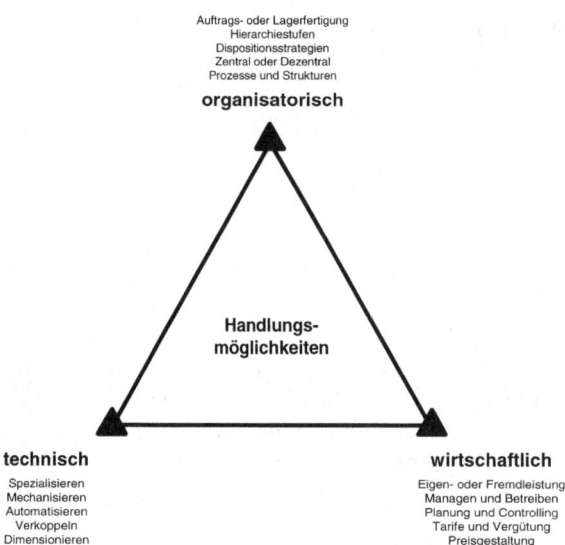

Abb. 3.1 Handlungsmöglichkeiten der Logistik

- *Wirtschaftliche Handlungsmöglichkeiten*: Eigen- oder Fremdleistung; Kooperationen zur Mehrfachnutzung von Einrichtungen und Kapaziäten; Controlling zur Kostenoptimierung; Gestaltung von Preisen und Tarifen; verursachungsgerechte Vergütung.

Die Nutzung dieser Handlungsmöglichkeiten hängt von den speziellen Umständen des Unternehmens und von der konkreten Aufgabe ab. In der Praxis wird
meist versucht, zunächst ein *vorhandenes System* besser zu nutzen, anzupassen
und auszubauen. *Neue Systeme* werden erst dann geplant und realisiert, wenn erkennbar ist, daß sich die benötigten *Leistungsprozesse* nicht mehr innerhalb der
alten Strukturen zu wettbewerbsfähigen Kosten realisieren lassen.

Um alle *Handlungsspielräume* auszuschöpfen, ist es ratsam, die bestehenden
Strukturen und Prozesse nicht nur in kleinen Schritten zu verbessern, sondern
immer wieder neue *Konzepte* zu entwickeln. Das Vorhandene muß an den *Möglichkeiten*, weniger an *Vergleichskennzahlen* oder *Benchmarks* anderer Unternehmen gemessen werden. Nur durch ein Aufbrechen der gewachsenen Strukturen
und eine grundlegende Umgestaltung der Prozesse, durch das sogenannte *Reen-
geniering*, lassen sich *Leistung*, *Qualität* und *Kosten* entscheidend verbessern
[223].

Dafür ist zunächst eine *Potentialanalyse* durchzuführen, die den Geschäftszweck definiert, die Kundenanforderungen ermittelt und in einem *Schwachstel-
lenkatalog* Mängel in den Leistungsketten aufzeigt (s. *Kapitel* 4). Aus der Potentialanalyse ergibt sich, ob es ausreicht, die Leistungsprozesse innerhalb der vorhanden Strukturen zu optimieren, oder ob es erforderlich ist, auch die Strukturen zu verändern und neue Systeme zu planen und aufzubauen.

Da sich Anforderungen und Rahmenbedingungen für ein Unternehmen laufend ändern und immer wieder neue technische oder organisatorische Möglichkeiten bestehen, sind Rationalisierung, Prozeßverbesserungen und Umgestaltung ein permanenter Prozeß. Der Erfolg dieses *kontinuierlichen Verbesserungsprozesses* (KVP) hängt von der Beteiligung und Motivation der Mitarbeiter und von der Bereitschaft der Unternehmensleitung zu Veränderungen ab.

Motivation und Veränderungsbereitschaft aber sind allein nicht ausreichend. Weitere Voraussetzung für den Erfolg von Projekten zur Optimierung der Geschäftsprozesse und zur Neugestaltung von Leistungs- und Logistiksystemen sind *Kompetenz* zur Beurteilung der technischen und organisatorischen Lösungsmöglichkeiten und *Erfahrung* in der Nutzung der Handlungsspielräume, Optimierungsparameter und Gestaltungsmöglichkeiten.

Der kontinuierliche Verbesserungsprozeß muß von einem wirksamen *Controlling* begleitet werden. Das Controlling verfolgt laufend die Effizienz und die Qualität der Leistungserfüllung, weist rechtzeitig auf Planabweichungen, unwirtschaftliche Prozesse und veränderte Anforderungen hin und gibt Anregungen zu neuen Lösungen (s. *Kapitel* 6).

In *Abb.* 3.2 sind die *Phasen* der Planung und Realisierung von Logistiksystemen dargestellt. Die angegebenen Zeiten für die einzelnen Phasen sind Erfahrungswerte aus einer Vielzahl unterschiedlicher Projekte. Ausschlaggebend für die *Dauer der Planung* sind die Effizienz des Planers und die *Entscheidungsbereitschaft* der Unternehmensleitung. Für die *Dauer* und den *Erfolg der Ausführung* sind – abgesehen von der Konjunktur – die Qualifikation, die Leistungsbereitschaft und die Erfahrung der Projektleitung, der Lieferanten und des zukünftigen Betreibers entscheidend [39, 40].

3.2
Planungsphasen

Damit auf dem Weg zum Ziel keine Zeit verloren geht und keine aussichtsreichen Lösungsmöglichkeiten ausgelassen werden, ist ein *systematisches Vorgehen* nach *erprobten Methoden* unerläßlich. Wie in den *Abb.* 3.2 und 5.2 dargestellt, werden zur Planung und Optimierung in einem *iterativen Prozeß* mehrere *Phasen* und *Arbeitsschritte* durchlaufen, bis die vorgegebenen *Ziele* erreicht sind und alle *Leistungsanforderungen* erfüllt werden.

Die aufeinander folgenden Phasen der Planung eines Leistungs- oder Logistiksystems bis zur Vergabeentscheidung sind die *Zielplanung*, die *Systemplanung*, die *Detailplanung* und die *Auschreibung*. Die *Arbeitsschritte* und *Arbeitsinhalte* dieser Planungsphasen werden nachfolgend beschrieben [15, 38, 39; 40].

1. Zielplanung
Die Arbeitsschritte der Zielplanung – auch *Vorplanung* oder *Grundlagenplanung* genannt – sind:

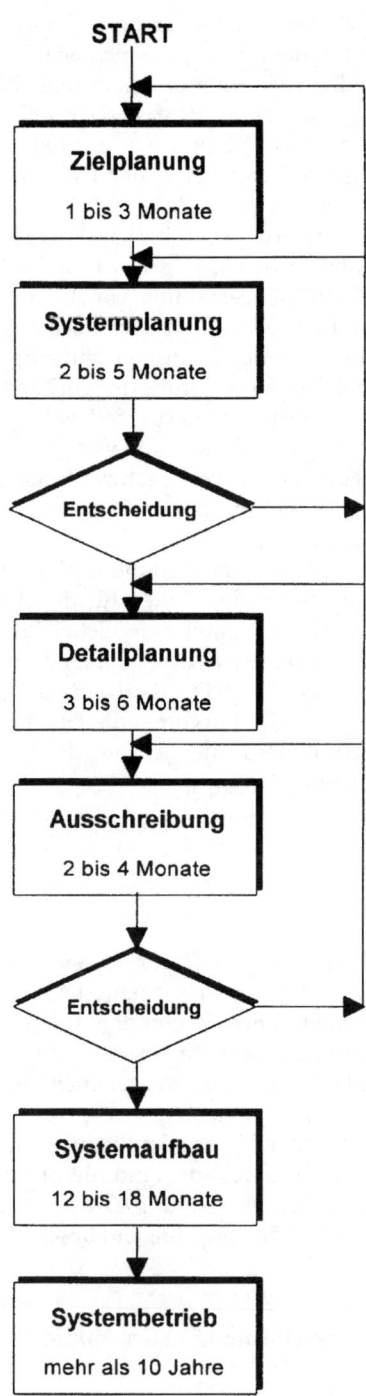

Abb. 3.2 Phasen der Planung und Realisierung von Logistiksystemen

Aufgabenformulierung
Zielvereinbarung
Prozeßaufnahme
Datenerfassung
Datenanalyse   (3.1)
Festlegung der Funktionen
Ermittlung der Rahmenbedingungen
Festlegung der Leistungsanforderungen
Verabschiedung der Planungsgrundlagen.

Das Ergebnis der Zielplanung ist eine Dokumentation der *Zielvorgaben* und der wichtigsten *Planungsgrundlagen* für die weiteren Arbeitsphasen. Dieser Bericht muß dem Auftraggeber, der in der Regel die Unternehmensleitung ist, vorgelegt und von diesem verabschiedet werden.

2. Systemplanung
Je nach Gegenstand der Planung, ob Unternehmensnetzwerk, Logistiksystem, Logistikzentrum, Transport-, Lager- oder Kommissioniersystem, DV-System oder Teilsystem, wird die Systemplanung auch als *Konzeptentwicklung, Entwurfsplanung, Materialflußplanung* oder *Layoutplanung* bezeichnet. Schritte der Systemplanung sind (s. *Abschnitt 15.2/II*):

Segmentierung
Strategieentwicklung
Prozeßgestaltung
Strukturplanung
Konzeption von Lösungsvarianten
Dimensionieren und Optimieren
Layoutentwicklung   (3.2)
Organisationsentwicklung
Entwurfsplanung Bau
Kostenplanung
Lösungsauswahl
Baustufen- und Realisierungsplanung
Realisierungsentscheidung.

Ergebnis der Systemplanung ist ein *Planungsbericht* mit Darstellung der ausgewählten Lösung in Form von Zeichnungen, Diagrammen, Tabellen und Beschreibungen. Der Planungsbericht enthält darüber hinaus die Berechnung des *Personal- und Gerätebedarfs*, eine Budgetierung der *Investition*, eine *Betriebskostenrechnung*, den *Wirtschaftlichkeitsnachweis* und einen *Realisierungszeitplan*.

Der Abschlußbericht der Systemplanung ist Grundlage für die Entscheidung, in welchen Baustufen, mit welchen Kosten und in welchem Zeitrahmen das geplante System – wenn überhaupt – realisiert werden soll.

3. Detailplanung

Nach der Grundsatzentscheidung zur Realisierung ist eine *Detailplanung* erforderlich, um die geplante Lösung ausschreibungsreif auszuarbeiten und genehmigungsfähig zu machen. An der Detailplanung sind außer den Logistikern die Fachleute mehrerer Fachdisziplinen, wie Verkehrsplaner, Informatiker, Architekten und Ingenieure, beteiligt.

Die Arbeitsschritte der Detailplanung sind:

Aktualisierung der Planungsgrundlagen
Fachplanung der Logistikgewerke
Architektur des Gesamtbauwerks
Fachplanung der Baugewerke
Organisations- und Steuerungsplanung   (3.3)
Anforderungsspezifikation der DV- und I+K-Systeme
Prüfung der Genehmigungsfähigkeit
Fortschreibung von Investitionen und Betriebskosten
Terminplanung der Realisierung.

Ergebnisse der Detailplanung sind *Lastenhefte* mit Plänen und Funktionsbeschreibungen sowie technische *Spezifikationen* der einzelnen Gewerke, Anlagenteile und Leistungsumfänge. Die Lastenhefte sind zentraler Bestandteil der Ausschreibungsunterlagen.

4. Ausschreibung

Ziel der Ausschreibung ist es, die richtigen Partner für den Aufbau und für den Betrieb des geplanten Systems auszuwählen. Arbeitsschritte der Ausschreibung sind (s. Abb. 20.2/II):

Festlegung des Vorgehens
Auswahl qualifizierter Anbieter
Ausarbeitung der Ausschreibungsunterlagen
Verabschiedung und Versand der Ausschreibungsblanketten
Angebotsausarbeitung und Angebotsabgabe
Auswertung, Vergleich und Bewertung der Angebote   (3.4)
Auftragsverhandlungen mit ausgewählten Anbietern
Konzeption der Leistungs- und Qualitätsvergütung
Vertragsentwurf und Vertragsverhandlungen
Vergabeentscheidung und Vertragsabschluß.

Zu Beginn der Ausschreibungsphase ist zu entscheiden, ob eine *Leistungsausschreibung* für ein *Dienstleisterangebot*, eine funktionale *Systemausschreibung* für ein *Generalunternehmerangebot* oder spezifizierte *Einzelausschreibungen* von Teilgewerken und Leistungspaketen für *Einzelangebote* durchgeführt werden sollen. Von dieser Grundsatzentscheidung sind Aufbau, Inhalt und Detaillierungsgrad der Ausschreibungsunterlagen abhängig.

Entsprechend dem gewählten Vorgehen schließt die Ausschreibungsphase ab mit der *Vergabe* von Ausführung und Betrieb an einen *Generalunternehmer* oder *Systemdienstleister* oder an mehrere *Lieferanten* oder *Einzeldienstleister* (s. *Kapitel 20/II*).

3.3
Realisierungsschritte

Der Aufbau eines Logistiksystems wie auch die Realisierung von Teilanlagen oder Subsystemen finden in folgenden *Arbeitsschritten* statt, die teilweise parallel ablaufen:

Projektmanagement mit
Termin-, Leistungs- und Kostenkontrolle.   (3.5)

Umsetzungs- und Ausführungsplanung
Bauantrag und Genehmigungsverfahren   (3.6)

Grundstückserschließung
Bau der Verkehrsflächen   (3.7)
Grundbau und Hochbau
Installation der Haus- und Einrichtungstechnik

Konstruktion der Teilgewerke   (3.8)
Fertigung, Lieferung und Montage der Logistikgewerke

Pflichtenhefterstellung für Hard- und Software
Beschaffung und Installation der Hardware   (3.9)
Programmierung und Implementierung der Software

Probebetrieb
Abnahme von Teilleistungen und Gesamtsystem   (3.10)
Inbetriebnahme des Gesamtsystems

Mitarbeitereinstellung   (3.11)
Schulung und Einweisung.

Nach einem Test der Funktionen, Leistungen und Verfügbarkeit schließt die Ausführung ab mit der Übergabe des betriebsfähigen Systems an den Auftraggeber (s. *Abschnitt 13.8*).

3.4
Ziele der Logistik

Die Ziele der Logistik leiten sich ab aus den Unternehmenszielen, aus den übergeordneten Zielen der Volkswirtschaft sowie aus den Forderungen der Gesellschaft und des Staates. Für die Logistik gibt es *wirtschaftliche Ziele* der einzelnen Unternehmen, *humanitäre Ziele* und *ökologische Ziele*, die meist durch Gesetze oder staatliche Auflagen durchgesetzt werden, und *militärische Ziele*, die in

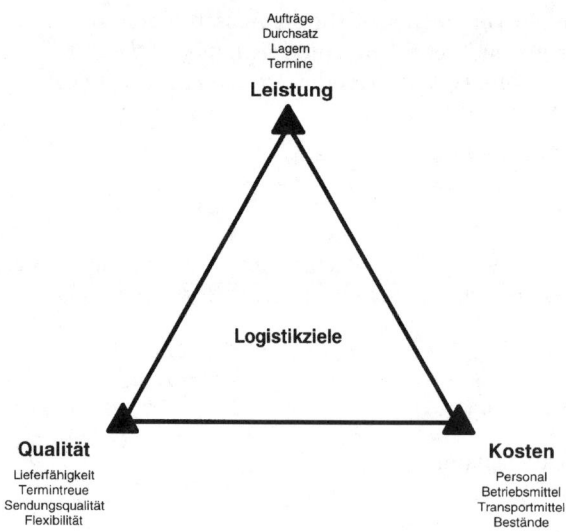

Abb. 3.3 Ziele der Unternehmenslogistik

Kriegszeiten vorrangig sind. Die humanitären und ökologischen Ziele sind in der Regel als externe *Rahmenbedingungen* vorgegeben.

Aus den wirtschaftlichen Zielen leiten sich die *Hauptziele der Unternehmenslogistik* ab:

$$\begin{array}{ll} \textit{Leistungserfüllung} \\ \textit{Qualitätssicherung} & (3.12) \\ \textit{Kostenminimierung}. \end{array}$$

Jedes dieser Hauptziele umfaßt eine Reihe von *Einzelzielen*, die auf verschiedene Weise meßbar und durch unterschiedliche Maßnahmen erreichbar sind (s. *Abb. 3.3*).

1. Humanitäre Ziele
Humanitäre Ziele der Logistik wie auch der Technik sind [9]:

- Maximale Sicherheit für den Menschen.
- Verläßliche Versorgung mit lebenswichtigen Gütern.

- Entlastung des Menschen von körperlicher Arbeit, wie das Heben schwerer Lasten.
- Arbeitserleichterung durch ergonomische Arbeitsplatzgestaltung und Bereitstellung.
- Eliminieren von Primitiv- und Routinearbeiten.

- Prognose von Fahrzeiten, Staus und Umleitungen für Verkehrsteilnehmer.

- Preisgünstige, häufig fahrende und flächendeckende Verkehrsmittel.
- Optimaler Einsatz von Fahrzeugen der Polizei, der Feuerwehr und von Notdiensten.
- Schnellstmögliche Versorgung von Kranken und Verwundeten.

Das Ausmaß, in dem die humanitären Ziele erreicht werden müssen, wird durch gesetzliche Vorschriften, durch Auflagen der Gewerbeaufsichtsämter und durch betriebliche Bestimmungen geregelt.

2. Ökologische Ziele
Die ökologischen Ziele sind vor allem für die *Entsorgungslogistik* maßgebend. Sie umfassen:

- Vermeidung und Verminderung von Abfall
- Senkung der Schadstoffemission
- Reduzierung von Lärm und Geräuschen
- Schonung der Ressourcen
- minimaler Materialeinsatz
- Senkung des Energieverbrauchs
- Schutz und Schonung der Natur
- Verminderung des Flächenverbrauchs.

Viele ökologische Ziele, wie die Senkung des Energieverbrauchs, minimaler Materialeinsatz und Verminderung des Flächenverbrauchs, sind mit den ökonomischen Zielen verträglich. Andere Ziele, die nur mit Mehraufwand zu erreichen sind, werden vom Staat oder vom Unternehmen als *Rahmenbedingungen* vorgegeben.

3. Leistungserfüllung
Die Leistungserfüllung umfaßt in der Logistik die *Einzelziele:*

- Ausführung der *Aufträge*
- Erfüllung der *Terminforderungen*
- Erbringung des *Leistungsdurchsatzes*
- Bewältigung des *Warendurchsatzes*   (3.13)
- Lagern der *Warenbestände*
- Erfüllung zusätzlicher *Serviceleistungen*.

Maßstab für die Leistungserfüllung sind die spezifischen *Leistungsanforderungen*. Die Leistungsanforderungen müssen vor der Planung und Realisierung eines Logistiksystems für jedes Einzelziel (3.13) quantifiziert und während des laufenden Betriebs regelmäßig aktualisiert werden (s. *Abschnitt 3.6*).

4. Qualitätssicherung
Die Qualität eines Leistungssystems ist ein Maß für die Einhaltung der geforderten Leistungsergebnisse. Dabei ist zu unterscheiden zwischen der *Produktqualität*, die in der Fertigung mit Einsatz von Maschinensystemen angestrebt wird, und der *Leistungsqualität*, die für Logistiksysteme maßgebend ist [9; 53].

Die drei wichtigsten *Teilziele* der logistischen *Leistungsqualität* und ihre *Meß-größen* sind:

- *Lieferbereitschaft* η_{Lief}
  Lieferfähigkeit von lagerhaltiger Ware   (3.14)
  Fertigungsbereitschaft für auftragsspezifisch gefertigte Ware.

- *Sendungsqualität* η_{SQual}
  Vollständigkeit
  Schadensfreiheit   (3.15)
  Unversehrtheit
  Mängelfreiheit.

- *Termintreue* η_{Ttreu}
  Einhaltung zugesagter Lieferzeiten   (3.16)
  Einhaltung vereinbarter *Abhol-* und *Zustelltermine*.

Zur Quantifizierung dieser Qualitätsmerkmale der Logistik werden in den aufeinander folgenden *Betriebsperioden* die nicht erfüllten Anforderungen erfaßt. Die Anzahl der erfüllten Anforderungen n_{Xricht} in Relation zur Gesamtzahl der Anforderungen $n_{Xges} = n_{Xricht} + n_{Xfalsch}$ ist der *Erfüllungsgrad* des betrachteten *Qualitätsmerkmals* X: $\eta_{Xges} = n_{Xricht}/(n_{Xricht} + n_{Xfalsch})$.

Die drei Qualitätsmerkmale *Lieferbereitschaft*, *Sendungsqualität* und *Termintreue* bestimmen zusammen den *Servicegrad*:

- Der *Servicegrad* η_{Serv} ist die Wahrscheinlichkeit, daß der Empfänger die Ware vollständig, korrekt und termingerecht erhält.

Der Servicegrad ist gleich dem Produkt von Lieferbereitschaft, Sendungsqualität und Termintreue:

$$\eta_{Serv} = \eta_{Lief} \cdot \eta_{SQual} \cdot \eta_{LTreu}. \qquad (3.17)$$

Beträgt beispielsweise die Lieferbereitschaft 98 %, die Sendungsqualität 99 % und die Termintreue 95 %, dann ist der Servicegrad $\eta_{Serv} = 0{,}98 \cdot 0{,}99 \cdot 0{,}95 = 92{,}2$ %.

Weitere *Qualitätsziele* der Logistik, die sich nicht unmittelbar am Leistungsergebnis messen lassen, sind:

- *Flexibilität* gegenüber Anforderungsänderungen, Saisonschwankungen und Sortimentsveränderungen.
- *Informationsbereitschaft* über Lieferfähigkeit, Liefertermine, Lieferstatus, Sendungsverbleib und Sendungsherkunft.
- *Zuverlässigkeit* und *Verfügbarkeit* der Transportmittel, Betriebseinrichtungen, Anlagen und Systeme (s. *Abschnitt 13.6*).

Maßstab für die Erfüllung der Qualitätsziele sind *Qualitätsstandards*, die von der Unternehmensleitung, von Kunden, vom Gesetzgeber oder vom Markt vorgegeben werden. Qualitätsstandards sind Zahlenwerte, die die zulässige Größe der Einzelziele (3.14), (3.15) und (3.16) festlegen. *Qualitätsmängel* sind unzulässige Abweichungen von den Qualitätsstandards. Sie werden in *Mängelstatistiken* erfaßt und in Relation gesetzt zu den vereinbarten Standards (s. *Abschnitt 7.5.8*).

5. Kostensenkung
Ein Primärziel aller Unternehmen wie auch der gesamten Volkswirtschaft ist eine Senkung der Kosten möglichst ohne Beeinträchtigung von Leistung und Qualität.

Einzelziele und *Maßnahmen* zur Kostensenkung in der Logistik sind:

- Vermeidung, Reduzierung oder Verkürzung von Transporten
- Vermeidung oder Reduzierung von Beständen
- optimale Nutzung der Infrastruktur, wie Flächen, Gebäude und Lagerkapazitäten
- maximale Auslastung von Ladungsträgern, Transportmitteln und Transportwegen
- Leistungssteigerung von Transportmitteln, Betriebsmitteln und Anlagen
- verbesserter Informations- und Datenfluß   (3.18)
- effizienter Personaleinsatz
- optimale Nutzung der Zeit
- Einsatz von Logistikdienstleistern.

Maßgebend für die Beurteilung der verschiedenen Möglichkeiten und Maßnahmen zur Kostensenkung sind die Auswirkungen auf die *Betriebskosten* in Relation zu den *Investitionen*, die zur Realisierung erforderlichen sind (s. *Abschnitt 5.1*). *Maßstab* für die Erfüllung der *Kostenziele* sind die *Plan-Leistungskosten* für Eigenleistungen und die *Ist-Leistungspreise* für Fremdleistungen (s. *Kapitel 6*).

6. Zielkonflikte
Zwischen vielen Zielen der Logistik besteht ein *Zielkonflikt*. Dieser Zielkonflikt kann nicht allein von der Logistik gelöst werden [11; 233]. Er ist für jedes Projekt von der Unternehmensleitung durch Priorisierung der Einzelziele zu entscheiden.

Die Logistik muß hierfür der Unternehmensleitung die Zielkonflikte aufzeigen sowie Prioritäten und Gewichte für die angestrebten Teilziele vorschlagen. Aus den allgemeinen Zielen der Logistik lassen sich unternehmensspezifische oder projektabhängige *Zielgrößen* und *Zielfunktionen* ableiten (s. *Abschnitt 5.1*).

Hinter der Zielgewichtung verbergen sich oft ungelöste, hin und wieder auch nur scheinbare Zielkonflikte. Zur Vermeidung scheinbarer und zur Aufdeckung echter Zielkonflikte, die von der Unternehmensleitung zu entscheiden sind, ist es ratsam, zunächst die benötigten *Funktionen* festzulegen und die *Rahmenbedingungen* zu erfassen. Danach sind die *Leistungsanforderungen* zu quantifizieren und die gewünschten *Qualitätsstandards* zu vereinbaren.

Die Ziele der Kostensenkung sind dann im Rahmen dieser Vorgaben zu formulieren und auf Verträglichkeit mit den Leistungs- und Qualitätszielen zu überprüfen. Wenn dabei Unvereinbarkeiten der Kostenziele mit den Leistungs- und Qualitätszielen erkennbar werden, müssen die Leistungs- und Qualitätsanforderungen sowie unter Umständen auch die Rahmenbedingungen infrage gestellt und auf die Kostenvorgaben abgestimmt werden.

3.5
Rahmenbedingungen

Die *Rahmenbedingungen*, auch *Randbedingungen* oder *Restriktionen* genannt, sind *Fixpunkte* für die Planung und den Betrieb von Logistiksystemen und begrenzen den Handlungsspielraum. Die Rahmenbedingungen für Logistiksysteme lassen sich einteilen in:

• *Räumliche Rahmenbedingungen*
Die Lage der Quellen und Senken ist fest vorgegeben oder auf bestimmte räumliche Bereiche beschränkt. Die für das Lagern und den Transport verfügbaren Flächen, Höhen und Verkehrswege sind fixiert oder in ihrer Auswahl eingeschränkt.

• *Zeitliche Rahmenbedingungen*
Betriebszeiten und *Schichtpläne* sind bereits festgelegt. *Fahrpläne* sind vorgegeben. Bearbeitungsschritte und Produktionsprozesse erfordern bestimmte *Prozeßzeiten*. Bei der Personaldisposition müssen tarifliche und gesetzliche *Arbeitszeiten* eingehalten werden.

• *Technische Rahmenbedingungen*
Die Beschaffenheit der Ware, die verfügbaren Lagerkapazitäten, die Geschwindigkeit, das Fassungsvermögen und die Belastbarkeit der Transportmittel, das Durchsatzvermögen der Transportstrecken und Transportknoten oder Schnittstellen zu angrenzenden Systemen beschränken die verwendbaren Ladungsträger, Lagertechniken, Transportmittel und Verkehrswege.

• *Strukturelle Restriktionen*
Eine vorhandene interne und externe Infrastruktur begrenzt und beeinflußt die Lösungsmöglichkeiten. Zur logistischen Infrastruktur gehören Transportnetze, Verkehrswege und Verkehrsanschlüsse sowie die Lage von Umschlagpunkten und Güterverkehrszentren. Vor allem die Auswahl geeigneter Standorte und optimaler Transportwege hängt von der Infrastruktur im Umfeld des Unternehmens ab.

• *Organisatorische Rahmenbedingungen*
Vorhandene Abläufe, verfügbare Daten, beschränkte Informationen, eingeführte Kodiersysteme, bestehende Rechner, Standardsoftware, vorrangige Strategien oder die vorhandene Unternehmensorganisation sind zu berücksichtigen.

• *Betriebswirtschaftliche Restriktionen*
Bei Eigenleistungen ist mit bestimmten Sätzen für Abschreibungen, Zinsen, Personal und andere Kostenfaktoren zu kalkulieren. Für Fremdleistungen sind Leistungs- und Beschaffungspreise vorgegeben. Die Investitionsmittel sind begrenzt. Die maximal zulässige Kapitalrückflußdauer ist von der Unternehmensleitung festgelegt.

• *Sicherheitsauflagen*
Für Mensch und Gut sind bestimmte Sicherheitsvorschriften zu beachten. Der Zugriff auf die Ware und die Lieferfähigkeit lieferkritischer Artikel müssen gewährleistet sein. Verluste wertvoller, gefährdeter oder gefährlicher Güter durch Schwund, Diebstahl, Alterung, Unfälle oder Feuer müssen verhindert werden oder durch Versicherungen ausreichend abgedeckt sein. Längere Betriebsunterbrechungen und unzulässige Folgewirkungen sind auszuschließen.

- *Wettbewerbsbedingungen*

Maßgebend für die Leistungs- und Qualitätsanforderungen sind in vielen Fällen die vom Wettbewerb gebotenen Serviceleistungen, wie die Lieferzeiten, die Lieferfähigkeit und die Termintreue. Ebenso können die günstigeren Kosten und Preise des Wettbewerbs Vorgaben für die Unternehmenslogistik sein.

- *Gesetzliche und ökologische Rahmenbedingungen*

Gesetze, Vorschriften, Tarife, Regeln und Normen begrenzen die Handlungsmöglichkeiten des einzelnen Unternehmens und sind zwingend zu berücksichtigen.

Die Rahmenbedingungen beschränken die Vielzahl möglicher Lösungen der Logistikaufgabe auf eine geringere, meist immer noch große Anzahl *zulässiger Lösungen*, unter denen nach geeigneten Verfahren die anforderungsgerechte und kostenoptimale Lösung zu finden ist.

Aus den Rahmenbedingungen ergeben sich *Ausschlußkriterien*, kurz *K.O.-Kriterien* genannt, bei deren Nichterfüllung eine denkbare Lösung aus dem weiteren Optimierungsprozeß ausscheidet. Um zu vermeiden, daß eine ungeeignete Lösung ausgearbeitet wird, ist es ratsam, alle erkennbare K.O.-Kriterien vor Planungsbeginn aufzulisten.

Nicht alle Rahmenbedingungen sind unverrückbar. In vielen Fällen ist es möglich, durch Aufhebung hinderlicher Rahmenbedingungen eine Lösung zu ermöglichen, die wesentlich mehr an Kosten einspart als für die Beseitigung oder Veränderung der betreffenden Rahmenbedingungen aufzuwenden sind.

3.6
Leistungsanforderungen

Bei der Ermittlung der Leistungsanforderungen, deren Quantifizierung als *Mengengerüst* bezeichnet wird, ist zu unterscheiden zwischen *primären Leistungsanforderungen*, die durch die Anforderungen der Auftraggeber oder die Vorgaben der Unternehmensleitung festgelegt sind, und *sekundären Leistungsanforderungen*, die sich aus den primären Leistungsanforderungen ableiten lassen.

Primäre Leistungsanforderungen der Logistik sind:

1. Warenkenndaten

    Beschaffenheit der Artikel, Waren und Güter
    Artikelanzahl und Sortimentsbreite
    Preise und Rabatte   (3.19)
    Maße und Gewichte der Warenstücke
    Maße, Gewichte und Inhalte der Verkaufseinheiten.

2. Auftragsanforderungen

    Art der Aufträge
    Anzahl Aufträge pro Periode
    Anzahl Positionen pro Auftrag   (3.20)
    Anzahl Warenstücke oder Gebinde pro Position
    Anzahl Leistungseinheiten pro Position

3. Terminforderungen
  Abholtermine
  Liefertermine   (3.21)
  Lieferzeiten
  Zustelltermine.

Wenn die in den Logistikketten eingesetzten *Logistikeinheiten* [LE] und die *Verpackungshierarchie* bekannt sind, lassen sich aus den Warenkenndaten, Auftragsanforderungen und Terminforderungen die *Auftragsmengen*, der *Leistungsdurchsatz* und die *Warenströme* errechnen. Damit ergeben sich die

4. Durchsatzanforderungen
  Leistungsdurchsatz [LM/PE]
  Wertströme [DM/PE]
  Mengenströme [LE/PE]   (3.22)
  Volumenströme [m³/PE]
  Gewichtsströme [kg/PE]

Die Wertströme, also die *Umsätze*, werden für die Bestandsoptimierung und die Festlegung der Sicherheitsstandards benötigt. Die Mengen- und Volumenströme bestimmen das Leistungsvermögen und sind maßgebend für die Gestaltung des gesamten Logistiksystems und die Dimensionierung der Leistungsstellen.

Das Lagern von Artikeln und das Puffern von Warenmengen sind kein Selbstzweck sondern ein Mittel zur Erfüllung bestimmter Ziele. Die Höhe der Lagerbestände und der Puffermengen sind daher wichtige *Handlungsparameter* für die Planung und Optimierung von Logistiksystemen und Leistungsketten.

Die Bestände resultieren aus den Durchsatzanforderungen (3.22), den *Beschaffungs-* und *Nachschubstrategien* und dem *Lieferprogramm*. Die *Programmplanung*, die Festlegung des Anteils der *Eigen-* und der *Fremdfertigung* und die Abgrenzung des *lagerhaltigen Sortiments* sind strategische Entscheidungen, die vor der Planung zu fällen und im Verlauf des Betriebs immer wieder kritisch zu überprüfen sind. Für lagerhaltige Artikel sind die Bestandswerte das Ergebnis einer *Lagerprozeßkostenoptimierung* bei vorgegebenen Auftrags-, Durchsatz- und Qualitätsanforderungen. Für nicht lagerhaltige Artikel ergeben sich die Lager- und Pufferbestände aus der *zeitlichen Abstimmung* der Einzelschritte der Leistungserstellung (s. *Kapitel* 8 und 10).

Der *optimale Lagerbestand* eines Artikels ist in der Regel nicht der für den geforderten Ablauf und Lieferservice minimal mögliche Bestand, sondern das Ergebnis einer Optimierung der *Lagerprozesse* und der *Leistungskosten*. Daher ist die bestandslose *Just-In-Time-Belieferung* ohne Zwischenlager, weder beim Lieferanten noch beim Empfänger oder an einem anderen Ort, und ohne Zwischenpuffer vor der Verbrauchsstelle selten die optimale Lösung (s. *Kapitel* 11).

Aus den Durchsatzanforderungen und den Logistikstrategien resultieren also die sekundären

5. Bestandsanforderungen
Anzahl der lagerhaltigen Artikel
Bestandswerte pro Artikel [DM]. (3.23)
Bestandsmengen pro Artikel [LE].

Charakteristisch für die Leistungsanforderungen der Logistik sind die kurzzeitigen *stochastischen Schwankungen*, die Folge eines zufallsabhängigen Auftragseingangs oder Verbrauchs sind, und die *mittel- und langfristigen Veränderungen*, die sich im Tages-, Wochen- und Jahresverlauf, aus *Produktionsschwankungen* oder *Nachfrageänderungen* ergeben. Als Beispiel für derartige Veränderungen zeigt *Abb. 3.4* den *Saisonverlauf* des monatlichen Periodenverbrauchs und der Lagerbestände der Dispositionsware eines Kaufhaussortiments (s. *Kapitel 10*).

Aufgrund der prinzipiellen Unsicherheit von Prognosen und Hochrechnungen sind die Leistungsanforderungen mit *Fehlern* behaftet, die erfahrungsgemäß eine Größenordnung von mindestens ± 5 % haben. Daher ist es nicht sinnvoll, mit Formeln und Simulationsverfahren zu arbeiten, deren Genauigkeit wesentlich größer ist als die Eingabedaten.

3.7
Ermittlung der Planungsgrundlagen

Die *Planungsgrundlagen* umfassen die *Funktionen*, die *Leistungsanforderungen* und die *Rahmenbedingungen*, die für einen zukünftigen Zeitraum bis zum *Planungshorizont* zu erwarten sind oder von der Unternehmensleitung festgelegt werden.

Da Planung, Aufbau und grundlegende Veränderungen von Logistiksystemen mindestens ein bis zwei Jahre dauern, ist es nicht sinnvoll, neue Systeme für einen Planungshorizont von weniger als 5 Jahren zu planen. Wenn möglich, sollte für einen Horizont von 10 Jahren geplant und ein flexibles *Stufenkonzept* für den schrittweisen Aufbau des Zielsystems entwickelt werden.

Wenn für ein neu zu errichtendes oder anzumietendes Lager der zukünftige Kapazitätsbedarf geplant wird, beispielsweise weil mehrere Lager zu einem Zentrallager zusammengefaßt werden sollen, werden oft die IST-Bestände mit *Umsatzzuwachsfaktoren* auf den Planungshorizont hochgerechnet. Dieses Vorgehen führt jedoch in der Regel zu überhöhten Beständen. Damit bleiben die *Optimierungsmöglichkeiten* ungenutzt, die sich im Rahmen einer Neuplanung und Umstrukturierung bieten.

Vielfach wird auch der Lagerbestand aus dem geplanten Umsatz oder Verbrauch mit Hilfe von *Umschlagfaktoren* errechnet, die aus *Vergleichskennzahlen* abgeleitet und als *Zielvorgabe* von der Unternehmensleitung festgelegt werden. Derartige *Benchmarks* aus anderen Unternehmen, Vergleichszahlen der Vergangenheit oder Kennwerte aus anderen Bereichen des gleichen Unternehmens sind in der Logistik nur bedingt nutzbar. Sie bergen die Gefahr, daß die speziellen Voraussetzungen der Kennzahlen nicht angemessen berücksichtigt sind und die Unzulänglichkeiten der Vergleichsunternehmen fortgeschrieben werden (s. *Abschnitt 4.5*).

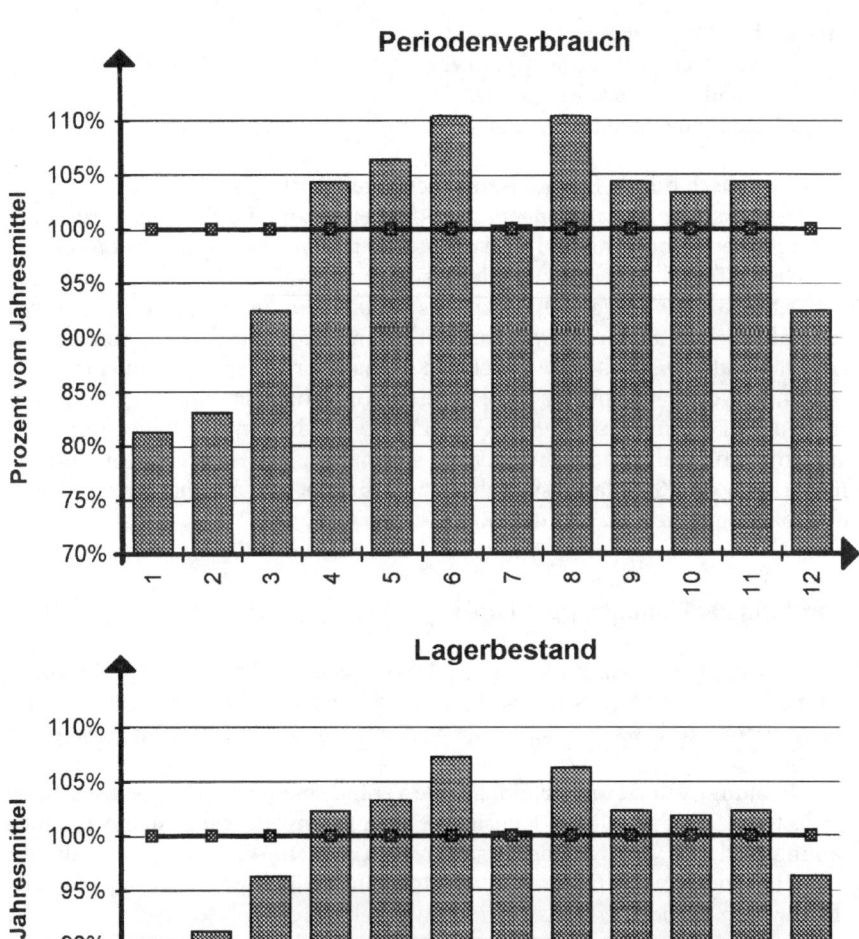

Abb. 3.4 Saisonverlauf von Absatz und Lagerbestand für Dispositionsware in einem Logistikzentrum des Handels

Monats- Spitzenfaktor Absatz $f_{sp}(A) = 1{,}15$
Monats- Spitzenfaktor Bestand $f_{sp}(B) = 1{,}07$

Die Bedarfsplanung für die zu gestaltenden Lieferprozesse und Logistiksysteme muß vielmehr aufsetzen auf einer *Absatzanalyse* der Artikel und einer *Strukturanalyse* der Sortimente und Aufträge (s. *Abschnitt 5.8*). Die aus der *Programmplanung* und der *Absatzanalyse* abgeleiteten *IST-Absatzmengen* der Artikel sind hochzurechnen mit dem geplanten realen Umsatzwachstum [38]. Die benötigte *Lieferfähigkeit* und die gewünschten *Lieferzeiten* sind mit den Bedarfsträgern abzustimmen, vom Vertrieb festzulegen oder von den Kunden zu erfragen.

Die Durchsatzmengen und Bestandswerte in Ladeeinheiten, wie Behälter oder Paletten, müssen aus den entsprechenden Werten in Stück und aus dem *Fassungsvermögen* der Ladeeinheiten unter Berücksichtigung der *Pack- und Füllstrategien* berechnet werden (s. *Kapitel 12*). Es kann zu großen Fehlern führen, wenn die Warenströme und Bestände nur in Ladeeinheiten erfaßt und mit Hilfe von Umsatzzuwachsfaktoren auf den Planungshorizont hochgerechnet werden.

Die sicherste Ausgangsbasis für die Ermittlung der zukünftigen Leistungsanforderungen sind die *Auftrags- und Artikeldaten* einer *Vergangenheitsperiode*, die möglichst ein ganzes Geschäftsjahr umfaßt. Auftrags- und Artikeldaten sollten von der Datenverarbeitung eines Unternehmens zur Verfügung gestellt werden können. Allerdings fehlen vielfach wichtige *Logistikstammdaten*, wie die Maße und Gewichte der Warenstücke und Gebinde. Die fehlenden logistischen Artikeldaten müssen für eine Planung mit einigem Aufwand, zum Beispiel durch *Auslitern*, direkt in den Lagern oder Filialen erfaßt werden (s. *Abschnitt 12.7*).

Die kurz- und mittelfristigen Veränderungen der Leistungsanforderungen oder des Verbrauchs, die vor allem für die *Disposition* benötigt werden, lassen sich für *Standardleistungen* oder *Standardartikel* mit *hinreichend gleichmäßigem Bedarf* nach den in *Kapitel 9* dargestellten Verfahren aus den *Zeitreihen* der Auftragseingänge oder Verbräuche der Vergangenheit prognostizieren [76; 77]. Die langfristigen Veränderungen bis zum Planungshorizont können für Standardartikel und Standardleistungen mit Hilfe von *Hochrechungsfaktoren* aus den IST-Absatzmengen der Artikel und Sortimente abgeleitet werden. Generell gilt:

- Die Prognosegenauigkeit für den Bedarf von *Standardartikeln* und *Standardleistungen* ist relativ hoch. Dadurch reduziert sich das Absatzrisiko.

Dementsprechend gering sind jedoch die Gewinnaussichten, da viele Unternehmen bevorzugt risikolose Standardartikel und Standardleistungen anbieten.

Die meisten Unternehmen müssen auch *Sonderartikel* in ihrem Angebot haben, wie Aktionsware, Modeware oder neue Produkte, und *Sonderleistungen* erbringen können, wie kundenspezifische Leistungen oder neuartige Leistungsangebote. Deren Bedarf läßt sich grundsätzlich nicht aus Vergangenheitswerten ableiten. Der zukünftige Bedarf von *Sonderprodukten* und *Sonderleistungen* muß nach einer *Marktanalyse*, aufgrund genereller *Erfahrungen* oder durch Vergleich mit den *Lebenszyklen* ähnlicher Produkte und Leistungen abgeschätzt werden. Damit ist ein nicht unerhebliches unternehmerisches Risiko verbunden. Grundsätzlich gilt daher:

- Der zukünftige Absatz von *Sonderartikeln* und *Sonderleistungen* ist nicht aus Vergangenheitswerten extrapolierbar und nur ungenau planbar. Das Absatzrisiko ist hoch.

Dafür aber sind auch die Gewinnaussichten hoch, da nur wenige Unternehmen das Risiko eingehen, Sonderleistungen oder Sonderartikel zu entwickeln und anzubieten.

Jede Ermittlung von Planungsgrundlagen birgt die Gefahr, daß zu viele Daten erfaßt und zu detaillierte Auswertungen durchgeführt werden, die für die Planung nicht erforderlich sind. Andere, für die Planung und Optimierung wichtigere Daten fehlen dagegen später. Es ist daher notwendig, vor der Ermittlung der Planungsgrundlagen genau zu überlegen, welche Daten wofür benötigt werden und wie sich diese mit ausreichender Genauigkeit beschaffen lassen. Hier gilt der *Grundsatz*:

- So wenig Planungsdaten wie möglich, nur soviel wie unbedingt nötig.

Bei Daten, die nur mit großem Aufwand und Zeitbedarf genauer zu beschaffen sind, genügt in vielen Fällen eine Abschätzung oder eine Ableitung aus verfügbaren Daten mit Hilfe geeigneter *Umrechnungsfaktoren*.

3.8
Darstellung von Systemen und Prozessen

Um die Strukturen und Prozesse eines Leistungs- oder Logistiksystems darzustellen und transparent zu machen, ist es notwendig, zunächst die operativen und administrativen Leistungsstellen festzulegen und voneinander abzugrenzen, die an den betrachteten Prozessen beteiligt sind.

Für jede Leistungstelle ist die Beschaffenheit der ein- und auslaufenden Material- und Datenflüsse zu spezifizieren und der Durchsatz anzugeben. Die Kenndaten (1.3) der Leistungsstellen sind zu erfassen, in einem *Blockdiagramm*, wie *Abb. 1.6*, darzustellen oder als *Tabelle* zu dokumentieren. Das Ergebnis ist eine *Input-Output-Analyse* aller beteiligten Leistungsstellen [228; 233].

Die räumlichen, zeitlichen und logischen Beziehungen zwischen den Leistungsstellen und die Prozeßabläufe in den Systemen lassen sich in Form von *Strukturdiagrammen*, *Ablaufdiagrammen* und *Prozeßketten* darstellen. Jede dieser drei *Darstellungsformen* zeigt einen *Aspekt*. Zusammen geben sie ein vollständiges Bild des Systems.

Die unterschiedlichen Aspekte müssen getrennt dargestellt und dürfen nicht in einer Darstellung vermischt werden. Die *Input-Output-Analyse* der Leistungstellen und das Erstellen der Systemdarstellungen sind effiziente Verfahren, um die Zusammenhänge verständlich zu machen und die *Schwachstellen* eines bestehenden Logistiksystems zu erkennen. So gilt die *Erfahrungsregel*:

- Unübersichtliche Material- und Datenflüsse, Mehrfachzuläufe von Aufträgen gleicher Art auf eine Leistungsstelle, weit verzweigte, übermäßig vernetzte Ablaufdiagramme und eine große Anzahl von Prozeßketten, die zum gleichen

Leistungsergebnis führen, sind Indizien für *Verbesserungspotentiale* und *Handlungsbedarf*.

Mit den nachfolgend dargestellten Verfahren ist es möglich, die Ursachen vieler Schwachstellen zu erkennen und zu beheben sowie optimale Prozeßketten und Logistiksysteme zu gestalten.

1. Strukturdiagramme

Ein logistisches *Strukturdiagramm* ist eine abstrakte Darstellung der *räumlichen Struktur* des Logistiksystems. Hierfür verwendete *Symbole* sind:

- *Fett umrandete Rechtecke* sind abstrakte Darstellungen der *operativen Leistungsstellen* und *Leistungsbereiche*.
- *Dünn umrandete Rechtecke* bilden die *administrativen Leistungsstellen* und *Leistungsbereiche* ab.
- *Durchlaufende gerichtete Linien* stellen *Materialflüsse* und *Ströme physischer Objekte* dar.
- *Punktierte gerichtete Linien* bilden *Datenflüsse* und *Ströme informatorischer Objekte* ab.

Materialströme fließen nur zwischen operativen Leistungsstellen. Datenflüsse können administrative Leistungsstellen untereinander verbinden, aber auch administrative mit operativen Leistungsstellen und operative Leistungsstellen untereinander. Als Beispiel zeigt *Abb. 3.5* die Logistikstruktur eines Abfüllbetriebs der chemischen Industrie oder der Getränkeindustrie.

Ein *quantifiziertes Strukturdiagramm* enthält die Durchsatzmengen der Material- und Datenströme und die Lager- und Pufferkapazitäten der Leistungsstellen. In einem *Sankey-Diagramm* sind die Breiten der Linien für die Materialflüsse zur besseren Anschaulichkeit proportional zur Stromstärke dargestellt.

2. Ablaufdiagramme

Ablaufdiagramme stellen die zeitliche Folge und die logische Verknüpfung der Einzelvorgänge von Prozessen dar. Für die Systemanalyse und die Prozeßgestaltung sind die in *Abb. 3.6* gezeigten Standardsymbole [42] geeignet, die in der Datentechnik für die Darstellung von Programmabläufen verwendet werden.[1] Die wichtigsten Symbole sind:

- *Rechtecke* für *Einzelvorgänge*, die durch einlaufende Informationen oder Objekte ausgelöst werden und nach Beendigung des Vorgangs Objekte oder Informationen abgeben.
- *Rhomben* für bedingte *Verzweigungen* des Ablaufs, die sich aus einer Entscheidung oder einem Informationsvergleich ableiten.

---

1 Zur Darstellung von Geschäftsprozessen gibt es heute spezielle Software, wie *ARIS* und *Bonapart*, die zwar einen recht hohen Aufwand erfordern, aber zur Vorbereitung der Systemprogrammmierung geeignet sind [43; 44].

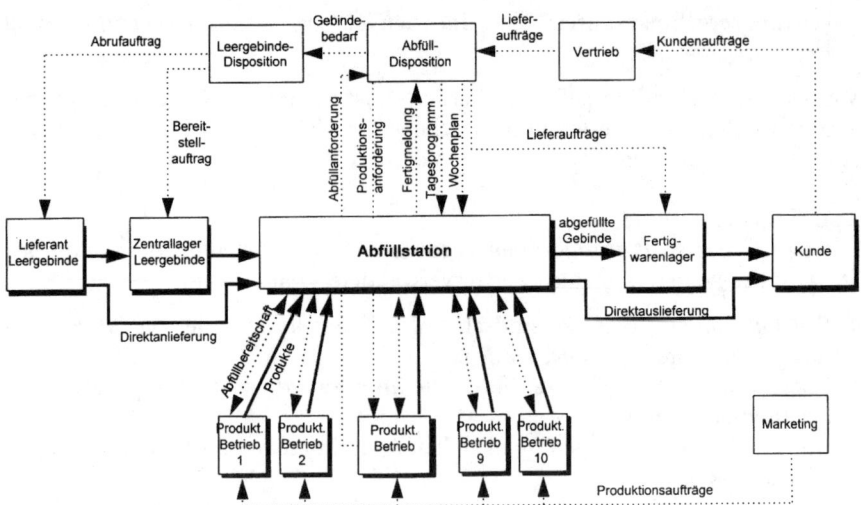

Abb. 3.5 Strukturdiagramm eines Abfüllbetriebs

dicke Rechtecke: operative Leistungsbereiche
dünne Rechtecke: administrative Leistungsstellen

durchlaufende Pfeile: Material- und Warenfluß
gestrichelte Pfeile: Informations- und Datenfluß

Die Rechtecke sind mit den Vorgängen, die Rhomben mit den Verzweigungsbe-
dingungen beschriftet. Die Vorgangs- und Entscheidungssymbole werden gemäß
dem zeitlichen Ablauf der Vorgänge und Entscheidungen durch gerichtete *Pfeile*
miteinander verbunden.

Vorgangsfolgen, die aus einer größeren Anzahl von Einzelvorgängen und internen Entscheidungen bestehen, werden durch *Rechtecke mit doppelten oder fetten
Seitenkanten* symbolisiert, deren innere Struktur in einem gesonderten Ablauf-
diagramm dargestellt ist.

Gesondert dargestellte Teilprozesse beginnen mit einer *Eingangsschnittstelle*
und enden mit einer *Ausgangsschnittstelle*, die durch *Kreise* mit einem E bzw. mit
einem A symbolisiert sind. Durch Verknüpfung der einzelnen Teilprozesse können auf diese Weise alle Prozesse eines größeren Leistung- oder Logistiksystems
übersichtlich dokumentiert werden.

3. Prozeßkettendarstellung
Die Prozeßkettendarstellung zeigt die *räumlich und zeitlich* aufeinander folgenden Leistungsstellen eines Geschäftsprozesses. Die Prozeßkettendarstellung folgt
dem Weg eines ausgewählten *Prozeßgegenstands* durch ein System. Jede Durch-
laufmöglichkeit eines Prozeßgegenstands ergibt eine eigene Prozeßkette.

Für *Auftragsketten* ist der Prozeßgegenstand ein *Auftrag*, der zunächst in administrativen und dann in operativen Leistungsstellen bearbeitet wird und am

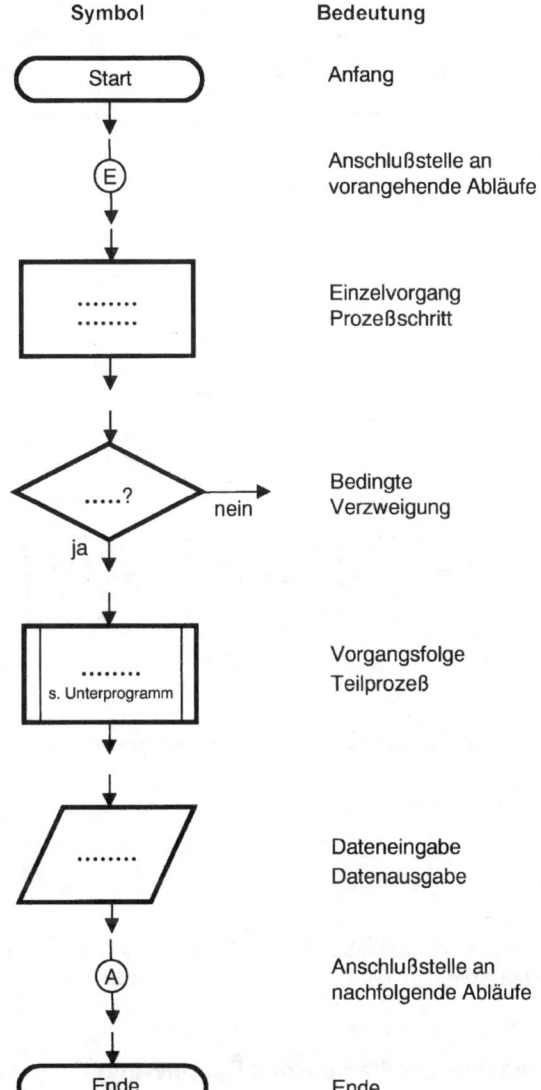

Abb. 3.6 Standardsymbole zur Darstellung von Programm-, Prozeß- und Funktionsabläufennach DIN 66001

Ende zu einem Produkt oder einem Leistungsergebnis führt. Bei einer *Logistikkette* ist der Prozeßgegenstand ein *physisches Objekt*, wie eine Sendung, die zu befördern ist, ein Leergebinde, das abgefüllt wird, Tabak, aus dem Zigaretten hergestellt werden, oder eine beladene Palette, die ein Logistikzentrum durchläuft.

Welche der möglichen Prozeßketten dargestellt und analysiert werden, hängt von der Aufgabenstellung ab. Für den Geschäftsprozeß *Kundenbelieferung* ist der *Kundenauftrag* der Prozeßgegenstand. Maßgebend für diesen Prozeß ist die *Auf-*

Lagerabfüllung

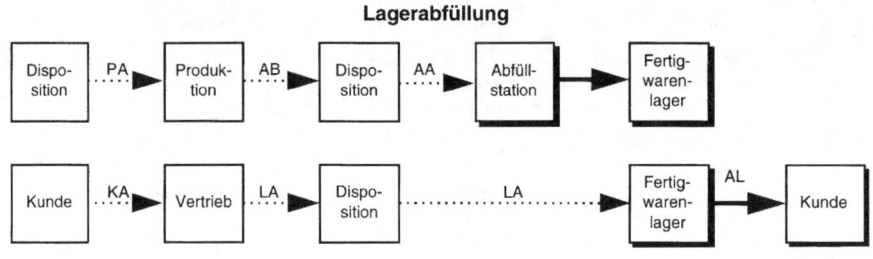

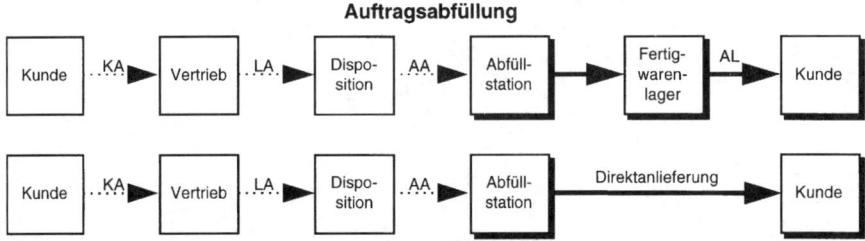

Auftragsabfüllung

Abb. 3.7 Auftragsketten eines Abfüllbetriebs

KA	Kundenauftrag	AB	Abfüllanforderung
LA	Lieferauftrag	AA	Abfüllauftrag
PA	Produktionsauftrag	AL	Auslieferung

tragsprozeßkette. Die Auftragsketten eines Abfüllbetriebs mit der in *Abb. 3.5* gezeigten Struktur sind in *Abb. 3.7* dargestellt.

3.9
Programme zur Planung und Optimierung

Bei der Planung und Optimierung von Logistiksystemen und Leistungsketten haben sich *Rechenmodelle, Programme* oder *Rechnertools* vielfach bewährt. *Ziele* des Einsatzes von *Programmen* und *Rechnertools* sind die Nutzung von Berechnungsformeln und Algorithmen, die Untersuchung der Wechselwirkungen einer Vielzahl von Einflußparametern, die Durchführung von Optimierungen und Sensitivitätsrechnungen, die Simulation der Funktionsabläufe in Systemen sowie die Unterstützung, Vereinfachung und Beschleunigung der Planung.

Gefahren der Rechnertools sind *praktische Unbrauchbarkeit* oder *falsche* Ergebnisse, die daraus resultieren, daß die Programme zu speziell, zu universell, zu stark vereinfacht, zu komplex, undurchschaubar, unverständlich, zu starr oder unnötig genau sind. Aus blindem Vertrauen in die Rechenergebnisse werden häufig falsche Konsequenzen gezogen.

Um diese Gefahren zu vermeiden, sind bei der Entwicklung und Programmierung von Rechnertools folgende *Grundsätze* zu beachten:

- so einfach und doch so realistisch wie möglich,
- so speziell wie nötig, so universell wie möglich,
- Ergebnisse nicht wesenlich genauer als Eingabewerte,
- benutzerverständlicher und nachvollziehbarer Programmaufbau,
- verständliche Dokumentation von Programmaufbau und Berechnungsformeln,
- Plausibilitätsprüfung der Ergebnisse und manuelle Kontrollrechnungen.

Mit Hilfe der in diesem Buch entwickelten Grundlagen und Berechnungsformeln wurde eine Reihe von Programmen und Rechnertools erstellt. Hierzu gehören Programme zur:

Erfassung und Berechnung der Planungsgrundlagen
Bedarfsprognose und Szenarienrechnung (s. *Kapitel* 9)
Auftragsdisposition und Produktionsplanung (s. *Kapitel* 10)
Auswahl und Zuordnung von Ladungsträgern und Transportmitteln
Gerätebedarfs-, Personalbedarfs- und Kommissionierleistungsberechnung
Dimensionierung und Optimierung von Lager- und Kommissioniersystemen
Berechnung von Grenzleistungen (s. *Tabellen* 13.1–13.4)
Berechnung von Staueffekten (s. *Tabelle* 13.5)
Dimensionierung und Optimierung von Fahrzeugsystemen
Investitions- und Betriebskostenrechnung   (3.24)
Bestands- und Nachschubdisposition (s. *Tabelle* 11.7)
Leistungs- und Qualitätsvergütung
Berechnung von Leistungspreisen und Artikellogistikkosten
Dimensionierung und Optimierung von Logistikzentren
Struktur- und Standortoptimierung (s. *Abschnitt* 18.10/II)
Tourenplanung und Fahwegoptimierung (s. *Abschnitt* 18.11)
Auswahl optimaler Transportketten (s. *Tabelle* 19.2/II)
Auswahl und Optimierung von Logistikketten
Optimierung von Logistiksystemen.

Die analytischen Rechnertools sind als *Tabellenkalkulationprogramme* in MS-EXCEL und MS-ACCESS programmiert. Sie sind *modular* aufgebaut und lassen sich bedarfsgerecht zu neuen Programmen zusammenfügen. Die Tools wurden in zahlreichen Projekten und Beratungen erfolgreich eingesetzt und haben sich als Planungshilfsmittel bestens bewährt.

Als Beispiel aus der Beratungspraxis zeigt *Abb. 3.8* den Aufbau und die Einflußfaktoren eines Prozeßmodells zur Kalkulation der Kosten für die verschiedenen Lieferketten zwischen den Lieferstellen und Empfangsstellen von Industrie und Handel (s. *Kapitel* 19/II).

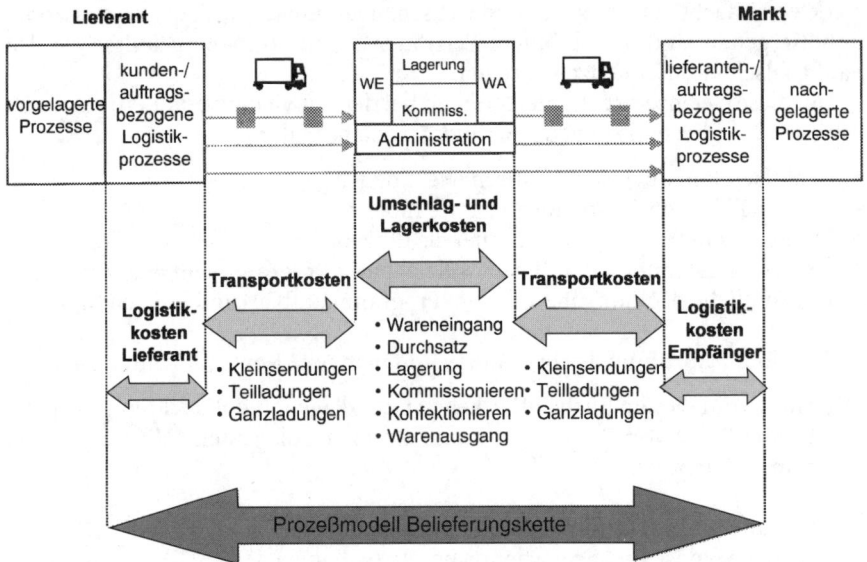

Abb. 3.8 Prozeßmodell für Belieferungskosten zwischen Industrie und Handel

3.10
Technik und Logistik

Die Technik hat für die Logistik grundsätzlich nur soweit Bedeutung, wie mit ihrer Hilfe die *Logistikaufgaben* lösbar und die *Logistikziele* erreichbar sind. Die Entwicklung und der Einsatz der Technik in der Logistik haben in der Vergangenheit teils nacheinander, teils überlappend mehrere *Phasen* durchlaufen (s. *Abbildung* in *Einleitung*). Diese Phasen entsprechen den *technischen Handlungsmöglichkeiten* [45; 46]:

1. *Mechanisierung*: Eine bestimmte Funktion, wie das Befördern oder Heben einer Last, die bisher vom Menschen ausgeführt wurde oder technisch nicht möglich war, wird durch *Erfindung, Neukonstruktion* oder *Weiterentwicklung* einer mechanischen Einrichtung, einer Maschine, eines Transportmittels oder eines Gerätes realisiert.

2. *Leistungssteigerung*: Das Leistungsvermögen der Maschine, des Geräts oder des Transportmittels wird durch Vergrößerung der *Kapazität*, Erhöhung von *Geschwindigkeit* und *Beschleunigung* oder *Vereinfachung* der mechanischen Bewegungsabläufe gesteigert.

3. *Kostensenkung*: Die *Herstellkosten* der Maschine, des Geräts oder des Transportmittels werden durch vereinfachte *Konstruktion, modularen Aufbau, günstigeren Materialeinsatz* und Fertigung in *größeren Stückzahlen* vermindert. Durch *geringeren Verschleiß, bessere Wartung* und *längere technische Nutzungszeit* lassen sich *Betriebskosten* und *Kosten pro Leistungseinheit* senken.

4. *Qualitätsverbesserung*: *Leistungsqualität, Nutzungskomfort, Betriebssicherheit, Platzbedarf, Zuverlässigkeit* und *Verfügbarkeit* werden verbessert.

5. *Automatisierung*: Die Bedienung der Geräte, Maschinen und Transportmittel wird durch *Elektronik* und *Steuerungstechnik* unterstützt, vereinfacht und vom Menschen unabhängig.

6. *Verkettung*: Transportelemente, Geräte und Maschinen werden zu *Transport-, Produktions-* und *Logistikketten* verkoppelt. So entstehen aus der Verbindung von Förderstrecken, Ein- und Ausschleusern, Regalbediengeräten und Handhabungsgeräten mit Maschinen, Anlagen und zwischengeschalteten Pufferplätzen *Produktionslinien, Verpackungslinien, Abfüllanlagen* oder *Lagermaschinen*, die von einem *Prozeßrechner* gesteuert und aus einem *Leitstand* überwacht werden.

7. *Vernetzung*: Mehrere Transportketten, parallele Produktionslinien, inneroder außerbetriebliche Transportmittel und Lagermaschinen werden zu einem *Netzwerk* integrierter *Produktions-, Transport-, Logistik-* und *Leistungssysteme* zusammengefügt, die unter Nutzung der *Prozeßleittechnik* und der *Informations- und Kommunikationstechnik* optimal auf die jeweiligen Leistungsanforderungen ausgerichtet sind und zu minimalen Kosten arbeiten.

Die wichtigsten Entscheidungskriterien für den Technikeinsatz sind die *Betriebskosten* und die *Leistungskosten* (s. *Kapitel 6*). Kostensenkungen in der Logistik sind durch *Senkung des Investitionsaufwands*, durch *Leistungssteigerung* bei gleichem Personaleinsatz, durch *Personaleinsparungen* bei gleicher Leistung, am wirkungsvollsten aber durch Leistungssteigerung bei gleichzeitiger Personaleinsparung möglich.

Darüber hinaus können Kostensenkungen aus der *Verminderung des Grundflächenbedarfs* resultieren, beispielsweise durch den Bau von *Hochregallagern* anstelle von *Hallenlagern*, durch *erhöhte Auslastung der Ressourcen* oder aus einer *besseren Nutzung vorhandener Räume*, etwa durch den Einbau von Durchlauflagern oder von Hängebahnanlagen. *Qualitätsverbesserungen* sind nur von Interesse, wenn sie zu Kosteneinsparungen oder zu einem Nutzenzuwachs führen, der vom Markt honoriert wird.

Der Einsatz von Technik zur Lösung logistischer Aufgaben ist in der Regel mit einem Anstieg der Fixkosten infolge der erhöhten Zinsen und Abschreibungen auf das investierte Kapital verbunden. Aus diesem *Fixkostendilemma* resultieren folgende *Voraussetzungen für den wirtschaftlichen Einsatz der Technik* in der Logistik (s. *Abschnitt 6.8*):

- Je höher die Mechanisierung und die Automatisierung, umso notwendiger ist eine *intensive, dauerhafte und möglichst gleichmäßige Nutzung* der Anlagen und Systeme.

- *Außerbetriebliche Transportmittel*, die mit hohen Investitionen verbunden sind, wie Containerschiffe, Frachtflugzeuge und Eisenbahnen, aber auch Lastwagenflotten mit zentralem Transportleitsystem, erfordern einen Betrieb möglichst rund um die Uhr.

- *Innerbetriebliche Hochleistungssysteme*, wie *Sortiersysteme, FTS-Anlagen* und *Kommissioniersysteme mit dynamischer Bereitstellung*, sind in der Regel nur

wirtschaftlich, wenn sie an mehr als 200 Tagen im Jahr mindestens zwei-
schichtig genutzt werden.

- *Hochinvestive Lagersysteme*, wie Hochregallager, Durchlauflager und Kom-
paktlager, erfordern über das ganze Jahr eine hohe Belegung der Platzkapazität.

Aus diesen Voraussetzungen ergeben sich folgende *Nutzungskriterien* für die
Technik in der Logistik:

- Bei geringen Leistungs- und Kapazitätsanforderungen oder bei ungleichmä-
ßiger Nutzung über das Jahr sind konventionelle Transport- und Lagerein-
richtungen mit geringer Technisierung und Automatisierung kostengünstiger
und flexibler.
- Bei hohen Leistungs- und Kapazitätsanforderungen und gleichmäßiger Nutzung über das gesamte Jahr sind die Leistungskosten von hochtechnisierten
und automatisierten Systemen meist deutlich – in vielen Fällen um mehr als
einen Faktor 2 – niedriger als bei konventionellen Systemen mit geringem
Technikeinsatz.
- Mit zunehmender *Zentralisierung* der Funktionen und *Bündelung* von Transporten und Beständen sind die Voraussetzungen für den wirtschaftlichen Einsatz der Technik in der Logistik immer besser erfüllt.

Hieraus erklärt sich, daß zunächst Großunternehmen der Industrie, wie die Automobilindustrie und die chemische Industrie, die Technisierung und Automatisierung von Logistiksystemen vorangetrieben haben. Auch *Verbunddienstleister*, wie
die Fluggesellschaften, die Bahn und internationale Schifffahrtsgesellschaften, haben seit Jahrzehnten erhebliche Summen in die Technik investiert.

Mit einem Zeitversatz von etwa 20 Jahren sind die großen Handelskonzerne
der Industrie gefolgt, nachdem sie ihre Beschaffungslogistik zunehmend selbst
übernommen, zentralisiert und in den dafür errichteten Logistikzentren die Voraussetzungen für den Technikeinsatz geschaffen haben. Heute sind auch kleinere
Logistikdienstleister und mittelständische Industriebetriebe gezwungen, zunehmend die Technik zur Rationalisierung ihrer Logistik zu nutzen.

Aus den Voraussetzungen und Kriterien für den Technikeinsatz in der Logistik
leiten sich folgende *Forderungen* an *Maschinenbau, Anlagenbau und Fahrzeugbau* ab:

- Verbesserung der *Zuverlässigkeit* und *Verfügbarkeit* von Maschinen, Anlagen
und Systemen;
- Verlängerung und Garantie von *Standzeiten* und *Laufleistungen* der Maschinen, Geräte, Anlagen, Transportmittel, Flurförderzeuge, Handhabungsgeräte
und Sorter;
- Verbesserung der *Leistungsfähigkeit* bei unterproportionaler Steigerung der
Kosten;
- Senkung der *Kosten* bei unverminderter oder verbesserter Leistungsfähigkeit
und Qualität;
- Beachtung der wirtschaftlichen *Einsetzbarkeit* von Neuentwicklungen und des
betriebswirtschaftlichen Nutzens von Verbesserungen und Leistungssteigerungen für den Anwender;

- *Standardisierung* und *Modularisierung* der Elemente und Systeme zur Vereinfachung und Beschleunigung von Wartung und Reparaturen;
- Entwicklung flexibel einsetzbarer *Handhabungsgeräte, Roboter* und *Systeme* für das Sortieren und Kommissionieren.

An die *Steuerungstechnik* und an die *Informations- und Kommunikationstechnik* richten sich die *Forderungen*:

- Ermöglichung *belegloser Prozesse* in der inner- und außerbetrieblichen Logistik;
- Verbilligung und Vereinfachung von *Kodierungen*;
- Lösung der automatischen Anbringung von Etiketten und Kodierungen an Warenstücke, Verpackungen, Ladungsträgern und Ladeeinheiten;
- leistungsfähige und kostengünstige *Lesegeräte* für Kodierungen und *Erfassungseinrichtungen* für Maße und Gewichte;
- kostengünstige und herstellerunabhängige Verfahren der *Informationsübertragung*;
- Entwicklung wirtschaftlicher *Verfahren zur Erkennung* und *Lagebestimmung* von Warenstücken mit nichtquaderförmiger Gestalt und in schiefer Position als Voraussetzung für den „Griff in die Kiste" durch Handhabungsroboter statt durch die Hand des Menschen.

Gemeinsame Aufgaben von Technik *und* Logistik sind die abgestimmte *Normierung von Lade- und Transporteinheiten* und die *Standardisierung von Logistikstammdaten, Kodierungen und Datenaustausch.* Nur durch Normierung und Standardisierung lassen sich die Prozesse in den unternehmensübergreifenden Logistikketten der Beschaffung und Belieferung optimal aufeinander abstimmen und die Ziele eines *Efficient Consumer Response* (ECR) erreichen [34; 47; 48].

Wer im Verlauf der Planung zu früh auf die Technik sieht, verliert den freien Blick für die Prozesse, Strukturen und Strategien. Daraus folgt der *Grundsatz*:

- Der Weg einer erfolgreichen Systemplanung führt über die Prozesse, Strukturen und Strategien zur geeigneten Technik und nicht umgekehrt.

Wer jedoch die Möglichkeiten der Technik nicht ausreichend kennt, läuft Gefahr, bewährte und kostengünstige Lösungen zu verpassen oder nicht realisierbare Systeme zu konzipieren.

Brauchbare Ideen und gute technische Lösungen sind selten. Abgesehen von Pioniergebieten, auf denen in wenigen Jahren neue Lösungen wie Pilze aus dem Boden schießen, ist die Innovationsrate in Technik und Logistik wesentlich geringer als allgemein angenommen und vielfach behauptet wird. Zwischen einer guten Idee und der ersten erfolgreichen Realisierung vergehen immer noch Jahre. Das liegt auch daran, daß viele Unternehmen das Risiko des Ersteinsatzes einer neuen Technik oder Systemlösung scheuen.

3.11
Vorgehen zur Lösungsauswahl

Zur Auswahl einer optimalen Lösung und zur begründeten Entscheidungsempfehlung für die Unternehmensleitung müssen die technisch möglichen Lösungen auf ihre Machbarkeit überprüft, bewertet und miteinander verglichen werden.

Verfahren zur Bewertung, zum Vergleich und zur Auswahl möglicher Lösungsvarianten für Teilsysteme wie auch für das Gesamtsystem sind die *Machbarkeitsanalyse*, der *Leistungsvergleich*, der *Kostenvergleich* und die *Nutzwertanalyse*. Diese Verfahren werden nacheinander zur Reduzierung der Lösungsvielfalt auf die gesuchte *optimale Lösung* angewandt.

1. Machbarkeitsanalyse

In der Machbarkeitsanalyse, auch *Feasibility-Studie* genannt, wird die grundsätzliche Realisierbarkeit der zur Diskussion stehenden Lösungen geprüft.

Die Machbarkeitsanalyse umfaßt die Prüfung von

- *technischer Realisierbarkeit*
- *Einhaltung der Leistungsanforderungen*
- *Erfüllung der Rahmenbedingungen, Restriktionen* und *Auflagen*
- *Durchführbarkeit im vorgegebenen Zeitrahmen.*

Ziel der Machbarkeitsanalyse ist das Ausscheiden ungeeigneter Lösungen aufgrund von *K.O.-Kriterien* und die Selektion von Lösungen, deren weitere Bearbeitung sinnvoll ist.

2. Leistungsvergleich

Die grundsätzlich geeigneten Lösungen erfüllen die gestellten Leistungsanforderungen, haben in der Regel aber unterschiedliche Leistungsreserven.

Nach der Machbarkeitsanalyse werden die *Grenzleistungen*, die *Leistungsreserven* und die *Flexibiltät* der ausgewählten Lösungen ermittelt und miteinander verglichen. Ziel des Leistungsvergleichs ist die Auswahl der leistungsfähigsten Lösungsvarianten (s. *Abschnitt 13.7*).

3. Kostenvergleich

Der Kostenvergleich umfaßt den Vergleich der *Investitionen* und der *Betriebskosten* für alle machbaren, hinreichend leistungsfähigen und ausreichend flexiblen Lösungsvarianten. Außer der Investition und den Betriebskosten können auch die *Leistungskosten* und die *Kapitalrücklaufzeit*, der sogenannte ROI, miteinander verglichen werden (s. *Abschnitt 5.1*).

Ziel des Kostenvergleichs ist die Auswahl von Lösungen mit minimalen Betriebskosten, die sich im vorgegebenen Investitionsrahmen realisieren lassen. Wenn der Investitionsrahmen nicht eingehalten werden kann oder ein vorgegebener ROI-Wert von keiner Lösung erfüllt wird, kann der Kostenvergleich dazu führen, daß eine Realisierung des Planungs- oder Optimierungsvorhabens nicht möglich ist (s. *Kapitel 6*).

Bewertungskriterium	Bestimmungsmerkmale
Servicequalität	Fehlerarten und Fehlerhäufigkeit Lieferfähigkeit, Warenverfügbarkeit Durchlaufzeiten und Termintreue Fehlerfolgekosten
Verfügbarkeit	Zuverlässigkeit, Funktionssicherheit Störanfälligkeit, Robustheit, Bewährtheit, Zugänglichkeit Unterbrechungszeiten zur Störungsbeseitigung Redundanz und Ausweichmöglichkeiten Beriebsunterbrechungskosten
Flexibilität	bei Durchsatz- und Bestandsschwankungen bei Sortimentsänderungen (Artikelanzahl, Verteilung) bei Änderungen der Logistikeinheiten (Gebinde, Pakete, Paletten) bei Änderungen der Auftragstruktur (Menge, Positionen) bei Veränderung von Quellen oder Senken (Anzahl, Standorte) Leistungs- und Kapazitätsreserven Anpassungsfähigkeit, Erweiterbarkeit, Modularität Spezialisierungsgrad, Universalität, anderweitige Verwendbarkeit
Kompatibilität	Kombinierbarkeit mit anderen Systemen Erfüllbarkeit der Schnittstellenanforderungen Verträglichkeit mit bestehenden Rahmenbedingungen
Personalintensität	Anzahl des benötigten Betriebspersonal Qualifikation des Personals Abhängigkeit von Spezialisten und Know-How der Mitarbeiter
Schadensrisiko	Bruch, Beschädigung, Verderb, Ausschuß Schwund, Diebstahl, Einbruch Verluste durch Feuer, Wasser, Unfall Unfallgefahr, Arbeitssicherheit Schadensfolgekosten
Kostenrisiko	Überschreitung des Investitionsbudgets Planungsfehler (Dimensionierung, Personalbedarf, Kostenkalkulation) Progoseverläßlichkeit und Auslastungsrisiko Kostenvariabilität und Fixkostenanteil

Tab. 3.1 Bewertungskriterien zum Vergleich von Logistiksystemen

4. Nutzwertanalyse

In vielen Fällen gibt es mehrere Lösungen mit unterschiedlichem Mechanisierungs- und Automatisierungsgrad, die bei annähernd gleichen Betriebskosten alle Leistungsanforderungen und Randbedingungen erfüllen. Für den Vergleich von Lösungsvarianten, die im Rahmen der Planungsgenauigkeit technisch und wirtschaftlich gleichwertig sind, ist eine *Nutzwertanalyse* sinnvoll [11; 49; 50].

Arbeitsschritte der Nutzwertanalyse sind:

1. *Erstellen eines Katalogs von Bewertungskriterien,* die voneinander unabhängig sein müssen, mit *Bestimmungsmerkmalen,* nach denen die Erfüllung der verschiedenen Kritieren beurteilt wird (s. *Tabelle 3.1*).
2. *Vereinbarung einer Benotungsskala* zur Bewertung des Erfüllungsgrads der Bewertungskriterien. Einige in der Beratungspraxis übliche Benotungsskalen zeigt *Tabelle 3.2.*
3. *Ableitung der relativen Gewichte* der einzelnen Bewertungskriterien aus ihrer Bedeutung für das Unternehmen (s. *Tabelle 3.3*).
4. *Benotung der Bewertungskriterien* für die zur Auswahl stehenden Lösungen entsprechend dem Erfüllungsgrad der Bestimmungsmerkmale (s. *Tabelle 3.3*).
5. *Berechnung des Gesamtnutzwertes* durch Summation der mit den Gewichten multiplizierten Bewertungsnoten (s. *Tabelle 3.3*).
6. *Sensitivitätsanalyse des Gesamtnutzwertes* gegenüber Veränderungen der Benotung und der Gewichtung der wichtigsten Bewertungskriterien.

Positivkriterien	Negativkriterien	Punktwerte der Beurteilung		
Beurteilung	Beurteilung	Note	Punkte	Punkte
sehr gut optimal erfüllt	minimal verschwindend gering	1	8 bis 10	2 ++
gut anforderungsgerecht	gering akzeptabel	2	6 bis 8	1 +
befriedigend bedingt anforderungsgerecht	durchschnittlich bedingt akzeptabel	3	4 bis 6	0
ausreichend nicht ganz anforderungsgerecht	relativ hoch grade noch vertretbar	4	2 bis 4	-1 -
mangelhaft kaum noch akzeptabel	sehr hoch kaum noch akzeptabel	5	1 bis 2	-2 --
ungenügend nicht anforderungsgerecht	unvertretbar hoch nicht akzeptabel	6	0 KO-Kriterium	- x

Tab. 3.2 Gebräuchliche Benotungsskalen zur Kriterienbewertung für Systemvergleiche

Bewertungskriterium	Gewicht	Lösung 1 STL mit stat. Bereitstel.	Lösung 2 SGL mit Komm.Stollen	Lösung 3 HRL mit dyn.Bereitstel.
Servicequalität	15%	3	2	2
Verfügbarkeit	15%	2	2	3
Flexibilität	25%	2	3	4
Kompatibilität	10%	2	4	3
Personalintensität	15%	4	3	2
Schadensrisiko	5%	4	3	2
Kostenrisiko	15%	2	3	3
Gesamtbewertung	100%	**2,55**	**2,80**	**2,90**

Tab. 3.3 Systemvergleich von 3 verschiedenen Lösungen zum Lagern und Kommissionieren von Paletten auf Paletten
Lösung 1: Staplerlager mit konventioneller Kommissionierung im Lagerbereich
Lösung 2: Stollenkommissionierlager mit statischer Bereitstellung durch Schmalgangstapler
Lösung 3: Automatisches Hochregallager mit dynamischer Bereitstellung

Die *Tabelle 3.3* zeigt das Ergebnis einer Nutzwertanalyse von 3 verschiedenen Lösungen für das Lagern und Kommissionieren von kartonierter Ware auf Paletten. Das automatische *Hochregallager* mit dynamischer Bereitstellung hat in diesem Fall mit 2,9 den höchsten Gesamtnutzwert im Vergleich zu einem Nutzwert von 2,8 für ein *Stollenkommissionierlager* mit statischer Bereitstellung und von 2,55 für ein konventionelles *Staplerlager*.

Das Verfahren der Nutzwertanalyse ist mit Vorsicht anzuwenden. Wie das Beispiel in Tabelle 3.3 zeigt, liegen die ermittelten Nutzwerte von zwei oder auch drei Lösungen in vielen Fällen relativ nahe beieinander, da sich die unterschiedlichen Bewertungen der einzelnen Kriterien in der Summe ausgleichen. Eine Sensitivitätsanalyse ergibt häufig, daß nur relativ geringe Veränderungen in der Gewichtung und Bewertung zu einer Verschiebung in der Rangfolge der Lösungen führen. Allgemein gilt der *Grundsatz*:

- Die Nutzwertanalyse ist geeignet zur Beurteilung, zum Vergleich und zur Objektivierung der Entscheidung über unterschiedliche Lösungsmöglichkeiten, die wirtschaftlich nahezu gleichwertig sind.

Das Verfahren der Nutzwertanalyse ist auch für den Vergleich von Angeboten oder von unterschiedlichen Organisationsmöglichkeiten einsetzbar. Die Nutzwertanalyse kann jedoch eine mit Risiko behaftete Entscheidung nicht ersetzen. Diese Entscheidung muß die Unternehmensleitung treffen [233].

4 Potentialanalyse

In einer Potentialanalyse – auch *Logistikaudit* genannt – werden die Leistungen der Unternehmenslogistik mit den Anforderungen verglichen und die Leistungsfähigkeit der Prozesse und Strukturen überprüft [22; 54].

Ziele der Potentialanalyse sind:

- Abgrenzung der *Potentialfelder*, deren Optimierung die größten Effekte erwarten läßt;
- Aufzeigen der *Schwachpunkte* und *Handlungsspielräume* in den Potentialfeldern;
- Abschätzung der *Potentiale* zur Leistungsverbesserung und Kostensenkung.

Aus den Ergebnissen der Potentialanalyse lassen sich *Optimierungsmöglichkeiten* und *Maßnahmen* zur *kurzfristigen* Verbesserung der Prozesse und zur Beseitigung von Schwachstellen sowie *mittel-* und *langfristig* ausgerichtete *Vorschläge* zur *Zielplanung*, zur *Neukonzeption* und für konkrete *Projekte* ableiten. Als Beispiel zeigt die *Abb. 4.1* die *Potentialfelder* im Logistiknetzwerk zwischen Konsumgüterindustrie und Handelsunternehmen.

Je nach Ausgangslage liegen die Kostensenkungspotentiale zwischen 10 und 20 % der Gesamtlogistikkosten. Unter besonderen Umständen und in einzelnen Bereichen sind auch deutlich höhere Einsparungen möglich. Bei einer Umsatzrendite zwischen 1 % und 3 % und einem Logistikkostenanteil in Höhe von 10 % vom Umsatz bedeutet eine Reduzierung der Logistikkosten um 10 % eine *Gewinnsteigerung* um 25 % bis 100 %.

Der *Aufwand* für die Durchführung einer Potentialanalyse der Unternehmenslogistik durch ein kompetentes Beratungsunternehmen ist vergleichsweise gering. Der *Zeitbedarf* ist abhängig von der Größe des Unternehmens und liegt in den meisten Fällen zwischen 4 Wochen und 3 Monaten. Die Potentialanalyse macht sich durch die erzielten Kosteneinsparungen und Leistungsverbesserungen meist in weniger als einem Jahr bezahlt.

Eine Potentialanalyse sollte nicht nur die Kostensenkungspotentiale abschätzen sondern auch die Möglichkeiten zur Verbesserung von Leistung, Qualität und Wettbewerbsfähigkeit ausweisen. Sie kann jedoch nicht die Planung und Optimierung der Systeme und Prozesse ersetzen. Eine Potentialanalyse bietet der Unternehmensleitung vielmehr eine *Entscheidungsgrundlage* dafür, welche *Projekte* mit den größten Potentialen und den besten Aussichten auf Erfolg vorrangig in Angriff genommen werden sollten.

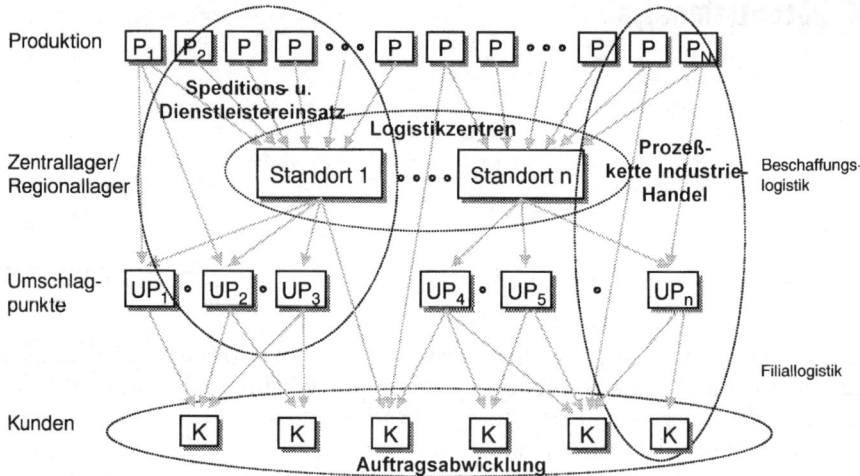

Abb. 4.1 Potentialfelder im Logistiknetzwerk zwischen Konsumgüterindustrie
und Handelsunternehmen

In diesem Kapitel werden die Inhalte der *Arbeitschritte einer Potentialanalyse*
beschrieben:

Anforderungsanalyse
Leistungsanalyse
Prozeßanalyse   (4.1)
Strukturanalyse
Benchmarking.

Jeder dieser Arbeitsschritte umfaßt eine *Checkliste* zur Überprüfung der verschiedenen Potentialfelder und Hinweise auf mögliche *Schwachstellen*.

4.1
Anforderungsanalyse

Maßgebend für die Unternehmenslogistik sind die Anforderungen und Ziele. Als
Grundlage für die Potentialanalyse müssen daher zunächst die Leistungs- und
Serviceanforderungen der Kunden, des Marktes, des Vertriebs und der übrigen
Geschäftsbereiche an die Unternehmenslogistik erfaßt und kritisch analysiert
werden.

In der Anforderungsanalyse werden folgende Fragen untersucht und bewertet:

• Ob und wie weit sind die Anforderungen mit den *Unternehmenszielen* verträglich?

- Ist das *Kosten-Nutzen-Verhältnis* zur Erfüllung der Anforderungen angemessen?
- Sind die *Prioritäten* richtig gesetzt? Werden die wichtigsten Marktsegmente angemessen und ertragbringende Kundengruppen vorrangig bedient?
- Ist das *Liefer- und Leistungsprogramm* nicht zu breit gefächert? Umfaßt das Programm erlösschwache Artikel oder Leistungen, die ohne Schaden für die Wettbewerbsfähigkeit aus dem Programm genommen werden können (s. *Abschnitt 5.8*)?
- Wieweit und mit welchen Auswirkungen lassen sich *Leistungs- und Serviceanforderungen* reduzieren?

Der Vertrieb neigt dazu, überzogene Anforderungen an die Logistik zu stellen, solange er die Kosten zu deren Erfüllung nicht kennt. So wird vielfach eine *permanente Lieferfähigkeit* gefordert, wo eine *mittlere Lieferfähigkeit* durchaus ausreichend wäre (s. *Abschnitt 11.8*). Auch wenn nur wenige Kunden extrem kurze Lieferzeiten oder einen 24-Stunden-Service erwarten, werden diese Lieferzeitanforderungen generell gestellt. Statt auf eine korrekte Termineinhaltung zu achten, die ohne Zusatzkosten allein durch gute Organisation erreichbar ist, wird auf kurze Durchlaufzeiten und Expreßzustellung gesetzt.

Für alle Anforderungen an die Unternehmenslogistik gilt der *Angemessenheitsgrundsatz*:

- Die Kosten einer Serviceverbesserung müssen stets an der damit erreichbaren Umsatzsteigerung oder Erlösverbesserung gemessen werden.

Wenn die Mehrkosten für einen zusätzlichen Service, etwa in Form eines *Expreßzuschlags* oder einer *Verpackungsgebühr*, explizit in Rechnung gestellt werden, verzichten viele Kunden auf den Extraservice.

Das Ergebnis der *Anforderungsanalyse* sind Empfehlungen für ein ausgewogenes Liefer- und Leistungsprogramm, einen angemessenen Lieferservice und differenzierte Qualitätsstandards.

4.2
Leistungsanalyse

In der Leistungsanalyse wird untersucht, zu welchen Kosten und mit welcher Qualität die operativen und administrativen Leistungsstellen der Beschaffungslogistik, der Produktionslogistik, der Distributionslogistik und der Filiallogistik die an sie gestellten Anforderungen erfüllen und welchen Wertschöpfungsbeitrag sie leisten.

Hierzu werden die Kenndaten (1.3) der einzelnen Leistungsstellen und der Material-, Auftrags- und Informationsfluß zwischen den Stellen erfaßt. Aus der *Input-Output-Analyse* geht hervor, mit welchem Ressourceneinsatz und zu welchen Kosten der Leistungsdurchsatz erbracht wird.

Die Leistungsanalyse zeigt die *Schwachstellen* der Unternehmenslogistik auf. Hieraus resultieren erste Vorschläge zur Behebung der Ursachen. Zahlreiche Potentialanalysen haben gezeigt, daß vor allem folgende *Schwachstellen* den reibungslosen Prozeßablauf behindern und die Leistungskosten nach oben treiben:

1. Engpaßstellen

Engpaßstellen sind Leistungsstellen, die in Spitzenzeiten zu über 95 % ausgelastet sind, vor denen es häufig zu *Warteschlangen* und *Wartezeiten* kommt und die als *Leistungsdrossel* der gesamten Logistikkette in Zeiten hoher Auslastung ansteigende Durchlaufzeiten verursachen.

Auslastungsbedingt lange Lieferzeiten lassen sich in vielen Fällen nachhaltig durch eine Kapazitätserhöhung einer oder weniger Engpaßstellen verkürzen (s. *Abschnitt 13.7*).

2. Weitpaßstellen

Weitpaßstellen sind Leistungsstellen, die auch zu Spitzenzeiten nicht voll und im Jahresdurchschnitt zu weniger als 70 % ausgelastet sind. Weitpaßstellen sind häufig personell übersetzt, arbeiten zu überhöhten Kosten, leisten keinen ausreichenden Beitrag zur Wertschöpfung und sind typische *Verschwendungsstellen*.

Abgesehen von der Kostenersparnis hat die Beseitigung einer Verschwendungsstelle durch Anpassung der Personalbesetzung und Kapazität, durch eine Reorganisation oder auch durch Auflösung und Integration in andere Stellen motivierende Auswirkung auf andere Leistungsstellen.

3. Ausfallstellen

Ausfallstellen sind Leistungsstellen mit einer *Verfügbarkeit* unter 90 %. Sie blockieren vorangehende Leistungsstellen durch häufige oder länger anhaltende *Unterbrechungen*, führen zur Unterauslastung nachfolgender Leistungsstellen und verursachen Lieferzeitverzögerungen oder Terminüberschreitungen (s. *Abschnitt 13.6*).

Die Verfügbarkeit einer Ausfallstelle läßt sich in vielen Fällen mit vergleichsweise geringem Aufwand durch Schulung und Qualifizierung der Mitarbeiter, Verbesserung der Betriebsmittelausstattung, Beseitigung der häufigsten Ausfallursachen und Organisation eines guten Reparaturservice deutlich verbessern. Die positiven Auswirkungen der Beseitigung einer Ausfallstelle auf den gesamten Leistungsprozeß sind oft beträchtlich.

4. Redundanzstellen

Redundanzstellen sind Leistungstellen, die nacheinander oder parallel zu anderen Leistungsstellen am selben Gegenstand oder Auftrag die gleichen Leistungen erbringen oder die gleichen Funktionen haben wie eine andere Leistungsstelle.

Im operativen Bereich wird meist zur *Sicherung der Leistungserbringung* eine Redundanz in Form von Parallelstellen gefordert, auf die bei Ausfall einer Stelle ausgewichen werden kann. Hier ist zu prüfen, ob die Sicherheitsforderung begründet und die gebotene Redundanz angemessen ist. In vielen Fällen genügt statt einer *Vollredundanz* eine *Teilredundanz* (s. *Abschnitt 13.6.3*).

Vor allem in den administrativen Leistungsstellen, aber auch bei der Datenbearbeitung und bei Kontrolltätigkeiten in den operativen Stellen, gibt es häufig unnötige *Doppelarbeiten*, die sich durch bessere Abstimmung rasch beseitigen oder erheblich reduzieren lassen.

5. Verzögerungsstellen
Verzögerungsstellen sind Leistungsstellen, die vorgegebene Durchlaufzeiten und Fertigstellungstermine häufig oder erheblich überschreiten, die Lieferzeit gefährden oder in nachfolgenden Stellen Mehrkosten zum Aufholen des *Zeitverlustes* verursachen.

Verzögerungsstellen sind in vielen Fällen zugleich Engpaßstellen oder Ausfallstellen. Oft aber ist die Verzögerung auch die Folge unplanmäßiger Arbeit, falscher Disposition, fehlender Teile, mangelnder Roh-, Hilfs- und Betriebsstoffe oder schlechter Führung. Verzögerungsstellen können daher durch eine effektivere Disposition und Leistungsplanung, rechtzeitige Materialbereitstellung, angemessene Materialpuffer und bessere Führung beseitigt werden.

6. Fehlerstellen
Fehlerstellen sind Leistungsstellen, die besonders häufig, in störender Anzahl oder in gravierendem Ausmaß *Fehler* machen. Fehler und Qualitätsmängel wirken sich nicht nur auf das Leistungsvermögen und die Leistungskosten der Fehlerstelle selbst nachteilig aus, sondern verursachen in der weiteren Leistungskette Störungen, Ineffizienz, Nacharbeit, Aufwand, Kosten und Terminverzug bis hin zur Verärgerung und zum Verlust des Kunden.

Mögliche Maßnahmen zur Behebung von Fehlerstellen sind die Beseitigung der Fehlerquellen, die Schulung und Qualifizierung des Personals, die Verbesserung der Führung, die Vorgabe von *Qualitätsstandards* und die Einführung eines *Prämiensystems* zur Belohnung der Unterschreitung vorgegebener Fehlergrenzen. Darüber hinaus kann ein umfassendes *Qualitätsmanagement* zur Einhaltung marktgerechter *Qualitätsstandards* beitragen [53].

7. Hauptkostenstellen
Hauptkostenstellen sind die Leistungsstellen mit den höchsten Betriebskosten. Sie sind in den Bereichen der Unternehmenslogistik zu finden, die den höchsten Anteil an den Logistikkosten haben.

Im stationären Handel ist beispielsweise der Hauptkostenbereich der Logistik die *Filiallogistik* mit einem Kostenanteil zwischen 45 % bis 60 %, vor der *Transportlogistik*, deren Kostenanteil abhängig von den Lieferkonditionen zwischen 25 % und 35 % liegt, und der *Lagerlogistik* mit einem Anteil zwischen 10 % und 25 % der gesamten Logistikkosten.

Die Hauptkostenstellen bieten naturgemäß die größten Kostensenkungspotentiale. Durch eine verbesserte Organisation sowie durch Rationalisierung, Mechanisierung, Automatisierung und DV-Einsatz lassen sich hier die höchsten Einsparungen erreichen.

4.3
Prozeßanalyse

Die Prozeßanalyse hat zum Ziel, die *Auftragsprozesse vom Kunden bis zum Kunden* und die *Logistikprozesse von den Lieferanten bis zu den Empfängern* der Waren zu bewerten [54]. Hierzu werden die maßgebenden *Auftragsketten* und *Logistikketten* der Unternehmenslogistik erfaßt und dokumentiert (s. *Abschnitt 3.8*).

Die Logistik beginnt stets beim Kunden. Die Auftragsketten müssen daher *entlang dem Datenfluß*, beginnend bei der Auftragsannahme über die Auftragsabwicklung, die Beschaffung, die Produktion und die Distribution bis hin zur Übergabe an den *Kunden* analysiert werden. Die Logistikketten werden *entgegen dem Warenfluß* vom Empfänger bis zu den Lieferanten untersucht. Auf diese Weise wird die *Kundenferne* mancher Leistungsstellen besonders deutlich.

In der Prozeßanalyse werden folgende *Potentialfelder* und *Fragen* untersucht:

1. Logistikeinheiten (s. Kapitel 12)
- Welche *Ladungsträger* und *Logistikeinheiten* werden in den Logistikketten eingesetzt?
- Sind *Maße* und *Kapazitäten* der Ladeeinheiten richtig aufeinander abgestimmt?
- Wird die *Kapazität* der Ladeeinheiten optimal genutzt?
- Ist das Spektrum der *Ladungsträger* und *Ladeinheiten* angemessen?
- Wer ist für die *Verpackungshierarchie* verantwortlich und entscheidet über Einführung und Ausmusterung von Ladungsträgern?
- Wer entscheidet nach welchen *Kriterien* über den *Einsatz* der Ladungsträger und Ladeeinheiten?
- Gibt es eine geregelte *Leergutlogistik*?

2. Logistikstammdaten (s. Abschnitt 12.7)
- Gibt es eine sinnvoll aufgebaute *Logistikdatenbank*?
- Sind die *Logistikstammdaten* vollständig, aktuell und korrekt?
- Wer ist für die *Erfassung*, *Aktualisierung*, *Korrektheit* und *Vollständigkeit* der Logistikstammdaten verantwortlich?
- Wer definiert und normiert die Logistikstammdaten des Unternehmens und sichert die *Kompatibilität* mit den Daten der Lieferanten und Kunden?
- Werden die *Möglichkeiten* der Logistikstammdaten vollständig genutzt?
- Ist der Austausch der Logistikdaten zwischen den internen Leistungsstellen, mit den Lieferanten und mit den Kunden richtig geregelt und technisch optimal gelöst?

3. Zeiten (s. Kapitel 8)
- Sind *Lieferzeiten* und *Termintreue* marktgerecht?
- Wie gut werden die zulässigen *Durchlaufzeiten* in den *Hauptleistungsketten* eingehalten?
- Werden die zeitlichen *Handlungsspielräume* genutzt?
- Sind die *Betriebszeiten* der Leistungsstellen richtig aufeinander abgestimmt?

- Sind *Auftragsdurchlaufzeiten* und *Materialdurchlaufzeiten* zu lang?
- Werden die Möglichkeiten zur *Just-In-Time-Anlieferung* richtig genutzt?
- Gibt es ein wirksames *Zeitmanagement*?
- Wo liegen zeitraubende *Engpaßstellen, Ausfallstellen* und *Verzögerungsstellen*?

4. Kosten (s. Kapitel 6 und 7)
- Sind die Leistungskosten in den einzelnen Abschnitten der Leistungskette angemessen?
- Existiert ein wirksames *Logistikcontrolling*?
- Wer prüft die Angemessenheit der *Leistungskosten* und *Leistungspreise*?
- Wie hoch sind die *spezifischen Logistikkosten* pro Artikel oder Warengruppe?
- Wo und wie lassen sich die Kosten senken, ohne Leistung und Service zu reduzieren?
- Wo befinden sich *Verschwendungsstellen, Redundanzstellen* und *Hauptkostenverursacher*?

5. Bestände (s. Kapitel 11)
- Wer entscheidet wie über die *Lagerhaltigkeit* und die *Lieferfähigkeit* des Sortiments?
- Sind die *Puffer-* und *Lagerbestände* vor und hinter den Leistungsstellen in den verschiedenen Stufen des Leistungsprozesses notwendig und in ihrer Höhe angemessen?
- Genügen die *Sicherheitsbestände* zur produktiven Auslastung, unterbrechungsfreien Leistungserstellung und marktgerechten Kundenbelieferung oder sind sie infolge überzogener Anforderungen an die Lieferfähigkeit überhöht?
- Werden die Bestände auf der richtigen Wertschöpfungsstufe vorgehalten?

6. Qualität (s. Abschnitt 3.4)
- Werden die benötigten Leistungen mit angemessener Qualität erbracht?
- Gibt es ein *Qualitätsmanagement*, eine *Qualitätssicherung* und eine Erfassung und *Pönalisierung* der internen und externen Qualitätsmängel?
- Sind die Prozesse und Leistungsstellen so *flexibel*, daß sie Anforderungsänderungen verkraften und besondere Kundenwünsche erfüllen können?
- Wo befinden sich *Fehlerstellen, Verzögerungsstellen* und *Ausfallstellen*?

7. Schnittstellen und Anschlußstellen
- Ist die *Zusammenarbeit* zwischen den internen und externen Leistungsstellen richtig geregelt?
- Werden standardisierte und maßlich aufeinander abgestimmte *Ladeeinheiten* eingesetzt?
- Fließen Material- und Datenströme reibungslos und verzögerungsfrei von einer Leistungsstelle zur nächsten?
- Wie gut und rationell sind *Information* und *Kommunikation* entlang der Leistungskette?

8. Auftragsdisposition und Prozeßsteuerung (s. Kapitel 2,10 und 11)
- Werden die verfügbaren Kapazitäten richtig genutzt?
- Sind die *Strategien* der Auftragsdisposition und der Fertigungssteuerung optimal?
- Werden zur Prozeßsteuerung, zur Informationsübermittlung und im Controlling die richtigen Mittel, Verfahren und Programme eingesetzt?

9. Lieferketten (s. Kapitel 19/II)
- Welche Lieferketten gibt es in der heutigen Beschaffungs- und Distributionslogistik?
- Werden die vorhandenen *Lieferketten, Handlungsspielräume* und *Bündelungsmöglichkeiten* optimal genutzt?
- Gibt es bisher ungenutzte Lieferketten?
- Nach welchen *Verfahren* und *Kriterien* werden die Lieferketten ausgewählt?

10. Eigen- oder Fremdleistung (s. Kapitel 20/II)
- Welche Teile der Logistikketten gehören zu den *Kernkompetenzen* des Unternehmens?
- Welche Leistungsbereiche und Leistungsstellen können kostengünstiger und kompetenter an Lieferanten, Systemdienstleister oder Logistikdienstleister vergeben werden?
- Wer entscheidet nach welchen Kriterien über Eigen- oder Fremdleistung?

Ergebnisse der Prozeßanalyse sind Empfehlungen zur Optimierung der Prozeßabläufe, zum effizienten Einsatz der eigenen Ressourcen und zum Outsourcing sowie eine Abschätzung der hieraus zu erwartenden Kosteneinsparungen. Außerdem ergeben sich aus der Prozeßanalyse Erkenntnisse für die Stellenbesetzung und zu Verbesserungen in den Leistungsstellen.

4.4
Strukturanalyse

Nach der Analyse der Anforderungen, Leistungsstellen und Prozesse wird in der *Strukturanalyse* geprüft, ob die vorhandenen Systemstrukturen den gegenwärtigen und zukünftigen Anforderungen genügen und welche Verbesserungen von Leistungen, Service, Qualität und Kosten durch eine Veränderung der Strukturen oder den Aufbau neuer Systeme erreichbar sind.

Hierzu werden *Strukturdiagramme* der gesamten Unternehmenslogistik und von besonders interessierenden Teilbereichen erstellt. Bereits aus dem Grad der *Verflechtung* und der *Stufigkeit* lassen sich Erkenntnisse über mögliche Schwachstellen gewinnen. So sind Leistungsstellen, die von mehreren Stellen gleiche Aufträge erhalten, ein Indiz für ungeregelte Abläufe und Konflikte. Ähnliche Materialströme, die auf unterschiedlichen Wegen von der gleichen Quelle zum gleichen Ziel laufen, weisen auf Handlungsmöglichkeiten hin (s. *Abschnitt 3.8*).

Durch die Strukturanalyse lassen sich folgende *Potentialfelder* erschließen und *Fragen* beantworten:

1. Standorte
- Befinden sich Werke, Lager, Logistikzentren, Umschlagpunkte, Auslieferstellen und Filialen an den richtigen Standorten?

2. Funktionszuordnung
- Sind die Aufgaben, Funktionen und Bestände richtig auf die Werke, Lager, Logistikzentren und Umschlagpunkte verteilt?

3. Zentralisierungsgrad
- Welche Funktionen sollten zentral, welche besser dezentral ausgeführt werden?
- Wieviele Werke, Lager, Logistikzentren, Auslieferstellen und Filialen sind optimal?
- Wie sollen diese einander zugeordnet werden?
- Welche Kosteneinsparungen und Leistungsverbesserungen sind durch *Bündelung* dezentraler Bestände und Funktionen in einem oder mehreren *Logistikzentren* erreichbar?

4. Stufigkeit
- Ist die Anzahl der Stufen in der Beschaffungs- und Distributionslogistik optimal?
- Gibt es vermeidbare Umschlag- oder Handlingvorgänge?
- Wie sind die Laufzeiten in den verschiedenen Lieferketten?
- Wird nach den richtigen Kriterien zwischen *Direktbelieferung* und *Lieferung* über Umschlagpunkte oder Logistikzentren ausgewähl?

Aus der Strukturanalyse resultieren *Empfehlungen* zur Strukturverbesserung, zur Neukonzeption von Teilbereichen oder der gesamten Unternehmenslogistik, zur Zentralisierung oder Dezentralisierung von Funktionen und Beständen sowie eine *Abschätzung* der hierdurch erreichbaren Verbesserungen von Kosten, Leistungen, Service und Wettbewerbsfähigkeit.

4.5
Benchmarking

Benchmarking ist ein Vergleich der Kosten-, Leistungs- und Qualitätskennzahlen mehrerer Unternehmen, Leistungsbereiche oder Leistungsstellen mit analogen Aufgaben und Funktionen. Dabei ist zu unterscheiden zwischen einem *externen*, einem *internen* und einem *analytischen Benchmarking* [55; 56].

Notwendige Voraussetzung für ein sinnvolles Benchmarking ist, daß die Aufgaben, Funktionen, Leistungsanforderungen und Rahmenbedingungen der Leistungsbereiche, deren Kennzahlen miteinander verglichen werden, hinreichend übereinstimmen. Relativ gering erscheinende Unterschiede der Unternehmen,

Betriebe oder Leistungsbereiche können zu anderen Kennzahlen führen, ohne daß diese unbedingt besser oder schlechter sind. Daher werden aus dem Benchmarking, insbesondere zwischen Unternehmen aus verschiedenen Branchen, häufig falsche Schlüsse gezogen.

1. Externes Benchmarking

Das externe Benchmarking vergleicht die Kennzahlen von Betrieben oder Leistungsbereichen eines Unternehmens oder einer Organisationseinheit mit den Kennzahlen von Betrieben oder Leistungsbereichen *anderer Unternehmen*, die gleiche Aufgaben und Funktionen haben [56].

Beim externen Benchmarking wird häufig der Fehler gemacht, daß nur einzelne Kennzahlen, wie die Höhe der Bestände oder die Lieferfähigkeit, isoliert miteinander verglichen werden, ohne zugleich die übrigen Kennzahlen zu betrachten. Das kann dazu führen, daß die Unternehmensleitung eine Bestandssenkung auf das Niveau des angeblich besten Wettbewerbers beschließt und dadurch, ohne es zu wollen, die Lieferfähigkeit verschlechtert oder die Leistungskosten erhöht. Umgekehrt kann die Forderung, die höhere Lieferfähigkeit eines Wettbewerbers zu erreichen, die Bestände nach oben treiben.

Wegen der Unbekanntheit der näheren Umstände und Ziele der anderen Unternehmen sind die Ergebnisse allgemeiner *Umfragen* und *Trendanalysen* für das Benchmarketing mit dem eigenen Unternehmen kaum geeignet und erfahrungsgemäß eher irreführend. Hinzu kommt, daß Trendumfragen weniger das tatsächliche Geschehen in den Unternehmen wiedergeben als vielmehr die Meinungen der Befragten, die zu einer Antwort bereit sind [36; 37].

2. Internes Benchmarking

Das interne Benchmarking vergleicht die Kennzahlen von Betrieben, Organisationseinheiten und Leistungsbereichen mit einander entsprechenden Aufgaben und Funktionen innerhalb des *gleichen Unternehmens* [56].

Bei einem internen Benchmarking zwischen mehreren Werken, Lagern, Logistikzentren oder Filialen eines Unternehmens läßt sich recht gut überprüfen, wieweit die Aufgaben und Funktionen tatsächlich vergleichbar sind.

Ist die Vergleichbarkeit gesichert, geben die Kosten- oder Leistungsunterschiede Hinweise auf die *Verbesserungspotentiale*. Die Potentiale lassen sich relativ rasch durch Übertragung der Praxis der jeweils besten Leistungsstelle auf die übrigen Leistungsbereiche realisieren.

3. Analytisches Benchmarking

Das analytische Benchmarking vergleicht die Kennzahlen eines bestehenden Leistungsbereichs mit den Kennzahlen eines optimal geplanten und organisierten Leistungsbereichs, der die gleichen Funktionen hat und den gleichen Leistungsdurchsatz erbringt.

Das analytische Benchmarking ist aufwendiger als das externe oder interne Benchmarking. Es ermöglicht jedoch, die Verbesserungspotentiale eines Unternehmens hinreichend verläßlich abzuschätzen, eigene Handlungsmöglichkeiten

zu erkennen und konkrete Maßnahmen zum Erreichen der erkannten Möglichkeiten zu planen und durchzuführen.

Das analytische Benchmarking ist mittelfristig der einzig zielführende Weg
für Unternehmen, die besser werden wollen als der Wettbewerb und auch besser
als der gegenwärtig beste eigene Leistungsbereich. Das reine Nachmachen, das
Me Too, ist für Unternehmen, die auf Dauer am Markt bestehen wollen, keine Er-
folgsstrategie.

5 Strategien

Eine Strategie ist ein Plan oder ein Verfahren zum Erreichen eines Ziels [220]. Strategien ziehen sich wie ein roter Faden durch die Logistik. Sie bieten oft die kostengünstigste Möglichkeit zur Leistungssteigerung und Kostenoptimierung und sind eine entscheidende Voraussetzung für den effizienten Einsatz der Technik. Die Konzeption von Strategien und die Untersuchung ihrer Wirksamkeit sind daher ebenso wichtig wie die Entwicklung neuer Techniken und Systeme [57].

Strategien werden in der Logistik zur Planung, bei der Realisierung und für den laufenden Betrieb benötigt. Dementsprechend gibt es

- *Lösungs- und Optimierungsstrategien* zur Planung und Optimierung neuer Systeme,
- *Nutzungs- und Belegungsstrategien* für den Einsatz geplanter oder vorhandener Systeme,
- *Dispositions- und Betriebsstrategien* für den laufenden Betrieb existierender Systeme.

Ein bestimmtes Ziel läßt sich in der Regel durch unterschiedliche Strategien erreichen. Wenn das Ziel rein *qualitativ* beschrieben ist, kann nur die *relative Wirksamkeit* der Strategien miteinander verglichen werden. Wenn eine *Zielfunktion* oder *Zielgröße* vorgegeben ist, läßt sich die Strategiewirksamkeit durch den Strategieeffekt *quantifizieren*:

- Der *Strategieeffekt* ist gleich dem Ausmaß, in dem ein Ziel durch die Strategie erreicht wird.

Der *Strategieeffekt* hängt von den *Leistungsanforderungen*, von den *Restriktionen* und von den *Strategievariablen* ab:

- *Strategievariable* sind Parameter, die bei vorgegebenen Leistungsanforderungen innerhalb der Restriktionen variiert und zur Optimierung des Strategieeffekts genutzt werden können.

Bei vielen Strategien erreicht der Strategieeffekt bei einem bestimmten *Optimalwert* x_{opt} der Strategievariablen ein Maximum. Wird die Strategievariable über den Optimalwert hinaus verändert, verschlechtert sich der Strategieeffekt. Die Strategie ist dann *überzogen* und führt vom angestrebten Ziel weg. Wenn eine Strategie überzogen wurde, können die hieraus resultierenden Nachteile oder Abweichungen vom Optimum durch eine *Gegenstrategie* vermindert oder aufgehoben werden.

In der Logistik gibt es in allen Organisationsebenen eine Vielzahl von Strategien, die sich in ihrer Wirksamkeit gegenseitig beeinträchtigen können. Über die *Wirksamkeit* der Strategien der Logistik und ihre gegenseitige *Verträglichkeit* ist immer noch zu wenig bekannt.

Die Ziele, Rahmenbedingungen und Anforderungen bestimmen die Strategien. Erst wenn die Strategien klar definiert sind, können die Prozesse gestaltet und die Systeme dimensioniert werden. Ändern sich Ziele, Rahmenbedingungen oder Leistungsanforderungen, sind bisher verfolgte Strategien zu überprüfen oder neu zu entwickeln.

In diesem Kapitel werden die *Zielgrößen*, die *Grundstrategien* der Logistik sowie *Lösungs- und Optimierungsstrategien* behandelt. Die Entwicklung von Nutzungs- und Belegungsstrategien sowie von Dispositions- und Betriebsstrategien ist Gegenstand der nachfolgenden Kapitel.

5.1
Zielfunktionen und Zielgrößen

Die meisten Ziele der Logistik sind durch eine *Zielfunktion* oder eine *Zielgröße* quantifizierbar. Die Zielgröße soll durch eine Strategie oder einen Optimierungsprozeß entweder minimiert oder maximiert werden.

Primäre *Zielfunktionen* der Logistik sind die *monetären Zielgrößen*. Hierzu gehören *Betriebskosten, Investitionen, Leistungskosten* und *Kapitalrückflußdauer*. Die monetären Zielgrößen werden beeinflußt und beschränkt durch *nichtmonetäre Zielgrößen*, wie *Leistungssteigerung, Serviceverbesserung* und *Qualitätssicherung*.

1. Betriebskosten
Das Hauptziel der Planung und Optimierung eines *Logistiksystems* ist die Senkung der *Betriebskosten* in den betreffenden Leistungsbereichen. Die Betriebskosten sind eine Funktion des *Leistungsdurchsatzes* λ_i, der *Restriktionen* r_j und der *Strategievariablen* x_k:

$$K_{betr} = K_{betr}(\lambda_i ; r_j ; x_k) \qquad [DM/PE] . \qquad (5.1)$$

Bei der Optimierung der Betriebskosten ist als *Restriktion* zu berücksichtigen, daß in der Regel nur *begrenzte Investitionsmittel* zur Verfügung stehen. Daher sind nur Lösungen zulässig, deren Investition I geringer ist als die maximal zulässige Investition I_{max}.

Alle Lösungen müssen also die *Investitionsbedingung* erfüllen :

$$I < I_{max} \qquad [DM]. \qquad (5.2)$$

Die funktionale Abhängigkeit der Investitionen und Betriebskosten vom Leistungsdurchsatz und von den Strategievariablen ist in der Logistik häufig unstetig. Aufgrund von *Ganzzahligkeitseffekten* können sich die Logistikkosten mit der Variation eines Parameters sprunghaft ändern (s. *Kapitel 6* und *12*).

2. Leistungskosten

Zielfunktion der Optimierung einer *Auftrags-* oder *Logistikkette* sind die *Leistungskosten*

$$k_i = K_{betr} / \lambda_i \qquad\qquad [DM/LE_i]. \qquad\qquad (5.3)$$

Die Leistungskosten sind die Betriebskosten der Leistungsstellen, die an dem betrachteten Prozeß beteiligt sind, bezogen auf den *Durchsatz* λ_i [LE_i/PE] der maßgebenden *Leistungseinheiten* LE_i (s. *Kapitel 6*).

Ein Unternehmen kann in der Regel nur einen Teil seiner Beschaffungs- und Belieferungskosten beeinflussen. Die Abgrenzung der beeinflußbaren von den nicht beeinflußbaren Kosten ist in vielen Fällen ein Problem und von der Marktmacht des Unternehmens abhängig.

Für die Optimierung der Beschaffungslogistik ist entscheidend, wieweit die in den Einkaufspreisen enthaltenen Logistikkosten der Lieferanten berücksichtigt werden. Das hängt davon ab, ob sich die Logistikkostenanteile der Einkaufspreise durch Verhandlungen verändern lassen.

3. Kapitalrückflußdauer

Da die Erträge aus einer Investition mit zunehmendem Abstand von der Gegenwart unsicherer sind, wird in vielen Unternehmen zur Begrenzung des *unternehmerischen Risikos* zusätzlich zur Forderung minimaler Betriebskosten und zur Vorgabe eines Investitionsrahmens eine *maximale Kapitalrückflußdauer* gefordert.

Die Kapitalrückflußdauer – auch *Return on Investment* (ROI) genannt – ist die Zeit, nach der eine Zusatzinvestition durch die dadurch erzielten Mehrerlöse oder Einsparungen zurückgeflossen ist [58]. Die *Kapitalrückflußdauer* einer Lösung L_1 mit der Investition I_1 [DM] und den Betriebskosten BK_1 [DM/Jahr] im Vergleich zu einer Anfangslösung L_0 mit einer Investition I_0 und den Betriebskosten BK_0 ist

$$ROI = (I_1 - I_0)/(BK_0 - BK_1) \qquad\qquad [Jahre]. \qquad\qquad (5.4)$$

Wenn das Ziel einer Investition die Einsparung von Personal ist, folgt aus der begrenzten Kapitalrückflußdauer das *Entscheidungskriterium* :

- Die maximal zulässige *Investition pro eingesparte Vollzeitkraft* I_{VZK} [DM/VZK] ist bei einer geforderten Kapitalrückflußdauer T_{ROI} [Jahre], einem Zinssatz z [%/Jahr] und Personalkosten K_{VZK} [DM/VZK-Jahr]

$$I_{VZK} < K_{VZK}/(z/2 + 1/T_{ROI}) \qquad\qquad [DM/VZK]. \qquad\qquad (5.5)$$

Für unterschiedliche Personalkosten, Kapitalrückflußzeiten und Zinssätze sind in *Tabelle 5.1* die mit Hilfe von Beziehung (5.5) errechneten Investitionsgrenzwerte angegeben. Hieraus ist ablesbar :

- Hohe Personalkosten und niedrige Zinsen stimulieren Rationalisierungsinvestitionen und den Abbau von Arbeitsplätzen.

Personalkosten DM/Jahr	ROI und Zinsen						Jahre pro Jahr
	3		5		8		
	8,0%	5,0%	8,0%	5,0%	8,0%	5,0%	
50.000	130.000	140.000	210.000	220.000	300.000	330.000	DM
60.000	160.000	170.000	250.000	270.000	360.000	400.000	DM
70.000	190.000	200.000	290.000	310.000	420.000	470.000	DM
80.000	210.000	220.000	330.000	360.000	480.000	530.000	DM
100.000	270.000	280.000	420.000	440.000	610.000	670.000	DM

Tab. 5.1 Maximale1 zulässige Investition pro eingesparte Vollzeitkraft in Abhängigkeit von Personalkosten, Kapitalverzinsung und ROI
ROI: geforderte Kapitalrückflußdauer (return on investment)

Die geforderte Kapitalrückflußdauer hängt von der Geschäftspolitik, der Ertragslage und der Situation am Kapitalmarkt ab. Sie liegt bei den meisten Unternehmen zwischen 3 und 8 Jahren.

In kurzfristig agierenden Unternehmen ist eine *Minimierung der Kapitalrückflußdauer* gegenüber einer nachhaltigen Betriebskostensenkung vorrangig. Eine solche Investitionspolitik birgt jedoch die Gefahr in sich, daß stets investitionsarme Lösungen bevorzugt werden, die schnell zu kleineren Ertragsverbesserungen führen. Langfristig kostenoptimale Lösungen, die mit höheren Investitionen verbunden sind, kommen in diesen Unternehmen kaum zur Ausführung.

4. Nichtmonetäre Zielgrößen

Nichtmonetäre Zielgrößen der Logistik ergeben sich aus den Zielen der Leistungssteigerung und der Qualitätssicherung. Zu *minimierende Zielgrößen* der *Leistungssteigerung* sind:

Personalbedarf
Transportmittelbedarf
Lagerplatzbedarf
Weglängen und Wegzeiten   (5.6)
Transportnetzlänge
Transportzeiten und Durchlaufzeiten.

Zu *maximierende Zielgrößen* der *Leistungssteigerung* und *Nutzungsverbesserung* sind:

Leistung und Auslastung vorhandenen Personals
Transportleistung vorhandener Transportmittel
Leistungsvermögen eines gegebenen Transportnetzes
Nutzungsgrad von Transportstrecken, Trassen und Netzen   (5.7)
Füllungsgrad von Ladeeinheiten und Transportmitteln
Nutzung vorhandener Lagerkapazitäten
Auslastung von Maschinen und Anlagen.

Eine Leistungssteigerung ist meist mit einem bestimmten Mitteleinsatz verbunden, während eine Nutzungsverbesserung oder Auslastungserhöhung in vielen Fällen auch ohne Mitteleinsatz möglich sind. Die Ziele der Leistungssteigerung und der Nutzungsverbesserung weisen also Wege zur Kostensenkung.

Zielgrößen der *Qualitätssicherung* sind (s. *Abschnitt 3.4.4*):

$$
\begin{array}{l}
\text{Lieferbereitschaft} \\
\text{Vollständigkeit} \\
\text{Termintreue} \\
\text{Schadensfreiheit} \\
\text{Sendungsqualität} \\
\text{Zuverlässigkeit} \\
\text{Unfallfreiheit.}
\end{array}
\qquad (5.8)
$$

Die Zielwerte der Qualitätssicherung dürfen nur bis zu den geforderten *Qualitätsstandards* verbessert werden. Eine über die Standards hinausgehende Verbesserung ist meist mit unvertretbaren Zusatzkosten verbunden. Die Zielgrößen der Qualitätssicherung sind in der Regel *Restriktionen* für die Optimierung von Kosten und Leistungen.

Neben den Restriktionen, die aus der Qualitätssicherung resultieren, sind bei der Minimierung oder Maximierung der Zielfunktionen und Zielgrößen die in *Abschnitt 3.5* aufgeführten *Rahmenbedingungen* einzuhalten. Einige dieser Rahmenbedingungen sind durch *Mindestgrößen* und *Maximalgrößen* gegeben, wie

$$
\begin{array}{l}
\text{minimale Lagerdauer} \\
\text{maximale Lagerdauer} \\
\text{maximale Lieferzeiten} \\
\text{maximale Laufzeiten} \\
\text{maximale Störquote.}
\end{array}
\qquad (5.9)
$$

Um zu vermeiden, daß sich *suboptimale Lösungen* ergeben, ist bei der Auswahl und Festlegung der Zielgrößen einer Planung oder Optimierung zu prüfen, wie weit mit einer Zielgröße das unternehmerische *Gesamtziel* erreicht wird [11].

5.2
Bündeln, Ordnen, Sichern

Ebenso wie viele Strategien der Unternehmensplanung lassen sich die meisten Strategien der Logistik zurückführen auf die Grundstrategien *Bündeln, Ordnen* und *Sichern* und die Gegenstrategien *Teilen, Umordnen* und *Entsichern* [57].

Die logistischen Grundstrategien stehen zueinander, wie in *Abb. 5.1* angedeutet, in einem Spannungsverhältnis, da sie nur begrenzt verträglich sind und sich teilweise gegenseitig ausschließen.

1. Bündeln
Aufträge, Sendungen, Bestellungen, Warenmengen, Transportströme, Bestände, Funktionen oder Prozesse werden nach zielabhängigen Kriterien *räumlich* oder

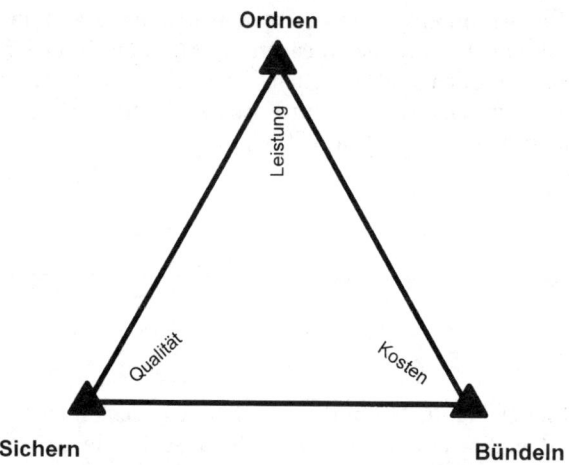

Abb. 5.1 Grundstrategien und Primärziele der Logistik

zeitlich zusammengefaßt. Die Bündelungsstrategien zielen meist auf eine *Kosten-senkung* ab. Typische *Bündelungsstrategien* sind :

- Segmentieren von Sortiment, Aufträgen und Leistungsarten
  (s. *Abschnitt 5.5*) ,
- Zusammenfassen von Warenmengen durch Ladungsträger
  (s. *Kapitel* 12),
- Zusammenführen dezentraler Lagerbestände in einem Zentrallager
  (s. *Abschnitt 11.10*),   (5.10)
- Konzentration von Dienstleistungen in Logistikzentren
  (s. *Abschnitte 1.5* und *1.7*)
- Bildung von Sammel-, Serien- oder Batchaufträgen (s. *Kapitel 10* und 11)
- Nachschub oder Fertigung in optimalen Losgrößen (s. *Kapitel* 11)
- Sammeln kleinerer Transportmengen zu Hauptlauftransporten
  (s. *Kapitel 19/II*).

Bündelungsstrategien sind meist einfach strukturiert und mit relativ geringem Organisationsaufwand verbunden. Ihre Realisierung erfordert aber oft eine längere Vorausplanung und einen größeren Technikeinsatz.

2. Ordnen
Aufträge, Sendungen, Prozeßketten, Abläufe, Bestände, Ladungsträger, Leistungsstellen, Flächen, Kapazitäten oder Betriebsmittel werden nach zielabhängigen Kriterien einander *zugeordnet*, in bestimmter *räumlicher Reihenfolge* angeordnet oder in eine *zeitliche Prioritätenfolge* gebracht.

Ordnungsstrategien sind meist auf das Ziel der *Leistungssteigerung* ausgerichtet. Indirekt können sie damit aber auch eine Kostensenkung bewirken.

Beispiele für *Ordnungsstrategien* sind :

- *ABC-Klassifizierung* (s. *Abschnitt 5.7*) und *XYZ-Analyse* (s. *Abschnitt 9.8*)
- *Pack- und Fülloptimierung* (s. *Kapitel 12*)
- *Fahrwegoptimierung* (s. *Abschnitt 18.11/II*)   (5.11)
- *Reihenfolgeoptimierung* [13]
- *Prioritätenregelungen* (s. *Abschnitt 10.4*)
- *Standortoptimierung* [12].

Die Ordnungsstrategien zielen wie die Bündelungsstrategien darauf ab, anteilige Rüstzeiten zu senken, Volumenverluste und Platzbedarf zu reduzieren, Transportwege, Transportzeiten und Durchlaufzeiten zu verkürzen, Kapazitäten von Lagern, Transportmitteln und Betriebseinrichtungen besser auszulasten, Lagerbestände zu senken oder durch Spezialisierung die Effizienz zu verbessern.

Im Vergleich zu den Bündelungsstrategien sind die Ordnungsstrategien meist komplizierter und mit schwierigeren *Algorithmen* verbunden [13]. Wegen der Leistungsfähigkeit moderner Rechner aber lassen sich heute auch kompliziertere Odnungsstrategien mit vertretbarem Aufwand relativ rasch realisieren [11; 12].

3. Sichern

Sicherheitsstrategien sind erforderlich, um die unterschiedlichsten Sicherheitsanforderungen an die Systeme und Prozesse zu erfüllen. Sie bewirken, daß auch bei Ausfall, Fehlern oder unplanmäßigen Anforderungsänderungen die Leistungen mit ausreichender Sicherheit uneingeschränkt oder zumindest teilweise weiter erbracht werden können. Systeme, Prozeßketten, Funktionsabläufe, Organisation und Steuerung sowie Informations- und Kommunikationssysteme dürfen nicht nur nach Kosten- und Leistungsgesichtspunkten gestaltet sein. Sie müssen auch nach *Sicherheitskriterien* strukturiert und konzipiert werden.

Sicherheitsstrategien sind primär auf das Ziel der *Qualität* ausgerichtet. Sie beeinflussen jedoch in vielen Fällen auch das Leistungsvermögen und die Kosten. Sicherheitsstrategien sind beispielsweise :

- *Vorbeugungsstrategien*
- *Notfallstrategien*
- *Ausfallstrategien*
- *Flexibilität*   (5.12)
- *Check and Balance*
- *Universilität und Redundanz*
- *Versicherungsschutz*
- *Sicherheitsbestände*
- *Sicherheitsbestimmungen*.

Die Kosten für eine Sicherheitsmaßnahme steigen mit dem Grad der geforderten Sicherheit. Extreme Sicherheit ist ein teures Ziel. So steigen beispielsweise die Kosten zur Sicherung einer geforderten Lieferfähigkeit mit zunehmender Lieferfähigkeit über alle Grenzen (s. *Abb. 11.9*). Absolute Liefersicherheit mit einer Lieferfähigkeit von 100 %, die von Kunden oft gefordert wird, ist unbezahlbar.

4. Strategiekombinationen und Gegenstrategien

Zur Verbesserung der Wirksamkeit oder zum Erreichen mehrerer Ziele lassen sich die Grundstrategien *Bündeln, Ordnen* und *Sichern* miteinander verbinden zu *Kombinationsstrategien*. Dabei ist jedoch zu berücksichtigen, daß nicht alle Strategien kompatibel sind. Durch die Kombination mehrerer Einzelstrategien oder durch das *Überziehen* einer Strategie kann es zu einer Minderung der Strategieeffekte kommen.

Wenn das Bündeln, Ordnen oder Sichern überzogen wird, kann das angestrebte Ziel verfehlt werden. In dieser Situation sind entsprechende Gegenstrategien zielführend. *Gegenstrategien* der logistischen Grundstrategien sind:

- *Teilen, Auflösen* oder *Vereinzeln* von Sendungen, Auftragsstapeln, Beständen oder Funktionen: Einzelbearbeitung statt Serienbearbeitung, Kleinserien statt Großserien, Einzeltransporte statt Sammeltransporte, Kleinmengen- oder Einzelbestellungen statt Großmengen- oder Sammelbestellungen, Spezialisierung statt Standardisierung, Dezentralisieren statt Zentralisieren, Delegieren statt Konzentrieren.
- *Umordnen* von Reihenfolgen, Prioritäten, Standorten, Funktionszuweisungen oder Bearbeitungsfolgen.
- *Entsichern*: Abbau übertriebener Kontrollen, Sicherheitsmaßnahmen, Sicherheitsbestände und Redundanz.

Wie in *Abb. 5.1* dargestellt, richtet sich jede der drei Grundstrategien *Bündeln, Ordnen* und *Sichern* primär auf eines der drei Hauptziele *Kosten, Leistung* und *Qualität*. In Verbindung mit den entsprechenden Gegenstrategien ist es daher möglich, eine *Strategienkombination* zur optimalen Lösung einer vorgegebenen Logistikaufgabe zu entwickeln.

5.3
Lösungs- und Optimierungsverfahren

Zur effizienten Planung und Optimierung von Systemen und Prozessen werden geeignete *Lösungs- und Optimierungsverfahren* benötigt. In der Logistik haben sich vor allem die nachfolgend beschriebenen *Lösungs-* und *Optimierungsverfahren* bewährt.

Planungsverfahren, Methoden und Instrumentarien können jedoch nicht die *Erfahrung* ersetzen. Nur wer die Probleme der Praxis und die Vielfalt der technischen und organisatorischen Lösungsmöglichkeiten kennt, wer gute und schlechte Lösungen im Betrieb gesehen und die Folgen von Fehlern erfahren hat, kann erfolgreich planen und Lösungen, wie auch immer sie gewonnen wurden, beurteilen [223].

1. Analytische Lösungskonstruktion und Optimierung

In einem *iterativen Gestaltungs- und Optimierungsprozeß* werden nach einer *Analyse* und *Segmentierung* der Leistungsanforderungen unter Berücksichtigung der Rahmenbedingungen geeignete *Teillösungen* entwickelt, ausgewählt, dimensioniert und zu einer *Gesamtlösung* kombiniert. Dabei wird nach *Auswahlregeln, Gestaltungsregeln* und *Planungsregeln* gearbeitet, die aus allgemeinen Überlegungen resultieren. Zur Dimensionierung und Optimierung werden *analytische Zusammenhänge* und allgemeingültige *Berechnungsformeln* genutzt.

Wenn das Leistungsvermögen oder die Kosten einer Teil- oder Gesamtlösung von mehreren *Gestaltungsparametern* und *Strategievariablen* abhängen, wird die Lösung zur Optimierung als *mathematisches Modell* in einem Programm abgebildet. Ein solches Programm zur *analytischen Simulation* erfaßt den strukturellen Aufbau eines betrachteten Systems oder einer Leistungskette und enthält die funktionalen Zusammenhänge zwischen den *Leistungsanforderungen*, den *Strategievariablen* und den *Zielgrößen* in Form von Berechnungsformeln und Algorithmen. Die *analytische Simulation* durch mathematische Modelle beruht also auf theoretisch hergeleiteten funktionalen Zusammenhängen und Berechnungsformeln (s. *Abschnitt 3.9*).

2. Lösungsfindung und Optimierung mit Hilfe von OR-Verfahren

Nach bekannten *Auswahlverfahren* des *Operations Research* (OR), wie *Branch and Bound* (B&B), *Lineares Programmieren* (LP) und *Simplex-Verfahren*, wird aus den möglichen Lösungen eines definierten Problems mit einer vorgegebenen *Zielfunktion* systematisch die optimale Lösung ausgewählt. Nach *heuristischen Verfahren*, z.B. nach dem *Eröffnungsverfahren* mit *Add-* oder *Drop-Algorithmus* oder nach dem *Gradienten-Suchverfahren*, wird eine annähernd optimale Lösung gesucht [11; 12; 13].

Die Zusammenhänge zwischen Leistungsanforderungen, Parametern und Zielgrößen sind jedoch in der Logistik häufig *nichtlinear* oder *ganzzahlig*, die Anforderungen *zeitlich veränderlich* und die Probleme *dynamisch*. Die OR-Verfahren zur Lösung linearer und statischer Probleme sind daher zur Lösung logistischer Probleme nur bedingt geeignet. Die klassischen Lösungsverfahren des *Operations Research* haben außerdem den Nachteil, daß der Zusammenhang zwischen der Struktur der Leistungsanforderungen und Rahmenbedingungen einerseits und den Eigenschaften der nach aufwendigen Rechnungen resultierenden Lösungen andererseits häufig nur schwer durchschaubar ist.

Viele OR-Arbeiten konzentrieren sich auf die *Modellbildung*, für die oft vereinfachende und manchmal auch realitätsfremde Annahmen gemacht werden, auf die *Klassifizierung der Problemtypen* und auf die ausführliche Darstellung der *mathematischen Verfahren* zur Lösung dieser Modellprobleme. Eine Diskussion der Eigenschaften und praktischen Konsequenzen der Lösungen, die zum Verständnis und zur Plausibilisierung notwendig wäre, ist nur selten zu finden [196; 233].

Für *statische Probleme* mit *linearer Zielfunktion* gibt es zahlreiche nützliche OR-Algorithmen, wie die Verfahren zur *Reihenfolgeoptimierung*, zur *Tourenplanung*, zur *Packoptimierung* und zur Lösung von *Zuordnungsproblemen*. Für nichtlineare und dynamische Probleme geben die OR-Verfahren wertvolle Anregungen zur analytischen Lösungskonstruktion und für die Optimierung [11; 12; 13].

3. Digitale Simulation

Bei der digitalen oder stochastischen Simulation werden die Eigenschaften der Systemelemente und die Struktur eines vorgegebenen Logistiksystems in einem *Simulationsmodell* auf dem Rechner abgebildet [59; 60; 61]. Ein *Zufallsgenerator* erzeugt mit angenommenen *Zeitfolgen* und *Häufigkeitsverteilungen* Aufträge und Ladeeinheiten, die in das Modellsystem einlaufen. Durch Zählungen an den Ein- und Ausgängen der einzelnen Leistungsstellen, der Teilsysteme und des Gesamtsystems wird vom Rechner ermittelt, in welchen Zeiten die einlaufenden Mengenströme durchsetzbar sind, wo Staus auftreten und wieweit Rückstaus zu Blockierungen führen.

Die digitale Simulation ist ein *Experiment* mit einem Modell, das bereits vorhanden ist. Wie das Realexperiment ist das Modellexperiment geeignet zum Test theoretischer Vorhersagen. Nicht geeignet ist das Experiment jedoch zur Lösungskonstruktion und zur Herleitung allgemein gültiger Gesetzmäßigkeiten und funktionaler Zusammenhänge. Das gilt auch für die digitale Simulation.

Die digitale Simulation ist ein nützliches Hilfsmittel zur *Überprüfung* der Funktions- und Leistungsfähigkeit sowie des *Zeitverhaltens* komplexer Systeme, die mit Hilfe analytischer Verfahren entwickelt und optimiert wurden. Durch eine digitale Simulation wird geprüft, ob das im Rechner abgebildete System die eingegebenen Leistungsanforderungen mit den angenommenen Zeitverteilungen und Schwankungen erfüllt [196]. Daher gilt:

- Die digitale Simulation einer analytisch konstruierten und optimierten Lösung auf dem Rechner erhöht die *Planungssicherheit* und erlaubt eine Untersuchung des dynamischen *Betriebsverhaltens* bei zeitlich rasch veränderlicher Belastung und verschiedenen *Betriebsstrategien*.

Offen bleibt bei der digitalen Simulation jedoch, warum das System funktioniert, ob sich die geforderten Leistungen nicht auch durch ein einfacheres System erfüllen lassen und durch welche Strategien das System optimiert werden kann [231].

5.4
Optimierungsprozeß

Zur Konstruktion, Gestaltung und Optimierung von Teilsystemen, Gesamtsystemen und Leistungsketten ist innerhalb der einzelnen Planungsphasen, die in *Abschnitt 3.2* beschrieben wurden, ein iterativer Optimierungsprozeß mit zunehmendem Detaillierungsgrad zu durchlaufen.

Dieser Optimierungsprozeß mit seinen 10 *Optimierungsschritten* ist in *Abb. 5.2* dargestellt. Die *Arbeitsinhalte* der 10 Optimierungsschritte für Logistiksysteme und Logistikprozesse sind:

1. Ermittlung der Anforderungen

Festlegung der Funktionen
Ermittlung der Leistungsanforderungen   (5.13)
Erfassen der Rahmenbedingungen

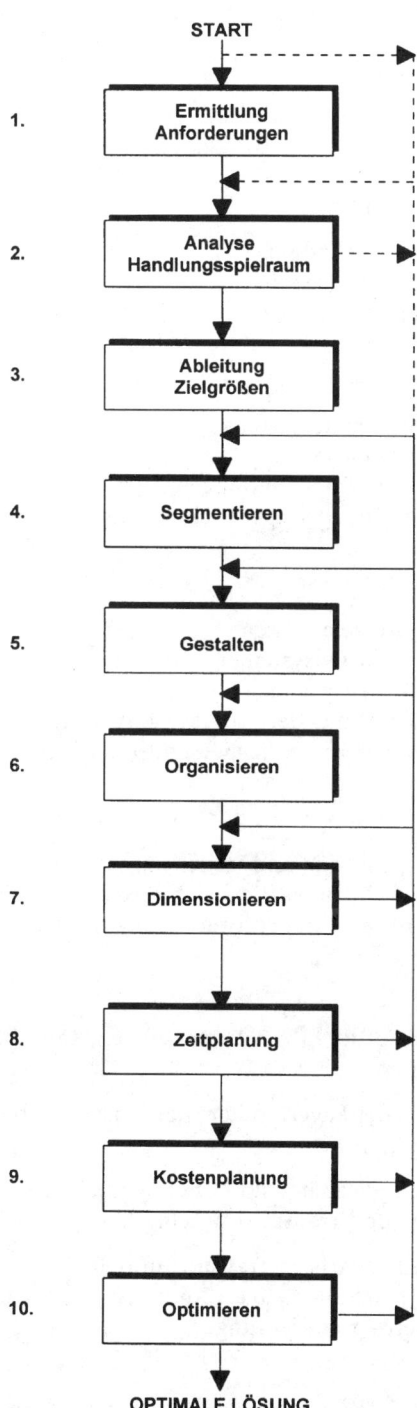

Abb. 5.2 Schritte des Optimierungsprozesses

2. Analyse der Handlungsspielräume

Systemelemente
Gestaltungsparameter
Strategien   (5.14)
Strategievariable

3. Ableitung der Zielgrößen

zu maximierende Zielgrößen
zu minimierende Zielgrößen   (5.15)
Mindest- und Maximalgrößen

4. Segmentieren

Bündeln und Ordnen der Artikel
Bündeln und Ordnen der Aufträge   (5.16)
Bündeln und Ordnen der Sendungen
Zuordnung von Ladungsträgern und Transportmitteln

5. Gestalten

Auswahl von Systemelementen
Zusammenfügen zu Teilsystemen
Kombination der Teilsysteme   (5.17)
Auswahl und Gestaltung der Prozesse und Leistungsketten
Verknüpfen der Teilprozesse zu Gesamtprozessen

6. Organisieren

Aufbau von Organisation und Steuerung
Entwicklung von Nutzungs-, Dispositions- und Betriebsstrategien   (5.18)
Konzeption der Hard- und Softwarekonfiguration.

7. Dimensionieren

Berechnen und Festlegen von Abmessungen, Kapazität und Anzahl
der Ladeeinheiten,

Dimensionieren der Lagermodule, Kommissionierbereiche, Flächen
und Räume,

Festlegung von Kapazitäten und Geschwindigkeiten von
Fördersystemen und Transportmitteln,   (5.19)

Berechnung des Bedarfs an Transportmitteln, Umschlaggeräten,
Fördermitteln, Flurförderzeugen, Kommissionier- und Lagergeräten
und anderer Betriebseinrichtungen,

Ermittlung des Personalbedarfs.

8. Zeitplanung

Festlegung von Betriebszeiten, Arbeitszeiten und Schichtplänen
Erarbeitung von Fahrplänen   (5.20)
Berechnung von Durchlaufzeiten und Lieferzeiten
Planung von Versand- und Zustellzeiten.

9. Investitions- und Kostenplanung

Ermittlung der Investitionen
Kalkulation der Betriebs- und Leistungskosten für *Eigenleistungen*   (5.21)
Ermittlung oder Anfrage der Leistungspreise für *Fremdleistungen*
Berechnung der *Logistikleistungskosten*

10. Optimieren

Zielwertoptimierung durch Variation der freien Parameter
Vergleich und Bewertung der Lösungsmöglichkeiten
Vorschlag der optimalen Lösung   (5.22)
Entscheidung.

Zum Vergleich von *konkurrierenden Lösungen*, mit denen bei Erfüllung der Min-
destanforderungen und annähernd gleichen Betriebskosten weitere Ziele unterschiedlich gut erreichbar sind, ist die *Nutzwertanalyse* geeignet (s. *Abschnitt 3.11*).
Dabei werden nur Lösungen miteinander verglichen, die nicht bereits aufgrund von *K.O.*-Kriterien ausscheiden, wie die Nichterfüllung von Mindestan-
forderungen, von unverrückbaren Rahmenbedingungen oder von unabding-
baren Zielen. Monetäre Zielgrößen, wie die Investitionen und die Betriebskosten, dürfen nicht in die zu bewertenden Ziele einbezogen werden, da sich monetäre Werte nicht durch Punkte quantifizieren und auch nicht in Punkte umrechnen lassen.

5.5
Segmentieren und Klassifizieren

Ein erster wichtiger Schritt der Planung von Logistiksystemen und der Gestaltung von Prozeßketten ist das Segmentieren und Klassifizieren von Aufträgen,
Sortiment, Sendungen und Leistungen in *Klassen* oder *Cluster* mit logistisch
ähnlichen Eigenschaften.[1] Das Segmentieren ist eine *Bündelungsstrategie*, deren
Strategievariablen die *Zuordnungskriterien* sind.

---

[1]   Die sogenannte „Klassenlogik" ist als Lehre von den Klassen, Mengen und ihren Beziehungen ein
       Bestandteil der *formalen Logik*, die früher als „Logistik" bezeichnet wurde [220].

1. Sortimentseinteilung

Die Sortimentseinteilung nach vertrieblichen und logistischen Kriterien ist der erste Schritt der Sortimentsanalyse und Sortimentsgestaltung (s. *Abschnitt 5.8*). Logistische Sortimentseinteilungen sind beispielsweise :

- *Lagerhaltige Artikel*, die ab Lager geliefert werden, und *nichtlagerhaltige Artikel*, die kundenspezifisch beschafft oder erzeugt werden.
- *Selbst hergestellte* und *fremd beschaffte* Ware.
- Artikel mit *anhaltendem Bedarf* und Artikel mit *kurzzeitigem Bedarf*, wie die *Aktionsware*.
- Warengruppen mit logistisch ähnlicher *Beschaffenheit*, wie gleiche Handhabbarkeit, gleiche Größen- und Gewichtsklassen oder gleiche Wertigkeit.

2. Auftragssegmentierung

- Klassifizierung der Aufträge nach *Auftragswert* oder nach *Auftragsvolumen* in A-, B- und C-Aufträge, wie *Kleinaufträge, Normalaufträge* und *Großaufträge*.
- Einteilung der Aufträge in *Einpositionsaufträge* und *Mehrpositionsaufträge* sowie in *Einzelstückaufträge* und *Mehrstückaufträge*.
- Segmentierung nach *Dringlichkeit*, wie *Eilaufträge, Aufträge mit Standardlieferzeit* und *Aufträge mit festem Liefertermin*.
- Einteilung der Aufträge nach *Schwierigkeitsgrad, Bearbeitungsumfang* und erforderlicher *Kompetenz* in *Standardaufträge, Spezialaufträge, Fachaufträge* und *Sonderaufträge*.

3. Bestandssegmentierung

- Einteilung der Artikel nach *Bestandswert, Bestandsmenge* oder *Lagervolumen* in A-, B- und C-Artikel.
- Bildung von Warengruppen ähnlicher *Lageranforderungen*, wie Sicherheitsware, Kühlware, Kleinteile oder Sperrigwaren.
- *Segmentierung nach Ladungsträgern*, z.B. in *Behälterware* und in *Palettenware*.
- Aufteilung der Artikel nach Bestand oder Anliefermengen in *Paletten oder Behälter pro Artikel*, um daraus die optimale Lagerart und die optimale Platzzuweisung abzuleiten.
- *Zuordnung zu Lagersystemen*, wie Blocklager, Fachbodenlager, Einplatzlager, Mehrplatzlager oder Durchlauflager.

Das Segmentieren der Bestände nach Ladungsträgern und die Zuordnung zu Lagersystemen sind bereits entscheidende Schritte der Lagerplanung, für die geeignete *Zuordnungskriterien* und *Lagerbelegungsstrategien* benötigt werden.

4. Sendungssegmentierung

- Einteilung nach Dringlichkeit in *Expreß-, Termin-* und *Normalsendungen*.
- Unterscheidung nach Sendungsinhalt in *Einzelstücksendungen* und *Mehrstücksendungen* oder in *Gefahrgut-, Schwergut-* und *Wertsendungen*.
- Aufteilung nach Sendungsgröße in *Kleinsendungen* und *Großsendungen*.
- Klassifizierung nach Versandarten in *Paket-, Stückgut-, Teilladungs-* und *Ganzladungssendungen* (s. *Abschnitt 19.2/II*).

- Differenzierung nach Sendungszusammensetzung in *homogene Sendungen*, die nur aus gleichartigen Packstücken bestehen, und in *inhomogene Sendungen*, die unterschiedliche Packstücke, wie Pakete und Paletten, enthalten.

5. Transportklassifizierung

- Einteilung nach *Ladungsträgern*, wie Versandbehälter, Paletten, Container oder Wechselbrücken.
- Aufteilung der Transportaufträge in *Spontantransporte*, die zu jedem beliebigen Zeitpunkt anfallen und ausgeführt werden müssen, und in *Regeltransporte*, die zu absehbaren Zeiten in voraussehbaren Mengen anfallen und nach *Fahrplan* durchführbar sind.
- Klassifizierung nach *Beschaffenheit des Transportgutes*, wie Schüttgut, Gase, Flüssigkeiten, Stückgut, Briefe, Paketware, Gefahrgut, Wertgut, Frisch- und Kühlwaren, Möbel oder Schwerlasten.
- Einteilung nach *Verkehrsträgern*, wie *Straßen-, Schienen-, Wasser- und Lufttransport*.
- Unterscheidung nach eingesetzten *Transportmitteln*, wie PKW, LKW, Kleintransporter, Sattelauflieger und Lastzug, Frachtflugzeuge und Passagierflugzeuge oder Seeschiffe, Küstenschiffe und Binnenschiffe.
- Unterteilung in *intramodale Transporte*, die mit nur einem Transportmittel durchgeführt werden, und *kombinierte* oder *intermodale Transporte*, für deren Durchführung nacheinander unterschiedliche Transportmittel eingesetzt werden.
- Differenzierung nach *Herkunfts- und Zielgebieten*, wie Länder, Umschlaggebiete, Sammel- und Zustelltouren, oder nach *Relationen*.
- Unterscheidung nach *Transportzeiten, Laufzeiten* und *Terminierung* in Eil- oder Expreßtransporte, in Normal-, Linien- oder Plantransporte und in terminierte Abholung oder Zustellung.

Die Zuordnung der Transportaufträge zu bestimmten Ladungsträgern und Transportmitteln, die Auswahl der Transportart und die Aufteilung nach Zielgebieten sind entscheidende Handlungsmöglichkeiten für die Planung und Optimierung von Logistiksystemen und Leistungsketten. Die hierfür benötigten *Zuordnungskriterien* und *Berechnungsformeln* zur Quantifizierung der Strategieeffekte werden in *Kapitel 19/II* entwickelt.

**5.6
Spezialisieren und Diversifizieren**

Die Einteilung in Auftragsgruppen, Artikelklassen und Leistungsarten sowie die damit verbundene Auswahl und Zuweisung von Ladungsträgern, Lagersystemen und Transportmitteln führen auf das *Problem der Spezialisierung* und die damit verbundenen *Grundsatzfragen*:

- Wieweit ist es zweckmäßig, für die Artikelklassen unterschiedliche Umschlag-, Lager- und Kommissioniersysteme zu schaffen und für die Auftragsgruppen verschiedene Transportmittel und Transporttechniken einzusetzen, die auf den *speziellen* Bedarf ausgelegt sind ?

- Wieweit lassen sich möglichst wenige, *universell* nutzbare Ladungsträger, Lagersysteme, Transportmittel und Leistungsstellen einsetzen ?

Spezialisierte Umschlag-, Lager- und Kommissioniersysteme sind erfahrungsgemäß nur in großen Logistikzentren sinnvoll. Spezialisierte Ladungsträger, Transportmittel und Transportsysteme sind nur bei anhaltend großem Transportaufkommen und gleichbleibendem Transportgut wirtschaftlicher als universelle Systeme.

Wenn zu erwarten ist, daß sich die Leistungsanforderungen und die Sortimentsstrukturen im Verlauf der Nutzungsdauer verändern, sollte bei der Gestaltung von Logistiksystemen der *Grundsatz maximaler Flexibilität* beachtet werden [62]:

- Nur so viele unterschiedliche Ladungsträger, Transportmittel, Lagersysteme, Kommissionierbereiche, Leistungsstellen und Transportsysteme wie technisch unbedingt nötig, so wenige und so universell nutzbare Einheiten und Systeme wie möglich.

Mit dem Problem der Spezialisierung von Technik und Systemen eng verbunden ist das Problem der *Sortimentsbreite* und der *Variantenvielfalt* :

- Wie breit *muß* das *Artikelspektrum* eines Handelssortiments, wie groß die *Variantenvielfalt* eines Produktionsprogramms sein, um die Anforderungen des Marktes zu erfüllen, und wie groß *dürfen* Sortiment und Vielfalt maximal sein, um ausreichende Erträge zu erwirtschaften ?

Das zentrale Problem der Sortimentsbreite und der Variantenvielfalt ist permanent, besonders kritisch aber im Vorfeld jeder Planung, zu untersuchen und zu entscheiden. Die Logistik muß hierfür die *Leistungskosten* transparent machen, die mit der Beschaffung, der Herstellung und der Distribution eines Artikels oder einer Variante verbunden sind.

5.7
ABC-Analyse

Die ABC-Analyse ist ein Verfahren der Strukturanalyse, das von Logistikern und Unternehmensberatern gern genutzt aber auch häufig mißbraucht wird [80; 229]. Der praktische Nutzen ist in vielen Fällen begrenzt, die Gefahr zu falschen Schlüssen groß. Nur eine richtig durchgeführte ABC-Analyse kann bei kritischem Umgang mit den Ergebnissen Anregungen zur Lösung eines konkreten Problems geben.

1. Pareto-Klassifizierung und Lorenzkurve
Die Pareto-Klassifizierung ist eine Anordnung einer Anzahl von Objekten nach abnehmender Größe einer meßbaren Eigenschaft. Die Menge der *Objekte* mit einer *Gesamtanzahl* N kann bestehen aus

Aufträgen
Artikeln
Sendungen   (5.23)
Kunden
Konsumenten.

Zu untersuchende *Eigenschaften* mit einer definierten *Maßeinheit* und einer *Gesamteigenschaftsmenge* M sind beispielsweise

Umsatz [DM/Jahr]
Absatzmenge [Stück/Jahr]
Bestandswert [DM/Artikel]
Bestandsmenge [Stück/Artikel]
Deckungsbeitrag [DM/Artikel]
Positionsanzahl [Pos/Auftrag]   (5.24)
Auftragsmenge [ME/Auftrag]
Kaufkraft [DM/Jahr]
Lieferzeit [Tage/Auftrag]
Zustellzeit [Tage/Sendung] .

Das Ergebnis der Pareto-Klassifizierung ist die *Lorenzkurve*.[2] Auf der Abzisse eines Lorenzdiagramms ist der prozentuale Anteil p_N der Gesamtzahl N aller Objekte und auf der Ordinate der prozentuale Anteil $p_M(p_N)$ der Eigenschaftsmenge der Objekte an der betrachteten Gesamteigenschaftsmenge M als Funktion von p_N aufgetragen. Als Beispiel zeigt *Abb.* 5.3 die Lorenzkurven für die Verteilung von Absatz- und Bestandsmengen der Artikel eines lagerhaltigen Handelssortiment.

2. ABC-Klassifizierung

Zur ABC-Analyse kann die Objektmenge nach der Eigenschaftsverteilung oder die Eigenschaftsmenge nach der Objektverteilung klassisifiziert werden. Den beiden Analysemöglichkeiten entsprechen die *reguläre ABC-Klassifizierung* und die *inverse ABC-Klassifizierung*:

• Eine *reguläre ABC-Klassifizierung* ist die Aufteilung der Gesamtzahl N der Objekte in A-, B- und C-Objekte mit den Anzahlen N_A, N_B und N_C in einem festen Verhältnis

$$N_A : N_B : N_C = p_{NA} : p_{NB} : p_{NC} \qquad (5.25)$$

---

2 Die *Lorenzkurve* hat ihren Namen nach *M.O. Lorenz*, der diese Form der Darstellung 1905 zur Veranschaulichung der bereits von *V. Pareto* untersuchten Einkommensverteilung in einer Volkswirtschaft vorgeschlagen hat. In der Volkswirtschaft werden die Objekte in der Regel nach *aufsteigendem* Eigenschaftswert geordnet. Dadurch verlaufen die volkswirtschaftlichen Lorenzkurven unterhalb der Diagonalen [63; 220].

und die Angabe der auf diese Anzahlen entfallenden *Anteile* M_A, M_B, M_C,.... an der *Gesamteigenschaftsmenge*

$$M_A : M_B : M_C = p_{MA} : p_{MB} : p_{MC} .\tag{5.26}$$

Üblich ist eine Einteilung im Verhältnis $N_A : N_B : N_C = 5\ \% : 15\ \% : 80\ \%$. Das Ergebnis einer ABC-Analyse der Artikel eines Handelssortiments mit der *in Abb. 5.3* dargestellten Lorenzkurve ist in *Tabelle 5.2* wiedergegeben. Hiernach entfallen zum Beispiel auf die 5 % A-Artikel 39 % der Absatzmenge.

- Eine *inverse ABC-Klassifizierung* ist die Aufteilung der Gesamteigenschaftsmenge M in einem festen Verhältnis (5.26) und die Angabe der auf diese Mengenanteile entfallenden Anteile (5.25) der Objektanzahlen.

Vielfach üblich, aber nicht zwingend ist eine Einteilung in drei Klassen mit dem Mengenanteil

$$p_{MA} : p_{MB} : p_{MC} = 80\ \% : 15\ \% : 5\ \% .\tag{5.27}$$

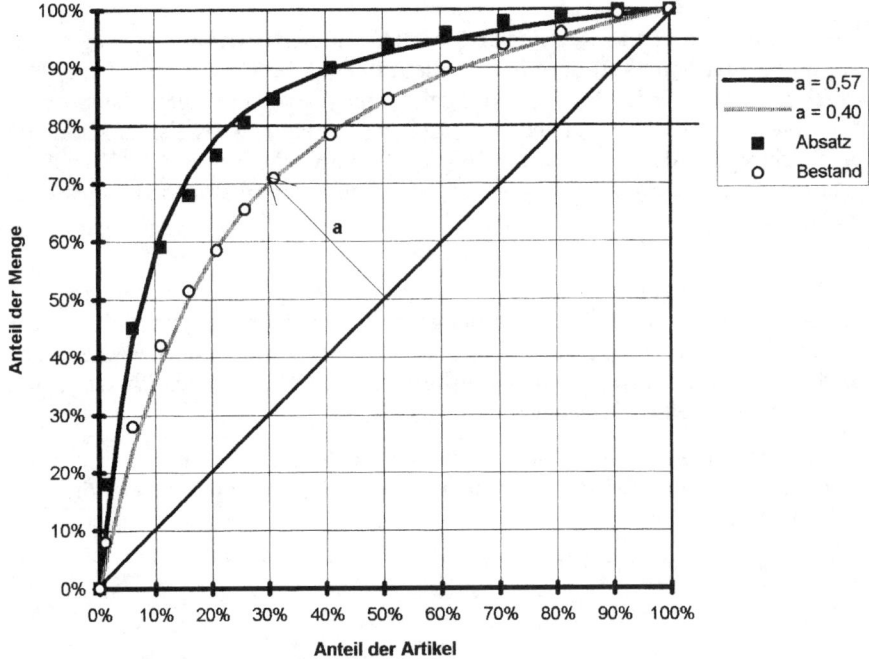

Abb. 5.3 Lorenzkurven von Absatz und Bestand eines Kaufhaussortiments

Punkte: Ergebnisse der Absatz- und Bestandsanalyse
Kurven: Parametrisierte Lorenzkurven
Parameter: Absatz-Lorenzasymmetrie $\alpha_A = 0{,}57$
             Bestands-Lorenzasymmetrie $\alpha_B = 0{,}40$

Klasse	Objekte Artikel		Eigenschaft Absatzmenge		
	Anteil	Anzahl	Anteil	Menge	Einheit
A-Objekte	5%	1.500	39%	24,6	Mio.WST/a
B-Objekte	15%	4.500	38%	23,9	Mio.WST/a
C-Objekte	80%	24.000	23%	14,5	Mio.WST/a
Gesamt	100%	30.000	100%	63,0	Mio.WST/a

Tab. 5.2 ABC-Analyse der Eigenschaftsverteilung von Objekten
Objekte   Artikel eines Handelssortiments
Eigenschaft Jahresabsatzmenge

Klasse	Eigenschaft Absatzmenge			Objekte Artikel	
	Anteil	Menge	Einheit	Anteil	Anzahl
A-Objekte	80%	50,4	Mio.WST/a	23%	6.900
B-Objekte	15%	9,5	Mio.WST/a	39%	11.700
C-Objekte	5%	3,2	Mio.WST/a	38%	11.400
Gesamt	100%	63,0	Mio.WST/a	100%	30.000

Tab . 5.3 Inverse ABC-Analyse der Objektverteilung einer Eigenschaft
Eigenschaft Jahresabsatzmenge (WST = Warenstücke)
Objekte   Artikel eines Handelssortiments

Für das in *Abb. 5.3* dargestellte Beispiel des Handelssortiments ist das Ergebnis der inversen ABC-Klassifizierung bezüglich der *Absatzmenge* in *Tabelle 5.3* wiedergegeben.

Hiernach ist das Anteilsverhältnis der Artikel mit den *Absatzanteilen* 80 % : 15 % : 5 % gleich 23 % : 39 % : 38 %. Das Anteilsverhältnis der Artikel mit den *Bestandsanteilen* 80 % : 15 % : 5 % ist davon abweichend gleich 43 % : 39 % : 18 %. Die häufig behauptete *80:20 -Regel*, nach der 80 % der Menge auf 20 % der Merkmalsträger entfällt, gilt in diesem Fall nur annähernd für den Absatz und nicht für die Bestände. Allgemein gilt:

• Die sogenannte 80:20-Regel ist in den meisten Fällen unzutreffend.

Da sehr unterschiedliche Eigenschaftsmengen, wie Umsätze, Absatzmengen, Auftragspositionen, Bestandswerte, Bestandsmengen oder Bestandsvolumina, betrachtet werden können, gibt es in der Logistik eine Vielzahl von Lorenzkurven und entsprechend viele mögliche ABC-Klassifizierungen, die sich in der Regel deutlich voneinander unterscheiden. So sind die 20 % aller Artikel, die den größten Wertumsatz haben, nicht gleich den 20 % Artikeln mit dem größten Volumendurchsatz. Auch die ersten 20 % aller Artikel, die den größten Bestand haben, sind nicht immer gleich den 20 % Artikel mit dem größten Verbrauch, auch wenn zwischen Beständen und Verbrauch bei optimaler Nachschubdisposition eine Korrelation besteht.

Weiterhin ist bei der Analyse von ABC-Verteilungen vergangener Perioden zu beachten, daß die Renner von heute nicht die Renner von morgen sind. Das wird oftmals nicht beachtet und führt zu falschen Schlüssen.

3. Parametrisierung der Lorenzkurve

Die ABC-Analyse ist der erste Schritt vieler *Bündelungs-* und *Ordnungsstrategien.* Bevor eine ABC-Analyse durchgeführt wird, die in der Regel mit Aufwand verbunden ist und einige Zeit erfordert, sollten in jedem Fall der geplante Einsatz und das damit verfolgte Ziel bekannt sein. Der Einsatz und die Strategie bestimmen die Abgrenzung der Objekte, die zu analysierenden Eigenschaften und die Art der ABC-Aufteilung.

Weder das übliche Anteilsverhältnis (5.27) noch die Begrenzung auf drei Klassen sind zwingend und für viele Anwendungszwecke auch nicht sinnvoll. Durch eine Dreiklasseneinteilung mit einem festen Anteilsverhältnis wird vielmehr eine Optimierungsmöglichkeit verschenkt. Generell gilt für die ABC-Analyse der *Grundsatz* :

- Die Anzahl der Objektklassen und die Anteile der Objektanzahlen oder Eigenschaftsmengen sind frei wählbar und zur Optimierung nutzbare *Strategievariable.*

Für differenzierte Analysen und Optimierungsrechnungen wird daher eine *Parametrisierung* der Lorenzkurve benötigt. Die Analyse vieler Sortimente von Handels- und Industrieunternehmen und der theoretisch möglichen Verläufe von Lorenzkurven ergibt :

- Die Lorenzkurve läßt sich für logistische Optimierungsrechnungen ausreichend genau parametrisieren durch die Funktion

$$p_M = 1 + \left(\left(2 - (1-\alpha)^2 \right) \cdot p_N - \sqrt{4 \cdot p_N^2 - 4 \cdot (1-\alpha)^2 \cdot p_N^2 + (1-\alpha)^4} \right) / (1-\alpha)^2. \quad (5.28)$$

Die *Lorenzasymmetrie* α ist ein Parameter mit Werten zwischen 0 und 1. Sie ist proportional zur maximalen Abweichung der Lorenzkurve von der Diagonalen und muß empirisch bestimmt werden.

Die Funktion (5.28) ist eine um 45° gedrehte *Hyperbel.* Bei *Gleichverteilung* ist die Lorenzasymmetrie α = 0 und die Lorenzkurve gleich der diagonal verlaufenden Graden $p_M = p_N$. Bei extremer *Ungleichverteilung* ist die Lorenzasymmetrie $\alpha = 1$ und die Lorenzkurve eine horizontale Grade $p_M = 1$.

4. Einsatzmöglichkeiten und Gefahren
Einsatzmöglichkeiten der ABC-Analyse sind :

- *Konzentration* bestimmter Maßnahmen auf die wichtigsten Repräsentanten einer Gesamtheit von Objekten,
- *Test* der Auswirkung einer Maßnahme an einer kleinen Anzahl von Repräsentanten mit großem Eigenschaftsanteil,
- *Spezialisierte Lösungen* für die unterschiedlichen Klassen der Objektgesamtheit,
- *Zeilenreduktion durch Auftragsbündelung (s. Abschnitt 17.12/II)*,
- *Bereinigung* durch Streichen von C-Objekten,
- *Unterdrückung* von A-Objekten,
- *Begünstigung* von B- oder C-Objekten.

Mit diesen Nutzungsmöglichkeiten ist jedoch eine Reihe von Gefahren verbunden, die Anlaß sind für den häufigen Mißbrauch und die enttäuschenden Ergebnisse vieler ABC-Analysen. Hierzu gehören :

- Falsche Hochrechnung von einer kleinen Objektanzahl auf die Objektgesamtheit,
- Vernachlässigung der Auswirkungen auf die B- und C-Objekte,
- Nichtberücksichtigung der zeitlichen Veränderlichkeit der Klassenzugehörigkeit,
- Unzulässige Wertung einer Verteilung.

Die nachfolgende logistische Sortimentsanalyse zeigt eine Anwendungsmöglichkeit der ABC-Analyse. Weitere *Nutzanwendungen*, die auch die Grenzen der ABC-Analyse erkennen lassen, sind die *Schnelläuferstrategien* zur Senkung der mittleren Wegzeiten (s. *Abschnitt 17.6/II*) und die *Auftragsbündelung* zu Serienaufträgen (s. *Abschnitt 17.12/II*).

5.8
Sortimentsanalyse

Ziel der Sortimentsanalyse ist die Unterstützung des Vertriebs bei der *Sortimentsgestaltung* und *Sortimentsentwicklung* (s. *Abschnitt 14.3*). Die Sortimentsanalyse beginnt mit der Sortiments*einteilung* nach vertrieblichen und logistischen Eigenschaften und Zielsetzungen in verschiedene Kategorien.

Für die Logistik sind vor allem folgende *Klassifizierungskriterien* zur Sortimentseinteilung von Bedeutung :

- *Lagerhaltigkeit*: lagerhaltige und nicht lagerhaltige Artikel;
- *Absatzgebiete*: lokale, regionale und überregionale Sortimente; nationale, europäische und internationale Produkte (s. *Abschnitt 9.7*);
- *Gängigkeit*: A-Artikel mit hohem, B-Artikel mit mittlerem und C-Artikel mit geringem Absatz;

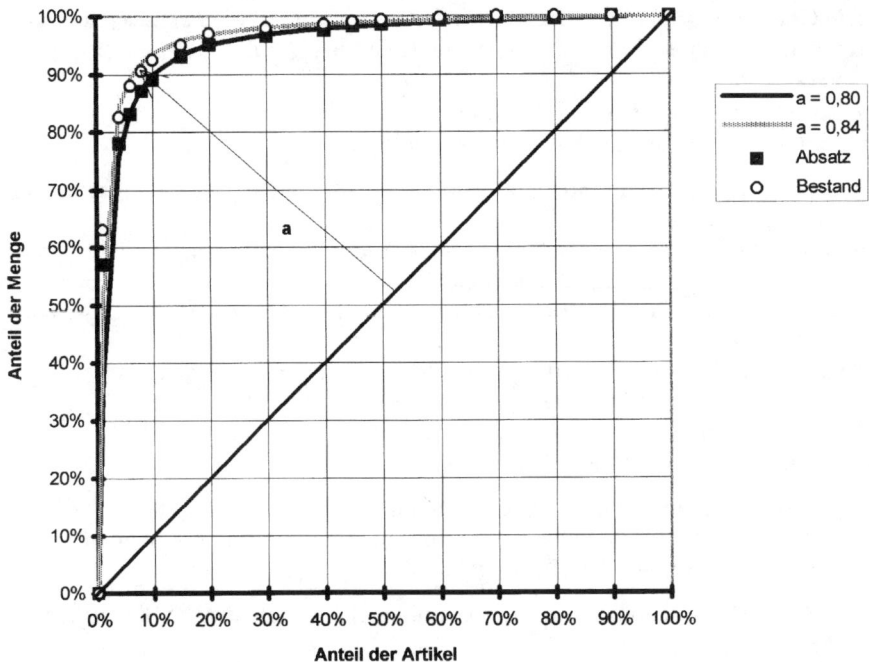

Abb.5.4 Lorenzkurven von Absatz und Bestand eines Computersortiments

Punkte: Ergebnisse der Absatz- und Bestandsanalyse
Kurven: Parametrisierte Lorenzkurven
Parameter: Absatz-Lorenzasymmetrie $\alpha_A = 0,80$
                   Bestands-Lorenzasymmetrie $\alpha_B = 0,84$

- *Verbrauchsart*: X-Artikel mit regelmäßigem, Y-Artikel mit unregelmäßigem und Z-Artikel mit sporadischem Bedarf (s. *Abbildung 9.8*);
- *Wertigkeit*: hochwertige, mittelwertige und geringwertige Güter;
- *Einsatzzweck*: Investitionsgüter, Verschleißteile, Ersatzteile, Verbrauchsgüter, Konsumgüter, Nahrungs- und Genußmittel;
- *Verwendungsbreite*: Normteile, Standardartikel, Spezialartikel, Sonderartikel, Kundenanfertigung;
- *Lebensdauer*: verderblich, kurzlebig, langlebig, unverderblich, dauerhaft;
- *Lebenszyklus*: mehrjährig, einjährig, saisonal, modisch;
- *Fehlmengenkosten*: Kosten der Nichtverfügbarkeit eines Artikels, wie Gewinnausfall, Deckungsbeitragsverlust, Ersatzbeschaffungskosten oder Stillstandskosten;
- *Verpackungsart*: lose Ware; abgepackte Ware in Säcken, Dosen, Flaschen, Fässern, Tüten, Schachteln, Blisterpackungen, Paketen, Containern und anderen Gebinden;
- *Variantenvielfalt*: Einvariantengüter; Mehrvariantengüter mit Größen-, Farben-, Material-, Qualitäts-, Komponenten- und Ausführungsunterschieden;

- *Zusammensetzung*: Einkomponentenartikel, Mehrkomponentenartikel, Teil-anlagen, Gesamtanlagen, Systeme und Bauwerke.

Für Mehrkomponentenartikel und Mehrvariantenartikel, die vom Unternehmen selbst gefertigt, montiert, abgefüllt oder verpackt werden, benötigt die Logistik-disposition eine *Stückliste*, in der die Beschaffenheit, die Anzahl und die Her-kunft aller Komponenten aufgelistet sind. Außerdem werden für die Teile und Komponenten, aus denen die Artikel des Lieferprogramms zusammengesetzt sind, *Verwendungslisten* benötigt, aus denen hervorgeht, in welchen Artikeln sie in welcher Menge eingesetzt werden.

Die logistische Klassifizierung des Sortiments hat Auswirkungen auf die *Auf-tragsdisposition* und *Produktionsplanung*, auf die Höhe der Nachschubmengen und Sicherheitsbestände sowie auf die Auswahl der Lager-, Kommissionier- und Transportsysteme. Sie beeinflußt außerdem die Gestaltung und Optimierung der Lieferketten. Wegen der großen Tragweite darf eine Sortimentseinteilung niemals endgültig sein. Sie muß immer wieder in Frage gestellt und überprüft werden.

Das gilt speziell für die ABC-Klassifizierung des Sortiments nach den Eigen-schaften

Umsatzwert und Absatzmenge
Bestandswert und Bestandsmenge   (5.29)
Deckungsbeitrag und Gewinn.

Abb. 5.3 zeigt die Lorenzkurven der Absatz- und Bestandsmengen, die aus einer Sortimentsanalyse der Artikel eines Kaufhaussortiments resultieren. In *Abb. 5.4* sind die davon erheblich abweichenden Lorenzkurven von Absatz und Bestand eines Großhandelsunternehmens für Computerbedarf dargestellt. In beiden Fäl-len sind in die Diagramme die Parametrisierungen der Lorenzkurven mit Hilfe der Funktion (5.28) eingetragen.

Für das *Handelssortiment* ist die Lorenzasymmetrie der *Bestandsverteilung* mit $\alpha_B = 0{,}40$ deutlich kleiner als die Lorenzasymmetrie der *Absatzverteilung* $\alpha_A = 0{,}57$. Für das *Computersortiment* ist dagegen die Lorenzasymmetrie der Be-standsverteilung mit $\alpha_B = 0{,}84$ größer als die Lorenzasymmetrie der Absatzver-teilung, die $\alpha_A = 0{,}80$ beträgt. Beide Werte sind wesentlich größer als die entspre-chenden Werte des Handelssortiments.

Bei optimaler Nachschubdisposition dürfen die Bestände von Artikeln mit re-gelmäßigem Verbrauch und prognostizierbaren Bedarf nur mit der Wurzel aus dem Absatz ansteigen (s. *Kapitel* 11). Daraus folgt die allgemeine *Regel*:

- Bei optimaler Nachschubdisposition lagerhaltiger Artikel mit regelmäßigem Verbrauch ist die Lorenzasymmetrie der Bestände geringer als die Lorenz-asymmetrie der Verbräuche.

Wenn die Lorenzkurven der Verbräuche und Bestände wie für das Beispiel des Computersortiments von dieser Regel abweichen, ist das ein Indiz für einen ho-hen Anteil von Aktionsware oder für eine falsche Bestands- und Nachschubdis-position (s. *Abschnitt 11.9*).

Außerdem gibt die Größe der Lorenzasysmmetrie für den Absatz Hinweise auf die Angemessenheit der Sortimentsbreite. Hier gilt die *Erfahrungsregel*:

- Eine Lorenzasymmetrie der Absatzverteilung, die deutlich größer als 1/2 ist, kann ein Indiz sein für ein zu breites Sortiment.

Nach dieser Regel ist das Computersortiment ausgeufert. Aufgrund dieser Diagnose wurde eine *Differentialanalyse* des Computersortiments durchgeführt, in der nicht nur die Lorenzkurven sondern auch ihre *Verteilungsdichten* analysiert werden (s. *Abschnitt 9.2*). Dabei wurden die Bestands- und Absatzverteilungen von Aktionsware und Dispositionsware getrennt untersucht. Das Sortiment wurde um ca. 20 % Ladenhüter bereinigt. Die Einführung einer optimalen Nachschubdisposition führte zu erheblichen Bestandsreduzierungen vor allem der A-Artikel.

6 Logistikkosten

Die Logistikkosten werden in den Unternehmen unterschiedlich definiert. Bei Umfragen geben selbst Unternehmen der gleichen Branche Logistikkosten an, die stärker voneinander abweichen, als sich durch die Unterschiede ihrer Logistik erklären läßt [37].

Nachprüfungen zeigen, daß einige Unternehmen die Zinsen und Abschriften für Bestände oder die Kosten für externe Logistikdienstleister nicht zu den Logistikkosten zählen, während andere auch die in den Einkaufspreisen enthaltenen Logistikkosten ihrer Lieferanten oder die Kosten der Einkaufstätigkeit den Logistikkosten zurechnen. Im Extremfall wird sogar der Einkaufswert der beschafften Waren als Bestandteil der Logistikkosten angesehen.

Ein weiteres, nicht nur auf die Logistik beschränktes Problem ist die *Preisgestaltung für Dienstleistungen*. Die Käufer einer Leistung erwerben kein materielles Produkt sondern immaterielle, nicht lagerbare Leistungen, die ihnen einen *unmittelbaren Nutzen* bringen sollen. Die herkömmlichen Verfahren der Kostenrechnung und Preisbildung, die für materielle Produkte entwickelt wurden, sind auf Dienstleistungen nur begrenzt übertragbar. Die Preise für logistische Leistungen sind daher häufig nicht miteinander vergleichbar oder irreführend [14, 64; 65].

Zur Kalkulation von Leistungskosten bietet sich die *Prozeßkostenrechnung* an [58, 66]. Über die Definition, die Einflußfaktoren und die Kalkulation der *Prozeßkosten* bestehen jedoch in der Logistik unterschiedliche Auffassungen. Das gilt vor allem für die Leistungskosten *multifunktionaler Logistiksysteme*, für die Leistungspreise von *zusammengesetzten Logistikleistungen* und für die Berücksichtigung der *Fixkosten* bei der Kalkulation der Leistungspreise.

Noch schlechter als mit der Definition und Kalkulation ist es mit der *Erfassung* der Logistikkosten bestellt. Obgleich die Logistikkosten im Handel eine Höhe von 15 bis über 25 % des Umsatzes erreichen und weit mehr als ein Drittel der Handelsspanne aufzehren können, werden sie nur in wenigen Handelsunternehmen über alle Stufen der Logistikkette von der Rampe der Lieferanten bis zur Verkaufsbereitstellung in den Filialen erfaßt. Auch in der Industrie, deren Logistikkosten in der Regel zwischen 5 und 15 % des Umsatzes liegen, gibt es nur wenige Unternehmen, die ihre Logistikkosten gesondert erfassen und regelmäßig kontrollieren [36].

Die *Kalkulation* und *Budgetierung* der Logistikkosten sowie die laufende *Erfassung* und *Kontrolle* von Leistung, Qualität und Kosten der logistischen Leistungsbereiche sind Aufgaben des *Logistikcontrolling*. Das Controlling soll das Management bei der Planung optimaler Systeme und der Steuerung der Prozesse unterstützen. Außerdem soll das Controlling *Handlungsbedarf* und *Handlungsmöglichkeiten* zur Leistungssteigerung, Qualitätsverbesserung und Kostensenkung aufzeigen [58; 67; 223].

Wie genau und für welche Bereiche der Unternehmenslogistik Leistung, Qualität und Kosten erfaßt, analysiert und kontrolliert werden, ist abhängig von der Höhe der Logistikkosten in Relation zur Wertschöpfung, von den Kernkompetenzen und Zielen des Unternehmens und von der speziellen Aufgabe. Generell gilt hier der Grundsatz: „Weniger ist mehr". Besser ein Controlling in größeren Zeitabständen mit wenigen aussagefähigen Zahlen und angemessener Genauigkeit als ein Controlling, das permanent alle erdenklichen Leistungsdaten und Kostenanteile differenziert erfaßt und ohne Kenntnis des Informationsbedarfs eine Unmenge allgemeiner Kennzahlen erzeugt [58].

Nicht eine hohe Genauigkeit und große Differenzierung der Leistungs- und Kostenangaben sind entscheidend. Maßgebend sind die *praktische Brauchbarkeit* und der *Verwendungszweck*. Für den Vergleich der *Logistikkosten* in und zwischen Unternehmen sowie der *Leistungspreise* von Logistikdienstleistern muß vor allem sichergestellt sein, daß sie die gleichen *Leistungsstellen,* die gleichen *Kostenbestandteile*, den gleichen *Leistungsumfang* und die gleichen *Leistungsarten* betreffen.

In diesem Kapitel werden die Betriebskosten von Logistiksystemen und die Leistungskosten für Logistikleistungen definiert, die Grundlagen der Logistikkostenrechnung dargestellt, die Abhängigkeiten zwischen Kosten und Leistungen erläutert und die wichtigsten Möglichkeiten zur Kostensenkung zusammengestellt. Ein besonderes Gewicht hat dabei das *Fixkostendilemma der Logistik*. Hierauf aufbauend wird im folgenden Kapitel ein System zur *Leistungs- und Qualitätsvergütung* konzipiert, das zur Vergütung von Logistikdienstleistern und zur Entwicklung verursachungsgerechter Tarifsysteme der Logistik geeignet ist.

6.1
Betriebskosten und Leistungskosten

Entsprechend den beiden Aspekten der Leistungssysteme werden zwei verschiedene *Arten* der *Kostenrechnung* benötigt: Der stationären Sicht entspricht die *Betriebskostenrechung*, der dynamischen Sicht die *Prozeßkosten-* oder *Leistungskostenrechnung*.

1. Betriebskostenrechnung
Die *Betriebskosten* K_{betr} [DM/PE][1] sind die in einer definierten *Planungsperiode* [PE] zu erwartenden oder in einer *Abrechnungsperiode* angefallenen Kosten einer Leistungsstelle, eines Betriebs oder eines Systems, das bestimmte *Leistungs-*

---

1 1 DM steht hier und nachfolgend für Geldeinheiten [GE], die auch Euro oder Dollar sein können (1,00 DM = 0,51 e = 0,55 $)

arten LA$_i$, i = 1,2 ... N, in geplanten Mengen λ_i [LE$_i$/PE] erbringen soll oder in erfaßten Mengen erbracht hat.

Die *Betriebskostenrechung* ist eine *periodenbezogene Vollkostenrechnung* aus *stationärer Sicht*. Sie ist erforderlich für die Planung von Systemen und für die <u>K</u>osten- und <u>E</u>rfolgs-<u>R</u>echnung (KER) der Unternehmen [66].

Die *Logistikkosten* K$_{log}$ [DM/PE] sind die Betriebskosten einzelner logistischer Leistungstellen, von Logistiksystemen oder eines Logistikbetriebs.

2. Leistungskostenrechnung

Die *Prozeßkosten* oder *Leistungskosten* k_i [DM/LE$_i$] sind die auf den *Leistungsdurchsatz* λ_i [LE$_i$/PE] bezogenen *partiellen Betriebskosten* K$_i$, die von einer bestimmten Leistungsart LA$_i$ in einer Leistungsstelle, einem Betrieb oder einem System verursacht werden:

$$k_i = K_i / \lambda_i \qquad\qquad [DM/LE_i]. \qquad\qquad (6.1)$$

Um die Leistungskosten für eine Leistungsstelle oder ein System, das mehr als eine *Leistungsart* erbringen kann, mit Hilfe der Beziehung (6.1) kalkulieren zu können, müssen die Betriebs- oder Logistikkosten *verursachungsgerecht* auf die verschiedenen Leistungsarten aufgeteilt werden:

$$K_{log} = \sum_i K_i. \qquad\qquad (6.2)$$

Zur verursachungsgerechten, eindeutigen und objektiv nachvollziehbaren Aufteilung der Betriebskosten werden geeignete *Kostenzuweisungsregeln* benötigt.

Die *Prozeß- oder Leistungskostenrechnung* ist eine *durchsatzbezogene Vollkostenrechnung* aus *dynamischer Sicht*. Sie wird auch als <u>A</u>ctivity <u>B</u>ased <u>C</u>osting (ABC) bezeichnet und benötigt zur Optimierung von Prozeßabläufen und Prozeßketten sowie zur Kalkulation von Stückkosten, Leistungskosten, Stückpreisen und Leistungspreisen [58; 68; 223].

Die Prozeßkosten für die Erzeugung materieller Leistungen, also von physischen Produkten, sind die *Stückkosten* [DM pro Stück]. Die Prozeßkosten für die Erzeugung immaterieller Leistungen sind die *Leistungskosten* [DM pro Leistungseinheit]. Die Leistungskosten der Logistik entsprechen also den Stückkosten der Fertigung.

6.2
Logistikkostenrechnung

Wie die allgemeine Kostenrechnung eines Unternehmens umfaßt die Logistikkostenrechnung die *Vorkalkulation*, die *Mitkalkulation* und die *Nachkalkulation* [14, 58].

1. Vorkalkulation

Die Vorkalkulation oder *Plankostenrechnung* hat die Aufgabe, die Betriebskosten eines vorhandenen oder geplanten Logistiksystems zu kalkulieren, das in einem *zukünftigen Planungszeitraum* erwartete Logistikleistungen erbringen soll. Ergebnisse der Plankostenrechnung sind *Plan-Logistikkosten* und *Soll-Leistungsko-sten*.

Die Vorkalkulation dient der *Entscheidungsunterstützung* bei der Planung von Systemen und Prozessen, der *Kostenrechnung* für zukünftige Betriebsperioden und der *Kalkulation* von Preisen und Tarifen für Logistikleistungen.

2. Mitkalkulation

Die Mitkalkulation hat die Aufgabe, die im Verlauf einer *Abrechungsperiode* er-brachten Logistikleistungen und die dadurch verursachten Kosten laufend zu er-fassen und zu kontrollieren. Ergebnisse der Mitkalkulation sind Informationen über die aktuelle Auslastungs- und Kostensituation.

Die Kenntnis der aktuellen Logistikkosten und der Auslastung ermöglicht den Entscheidungsträgern, rechtzeitig gegenzusteuern und Maßnahmen zur Kosten-senkung oder zur Auslastungsverbesserung einzuleiten.

Außerdem dient die Mitkalkulation der laufenden *Abrechnung* und *Vergütung* erbrachter Logistikleistungen eines Logistikdienstleisters zu den vereinbarten Leistungspreisen oder eines Logistikbetriebs im eigenen Unternehmen zu den festgelegten Kostensätzen.

3. Nachkalkulation

Die Nachkalkulation hat die Aufgabe, aus den erfaßten Einzelkosten eines *ver-gangenen Abrechnungszeitraums* die Betriebskosten eines Logistiksystems zu kalkulieren, das in diesem Zeitraum bestimmte Logistikleistungen in bekannten Mengen erbracht hat. Ergebnisse der Nachkalkulation sind *Ist-Logistikkosten* und *Ist-Leistungskosten*, die mit den entsprechenden Plan-Werten verglichen werden können.

Aus dem *Soll-Ist-Vergleich* lassen sich Schlüsse für die zukünftige Plan-Ko-stenrechnung und die Preiskalkulation ziehen. Die wichtigsten *Ursachen* für Ab-weichungen der Ist- von den Soll-Logistikkosten sind:

- Über- oder unterplanmäßige *Kosten* für die Einsatzfaktoren der Leistungser-zeugung, insbesondere der Personalkosten.
- Über- oder unterplanmäßiger *Einsatz* von Personal, Material oder Betriebs-mitteln für die Leistungserzeugung.
- Von der Planung abweichende *Leerfahrtanteile* der eingesetzten Transport-mittel oder *Kapazitätsnutzung* der Lade- und Transporteinheiten.
- Über- oder unterplanmäßiger *Inanspruchnahme* des Leistungsvermögens des Logistiksystems für die verschiedenen Leistungsarten.

Die ersten beiden Ursachen von Soll-Ist-Abweichungen sind in der Regel vom Planer und Betreiber des Logistiksystems zu vertreten.

Höhere Leerfahrtanteile und schlechtere Kapazitätsnutzung können aus einer falschen Planung oder aus einer schlechten Disposition des Betreibers resultie-ren, aber auch durch veränderte Transportrelationen oder geringere Lager- und Transportmengen verursacht sein, die von den Nutzern zu vertreten sind. Ebenso ist die über- oder unterplanmäßige Inanspruchnahme des Leistungsvermögens

entweder die Folge einer schlechten Planung und Bedarfsabschätzung durch den
Planer und Betreiber oder von falschen Bedarfsangaben der Nutzer.

Für *geschlossene Logistiksysteme*, deren Leistungen nur von einem oder von
einer kleinen Anzahl Unternehmen in Anspruch genommen werden, muß das
Risiko von Bedarfsänderungen und der daraus resultierenden Unterauslastung
bereitgehaltener Ressourcen von den Nutzern getragen werden. Für geschlossene
Logistiksysteme dient die Nachkalkulation daher der Verteilung auslastungsbe-
dingter Überschüsse oder Mehrkosten auf die Nutzer.

Für *offene Logistiksysteme*, deren Leistungen am Markt angeboten und die
von vielen wechselnden Kunden genutzt werden, muß der Logistikdienstleister
das *Risiko* von Bedarfsänderungen und Unterauslastung selbst tragen, da er
auch die Chance erhöhter Gewinne aus einer günstigeren Bedarfsstruktur und
besseren Auslastung hat. Außerdem kann der Logistikdienstleister über seine
Verkaufsorganisation zusätzliche Kunden gewinnen und durch seine Preispolitik eine verstärkte Nutzung stimulieren. Für offene Logistiksysteme wird das
Struktur- und Auslastungsrisiko in die Leistungspreise einkalkuliert (*s. Abschnitt 7.2*).

6.3
Zusammensetzung der Logistikkosten

Die Logistikkosten setzen sich zusammen aus den *spezifischen Logistikkosten*
und *logistischen Zusatzkosten*:

- Die *spezifischen Logistikkosten* umfassen alle Kosten einer Leistungsstelle, eines Leistungsbereichs oder eines Unternehmens, die durch die speziellen Logistikleistungen *Transport, Umschlag, Lagern, Kommissionieren* und *Bereitstellen* verursacht werden.
- Die *logistischen Zusatzkosten* umfassen die Kosten für operative *logistische
  Neben- und Zusatzleistungen,* wie Versandverpackung, Etikettieren, Ausladen,
  Konfektionieren und Leerguthandling, sowie für *administrative Leistungen*,
  die mit der Erzeugung der Logistikleistungen einhergehen, wie Planung, Disposition, Qualitätssicherung und Controlling.

Nicht zu den Logistikkosten zählen die Kosten für die Produktion von Gütern
und für die Erzeugung nichtlogistischer Leistungen. So sind die Kosten für Entwicklung, Konstruktion, Einkauf, Marketing, Vertrieb und Verwaltung keine Logistikkosten. Ebensowenig zählen die Ausgaben für den Kauf von Handelsware
oder von Einsatz-, Roh-, Hilfs- und Betriebsstoffen der Produktion zu den Logistikkosten. Auch die Kosten für *Verkaufsverpackungen* sind Teil der Herstellkosten.

Bei der Optimierung und Gestaltung der Unternehmenslogistik ist jedoch zu
beachten, daß die Logistik auch die nicht logistischen Kosten des Unternehmens
beeinflußt. Ziel der Unternehmenslogistik muß daher sein, nicht allein die Logistikkosten sondern die Summe aller Kosten eines Unternehmens zu senken.

1. Bestandteile der Logistikkosten

Die Logistikkosten setzen sich aus folgenden *Bestandteilen* zusammen, die in der Regel von der Kostenrechnung gesondert erfaßt werden [14; 58; 66; 67; 223]:

- *Personalkosten: Löhne* für gewerbliche und *Gehälter* für angestellte Mitarbeiter mit logistischen Aufgaben einschließlich *Nebenkosten* für Steuern, Abgaben, Urlaub, Krankheit, Abwesenheit usw.

- *Raum- und Flächenkosten: Abschreibungen* und *Zinsen* für eigene sowie *Mieten* und *Leasingkosten* für fremde Bauten, Hallen, Flächen und Außenanlagen sowie damit verbundene Kosten für Energie, Heizung, Klima, Instandhaltung und Bewachung.

- *Strecken- und Netzkosten: Abschreibungen* und *Zinsen* für eigene sowie *Mieten* und *Gebühren* für die Nutzung fremder Fahrwege, Transportstrecken, Fahrtrassen, Straßen, Autobahnen, Schienennetze oder Verkehrswege.

- *Betriebsmittelkosten: Abschreibungen, Zinsen, Reinigungs- und Instandsetzungskosten* für eigene sowie *Mieten* und *Leasingkosten* für fremde Betriebsmittel, wie Regale, Stapler, Transportmittel, Krananlagen, Fördertechnik, Handhabungseinrichtungen und andere *Logistikgewerke* einschließlich zugehöriger Steuerungstechnik und Prozeßrechner sowie die von den Betriebsmitteln verursachten Kosten für *Energie, Wartung* und *Reparatur.*

- *Ladungsträgerkosten: Abschreibungen* und *Zinsen* für eigene sowie *Miete* und *Leasingkosten* für fremde Ladungsträger, wie Paletten, Behälter, Gestelle, Kassetten und Container.

- *Sachkosten:* Ausgaben für *Transportverpackungen, Ladungssicherung, Etiketten* und anderes Material, das in Verbindung mit den Logistikleistungen verbraucht wird.

- *Datenverarbeitungskosten: Abschreibungen und Zinsen* für eigene sowie *Mieten* und *Leasingkosten* für fremde *Rechner-Hard- und Software,* soweit diese für die logistische Leistungsstellen im Einsatz sind.

- *Fremdleistungskosten: Frachten* und *Vergütungen* für Logistikleistungen und *Mieten* für Lagerplätze oder Abstellplätze.

- *Steuern, Abgaben, Versicherungen und Gebühren,* die im Zusammenhang mit der Erbringung der Logistikleistungen anfallen.

- *Vorlaufkosten:* Abschreibungen und Zinsen für aktivierte Kosten der *Planung* und des *Projektmanagement* sowie *Anlaufkosten,* die bis zum Beginn der wirtschaftlichen Nutzung einer Leistungsstelle oder eines Logistiksystems aufgelaufen sind.

- *Bestandskosten: Zinsen* und *Abschriften* auf Material und Waren in der gesamten Logistikkette, also in Lagern, auf Pufferplätzen und in Bewegung.

Bei der Kalkulation der Bestandskosten werden häufig nur die Zinskosten für die Kapitalbindung berücksichtigt und die *Abschriften* für Wertverluste, Unverkäuflichkeit, Verderb und Schwund der Bestände vernachlässigt. Die Höhe der Abschriften auf die Bestände aber kann bei modischen, verderblichen, hochwertigen oder technisch rasch veraltenden Produkten die Höhe der Zinskosten durchaus erreichen oder sogar überschreiten.

2. Arten der Logistikkosten

Abhängig von der Funktion der Leistungsstelle, der Art der Leistung und der Verantwortung für die Leistungserbringung lassen sich die Logistikkosten einteilen in:

- *Transport-, Lager-, Umschlags-, Kommissionier-* und *Bereitstellkosten*
- *Beschaffungskosten, Distributionskosten* und *Entsorgungskosten*
- *operative* und *administrative Logistikkosten*
- *innerbetriebliche* und *außerbetriebliche Logistikkosten*
- *direkte und indirekte Logistikkosten*
- *eigene* und *fremde Logistikkosten*.

Die *direkten Logistikkosten* sind gleich den anteiligen Betriebskosten aller operativen und administrativen Leistungsstellen, die für die Logistik tätig sind und ihre logistische Leistungen gesondert erfassen. *Indirekte Logistikkosten* sind Kosten von administrativen Stellen, wie Personalabteilung, Planungsabteilung oder Geschäftsleitung, die indirekt für die Logistik tätig sind, und von operativen Stellen, die ihre Logistikleistungen nicht gesondert erfassen.

Außer bei den Logistikdienstleistern, deren Geschäftszweck die Logistik ist, stehen den Logistikkosten in der Regel keine nennenswerten Einnahmen für Logistikleistungen gegenüber. Daher ist es nur bei Logistikunternehmen und für Logistikbetriebe, die als *interne Dienstleister* arbeiten, sinnvoll, die direkten Logistikkosten durch die Umlage von *indirekten Logistikkosten*, wie anteilige Gemeinkosten für Verwaltung und Vertrieb, zu belasten. Werden die Umsätze des Unternehmens nicht mit logistischen Produkten und Leistungen erzielt, sollten zur Vermeidung unnötiger Komplikationen nur die direkten Logistikkosten, die in diesem Fall selbst Gemeinkosten sind, verursachungsgerecht auf die Artikel oder Aufträge umgelegt werden.

Zu den *fremden Logistikkosten* gehören die in den Einkaufspreisen enthaltenen Logistikkosten der Lieferanten. Die Höhe dieser *Lieferantenlogistikkosten* ist abhängig von den *Lieferbedingungen*, wie *Frei Haus* und *Ab Werk*, der *Anlieferform*, der *Sendungsstruktur* und dem gebotenen *Lieferservice*. Die Logistikkosten der Lieferanten werden von der Unternehmenslogistik und den *Beschaffungsstrategien* der Abnehmer beeinflußt [69].

3. Fixe und variable Logistikkosten

Zur Beurteilung unterschiedlicher Lösungsvarianten sowie für die Kalkulation von Leistungskosten und Leistungspreisen müssen die Logistikkosten in fixe und variable Kosten aufgeteilt werden [14]:

$$K_{log} = K_{var} + K_{fix}. \tag{6.3}$$

Die *Abgrenzung* von fixen und variablen Kosten ist nicht immer so eindeutig, wie allgemein angenommen wird.

Die *variablen Logistikkosten* K_{var} sind die Anteile der Logistikkosten, die sich mit dem Leistungsdurchsatz verändern und bei einer anhaltenden Nichtinanspruchnahme von Leistungen vermeiden lassen. Zu den variablen Logistikkosten zählen:

- *nutzungsabhängige Abschreibungen* für die Abnutzung von Betriebsmitteln und Transportmitteln infolge der betriebsbedingten Inanspruchnahme,
- *Wartungs- und Instandhaltungskosten* von Transportmitteln, Ladungsträgern und anderen Betriebsmitteln mit nutzungsabhängigem Verschleiß,
- *Personalkosten* für gewerbliche und angestellte Mitarbeiter, soweit deren Anzahl, Arbeitszeiten und Entlohnung dem Leistungsbedarf angepaßt werden können,
- *Sachkosten* der operativen und administrativen Leistungsstellen, soweit diese unmittelbar von den erbrachten Logistikleistungen verursacht werden,
- *Betriebskosten* für mobile Einrichtungen und Geräte, wenn sich die Anzahl dem Leistungsbedarf anpassen läßt,
- *Verbrauchskosten* für Kraftstoffe, Energie, Beleuchtung, Heizung und Klimatisierung von Flächen, Gebäuden und Betriebsmitteln,
- nutzungsabhängige Strecken- und Netzkosten,
- leistungsabhängige Fremdleistungskosten,
- nutzungsabhängige Steuern, Abgaben, Versicherungen und Gebühren,
- Bestandskosten für den bedarfsabhängig veränderlichen Anteil der Bestände.

Die Nutzungsabhängigkeit der Wartungs- und Instandhaltungskosten für Transportmittel und andere Betriebsmittel wird bei der Kalkulation der Logistikkosten häufig nicht richtig berücksichtigt. So ist es falsch, die leistungsabhängigen Wartungs- und Instandhaltungskosten für alle Kalkulationsperioden mit einem festen Prozentsatz vom Investitionswert anzusetzen und damit wie Fixkosten zu behandeln. Die Wartungs- und Instandhaltungskosten steigen im Verlauf der Nutzung an und erreichen am Ende der Gesamtnutzungsdauer den Nutzungswert [70].

Bestimmte Anteile der Kosten lassen sich einer sich ändernden Leistungsinanspruchnahme nicht so weit anpassen, wie häufig unterstellt wird. Beispielsweise muß bei Jahresarbeitszeitverträgen mit flexibler Einsatzzeit dem Arbeitnehmer oft eine bestimmte *Mindeststundenzahl* pro Jahr garantiert werden, die auch bei geringerer Inanspruchnahme am Jahresende zu vergüten ist.

Die *fixen Logistikkosten* K_{fix} sind die Anteile der Logistikkosten, die unabhängig von der Erbringung der Logistikleistungen permanent anfallen und auch bei anhaltender Nichtinanspruchnahme bestehen bleiben. Wesentliche Bestandteile der fixen Logistikkosten sind:

- *nutzungsunabhängige Abschreibungen* für den *zeitlichen Wertverlust* von Flächen, Gebäude, Anlagen, Verkehrswegen, Transportnetzen, Transportmitteln und Betriebsmitteln, die zum Erhalt der *Leistungsbereitschaft* permanent vorgehalten werden,
- *kalkulatorische Zinsen* auf das investierte Kapital,
- *feste Mieten und Leasingkosten*,
- *feste Personalkosten* für Mitarbeiter, die als *Mindestbesetzung* oder *Bereitschaftsdienst* auch dann anwesend sein müssen, wenn keine Leistungen in Anspruch genommen werden,
- *fixe Fremdleistungskosten*, soweit sie unabhängig von der Leistungsnutzung anfallen,

- *feste Steuern, Abgaben, Versicherungen* und *Gebühren*,
- *Vorlaufkosten* aus aktivierten Planungs-, Projektmanagement- und Beratungsleistungen,
- *konstante Bestandskosten* für den Anteil der Bestände, der sich bei einem Rückgang des Bedarfs nicht abbauen läßt.

Die fixen Logistikkosten sind nicht immer so fest und unabhängig von der Leistung, wie vielfach angenommen wird. So ist eine genaue Trennung zwischen nutzungsunabhängigen und nutzungsbedingten Abschreibungen für Industriebauten, Transportnetze und Verkehrswege in vielen Fällen schwierig.

6.4
Abschreibungen und Zinsen

Die Logistikkosten hochtechnisierter Systeme, die große Investitionen erfordern, werden maßgebend von den *Abschreibungen* und *Zinsen* bestimmt. Für die Kalkulation von Abschreibungen und Zinsen gibt es unterschiedliche Verfahren, die von der betriebswirtschaftlichen Zielsetzung, wie Finanzierung, Bilanzierung, Kostenrechnung, Preiskalkulation oder Investitionsrechnung, abhängen [14; 70].

Für Investitionsentscheidungen, Betriebskostenrechnungen und Preiskalkulationen ist das nachfolgend dargestellte Verfahren einer *nutzungsnahen Abschreibung* mit konstanten *Zinsen auf das halbe Investitionskapital* am besten geeignet. Abgesehen von seiner Einfachheit sind die Vorteile dieses Verfahrens eine bei gleichbleibender Nutzung bis zum Ende der wirtschaftlichen Nutzungsdauer *konstante Kostenbelastung* und die Möglichkeit zur *verursachungsgerechten Fixkostenverteilung*.

Andere Kalkulationsverfahren, beispielsweise die steuerlich zulässige degressive Abschreibung über kurze Zeiträume oder eine zu Anfang hohe, mit der Tilgung abnehmende Zinsbelastung, sind mit zeitabhängigen Kostenbelastungen verbunden, verschleiern die Zusammenhänge und führen leicht zu falschen Entscheidungen [70].

1. Abschreibungen

Die Abschreibungen bis zum Nutzungsende einer Investition dienen bei Fremdfinanzierung der Tilgung des investierten Kapitals und bei Eigenfinanzierung dem Ansparen des zur Neuinvestition benötigten Kapitals. In beiden Fällen müssen die Abschreibungsbeträge nutzungsnah sein, das heißt proportional zur zeitlichen oder leistungsabhängigen Inanspruchnahme. Dabei ist zu unterscheiden zwischen den *leistungsabhängigen Abschreibungen*, die von der *Abnutzung* durch Gebrauch bestimmt werden, und den *zeitabhängigen Abschreibungen*, für die der *Wertverlust* infolge technischer Veraltung oder Unverkäuflichkeit maßgebend ist.

Die Höhe der leistungsabhängigen Abschreibungen auf eine Investition, die zu Nutzungsbeginn einen *Beschaffungswert* BW [DM] und zum Nutzungsende einen *Restwert* RW [DM] hat, resultiert aus der *Gesamtnutzbarkeit* und der *Nutzungsintensität*:

- Ist NU_{ges} die *Gesamtnutzbarkeit* in Leistungseinheiten [LE] oder in Zeiteinheiten [ZE] und NU_{PE} die *Periodenutzung* in LE/PE bzw ZE/PE, dann ist die *Periodenabschreibung für die Abnutzung* der Anlage oder des Betriebsmittels

$$K_{AfA} = (BW - RW) \cdot NU_{PE} / NU_{ges} \qquad [DM/PE]. \qquad (6.4)$$

Die minimale Gesamtnutzbarkeit in Zeiteinheiten, zum Beispiel in Betriebsstunden, ist die *technische Mindestnutzungsdauer*. Die minimale Gesamtnutzbarkeit in Leistungseinheiten, beispielsweise in Fahrkilometern eines Transportmittels oder in Lagerspielen eines Regalbediengeräts, ist die *technische Mindestlaufleistung*.

Die technische Mindestnutzungsdauer oder Mindestlaufleistung von Anlagen und Betriebsmitteln muß der Hersteller angeben. Unter der Voraussetzung einer *ordnungsgemäßen Wartung und Instandhaltung* wird die Mindestnutzungsdauer oder Mindestlaufleistung von qualifizierten Lieferanten auch garantiert. *Erfahrungswerte* der technischen Mindestnutzungsdauer für ausgewählte innerbetriebliche Logistikgewerke und der für unterschiedliche Betriebszeiten resultierenden Abschreibungszeiten sind in *Tabelle 6.1* zusammengestellt.

Die *Nutzungsabschreibung* ist die Abschreibung pro Leistungseinheit und gegeben durch

$$k_{AfA} = (BW - RW) / NU_{ges} \qquad [DM/LE]. \qquad (6.5)$$

So resultiert für einen Lastzug mit Sattelauflieger, dessen Beschaffungspreis BW = 200.000 DM beträgt und der die Mindestlaufleistung NU_{ges} = 1.200.000 Fahrkilometer hat, eine Nutzungsabschreibung von 16,00 DM pro 100 km oder 0,16 DM/km, wenn der Restwert am Ende der Nutzung RW = 0 ist. Die nutzungsabhängige Abschreibung ist also unabhängig davon, zu welcher Zeit die Fahrt stattfindet, ob am Anfang, in der Mitte oder am Ende der Gesamtnutzungszeit, und auch unabhängig davon, wie hoch die Fahrleistung pro Periode ist.

Bei *ungleichmäßigem Leistungsanfall* ist die Anzahl genutzter Betriebsstunden oder Leistungseinheiten in den einzelnen Perioden unterschiedlich. Die Abschreibung ist dann periodenabhängig und gemäß Beziehung (6.4) mit der aktuellen Periodennnutzung zu kalkulieren. So ist ein Lastzug mit der Mindestlaufleistung von 1.200.000 Fahrkilometern, der im ersten Jahr 150.000 km, im nächsten Jahr 100.000 km und im dritten Jahr 200.000 km gefahren wird, im ersten Jahr mit 12,5 %, im zweiten Jahr mit 8,33 % und im dritten Jahr mit 16,7 % abzuschreiben.

Die Abhängigkeit der Abschreibung von der Periodennutzung wird vielfach nicht berücksichtigt. Stattdessen wird nutzungsunabhängig mit einer linearen Abschreibung über eine feste Zeit kalkuliert. Bei geringer Nutzung ergeben sich mit einer linearen Abschreibung zu hohe und bei hoher Nutzung zu geringe Leistungskosten. Das kann bei geringer Inanspruchnahme zur Folge haben, daß die wenigen Kunden die Nutzung weiter einschränken, weil die Leistungspreise zu hoch kalkuliert sind. Bei hoher Nutzung steigt der Verschleiß an, ohne daß die mit einer gleichbleibenden Abschreibung kalkulierten Erlöse die erhöhte Abnutzung decken.

Nur bei *gleichmäßiger Inanspruchnahme* während der gesamten Nutzungsdauer AZ_{AfA} [PE], die in Periodenlängen, zum Beispiel in Jahren gemessen wird,

Gewerke	Mindestnutzbarkeit		Abschreibungszeit			
	minimale Gesamtbetriebszeit	Ein-heit	1-Schicht 2.000	2-Schicht 4.000	3-Schicht 6.000	h/Jahr
Lagerbediengeräte						
Schmalgangstapler	30.000	h	15	8	5	Jahre
Regalförderzeuge	40.000	h	20	10	7	Jahre
Krananlagen	60.000	h	30	15	10	Jahre
Flurförderzeuge						
Handgabelhubwagen	15.000	h	8	4	3	Jahre
Stapler, Elektrohubwagen	20.000	h	10	5	3	Jahre
Elektrokarren, Schleppzüge	30.000	h	15	8	5	Jahre
FTS-Anlagen	40.000	h	20	10	7	Jahre
Fördersysteme						
Verschiebewagen	40.000	h	20	10	7	Jahre
Senkrechtförderer	40.000	h	20	10	7	Jahre
Paketsorter	40.000	h	20	10	7	Jahre
Elektrohängebahnen	50.000	h	25	13	8	Jahre
Kreisförderer	60.000	h	30	15	10	Jahre
Stetigförderanalgen	60.000	h	30	15	10	Jahre
Betriebseinrichtungen						
Aufzüge	60.000	h	30	15	10	Jahre
Roboter	40.000	h	20	10	7	Jahre
Waagen, Umreifung	20.000	h	10	5	3	Jahre
Regale						
Fachregale	15 bis 20	Jahre	-	15 bis 20	-	Jahre
Durchlaufregale	60.000	h	20	10	7	Jahre
Verschieberegale	40.000	h	20	10	7	Jahre
Umlaufregale	30.000	h	15	8	5	Jahre
Rechneranlagen						
Hardware	5 bis 10	Jahre	-	5 bis 10	-	Jahre
Software	3 bis 5	Jahre	-	3 bis 5	-	Jahre
Ladehilfsmittel						
DIN-Paletten	3 bis 5	Jahre	-	3 bis 5	-	Jahre
Behälter	5 bis 10	Jahre	-	5 bis 10	-	Jahre
ISO-Container	7 bis 12	Jahre	-	7 bis 12	-	Jahre
Gebäude						
Hallenbauten	25 bis 40	Jahre	-	25 bis 40	-	Jahre
Silobauten	10 bis 20	Jahre	-	10 bis 20	-	Jahre
Haustechnik						
Klimaanlagen	10 bis 15	Jahre	-	10 bis 15	-	Jahre
Sprinkler	15 bis 20	Jahre	-	15 bis 20	-	Jahre
Heizungsanlagen	15 bis 20	Jahre	-	15 bis 20	-	Jahre
Elektroinstallationen	15 bis 20	Jahre	-	15 bis 20	-	Jahre

Tab. 6.1 Richtwerte der Mindestnutzbarkeit innerbetrieblicher Logistikgewerke und resultierende Abschreibungszeiten bei Ein- und Mehrschichtbetrieb

Nutzung: 250 Betriebstage pro Jahr, 8 Betriebsstunden pro Schicht

wie sie für *Gebäude* und *unbewegliche Einrichtungen* angesetzt werden kann, ist es sinnvoll, mit einer konstanten *linearen Abschreibung* zu kalkulieren. Dann ist:

$$K_{AfA} = (BW - RW)/AZ_{AfA} \qquad [DM/PE]. \qquad (6.6)$$

Die gleiche Beziehung ergibt sich auch für eine nutzungsabhängige Abnutzung aus Beziehung (6.4) mit der *technischen Abschreibungszeit* AZ_{AfA} [PE] bei einer *mittleren Periodennnutzung* NU_{PE} [ZE/PE oder LE/PE] und einer Gesamtnutzbarkeit NU_{ges} [ZE oder LE], denn dann ist $AZ_{AfA} = NU_{ges}/NU_{PE}$ [PE].

Ein typisches Beispiel für die Nutzungsabhängigkeit der Abschreibungsdauer ist eine Paketsortieranlage mit einem Investitionswert von 15,5 Mio. DM und einer garantierten technischen Mindestlaufzeit von 40.000 Betriebsstunden. Im Zweischichtbetrieb mit $2 \cdot 7$ Stunden an 250 Tagen im Jahr ist die Abschreibungszeit $AZ_{AfA} = 40.000/(2 \cdot 7 \cdot 250) = 11,4$ Jahre. Die jährliche Abschreibung ist dann 1,36 Mio. DM. Bei einer Nutzung im Dreischichtbetrieb mit $3 \cdot 7$ Stunden an 300 Tagen im Jahr sinkt die Abschreibungszeit auf 6,4 Jahre. Die jährliche Abschreibung steigt auf 2,44 Mio. DM.

Wenn Gebäude, Anlagen und Betriebsmittel aus steuerlichen Gründen, zur Finanzierung oder wegen einer Investitionsförderung progressiv, degressiv oder in einem kürzeren Zeitraum als die nutzungsnahe Abschreibungszeit abgeschrieben werden können, sollte in der *betriebswirtschaftlichen Kostenrechnung* hiervon unabhängig mit der linearen oder der nutzungsabhängigen Abschreibung über die *technische Mindestnutzungszeit* kalkuliert werden.

So ist es steuerlich zulässig, ein *Hochregallager* in Silobauweise als Betriebseinheit wie eine Maschine in 10 Jahren abzuschreiben. Die Statistiken im Betrieb befindlicher Hochregallager zeigen jedoch, daß die Nutzungsdauer von Hochregallagern bei ordnungsgemäßer Wartung und Instandhaltung 20 Jahre und länger beträgt. Es ist daher falsch, sich anstelle eines *Hochregallagers* allein deshalb für ein *Staplerlager* mit einer separaten Halle zu entscheiden, weil die steuerlich zulässige Abschreibungsdauer für die Halle 25 Jahre beträgt. Betriebswirtschaftlich maßgebend für den Systemvergleich zwischen einem automatischem Hochregallager und einem konventionellem Staplerlager in einer Halle sind die Betriebskosten, die sich aus den unterschiedlichen Nutzungsdauern und Kosten der Teilgewerke errechnen (s. *Tabelle 16.6/II*).

Ist ein Gewerk infolge des technischen Fortschritts oder aufgrund des Fortfalls der Nutzbarkeit vor Ablauf der technischen Nutzungsdauer nicht mehr wirtschaftlich einsetzbar, ist die Abschreibungszeit durch die *wirtschaftliche Nutzungsdauer* begrenzt, die in diesem Fall kürzer ist als die technische Nutzungsdauer [14].

2. Kalkulatorische Zinsen

Bei einem größeren Bestand von Grundstücken, Gebäuden, Maschinen, Anlagen, Betriebsmitteln oder Fahrzeugen, die zu verschiedenen Zeiten mit den *Beschaffungswerten* BW_k [DM], $k = 1,2 \ldots N_I$, angeschafft wurden und am Ende der jeweiligen Nutzungszeit die *Restwerte* RW_k haben, ist der *Zeitwert* des gesamten Anlagebestandes gleich der Summe der mittleren Zeitwerte der Teilanlagen:

$$ZW = \sum_k (BW_k + RW_k)/2 \tag{6.7}$$

Aus dem Gesamtzeitwert und dem Zinssatz ergibt sich die Zinsbelastung. Für die betriebswirtschaftliche Kostenrechnung ist es daher sinnvoll, die Zinsen für die einzelnen Teilanlagen während der gesamten Nutzungszeit mit dem mittleren Zeitwert zu kalkulieren. Dann sind die *kalkulatorischen Zinsen* für eine Investition mit einem *Beschaffungswert* BW und einem *Restwert* RW bei einem *Zinssatz* z [%/PE]:

$$K_{zins} = z \cdot (BW + RW)/2 \qquad [DM/PE]. \qquad (6.8)$$

Hieraus folgen die *Kalkulationsgrundsätze*:

- Für alle *Anlagen*, deren Zeitwert während der Nutzungszeit bis zu einem Restwert O abnimmt, sind die Zinskosten auf den *halben Beschaffungswert* zu kalkulieren.
- Für *Grundstücke*, deren Restwert gleich dem Beschaffungswert ist, sind die Zinskosten auf den *vollen Beschaffungswert* zu kalkulieren.

Werden die Zinsen der Teilanlagen, wie in der Gewinn- und Verlustrechnung, auf den im Verlauf der Nutzungszeit abnehmenden Zeitwert kalkuliert, ergeben sich zu Beginn der Nutzungszeit höhere Leistungskosten als zum Ende der Nutzungszeit. Damit resultieren für Neuanlagen Kosten und Preise, die deutlich höher sind als für Altanlagen gleicher Art und Leistung.

Dadurch würden die Nutzer in der Anfangsphase bestraft und in der Endphase begünstigt. Kunden mit Ausweichmöglichkeit, die in der Endphase der Nutzung durch günstige Preise angezogen wurden, wandern nach einer Neuanschaffung infolge der sprunghaft erhöhten Preise ab. Das ist in vielen Fällen der Grund dafür, daß eine betriebswirtschaftlich eigentlich notwendige und sinnvolle Neuanschaffung immer wieder hinausgezögert wird.

6.5
Leistungseinheiten und Leistungsdurchsatz

Die Logistikkosten hängen von *Art* und *Menge* der erbrachten Leistungen ab. Die Art der Leistungen wird durch *Leistungsmerkmale* [LM] gekennzeichnet. Die Menge der erbrachten Leistung pro Periode, also der *Leistungsdurchsatz* λ [LE/PE] – auch einfach *Leistung* genannt –, wird in *Leistungseinheiten* [LE] pro Periode [PE] gemessen.

1. Leistungsmerkmale und Leistungseinheiten
Die *Leistungsmerkmale* LM spezifizieren den Leistungsumfang, das Leistungsergebnis und die Umstände, unter denen die Leistung zu erbringen ist. *Merkmale von Logistikleistungen* sind:

- Beschaffenheit der Ladeeinheiten, wie Maße, Volumen und Gewicht;
- geforderte Lieferzeiten und Zustelltermine;
- Lieferfähigkeit, Termintreue und Sendungsqualität;
- Neben- und Zusatzleistungen, die nicht gesondert abgerechnet werden;
- Versandvorschriften, Lagervorschriften und Sicherheitsanforderungen.

Leistungseinheiten [LE] zur Messung von Logistikleistungen sind:

- *Mengeneinheiten* [ME]: *Gewichte* [kg; t], *Volumen* [l; m³], *Stück* [ST], *Gebinde* [Geb] oder *Ladeeinheiten* [LE].
- *Vorgangsseinheiten* [VE]: *Aufträge* [Auf], *Positionen* [Pos], *Bearbeitungseinheiten* [BE] oder definierte *Leistungsumfänge* [LU].

Leistungseinheiten der spezifischen Logistikleistungen *Transport* zur Raumüberbrückung und *Lagern* zur Zeitüberbrückung sind:

- *Transport-Leistungseinheiten*: *Ladeeinheiten-Entfernung* [LE-km], *Transporteinheiten-Kilometer* [TE-km]; *Laderaum-Kilometer* [m³-km] oder *Tonnen-Kilometer* [t-km].
- *Lager-Leistungseinheiten*: *Lagergut-Aufbewahrungszeit* [Lagergut-Tage], *Lagerraum-Tage* [m³-Tage] und *Ladeeinheiten-Tage* [LE-Tag], wie Paletten-Tage oder PKW-Abstelltage.

2. Leistungsarten

Für die Kalkulation der Leistungskosten ist zu unterscheiden zwischen einfachen und zusammengesetzten Leistungen:

- *Einfache Leistungen* bestehen nur aus einer Leistungsart und werden durch nur eine Leistungseinheit gemessen.
- *Zusammengesetzte Leistungen* oder *Leistungspakete* $L(n_1, n_2, ..., n_N)$ setzen sich aus mehreren *Teilleistungen* TL_r, $r = 1, 2 ..., N$, zusammen, die pro Leistungspaket mit den Anzahlen n_r vorkommen, durch Merkmale LM_r gekennzeichnet sind und in unterschiedlichen Leistungseinheiten LE_r gemessen werden.

Einfache Leistungen der Logistik sind beispielsweise das *Ein- und Auslagern* einer Lagereinheit, das *Lagern* einer Lagereinheit für eine definierte Zeit oder der *Transport* einer Transporteinheit über eine bestimmte Entfernung. Die Leistungseinheit ist im ersten Fall die Lagereinheit LE, im zweiten Falle der LE-Tag und im letzten Fall der TE-km.

Zusammengesetzte Leistungen, die von den Dienstleistern neuerdings als *Produkte* bezeichnet werden, sind z. B. sind das Be- und Entladen einer Sendung mit M_{LE} Ladeeinheiten in $M_{TE}(M_{LE})$ Transporteinheiten, in denen die Sendung von A nach B gefahren wird, oder der *kombinierte Transport* von M_{WB} Wechselbrücken im Vor- und Nachlauf auf der Straße mit $M_{LKW}(M_{WB})$ Lastzügen und im Hauptlauf mit der Bahn auf $M_{WAG}(M_{WB})$ Waggons.

Im allgemeinsten Fall enthalten die Teilleistungen einer zusammengesetzten Leistung in sich verschachtelt weitere Teil- oder Unterleistungen. Eine zusammengesetzte *und* verschachtelte Leistung der innerbetrieblichen Logistik ist beispielsweise das *Kommissionieren* von stündlich λ_{Auf} [Auf/h] *Aufträgen* mit durchschnittlich n_{Pos} *Positionen* [Pos] pro Auftrag und im Mittel m_{EE} unterschiedlichen *Entnahmeeinheiten* [EE] pro Position. Eine zusammengesetzte und verschachtelte Leistung der außerbetrieblichen Logistik ist die *Spedition* von Sendungen mit unterschiedlicher Packstückanzahl auf Paletten in einer Anzahl Lieferfahrzeuge zu mehreren Zielen.

Der Auftraggeber interessiert sich in der Regel wenig für die Einzelleistungen, die mit der Auftragsdurchführung verbunden sind. Er erwartet ein *Leistungsergebnis*, das ihm Nutzen bringt. Daher ist es notwendig, zu unterscheiden zwischen *Endleistungen* oder *Leistungsergebnissen*, die der *Auftraggeber* sieht und bestellt hat, und *Vorleistungen, Teilleistungen* und *Einzelleistungen*, die zur Erzeugung eines Leistungsergebnisses vom *Auftragnehmer* erbracht werden müssen.

In der Logistik ist das Leistungsergebnis ein immaterielles Produkt, wie eine zugestellte Sendung oder ein versandfertig kommissionierter Auftrag. Die Vorleistungen sind in der Regel ebenfalls Leistungen, können aber auch materielle Objekte umfassen, wie Transportverpackungen oder Ladungssicherungen, die zur Leistungserstellung benötigt werden.

3. Leistungsdurchsatz und Grenzleistungen

Der Durchsatz λ einer Leistung $L(n_1, n_2, \ldots, n_m)$, die sich aus n_r Teilleistungen TL_r zusammensetzt, bewirkt einen *Durchsatz von Teilleistungen*

$$\lambda_r = n_r \cdot \lambda, \quad r = 1, 2 \ldots, m \qquad [\text{TL}/\text{PE}]. \qquad (6.9)$$

Enthält eine der Teilleistungen TL_r ihrerseits eine Unterleistung UL mit n_{ur} Leistungseinheiten, dann ist der *induzierte Leistungsdurchsatz* der enthaltenen Leistung gegeben durch

$$\lambda_{ur} = n_{ur} \cdot n_r \cdot \lambda \qquad [\text{UL}/\text{PE}]. \qquad (6.10)$$

Die in *Abb. 6.1* dargestellte Auflösung einer kombinierten und verschachtelten Leistung in Teilleistungen und enthaltene Unterleistungen entspricht der *Stücklistenauflösung* in der Fertigungsplanung. Anzahlen und Mengen der Vorleistungen, Teilleistungen und Einzelleistungen, die mit einem Leistungsauftrag verbunden sind, hängen ab von der Beschaffenheit und Zusammensetzung der Endleistung, von der Auftragsdisposition sowie vom Fassungsvermögen und Füllungsgrad der verwendeten Ladungsträger und Transportmittel.

Verändern sich beim Durchlauf durch die Logistikkette die Lade- und Transporteinheiten, ist es notwendig, die Kosten auf die *elementaren Logistikeinheiten* zu beziehen, die die Logistikkette von Anfang bis Ende unverändert durchlaufen. Hierzu müssen die Leistungskosten für Teilabschnitte der Logistikkette, die von *zusammengesetzten Ladeeinheiten* durchlaufen werden, auf die in ihnen enthaltenen elementaren Einheiten umgerechnet werden (s. *Abschnitt 12.2*).

Wenn eine Leistungsstelle oder ein Logistiksystem mehrere Leistungsarten LA_i erbringen kann, die jeweils durch bestimmte Leistungsmerkmale LM_i gekennzeichnet sind, ist der Leistungsdurchsatz gegeben durch einen *Leistungsvektor*:

$$\lambda = (\lambda_1, \lambda_2, \ldots, \lambda_N). \qquad (6.11)$$

Die Komponenten des Leistungsvektors sind die *partiellen Leistungen* λ_i [LE_i/PE], $i = 1, 2 \ldots, N$, die unter Umständen in unterschiedlichen Leistungseinheiten LE_i gemessen werden.

Die maximal möglichen Leistungsdurchsätze der Leistungsarten, für die eine Leistungsstelle ausgelegt ist, sind die *partiellen Grenzleistungen* μ_i [LE_i/PE]. Die

Grenzleistungen einer Leistungsstelle lassen sich zu einem *Grenzleistungsvektor* zusammenfassen:

$$\mu = (\mu_1, \mu_2, \ldots, \mu_N). \tag{6.12}$$

Die Auslastung einer Leistungsstelle mit dem Leistungsvektor (6.11) und dem Grenzleistungsvektor (6.12) ist gegeben durch den *Auslastungsvektor*:

$$\rho = (\rho_1, \rho_2, \ldots, \rho_N). \tag{6.13}$$

mit den *partiellen Auslastungen*

$$\rho_i = \lambda_i / \mu_i \qquad [\%]. \tag{6.14}$$

Eine Leistungsstelle, die unterschiedliche Leistungen erbringen kann, wird in der Regel in den partiellen Leistungen verschieden stark genutzt. Sie kann in einigen Leistungsarten hoch und in anderen gering ausgelastet sein.

Bei der verursachungsgerechten Kostenzurechnung ist zu unterscheiden, ob eine Leistungsstelle oder ein Logistiksystem die partiellen Leistungen unabhängig voneinander oder nur konkurrierend erbringen kann. *Konkurrierende Leistungsarten*, beispielsweise das Einlagern und das Auslagern, können nur soweit erbracht werden, wie die von ihnen in Anspruch genommenen Ressourcen, z.B. die Lagergeräte, nicht für die anderen Leistungsarten genutzt werden.

6.6
Kostenstellen und Kostentreiber

Jede Leistungsstelle erzeugt Kosten und kann als gesonderte *Kostenstelle* betrachtet werden. Die Kosten einer Leistungsstelle werden von der Menge und Art der erzeugten Leistungen verursacht. Daher ist grundsätzlich jede Leistungseinheit, von der die Betriebskosten einer Leistungsstelle abhängen, ein *Kostentreiber*.

Die Anzahl der einzelnen Leistungsstellen und der von diesen erbrachten Leistungsarten ist in einigen Fällen jedoch so groß, daß die Leistungserfassung und Kostenrechnung sehr umfangreich und aufwendig werden. Wie in *Abb. 6.1* dargestellt, läßt sich das Problem durch *Ordnen* und *Bündeln* der Leistungsstellen zu *Leistungsbereichen* und durch *Zusammenfassen* von Teilleistungen zu *Leistungspaketen* und *Standardleistungen* vereinfachen. Je nach Bedarf ist auf diese Weise eine beliebig *differenzierte Leistungsabrechnung* oder eine relativ *pauschale Leistungsabrechnung* möglich.

Konkrete Beispiele für die Anwendung des hier beschriebenen allgemeinen Vorgehens zur Kalkulation von Lager-, Kommissionier-, Transport- und Frachtleistungskosten finden sich jeweils am Ende der *Kapitel* 16, 17, 18, 19/II.

1. Differenzierte Leistungskostenabrechnung
Alle Leistungsstellen, die an der Erzeugung gleicher Leistungsumfänge beteiligt sind und deren Leistungskosten von den gleichen Leistungseinheiten abhängen, werden zu *Leistungsbereichen* zusammengefaßt. Jeder Leistungsbereich ist eine Kostenstelle. Alle Leistungseinheiten, die Einfluß auf die variablen Kosten haben,

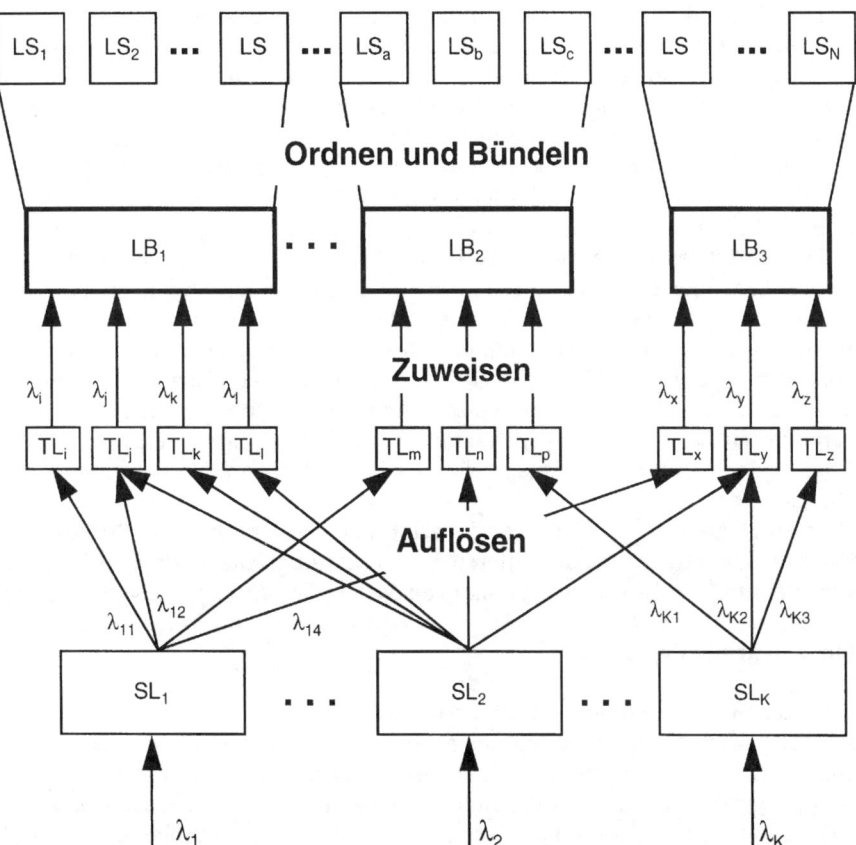

Abb. 6.1 Auflösen von Standardleistungen in Teilleistungen und Zuweisung zu Leistungsbereichen und Leistungsstellen

LS_i = Leistungsstelle LB_n = Leistungsbereich = Kostenstelle
TL = Teilleistung SL_k = Standardleistung = Leistungsumfang
λ_k = Durchsatz [LE/PE] der Kostentreiber [LE]

werden unabhängig davon, wie groß die von ihnen bewirkten Kosten sind, gesondert erfaßt und abgerechnet.

So können für einfache Palettenlager der Wareneingang und der Warenausgang mit der Ein- und Auslagerfördertechnik und dem Lagerbereich zu einer Kostenstelle *Lager* zusammengefaßt werden, wenn im Wareneingang keine wesentlichen Umpackvorgänge und im Warenausgang keine Kommissionierung stattfinden. Kosten- und Preiseinheiten sind in diesem Fall durchgängig für das Ein- und Auslagern von Paletten *DM/Pal* und für das Lagern *DM/Pal-Tag*. Wenn sich an das Lagern eine Kommissionierung anschließt, werden hierfür zusätzlich für die Leistungeinheiten *Auftrag, Position* und *Entnahmeeinheit* die differenzierten Kosten- und Preiseinheiten *DM/Auf*, *DM/Pos* und *DM/EE* abgerechnet.

Eine derart differenzierte Leistungskostenabrechnung ist für größere Logistikbetriebe mit vertretbarem Aufwand nur auf einem Rechner durchführbar. Die
durchgesetzten Leistungseinheiten werden von einem unterlagerten *Lagerver-
waltungssystem* (LVS) oder einem *Transportleitrechner* (TLR) laufend erfaßt und
einem überlagerten *Verwaltungsrechner* gemeldet. Am Ende einer Abrechnungsperiode kalkuliert der Verwaltungsrechner aus den Leistungswerten durch Mul-
tiplikation mit den Leistungskosten die *Logistikkosten* oder mit den Leistungspreisen die *Leistungsvergütung* für die abgeschlossene Periode (s. Abschnitt 7.4).

Der *Vorteil* der differenzierten Leistungsabrechnung besteht darin, daß die Nutzer des Logistiksystems direkt mit allen von ihnen verursachten Kosten belastet
werden. Kostenwirksame Veränderungen der Leistungsstruktur werden mit der
Leistungs- und Kostenabrechnung umgehend an die Nutzer weitergegeben. Auf
diese Weise werden die Nutzer *selbstregelnd* dazu veranlaßt, allzu kostentreiben-
de Leistungen weniger in Anspruch zu nehmen. Die Betreiber müssen sich einer
veränderten Leistungsinanspruchnahme kurzfristig anpassen, entweder durch
Abbau oder durch Aufbau entsprechender Kapazitäten in den betroffenen Leistungsstellen.

Streitigkeiten, Diskussionen und Nachforderungen infolge von Strukturver-
änderungen entfallen bei der differenzierten Leistungsabrechnung. Sie ist daher
vor allem für die *Leistungsvergütung von Systemdienstleistern* geeignet, die ein
kundenspezifisches Logistiksystem betreiben, das nicht von anderen Unternehmen mit genutzt wird.

2. Pauschalierte Leistungskostenabrechnung

Bei der pauschalierten Leistungskostenabrechnung werden möglichst viele Leistungsstellen zu möglichst wenigen Leistungsbereichen und Kostenstellen zusammengefaßt. Zur weiteren Vereinfachung werden nur die Kosten der *Hauptleistungen* erfaßt, kalkuliert und abgerechnet, von denen die variablen Kosten *maßgebend* abhängig sind. *Kostentreiber* sind dann nur noch die Leistungseinheiten
LE_i der *maßgebenden Leistungsarten*.

Die Kosten für nicht gesondert kalkulierte *Nebenleistungen*, wie das Etikettieren oder das Be- und Entladen, werden anteilig den Kosten der maßgebenden
Hauptleistungen zugerechnet, mit denen sie verbunden sind, wie dem Lagern,
dem Kommissionieren, dem Umschlag oder dem Transport. Da die Kalkulationsgenauigkeit infolge des Fixkostendilemmas ohnehin begrenzt ist, können auf diese Weise in der Kostenrechung in der Regel alle Leistungen unterdrückt werden,
deren Kosten geringer sind als 10 % der Kosten für die Hauptleistungen.

Das Einkalkulieren der Nebenleistungen und die Berücksichtung allein der
Hauptleistungen als Kostentreiber sind für die Kostenrechnung und Preiskalkulation solange ausreichend genau, wie sich die *Leistungsstruktur* nicht wesentlich
ändert, wenn also die Relation der nicht gesondert kalkulierten Nebenleistungen
zu den verursachenden Hauptleistungen konstant bleibt. Bei einer pauschalierten Leistungskostenabrechnung ist es daher ratsam, nicht nur den Leistungsdurchsatz laufend zu erfassen sondern auch die Leistungsstruktur zu kontrollieren. Bei gravierenden Strukturabweichungen kann eine Korrektur der Leistungskosten und Leistungspreise notwendig sein.

Die weniger aufwendige pauschalierte Leistungskostenabrechnung ist geeignet für die innerbetriebliche Verrechnung von Leistungen eines Logistikbetriebes, der als interner Dienstleister für einen oder mehrere Bereiche des gleichen Unternehmens arbeitet. Wird die pauschalierte Leistungskostenabrechnung zur Vergütung eines externen Logistikdienstleisters eingesetzt, müssen, um Streitigkeiten auszuschließen, zusätzlich zu den Leistungspreisen auch die Leistungsstruktur und deren maximal zulässige Schwankung vereinbart werden.

6.7
Durchsatzabhängigkeit der Logistikkosten

Die Fixkosten sind unabhängig vom Leistungsdurchsatz. Ihre Höhe wird jedoch von den installierten Grenzleistungen μ_i für die verschiedenen Leistungsarten des Logistiksystems bestimmt:

$$K_{fix} = K_{fix}(\mu_i). \tag{6.15}$$

Um die Fixkosten den Leistungsarten zurechnen zu können, müssen sie verursachungsgerecht aufgeteilt werden in eine Summe *partieller Fixkosten* $K_{i\,fix}$

$$K_{fix} = \sum_i K_{i\,fix} \tag{6.16}$$

Die verursachungsgerechte Aufteilung der Fixkosten ist nach folgenden *Zuweisungsregeln* möglich:

• Die Flächenkosten werden im Verhältnis der Flächeninanspruchnahme, die Raumkosten im Verhältnis des Raumbedarfs für die verschiedenen Leistungsarten den partiellen Fixkosten zugeteilt.

• Die Fixkosten für Fahrzeuge, Anlagen und Betriebsmittel, die festen Personalkosten sowie die festen Strecken- und Netzkosten werden im Verhältnis der *zeitlichen Inanspruchnahme* den partiellen Fixkosten zugerechnet.

Ebenso wie die fixen Betriebskosten lassen sich auch die *variablen Betriebskosten* in eine Summe von *partiellen variablen Kosten* $K_{i\,var} = K_{i\,var}(\lambda_i)$ aufteilen, die vom Leistungsdurchsatz der verschiedenen Leistungsarten abhängen:

$$K_{var} = \sum_i K_{i\,var}. \tag{6.17}$$

Wenn die Abhängigkeit der variablen Kosten $K_{var}(\lambda_i)$ vom partiellen Leistungsdurchsatz stetig differenzierbar ist, existieren die *partiellen Grenzkosten*:

$$k_{i\,grenz} = \partial K_{var} / \partial \lambda_i \qquad [DM/LE_i]. \tag{6.18}$$

Die partiellen Grenzkosten hängen von den Leistungsmerkmalen LM_i und den geforderten Grenzleistungen μ_i der jeweiligen Leistungsart ab. Im Bereich der stetigen Differenzierbarkeit sind die variablen Kosten proportional zum Leistungsdurchsatz λ_i mit den partiellen Grenzkosten (6.18) als Proportionalitätsfaktor:

$$K_{i\,var} = k_{i\,grenz} \cdot \lambda_i. \tag{6.19}$$

Aus den Beziehungen (6.3) und (6.15) bis (6.19) folgt die *Durchsatzabhängigkeit der partiellen Betriebskosten*:

$$K_i(\lambda_i) = K_{i\,fix} + k_{i\,grenz} \cdot \lambda_i \qquad [DM/PE]. \qquad (6.20)$$

Hieraus ergibt sich für die *Durchsatzabhängigkeit der Leistungskosten*:

$$k_i = k_{i\,grenz} + K_{i\,fix}/\lambda_i \qquad [DM/LE]. \qquad (6.21)$$

Aus den Beziehungen (6.20) und (6.21) ist ablesbar:

- Die Betriebskosten steigen proportional und die Leistungskosten sinken umgekehrt proportional mit dem Leistungsdurchsatz.

Dieser Zusammenhang gilt streng nur bei stetig differenzierbarer Abhängigkeit der Betriebskosten vom Durchsatz. Wie in *Abb. 12.10* dargestellt, ist die Abhängigkeit des Ladeeinheiten- und Transportmittelbedarfs und damit auch der Betriebskosten vom Durchsatz eine Sprungfunktion. Über einen längeren Betriebszeitraum ist es jedoch zulässig, mit der mittleren Abhängigkeit zu kalkulieren und die Sprungfunktion durch die *stetige Ausgleichsfunktion* (12.42) aus *Kapitel 12* zu ersetzen.

Der Zusammenhang zwischen Leistungskosten und Leistungsdurchsatz läßt sich mit Hilfe der Definition (6.14) der partiellen Auslastung ρ_i umrechnen in die *Auslastungsabhängigkeit der Leistungskosten*

$$k_i = k_{i\,grenz} + k_{i\,fix}/\rho_i \qquad [DM/LE]. \qquad (6.22)$$

Hierin sind

$$k_{i\,fix} = K_{i\,fix}/\mu_i \qquad [DM/LE] \qquad (6.23)$$

die Fixkosten pro Leistungseinheit bei *maximalem Leistungsdurchsatz* $\lambda_i = \mu_i$, d.h. bei maximaler Auslastung $\rho_i = 100\ \%$. Als Beispiel zeigt Abb. 16.29/II für unterschiedliche Lagersysteme die Auslastungsabhängigkeit der Umschlagkosten.

Nach Beziehung (6.20) steigen die Betriebskosten um die Grenzkosten, wenn eine zusätzliche Leistungseinheit erbracht wird. Hieraus folgt der *Grenzkostensatz*:

- Nur wenn der erzielte Leistungspreis größer als die Grenzkosten ist, bringt ein Auftrag einen positiven *Deckungsbeitrag*.

Um die Existenz des Unternehmens langfristig zu sichern, müssen außer den variablen Kosten auch die Fixkosten, die Gemeinkosten und ein angemessener Gewinn erlöst werden. Daher ist bei der Absatzplanung und Preiskalkulation sowie bei Auftragsverhandlungen mit Dienstleistern zu beachten, daß ein Dienstleister auf die Dauer nur existieren kann, wenn die erzielten Leistungspreise über den Leistungskosten liegen und die Gesamterlöse einen angemessenen Gewinn bringen (s. *Abschnitt 7.3*).

Wegen der Auslastungsabhängigkeit der Leistungskosten sowie infolge des Angebots preisgünstiger Rückfrachten und Beiladungen läßt sich dieser Grundsatz in der Geschäftspraxis jedoch nicht immer einhalten. So resultieren Tagespreise für Rückfrachten und Beiladungen aus Angebot und Nachfrage und nicht aus der Kostenrechnung, solange freier Frachtraum angeboten wird.

6.8
Fixkostendilemma und Auslastungsrisiko

Die Auslastungsabhängigkeit der Leistungskosten führt zum *Fixkostendilemma der Logistik*:

- Ein Logistiksystem, das für eine bestimmte *Leistung* ausgelegt ist, verursacht unabhängig von der Nutzung *Fixkosten, Leerstandskosten* und *Vorhaltekosten*.

Das Fixkostendilemma resultiert aus der Notwendigkeit, für die *Leistungsbereitschaft* eine ausreichend dimensionierte *Infrastruktur*, wie ein Transportnetz, Transportmittel, Gebäude, Anlagen, Regale, Betriebsmittel, und eine Mindestpersonalbesetzung vorzuhalten. Je höher der Fixkostenanteil ist, umso größer wird das Fixkostendilemma.

Konsequenzen des Fixkostendilemmas sind:

- Die *Leistungskosten* von Logistiksystemen sinken mit ansteigender Leistungsnutzung, zunehmender Auslastung der Lade- und Transporteinheiten und abnehmendem Leerfahrtanteil bis zu den *Leistungskosten bei Vollauslastung* der installierten Leistung.
- Leistungskosten und Leistungspreise gelten immer nur für eine bestimmte Leistungsnutzung, eine definierte Auslastung des Fassungsvermögens von Lade- und Transporteinheiten und den kalkulatorisch angenommenen Leerfahrtanteil.
- Die *Kalkulationsgenauigkeit* der Leistungskosten und Leistungspreise nimmt mit zunehmender Schwankungsbreite der Leistungsnutzung ab.

Wegen des Fixkostendilemmas tendieren Management und Eigentümer eines Unternehmens generell dazu, ein neues Logistiksystem zu minimalen Investitionen auszuführen und möglichst knapp zu dimensionieren. Planer und Generalunternehmer neigen dagegen zu höheren Investitionen, wenn sich dadurch die Betriebskosten senken lassen, sowie zur Überdimensionierung, um nicht bei unerwartet ansteigendem Bedarf dem Vorwurf der falschen Dimensionierung ausgesetzt zu sein.

Einen Ausweg aus diesem *Zielkonflikt* weisen folgende *Planungs- und Dimensionierungsgrundsätze*:

1. Zunächst ist eine *Ausgangslösung* zu planen, die bei möglichst niedrigen Investitionen mit geringem Fixkostenanteil alle Leistungsanforderungen und Rahmenbedingungen erfüllt.
2. Danach sind weitere Lösungen zu entwickeln, die durch eine höhere Investition eine Senkung der Betriebskosten ermöglichen, aber einen höheren Fixkostenanteil haben.
3. Eine Lösung mit höherem Fixkostenanteil ist nur dann interessant, wenn die *Kapitalrückflußdauer* (5.4) im Vergleich zur Ausgangslösung kürzer ist als der Zeitraum, für den die geplante Auslastung gesichert ist.
4. Ein neues Logistikzentrum ist für den Endbedarf eines Planungszeitraums von mindestens 5 Jahren so auszulegen, daß es nach einer *ersten Baustufe*, die den Leistungsbedarf für einen Zeitraum von 2 bis 3 Jahren abdeckt, bei laufen-

dem Betrieb *stufenweise, flexibel* und *modular* ausgebaut werden kann, bis die *Endausbaustufe* erreicht ist.

5. Die *Durchsatzgrenzleistungen* und die Betriebsmittelausstattung des Logistiksystems sind so zu bemessen, daß der *mittlere Jahresdurchsatz* innerhalb der *Normalbetriebszeit* möglich ist. Die Normalbetriebszeit ist wiederum so festzulegen, daß pro Arbeitstag oder Woche genügend Zeit verbleibt, um durch flexible Ausdehnung der Betriebszeit auch die Durchsatzanforderungen in den Spitzenzeiten des Jahres zu erfüllen.

6. Die *Lagerplatzkapazität* ist auf den Jahresspitzenbedarf auszulegen, wenn es nicht möglich ist, Überbestände in Spitzenzeiten auszulagern.

7. *Transportmittel* und *mobile Einrichtungen* werden nur in einer Anzahl beschafft, die für den Durchsatz des nächsten Betriebsjahres ausreichend ist.

Die Durchsatzabhängigkeit der Leistungskosten und das Fixkostendilemma werden bei der Prozeßoptimierung nicht immer ausreichend berücksichtigt. So führt in vielen Fällen eine Senkung des Leistungsdurchsatzes, etwa durch ein Bündeln von Transporten oder durch ein Vermeiden der Leistungsinanspruchnahme, beispielsweise durch Abbau der Lagerbestände, wegen der *Fixkostenremanenz* nicht zu *ergebniswirksamen Einsparungen*, solange nicht eine andere kostendeckende Verwendung der ungenutzten Ressourcen möglich ist.

Ein aktuelles Beispiel für das Fixkostendilemma ist der Anstieg der Leistungskosten für die Entsorgung von Hausmüll: Wegen der rückläufigen Mengen aufgrund erfolgreicher Müllvermeidung wird der Preis pro Mülltonne angehoben, um die fixen Deponiekosten weiterhin abzudecken. Eine derartige Reaktion auf eine rückläufige Auslastung ist jedoch grundsätzlich falsch und kann, wenn kein staatlicher Nutzungszwang ausgeübt wird, zum Zusammenbruch des gesamten Geschäfts führen, wenn mit ansteigenden Leistungspreisen immer mehr Kunden die Nutzung einschränken oder Ausweichmöglichkeiten finden.

Zur Sicherung seiner Wettbewerbsfähigkeit sollte ein Logistikdienstleister folgende *Kalkulationsregeln* beachten:

● Die Leistungskosten sind für die *Planauslastung* zu kalkulieren, für die eine Anlage oder ein System ausgelegt wurde.

● Zur Abdeckung des Fixkostenrisikos ist der Fixkostenanteil der Leistungskosten mit einem *Auslastungszuschlag* in einer Größenordnung von 10 bis 20 % zu beaufschlagen.

Wenn wegen des Wettbewerbs oder eines insgesamt rückläufigen Bedarfs die Auslastung langfristig unter 80 % der Planauslastung liegt, ist dies ein Anzeichen für *Überkapazitäten* am Markt. Die wirtschaftliche Nutzungsdauer sinkt damit unter die technische Nutzungsdauer. Hält dieser Zustand länger an, ist eine *Sonderabschreibung* des Anlagenwertes bis auf den aktuellen *Ertragswert* erforderlich [70]. Die Leistungspreise können dann entsprechend gesenkt werden. Die Chancen für weitere Aufträge steigen.

Nur auf diese Weise und nicht durch auslastungsbedingte Preiserhöhungen ist – wenn überhaupt – ein Überleben und Neubeginn des betroffenen Geschäftszweigs eines Dienstleisters möglich. Sinken allerdings die Erlöse für längere Zeit unter die Grenzkosten, ist es unvermeidlich, überflüssige Kapazitäten stillzulegen oder abzubauen.

Andererseits besteht in Zeiten hoher Nachfrage für die Leistungsanbieter die Chance und für die Nachfrager die Gefahr eines deutlichen Anstiegs der Leistungspreise. Solange die vom Markt benötigten Ressourcen knapp sind oder fehlen, kann der Preisanstieg weit über die kalkulierten Leistungspreise hinausgehen und den freien Anbietern überplanmäßige Gewinne bescheren.

Gegen die nachfragebedingten, meist kurzzeitigen Preisschwankungen können sich Auftraggeber und Auftragnehmer von Logistikleistungen nach oben wie nach unten nur durch einen länger laufenden *Dienstleistungsvertrag* sichern, in dem die Leistungsvergütung einschließlich der Modalitäten zulässiger Preisanpassungen genau geregelt ist (s. *Kapitel 7*).

6.9
Möglichkeiten zur Logistikkostensenkung

Die betriebswirtschaftlichen und technischen Möglichkeiten zur Kostensenkung lassen sich nach ihren Voraussetzungen und Auswirkungen unterscheiden in

- *investitionsfreie* und *investitionswirksame Kostensenkungsmaßnahmen,*
- *leistungsneutrale* und *leistungsverändernde Einsparungen,*
- *kurz-, mittel-* und *langfristige Maßnahmen,*
- *ergebniswirksame* und *ergebnisunwirksame Maßnahmen,*
- *organisatorische, technische* und *betriebswirtschaftliche Kostensenkungsmaßnahmen.*

Leistungswirksam sind beispielsweise Kostensenkungen, die mit einer Verlängerung der Lieferzeit oder einer Verminderung des Leistungsumfangs verbunden sind. Ergebniswirksame Einsparungsmaßnahmen, wie etwa der Einsatz eines kostengünstigen Dienstleisters, vermindern direkt die Ausgaben des Unternehmens, während ergebnisunwirksame Maßnahmen, wie das Freisetzen von Personal, Kapazitäten oder anderer Ressourcen ohne Abbau oder anderweitigen Einsatz, keine unmittelbare Reduzierung der Ausgaben bewirken.

Die organisatorischen, technischen und betriebswirtschaftlichen Kostensenkungsmöglichkeiten müssen im Zusammenhang betrachtet werden, da sie einander vielfach bedingen und sich gegenseitig verstärken, aber auch abschwächen oder ausschließen können.

Von größtem Interesse sind die *organisatorischen Kostensenkungsmaßnahmen,* da sie häufig ohne wesentliche Investitionen kurzfristig realisierbar und direkt ergebniswirksam sind. Dazu zählen die *Bündelungs-* und *Ordnungsstrategien* (s. *Abschnitt 5.2*):

- Durch das räumliche und zeitliche *Bündeln* von Aufträgen, Bestellungen, Warenströmen, Beständen, Funktionen und Prozessen lassen sich die Auslastung der Kapazitäten und die Nutzung der Ressourcen verbessern.
- Durch das räumliche und zeitliche *Ordnen* von Aufträgen, Transporten, Beständen, Kapazitäten und Prozessen lassen sich Personal und Betriebsmittel effizienter nutzen, Leerfahrten vermeiden und Leistungen steigern.

Viele Bündelungsstrategien wie auch einige der Ordnungsstrategien haben allerdings nachteilige Auswirkungen auf die Durchlauf- und Lieferzeiten (s. *Abschnitt
8.12*).

Weitere organisatorische Kostensenkungsmaßnahmen sind das *Eliminieren*
nichtwertschöpfender Aktivitäten vor allem im administrativen Bereich, das *Vereinfachen* von Organisationsstrukturen und Prozessen sowie die Verbesserung
der *Bedarfsprognosen* (s. *Kapitel 9*).

Betriebswirtschaftliche Maßnahmen zur Kostensenkung und Ergebnisverbes-
serung in der Logistik sind:

- *Reduktion* der Lieferantenanzahl, der Variantenvielfalt und der Sortiments-
  breite.
- *Logistikrabatte* auf die Lieferpreise für die Abnahme ganzer Gebinde, artikel-
  reiner Ladeeinheiten, voller Paletten und kompletter Transporteinheiten (s.
  Abschnitt 7.6).
- *Mengensteigerungen* durch erhöhten Absatz oder durch Bedarfszusammenle-
  gung mehrerer Unternehmen zur Fixkostensenkung, zur besseren Auslastung
  von Lade- und Transporteinheiten und als Voraussetzung für den effizienten
  Technikeinsatz.
- *Konzentration* auf Kernkompetenzen und *Fremdvergabe* von Randaktivitäten,
  wie bestimmter Logistikleistungen an externe Dienstleister.
- *Kooperationen* in der Logistikkette zwischen Lieferanten, Produzenten und
  Handel, wie *Efficient Consumer* Response (ECR).
- *Liefer- und Beschaffungsbedingungen*, wie *Frei Haus*, *Ab Werk*, *FOB* oder *CIF*,
  die in Verbindung mit der eigenen Unternehmenslogistik zu den günstigsten
  Kosten führen.
- *Verursachungsgerechte Vergütungs-, Tarif- und Rabattsysteme* (s. *Kapitel 7*).

Die wichtigsten *technischen Kostensenkungsmaßnahmen* der Logistik sind:

- Entwicklung *neuer Leistungsangebote*: Ein innovatives Leistungsangebot ver-
  bessert die Wettbewerbsposition, erhöht den Absatz und ermöglicht höhere
  Preise.
- *Steigerung des Leistungsvermögens*: Durch erhöhte Geschwindigkeit, größere
  Beschleunigung und kürzere Totzeiten lassen sich bei gleicher Transportmit-
  telanzahl die Durchsatzleistung steigern, Umschlagleistungen verbessern und
  Fahrzeiten verkürzen.
- Einsatz *neuer Techniken*: Wenn eine hohe gleichmäßige Auslastung gesichert
  ist, können die Leistungskosten gesenkt werden, beispielsweise durch ein auto-
  matisches Hochregallager anstelle eines konventionellen Staplerlagers oder
  eines fahrerlosen Transportsystems anstelle mannbedienter Flurförderzeuge.
- Bau von *größeren Anlagen*: Bei hohem Leistungsbedarf lassen sich durch den
  Bau von großen Umschlaganlagen, Logistikzentren und Güterverteilzentren
  die Logistikkosten senken.
- Einsatz *größerer Transporteinheiten*. Bei ausreichendem Ladungsaufkommen
  lassen sich durch Ganzzüge, große Containerschiffe und Großraumflugzeuge
  die Transportkosten erheblich senken.

- Einsatz *größerer Ladeeinheiten*: Solange der Mehraufwand für das Bilden und Auflösen der Ladeeinheiten geringer ist als die Einsparungen, lassen sich die Kosten für das Handling, das Lagern und den Transport durch den Einsatz größerer Ladeeinheiten senken (s. Kapitel 12).
- *Normierung* und *Standardisierung*. Aufeinander abgestimmte und normierte Produktverpackungen, Ladeeinheiten und Transportmittel ermöglichen den personalsenkenden und leistungssteigernden Einsatz von Fördertechnik und Handhabungsautomaten.

Die technischen Maßnahmen zur Kosteneinsparung sind in der Regel mit Investitionen und Abschreibungen verbunden. Sie werden meist erst nach Erreichen einer bestimmten Mindestauslastung ergebniswirksam. Andererseits sind in vielen Fällen nur mit Hilfe der Technik erhebliche Leistungssteigerungen und Kostensenkungen möglich.

Als Beispiel für die Senkung der Leistungskosten durch Mengensteigerung und Technikeinsatz zeigt *Abb. 16.26/II* für verschiedene Palettenlagertypen die Abhängigkeit der Durchsatzkosten für das Ein- und Auslagern von der Lagerkapazität. Bei einem gleichbleibenden Lagerumschlag von 12 pro Jahr sinken die Durchsatzkosten mit ansteigender Kapazität um mehr als einen Faktor 2. Ab etwa 10.000 Palettenplätzen lohnt sich der höhere Technikeinsatz des Hochregallagers. Wird mit der Bestandsbündelung auch der Lagerumschlag erhöht, sinken die Durchsatzkosten, wie in *Abb. 16.27/II* gezeigt, noch weiter.

Das Beispiel verdeutlicht das allgemeingültige *Prinzip der kritischen Masse*:

- Erst ab einem bestimmten *Mindestbedarf*, einem *kritischen Ladungsaufkommen*, einem *kritischen Leistungsdurchsatz* oder einem *kritischen Lagerbestand*, ist der Aufbau eines flächendeckenden Transportnetzes, die Verwendung großer Ladeeinheiten, der Einsatz leistungsstarker Transportmittel, der Bau eines Logistikzentrums oder der Einsatz von Hochleistungstechnik wirtschaftlich.

In vielen Fällen sind große organisatorische und unternehmerische Anstrengungen erforderlich, um die kritische Masse zu erreichen. Im Vorlauf sind erhebliche finanzielle Mittel aufzuwenden und Risiken zu tragen. Wenn jedoch die kritische Masse einmal überschritten und die angestrebte Kostensenkung eingetreten ist, kommt es – ähnlich wie bei der Kernreaktion – zu einem selbständig fortschreitenden Prozeß. Aufgrund der geringeren Kosten können niedrigere Preise gemacht werden. Die Nachfrage steigt. Die Aufträge nehmen zu. Die Auslastung verbessert sich. Die Kosten sinken u.s.w.. Das Prinzip der kritischen Masse und die daraus resultierende Eigendynamik des Geschäftswachstums haben weitsichtige Logistikunternehmer bereits vor über 100 Jahren mit großem Erfolg genutzt [2; 3].

Wegen ihrer Abhängigkeit von Technik, Kapazität, Auslastung und Marktlage lassen sich für die Leistungskosten und Leistungspreise der Logistik keine allgemeingültigen Angaben machen. Kosten und Preise für die gleiche Leistung können sich, wie die Lagerbeispiele zeigen, in Extremfällen um einen Faktor 2 unterscheiden, ohne falsch zu sein. Darin liegt auch die grundsätzliche Problematik des *Kostenbenchmarking* in der Logistik (s. *Abschnitt 4.5*).

Planungen und Optimierungsrechnungen müssen daher zunächst mit *Richt-kostensätzen* durchgeführt werden, die aus vergleichbaren Projekten übernom-men, aus überschlägigen Kostenrechnungen abgeleitet oder über Richtpreisan-fragen bei Logistikdienstleistern eingeholt werden. Nachdem unter Verwendung dieser Richtkostensätze die Lokistikketten optimiert und ein Logistiksystem ge-plant und dimensioniert wurde, lassen sich mit den besser bekannten Leistungs-anforderungen präzisere Leistungskosten kalkulieren. Wenn diese zu stark von den Richtkostensätzen abweichen, muß die Optimierungsrechnung mit den ge-naueren Leistungskosten wiederholt und die Planung in einem *iterativen Prozeß* korrigiert werden.

7 Leistungsvergütung

Dienstleister, die ihre Leistungen auf dem Markt anbieten, sind in der Gestaltung ihrer Preise grundsätzlich frei. Von der Freiheit der Preisgestaltung wird jedoch in manchen Dienstleistungsbereichen und Branchen nicht immer sinnvoll Gebrauch gemacht. Das gilt vor allem, wenn der Dienstleister eine Monopolstellung hat, in Teilmärkten Kapazitätsengpässe bestehen oder die Leistungstarife staatlich geregelt sind [64; 65].

Wenn ein Unternehmen einen bestimmten Leistungsumfang, wie den Betrieb eines Logistikzentrums, den inner- oder außerbetrieblichen Transport oder die gesamte Distribution, zur Fremdvergabe an einen Logistikdienstleister ausschreibt, um mit diesem einen längerfristigen Dienstleistungsvertrag abzuschließen, kann das Unternehmen durch *Vorgabe* des *Leistungs- und Qualitätsvergütungssystems* entscheidenden Einfluß auf die Preisgestaltung nehmen. Während der Ausschreibung und Vergabeverhandlungen sorgt der Auftraggeber selbst dafür, daß von den Anbietern faire *Preisgestaltungsgrundsätze* eingehalten werden, die angebotenen Leistungspreise vergleichbar sind und der günstigste Marktpreis ausgehandelt wird (s. *Kapitel* 20/II).

Dem Zwang zu einer rational nachvollziehbaren Preisgestaltung müssen sich daher vor allem *Systemdienstleister* stellen, die auf der Grundlage eines *Dienstleistungvertrags* langfristig mit ihren Kunden zusammenarbeiten wollen. Zunehmend aber sehen sich auch *Einzel-, Spezial-* und *Verbunddienstleister* veranlaßt, bestimmte Preisgestaltungsgrundsätze einzuhalten, wenn sie mit stabilen Kundenbeziehungen als seriöse Anbieter im Markt bestehen wollen [68]. Längerfristige Vereinbarungen der Leistungspreise und Dienstleistungsverträge mit einer klaren Vergütungsregelung schützen Dienstleister und Kunden gleichermaßen gegen *Preisschwankungen* und bieten die für Investitionsentscheidungen erforderliche *Kalkulationssicherheit*.

Nach einer Analyse der negativen Auswirkungen einer falschen Preispolitik werden in diesem Kapitel allgemeine *Preisgestaltungsgrundsätze* hergeleitet, die *Ziele und Anforderungen* an die Vergütung von Logistikleistungen formuliert und das Grundkonzept eines *Leistungs- und Qualitätsvergütungssystems* für Logistikleistungen beschrieben, das sich in der Praxis vielfach bewährt hat. Abschließend werden die Schritte zur Entwicklung projektspezifischer Vergütungssysteme dargestellt und die resultierenden *Preis- und Tarifstrukturen* erläutert.

7.1
Grundsätze der Preisgestaltung

Negative Folgen der freien Preisgestaltung und Indizien einer unfairen Preispolitik sind [64]:

- Die Preisangaben, Leistungsspezifikationen und Preislisten sind unvollständig, schwer zu verstehen oder für den Kunden nicht zugänglich.
- Die Leistungspreise sind nicht verursachungsgerecht kalkuliert und durch Quersubventionen zwischen den verschiedenen Leistungsarten eines Dienstleisters verfälscht.
- Ein Preisvergleich der angebotenen Leistungen ist kaum möglich.
- Die Richtigkeit und Angemessenheit der Preisstellung ist nicht nachvollziehbar.
- Benötigte und beauftragte Leistungen sind preislich gekoppelt mit anderen Leistungen, die nicht gewünscht werden.
- Die Leistungspreise sind zu pauschal und undifferenziert.
- Der Leistungspreis deckt nur die Kernleistung ab. Mit der Kernleistung zwangsläufig verbundene Nebenleistungen werden während oder nach der Leistungsausführung zusätzlich in Rechnung gestellt.
- Die Leistungspreise werden häufiger als notwendig unbegründet geändert.
- Mengenrabatte, Pauschalregelungen, komplizierte Preismodelle, Abonnements und Zugaberegelungen machen die Kosten der Einzelleistungen für den Benutzer unkalkulierbar, vor allem wenn er seinen Bedarf nicht vorausplanen kann.
- Der Leistungsumfang und die Qualität der Leistungserbringung sind für den Dienstleister nicht verpflichtend oder werden durch *allgemeine Geschäftsbedingungen* eingeschränkt.

In der Logistik sind Beispiele für eine unfaire Preispolitik besonders zahlreich: irreführende, teilweise unsinnige Frachttarife der Speditionen, die teilweise immer noch auf überholten *GFT-Tarifen* beruhen; *Rollgeld* oder andere *Gebühren*, die erst beim Empfänger erhoben werden; überhöhte Preise für Lagerleistungen; unterschiedliche Preissysteme der Paketdienstleister; die *Bahncard* und die vielen Sondertarife der Deutschen Bundesbahn; die Quersubvention des Personenverkehrs der Bahn durch überhöhte Streckenkosten für den Gütertransport; die verwirrenden Tarife, Gebühren, Meilenzugaben und die Überbuchungspraxis der Luftfahrtgesellschaften.

Unverständliche Preise für Dienstleistungen sowie mancherlei Tricks und versteckte Rechnungsposten führen zu Verwirrung, Unzufriedenheit und Vertrauensverlust der Kunden. Das mühsame Erfragen von Leistungspreisen und das zeitraubende Studium von Preisangaben belasten den Kunden und sind in vielen Fällen eine Zumutung [64]. Auch Dienstleister, die durch eine verschleiernde Preispolitik versuchen, zusätzliche Gewinne zu erzielen, täuschen und schaden sich am Ende selbst: Ihre Kosten- und Erfolgsrechnung wird durch die verfälschten Preise verschleiert. Sie verlieren die Glaubwürdigkeit und das Vertrauen ihrer Kunden. Die Kunden verzichten auf die angebotenen Leistungen oder weichen auf andere Anbieter aus [65].

Darüber hinaus können nicht verursachungsgerechte Leistungspreise zu Fehlverhalten der Marktteilnehmer und einer volkswirtschaftlich falschen Nutzung der Ressourcen führen. In Bereichen mit subventionierten Preisen unterbleiben Rationalisierungen. Geschäfte in Bereichen mit überhöhten Preisen gehen verloren. Ein Beispiel ist die anhaltende Abwanderung des Güterverkehrs von der Schiene auf die Straße (s. *Abschnitt 19.15/II*).

Wenn jedoch ein Dienstleister seine Leistungen zu Preisen anbietet, die für die Kunden verständlich sind und deren Nutzen berücksichtigen, kann das zu einer Verschiebung der Marktanteile zu seinen Gunsten und zu einer Korrektur der Preisbildung der übrigen Anbieter führen. So hat eine amerikanische Fluggesellschaft durch konstante, übersichtliche und günstige Flugtarife, die keine unerwünschten Serviceleistungen enthalten, innerhalb kurzer Zeit ihren Marktanteil verdoppelt. Sie ist zugleich zur profitabelsten Fluggesellschaft in den USA geworden. Ähnliches ist einer amerikanischen Telefongesellschaft und einem Paketdienstleiter gelungen [64].

Im Interesse der langfristigen Wettbewerbsfähigkeit sollten daher bei der Preisbildung und Rechnungsstellung für Logistikleistungen ebenso wie für andere Dienstleistungen folgende *Preisgestaltungsgrundsätze* beachtet werden :

1. Preise sollten kostendeckend sein. Dumpingpreise sind unzulässig.
2. Leistungspreise müssen transparent, nachvollziehbar und verursachungsgerecht sein.
3. Leistungsumfänge und Leistungspreise müssen in Leistungskatalogen und Preislisten verständlich dokumentiert und für den Kunden jederzeit einsehbar sein.
4. Leistungspreise müssen mit dem Kundennutzen korrellieren. Sie dürfen keine nicht benötigten Neben- oder Serviceleistungen enthalten.
5. Zugaben und kostenlose Extraleistungen sind ausgeschlossen.
6. Unabdingbar mit dem Leistungsergebnis verbundene Teil- oder Nebenleistungen müssen im Leistungspreis der vom Kunden benötigten Hauptleistung enthalten sein.
7. Extraleistungen, Versicherungen und besonderen Service muß der Kunde jeweils gesondert beauftragen können. Sie werden zu speziellen Preisen separat abgerechnet.
8. Preise für regelmäßig benötigte Leistungen sollten für längere Zeit, wenn möglich für ein Jahr, gültig sein und nur aus plausiblen Gründen verändert werden.
9. Rückvergütungen, Rabatte oder Staffelpreise müssen für definierte Abnahmemengen oder eine bestimmte zeitliche Abnahmeverpflichtung gelten.
10. Rechnungen müssen einfach kontrollierbar sein und dürfen nur beauftragte Leistungen zu vereinbarten Preisen enthalten.
11. Kostenverursachende Sonderleistungen, wie Eilzuschläge, sind nur den Kunden gesondert in Rechnung zu stellen, die sie ausdrücklich verlangt haben.
12. Leistungspreise sollten die Selbstverpflichtung des Dienstleisters zum Erbringen einer definierten *Leistungsqualität* umfassen, deren Nichteinhaltung zu einer Gutschrift führt.

Diese Preisgestaltungsgrundsätze hindern einen leistungsstarken, innovativen und kostengünstig arbeitenden Dienstleister nicht daran, seine Preise mit einem guten Gewinn zu kalkulieren. Im Gegenteil, er kann sich, wie die Beispiele aus den USA zeigen, durch faire Preise einen zusätzlichen Wettbewerbsvorteil verschaffen [64]. Da die Preisgestaltungsgrundsätze Voraussetzung sind für die volkswirtschaftlich positive Entwicklung der Logistik im vereinigten Europa, ist es Aufgabe der zuständigen Stellen der *Europäischen Union*, entsprechende Grundsätze durch ein EU-Gesetz einzuführen.

7.2
Leistungskosten und Leistungspreise

Die Vergütung einer Dienstleistung und die Kalkulation der Leistungspreise hängen von der rechtlichen Beziehung zwischen Nutzer und Erzeuger der Leistungen ab.

Für Unternehmen, die ihre Umsätze nicht mit logistischen Leistungen erzielen, sind die Logistikkosten in der Regel ein Teil der *Gemeinkosten*. Die Plan-Logistikkosten müssen in diesem Fall in einer *artikel-* oder *auftragsbezogenen Logistikkostenrechnung* möglichst verursachungsgerecht auf die *Kostenträger* umgelegt werden, das heißt, auf die vom Unternehmen am Markt verkauften Produkte oder Leistungen. Hieraus resultieren die Logistikkosten pro Artikeleinheit :

• Die *Artikellogistikkosten* sind gleich der Summe der durch Beschaffung, Produktion und Distribution pro Artikeleinheit verursachten Logistikkosten.

Um die Artikellogistikkosten zu kalkulieren, sind Art und Menge der Logistikleistungen, die zur Beschaffung, Erzeugung und Distribution einer Artikeleinheit eingesetzt werden, zu ermitteln und mit den entsprechenden Leistungskosten (6.1) zu multiplizieren.

Wenn ein *Logistikbetrieb* - beispielsweise ein Logistikzentrum oder eine Versandabteilung – in einem Unternehmen als eigenständiges *Profitcenter* arbeitet, werden den übrigen Unternehmensbereichen die von ihnen in Anspruch genommenen Leistungen mit den *Plan-Leistungskosten* k_i [DM/LE_i] in Rechnung gestellt. Die Leistungskosten werden für die geplanten Soll-Leistungsdurchsätze λ_i [LE_i/PE] der Abrechnungsperiode nach Beziehung (6.1) aus den anteiligen Betriebskosten für die verschiedenen Leistungsarten LA_i errechnet.

Ein *Logistikdienstleister* kalkuliert aus den Plan-Leistungskosten die *Leistungspreise* LP_i [DM/LE_i] für die verschiedenen *Leistungsarten* LA_i, die er am Markt anbietet. Hierzu werden die Plan-Leistungskosten um *Zuschläge* zur Abdeckung der *Vertriebs- und Verwaltungs-Gemeinkosten* (VVGK), zum Ausgleich von *Gewährleistungs-* und *Auslastungsrisiken* und für den *Gewinn* erhöht:

$$LP_i = \left(1 + p_{VVGK} + p_{gwl} + p_{aus} + p_{gew}\right) \cdot k_i \qquad \left[DM / LE_i\right]. \qquad (7.1)$$

Die *Zuschläge* werden dabei so bemessen, daß der mit den geplanten Leistungsdurchsätzen λ_i resultierende *Gesamterlös* E_{ges} der Planungsperiode die geplanten *Gesamtkosten* K_{ges} einschließlich Risiken und Gewinn abdeckt:

$$E_{ges} = \sum_i \lambda_i \cdot LP_i \geq K_{ges} \qquad \left[DM / PE\right]. \qquad (7.2)$$

Die Höhe der *Zuschläge*, mit denen ein Dienstleister seine Leistungspreise kalkuliert, hängt von unterschiedlichen Einflußfaktoren ab.

1. Vetriebs- und Verwaltungsgemeinkostenzuschlag

Der Vertriebs- und Verwaltungs-Gemeinkosten-Zuschlag p_{VVGK} soll die allgemeinen Geschäftskosten abdecken, die nicht bereits in der Einzelkalkulation der Leistungskosten berücksichtigt wurden.

Kleinere Logistikdienstleister und Speditionen, die in starkem Wettbewerb stehen, kalkulieren je nach Marktsegment mit einem VVGK-Zuschlag von 10 bis 15 %. Große Logistikkonzerne, wie Eisenbahngesellschaften, Reedereien und Fluggesellschaften, haben Vertriebs- und Verwaltungsgemeinkosten von 20 % bis zu 50 %, in einigen Fällen auch darüber.

Für einen *Systemdienstleister*, der vertraglich geregelt länger als 5 Jahre für das gleiche Unternehmen tätig ist und hierfür keinen Vertrieb benötigt, ist in der Regel ein Verwaltungskostenzuschlag von 8 bis 10 % ausreichend.

2. Gewährleistungszuschlag

Der Gewährleistungszuschlag p_{gwl} dient zur Abdeckung aller Risiken aus der *Gewährleistung* einer definierten *Leistungsqualität*.

Wenn für die Nichteinhaltung der Leistungsqualität dem Kunden keine *Gutschrift* eingeräumt oder *Pönale* gezahlt werden muß, bestimmt sich der Qualitätszuschlag durch die Höhe der *Reklamationskosten*. Bei einer pönalisierten Leistungsqualität ist der Qualitätszuschlag außer von der Höhe der Reklamationskosten von der Art der *Leistungs- und Qualitätsvergütung* abhängig. Diese muß so vereinbart werden, daß sich der Gewährleistungszuschlag mit Hilfe der Wahrscheinlichkeitsrechnung abschätzen läßt.

Erhält beispielsweise der Kunde bei Nichteinhaltung einer Terminvereinbarung eine Gutschrift in Höhe des doppelten Leistungspreises und beträgt die Wahrscheinlichkeit einer Terminabweichung 0,7 %, dann ist der Leistungspreis mit einem *Termingewährleistungszuschlag* von $p_{ter} = 2 \cdot 0{,}7\ \% = 1{,}4\ \%$ zu kalkulieren. Für eine pönalisierte Sendungsqualität lassen sich entsprechende Abschätzungen durchführen.

Bei gut geführten Logistikdienstleistern und üblichen Qualitätszusicherungen hat der Qualitätszuschlag insgesamt eine Größenordnung von 3 bis 5 %.

3. Auslastungszuschlag

Der Auslastungszuschlag p_{aus} soll den Dienstleister gegen das Risiko von Bedarfsänderungen und Unterauslastung absichern.

Das Auslastungsrisiko hängt ab von der Prognostizierbarkeit des Leistungsbedarfs und der Leistungsstruktur für die Dauer der Preisbindung sowie vom Fixkostenanteil der Leistungskosten. Bei einem Fixkostenanteil von 50 % hat der Auslastungszuschlag eine Größenordnung von 10 %.

Wenn der Auftraggeber einem Systemdienstleister vertraglich eine bestimmte *Mindestinanspruchnahme* zusichert, die Fixkosten voll übernimmt oder eine auslastungsbedingte *Korrektur der Leistungspreise* zuläßt, ist kein Auslastungszuschlag erforderlich.

4. Gewinnzuschlag

Die Höhe des Gewinnzuschlags p_{gew} hängt von der *Preispolitik* des Unternehmens ab. Diese muß sich am Kundennutzen sowie an der Markt- und Wettbewerbssituation orientieren.

Ist der Dienstleister mit seinem Leistungsangebot *Monopolist*, wird der Gewinnzuschlag nach oben durch den Nutzen begrenzt, den die angebotene Leistung für den Kunden hat [64]. Der Gewinn ist dann gleich der Differenz zwischen dem *erzielten Verkaufserlös* und den Leistungskosten einschließlich Vertriebs-, Verwaltungs-, Gewährleistungs- und Risikozuschlag.

Steht der Dienstleister im *Wettbewerb* mit anderen Anbietern, muß er sich für den Gewinn eine *untere Grenze* setzen, die ausreicht, um das *allgemeine Geschäftsrisiko* abzudecken und einen ausreichenden *Unternehmensgewinn* zu erzielen. Ein frei am Markt tätiger Logistikdienstleister kann auf Dauer nur überleben, wenn er einen Gewinn von mindestens 3 % des Leistungsumsatzes erzielt.

Für *innovative Leistungen* kann und darf der Gewinn, solange der Innovationsvorsprung gegenüber dem Wettbewerb besteht, weitaus höher sein, wenn die neue Leistungsart den Kunden einen besonderen Nutzen bringt. Die Aussicht auf einen hohen Gewinn, der das Innovationsrisiko abdeckt und in kurzer Zeit die Entwicklungskosten wieder hereinbringt, ist der Hauptanreiz zur Entwicklung neuer Leistungen.

5. Systemdienstleisterzuschlag

Die Summe aller Zuschläge eines *Systemdienstleisters*, der eine umfassende Gesamtleistung erbringt, auf die Leistungskosten ist der sogenannte Systemdienstleisterzuschlag. Dieser entspricht dem Generalunternehmerzuschlag eines *Generalunternehmers* für die schlüsselfertige Ausführung einer Gesamtanlage [68] :

- Der *Systemdienstleisterzuschlag* ist die Prämie, die der Leistungsnutzer für die *Fremdvergabe* der Managementleistungen und aller Betriebsrisiken zahlen muß, die mit der umfassenden Leistungserstellung verbunden sind.

Der Gesamtzuschlag eines Systemdienstleisters, der gegen das Auslastungsrisiko abgesichert ist, liegt gemäß den oben angegebenen Zuschlagsätzen zwischen 10 und 20 %. Wenn der Logistikdienstleister keine Auslastungsabsicherung erhält, erhöht sich der Systemdienstleisterzuschag um das Auslastungsrisiko.

7.3
Aufgaben und Ziele der Leistungsvergütung

Ein verursachungsgerechtes Leistungs- und Qualitätsvergütungssystem ist zentraler Bestandteil jedes längerfristigen Vertrags mit einem Logistikdienstleister. Je umfangreicher die einem Dienstleister übertragenen Leistungen sind, umso wichtiger ist eine klare Regelung der Leistungs- und Qualitätsvergütung (s. *Kapitel 20/II*).

Ein Leistungs- und Qualitätsvergütungssystem muß folgende *Aufgaben* und *Ziele* erfüllen:

- Die Vergütung soll den Logistikdienstleister *selbstregelnd* zur rationellen und korrekten Leistungserbringung veranlassen.
- Das Vergütungssystem muß *revisionsfähig, verständlich, eindeutig, praktikabel* und in seiner Wirkung *transparenent* sein.
- Die Preise müssen den oben angegebenen *Preisgestaltungsgrundsätzen* entsprechen.
- Verfahren, Zeitpunkte und zulässige Gründe für *Preisanpassungen*, wie Kostenveränderungen, Strukturverschiebungen oder Rationalisierungsmaßnahmen, müssen vorher vereinbart werden.
- Die *Leistungsinanspruchnahme* und das *Auslastungsrisiko* sind eindeutig zu regeln.
- Die *Erfassung* von Leistungsdurchsatz und Qualitätsmängeln darf keinen Zusatzaufwand verursachen und soll sich soweit wie möglich anderweitig benötigter Daten bedienen.
- Die *Leistungsabrechnung* muß mit Hilfe von *Standardsoftware* auf verfügbaren Rechnern durchführbar sein.
- Ein detailliertes *Logistikcontrolling* muß sich für den Auftraggeber durch das Leistungs- und Qualitätsvergütungssystem erübrigen.

Mit einem Leistungs- und Qualitätsvergütungssystem, das diesen Anforderungen genügt, sind Steuerung und Controlling des Logistikbetriebs und der Logistikleistungen nicht mehr Aufgabe des Auftraggebers sondern des Dienstleisters. Der Auftraggeber hat nur einmal pro Abrechnungsperiode die Rechnung zu prüfen und eventuelle Leistungsmängel zu reklamieren.

7.4
Grundkonzept der Leistungs- und Qualitätsvergütung

Das *Grundkonzept* eines Leistungs- und Qualitätsvergütungssystems, das die geforderten Eigenschaften hat, sich für unterschiedliche projektspezifische Gegebenheiten ausgestalten läßt und in der Praxis mehrfach bewährt hat, ist in *Abb. 7.1* dargestellt. Das Konzept ist im Prinzip sehr einfach :

- Die *Leistungsumfänge* und *Standardleistungen* SL_i, i = 1,2,.. N_{SL}, die ein Dienstleister für den Auftraggeber erbringen soll, sind in einem *Leistungskatalog*, die *Qualitätsmängel* QM_j, j = 1,2,... N_{QM}, die der Dienstleister vermeiden soll, in einem *Mängelkatalog* dokumentiert.
- Für alle Standardleistungen mit den Leistungseinheiten LE_i sind feste *Leistungspreise* LP_i [DM/LE_i] vereinbart und in einer *Preisliste* erfaßt.
- Für alle Qualitätsmängel mit den Mängeleinheiten ME_j sind bestimmte *Mängelabzüge* MA_j [DM/ME_j], auch *Malussätze* genannt, festgelegt und in einer *Malusliste* festgehalten.
- Die *Vergütung* VG_{PE} [DM/PE] für eine Abrechnungsperiode PE ist gleich einer *Leistungsvergütung*, die das Produkt von Leistungsdurchsatz und Leistungs-

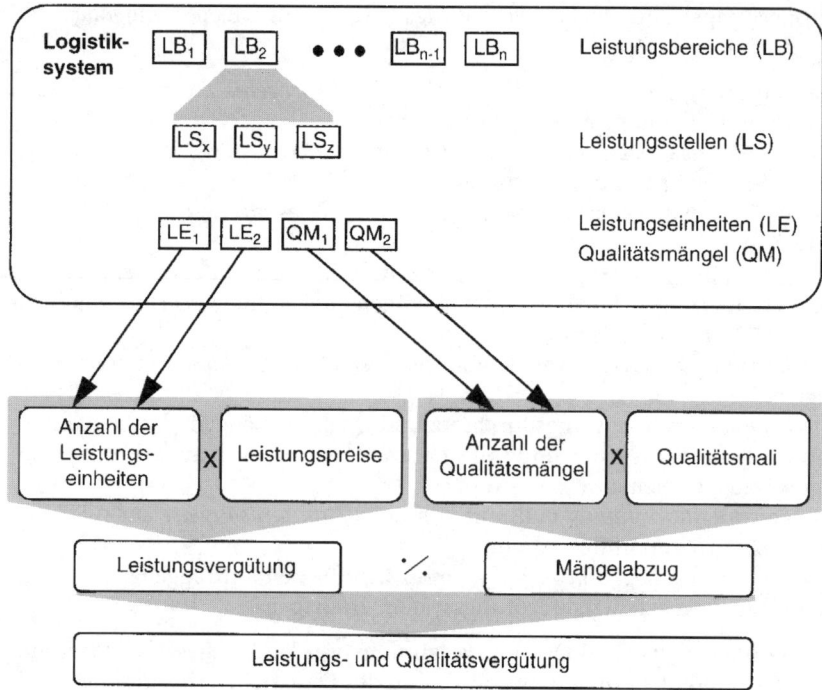

Abb. 7.1 Grundkonzept eines Leistungs- und Qualitätsvergütungssystems

preisen ist, vermindert um einen *Mängelabzug*, der das Produkt der Anzahl Qualitätsmängel mit den Malussätzen ist.

Hat also der Dienstleister in einer Periode λ_i [LE_i/PE] Standard-Leistungseinheiten erbracht und wurden dabei σ_j [ME_j/PE] Qualitätsmängel verzeichnet, dann ist die Vergütung:

$$VG_{PE} = \sum_i \lambda_i \cdot LP_i - \sum_j \sigma_j \cdot MA_j \qquad\qquad [DM\,/\,PE]. \qquad (7.3)$$

Die Vergütung wird dem internen oder externen Logistikdienstleister jeweils nach Ablauf einer *Vergütungsperiode* vom Auftraggeber gutgeschrieben oder dem Auftraggeber durch den Dienstleister in Rechnung gestellt.

Zur Erläuterung sind in *Tabelle 7.1* die *Leistungspreise für innerbetriebliche Logistikleistungen* und in *Tabelle 7.2* die *Leistungspreise für außerbetriebliche Logistikleistungen* angegeben. Die Kalkulation der Leistungspreise für diese und weitere logistische *Standardleistungsumfänge* auf der Grundlage der im letzten Kapitel und im nächsten Abschnitt beschriebenen Verfahren wird in den *Abschnitten 16.13, 17.14, 18.12, 19.14/II* näher erläutert.

LEISTUNGSART	Leistungeinheit	LE	Leistungspreis	Preiseinheit
WARENEINGANG	mit Eingangsprüfung und Bereitstellen			
Entladen				
ganze Paletten aus Transporteinheit	Palette	Pal	2,00	DM/Pal
lose Gebinde aus TE auf Palette	Gebinde	Pak	0,10	DM/Geb
LAGER	stark abhängig vom Kapazitäts- und Leistungsbedarf			
Einlagern	Paletten	Pal	2,00 bis 5,50	DM/Pal
mit Abholen aus Wareneingang	Behälter	Beh	0,30 bis 0,50	DM/Beh
Lagern	Paletten-Tag	Pal-KTag	0,20 bis 0,40	DM/Pal-KTag
auf dem Lagerplatz	Behälter-Tag	Beh-KTag	0,04 bis 0,07	DM/Beh-KTag
Auslagern	Ganzpalette	Pal	2,00 bis 5,50	DM/Pal
mit Bereitsstellen im WA oder K-Bereich	Vollbehälter	Beh	0,30 bis 0,50	DM/Beh
WARENAUSGANG				
Kommissionieren	einschließlich Palettenhandling bei statischer Bereitstellung			
Gebinde auf Paletten	Gebinde	Geb	0,25	DM/Geb
Warenstücke aus Gebinden in Kartons	Warenstück	WST	0,05	DM/WST
Verladen	mit Ausgangskontrolle und Ladungssicherung			
ganze Paletten in Transporteinheit	Palette	Pal	2,50	DM/Pal
lose Gebinde von Palette in TE	Gebinde	Kart	0,15	DM/Geb
ZUSATZLEISTUNGEN				
Nachschubdisposition	Nachschubauftrag	NAuf	8,00 bis 10,00	DM/NAuf
Innerbetrieblicher Transport	Transportweg 50 bis 100 m			
von Übernahmestelle	Palette	Pal	2,00 bis 3,00	DM/Pal
bis Abgabestelle	Behälter	Behälter	0,15 bis 0,20	DM/Geb

Tab.7.1 Leistungspreise für innerbetriebliche Logistikleistungen
Unverbindliche Richtpreise 1997 für ausreichend großen Gesamtbedarf

Ladeeinheiten	Gewicht mittel	Maße und Volumen mittel
Palette(CCG1)	500 kg	1.200×800×1.050 mm
Behälter	25 kg	600×400×300 mm
Gebinde	5 kg	10 l/Geb
Warenstück	0,5 kg	1 l/WST

Die Verminderung der Leistungsvergütung um den Mängelabzug bewirkt, daß sich der Dienstleister nicht allein auf eine effiziente Leistungserbringung konzentriert, sondern dabei auch die Einhaltung der vereinbarten Qualitätsstandards im Auge hat. Durch das Vermeiden von Qualitätsmängeln kann er ebenso seinen Ge-

LEISTUNGSART	Leistungeinheit	LE	PREIS	Preiseinheit
DIREKTTRANSPORTE	von Ganz- und Teilladungen in Transporteinheiten			
Entfernungen bis 250 km	Nutzfahrt	Fahrt	120,00	DM/Fahrt
	Zwischenstop	Z-Stop	30,00	DM/Z-Stop
	Hinfahrt-Nutzstrecke	H-km	2,00	DM/H-km
	Rückfahrt-Nutzstrecke	R-km	1,80	DM/R-km
Entfernungen über 250 km	Nutzfahrt	Fahrt	210,00	DM/Fahrt
	Zwischenstop	Z-Stop	30,00	DM/Z-Stop
	Hinfahrt-Nutzstrecke	H-km	1,65	DM/H-km
	Rückfahrt-Nutzstrecke	R-km	1,50	DM/R-km
GEBIETSTRANSPORTE	mit Umschlag, ohne Vorlauf zum Umschlagpunkt			
Zustelltransporte	Zustellstop	Z-Auf	10,00 bis 15,00	DM/Z-Stop
Ausliefertouren von Umschlagpunkt	Paletten	Pal	40,00 bis 55,00	DM/Pal
zu Empfangsstellen	Stückgut	Pak	10,00 bis 14,00	DM/100 kg
Abholtransporte	Abholstop	A-Auf	9,00 bis 13,00	DM/A-Stop
Sammelfahrten von	Paletten	Pal	35,00 bis 45,00	DM/Pal
Abholstellen zum Umschlagpunkt	Stückgut	Pak	8,00 bis 12,00	DM/100 kg

Tab. 7.2 Leistungspreise für außerbetriebliche Logistikleistungen

Unverbindliche Richtpreise 1997 für ausreichend großen Gesamtbedarf
Transporteinheiten: Sattelauflieger oder Lastzug mit 2 Wechselbrücken
Paletten: 800×1.200 mm, max 1.500 mm hoch; mittel 500, max 700 kg/Pal
Stückgut: Einzelstücke und Pakete
Die Leistungspreise für Gebietstransporte sind von der Gebietsgröße abhängig

winn verbessern wie durch kostengünstiges und rationelles Arbeiten. Dadurch ist das beschriebene Leistungs- und Qualitätvergütungssystem *selbstregelnd*.

Immer wieder werden sogenannte *Null-Fehler-Konzepte* propagiert. Null-Fehler aber sind eine Illusion, denn kein von Menschen gebautes System arbeitet absolut fehlerfrei, nicht einmal die Transportsysteme im Weltall. Kein Unternehmen kann sich daher der Notwendigkeit entziehen festzulegen, wo seine Grenzen für tolerierbare Qualitätsmängel liegen, bei 1 Prozent, 1 Promille oder $1 \cdot 10^{-6}$. Dabei ist zu beachten, daß die Qualitätssicherungskosten im eigenen Unternehmen wie auch die Höhe des Gewährleistungszuschlags eines Dienstleisters mit zunehmenden Anforderungen an die Fehlerfreiheit überproportional ansteigen. Absolute Fehlerfreiheit ist wie absolute Sicherheit unbezahlbar.

7.5
Entwicklung projektspezifischer Vergütungssysteme

Das Leistungs- und Qualitätsvergütungssystem muß für die speziellen Gegebenheiten jedes einzelnen Projekts angepaßt und teilweise neu entwickelt werden, da Preise und Tarife immer auf ein bestimmtes Leistungsangebot abgestimmt sind. In vielen Fällen ist es jedoch möglich, für bestimmte Leistungspakete, wie Lagern, Kommissionieren, Umschlag und Transport, bewährte Programmbausteine wiederzuverwenden oder dem speziellen Bedarf anzupassen.

Die *Arbeitsschritte* zur Entwicklung eines projektspezifischen Vergütungssystems für Logistikleistungen nach dem zuvor beschriebenen und in *Abb. 7.1* dargestellten Grundkonzept sind:

1. Leistungsspezifikation

Im ersten Schritt ist die Frage zu klären, *was* zu leisten ist. Grundlage jedes Vergütungssystems ist daher eine genaue Spezifikation der geforderten Leistungen.

Hierzu werden Art, Merkmale und Durchsatzmengen der benötigten Leistungen in einem *Leistungskatalog* oder *Leistungsverzeichnis* erfaßt.

2. Systembeschreibung

Im zweiten Schritt muß festgelegt werden, *womit* die geforderten Leistungen erbracht werden sollen. Hierzu ist das Leistungssystem mit seinen einzelnen Leistungsstellen, der Personalbesetzung, der Betriebsmittelausstattung und den Relationen so genau zu beschreiben und darzustellen, wie es für die Betriebskostenrechnung erforderlich ist.

Hierfür werden nach dem Grundsatz, so wenig Leistungsbereiche wie möglich, soviele wie nötig, die einzelnen Leistungsstellen, wie in *Abb. 6.1* gezeigt, zu *Leistungsbereichen* zusammengefaßt.

3. Definition von Standardleistungen und Leistungseinheiten

Im dritten Schritt wird festgelegt, *wie* und *wo* die geforderten Leistungen erbracht werden sollen. Hierzu werden die benötigten Leistungen, wie in *Abb. 6.1* dargestellt, in *Teilleistungen* oder *Basisleistungen* aufgelöst und diese den Leistungsstellen zugewiesen, von denen sie erbracht werden.

Teilleistungen in aufeinander folgenden Leistungsstellen der Leistungskette, die sich auf die gleiche Leistungseinheit beziehen, werden zu *Leistungsumfängen, Standardleistungen* oder *Hauptleistungen* zusammengefaßt. Alle Standardleistungen, aus denen sich eine geforderte *Gesamtleistung* zusammensetzt, sind Bestandteil der Leistungsspezifikation. Die *abzurechnenden Leistungseinheiten* für die Standardleistungen ergeben sich aus den maßgebenden Leistungseinheiten der einzelnen Leistungsstellen.

Enthält eine Standardleistung Nebenleistungen, die nicht gesondert abgerechnet werden, oder Teilleistungen, die von unterdrückten Leistungseinheiten abhängen, so ist deren Relation zu den maßgebenden Leistungseinheiten als *Strukturkennzahl* festzuhalten.

4. Vereinbarung von Planungszeitraum und Vergütungsperiode

Als *Planungszeitraum* wird in der Regel ein *Geschäftsjahr* oder ein *Kalenderjahr* gewählt. Innerhalb dieses Planungszeitraums sollten die Leistungspreise nicht verändert werden.

In Abstimmung mit der laufenden Kosten- und Erfolgsrechnung (KER) der Unternehmen wird als *Vergütungs-* oder *Abrechnungsperiode* meist der *Monat* gewählt. Die längste sinnvolle Abrechnungsperiode ist ein ganzes *Jahr,* die kürzeste ist die *Woche.* Auch ein *Quartal* ist als Abrechnungsperiode möglich.

Zu vereinbaren sind auch die *Zahlungsbedingungen* und die *Vergütungsform*, zum Beispiel nach dem *Gutschriftsverfahren*, durch *Lastschrift* oder durch *Rechnungsstellung*.

5. Kalkulation der Betriebs- und Leistungskosten
Für den *Plan-Leistungsdurchsatz* werden nach den in *Kapitel 6* angegebenen Verfahren und Kostenzuweisungsregeln die Betriebskosten der Leistungsbereiche und hieraus abgeleitet die Leistungskosten für die verschiedenen Leistungsarten kalkuliert.

Durch Summation der Leistungskosten für die einzelnen Leistungbereiche, die an der Erzeugung einer Standardleistung beteiligt sind, ergeben sich die Leistungskosten für die Standardleistungen.

6. Berechnung der Leistungspreise
Aus den Leistungskosten für die Standardleistungen werden mit den vereinbarten *Zuschlagssätzen* für *Vertriebs- und Verwaltungsgemeinkosten, Gewährleistung* und *Unternehmergewinn* die Leistungspreise berechnet.

Die Zuschlagssätze und der Gewinn sind das Ergebnis von *Verhandlungen* zwischen Auftraggeber und Logistikdienstleister auf der Grundlage einer offengelegten Kalkulation, nachdem zunächst der Anbieter mit den günstigsten Betriebskosten und Leistungspreisen für einen vorgegeben Leistungsbedarf im Zuge einer *Ausschreibung* ausgewählt wurde (s. *Kapitel 20/II*).

Die vereinbarten Leistungspreise werden in Form von *Preislisten* dokumentiert, wie sie für innerbetriebliche Logistikleistungen *Tabelle 7.1* und für außerbetriebliche Logistikleistungen *Tabelle 7.2* zeigt. Die Preislisten gelten in Verbindung mit der Leistungsspezifikation und den Konditionen der Leistungserbringung, insbesondere der Gewährleistung für Qualitätsmängel.

7. Festlegung der Qualitätsmängel
Bei der Festlegung der Qualitätsmängel, die durch einen *Mängelabzug* bestraft werden sollen, ist zu berücksichtigen, daß der Gewährleistungszuschlag mit der Anzahl und Strenge der Qualitätsanforderungen steigt.

Typische *Qualitätsmängel* von Logistikleistungen sind:

- Mängel der *Termintreue*

  Verspätete Abholung
  Verspätete oder verfrühte Anlieferung   (7.4)
  Nichteinhaltung zugesagter Liefertermine.

- Mängel der *Sendungsqualität*

  Unvollständigkeit
  Übermengen
  Beschädigungen   (7.5)
  Schwund und Verlust
  Falscher Inhalt.

- Mängel der *Disposition*

    fehlende Leistungsbereitschaft
    schlechte Lieferfähigkeit. (7.6)

Die Pönalisierung eines externen Dienstleisters für Mängel der *Lieferfähigkeit* setzt voraus, daß dieser auch für die *Bestandsdisposition* verantwortlich ist. Das aber ist eine problematische Verantwortungsverlagerung vom Auftraggeber auf den Dienstleister, die in der Tendenz zu überhöhten Beständen führt.

Die laufende Erfassung der Mängel und die Abwicklung von Reklamationen müssen zwischen Auftraggeber und Logistikdienstleister geregelt werden. (s. Abschnitt 20.4/II)

8. Vereinbarung der Mängelabzüge
Für jede Art der Qualitätsabweichung wird zwischen Auftraggeber und Dienstleister ein *Malussatz* vereinbart, der pro Mangel von der Leistungsvergütung abgezogen wird. Üblich sind Malussätze in Höhe des zwei- bis dreifachen Leistungspreises für die korrekte Leistung.

Zusätzlich muß die Regulierung des *unmittelbaren Schadens* aus einem Qualitätsmangel, wie der Verlust oder die Beschädigung der Ladung, zum Beispiel durch eine entsprechende *Versicherung*, geregelt werden.

Eine Haftung für *Folgeschäden*, die über den Ersatz des unmittelbaren Schadens hinausgeht, sollte der Auftraggeber vom Dienstleister nicht erwarten, da das hiermit verbundene Risiko unkalkulierbar ist und sich kaum versichern läßt.

9. Regelung des Auslastungsrisikos
Zur Absicherung des Logistikdienstleisters gegen das Auslastungsrisikos sind unterschiedliche Regelungen möglich:

- *Fixkostenvergütung*: Der Auftraggeber zahlt dem Dienstleister pro Abrechnungsperiode eine *Grundvergütung*, mit der die Fixkosten vollständig abgedeckt werden. Die Leistungen werden dann zu Leistungspreisen vergütet, die nur mit dem variablen Kostenanteil auf *Teilkostenbasis* kalkuliert sind. Bei mehreren Nutzern zahlt jeder Nutzer eine *anteilige Grundvergütung*, die dem Anteil der geplanten Leistungsinspruchnahme entspricht.

- *Auslastungsgarantie*: Der oder die Auftraggeber sichern dem Dienstleister eine bestimmte *Mindestauslastung* zu und übernehmen bei Unterschreitung der Mindestauslastung die nicht abgedeckten Fixkosten. Die Leistungspreise werden auf *Vollkostenbasis* für die Garantieauslastung kalkuliert. Die Fixkostenunterdeckung wird jeweils zum Ende eines Geschäftsjahres kalkuliert und dem Dienstleister gutgeschrieben. Mehrere Auftraggeber tragen die Erstattung der Fixkostenunterdeckung in dem Verhältnis, wie sie die von ihnen zugesicherte Mindestauslastung unterschritten haben. Analog kann auch die Belastung des Dienstleister bei einer Fixkostenüberdeckung infolge einer überplanmäßigen Auslastung vereinbart werden. Die Auftraggeber erhalten dann eine anteilige Gutschrift.

- *Preisanpassung*: Die Leistungen des Dienstleisters werden zunächst zu *Plan-Leistungspreisen* LP_i^{Plan} vergütet, die auf Vollkostenbasis mit den Plan-Leisungsdurchsätzen kalkuliert sind. Nach Ablauf eines Geschäftsjahrs werden mit den Ist-Leistungsdurchsätzen λ_i [LE$_i$/PE] *korrigierte Ist-Leistungspreise* LP$_i^{Ist}$ kalkuliert, wobei alle übrigen Ansätze der Vorkalkulation unverändert bleiben. Bei Unterschreitung der Planauslastung erhält der Dienstleister eine *Gutschrift*, bei Überschreitung eine *Belastung* in Höhe der Differenz

$$\Delta = \sum_i \lambda_i^{Ist} \cdot \left(LP_i^{Ist} - LP_i^{Plan} \right) \qquad\qquad \left[DM / PE \right]. \qquad (7.7)$$

Jede dieser Fixkostenregelungen veranlaßt die Nutzer dazu, für die Zukunft besser zutreffende Bedarfsprognosen abzugeben und während der Nutzungszeit das Leistungsangebot möglichst stark zu nutzen. Hieraus ergibt sich ein weiterer *Selbstregelungseffekt* des Vergütungssystems.

10. Regelung von Preisveränderungen
Rechtzeitig vor Ablauf eines zuvor festgelegten *Preisbindungszeitraums*, der nicht kürzer als ein Jahr sein sollte, *kann* aus begründetem Anlaß auf Antrag eines der Vertragspartner mit aktuellen Kostensätzen für den Plan-Leistungsdurchsatz der folgenden Perioden eine neue Leistungspreisberechnung durchgeführt werden. Die resultierenden Leistungspreise werden zwischen Auftraggeber und Dienstleister verhandelt und neu vereinbart.

11. Dokumentation
Alle rechtlich und kaufmännisch wesentlichen Regelungen des Vergütungssystems müssen sorgfältig dokumentiert und von beiden Seiten abgezeichnet werden. Hierzu gehören

Verfahren der Betriebs- und Leistungskostenrechnung
Zuschlagssätze der Leistungspreiskalkulation
Leistungsverzeichnisse und Leistungspreise   (7.8)
Mängellisten und Mängelabzüge
Konditionen und Zahlungsform.

Bei größeren Projekten und umfangreicheren Leistungen ist es unerläßlich, zur Betriebskostenrechnung und Preiskalkulation ein *Kalkulationsprogramm* zu entwickeln. Mit Hilfe eines solchen Programms lassen sich rasch *Sensitivitätsanalysen* für Parameteränderungen durchführen und unterschiedliche *Auslastungsszenarien* durchrechnen. Das Programm ist außerdem zur Berechnung der Fixkostenvergütung und neuer Leistungspreise bei Kosten- und Strukturänderungen geeignet.

7.6
Tarifsysteme und Logistikrabatte

Das dargestellte Vorgehen zur Entwicklung von *Vergütungssystemen* für Systemdienstleister ist auch geeignet zur Entwicklung von *Tarifsystemen* und zur *Preis-*

kalkulation für andere Logistikdienstleister, wie Speditionen, Paketdienstleister, Bahn, Luftfrachtunternehmen oder Containerdienste.

Das Ergebnis sind auch hier *Leistungsverzeichnisse* und *Tariftabellen* für die angebotenen Leistungen in Verbindung mit *allgemeinen Konditionen*, in denen Mengenrabatte, Gewährleistungsumfänge und Haftungsfragen geregelt sind.

1. Grundstruktur von Tarifsystemen

Typisch für Preise und Tarife der Logistik - wie auch für viele andere *Leistungstarife* - ist die Zusammensetzung des Preises für einen Leistungsauftrag aus einem Grundtarif und verschiedenen Leistungstarifen :

- Der *Grundtarif* wird pro Basiseinheit, pro Auftrag oder pro Auslieferung in Rechnung gestellt und deckt bestimmte *Basisleistungen*.
- Der *Leistungstarif* wird für bestimmte Leistungseinheiten in Rechnung gestellt und deckt die mit der Leistungseinheit verbundenen Kosten.

Der Preis für einen ausgeführten Auftrag errechnet sich nach dem einfachen *Schema* :

$$Preis = Grundtarif \cdot Basiseinheit + Leistungstarif \cdot Leistungseinheiten. \quad (7.9)$$

Für *Bearbeitungsaufträge*, wie das Kommissionieren, das Bilden von Ladeeinheiten, das Be- und Entladen von Transportmitteln oder das Sortieren von Paketen, enthält der Grundtarif alle Kosten, deren Kostentreiber der einzelne Auftrag ist, und der Leistungstarif alle Kosten, die von der Anzahl der zu bewegenden und erzeugten Ladeeinheiten abhängen.

Für *Lageraufträge* werden mit dem Grundtarif die Auftragsbearbeitung sowie das Ein- und Auslagern einer Ladeeinheit abgegolten. Mit dem Leistungstarif wird das Lagern der Ladeeinheit für eine bestimmte Lagerdauer bezahlt. Bei einer für alle Lageraufträge in definierten Grenzen gleichbleibenden Lagerdauer oder einer konstant vorzuhaltenden Lagerkapazität kann der Lagerpreis mit dem Preis für das Ein- und Auslagern zu einem *Umschlagpreis* [DM/LE] zusammengefaßt werden.

Für *Frachtaufträge* und für *Transportaufträge* können mit dem Grundtarif die Anfahrt, das Bereitstellen des Transportmittels, die Benutzung von Stationen und Umschlagpunkten und andere auftragsabhängige Leistungen, wie das Be- und Entladen, in Rechnung gestellt werden.

Gebräuchliche Tarifsysteme für die Fahrt einer Transporteinheit [TE] oder die Beförderung einer Anzahl Ladeeinheiten [LE] sind :

- *Grundtarif* [DM/TE oder DM/LE] plus *Entfernungstarif* [DM/TE-km oder DM/LE-km].
- *Relationspreise* in DM pro TE oder pro LE für definierte *Transportrelationen* $A_i \rightarrow B_j$.
- *Zonentarife* in DM pro TE oder pro LE für definierte *Entfernungszonen* um den Startpunkt.

Die Benutzung des öffentlichen Straßennetzes durch Kraftfahrzeuge ist über die Kraftfahrzeugsteuer als Grundgebühr und über die zur Fahrleistung proportio-

nale Kraftstoffsteuer als Leistungsgebühr ebenfalls nach dem einfachen Schema
(7.9) geregelt.

Weitere Beispiele für Transporttarife nach dem Schema (7.9) sind Taxitarife,
Frachttarife, Flugpreise, Schiffstarife und Fahrpreise der Bahn (s. *Abschnitt
19.14/II*).

2. Logistikrabatte und Mengenrabatte

Häufig werden auf die angebotenen Leistungspreise *Rabatte* gewährt. Weit verbreitet, aber betriebswirtschaftlich riskant sind alle Formen von nutzungsunabhängigen *Pauschalrabatten* auf den Leistungspreis oder noch schlimmer auf den
Wert der gelieferten Ware.

Logistisch sinnvoll sind jedoch *Logistikrabatte* und *Mengenrabatte*, die zur Sicherung einer bessseren Auslastung beitragen, indem sie eine inhaltlich oder
mengenmäßig klar vorgegebene Leistungsnutzung belohnen :

- *Logistikrabatte* für Aufträge sind von der Anzahl Ladeeinheiten pro Auftrag
  abhängig und werden eingeräumt, um die Bestellung ganzer Verpackungseinheiten, artikelreiner Ganzpaletten, voller Transporteinheiten, ganzer Wechselbrücken oder ganzer Sattelaufliegerinhalte zu bewirken.

- *Mengenrabatte* für Kunden hängen von der Anzahl Ladeeinheiten, Transporte
  oder Leistungseinheiten ab, die ein Kunde innerhalb einer Periode bestellt hat
  und sollen zur Lieferantentreue und zur besseren Auslastung der bereitgehal-
  tenen Ressourcen beitragen.

Die Höhe der *Rabattsätze* muß in einer wirtschaftlichen Relation stehen zu den
aus der Vermeidung von Anbrucheinheiten oder der ansteigenden Leistungsinanspruchnahme resultierenden Kosteneinsparungen. Hierfür lassen sich keine
allgemein gültigen Sätze angeben. Die unterschiedlichen Rabattsätze können nur
fallweise durch entsprechende Modellkalkulationen ermittelt werden.

8 Zeitdisposition

Die Zeit ist die vierte Dimension der Logistik. Die *Strukturen* der Systeme werden durch *Raumkoordinaten* und *Entfernungen* determiniert, die *Ablaufe* durch *Zeitpunkte* und *Zeitspannen*. Die *Prozesse* sind durch Raum und Zeit bestimmt.

Das Bewußtsein der Menschen für die Zeit hat sich in den letzten hundert Jahren revolutionär gewandelt [71]. In der Logistik hat sich die Einstellung gegenüber der Zeit erst im Zuge der *Just-In-Time-Bewegung* (JIT) grundlegend verändert [72; 73; 223].

Daß *Lieferzeiten* und *Termintreue* wichtige *Wettbewerbsfaktoren* sind, ist inzwischen allgemein bekannt [36; 72]. Die Konsequenzen aus dieser Kenntnis aber werden in der Praxis nur zögernd umgesetzt [73]. *Terminzusagen* gegenüber dem Konsumenten sind oft unverbindlich und ungenau. *Termintreue* wird entgegen dem Grundsatz *Pünktlichkeit vor Schnelligkeit* nach wie vor geringer bewertet als kurze Zustellzeiten. Eine Verkürzung der *Lieferzeiten* gilt vielfach als teures Marketinginstrument, wird aber nur selten als Chance zur Kostensenkung gesehen.

Die *zeitlichen Handlungsspielräume, Einflußfaktoren* und *Optimierungsmöglichkeiten* in den Leistungsketten sind bisher nicht ausreichend erkannt. Ihre Nutzung zur Optimierung von Durchlaufzeiten, Verbesserung der Termintreue und Senkung der Kosten ist Aufgabe des *Zeitmanagements* [72; 73].

Im diesem Kapitel werden *Zeitpunkte* und *Zeitspannen* der Logistik definiert, die Zusammensetzung und Einflußfaktoren der *Durchlaufzeiten* für Aufträge und Material analysiert und *Strategien zur optimalen Zeitnutzung* entwickelt. Ergebnisse sind *Handlungsmöglichkeiten* für das Zeitmanagement und *Zeitdispositionsstrategien* zur Optimierung von Liefer- und Leistungszeiten.

8.1 Zeitpunkte und Zeitspannen

Zeitpunkte und *Termine* werden durch eine *Zeitangabe* fixiert. Zeitangaben beziehen sich stets auf einen bestimmten *Zeitnullpunkt* t_0, wie den Anfang eines Kalenderjahres, den Beginn des Geschäftsjahres oder den Tagesanfang.

Zeitangaben zur Fixierung eines *Zeitpunktes* t sind:

Kalenderjahr [KJ]
Kalendermonat [KM]
Kalenderwoche [KW]

Kalendertag [KT]
Tageszeit [TZ]   (8.1)
Anzahl Zeiteinheiten ab t_o.
Anzahl Perioden ab t_o

Wichtige *Zeitpunkte* der Logistik, der Planung und des Projektmanagement sind:

- *Anfangstermine* t_A: Startzeitpunkte, Zeitnullpunkte, Anfangszeiten, Abholzeiten und Abfahrzeiten;
- *Endtermine* t_E: Abschlußzeitpunkte, Fertigstellungstermine, Anlieferzeiten, Ankunftszeiten oder maximale Haltbarkeitsdaten (MIID);
- *Zwischentermine* t_Z: Anfangs- und Endzeitpunkte bestimmter Teilvorgänge oder einzelner Abschnitte der Prozeßkette;
- *Ecktermine* für Entscheidungen oder Ereignisse und *Meilensteine* für bestimmte Aufgaben, Planungsschritte und Realisierungsphasen.

Soweit die *zeitlichen Rahmenbedingungen* nicht die Termine vorgeben, sind die Zeitpunkte *freie Parameter*, die sich zur *Optimierung* der Planung und Disposition nutzen lassen.

Zeitspannen sind Zeitabstände zwischen zwei Zeitpunkten ohne festen Anfangszeitpunkt. *Zeitabstände* τ, *Zeitdauern* T und *Zeitbedarf* werden in *Zeiteinheiten* [ZE] gemessen, wie:

Sekunde [s]
Minute [min]
Stunde [h]
Tag [d]   (8.2)
Woche [W]
Monat [M]
Jahr [a].

Wichtige *Zeitspannen von Leistungsstellen und Prozeßketten* sind:

- *Vorgangszeiten* τ, wie Fertigungszeiten, Prozeßzeiten, Fahrzeiten, Spielzeiten, Einlagerzeiten, Auslagerzeiten, Basiszeiten, Leistungszeiten, Wartezeiten und Lagerdauern;
- *Durchlaufzeiten* T_{DZ}, wie Auftragsdurchlaufzeiten, Materialdurchlaufzeiten, Lieferzeiten, Laufzeiten, Nachschubzeiten und Transportzeiten.
- *Nutzungsdauer* T_{ND} von Gebäuden, Maschinen, Anlagen, Transportmitteln und Betriebseinrichtungen.

Die *technische und wirtschaftliche Nutzungsdauer* ist maßgeben für die *Nutzbarkeit* und damit für die *Betriebskosten* (s. *Abschnitt 6.4*).

Spezifische Zeitlängen der Logistik sind die *Transportzeit* und die *Lagerdauer*:

- Die *Transportzeit* T_{TR} ist die Zeit von der Übernahme bis zur Ablieferung des Transportguts und wird bestimmt von den *Transportstrategien (s. Kapitel 18/II)*.

- Die *Lagerdauer* T_{LD} ist die Zeit von der Ablage bis zur Entnahme der Ladeeinheit auf einem Lagerplatz und wird bestimmt von den *Nachschub- und Bestandsstrategien (s. Kapitel 11)*.

Transportzeiten lassen sich bei bekannter Länge und Beschaffenheit des Transportwegs aus Geschwindigkeit, Beschleunungs- und Bremswerten des Transportmittels und aus der Anzahl und Dauer der Haltevorgänge errechnen.

Maßgebend für die *Lagerbarkeit* wie auch für die zulässige *Transportzeit* von Waren und Produkten ist deren *maximale Haltbarkeitsdauer*.

Von besonderer Bedeutung für die Logistik sind Taktzeiten, Zykluszeiten und Bemessungszeiten:

- *Taktzeiten* τ sind die Zeitabstände zwischen zwei aufeinander folgenden Ereignissen, Vorgängen, Ankünften, Aufträgen oder Abfertigungen.
- *Zykluszeiten* T_{Zyk} sind Zeitabstände, in denen definierte Ereignisse, wie Bedarfsspitzen, wiederkehren oder in denen bestimmte Aktivititäten, wie die Disposition, durchzuführen sind.
- *Bemessungszeiten* oder *Periodenlängen* T_{PE} sind Zeiteinheiten zur Messung von Ankunftsraten, Durchsatzleistungen und Abfertigungsraten, von Geschwindigkeiten, Frequenzen oder Lagerumschlag.

Einige Zeitspannen, wie die Vorgangszeiten und die Leistungszeiten, sind durch die Anforderungen und *Rahmenbedingungen* vorgegeben, andere, wie Lebensdauern, Transportzeiten und Jahreszyklen, durch Natur, Volkswirtschaft oder Technik bestimmt. Viele Zeitspannen aber, wie Taktzeiten, Lieferzeiten, Fahrzeiten, Lagerdauer und Dispositionszyklen, sind beeinflußbar oder, wie die Bemessungszeiten und Periodenlängen, frei wählbar. In jedem Projekt gilt es daher, die beeinflußbaren Zeiten herauszufinden und sie zur Optimierung von Durchlaufzeiten und Kosten zu nutzen.

Bei einer Zeitdauer kann es sich um einen *Mittelwert* T_{mit}, einen *Minimalwert* T_{min} oder einen *Maximalwert* T_{max} handeln. Wenn nichts vermerkt ist, sind im folgenden mit $T = T_{mit}$ die Mittelwerte gemeint.

Für die Angabe von Zeitpunkten und die Festlegung von Bemessungszeiten und Periodenlängen ist folgender *Genauigkeitsgrundsatz* maßgebend:

- Art und *Genauigkeit* der Zeitmessung werden vom Verwendungszweck der Zeitangabe bestimmt.

So muß die Genauigkeit für die Angabe von Zeitpunkten und Zeitspannen der geforderten *Termintreue* oder *Termingenauigkeit* entsprechen. Ein zu genaues Zeitmaß kann eine unerrreichbare Pünktlichkeit vortäuschen und unnötigen Aufwand verursachen. Ein zu grobes Zeitmaß hat negative Konsequenzen für Durchlaufzeiten und Termintreue. Wer Lieferzeiten in Wochen mißt, sieht Abweichungen von einer Woche als normal an. Wer Liefertermine in Kalendertagen angibt, wird kaum stundengenau liefern.

Damit sich *Ist-Zeitwerte* zufriedenstellend messen und *Planzeiten* ausreichend genau angeben lassen ist der *Zeiteinheitengrundsatz* zu beachten:

- Die *Zeiteinheit* zur Angabe einer Zeitlänge sollte eine Größenordnung von 1 bis 10 % der gemessenen Durchlauf-, Vorgangs- oder Prozeßzeit für die betreffende Prozeßkette haben.

Spielzeiten von Fördermitteln werden daher in der Regel in *Sekunden* angegeben und gemessen, *innerbetriebliche Transportzeiten* in *Minuten*, *außerbetriebliche Beförderungzeiten* auf der Schiene, der Straße oder in der Luft in *Stunden* und Fahrzeiten von Seeschiffen in *Tagen*.

Zur Messung von *Taktzeiten* und von *Vorgangszeiten* ist die *Sekunde* die geeignetste Zeiteinheit, denn wenn sich Einzelvorgänge sehr oft wiederholen, bewirken wenige Sekunden den Mehr- oder Minderbedarf vieler Mitarbeiter oder Geräte.

8.2
Periodeneinteilung

Die *Periodeneinteilung* ist ein erster und weitreichender Schritt der *Zeitplanung*. Sie ist eine *Intervalleinteilung* oder *Skalierung* des Planungszeitraums in gleiche Zeitabschnitte, die als *Perioden* bezeichnet werden. Der *Planungszeitraum* ist die Zeitspanne zwischen einem bestimmten Kalenderdatum und dem *Planungshorizont*.

In der *Langfristplanung* von Großunternehmen und der öffendlichen Hand wird mit Planungszeiträumen von mindestens 5 Jahren, vielfach auch von 10 Jahren, in der *Verkehrswegeplanung* sogar mit 20 oder 50 Jahren gerechnet. Die rollierende *Mittelfristplanung*, wie die *Geschäftsjahresplanung* und die *Absatzplanung* der Unternehmen, arbeitet mit Planungszeiträumen von 1, 2 oder 3 Jahren [14].

Die Zeiträume der kurzfristigen Planung ergeben sich aus dem *Grundsatz*:

- Für die *Kurzfristplanung, Prognoserechnung, Terminplanung* und *Auftragsdisposition*, muß ein Zeitraum betrachtet werden, der mindestens so lang ist wie die längste Auftragsdurchlaufzeit.

In *Industrieunternehmen* mit Lieferzeiten von mehreren Wochen bis zu einigen Monaten erstreckt sich die *rollierende Kurzfristplanung* über einen Zeitraum von mindestens 12 Monaten. In kleineren *Gewerbebetrieben*, wie im Handwerk und in Reparaturbetrieben, mit Liefer- oder Servicezeiten von einigen Tagen bis zu mehreren Wochen umfaßt der rollierende Planungszeitraum 5 Wochen bis 6 Monate.

Logistikdienstleister, wie Speditionen, Paketdienstleister, Bahn und Post, müssen in der Kurzfristplanung mit Planungszeiträumen von einem Tag bis zu maximal 2 Wochen arbeiten, um den kurzfristig schwankenden Anforderungen folgen zu können.

Die *Periodeneinteilung* ist für die Bedarfsprognose, Planung und Disposition von großer Tragweite (s. *Kapitel* 9, 10 und 11). Die zweckmäßige Periodeneinteilung ergibt sich aus der Aufgabe. Sie muß sorgfältig bedacht werden. Häufig wird die Periodeneinteilung aus der Vergangenheit fortgeschrieben, aus anderen Planungen übernommen oder unbedacht festgelegt. Hierdurch können Handlungsmöglichkeiten verspielt und wichtige Entscheidungen vorzeitig fixiert werden.

Für die Systemdimensionierung, Terminplanung, Auftragsdisposition, Prognoserechnung und Leistungsvergütung ist es erforderlich, den betrachteten Planungszeitraum in eine Folge gleich langer Perioden PE_i, i = 1,2 ..... N_{PE} aufzuteilen. Eine Periode PE_i ist eine Zeitspanne bestimmter Länge mit einem *Periodenanfang* t_i, der durch eine *Zeitangabe* (8.1) gegeben ist. Die *Periodenlänge* T_{PE} wird in *Zeiteinheiten* (8.2) gemessen.

Je nach benötigter Planungsgenauigkeit und abhängig von der Problemstellung werden die einzelnen Perioden in *Unterperioden* aufgeteilt. Übliche *Periodelängen* und *Periodeneinteilungen* sind:

- *Kalenderjahr, Geschäftsjahr* oder *Planungsjahr* mit Unterteilung in
Quartale	QU_i, i = 1, 2, 3, 4	
Kalendermonate	KM_i, i = 1, 2 ..., 12	
Kalenderwochen	KW_i, i = 1,2 ..., 52	(8.3)
Kalendertage	KT_i, i = 1,2 ..., 365.	

- *Monate* mit Unterteilung in
Monatstage	MT_i, i = 1,2 ... 20/21	(8.4)

- *Wochen* mit Einteilung in
Wochentage	WT_i, i = 1,2 ... 6.	(8.5)

- *Tage* mit Unterteilung in
Stunden	ST_i, i = 1,2 ... 24.	(8.6)

Die *Feinheit der Periodeneinteilung* bestimmt den *Fehler von Prognoserechnungen* (s. *Abschnitt 9.8*). Auch die *Genauigkeit der Terminplanung* und die *erreichbare Termintreue* hängen von der Periodeneinteilung ab. So verwendet die Bahn eine Periodeneinteilung in Stunden mit einer Unterteilung in Minuten, da die *Fahrpläne* der Züge auf die Minute genau sein sollen.

In vielen Unternehmen wird die *Auftrags-* und *Bestandsdisposition* zyklisch durchgeführt und der Dispositionszyklus an die *Periodenfrequenz* $v_{PE} = 1/T_{PE}$ gekoppelt. Die eingehenden Aufträge werden in einem *Auftragsspeicher* gesammelt und einmal, zweimal oder mehrmals pro Periode zur Bearbeitung eingeplant. Der Bestände werden in einem festen Zyklus – täglich, wöchentlich oder monatlich – überprüft und bei Unterschreiten des Meldebestands nachdisponiert (s. *Abschnitt 11.11*). Da Durchlaufzeiten und Bestände von der *Dispositionsfrequenz* abhängen, gilt die *Regel*:

- Bei zyklischer Auftrags-, Nachschub- und Bestandsdisposition lassen sich die Auftragsdurchlaufzeiten und Lagerbestände durch Verfeinerung der Periodeneinteilung und Erhöhung der Dispositionsfrequenz reduzieren.

Die Möglichkeit zur Verkürzung der Auftragsdurchlaufzeit durch Erhöhung der Taktfrequenz ist in der *Informatik* besser bekannt als in der Logistik. So wurden die Taktfrequenzen der PC in den letzten Jahren immer weiter erhöht und dadurch das Leistungsvermögen und die Antwortzeiten verbessert. Bei der Zeitplanung und Disposition in der Logistik aber wird die Freiheit zur Festlegung von Periodenlänge und Taktfrequenz nicht immer konsequent genutzt.

8.3
Betriebszeiten und Arbeitszeiten

Der zweite Schritt der Zeitplanung ist die Regelung der Betriebszeiten. Die Betriebszeit ist eine Abfolge von Zeitabschnitten $T_{BZ}(j)$, $j = 1,2 \ldots N_{BZ}$, mit festen Anfangszeitpunkten t_j und fester oder variabler Betriebsdauer $T_{BZ}(j)$. *Betriebszeiten* werden durch folgende Zeitangaben geregelt:

- *Betriebskalender* mit den *Kalenderdaten* der *Betriebstage* [BT] pro Jahr oder pro Woche

  $N_{AT} = 250$ bis 300 BT/Jahr   (8.7)

  $N_{AT} = 4$ bis 7 BT/Woche.

- *Anfangszeitpunkte* und *Anzahl Schichten* pro Woche oder pro Arbeitstag

  $N_{Sch} = 5$ bis 28 Schichten/Woche

  $N_{Sch} = 1$ bis 4 Schichten/BT.   (8.8)

- *Anfangszeitpunkte* und *Anzahl Betriebsstunden* pro Woche, Arbeitstag oder Schicht

  $N_{BSt} = 28$ bis 168 Betriebsstunden/Woche

  $N_{BSt} = 8$ bis 24 Betriebsstunden/BT   (8.9)

  $N_{Bst} = 5$ bis 10 Betriebsstunden/Schicht.

Die Betriebszeitpläne müssen mit den *Arbeitszeitplänen* des eingesetzten Personals abgestimmt sein. Der Arbeitszeitplan umfaßt eine allgemeine *Arbeitszeitregelung* und einen betriebsspezifischen *Personaleinsatzplan*. In der Arbeitszeitregelung werden der Urlaubsanspruch und die Anzahl Arbeitstage festgelegt, die eine *Vollzeitkraft* (VZK) oder eine *Teilzeitkraft* (TZK) pro Jahr, pro Woche und pro Tag zu leisten hat. Der Personaleinsatzplan regelt die Anwesenheit der einzelnen Mitarbeiter an den Wochentagen und in den Schichten.

Die Summe der Betriebszeiten einer Planungsperiode $T_{BZ} = \Sigma\, T_{BZ}(j)$ ist die *Gesamtbetriebszeit*. Der Anteil der Gesamtbetriebszeit T_{BZ} an der Periodenlänge T_{PE}

$$\eta_{BZ} = T_{BZ} / T_{PE} \qquad\qquad [\%] \qquad\qquad\qquad (8.10)$$

ist der *Zeitnutzungsgrad* der Betriebszeitregelung.

Für die weit verbreitete Betriebszeitregelung einer Wocheneinteilung mit 5 Arbeitstagen, 2 Schichten pro Tag und 7 Stunden pro Schicht, also mit 14 Betriebsstunden pro Arbeitstag ist der Zeitnutzungsgrad $\eta_{BZ} = 5 \cdot 14/(7 \cdot 24) = 41{,}7\,\%$. Das bedeutet: In weniger als 42 % der Zeit kann der betreffende Betrieb Leistungen produzieren und Aufträge bearbeiten. In den restlichen 58 % der Zeit bleiben die Ressourcen ungenutzt und die Aufträge liegen.

Für die Betriebszeitregelung gibt es folgende *Betriebszeitstrategien:*

- *Bedarfsabhängige Betriebszeiten*: Beginn und Dauer des Betriebs werden vom Leistungsbedarf bestimmt. Transportfahrten finden abhängig vom Transportaufkommen statt. Lieferaufträge werden rund um die Uhr angenommen. An- und Auslieferungen sind zu allen Zeiten möglich.

- *Planabhängige Betriebszeiten*: Der Betrieb findet zu geregelten Zeiten nach einem festen *Betriebszeitplan* statt. Transporte werden nach *Fahrplänen* durchgeführt. Der Logistikbetrieb hat feste Arbeitszeiten. Die Auftragsannahme hat bestimmte *Annahmezeiten*. An- und Auslieferzeiten sind zeitlich genau festgelegt. Für die Läden, Filialen und Märkte des Einzelhandels gelten feste *Ladenöffnungszeiten*.

Voraussetzungen für planabhängige Betriebszeiten sind ein für längere Zeit im voraus absehbarer Leistungsbedarf, ein konstanter oder in gleichen Zyklen wiederkehrender Leistungsbedarf sowie weitgehend gleichbleibende oder planbare Leistungsinhalte. Wenn diese Voraussetzungen erfüllt sind, können die Betriebzeiten abhängig von dem zu erwartenden Leistungsbedarf und dem daraus abgeleiteten Arbeitsanfall und Zeitbedarf im voraus geplant werden (s. *Abschnitt 9.10*). Diese Voraussetzungen sind zum Beispiel im öffentlichen Nahverkehr weitgehend erfüllt. Daher können die Fahrpläne und Frequenzen von Bahnen und Bussen auf den Beförderungsbedarf abgestimmt werden.

Die Festlegung der Betriebszeiten ist eine unternehmerische Entscheidung mit weitreichenden Konsequenzen. Ziele einer flexiblen Betriebszeitregelung sind eine *maximale Nutzung* der Ressourcen, *minimale Durchlaufzeiten* und *Flexibilität* gegenüber Bedarfsschwankungen.

Grundsätzlich sind die Anfangszeiten und die Länge der Betriebszeiten in bestimmten Grenzen *frei wählbare Parameter*, die es erlauben, den zeitlichen und mengenmäßigen Bedarf kostenoptimal und flexibel zu erfüllen. In der Praxis aber wird dieser zeitliche *Handlungsspielraum* durch eine Reihe von *Restriktionen* und *Regulierungen* erheblich eingeschränkt, wie

- tarifliche Arbeitszeit- und Urlaubsregelungen,
- gesetzliche Feiertage,
- Bestimmungen für Feiertags- und Nachtarbeit und für Überstunden,
- branchenspezifische Beschränkungen der Maschinenlaufzeiten,
- Ladenschlußgesetze,
- Fahrverbote für den gewerblichen Güterverkehr,
- Mitbestimmungsrechte bei Arbeitszeitregelungen und Betriebsurlaub.

Diese Restriktionen gehen in einzelnen Branchen und Ländern, wie etwa in der deutschen Textilindustrie, soweit, daß durch einen zu geringen Zeitnutzungsgrad die internationale Wettbewerbsfähigkeit verlorengeht und die Branche zum Sterben verurteilt ist. Der internationale Wettbewerbsdruck hat jedoch in den letzten Jahren eine allgemeine Tendenz zur *Deregulierung* ausgelöst und eine *Lockerung* der Betriebszeitrestriktionen bewirkt.

Während in der Vergangenheit die Arbeitszeitregelungen mit den Mitarbeitern die Regelung der Betriebszeiten einschränkten, werden in Zukunft die Markt- und Kundenanforderungen die Betriebszeitregelung bestimmen, von der sich wiederum flexible Arbeitszeitregelungen ableiten. Unternehmen, die diesen Wandel konsequent und rasch vollziehen, haben die besten Wettbewerbschancen.

8.4
Flexibilisierung und Synchronisation

Flexibilisierung und Synchronisation der Betriebszeiten sind *Zeitstrategien* zur Reduzierung der Durchlaufzeiten und zur Verbesserung der Effizienz. Zur Realisierung dieser Zeitstrategien ist eine Flexibilisierung der individuellen Arbeitszeit erforderlich.

1. Flexibilisierung der Betriebszeitdauer

Die Länge der Betriebszeiten innerhalb der einzelnen Perioden wird abhängig vom Leistungsbedarf ausgedehnt oder verkürzt, entweder durch Anpassung der Anzahl Arbeitstage oder Schichten pro Woche oder durch Variation der Anzahl Arbeitsstunden pro Tag oder Schicht. Ohne zusätzliche Ressourcen zu installieren, lassen sich durch Flexibilisierung der Betriebszeitdauer:

- das Leistungsvermögen von Leistungsstellen mit fester Grenzleistung einem veränderlichen Bedarf anpassen,
- die Arbeitszeit der Mitarbeiter besser nutzen, da sich Wartezeiten wegen fehlender Aufträge vermindern lassen,
- die Einsatzdauer der Transportmittel einem wechselnden Transportaufkommen besser anpassen,
- eine Produktion auf Lager vermeiden, wenn diese bisher zur Beschäftigung der anwesenden Mitarbeiter erforderlich war.

Eine flexible Betriebszeitdauer ist für das Dienstleistungsgewerbe, insbesondere für die Logistik, von größter Bedeutung, da hier kein *Arbeiten auf Vorrat* möglich ist und der Leistungsbedarf besonders stark schwanken kann. Aber auch die Industrie, voran die Automobilindustrie und deren Zulieferer, geht heute zu bedarfsabhängigen Betriebszeiten über und schafft auf diese Weise die *atmende Fabrik*.

Nachteile bedarfsabhängiger Betriebszeiten – vor allem bei stark schwankendem Bedarf – sind die *Vorhaltekosten* für den Betriebsmittelbedarf in Spitzenzeiten und eine *geringe Betriebsmittelauslastung* in bedarfsschwachen Zeiten. Bei extremen saisonalen Bedarfsschwankungen sind daher auch bei flexiblen Betriebszeiten entweder längere Lieferzeiten oder eine Produktion auf Lager unvermeidlich (s. *Kapitel* 10 und 11).

2. Synchronisation des Betriebsbeginns

Der Betriebsbeginn wird für parallel arbeitende oder voneinander abhängige Leistungsstellen aufeinander abgestimmt sowie für aufeinander folgende Leistungsstellen einer Leistungskette gegeneinander versetzt. Dadurch ist es möglich,

- *Auftragsdurchlaufzeiten* zu *verkürzen*, da ein Auftrag nicht mehr am Ende der Betriebszeit oder Periode in einer Leistungsstelle liegen bleibt, sondern in der nächsten Leistungsstelle sofort weiterbearbeitet wird,
- *Transportzeiten* und *Lieferzeiten* zu reduzieren, da längere *Liegezeiten* in den Umschlagpunkten entfallen,

- *Wartezeiten* von Mitarbeitern zu Beginn der Betriebszeit zu *vermeiden*, die bei gleichen Arbeitszeiten in allen Leistungsstellen entstehen, wenn eine Leistungsstelle erst nach Abschluß eines bestimmten Leistungspensums einer vorangehenden Leistungsstelle mit der Arbeit beginnen kann.

Beispielsweise kann mit dem tagesaktuellen Kommissionieren von *Auftragsserien* erst begonnen werden, wenn die Eingangsbearbeitung einer ausreichenden Anzahl am gleichen Tag eingehender Aufträge abgeschlossen ist und der Rechner einen entsprechenden *Batchlauf* ausgeführt hat, der die Kommisisonieraufträge generiert.

Wenn ein 24-Stunden-Service gefordert ist, muß in einem Logistikzentrum der Versand der fertig kommissionierten Waren auch nach Abschluß der regulären Arbeitszeit möglich sein. Die Abstimmung der Vorlaufzeiten, Hauptlaufzeiten und Nachlaufzeiten der Transportfahrten ist eine notwendige Voraussetzung für kurze Gesamtlaufzeiten in der Frachtspedition.

3. Flexible Arbeitszeiten
Durch Wochen- und Jahresarbeitszeitverträge ist es heute möglich, die Mitarbeiter bei einer *persönlichen Arbeitszeit*, die im Jahresmittel deutlich unter 40 Stunden pro Woche liegen kann, flexibel und bedarfsabhängig einzusetzen und dadurch lange Betriebszeiten zu erreichen. Bei der Optimierung der Betriebszeiten durch Betriebszeitstrategien sind folgende *Grundsätze* zu beachten:

- Administrative Leistungsstellen ohne unmittelbaren Kundenkontakt müssen sich in ihren Betriebszeiten nach den operativen Leistungsstellen richten und nicht umgekeht.
- In personalintensiven Leistungsbereichen, insbesondere in administrativen Organisationseinheiten, verbessert ein erhöhter Zeitdruck kurzzeitig das Leistungsvermögen, kann aber langfristig zum Nachlassen der Leistung und zum Absinken der Leistungsqualität führen.

Die Personalbesetzung administrativer Leistungsstellen braucht daher nicht auf kurzzeitige, für nur wenige Stunden oder Tage auftretende Leistungsspitzen ausgelegt zu sein. Sie sollte aber ausreichen, um das *durchschnittliche Arbeitsvolumen* einer Periode ohne permanenten Zeitdruck bewältigen zu können.

8.5
Auftragsdurchlaufzeit einer Leistungsstelle

Die *Auftragsdurchlaufzeit* T_{ADZ} durch eine Leistungsstelle ist die Zeitspanne zwischen Eintreffen eines Leistungsauftrages und dem Abschluß der Leistungsproduktion.

Die Auftragsdurchlaufzeit einer einzelnen Leistungsstelle setzt sich zusammen aus Wartezeiten, Rüstzeit, Leistungszeit und Verfahrenszeit:

Auftragsdurchlaufzeit = Wartezeit + Rüstzeit + Leistungszeit + Verfahrenszeit

oder

$$T_{ADZ} = T_{WZ} + T_{RZ} + T_{LZ} + T_{VZ}.$$ (8.11)

Die *Rüstzeit* T_{RZ} ist die Zeit, die benötigt wird, um eine Leistungsstelle für die Durchführung eines anstehenden Auftrags vorzubereiten und nach Ablauf der Leistungszeit für einen nachfolgenden Auftrag freizumachen. Rüstzeiten sind beispielsweise:

> *Auftragsannahmezeiten*
> *Vor- und Nachbereitungszeiten*
> *Materialbereitstellungszeiten*   (8.12)
> *Umschaltzeiten*
> *Lastaufnahme- und Lastabgabezeiten*
> *Basiszeiten beim Kommissionieren*
> *Be- und Entladezeiten*
> *Datenerfassungszeiten.*

Der Zeitbedarf für die Vor- und Nacharbeiten ist bei der Durchlaufzeitberechnung (8.11) nur soweit zu berücksichtigen, wie diese nicht im *Zeitschatten* während der Leistungszeit eines anderen Auftrags durchgeführt werden. Der *Zeitschatten* wird beispielsweise bei der Strategie der *Parallelisierung* zur Senkung der Durchlaufzeiten genutzt (s. *Abschnitt 8.11*).

Die *Leistungszeit* T_{LZ} ist die Zeit, die eine einsatzbereite Leistungsstelle zur Erzeugung der im Auftrag geforderten Leistung benötigt. Typische Leistungszeiten für *operative Leistungsprozesse* sind:

> *Produktionszeiten*
> *Fertigungszeiten*
> *Montagezeiten*
> *Abfüllzeiten*
> *Reparaturzeiten*   (8.13)
> *Demontagezeiten*
> *Bearbeitungszeiten*
> *Ein- und Auslagerzeiten*
> *Greifzeiten*
> *Wegzeiten*
> *Fahrzeiten.*

Leistungszeiten *administrativer* und *kreativer Leistungsprozesse* sind beispielsweise:

> *Datenverarbeitungszeiten*
> *Auftragsbearbeitungszeiten*
> *Denkzeiten*
> *Dispositionszeiten*   (8.14)
> *Planungszeiten*
> *Konstruktionszeiten*
> *Entwicklungszeiten.*

Die *Verfahrenszeit* T_{VZ} ist eine verfahrenstechnisch bedingte Zeitdauer, die verstreichen muß, bevor am Auftragsgegenstand der nächste Bearbeitungsschritt ausgeführt werden darf. Verfahrenszeiten sind beispielsweise:

$$\begin{aligned}&Trockenzeiten\\&Aush\ddot{a}rtungszeiten\\&Ablagerungszeiten\\&Reifezeiten\\&G\ddot{a}rungszeiten.\end{aligned}\qquad(8.15)$$

Die Summe von *minimaler Rüstzeit* $T_{RZ\,min}$, *minimaler Leistungszeit* $T_{LZ\,min}$ und *minimaler Verfahrensszeit* $T_{VZ\,min}$ ohne die Wartezeit ist die *minimale Auftragsdurchlaufzeit* einer Leistungsstelle:

$$T_{ADZmin} = T_{RZmin} + T_{LZmin} + T_{VZmin}. \qquad(8.16)$$

Die *Wartezeit* T_{WZ} ist der Anteil der Durchlaufzeit, der nicht durch Rüst-, Leistungs- und Verfahrenszeiten in Anspruch genommen wird. Sie ist gleich der Differenz zwischen der tatsächlichen und der minimalen Auftragsdurchlaufzeit. Wartezeiten ergeben sich aus

- *Ausfallzeiten* wegen Betriebsunterbrechung, Störung oder fehlender Personalbesetzung der Leistungstelle.
- *Totzeiten* infolge fehlender Daten, Informationen, Entscheidungen oder Anweisungen.
- *Nacharbeitszeiten* zur Behebung von Fehlern und Mängeln am Auftragsgegenstand
- *Stauzeiten* infolge der Belegung der Leistungsstelle durch vorangehende Aufträge.
- *Blockierzeiten* infolge eines Rückstaus aus einer nachfolgenden Leistungsstelle.
- *Materialbeschaffungszeiten*, die anfallen, wenn das zur Auftragsausführung benötigte Material erst noch beschafft oder hergestellt werden muß.
- *Unterbrechungszeiten* wegen Ausfalls oder Nichtverfügbarkeit einer vorangehenden Leistungsstelle.
- *Pufferzeiten*, die von der Auftragsplanung zum *Ansammeln* von Aufträgen, zur optimalen *Auslastung* oder zur wirtschaftlichen *Mehrfachnutzung* der Ressourcen für *konkurrierende Aufträge* disponiert werden.

Bei mangelhafter Wartung und schlechter Betriebsführung können Ausfallzeiten, Totzeiten und Nacharbeitszeiten die Leistungszeiten um ein Vielfaches überschreiten. Sie sind jedoch grundsätzlich beherrschbar. In gut geführten Betrieben haben diese Wartezeiten in der Summe einen deutlich kleineren Anteil an der Auftragsdurchlaufzeit als die Summe der Rüst- und Leistungszeiten.

Weitaus gravierender wirken sich die *Stauzeiten, Blockierzeiten, Materialbeschaffungszeiten* und *Pufferzeiten* auf die Auftragsdurchlaufzeit aus. Die Summe dieser Wartezeiten kann sehr viel größer sein als die Summe der Basis- und Leistungszeiten.

8.6
Durchlaufzeiten von Leistungsketten

Die *Auftragsdurchlaufzeit* T_{ADZ} durch eine Leistungskette ist die Zeitspanne zwischen dem *Auftragseingang* am Anfang der Auftragskette und der *Fertigstellung* des materiellen oder immateriellen Leistungsergebnisses am Ende der Auftragskette.

Der Auftrag kann ein *Fertigungsauftrag*, ein *Lieferauftrag*, ein *Nachschubauftrag*, ein *Transportauftrag*, ein *Zustellauftrag*, ein *Beförderungsauftrag* oder ein anderer *Leistungsauftrag* sein. Richtet sich der Auftrag an ein Handelsunternehmen, das Waren verkauft, oder einen Industriebetrieb, der Produkte herstellt, ist die Auftragsdurchlaufzeit gleich der *Lieferzeit* T_{LZ}, die zwischen Auftragserteilung und Erhalt der Waren oder Produkte durch den Kunden vergeht [73].

Maßgebend für die Lagerdispostion ist die *Nachschubzeit* oder *Beschaffungszeit* T_{BZ}, die zwischen Ausgang eines Nachschubauftrags und Eintreffen des Nachschubs im Lager vergeht. Richtet sich der *Nachschubauftrag* zur Lagerauffüllung an eine *interne Leistungsstelle* des gleichen Untenehmens, ist die Nachschubzeit eine *interne Beschaffungszeit*, wird das Lager von einer *externen Stelle* beliefert, ist die Nachschubzeit eine *externe Beschaffungszeit*.

Dabei ist zu unterscheiden zwischen der *Erstbeschaffungszeit* T_{EBZ}, die den *Vorbereitungsprozeß* einer erstmaligen Eigenfertigung oder den *Einkaufsprozeß* einer Erstbeschaffung umfaßt, und der *Wiederbeschaffungszeit* T_{WBZ} für eine *Wiederholfertigung* der eigenen Produktion oder für den Abruf aus einem bestehenden *Rahmenvertrag* mit einem Lieferanten. Die Wiederbeschaffungszeit ist in der Regel wesentlich kürzer als die Erstbeschaffungszeit.

Ist der Auftrag ein *Beförderungsauftrag* an eine Spedition oder an einen Logistikdienstleister, ist die Auftragsdurchlaufzeit gleich der *Laufzeit* T_{LZ} oder der *Transportzeit* T_{TZ} zwischen Abholort und Zustellort. Handelt es sich um einen *Leistungsauftrag*, ist die Auftragsdurchlaufzeit die *Servicezeit* T_{SZ}.

Im einfachsten Fall betrifft der Auftrag nur *eine* Leistungsstelle. Dann gelten für die Auftragsdurchlaufzeit die Ausführungen des vorangehenden Abschnitts. Meist sind jedoch mehrere Leistungstellen oder Leistungsbereiche an der Ausführung eines Auftrags beteiligt. Mehrpositionsaufträge, Fertigungsaufträge oder Montageaufträge, zu deren Durchführung mehrere Artikel, Zukaufteile oder Vorarbeiten benötigt werden, durchlaufen mit den von ihnen ausgelösten Materialströmen *parallel* und *nacheinander* eine Reihe von administrativen und operativen Leistungsstellen.

Wenn von einem Auftrag zwei oder mehr *parallele Leistungsstellen* in Anspruch genommen werden, gibt es, wie in *Abb. 8.1* dargestellt, *mehrere Teilleistungsketten*, die im Verlauf der Auftragsausführung zusammenlaufen und am Ende das fertige Produkt, die vollständige Leistung oder den kompletten Auftrag ergeben. Die an der Auftragsdurchführung beteiligten Leistungsketten münden in einer *Endleistungstelle*, die den externe Auftrag fertiggestellt. Typische Endleistungsstellen sind die Endmontage der Fertigung, der Warenausgang eines Betriebs und die Empfangsstelle einer Lieferung.

An der Durchführung eines externen Auftrags, der sich aus verschiedenen Teilleistungen, Artikeln oder Vorprodukten zusammensetzt, sind außer der Auftragskette mehrere Logistikketten beteiligt. Die Auftragskette beginnt mit der *Auftragsbearbeitungsstelle*, deren *auftragsspezifischer* Leistungsprozeß durch den betreffenden Auftrag ausgelöst wird, und setzt sich fort mit den Logistikketten, die an der Ausführung beteiligt sind. Die Logistikketten starten entweder mit einer *Produktionsstelle*, deren *freie Produktionskapazität* für die benötigte Auftragsmenge reserviert wird, oder mit einer *Lagerstelle*, aus deren *freiem Lagerbestand* die für den Auftrag benötigte Auftragsmenge entnommen wird.

Solange die *freie Produktionskapazität* oder der *Lagerbestand* ausreicht zur Deckung der für die externen Aufträge benötigten Mengen, sind die den Produktions- und Lagerstellen vorangehenden Leistungsstellen vom zeitkritischen *Auftragsprozeß* entkoppelt. Produktionsstellen mit freier Kapazität und Lagerstellen mit *freiem Bestand* ausreichender Höhe sind daher *Entkopplungsstellen* der Auftragskette.

An der Durchführung eines Auftrags sind also, wie in *Abb. 8.1* gezeigt, Leistungsstellen beteiligt, die auftragspezifisch arbeiten, und Entkopplungsstellen, die vorangeschaltete, nicht auftragspezifisch arbeitende Leistungsstellen von den auftragsspezifisch arbeitenden Leistungsstellen trennen. Durch die Entkopplungsstellen läuft die *Auftragsprozeßgrenze*. Die vor der Auftragsprozeßgrenze liegenden Leistungsstellen arbeiten *anonym* auf Vorrat. Ab der Auftragsprozeßgrenze arbeiten die Leistungsstellen *auftragsspezifisch*.

Die Auftragskette, deren Summe der Durchlaufzeiten am größten ist, ist die *zeitkritische Leistungskette* oder *Hauptleistungskette*. Die Hauptleistungskette bestimmt die Auftragsdurchlaufzeit. Die zeitunkritischen Leistungsketten sind *Nebenleistungsketten* oder *Zulieferketten* für Material, Teile und Module, die *rechtzeitig* für den Hauptprozeß bereitgestellt werden müssen.

Durch eine Verkürzung der Durchlaufzeiten oder das Zwischenschalten einer Entkopplungsstation in der Hauptleistungskette, aber auch durch eine Verlängerung der Durchlaufzeiten in einer Nebenleistungskette, kann die Hauptleistungskette zur einer Nebenleistungskette werden. Umgekehrt kann eine Nebenleistungskette zur Hauptleistungskette werden, wenn sie nicht mit einem ausreichenden Vorlauf beginnt.

Für *komplexe Leistungsprozesse*, wie die Durchführung von Großprojekten, der Aufbau von Anlagen und Systemen oder die Abläufe auf einer Großbaustelle, ist es zweckmäßig, alle Leistungsstellen und ihre gegenseitige Verknüpfung in einem speziellen Programm, z.B. *MS-Project*, zu erfassen, das nach einem geeigneten *Netzplanverfahren*, wie *PERT* oder *CPM*, aus den Verknüpfungen und den Zeiten der Einzelvorgänge die zeitkritische Leistungskette – auch *kritischer Pfad* genannt – errechnet und die *Engpaßstellen* ausweist [74].

Die Auftragsdurchlaufzeit T_{ADZ} ist gleich der Summe der *Auftragsdurchlaufzeiten* $T_{ADZ\,i}$ durch die Leistungsstellen LS$_i$, i =1,2...N, aus der sich die Hauptleistungskette zusammensetzt:

$$T_{ADZ} = \sum_{i=1}^{N} T_{ADZi} .$$

(8.17)

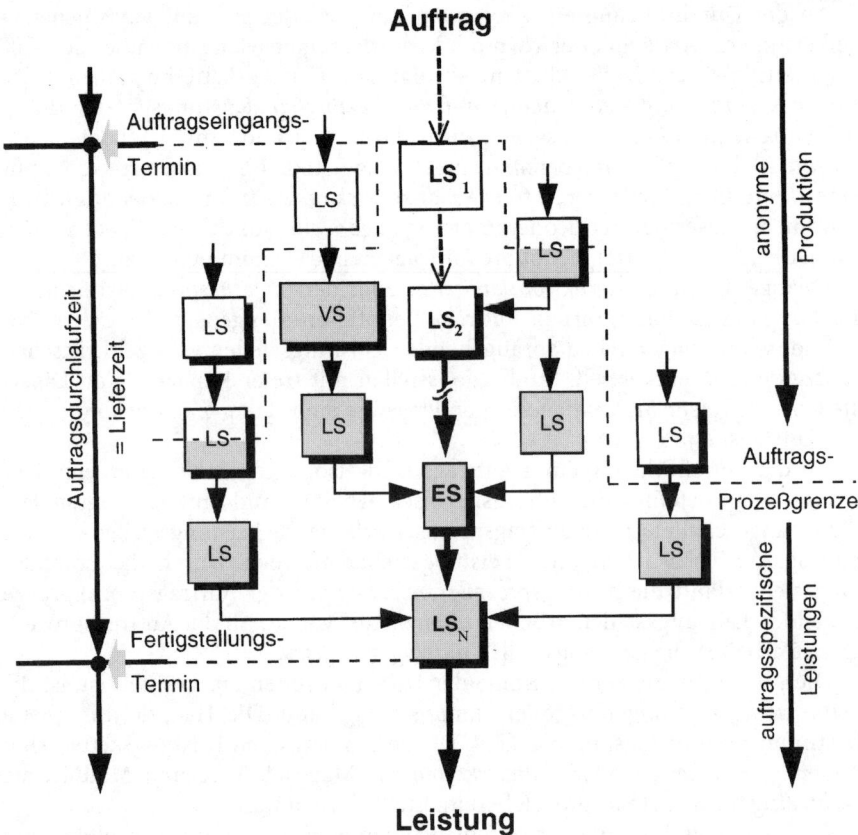

Abb. 8.1 Auftragsprozeß mit parallelen Leistungsketten

LS$_i$: Leistungsstellen
ES   Engpaßstelle
VS   Verschwendungsstelle
→   Hauptleistungskette = zeitkritische Leistungskette
→   Nebenleistungs- oder Zulieferketten
----   Auftragsprozeßgrenze

Die *minimale Auftragsdurchlaufzeit* T_{ADZmin} ist gleich der Summe der minimalen Durchlaufzeiten aller Leistungsstellen der Hauptleistungskette:

$$T_{ADZmin} = \sum_{i=1}^{N} T_{ADZmini} = \sum_{i=1}^{N} (T_{RZmini} + T_{LZmini} + T_{VZmini}), \qquad (8.18)$$

also gleich der Summe der minimalen Rüstzeiten, Leistungszeiten und Vorgangszeiten der zeitkritischen Prozeßkette.

Die Auslegung der zeitkritischen Leistungskette und das Festlegen der Entkopplungsstationen sind wichtige Schritte der *Prozeßgestaltung* und *Systemplanung.* Hierbei sind folgende *Regeln* zu beachten:

- Durch das Zwischenschalten ausreichend dimensionierter *Entkopplungsstationen* lassen sich die auftragspezifischen Leistungsketten verkürzen und die Auftragsdurchlaufzeit reduzieren.
- Je weiter zum Ende der Hauptleistungskette eine Entkopplungstation zwischengeschaltet wird, je später also das Material, die Teile und die entstehenden Produkte einem bestimmten Auftrag zugeordnet werden, desto kürzer sind die Lieferzeiten.
- Bei jeder Verkürzung der Hauptleistungskette ist zu prüfen, ob dadurch nicht eine Nebenleistungskette zur zeitkritischen Auftragsleistungskette wird.

Von der Möglichkeit zur Verkürzung der Lieferzeiten durch möglichst späte *Individualisierung* der Erzeugnisse wird beipielsweise in der *Fahrzeugindustrie* Gebrauch gemacht. Durch den Einsatz von werksnah angesiedelten *Teile-* und *Modullieferanten*, die nach einem *rollierenden Absatzplan* parallel zum Montageprozeß Teile und Module fertigen und diese nach Abruf in auftragsspezifischer Reihenfolge kurzfristig und termingerecht am Montageband bereitstellen, läßt sich die Lieferzeit eines PKW ab Werk auf wenige Tage reduzieren.

Voraussetzung für derart kurze Lieferzeiten ist allerdings, daß die Absatzplanung dem Bedarf entspricht und der Auftragseingang nicht für längere Zeit die Montagekapazität übersteigt. Die Wahrscheinlichkeit, daß die rollierende Absatzplanung für die Teile und Module den tatsächlichen Bedarf trifft, nimmt mit zunehmender Variantenvielfalt ab. Unerläßliche Bedingungen für kurze Lieferzeiten sind daher ein konsequentes *Variantenmanagement* und eine ausreichend verläßliche *Prognostizierbarkeit* des Bedarfs.

8.7
Materialdurchlaufzeit

Die *Materialdurchlaufzeit* T_{MDZ} ist die Zeitspanne zwischen *Materialeingang* und *Materialausgang* einer Logistikkette. Der Materialdurchlauf bindet Umlaufkapital, kostet Zinsen, benötigt Lager- oder Pufferplatz und ist mit Risiken verbunden.

Der Materialdurchlauf für auftragsspezifisch beschafftes oder produziertes Material wird durch einen *externen Auftrag* ausgelöst. Hierfür gilt die Bedingung:

- Die Materialdurchlaufzeit für *auftragsspezifisches Material* muß kürzer sein als die geforderte Lieferzeit.

Wenn diese Bedingung nicht erfüllbar ist, können kürzere Lieferzeiten nur durch Bevorratung des Materials und der Zulaufteile mit den zu langen Beschaffungszeiten erfüllt werden.

Zinsen und Lagerplatzkosten steigen linear mit der Materialdurchlaufzeit. Außerdem erhöhen sich die Kapitalbindung, die Zinskosten und das Lagerrisiko mit zunehmender Wertschöpfung beim Durchlaufen der Leistungskette.

Aus dem Ziel der *Kostensenkung* resultiert daher der *Grundsatz*:

- Wenn ein Lagern unerläßlich ist, sollte das Material möglichst *am Anfang* der Leistungskette in einer geringen Stufe der Wertschöpfung gelagert werden.

Dieser Planungsgrundsatz steht im Widerspruch zu der Regel des letzten Abschnitts, nach der zur Verkürzung der *Auftragsdurchlaufzeit* ein Lager als Entkopplungsstation möglichst *am Ende* der Hauptleistungskette liegen sollte. Dieser *Zielkonflikt* zwischen Kostensenkung und Auftragsdurchlaufzeit ist nur projektspezifisch lösbar (s. *Abschnitt 8.12*).

Ziel der *Bestandsdisposition* für Lager zur *Entkopplung von Produktionsprozessen* ist:

- Der Bestand des Lagers muß so disponiert werden, daß bei Einhaltung der geforderten Lieferfähigkeit und Lieferzeiten die *Prozeßkosten* der gesamten Logistikkette minimal sind.

Ein analoges Ziel gilt für die Bestandsdisposition in den *Lieferketten des Handels*:

- Die Warenbestände in den Filialen und die Bestände in den vorgeschalteten Reservelagern müssen so disponiert werden, daß bei *minimalen Prozeßkosten* für die gesamte Lieferkette eine *marktgerechte Warenverfügbarkeit* in den Filialen erreicht wird.

Nicht *auftragsspezifisches Material* wird aufgrund einer *Absatzprognose* oder *Produktionsplanung* nach einem *internen Auftrag* im voraus beschafft oder produziert und solange auf *Lager* genommen, bis es für einen externen Auftrag benötigt wird. Die Materialdurchlaufzeit für *Lagermaterial* ist daher größer als die Lieferzeit. Die Differenz zwischen der Materialdurchlaufzeit und der Lieferzeit ist die *Lagerzeit* des Materials. Die Lagerzeit von Material oder Ware, die im voraus beschafft oder hergestellt wurden, ist eine *Wartezeit auf Lieferaufträge*.

Durch *Vorabbeschaffung* oder *Lagerfertigung* von Verbrauchsmaterial, Teilen oder Modulen, für die noch keine externen Aufträge vorliegen, lassen sich die Lieferzeiten verkürzen. Außerdem sind dadurch größere Bestellmengen mit günstigeren *Beschaffungskosten* oder größere Fertigungslose mit geringeren *Herstellkosten* erreichbar.

Der Preis für die Senkung der Beschaffungs- oder Herstellungskosten und für die Reduzierung der Lieferzeiten durch Vorabbeschaffung oder Lagerfertigung sind die *Lagerprozeßkosten*, die sich zusammensetzen aus *Lagerplatzkosten*, *Zinskosten* und *Risikokosten* (s. *Kapitel 11*).

8.8
Zeitdisposition und Termintreue

Lieferzeiten und Termintreue hängen ab von den Durchlaufzeiten der Leistungsstellen, die an einem Auftrag beteiligt sind, von den Schwankungen der einzelnen Durchlaufzeiten und von der zeitlichen Auftragsdisposition.

Die Durchlaufzeit durch eine Leistungsstelle kann sich infolge stochastisch bedingter Wartezeiten und schwankender Leistungszeiten gegenüber der minimalen Durchlaufzeit (8.18) mehr oder weniger verlängern.

Die Durchlaufzeiten werden vor allem durch stochastisch schwankende Wartezeiten, die infolge von Staueffekten auftreten, verlängert. Mit ansteigender Auslastung einer Leistungsstelle nehmen die Länge und die Schwankungen der Wartezeiten rasch zu (s. *Abschnitt 13.5*). Größe und Schwankung der Durchlaufzeiten hängen daher von der Anzahl der im Auftragspuffer und der in Arbeit befindlichen Aufträge ab.

Aus der Überlagerung der Verteilungen von Wartezeiten und Leistungszeiten ergibt sich die in *Abb. 8.2* dargestellte *Durchlaufzeitverteilung*, die nach rechts *schiefverteilt* ist. *Mittelwert* und *Schwankungsbreite* dieser Verteilung lassen sich durch *Messung* der Durchlaufzeiten, durch *Berechnung* der Durchlaufzeitverteilung aus Wartezeit- und Leistungszeitverteilungen oder durch *Simulation* ermitteln.

Für jede Durchlaufzeitverteilung gibt es eine

- *X %-Durchlaufzeit* XDZ, die mit einer Wahrscheinlichkeit X eingehalten wird.

Um bei schwankender Durchlaufzeit einen vorgegebenen Liefertermin LT mit einer *Termintreue* X einzuhalten, muß mit dem Auftrag spätestens zum *letzmöglichen Starttermin* ST_{max} begonnen werden. Dieser ist gegeben durch

$$ST_{max} = LT - XDZ \; \geqq \; AET. \tag{8.19}$$

Wenn die Zeitspanne (LT-AET) zwischen dem geforderten *Liefertermin* LT und dem *Auftragseingangstermin* AET größer ist als die X%-Durchlaufzeit, gibt es einen *zeitlichen Handlungsspielraum*. Dieser ist für die in *Abb. 8.2* dargestellten *Zeitstrategien* der *Vorwärtsterminierung*, der *Rückwärtsterminierung* und der *freien Terminierung* nutzbar.

1. Vorwärtsterminierung

Mit der Auftragausführung wird begonnen, sobald die Leistungsstelle frei ist. Die Aufträge werden nach einer bestimmten *Abfertigungsstrategie* ausgeführt.

Nach Fertigstellung bleibt das Auftragsergebnis für die Dauer einer *Nachpufferzeit* NP = LT – AET – XDZ bis zum Liefertermin liegen. Hierfür wird Puffer- oder Lagerplatz benötigt.

2. Rückwärtsterminierung

Mit der Ausführung eines Auftrags wird erst zum letztmöglichen Starttermin (8.19) begonnen. Die einzelnen Aufträge werden in der zeitlichen *Reihenfolge ihrer Spätetsstarttermine* ausgeführt.

Vor der Ausführung befindet sich der Auftrag für eine *Vorpufferzeit* VP = LT – AET – XDZ in einem *Auftragspuffer*. Der Auftrag wird grade rechtzeitig – *just in time* – fertiggestellt.

Ein wesentlicher *Vorteil* der Rückwärtsterminierung ist, daß nach der Auftragsfertigstellung kein Lager- oder Pufferplatz benötigt wird. Diesem Vorteil steht das *Risiko der Terminüberschreitung* gegenüber.

3. Freie Terminierung

Mit der Auftragsbearbeitung wird zu einem *Starttermin* ST begonnen, der zwischen Auftragseingangstermin und Späteststarttermin liegt.

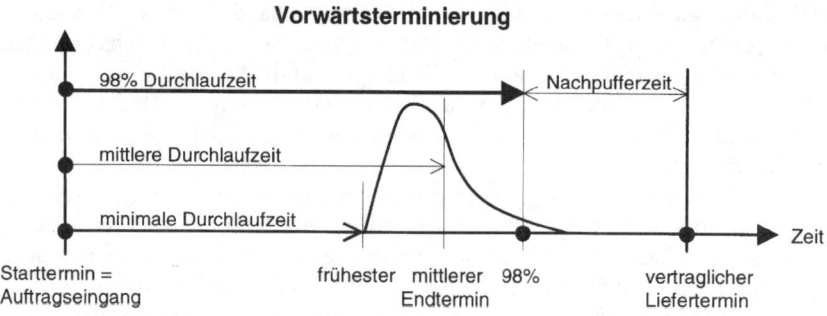

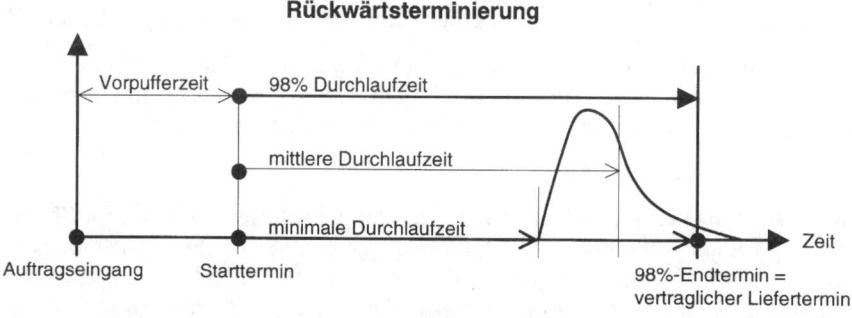

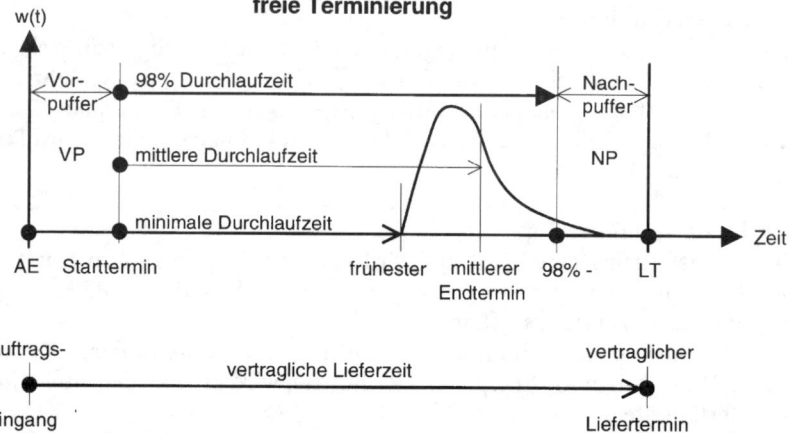

Abb. 8.2 Zeitdispositionsstrategien und Termintreue einer einzelnen Leistungsstelle
w(t) : Durchlaufzeitverteilung

Bis zur Ausführung wartet der Auftrag für eine *Vorpufferzeit* im Auftragspuffer. Die Vorpufferzeit ist in den Grenzen 0 < VP < LT – AET – XDZ frei wählbar. Nach Fertigstellung liegt das Ergebnis für eine *Nachpufferzeit* NP = LT – VP – AET- XDZ auf einem Lager- oder Pufferplatz.

Bei freier Terminierung und ausreichendem Auftragseingang ensteht ein *Auftragsbestand* AB(t), der sich im Verlauf der Zeit verändert, wenn *Auftragseingang* AE(t) oder *Produktionsleistung* PL(t) zeitabhängig sind (*s. Abschnitt 10.5*).

Bei freier Terminierung ist es möglich, die einzelnen Aufträge aus dem Auftragsbestand kostenoptimal zu *Sammelaufträgen* zu bündeln. Der Starttermin und die Ausführungsreihenfolge von Einzel- oder Sammelaufträgen können unter Berücksichtigung des Auftragsbestands so disponiert werden, daß neben der Termintreue die Auslastung, die Effizienz, die Prozeßkosten oder andere Zielgrößen optimiert werden (s. *Kapitel* 10).

8.9
Zeitdisposition mehrstufiger Leistungsketten

Wenn ein Auftrag eine Kette von Leistungsstellen durchlaufen muß, gibt es für jede einzelne Leistungsstelle die Möglichkeit der Vorwärtsterminierung, der Rückwärtsterminierung oder der freien Terminierung. Außerdem besteht in bestimmten Grenzen die Freiheit zur Festlegung der *Zwischenstarttermine* ST_i für die einzelnen Leistungsstellen. Zur Erläuterung zeigt *Abb. 8.3 oben* eine durchgängige *Rückwärtsterminierung* einer Leistungskette mit *Vorpufferzeiten* VP_i für eine angenommene *Termintreue* der einzelnen Leistungsstellen von 98 % und *Abb. 8.3 unten* eine *Just-In-Time Disposition* ohne *Vorpufferzeiten*.

Die Auftragsdisposition hat also für eine Leistungkette die Möglichkeit, die *Vorpuffer* und die *Zwischenstarttermine* frei zu wählen und dadurch mehrere Logistikziele optimal zu erfüllen. Dabei sind für die Zwischenstarttermine ST_i folgende Grenzen einzuhalten:

$$ST_i + XDZ_i \leqq ST_{i+1} \qquad \text{für alle } i = 0 \ldots N. \tag{8.20}$$

XDZ_i sind die X%-Durchlaufzeiten für eine Termintreue von X_i der Leistungsstellen LS_i. ST_0 ist der Eingangstermin der ersten Leistungsstelle LS_0 und ST_N der Eingangstermin der letzten Leistungsstelle LS_N.

Die minimale X%-Durchlaufzeit XDZ_{min} für den Gesamtauftrag ist die gleich der Summe der X_i%-Durchlaufzeiten XDZ_i der einzelnen Leistungsstellen:

$$XDZ_{min} = \sum_i XDZ_i \leqq LZ_{soll} = LT - AET, \tag{8.21}$$

Diese muß kleiner sein als die geforderte Lieferzeit LZ_{soll}. Wenn diese Bedingung nicht erfüllt bar ist, kann der Liefertermin nicht mit der geforderten Termintreue eingehalten werden. Dann muß vom Auftraggeber entweder eine geringere Liefertreue akzeptiert oder ein späterer Liefertermin vereinbart werden.

Die *Termintreue* ist gleich der Wahrscheinlichkeit, daß eine bestimmte Liefer- oder Durchlaufzeit eingehalten wird. Daher ist, wenn in Beziehung (8.21) das

Disposition mit Zeitpuffer

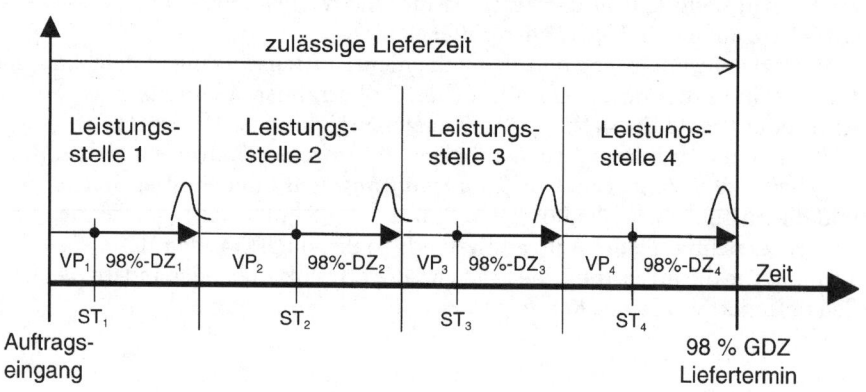

Just-In-Time-Disposition

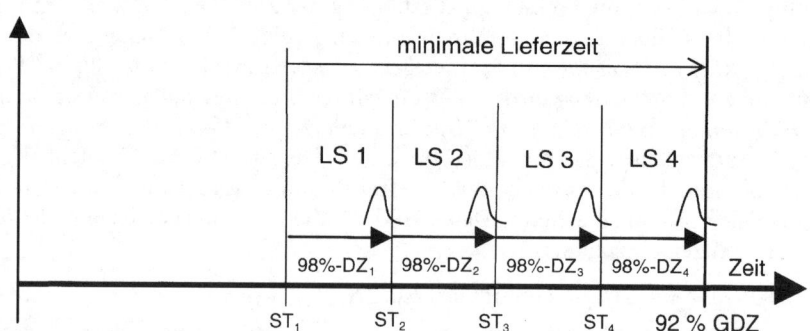

Abb. 8.3 Rückwärtsterminierung in einer Leistungskette mit und ohne Zeitpuffer

LS_i Leistungsstellen
GDZ   Gesamtdurchlaufzeit
ST_i Starttermine
DZ_i Durchlaufzeit von LS_i
VP_i Vorpufferzeiten

Gleichheitszeichen gilt, die Gesamttermintreue der Leistungskette gleich dem Produkt der Termintreue der einzelnen Leistungsstellen

$$\eta = \eta_1 \cdot \eta_2 \cdots \eta_n.$$ (8.22)

Hieraus folgt der allgemeine *Grundsatz*:

- Damit die Termintreue für den Gesamtauftragsdurchlauf $X = \eta$ ist, muß die *mittlere Termintreue* der nacheinander an diesem Auftrag beteiligten Leistungsstellen $X_i \geq \eta^{1/n}$ sein.

Solange das Produkt der Termintreue der einzelnen Leistungsstellen größer als die geforderte Gesamttermintreue ist und in Bedingung (8.21) das Ungleichheitszeichen gilt, sind für die zeitliche Disposition der Starttermine und der Vorpufferzeiten folgende zentralen und dezentralen *Zeitdispositionsstrategien* möglich.

1.1 Zentrale Disposition mit Push-Prinzip

Die *zentrale Auftragsdisposition* erfaßt – wie in *Abb. 8.4* dargestellt – die externen Aufträge, zerlegt sie in interne *Subaufträge* für die beteiligten Leistungsstellen, bestimmt für jede Leistungsstelle unter Berücksichtigung des aktuellen Auftragsbestands nach *Strategien zur optimalen Auslastung* die Starttermine und Vorpufferzeiten und übergibt die Subaufträge *nacheinander* an die erste, die zweite und alle weiteren Leistungsstellen.

Durch die zugeteilten Subaufträge wird das Geschehen in den Leistungsstellen *angeschoben*. Die Leistungsstellen warten auf Aufträge der Auftragsdisposition und geben das Auftragsergebnis unverzüglich an die nächste Stelle weiter, wenn es fertiggestellt ist.

Die Auftragskette arbeitet nach dem *Push-Prinzip*. Die Zwischenprodukte lagern, wenn überhaupt, in den Empfangsstellen.

1.2 Zentrale Disposition mit Pull-Prinzip

Wie bei der Zentraldisposition nach dem Pull-Prinzip erfaßt und disponiert die *zentrale Auftragsdisposition* die externen Aufträge. Die Subaufträge werden jedoch in diesem Fall gleichzeitig an alle Leistungsstellen der Auftragskette mit der Maßgabe verteilt, das Auftragsergebnis erst weiterzugeben, wenn dies von der folgenden Leistungsstelle verlangt wird.

Auf diese Weise wird der Auftragsgegenstand beginnend bei der letzten Leistungsstelle durch die Auftragskette *gezogen*. Die Auftragskette arbeitet nach dem *Pull-Prinzip*. Die Zwischenprodukte lagern bei den Abgabestellen [254].

1.3 Zentrale Disposition mit Engpaßterminierung

Unter Nutzung des zeitlichen Spielraums zwischen Auftragseingang und Liefertermin werden von der Auftragszentrale nach den in *Kapitel 10* dargestellten *Bearbeitungs- und Abfertigungsstrategien* zuerst die *Engpaßstellen der Hauptleistungskette* so mit den Aufträgen eines Auftragsbestands belegt, daß das Leistungsvermögen der Engpaßstellen optimal genutzt wird. Die Terminierung der Aufträge für die übrigen Leistungsstellen der Haupt- und Nebenauftragsketten leitet sich aus der optimalen zeitlichen Belegung der Engpaßstellen ab. Sie erhalten ihre Aufträge entweder nach dem Push-Prinzip von der zentralen Auftragsdisposition oder dezentral dem nach Pull-Prinzip von der jeweils nachfolgenden Stelle. Die zentrale Engpaßterminierung ist Kernstrategie vieler PPS- und ERP-Systeme zur Produktionsplanung und Fertigungssteuerung [104; 234].

Zentrale Disposition mit Push-Prinzip

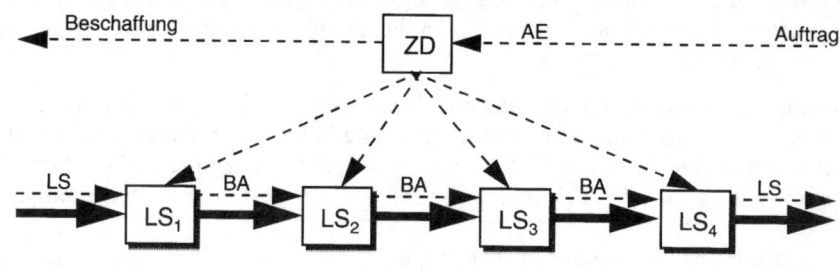

Dezentrale Disposition mit Pull-Prinzip

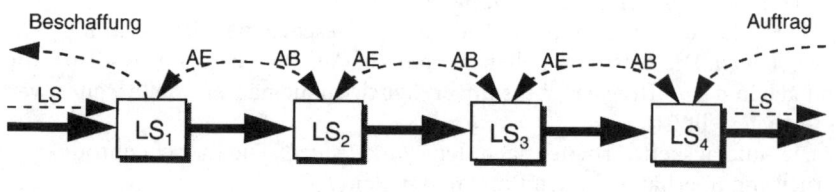

Dezentrale Disposition mit Push-Prinzip

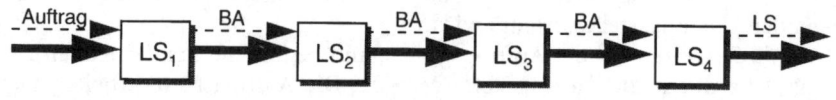

Abb. 8.4 Zentrale und dezentrale Disposition mit Push- und Pull-Prinzip

→	Materialfluß	--->	Datenfluß
LS$_i$	Leistungsstellen	ZD	Zentrale Auftragsdisposition
AE	Auftragseingang	AB	Auftragsbestätigung
BA	Begleitauftrag	LS	Lieferschein

In allen Fällen überwacht eine *zentrale* Auftragsdisposition die Einhaltung der Termine, beschafft das benötigte Material, sorgt für die erforderlichen Betriebsmittel und regelt die Zwischenlagerung. Bei Störungen, Ausfällen oder Verzögerungen muß die Auftragsdisposition eingreifen und notfalls umdisponieren. Die

Auftragsdisposition kann außer den *externen Kundenaufträgen* bei Bedarf auch *interne Lageraufträge* einplanen, die nicht durch aktuelle Kundenaufträge abgedeckt sind (s. *Kapitel* 10).

Der wesentliche *Vorteil* einer zentralen Auftragsdisposition ist, daß der zeitliche Handlungsspielraum zum Erzielen eines *Gesamtoptimums* genutzt werden kann. *Negative Auswirkungen* der durch eine zentrale Auftragsdisposition *fremdgeregelten Abläufe* sind fehlende Verantwortung, wenig Eigeninitiative, geringere Effizienz und unzureichende Motivation der Mitarbeiter. Das kann sich vor allem in Störfällen sehr nachteilig auswirken. Ein Ausweg aus diesem Nachteil ist eine *dezentrale Auftragsdisposition*.

2.1 Dezentrale Disposition mit Pull-Prinzip
Der externe Auftrag geht bei der *letzten Leistungsstelle* ein, die den Gesamtauftrag fertigstellen muß. Diese disponiert unter Berücksichtigung ihres aktuellen Auftragsbestands *sofort* den Starttermin und die Vorpufferzeit des im eigenen Leistungsbereich liegenden Auftragteils und gibt entsprechend terminierte *Zuliefer-* oder *Vorarbeitsaufträge* an die voranliegenden Leistungsstellen weiter. Die vorangehenden Stellen verfahren mit den ihnen erteilten Aufträgen ebenso, bis die Auftragsprozeßgrenze erreicht ist.

Umgehend nach Einplanung und Prüfung der Lieferfähigkeit teilt jede Leistungsstelle der Empfangsstelle einen machbaren Termin für den Auftrag mit. Nach Erhalt aller Auftragsbestätigungen von den vorangehenden Leistungsstellen plant die letzte Leistungsstelle den *verbindlichen Liefertermin* und teilt ihn dem Kunden mit. Jede Leistungsstelle entscheidet weitgehend selbständig über die Materialbeschaffung, die Bevorratung und den Ressourceneinsatz. Auf Störungen, Ausfälle und Verzögerungen reagieren die Leistungsstellen eigenverantwortlich.

Bei dieser Art der dezentralen Disposition *ziehen* die einzelnen Leistungsstellen aus den vorangehenden Stellen zunächst die *Auftragsbestätigung* und nach Erreichen des Fälligkeitstermins das *Auftragsergebnis*. Die einzelnen Leistungsstellen stehen zueinander in einem *Kunden-Lieferanten-Verhältnis* und kontrollieren sich auf diese Weise gegenseitig. Die Leistungskette arbeitet nach dem *Pull-Prinzip*.

Die einfachste Realisierung des Pull-Prinzips ist das *Kanban-Verfahren*: Jede Leistungsstelle meldet den Zulieferstellen den Bedarf durch das Bereitstellen eines geleerten *Behälters* an einem vereinbarten Übergabeplatz. Eine Begleitkarte – auf Japanisch *Kanban* – gibt die Art und Nachschubmenge des benötigten Artikels an. Die Zulieferstelle nimmt nach Anlieferung eines Vollbehälters den Leerbehälter mit und erhält auf diese Weise den nächsten Auftrag.

Die dezentrale Disposition mit Pull-Prinzip wird in der *Fließfertigung* von Produkten eingesetzt, die in großer Variantenvielfalt nach spezifischen Kundenwünschen aus einer kleineren Vielfalt von Teilen und Modulen in kurzer Durchlaufzeit zu geringen Kosten herzustellen sind. Beispiele sind die Automobilindustrie und deren Zulieferer, die Hersteller von Haushaltsgeräten, die Produzenten von Unterhaltungselektronik und die Computerindustrie.

2.2 Dezentrale Disposition mit Push-Prinzip

Die dezentrale Disposition nach dem Push-Prinzip läuft, wie in *Abb. 8.4* gezeigt, analog zur dezentralen Auftragsdisposition nach dem Pull-Prinzip. Der externe Auftrag geht jedoch zusammen mit einem Auftragsgegenstand in der *ersten* Leistungsstelle der Leistungskette ein, die damit auch Auftragsannahmestelle ist.

Der Auftragsgegenstand kann ein Paket oder eine Sendung mit einem Transportauftrag sein, aber auch ein Vorprodukt, Material und Teile für einen Produktions- oder Montageauftrag. Die erste Leistungsstelle disponiert ihren eigenen Vorpuffer und Starttermin. Sie gibt ihr Auftragsergebnis nach *Vorankündigung* oder mit einem *Begleitauftrag* an die nächste Leistungsstelle zur Bearbeitung weiter.

Der vom Auftraggeber bestimmte Empfänger erhält das bestellte Auftragsergebnis, z.B. das Paket, den Sendungsinhalt oder das fertige Erzeugnis, zusammen mit einem *Lieferschein* von der letzten Leistungsstelle der Auftragskette. Auf diese Weise *schiebt* eine Leistungsstelle die Arbeit der nächst folgenden Leistungsstelle an. Die Leistungskette arbeitet nach dem *Push-Prinzip*.

Die dezentrale Disposition in Verbindung mit dem Push-Prinzip ist typisch für *Beförderungs- und Zustellaufträge* und wird von Post, Bahn, Paketdiensten und Spediteuren praktiziert. Das Verfahren wird aber auch in der *Werkstattfertigung* eingesetzt.

Vorteile der dezentralen Disposition sind die größere Eigenverantwortung und die daraus resultierende Motivation und höhere Effizienz der weitgehend unabhängig arbeitenden Leistungsstellen. Unter optimalen Voraussetzungen verläuft der gesamte Auftragsprozeß *selbstregelnd*. Administrative Kosten und Zeitverluste einer zentralen Auftragsdisposition entfallen.

Die vollständig dezentrale Disposition hat jedoch folgende *Nachteile*:

- Bei unvorhergesehen großen Bedarfsschwankungen und starken Veränderungen der Auftragsinhalte können sich die Reaktionszeiten bis zur Auftragsbestätigung und die Gesamtlieferzeit erheblich verlängern, wenn die einzelnen Leistungsstellen nicht vorbereitet sind.
- Neue Produkte oder andersartige Leistungen können nur nach längerer Vorplanung und Abstimmung ausgeführt werden.
- Die Leistungsstellen, die sich nahe der Auftragsannahmestelle befinden, verbrauchen ohne Rücksicht auf das Gesamtoptimum einen größeren Teil des zeitlichen Handlungsspielraums und belassen den übrigen Stellen zu wenig Spielraum.

Diese Nachteile und Probleme der rein dezentralen Auftragsdisposition sind nur unter folgenden *Voraussetzungen* beherrschbar:

- Die *Reaktionszeit* der Leistungsstellen auf Anfragen ist hinreichend kurz.
- Die *Durchlaufzeiten* der Aufträge durch die einzelnen Leistungsstellen ist nicht zu lang.
- Der *Bedarf* ist soweit im voraus bekannt oder so gut prognostizierbar, daß jede Leistungsstelle ihren Materialbedarf und ihre Ressourceneinsatz vorausplanen kann.

- Die Aufträge betreffen *Standardprodukte* oder *Standardleistungen,* deren Abläufe bekannt sind und deren Durchlaufzeiten in den Leistungsstellen wenig schwanken.
- *Generelle Regeln* für die Disposition von Pufferzeiten und Startterminen in den Leistungsstellen verhindern den suboptimalen Verbrauch des zeitlichen Handlungsspielraums.

Wenn diese Voraussetzungen für eine dezentrale Disposition nicht erfüllbar sind, muß sie von einer zentralen *Auftragsdisposition* unterstützt werden. Die zentrale Auftragsdisposition entwickelt übergreifende Strategien, gibt allgemeine Regeln für die Zusammenarbeit vor, übernimmt die mittel- und langfristige Planung der Ressourcen und stellt durch ein *Logistikcontrolling* sicher, daß Auslastung, Auftragsdisposition, Termineinhaltung und Kosten der Leistungsstellen im vorgegebenen Rahmen liegen.

In der Praxis finden sich die unterschiedlichsten Kombinationen von zentraler und der dezentraler Disposition und von Pull- und Push-Prinzip. Die Abschnitte der Leistungskette bis zur Auftragsprozeßgrenze werden einfacher zentral disponiert und arbeiten effizienter nach dem Push-Prinzip. Die auftragspezifischen Leistungsstellen disponieren besser dezentral und arbeiten rascher und effizienter selbständig nach dem Pull- oder Push-Prinzip.

8.10
Just-In-Time

Just-In-Time im eigentlichen Sinn des Wortes ist die *Rückwärtsterminierung einer Leistungskette ohne Zeitpuffer* zwischen den einzelnen Bearbeitungsstellen. Wie in *Abb. 8.3* dargestellt, wird der jeweilige Auftrag von einer Leistungsstelle mit einer Termintreue η_i grade rechtzeitig fertiggestellt und an die nächste Leistungsstelle weitergegeben. *Grade rechtzeitig – Just In Time –* heißt, daß die Auftragsgegenstände, die auf eine Leistungsstelle oder einen Hauptleistungsprozeß zulaufen, nicht zwischengelagert werden müssen [72; 73].

Die *Just-In-Time-Strategie* ist anwendbar auf die Hauptleistungskette, beispielsweise die Kern- oder Endmontage, wie auch auf Zulieferketten. Sie bietet folgende *Vorteile*:

- Die Gesamtauftragsdurchlaufzeit ist minimal.
- Puffer und Lager sind nicht erforderlich.

Diese Vorteile der Just-In-Time Strategie müssen jedoch mit folgenden *Nachteilen* erkauft werden:

- Eine Kostenoptimierung durch Nutzung vorhandener Zeitpuffer zur optimalen Kapazitätsauslastung ist nicht möglich.
- Die Wahrscheinlichkeit der Einhaltung einer Termintreue η für den Gesamtauftragsdurchlauf sinkt mit dem Produkt $\eta = \eta_1 \cdot \eta_2 \cdots \eta_n$ der Termintreue η_i der einzelnen Leistungsstellen

So ist die Termintreue der Gesamtdurchlaufzeit für das in *Abb. 8.3* dargestellte Beispiel von 4 Leistungsstellen einer Hauptleistungskette mit einer angenommenen Termintreue der einzelnen Stellen von 98 % nur $0,98^4 = 0,922 = 92,2 \%$.

Just-In-Time im eigentlichen Sinn des Wortes ist daher nur unter folgenden *Voraussetzungen* sinnvoll einsetzbar:

- Termintreue und Ausfallsicherheit der beteiligten Leistungstellen sind hoch.
- Durch Auftragsbündelung sind keine wesentlichen Kosteneinsparungen erreichbar.

Diese Voraussetzungen von Just-In-Time sind in der *Fließfertigung* von Einzelprodukten mit *gleichbleibendem Durchsatz, wenig schwankenden Durchlaufzeiten, geringen Umrüstzeiten, hoher Verfügbarkeit* und *großer Fehlerfreiheit* der beteiligten Leistungsstellen erfüllbar. Das gilt beispielsweise für die Endmontage in der Automobilindustrie, für die Herstellung von Haushaltsgeräten und für die Produktion von Büromaschinen und Computern. In diesen und einigen weiteren Branchen konnten durch Just-In-Time – oft in Verbindung mit *Kanban* – teilweise spektakuläre Lieferzeitverkürzungen erreicht werden.

In anderen Branchen mit ungleichmäßigem Durchsatz und schwankenden Durchlaufzeiten der Einzelstationen hat sich Just-In-Time zur Durchlaufzeitminimierung und Vermeidung von Lager- und Pufferbeständen nicht bewährt oder als zu kostenaufwendig erwiesen. Aber auch in manchen Branchen, die Just-In-Time mit Erfolg eingeführt haben, ist inzwischen eine Abkehr von der minuten- oder stundengenauen Anlieferung und die Einführung der ein- oder mehrtagesgenauen Anlieferung zu verzeichnen. Auch *Zwischenpuffer* werden wieder zugelassen [36; 37].

Just-In-Time hat heute in der Logistik an Bedeutung verloren. Alle Versuche, Just-In-Time durch Auflockerung der strengen Terminbindung, Zulassen größerer Zwischenpuffer und Hinzunahme der übrigen Logistikziele zu einer *Just-In-Time-Philosophie* zu erweitern, führen zur allgemeinen Logistikaufgabe, nach der das benötigte Gut *zur rechten Zeit*, also *Just In Time*, am richtigen Ort bereitzustellen ist [72]. Der wichtigste Beitrag der Just-In-Time-Bewegung besteht darin, daß sie die Bedeutung der Zeit für die Logistik bewußt gemacht hat [73].

8.11
Strategien zur Lieferzeitverkürzung

Außer Just-In-Time gibt es eine Vielzahl von Strategien zur Reduzierung von Durchlaufzeiten und Lieferzeiten, die sich nach ihrer *Kostenwirksamkeit* einteilen lassen in *kostensenkende, kostenneutrale* und *kostenerhöhende Zeitstrategien*.

Die wichtigsten *Strategien zur Durchlauf- und Lieferzeitverkürzung* sind in der Reihenfolge ihrer *Kostenwirksamkeit*:

- *Eliminieren*: Das Eliminieren von vermeidbaren Stufen der Auftragskette, das Reduzieren von Liegezeiten und Wartezeiten und das Streichen von Vorgängen oder Tätigkeiten, die nicht zur Wertschöpfung beitragen, sind Möglichkeiten zur Durchlaufzeitverkürzung, die meist auch zu einer Kostensenkung führen. Eliminierbare Wartezeiten und entbehrliche Vorgänge gibt es vor allem in den *administrativen Leistungsstellen*. Beispiele sind Wartezeiten auf Informationen, das Weiterführen von Karteien, auch wenn es Datenbanken gibt, das

Mehrfacherfassen gleicher Daten oder aufeinander folgende Ein- und Ausgangskontrollen (s. *Abschnitte 2.6* und *2.7*).

- *Entstören*: Das Beseitigen von *Störstellen* in der Hauptleistungskette, also von *Ausfallstellen*, *Fehlerstellen* und *Verzögerungsstellen*, ist eine meist kostensparende, kurzfristig durchführbare und in vielen Fällen äußerst wirksame Maßnahme zur Durchlaufzeitreduzierung für alle Aufträge (s. *Abschnitt 4.2*). Darüber hinaus werden durch das Entstören die Schwankungen der Durchlaufzeiten vermindert und damit die *Termintreue* verbessert.

- *Vereinfachen*: Durch die Vereinfachung von Abläufen und Verfahren lassen sich sowohl Durchlaufzeiten verkürzen als auch Kosten senken.

- *Standardisieren*: Nach dem Eliminieren überflüssiger Vorgänge und der Vereinfachung der Abläufe und Verfahren kann die Definition und Einführung von *Standardprozessen* für eine minimale Anzahl benötigter Abläufe zu weiteren Zeiteinsparungen und Kostensenkungen führen. Ebenso kann die Standardisierung von Teilen, Modulen und Produkten wie auch von Ladehilfsmitteln und Ladeeinheiten zur Einsparung von Zeit und Kosten beitragen.

- *Reihenfolgestrategien*: Bei freier Terminierung lassen sich durch *optimale Reihenfolge* und *zeitliche Disposition* der Aufträge nicht nur Durchlaufzeiten reduzieren sondern auch Auslastungen verbessern, Leistungen steigern und Kosten senken. Reihenfolge- und Zeitstrategien sind durch geeignete *Prozeß-Planungs- und Steuerungssysteme* (PPS) mit relativ geringen Kosten realisierbar (s. *Kapitel 10*).

- *Terminieren*: Das Vereinbaren eines verbindlichen Liefertermins und das Festlegen hieraus abgeleiteter verbindlicher Abliefertermine für die beteiligten Leistungsstellen bewirken ein terminbewußtes Arbeiten, eine höhere Termintreue und effektiv kürzere Auftragsdurchlaufzeiten. Das Terminieren ist bei dezentraler Disposition nicht unbedingt mit Mehrkosten verbunden. Die Terminierung darf sich jedoch nicht nur auf Eilaufträge beschränken.

- *Synchronisieren*: Der Betriebsbeginn für parallel arbeitende Leistungsstellen wird aufeinander abgestimmt und für aufeinander folgende Leistungsstellen gegeneinander versetzt. (s. *Abschnitt 8.4*). Das Synchronisieren ist eine relativ kostengünstige Strategie, die sich auf die Durchlaufzeit aller Aufträge positiv auswirkt. Beispiele für das Synchronisieren in der Logistik sind die aufeinander abgestimmten *Fahrpläne* der Bahn, die *grüne Welle* der Ampelschaltung im Straßenverkehr oder die *Regalbestückung* in den Filialen des Einzelhandels vor Beginn der Verkaufszeit.

- *Flexibilisieren*: Durch das Vorhalten flexibel einsetzbarer Ressourcen, durch flexible Personaldisposition mit Springereinsatz und durch bedarfsabhängige Betriebszeiten lassen sich Wartezeiten in Spitzenbelastungszeiten oder infolge von Veränderungen der Auftragsinhalte vermeiden. Die Flexibilität hat ihren Preis, ist aber in einigen Fällen geeignet, außer den Durchlaufzeiten auch die Gesamtkosten zu senken.

- *Parallelisieren*: Die Aufträge werden, soweit das möglich ist, in *Teilaufträge* zerlegt, die in parallelen Leistungsstellen gleichzeitig bearbeitet werden. Eine andere Möglichkeiten der Parallelisierung ist das Ausführen von Vor- oder Nacharbeiten im *Zeitschatten* anderer Aufträge. Das Parallisieren ist in vielen

Fällen kostenneutral und läßt sich kombinieren mit einer kostensparenden *Spezialisierung* der Leistungsstellen (s. *Kapitel* 10).

- *Entkoppeln*: Die Lieferzeit läßt sich ganz entscheidend reduzieren durch das Zwischenschalten von Entkopplungsstellen zur Verkürzung der zeitkritischen Leistungskette. Der Preis für das Entkoppeln ist jedoch eine *Lagerfertigung* in den vorangehenden Leistungsstellen, die mit Lagerhaltungskosten und Bestandsrisiken verbunden ist. Voraussetzung für das Entkoppeln ist daher eine gute *Prognostizierbarkeit* des Bedarfs (s. *Kapitel* 9).

- *Flip-Flop-Prinzip*: Das Einrichten von zwei Stellen mit gleicher Funktion, von denen abwechselnd die eine Stelle arbeitet während sich die andere Stelle vorbereitet, ist eine wirksame, allerdings auch mit Mehrkosten verbundene Strategie zur Durchlaufzeitverkürzung.

- *Priorisieren*: Die einfachste Priorisierung ist das Vorziehen von *Eilaufträgen*. Hierdurch läßt sich die Durchlaufzeit der Eilaufträge erheblich verkürzen, solange ihr Anteil nicht wesentlich über 10 % liegt. Das Vorziehen der Eilaufträge wirkt sich jedoch meist nachteilig auf die Durchlaufzeiten und die Prozeßkosten der *Normalaufträge* aus. Das gilt vor allem, wenn die Eilaufträge mit *absoluter Priorität* ausgeführt und Arbeiten an bereits laufenden Aufträgen für die Eilaufträge unterbrochen werden. Eine Priorisierung ohne derart negative Auswirkungen ist das Ausführen von *Kundenaufträgen vor Lageraufträgen*.

- *Auflösen*: Kundenspezifische Einzelfertigung anstelle anonymer Serienfertigung, das Zerlegen größerer Aufträge in Teilaufträge, Direktauslieferung einzelner Sendungen anstelle der Sammelbelieferung in Zustelltouren und die Fertigung in kleineren Losgrößen sind geeignet zur Verkürzung der Durchlaufzeiten. Die *Auflösungsstrategien* wirken jedoch der kostensparenden Bündelung entgegen und sind in der Regel mit einem Kostenanstieg verbunden.

- *Beschleunigen*: Die Durchlaufzeit läßt sich reduzieren durch eine Erhöhung der Geschwindigkeit, der Taktfrequenz der Auftragsbearbeitung oder der Leistung einzelner Leistungsstellen. Das Beschleunigen, beispielsweise durch eine höhere Fahrgeschwindigkeit von Transportmitteln, ist meist mit größeren Kosten verbunden, kann aber neben der Laufzeitverkürzung auch eine Kosteneinsparung bewirken, wenn dadurch die Ressourcen besser ausgelastet werden, etwa durch erhöhten Umlauf der Transportmittel [222].

- *Engpaßbeseitigung*: Die Engpaßbeseitigung durch zusätzliche Ressourcen ist eine meist aufwendige, in vielen Fällen aber unvermeidliche Maßnahme zur nachhaltigen Senkung der Lieferzeiten aller Aufträge. Eine Kapazitätserhöhung führt vor allem in Spitzenbelastungszeiten zu einer erheblichen Reduzierung der Wartezeiten vor der Engpaßstelle und kann in vor- und nachgeschalteten Stellen wegen des Fortfalls von Unterbrechungs- und Wartezeiten Kosten einsparen (s. *Kapitel* 13).

Um die Wirksamkeit der Strategien zur Lieferzeitverkürzung sicherzustellen, ist ein *Zeitcontrolling* empfehlenswert [73]. Am einfachsten und wirkungsvollsten aber ist eine weitgehend dezentrale Auftragsdisposition in Verbindung mit einer selbstregelnden *Leistungs- und Qualitätsvergütung*, die alle an einem Auftrag beteiligten Leistungsstellen aus Eigeninteresse zur Leistungssteigerung, Termintreue und Kostensenkung veranlaßt. (s. *Kapitel 7*)

8.12
Optimale Durchlauf- und Lieferzeiten

Durchlaufzeiten und Leistungskosten sind voneinander abhängig. Extrem kurze Durchlauf- und Lieferzeiten sind meist mit hohen Vorhaltekosten, aufwendigen Zeitstrategien und dem Verzicht auf eine kostensparende Bündelung verbunden. Andererseits sind mit kurzen Lieferzeiten *Wettbewerbsvorteile* möglich und *höhere Preise* erzielbar, die die Mehrkosten ausgleichen oder übertreffen können.

Aber auch sehr lange Durchlauf- und Lieferzeiten sind teuer. Das Umlaufvermögen, die erforderlichen Lagerkapazitäten und der Pufferplatzbedarf in den Leistungsstellen steigen mit der Lieferzeit an und verursachen zunehmend Kosten. Hinzu kommen Umsatz- und Ertragseinbußen infolge nicht wettbewerbsfähiger Lieferzeiten.

Das Zusammenwirken dieser Effekte führt zu einer Abhängigkeit der Leisttungskosten von der Durchlaufzeit, die idealtypisch in *Abb. 8.5* dargestellt ist. Hieraus ist ablesbar, daß es außer der technisch bedingten *minimalen Durchlaufzeit* eine *kostenoptimale Durchlaufzeit* gibt. Die kostenoptimale Durchlaufzeit läßt sich jedoch nur schwer ermitteln, da sie von vielen, teilweise nicht quantifizierbaren Faktoren abhängt. Darüber hinaus kann sich die Abhängigkeit der Kosten von der Durchlaufzeit durch eine Strategieänderung *sprunghaft* ändern.

Die Lieferzeiten von Industrie und Handel gelten häufig als zu lang [73]. Sobald die Nachfrage die kurzfristig verfügbare Kapazität überschreitet, sind längere Lieferzeiten jedoch unvermeidlich, weil sich vor Engpaßstellen zunehmend Warteschlangen von unerledigten Aufträgen bilden. Daran läßt sich ohne Kapazitätsausweitung oder Betriebszeitverlängerung wenig ändern.

Wie vorangehend gezeigt wurde, sind lange Lieferzeiten aber sind *nicht notwendig* die Folge überlasteter Kapazitäten. Sie sind häufig ein Indiz für unwirtschaftliche oder schlecht aufeinander abgestimmte Prozesse und ein fehlendes Zeitmanagement. In Zeiten geringer Beschäftigung kann es sogar zu längeren Lieferzeiten kommen, wenn sich Leistungsstellen an der Arbeit festhalten und die Rüst- und Leistungszeiten ausdehnen.

Zur Verkürzung der Durchlauf- und Lieferzeit trägt grundsätzlich jede Reduzierung der Rüst-, Leistungs-, Reife- und Wartezeiten in der zeitkritischen Prozeßkette bei. Zahlreiche Untersuchungen in Industrie und Handel, insbesondere in der Automobilindustrie, haben ergeben, daß in den meisten Fällen die Summe der Wartezeiten um einen Faktor 5 bis 10 größer ist als die Summe von Rüst- und Leistungszeiten. Daher ist der wirksamste Hebel zur Senkung der Lieferzeiten eine Reduzierung der Wartezeiten [73].

Der größte Anteil der Wartezeiten wird durch Stauzeiten, Materialbeschaffungs- und Pufferzeiten verursacht. Stauzeiten sind die Folge einer hohen Auslastung. Materialbeschaffungszeiten fallen an, wenn das Lagerrisiko zu hoch ist. Pufferzeiten dienen zur optimalen Mehrfachnutzung teurer Ressourcen und zur

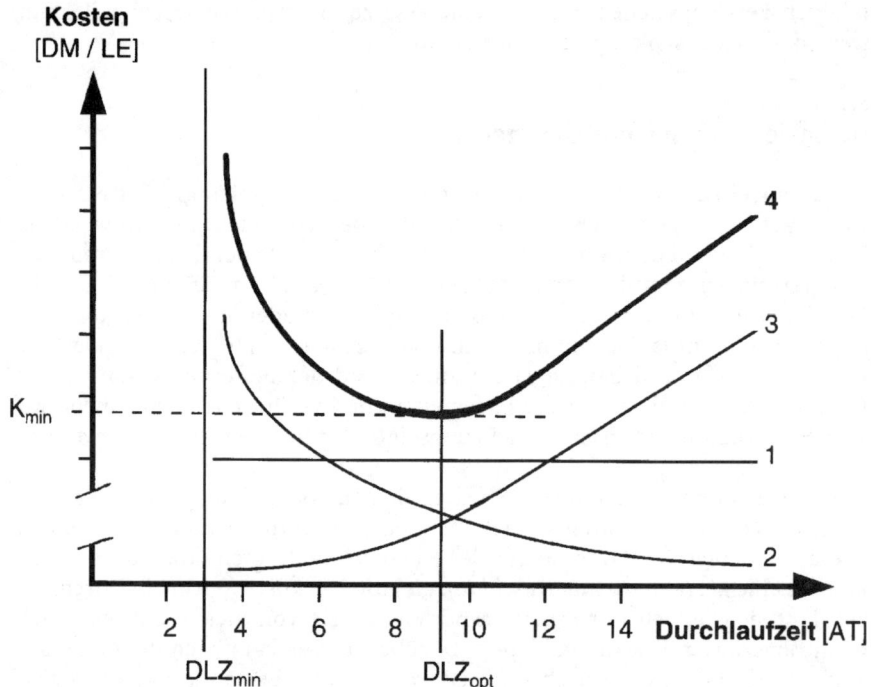

Abb. 8.5 Abhängigkeit der Leistungskosten von der Durchlaufzeit

1 = lieferzeitunabhängige Kosten
2 = Kostensenkung durch bessere Ressourcennutzung
3 = Kostenanstieg durch erhöhtes Umlaufvermögen, zusätzlichen Lager-
    und Pufferplatz, Erlöseinbußen und verlorene Aufträge
4 = Gesamtprozeßkosten
DZ_{min}: minimale Durchlaufzeit DZ_{opt}: optimale Durchlaufzeit

Abstimmung konkurrierender Aufträge. Stau-, Lager- und Pufferzeiten werden
auch als *Liegezeiten* bezeichnet.

Die Liegezeiten sind Optimierungsparameter der *Auftragsdisposition* (s. *Kapitel* 10). Sie lassen sich zur Senkung der Kosten, zur Verbesserung der Auslastung
oder zum Erreichen anderer Zielgrößen nutzen. Je mehr der Handlungsspielraum der Disposition durch enge Lieferzeitforderungen eingeschränkt wird,
umso stärker reduzieren sich die Optimierungsmöglichkeiten.

Die vielfach gestellte Forderung nach kürzeren Lieferzeiten ist also nicht so
einfach und folgenlos zu erfüllen, da das Ziel der Lieferzeitverkürzung teilweise
mit dem Ziel der Kostenminimierung konkurriert. Mit Hilfe der vorangehend
aufgeführten Zeitstrategien ist trotz dieses Zielkonflikts bis zu einem gewissen
Punkt eine Senkung der Prozeßkosten durch Verkürzung der Durchlauf- und Lieferzeiten möglich.

9 Zufallsprozesse und Bedarfsprognose

Die Teilnehmer am Wirtschaftsprozeß entscheiden weitgehend frei über ihre *Beschaffungs-* und *Produktionsmengen* und nutzen ihre *Zeit*, wie es ihnen paßt. Käufer, Verbraucher und andere Abnehmer von Produkten und Leistungen, erteilen ihre Aufträge unabhängig voneinander in den von ihnen gewünschten Mengen zu den ihnen passenden Zeiten. Die Produzenten, Lieferanten und Dienstleister nutzen im Rahmen der zugesagten Liefertermine die Freiheit, die ihnen erteilten Aufträge optimal zu bündeln oder zu zerlegen und zu den für sie günstigsten Zeiten auszuführen. Sie produzieren möglichst in den für ihr Kostengefüge optimalen Mengen.

Das Leistungsvermögen und die Durchlaufzeiten der *Leistungsstellen*, in denen die Aufträge ausgeführt werden, können – abhängig von Art und Menge des Bedarfs – *stochastisch* schwanken. Weitere Schwankungen von Durchsatz und Laufzeiten der Leistungsstellen werden von zufallsabhängigen *Störungen* und *Ausfällen* bewirkt.

Das *unkorrelierte Zeitverhalten* der *Auftraggeber, Auftragnehmer* und *Leistungsstellen* und die *Abweichungen* der Bedarfsmengen von den Produktionsmengen bewirken in der gesamten Wirtschaft und in den Unternehmen *zufallsabhängige* oder *stochastische Prozesse* [11; 75; 76; 239]. Die *Stochastik* der Wirtschaftsprozesse hat auch auf die Logistik erhebliche Auswirkungen.

Typische Beispiele für *stochastische Logistikprozesse* sind das Eintreffen von Personen, das Vorbeifahren von Fahrzeugen, das Entstehen von Bedarf, der Auftragseingang und das Eintreffen von Informationen, deren *Mengen* und *Zeitabstände* Zufallsgrößen sind. Weitere Beispiele sind Lieferprozesse, Produktionsprozesse, Bedienungsvorgänge oder Abfertigungen, deren *Lieferzeiten, Taktzeiten, Durchlaufzeiten* oder *Abfertigungszeiten* zufallsverteilt sind.

Viele stochastische Prozesse verändern sich im Verlauf der Zeit. Sie sind *instationär*. Bei einem instationären stochastischen Prozeß sind die *systematischen Veränderungen*, die erst im Verlauf mehrerer *Perioden* erkennbar sind, von den *stochastischen Schwankungen* der einzelnen Prozeßereignisse überlagert, die in unmittelbar aufeinander folgenden Perioden auftreten.

Stationäre und instationäre stochastische Prozesse sind für die Logistik von besonderer Bedeutung. Sie bestimmen maßgebend:

- die *Möglichkeit* und *Qualität* von Bedarfsprognosen,
- die *Disposition* von Aufträgen, Lagernachschub und Beständen,
- die *Staueffekte* in Logistiksystemen,

- die *Termintreue* von Leistungsketten,
- die *Gestaltung* von Prozessen und Systemen,
- die *Dimensionierung* von Pufferplätzen, Staustrecken und Lagerkapazitäten,
- die *Bemessung* der Leistungen von Leistungsstellen und Transportknoten.

In diesem Kapitel werden die wichtigsten Eigenschaften von *zufallsabhängigen Prozessen* dargestellt und die mit den Prozessen verbundenen *stochastischen Ströme* analysiert. Hieraus werden die Voraussetzungen für *Mittelwertrechnungen* in der Logistik und die Bedingungen für die *Prognose* stochastischer Ströme hergeleitet. Abschließend werden *Verfahren zur logistischen Bedarfsprognose* dargestellt [76; 226].

9.1
Stochastische Ströme

Jede Ereignisfolge mit stochastisch veränderlichen Zeitabständen τ oder unkorreliert schwankenden Mengen *m* ist ein *zufallsabhängiger Prozeß*. Die zeitliche Folge der Ereignisse eines zufallsabhängigen Prozesses ist ein *stochastischer Strom* [75].

Maßgebend für die Gestaltung, die Steuerung und das Verhalten einzelner Leistungsstellen und der aus diesen aufgebauten Logistiksysteme sind die einlaufenden Auftrags-, Material- und Datenströme:

- *Auftragsströme* – auch *Auftragseingang* genannt – sind stochastische Ströme, bei denen das Ereignis das Eintreffen eines *Auftrags* oder eines *Abrufs* von einer oder mehreren *Bestelleinheiten* [BE], *Verkaufseinheiten* [VKE] oder *Verbrauchseinheiten* [VE] ist.

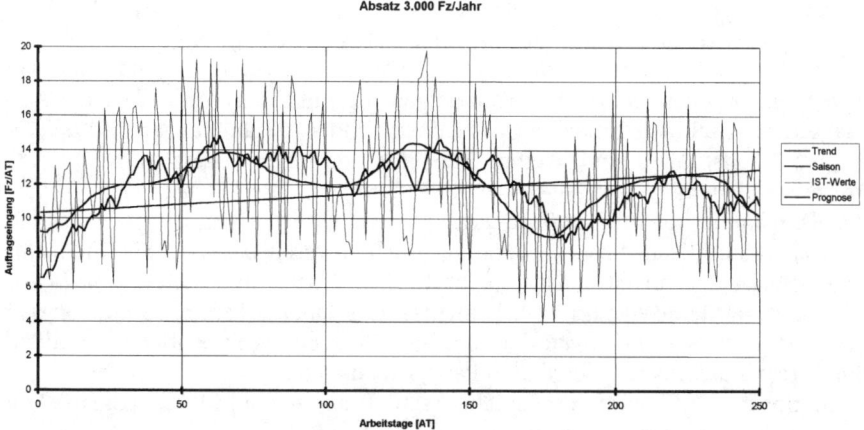

Abb. 9.1 Täglicher Auftragseingang einer Verkaufsniederlassung

Aufträge   Einzelbestellungen für PKW des gleichen Typs
Tagesabsatz 12 Einzelbestellungen; Streuung ±3,5 Fz

- *Materialströme* – abhängig vom Gegenstand auch *Transportstrom, Verkehrs-fluß, Personenstrom, Warenfluß* oder *Frachtstrom* genannt – sind stochastische Ströme, bei denen das Ereignis das Eintreffen einer oder mehrerer Transporteinheiten, Fahrzeuge, Personen, Artikeleinheiten, Warenstücke, Frachtsstücke oder anderer *Ladeeinheiten* [LE] ist.

- *Datenströme* – auch *Informationsfluß* genannt – sind stochastische Ströme, bei denen das Ereignis das Eintreffen eines oder mehrerer Datensätze, Belege, Dokumente, Kodierungen oder anderer *Informationseinheiten* [IE] ist.

Zur Erläuterung zeigt *Abb. 9.1* den Jahresverlauf des täglichen Auftragseingangs für einzelne Neufahrzeuge einer größeren Verkaufsniederlassung. Der Auftragseingang schwankt stochastisch von Tag zu Tag relativ stark und hat im Verlauf des Jahres einen saisonal veränderlichen Verlauf, der einen ansteigenden langfristigen Trend überlagert.

Im Unterschied zu den *kontinuierlichen Strömen* von homogenem Schüttgut, Flüssigkeiten oder Gasen sind die Auftrags-, Material- und Datenströme der Logistik in der Regel *diskrete Ströme*, bei denen in *unterbrochener Folge* diskrete *Mengeneinheiten* [ME] *einzeln* oder *pulkweise* ankommen. Daher unterscheiden sich die *Durchflußgesetze diskreter Ströme* grundlegend von den *Strömungsgesetzen homogener Ströme*.

Wenn τ_P [ZE] die *mittlere Taktzeit* der Ereignisse und m_P [ME/P] die *durchschnittliche Menge pro Ereignis* eines allgemeinen Prozesses P ist, dann ist die mittlere *Taktrate* des Prozesses

$$\lambda_\tau = 1/\tau_P \qquad\qquad \left[1/\text{ZE}\right]. \qquad\qquad (9.1)$$

und die mittlere *Durchsatzrate, Stromstärke* oder *Intensität*

$$\lambda_P = m_P \cdot \lambda_\tau = m_P/\tau_P \qquad\qquad \left[\text{ME}/\text{ZE}\right]. \qquad\qquad (9.2)$$

Abhängig von der Taktzeitverteilung und von der Menge pro Ereignis lassen sich folgende *Stromarten* unterscheiden, die in *Abb. 9.2* dargestellt sind:

1. *Rekurrente Ströme*: Die Ereignisse treffen in zufallsabhängigen Zeitabständen *einzeln* und *unkorreliert* ein. Der Prozeß ist *zeitstochastisch* und $m_P = 1$. Die Taktrate ist gleich der Durchsatzrate.

2. *Schubweise rekurrente Ströme*: Die Ereignisse treffen in zufallsabhängigen Zeitabständen mit Schüben oder Pulks *gleicher Größe* ein. Der Prozeß ist ebenfalls zeitstochastisch, jedoch mit einem konstanten Inhalt $m_P > 1$. Die Durchsatzrate schubweiser Ströme ist größer als die Taktrate.

3. *Schubweise getaktete Ströme*: Die Ereignisse treffen in gleichbleibenden Zeitabständen mit Schüben oder Pulks stochastisch schwankender Größe ein. Der Prozeß ist *mengenstochastisch*.

4. *Schubweise stochastische Ströme*: Die Ereignisse treffen in zufallssabhängigen Zeitabständen mit Schüben oder Pulks stochastisch schwankender Größe ein. Es handelt es sich um einen *allgemeinen stochastischen Prozeß*.

Der in *Abb. 9.1* gezeigte Auftragseingang für einzelne Fahrzeuge ist beispielsweise ein rekurrenter Strom. Wenn pro Auftrag mehr als eine Mengeneinheit bestellt

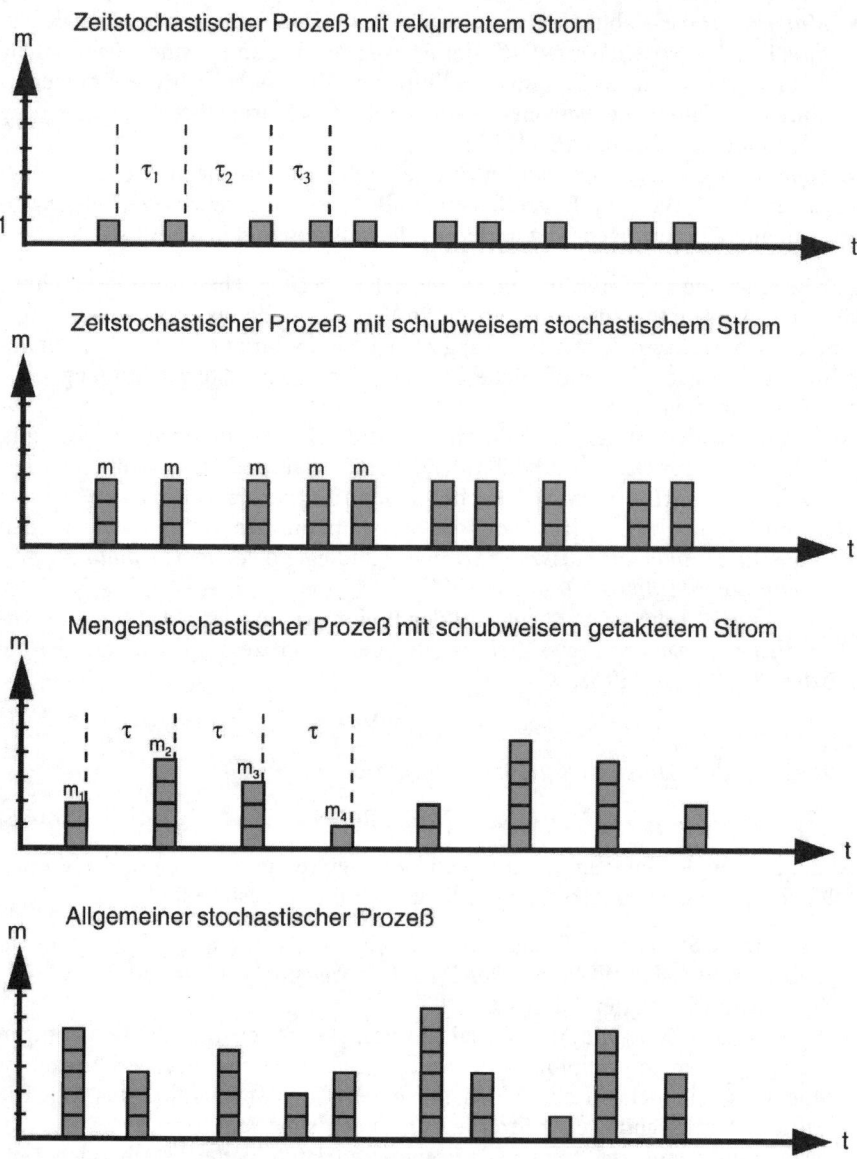

Abb. 9.2 Zufallsabhängige Prozesse und stochastische Ströme

τ_i Taktzeiten
m_i Pulkinhalte

wird, handelt es sich um einen schubweisen stochastischen Strom. Andere schubweise stochastische Ströme entstehen durch das Entladen stochastisch eintreffender Transporteinheiten, die eine wechselnde Anzahl von Ladeeinheiten enthalten, bei der schubweisen Abfertigung von Transporteinheiten an Transportknoten oder bei der Bearbeitung von Auftragsserien anstelle von Einzelaufträgen.

Solange die mittlere Taktzeit und die durchschnittliche Menge pro Ereignis zeitunabhängig sind, ist der stochastische Strom *stationär*. *Saisonale Veränderungen, Verbraucherverhalten, Bedarfsänderungen* oder ein *Produktlebenszyklus* können dazu führen, daß sich die Durchsatzrate im Verlauf der Zeit t verändert. Der stochastische Strom wird *instationär*:

$$\lambda_P = \lambda_P(t) . \tag{9.3}$$

Die Zeitabhängigkeit der Durchsatzrate kann, wie in dem Beispiel *Abb. 9.1*, durch eine zeitliche Veränderung der Taktrate, aber auch durch eine Änderung der Menge pro Ereignis oder durch gleichzeitige Veränderung beider Größen verursacht werden.

Bei einem *instationären stochastischen Strom* ist eine systematische zeitliche Veränderung überlagert von den zufallsabhängigen Schwankungen der Durchsatzrate. Die Auswirkungen der beiden Effekte sind unterschiedlich:

- *Die stochastischen Schwankungen* der Auftrags-, Material- und Datenströme verursachen in den Logistiksystemen vor den einzelnen Leistungsstellen kurzzeitige *Staueffekte* und bestimmen in der Lagerhaltung die Höhe der *Sicherheitsbestände*.

- *Die systematische zeitliche Veränderung* der Auftrags-, Material- und Datenströme ist maßgebend für die Kapazitäten, die zur Bewältigung der Spitzenanforderungen benötigt werden, und für die Höhe der Bestände, die zum Ausgleich von Bedarfsänderungen vorgehalten werden.

Zeitpunkte und Mengen der Einzelereignisse eines stochastischen Prozesses sind grundsätzlich nicht vorhersehbar. Bei Kenntnis der *Zeitverteilung* der Taktzeiten und der *Häufigkeitsverteilung* der Mengen ist jedoch die *Wahrscheinlichkeit* vieler Auswirkungen stochastischer Prozesse berechenbar.

Aus dem Zeitverhalten von Bedarfs- und Durchsatzmengen während eines zurückliegenden Zeitraums läßt sich unter bestimmten Voraussetzungen die weitere Entwicklung ableiten und der zukünftige Bedarf prognostizieren. Die Überlagerung der systematischen Zeitabhängigkeit durch die stochastischen Schwankungen erschwert jedoch die Prognose [76; 77].

9.2
Zeitverteilungen und Häufigkeitsverteilungen

Die Zufallsabhängigkeit *diskreter Ereignisgrößen*, die nur eine abzählbare Anzahl von Werten annehmen können, ist durch eine *Häufigkeitsverteilung* darstellbar. Die Zufallsabhängigkeit *stetiger Ereignisgrößen*, die ein *kontinuierliches Spektrum* von Werten annehmen können, läßt sich durch eine *Wahrscheinlichkeitsdichte* beschreiben [82].

Spezielle stetige Ereignisgrößen sind die *Zeiten* in der Logistik, wie die *Durchlaufzeiten* und die *Taktzeiten*. Diese sind stets positiv. Die Wahrscheinlichkeitsdichte stochastisch verteilter Zeitwerte ist eine *Zeitverteilung*. Zeitverteilungen sind nur für positive Argumente von Null verschieden.

Wahrscheinlichkeitsdichten und Zeitverteilungen sind wie folgt definiert [75; 82]:

- Das Produkt $w_P(\tau) \cdot d\tau$ der *Wahrscheinlichkeitsdichte* oder *Zeitverteilung* $w_P(\tau)$ mit der differentiellen Zeitspanne $d\tau$ ist die Wahrscheinlichkeit dafür, daß der *Zeitwert* zwischen τ und $\tau + d\tau$ liegt.

Die Wahrscheinlichkeit, daß der Zeitwert τ kleiner ist als ein bestimmter Wert T, ist gegeben durch die *Verteilungsfunktion*:

$$W_P(T) = \int_0^T w_P(\tau) \cdot d\tau \ . \tag{9.4}$$

Alle Zeitverteilungen erfüllen die *Normierungsbedingung*:

$$W_P(\infty) = \int_0^\infty w_P(\tau) \cdot d\tau = 1 \ . \tag{9.5}$$

Die Wahrscheinlichkeit $W_P(\infty)$, daß der Zeitwert im Bereich $0 < \tau < \infty$ liegt, ist gleich 1.

Die Zeitwerte eines stochastischen Prozesses P streuen *zufallsabhängig* um einen *Mittelwert* oder *Erwartungswert*:

$$\tau_P = \int_0^\infty \tau \cdot w_P(\tau) \cdot d\tau \tag{9.6}$$

Die *Schwankung, Streuung* oder *Standardabweichung* s_τ [ZE] der Zeiten um den Mittelwert (9.6) ist gleich der Wurzel aus der *Varianz*. Die Varianz ist gegeben durch:

$$s_\tau^2 = \int_0^\infty (\tau - \tau_P)^2 \cdot w_P(\tau) \cdot d\tau \tag{9.7}$$

Ein *dimensionsloses Maß* für die Größe der zufallsabhängigen Schwankungen eines stochastischen Prozesses ist die *Variabilität*

$$V_\tau = (s_\tau / \tau_P)^2 \tag{9.8}$$

Die Wurzel aus der Variabilität $v_\tau = s_\tau / \tau_P$ ist der *Variationskoeffizient* [75].

Die *Abb. 9.3* zeigt einige Beispiele unterschiedlicher *Zeitverteilungen* zufallsabhängiger Prozesse in der Logistik:

- Die Verteilung der Bedienungszeiten einer Lagerfläche durch einen Stapler ist unter bestimmten Voraussetzungen eine *Rechteckverteilung*.
- Die Einzelspielzeiten eines Regalförderzeugs (RFZ) haben eine *Dreiecksverteilung* [21].
- Die Zeitabstände eines Fahrzeugstroms auf einer Fahrspur haben eine modifizierte *Exponentialverteilung* [78; 239].

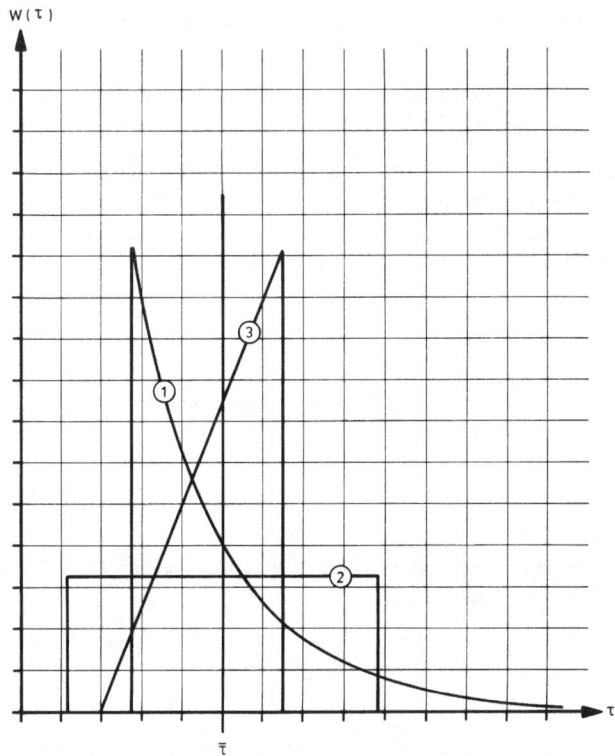

Abb. 9.3 Spezielle Zeitverteilungen der Logistik

Kurve 1 modifizierte Exponentialverteilung (Fahrzeuge einer Fahrspur)
Kurve 2 Rechteckverteilung (Staplerbedienung einer Lagerfläche)
Kurve 3 Dreieckverteilung (Regalbediengerät eines Hochregallager)

- Die Greifzeiten beim Kommissionieren sind annähernd *normalverteilt* [21; 50].
- Die Durchlaufzeiten durch eine Leistungsstelle haben eine *Schiefverteilung*, die auf der Zeitachse um die minimale Durchlaufzeit nach rechts verschoben ist (s. *Abb. 8.2*)

Für eine Bearbeitungsstation oder einen Transportknoten mit N verschiedenen *Abfertigungsarten* und den *konstanten Abfertigungszeiten* τ_i, die zufällig wechselnd in Anspruch genommen werden, haben die Taktzeiten die diskreten Werte τ_i, i = 1,2. N. Die Verteilung diskreter Zufallsgrößen ist eine *diskrete Häufigkeitsverteilung* $w(\tau_i)$. Weitere *diskrete Zufallsgrößen* der Logistik sind:

- die Menge pro Ereignis für mengenstochastische Prozesse
- die Ereignisanzahl pro Periode für allgemeine stochastische Prozesse,
- der Pulkinhalt schubweiser Ströme und der Inhalt von Sendungen,
- der Bestand eines lagerhaltigen Artikels mit regelmäßigem Bedarf,
- der Verbrauch eines Artikels in einer bestimmten Zeitspanne.

Die Häufigkeitsverteilung diskreter Zufallsgrößen ist analog zur Wahrscheinlichkeitsdichte stetiger Zufallsgrößen definiert [82]:

- Die *Häufigkeitsverteilung* oder *Wahrscheinlichkeitsfunktion* $w_P(x_i)$ einer *diskreten Zufallsgröße* ist die Wahrscheinlichkeit für den Eintritt des *Wertes* x_i.

Im einfachsten Fall sind die diskreten Zufallswerte *ganze Zahlen* $x_i = i$ und die Funktionswerte der Häufigkeitsverteilung $w_P(x_i) = w_P(i)$ nur für $i = 1,2,...N$ definiert.

Die Wahrscheinlichkeit, daß der diskrete Wert x kleiner ist als ein bestimmter Wert x_n, ist gegeben durch die *Verteilungsfunktion*:

$$W_P(x_n) = \sum_{i<n} w_P(x_i) \tag{9.9}$$

Häufigkeitsverteilungen erfüllen die *Normierungsbedingung*:

$$\sum_{i=0}^{\infty} w_P(x_i) = 1 \tag{9.10}$$

Der *Mittelwert* oder *Erwartungswert* m_P einer Zufallsgröße x mit der *Häufigkeitsverteilung* $w_P(x)$ ist gegeben durch:

$$m_P = \sum_{i=0}^{\infty} x_i \cdot w_P(x_i) \tag{9.11}$$

Die *Streuung* s_m der Zufallsgröße ist gleich der Wurzel aus der *Varianz*:

$$s_m^{\,2} = \sum_{i=0}^{\infty} (x_i - m_P)^2 \cdot w_P(x_i) \tag{9.12}$$

Die *Variabilität* $V_m = (s_m/m_P)^2$ ist gleich dem Quadrat des *Variationskoeffizienten* $v_m = s_m/m_P$.

Die Häufigkeitskeitsverteilung einer Zufallsgröße läßt sich entweder durch Analyse des Prozesses *theoretisch* herleiten oder durch Zählung der Ereignisanzahlen *experimentell* ermitteln. Auch der Verlauf der Zeitverteilung eines stochastischen Prozesses kann, wie die Greifzeitverteilung, gemessen oder, wie die Dreiecksverteilung von RFZ-Spielzeiten, analytisch aus dem Prozeß abgeleitet werden. Während eine Auszählung zur Bestimmung einer Häufigkeitsverteilung in vielen Fällen noch mit vertretbarem Aufwand möglich ist, erfordert die Messung einer Zeitverteilung meist einen erheblichen Aufwand. Für instationäre Prozesse ist die Messung von Zeit- oder Häufigkeitsverteilungen nur selten durchführbar und für zukünftige Prozesse prinzipiell unmöglich.

Stochastische Prozesse führen in Logistiksystemen zu *Staueffekten*, wie die *Warteschlangen* und *Wartezeiten* vor einzelnen Stationen und die gegenseitige *Blockierung* aufeinander folgender Leistungsstellen. Analytische Untersuchungen und Simulationsrechnungen haben zu der Erkenntnis geführt [29; 61; 79]:

- Die meisten Staueffekte in Logistiksystemen hängen in erster Näherung von der *Taktrate* und der *Varianz* der Zuströme und der Abfertigung ab, aber nur unwesentlich vom Verlauf der Zeitverteilung und der Häufigkeitsverteilung.

Daher ist es für die Praxis in der Regel meist ausreichend, Zeitverteilungen und Häufigkeitsverteilungen durch geeignete *Standardverteilungen* zu approximieren, deren Mittelwert gleich dem gemessenen Mittelwert ist und deren Streuung und genereller Verlauf mit der Erfahrung annähernd übereinstimmen.

Der Versuch, Zeit- oder Häufigkeitsverteilungen durch eine *stochastische Simulation* zu bestimmen, stößt auf das Problem, daß hierzu die Zeit- und Häufigkeitsverteilungen der Eingabewerte benötigt werden. Auch bei der stochastischen Simulation logistischer Systeme werden daher für die Zeit- und Häufigkeitsverteilungen von Eingangsströmen und Abfertigungsraten wegen fehlender Kenntnis der tatsächlichen Verteilungen – häufig ohne nähere Angaben – *Standardverteilungen* angesetzt.

9.3
Stetige Standardverteilungen

Wegen ihrer besonderen Eigenschaften, die es erlauben, Warteschlangenprobleme explizit zu lösen und das Grenzleistungsvermögen von Transportknoten zu berechnen, sind die nachfolgend angegebenen und in *Abb. 9.4* dargestellten *stetigen Standardverteilungen*[1] zur *Approximation* der kontinuierlichen Zeitverteilungen zufallsabhängiger Logistikprozesse besonders geeignet [11; 75; 79; 82]:

1. Exponentialverteilungen
Die Wahrscheinlichkeitsdichte einer *einfachen Exponentialverteilung* ist die normierte *Exponentialfunktion*:

$$w_E(\tau, \tau_P) = (1/\tau_P) \cdot \exp[-\tau/\tau_P] \qquad (9.13)$$

Die Streuung *s* der Exponentialfunktion ist gleich ihrem Mittelwert τ_P und die Variabilität gleich 1. Ein stochastischer Prozeß, dessen Zeitverteilung eine Exponentialfunktion ist, heißt *Poissonprozeß* [75].

Eine Exponentialverteilung ist zur Approximation immer dann sinnvoll, wenn die Taktzeiten eines Zufallsprozesses ab dem Wert Null mit *gleichmäßig* abnehmender Wahrscheinlichkeit jeden Wert annehmen können. Generell gilt der *Grundsatz*:

- Ist außer dem Mittelwert nichts über die Zeitverteilung bekannt, muß, wenn die Ergebnisse auf der sicheren Seite liegen sollen, mit einer Exponentialverteilung gerechnet werden.

---

1 Die nachfolgenden Formeln der Standardverteilungen sind z.B. in MS-EXCEL hinterlegt und einfach abrufbar. Damit entfällt das aufwendige Programmieren dieser Funktionen und das Nachschlagen von Einzelwerten in den Tabellen der Fachbücher für Statistik [82].

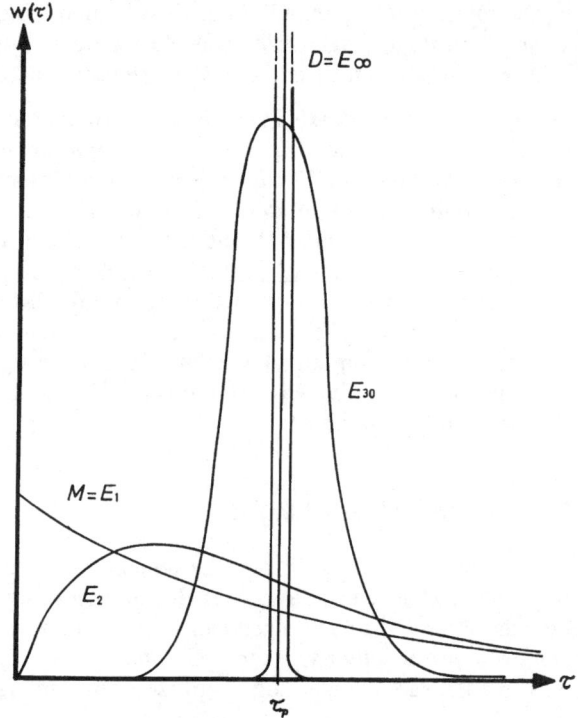

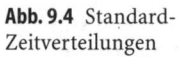

So kann in guter Näherung für die Verteilung der Taktzeiten von Auftragseingängen, Dateneingängen, Personenankünften oder Telefonanrufen eine einfache Exponentialverteilung angesetzt werden [11; 239]. Auch die Warteschlangen vor einzelnen Leistungsstellen sind näherungsweise exponentialverteilt [75].

Ladeeinheiten, Transporteinheiten oder Fahrzeuge, die *auf einer Spur* nacheinander einen Bezugspunkt passieren, haben wegen ihres technisch bedingten Mindestabstands und der endlichen Grenzleistung vorangehender Leistungsstellen einen *minimalen Zeitabstand* $\tau_0 > 0$. In diesen Fällen läßt sich die Zeitverteilung approximieren durch eine *modifizierte Exponentialverteilung* mit der Wahrscheinlichkeitsdichte [11; 79]:

$$w_E(\tau,\tau_P,\tau_0)=\begin{cases}0 & \text{wenn } \tau < \tau_0 \\ (1/(\tau_P-\tau_0))\cdot\exp[-(\tau-\tau_0)/(\tau_P-\tau_0)] & \text{wenn } \tau \geq \tau_0\end{cases}. \qquad (9.14)$$

Der Nullpunkt der modifizierte Exponentialverteilung ist, wie in Abb. 9.3 dargestellt, auf der Zeitachse um die *Mindesttaktzeit* τ_0 nach rechts verschoben. Die Streuung ist $s = \tau_P - \tau_0$. Sie ist durch die mittlere Taktzeit τ_P und den minimalen Taktabstand τ_0 bestimmt.

Eine modifizierte Exponentialverteilung kann immer dann angesetzt werden, wenn die Taktzeiten des stochastischen Prozesses ab einem bestimmten Minimalwert τ_0 mit gleichmäßig abnehmender Wahrscheinlichkeit jeden Wert annehmen. Ein zufallsabhängiger Prozeß mit einer modifizierten Exponentialverteilung heißt *modifizierter Poissonprozeß* [79].

Für $\tau_0 \to 0$ geht die modifizierte Exponentialverteilung in die Exponentialverteilung (9.13) über. Im Grenzfall $\tau_0 \to \tau_p$ wird aus der modifizierten Exponentialverteilung eine diskrete *Dirac-Verteilung*. Die Dirac-Verteilung beschreibt einen *Prozeß* mit *konstanten Taktzeiten*.

Aus einer getakteten Abfertigung oder aus einem getakteten Herstellungsprozeß, wie etwa einer Fließbandfertigung, resultieren *getaktete Ströme* oder *Diracströme*. Mit abnehmender Schwankung der Abfertigungszeiten wird auch die Zeitverteilung der Durchlaufzeiten einer Leistungsstelle zu einer Dirac-Verteilung.

2. Erlang-Verteilungen

Die Wahrscheinlichkeitsdichte einer *k-Erlang-Verteilung* ist [75]:

$$w_k\left(\tau, \tau_p\right) = \left(k/\tau_p\right)^k \cdot \tau^{k-1} \cdot \exp\left[-k \cdot \tau/\tau_p\right]\Big/(k-1)!. \tag{9.15}$$

Der *Erlang-Parameter k* ist eine ganze Zahl größer 0 und gleich der reziproken Variabilität:

$$k = 1/V_P = \left(\tau_P/s\right)^2. \tag{9.16}$$

Der Erlang-Parameter ist also durch den Mittelwert τ_p und die Streuung s eindeutig fixiert.

Bei maximaler Variabilität $V_P = 1$, also für $k = 1$, geht die Erlang-Verteilung in die Exponentialverteilung (9.13) über. Für kleine Variabilitäten $V_P \ll 1$, also für $k \gg 1$, wird die Erlang-Verteilung asymptotisch zur *Normalverteilung* (9.19). Im Grenzfall verschwindender Variabilität, also für sehr große $k \to \infty$ wird aus der Erlang-Verteilung eine diskrete *Dirac-Verteilung*. Erlang-Verteilungen umfassen also als Grenzfälle die Exponential-, die Normal- und die Dirac-Verteilung.

Erlang-Verteilungen sind immer dann geeignet, wenn zusätzlich zum Mittelwert ein Anhaltswert für die Streuung bekannt ist. Das gilt für die *Taktzeiten* vieler Abfertigungs- oder Bedienungsstationen, wie Reparaturdienste, Mautstellen, Kassen, Ausgabestellen, Auskunftsstellen oder Auftragsannahmestellen. Die Verteilung der Durchlaufzeiten DZ durch eine oder mehrere aufeinander folgende Leistungsstellen mit stochastisch schwankenden Bearbeitungszeiten läßt sich durch eine *modifizierte Erlang-Verteilung* approximieren, die analog zur modifizierten Exponentialverteilung (9.14) auf der Zeitachse um die minimale Durchlaufzeit DZ_{min} der Leistungskette nach rechts verschoben ist (s. *Abb. 8.2*).

9.4
Diskrete Standardverteilungen

Zur Approximation der Häufigkeitsverteilung diskreter Zufallsgrößen sind wegen ihrer speziellen mathematischen Eigenschaften folgende *diskrete Standardverteilungen* besonders geeignet [11, 82]:

1. Binominalverteilung

Die *Binominalverteilung* ist gegeben durch die Funktion [82]:

$$w_B(x) = \left[N! / \left((N-x)! \cdot x! \right) \right] \cdot p^x \cdot (1-p)^{N-x}. \tag{9.17}$$

mit den *Binominalkoeffizienten* [N!/((N-x)!·x!)] und der *Fakultät* N! = 1·2·3·...·N.

Die Binominalverteilung $w_B(x) = w_B(x; N; p)$ ist nur für positive ganzzahlige Werte $0 \leq x \leq N$ definiert und nach rechts schiefverteilt. Der *Mittelwert* der Binominalverteilung ist $m_B = N \cdot p$, die *Streung* $s = \sqrt{N \cdot p \cdot (1-p)}$ und die *Variabilität* $V_B = (1-p)/(p \cdot N)$.

Die Binominalverteilung gibt die Wahrscheinlichkeit an, daß ein *Ereignis* P, dessen Einzelausführung die Wahrscheinlichkeit p hat, bei N unabhängigen Ausführungen genau x-mal eintrifft. So ist beispielsweise $w_B(3;5;1/6) = 5,4\%$ die Wahrscheinlichkeit, daß bei fünfmaligem Würfeln mit einem sechzahligen Würfel die gleiche Zahl genau dreimal vorkommt.

Die Binominalverteilung ist geeignet zur Approximation von Häufigkeitsverteilungen ganzzahliger positiver Zufallsgrößen mit relativ kleinem Mittelwert m_B und geringer Schwankung $s < m_B$. So sind beispielsweise die *Stückzahlen von*

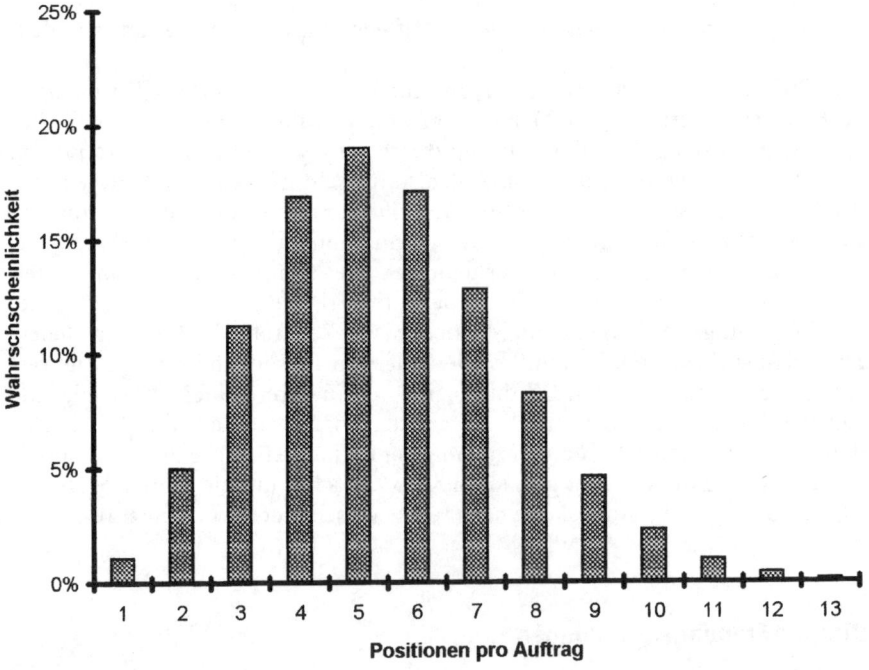

Abb. 9.5 Poissonverteilung

Beispiel: Häufigkeit der Positionsanzahl pro Auftrag
Mittelwert: 5,5 Positionen pro Auftrag

Sendungen, die *Pulklängen schubweiser Ströme*, die *Nachschubmengen von Lie-feraufträgen* und die *Durchsatzmengen pro Periode* eines stochastischen Stroms in guter Näherung binominalverteilt.

2. Poissonverteilung
Durch den Grenzübergang $N \rightarrow \infty$ mit $p = 1/(1+N)$ bei konstantem Mittelwert $m = N \cdot p$ geht die Binominalverteilung in die *Poissonverteilung* über [82]:

$$w_P(x) = \left(m^x/x!\right) \cdot e^{-m}. \tag{9.18}$$

Die in *Abb. 9.5* dargestellte Poissonverteilung hat den Mittelwert m, die Streuung $s = m$ und die Variabilität $V_m = 1$.

Für die Approximation der Häufigkeitsverteilung diskreter Zufallsgrößen gilt der *Grundsatz*:

- Ist außer dem Mittelwert nichts über die Häufigkeitsverteilung einer diskreten Zufallsgröße bekannt, muß, wenn die Ergebnisse auf der sicheren Seite liegen sollen, mit einer Poissonverteilung gerechnet werden.

Die Anzahl der in einem festen Zeitraum eintretenden Einzelereignisse mit zu-fallsabhängigem Zeitabstand ist poissonverteilt, wenn die Zeitverteilung eine Ex-ponentialfunktion ist [75].

9.5
Normalverteilung

Die wichtigste Verteilungsfunktion der Wahrscheinlichkeitsrechnung und Stati-stik und damit auch für die Analyse zufallsabhängiger Logistikprozesse ist die *Gauß-Verteilung* oder *Normalverteilung* [82, 251]. Die Normalverteilung ist zur Approximation sowohl von diskreten wie auch von stetigen Verteilungen geeig-net. Sie ist definiert durch die *Dichtefunktion*:

$$w_N(x) = \exp\left[-\left(x/s - m/s\right)^2 / 2\right] / \sqrt{2\pi s^2}. \tag{9.19}$$

Hierin sind m der *Mittelwert* und s die *Streuung*.

Die Dichtefunktion (9.19) der Normalverteilung entsteht für große Mittelwer-te $m \gg 1$ bei konstanter Streuung s asymptotisch aus der Binominalverteilung (9.17) sowie für große k-Werte aus der Erlang-Verteilung (9.15).

Wie in *Abb. 9.6* dargestellt, ist die Normalverteilung symmetrisch um den Mit-telwert verteilt. Zu beachten ist jedoch, daß sie auch für negative Argumente von Null verschiedene Werte hat. Daher ist die Normierungsbedingung (9.5), die nur für positiv definite Wahrscheinlichkeitsdichten gilt, für die Normalverteilung bei kleinen Mittelwerten nicht erfüllt.

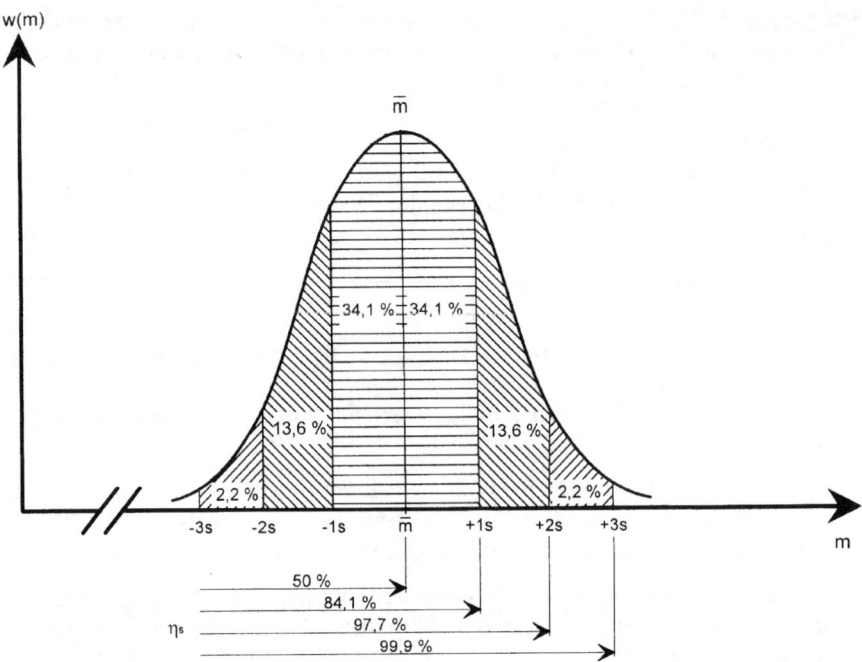

Abb. 9.6 Normalverteilung

Mittelwert *m*   Streuung *s*   Sicherheit η

Die *Verteilungsfunktion* der speziellen *Normalverteilung* mit dem Mittelwert $m = 0$ und der Streuung $s = 1$ ist die *Standardnormalverteilung* $\phi(x)$. Ihre Umkehrfunktion ist die *inverse Standardnormalverteilung*:

$$f(\eta) = \phi^{-1}(\eta).$$

(9.20)

Die Werte dieser Funktion werden auch als *Sicherheitsfaktor* bezeichnet, denn es gilt der *Satz*:

- Ist *m* der Mittelwert und *s* die Streuung einer normalverteilten Zufallsgröße x, dann liegen deren Werte mit der Wahrscheinlichkeit η unterhalb der Grenze $m + f(\eta) \cdot s$.

Dieser Satz wird beispielsweise genutzt zur Berechnung des *Sicherheitsbestands* in Abhängigkeit von der *Lieferfähigkeit* (s. *Abschnitt 11.8*) und der *Überlaufreserve* in der Lagerdimensionierung (s. *Abschnitt 16.1/II*). Einige Werte des Sicherheitsfaktors f(η) sind *Tabelle 11.5* angegeben. Weitere Werte lassen sich mit Hilfe der in MS-EXCEL hinterlegten Funktion STANDARDINVERS(η) berechnen.

Die große Bedeutung der Normalverteilung resultiert daraus, daß sie besonders gut geeignet ist zur Approximation der Wahrscheinlichkeitsdichte und der Häufigkeitsverteilung großer Zahlen, die sich aus einer Summe vieler unabhängiger Zufallsgrößen zusammensetzen. Das besagt das *Gesetz der großen Zahl* [82]:

- Die Summe

$$Z = \sum_{i=1}^{N} z_i. \tag{9.21}$$

einer großen Anzahl N unabhängiger Zufallsgrößen z_i mit den Varianzen s_i^2 ist approximativ normalverteilt und hat die Varianz

$$s_Z^2 = \sum_{i=1}^{N} s_i^2. \tag{9.22}$$

Sind die Varianzen der einzelnen Zufallsgrößen alle gleich s^2, dann ist die Varianz des Summenwertes

$$s_Z^2 = N \cdot s^2. \tag{9.23}$$

Bei einer Streuung $s = 1$ von N Zufallsgrößen resultiert aus Beziehung (9.23) für die Streuung des Summenwerts $s_Z = \sqrt{N}$.

Eine Verallgemeinerung des Gesetzes der großen Zahl ist das *Fehlerfortpflanzungsgesetz* [82]:

- Eine stetig differenzierbare Funktion $F(z_1,.z_i..,z_N)$ von N unabhängigen Zufallsgrößen z_i mit den Varianzen s_i^2 ist approximativ normalverteilt mit der Varianz

$$s_F^2 = \sum_{i=1}^{N} \left(\partial F / \partial z_i \right)^2 \cdot s_i^2. \tag{9.24}$$

Mit Hilfe der Gesetze (9.23) und (9.24) lassen sich Variabilität und Streuung zusammengesetzter Zufallsgrößen berechnen, wie die Variabilität der Stromintensität, die Schwankung von Beständen oder die Streuung des Verbrauchs in der Wiederbeschaffungszeit.

Eine Konsequenz aus dem Gesetz der großen Zahl ist die *Zentralisierungsregel*:

- Die Schwankungen der Leistungsanforderungen in den dezentralen Bereichen eines Unternehmens sind größer als die Schwankung der summierten Leistungsanforderungen.

Diese Regel gilt für Auftragseingänge, Bestände, Personalbedarf und andere Anforderungen und begünstigt die Schaffung zentraler Funktionsbereiche.

Aus dem Gesetz der großen Zahl folgt auch ein hilfreicher *Kalkulationsgrundsatz* für die *Logistikkostenrechnung* und die *Investitionsplanung*:

- Die relative Genauigkeit einer Kostensumme aus vielen Einzelkosten ist weitaus besser als die Genauigkeit der Einzelkosten.

Daher ist auch bei nur grober Kenntnis vieler Teilkosten gleicher Größenordnung eine relativ genaue Gesamtkostenrechung möglich. Dieser Sachverhalt ist für Budgetkostenrechnungen zur Investitionsentscheidung, für die Prozeßkostenrechung und für die Preiskalkulation von großer praktischer Bedeutung. Der Fehler der Gesamtkosten läßt sich mit Hilfe des Fehlerfortpflanzungsgesetzes (9.24) aus den geschätzten Fehlern der Einzelkosten errechnen.

9.6
Mittelwertrechnungen in der Logistik

Disposition, Optimierungen und Dimensionierungsrechnungen werden in der Regel mit den *Mittelwerten* von Auftragseingang, Auftragstruktur, Leistungsdurchsatz, Grenzleistungen und anderer stochastischer Größen durchgeführt. Dabei wird häufig nicht beachtet, ob und wieweit das zulässig ist.

Der *Mittelwert* der Funktionswerte $F(x_i)$ einer stetig differenzierbaren Funktion $F(x)$ für eine Anzahl von Argumenten x_i ist:

$$F_m = (1/N) \cdot \sum_{i=1}^{N} F(x_i). \tag{9.25}$$

Wenn die einzelnen Argumente mit kleinen Differenzen $\Delta_i \ll x_i$ um einen Mittelwert x_m verteilt sind, wenn also

$$x_i = x_m + \Delta_i \tag{9.26}$$

ist, läßt sich der Mittelwert (9.25) in eine *Taylor-Reihe* nach zunehmenden Ableitungen $F^{(n)}(x) = dF^n/(dx)^n$ entwickeln. Die ersten Glieder der Taylor-Reihe sind:

$$F_m = (1/N) \cdot \sum_{i=1}^{N} \left(F(x_m) + F^{(1)}(x_m) \cdot \Delta_i + F^{(2)}(x_m) \cdot \Delta_i^2 / 2 + \dots \right). \tag{9.27}$$

Da die Summe der Abweichungen vom Mittelwert gleich Null ist,

$$\sum_{i=1}^{N} \Delta_i = 0, \tag{9.28}$$

folgt aus der Reihenentwicklung (9.27) der *Approximationssatz*:

- Wenn die Krümmung der Funktion im Streubereich der Argumente um den Mittelwert gering ist, wenn also $F^{(2)}(x_m) \ll 1$, ist der Mittelwert F_m einer stetig differenzierbaren Funktion approximativ gleich dem Funktionswert $F(x_m)$ für den Mittelwert x_m der Argumente

$$F_m \approx F(x_m). \tag{9.29}$$

Eine Nutzanwendung ist der *Mittelwertsatz der Logistik*:

1. In *erster Näherung* kann mit den Mittelwerten der stochastischen Größen geplant, dimensioniert und disponiert werden.

2. In einer *Störungsrechnung* ist zu prüfen, welche Auswirkungen die stochastischen Schwankungen auf Staueffekte, Überlaufgefahr von Lagern, Lieferfähigkeit, Termintreue oder andere Kenngrößen haben.

Nach einer Segmentierung der Aufträge, Sortimente und Ströme in lagertechnisch, transporttechnisch oder logistisch verwandte Klassen darf also für jede Klasse oder Gruppe mit dem *mittleren Auftrag*, einem *Durchschnittsartikel* oder einem *Durchschnittstrom* als *Repräsentant* gerechnet werden (s. *Abschnitt 5.5*).

Der Mittelwertsatz der Logistik gilt unter der Voraussetzung, daß die betreffende Funktion keine Sprünge aufweist. Das ist für die Betriebs- und Prozeßkosten, die meist linear oder reziprok linear von den Argumenten abhängen, nur solange zutreffend, wie Ganzzahligkeitseffekte vernachlässigbar sind. Die aus der *Ganzzahligkeit* des Ladeeinheiten- und Transportmittelbedarfs resultierenden Sprünge der Kostenfunktionen müssen daher durch eine *Ausgleichsfunktion* geglättet werden, deren Verlauf im Einzelfall zu bestimmen ist (s. *Kapitel 12*).

9.7
Durchsatzschwankungen

Der *mittlere Durchsatz* in einem festen *Zeitintervall* T [ZE] ist für einen stationären stochastischen Strom mit der Durchsatzrate λ_P:

$$\lambda_T = T \cdot \lambda_p \qquad \left[\text{ME} / \text{ZE} \right]. \qquad (9.30)$$

Aufgrund der Stochastik des Prozesses schwankt der *gemessene Durchsatz* in aufeinander folgenden Zeitabschnitten gleicher Länge T zufallsabhängig mit einer *Durchsatzschwankung* $s_{\lambda T}$ um den mittleren Durchsatz (9.30). Wenn

$$M_N = \sum_{i=1}^{N} m_i \qquad \left[\text{ME} \right]. \qquad (9.31)$$

die Summe der im Zeitraum T eintreffenden Ereigniseinheiten ME ist und

$$T_N = \sum_{i=1}^{N} \tau_i \qquad \left[\text{ZE} \right]. \qquad (9.32)$$

die Summe der gemessenen Zeitabstände der Ereignisse, dann ist der gemessene Durchsatz im Zeitraum T gegeben durch:

$$\lambda_T = M_N / T_N \qquad \left[\text{ME} / \text{ZE} \right]. \qquad (9.33)$$

Die Summen (9.31) und (9.32) erstrecken sich jeweils über die Anzahl N der Ereignisse in der Zeit T. Deren Mittelwert ist bei einer durchschnittlichen Menge m_P pro Ereignis:

$$N = T \cdot \lambda_p / m_p \qquad \left[\text{ME} \right]. \qquad (9.34)$$

Mit Hilfe des Fehlerfortplanzungsgesetzes (9.24) ergibt sich für die Varianz des gemessenen Durchsatzes

$$s_{\lambda T}{}^2 = \left(\partial\lambda_T / \partial M_N\right)^2 \cdot s_M{}^2 + \left(\partial\lambda_T / \partial T_N\right)^2 \cdot s_T{}^2$$
$$= \left(1/T_N{}^2\right) \cdot s_M{}^2 + \left(M_N{}^2 / T_N{}^4\right) \cdot s_T{}^2 . \tag{9.35}$$

Für die Varianz s_M^2 der Mengensumme (9.31) folgt aus dem Gesetz der großen Zahl (9.23)

$$s_M{}^2 = N \cdot s_m{}^2 \tag{9.36}$$

Hierin ist s_m^2 die *Mengenvarianz* des stochastischen Stroms. s_T^2 ist die durch

$$s_T{}^2 = N \cdot s_\tau{}^2 . \tag{9.37}$$

mit der *Taktzeitvarianz* s_τ^2 des stochastischen Stroms gegebene Varianz der Zeitsumme (9.32). Durch Einsetzen der Beziehungen (9.36) und (9.37) in (9.35) ergibt sich unter Verwendung der mittleren Ereignisanzahl (9.34) der Satz:

• Die *Durchsatzschwankung* eines stochastischen Stroms mit der *Intensität* λ_P, der *Taktzeitvariabilität* $V_\tau = (s_\tau^2/\tau)^2$, der *mittleren Pulkmenge* m_P und der *Mengenvariabilität* $V_m = (s_m/m)^2$ in aufeinander folgenden Zeitintervallen der Länge T ist

$$s_{\lambda T} = \sqrt{m_P \cdot T \cdot \lambda_P \cdot \left(V_\tau + V_m\right)} = \sqrt{m_P \cdot \lambda_T \cdot \left(V_\tau + V_m\right)} . \tag{9.38}$$

Von der Durchsatzschwankung in der Wiederbeschaffungszeit bei einem regelmäßigen stochastischen Verbrauch hängt beispielsweise die *Lieferfähigkeit* ab. Die Beziehung (9.38) ist daher nutzbar zur Berechnung des für eine vorgegebene Lieferfähigkeit erforderlichen *Sicherheitsbestands* (s. Abschnitt 11.6).

Wenn das Zeitintervall T gleich der Periodenlänge T_{PE} ist, für die der *Periodendurchsatz*

$$\lambda_{PE} = T_{PE} \cdot \lambda_P \qquad \left[ME/PE\right] \tag{9.39}$$

eines stochastischer Stroms gemessen wird, ergibt sich aus Beziehung (9.38):

• Die *Variabilität des Periodendurchsatzes* λ_{PE} eines stochastischen Stroms mit der *Taktzeitvariabilität* V_τ, der *mittleren Pulkmenge* m_P und der *Mengenvariabilität* V_m ist

$$V_{PE} = \left(s_{PE}/\lambda_{PE}\right)^2 = m_P \cdot \left(V_\tau + V_m\right)/\lambda_{PE} . \tag{9.40}$$

Für die Schwankung des Periodendurchsatzes eines *Poissonstroms* mit $V_\tau = 1$ und mit konstanter Menge m_P pro Ereignis, also mit $V_m = 0$, folgt aus (9.40) die einfache Beziehung:

$$s_{PE} = \sqrt{m_P \cdot T_{PE} \cdot \lambda_P} = \sqrt{m_P \cdot \lambda_{PE}} . \tag{9.41}$$

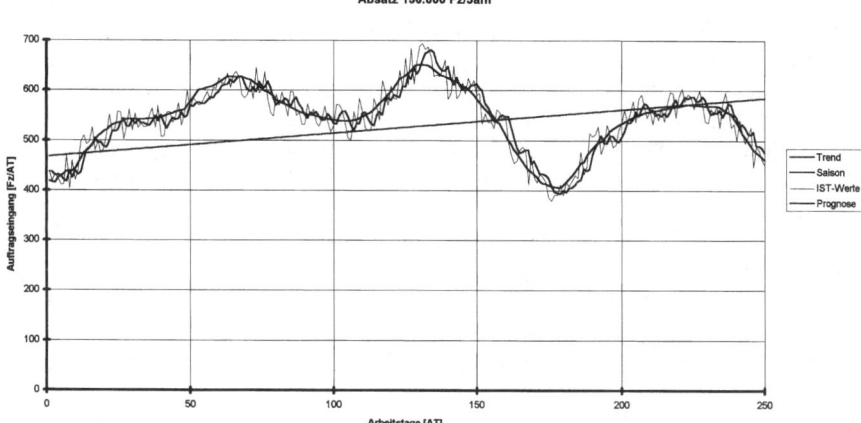

Abb. 9.7 Täglicher Auftragseingang eines Automobilwerks

Aufträge   Einzelbestellungen für PKW aus 100 Verkaufsniederlassungen
Tagesabsatz 544 Einzelbestellungen; Streuung ±23,3 Fz

So ist beispielsweise die Streuung bei einem poissonverteilten Einzelstückdurchsatz von 100 Stück pro Periode gleich 10 Stück und der Variationskoeffizient 10 %. Bei einem Durchsatz von jeweils 4 Stück pro Ereignis erhöht sich die Schwankung des gleichen Periodendurchsatzes um einen Faktor 2 auf 20 Stück. Bei einem Einzelstückdurchsatz von 10.000 Stück pro Periode ist die Streuung gleich 100 Stück und der Variationskoeffizient nur noch 1 %.

Aus den Beziehungen (9.38), (9.40) und (9.41) ist ablesebar:

- Die *Schwankung* des Periodendurchsatzes eines stochastischen Stroms wächst mit der Wurzel aus dem Periodendurchsatz, der Periodenlänge, der Stromintensität und der Schublänge.
- Die *Variabilität* des Periodendurchsatzes nimmt umgekehrt proportional mit dem Periodendurchsatz, der Periodenlänge und der Stromintensität ab und proportional mit der Schublänge zu.

Die zufallsbedingten Schwankungen stochastischer Ströme und Ereignisfolgen mitteln sich also bei hinreichend großer Periodenlänge heraus, wenn die Periodenlänge deutlich kleiner ist als die Zeiträume, in denen sich systematische zeitliche Veränderungen abspielen.

Aus den Beziehungen (9.40) und (9.41) ergibt sich eine wichtige *Nutzanwendung*:

- Die Summation des sporadischen Bedarfs einer großen Anzahl von Bedarfsstellen ergibt einen regelmäßigen Bedarf.

Aufgrund dieser Regel kann es zu erheblichen Vorteilen führen, die dezentral eingehenden Bestellungen für überregional verkaufte Artikel in einer zentralen Auftragssammelstelle oder in einem Zentralrechner zusammenzuführen, dort zu analysieren und die weitere Bearbeitung zu disponieren. Die Vorteile einer solchen *Zentraldisposition* nehmen mit der Größe des Verkaufsgebiets eines Artikels zu. Daher ist bei der Bewertung der Effekte sorgfältig zu unterscheiden zwischen dem *lokalen, regionalen, nationalen* und *globalen Sortiment*.

Wenn beispielsweise bei 45 Händlern eines Fahrzeugherstellers, wie in *Abb. 9.1* dargestellt, täglich durchschnittlich 12 Einzelbestellungen für einen Fahrzeugtyp eingehen, dann ist nach Beziehung (9.41) die Streuung dieser Bestellungen $\sqrt{12} = 3,5$ oder 30 % der Tagesverkaufsmenge. Die Summe der Bestellungen bei allen 45 Händlern beträgt 544 Wagen pro Tag und hat den in *Abb. 9.7* dargestellten Verlauf. Die Streuung des Gesamtauftragseingangs erreicht mit $\sqrt{544} = 23,3$ nur 4,3 % der gesamten Tagesverkaufsmenge des Unternehmens. Bei einer derart geringen Streuung ist eine erheblich bessere Absatzanalyse, Verkaufsprognose und Auftragsdisposition möglich, als sie der einzelne Händler durchführen kann.

In der Versorgungslogistik mit lagerhaltiger Ware wird der gleiche Effekt zur Optimierung der Belieferung einer Vielzahl von Bedarfsstellen mit sporadischem Verbrauch genutzt:

- Die dezentralen Bedarfsstellen werden aus einem zentralen Lager bedient, dessen Verbrauch regelmäßiger und besser prognostizierbar ist als die dezentralen Einzelverbräuche.

Abgesehen von der besseren Nachschubdisposition lassen sich hierdurch die Sicherheitsbestände senken und eine höhere Lieferfähigkeit erreichen als bei dezentraler Lagerung der Bestände (s. *Abschnitt 11.8*). Ein typisches Beispiel ist die überregionale *Ersatzteilversorgung* aus einem Zentrallager [221].

9.8
Prognostizierbarkeit

Für die Planung von Logistiksystemen sowie für die Auftrags-, Nachschub- und Bestandsdisposition wird eine möglichst genaue Kenntnis der zukünftigen Entwicklung der Auftrags-, Material- und Datensströme benötigt.

Die zukünftige Entwicklung eines instationären stochastischen Stroms läßt sich nur prognostizieren, wenn die systematische zeitliche Veränderung einen *regelmäßig wiederkehrenden Verlauf* hat, der mit ausreichender Genauigkeit aus dem Periodendurchsatz vergangener Perioden ableitbar ist und sich in der Zukunft fortsetzt. Wenn der systematische zeitliche Stromverlauf keine wiederkehrende Regelmäßigkeit aufweist oder unvorhersehbare Einflüsse den zeitlichen Verlauf plötzlich verändern können, ist eine quantitative Prognose grundsätzlich nicht möglich [76].

Ein Maßstab für die Güte einer Prognose ist der *Prognosefehler* [82]:

- Wenn $\lambda_{Pro}(t_i)$ der prognostizierte und $\lambda_{Ist}(t_i)$ der beobachtete Wert in der Periode t_i ist, ist der *Prognosefehler* für einen *Zeitraum* von n Perioden t_1 bis t_n

$$\Delta_{Prog} = \sqrt{\sum_i \left(\lambda_{Pro}(t_i) - \lambda_{Ist}(t_i)\right)^2 \Big/ (n-1)}, \qquad (9.42)$$

Sind die stochastischen Schwankungen unabhängig vom systematischen zeitlichen Verlauf, setzt sich der Prognosefehler zusammen aus der *stochastischen*

Streuung s_{PE}, die durch (9.40) gegeben ist, aus einem *verfahrensbedingtem Fehler* Δ_λ der Prognosewerte, der durch das Prognoseverfahren verursacht wird, und aus einem *systematischen Fehler* Δ_t der Prognosewerte, der aus dem systematischen Zeitverlauf resultiert. Nach dem Fehlerfortpflanzungsgesetz ist also die Größe des Prognosefehlers

$$\Delta_{Prog} = \sqrt{s_{PE}^{\,2} + \Delta_\lambda^{\,2} + \Delta_t^{\,2}}\ . \tag{9.43}$$

Aus dieser Abhängigkeit lassen sich folgende *Prognostizierbarkeitsbedingungen* ableiten:

1. Der Periodendurchsatz muß für soviele Perioden der Vergangenheit bekannt sein, daß ein systematischer Verlauf mit ausreichender Genauigkeit erkennbar und quantifizierbar ist.
2. Die stochastischen Schwankungen des Periodendurchsatzes müssen geringer sein als die benötigte Prognosegenauigkeit.

Aus der Abhängigkeit (9.38) der stochastisch bedingten Durchsatzschwankungen von der gewählten Periodenlänge und von der Stromintensität resultiert für die *Wahl der Periodenlänge* die Forderung:

- Die *Periodenlänge* muß so kurz sein, daß zeitliche Veränderungen so genau wie nötig erkennbar sind, und andererseits so lang, daß sich die stochastischen Schwankungen so weit wie möglich herausmitteln.

Aus dieser Forderung ergibt sich für die *Prognostizierbarkeit*:

- Wenn ein Strom so schwach ist, daß die stochastischen Schwankungen in einer Periodenlänge, die notwendig ist, um den systematischen Zeitverlauf zu erfassen, größer sind als die benötigte Prognosegenauigkeit, ist keine brauchbare Prognose möglich.

Die Genauigkeit, mit der sich die Stromintensität der nächsten Perioden bestenfalls prognostizieren läßt, hängt von der Variabilität des Periodendurchsatzes (9.40) ab. Bei geringer Variabilität ist die Prognosegenauigkeit hoch. Mit zunehmender Variabilität wird die Prognostizierbarkeit immer schlechter bis sie für Variabilitäten nahe 1 unmöglich ist.

Ein Maß für die Prognostizierbarkeit stochastischer Ströme ist der in *Abb. 9.8* dargestellte *Nullperiodenanteil*. Wenn $w_{PE}(\lambda)$ die Häufigkeitsverteilung des Periodendurchsatzes ist, dann ist $w_{PE}(0)$ die Wahrscheinlichkeit, daß in einer Periode *kein* Ereignis eintritt. Diese Wahrscheinlichkeit ist gleich dem *Nullperiodenanteil*.

Die Häufigkeitsverteilung $w_{PE}(\lambda)$ eines Periodendurchsatzes λ mit einer Variabilität $V < 1$ läßt sich approximieren durch die Binominalverteilung (9.17) mit den Parametern $p = 1 - V$ und $N = \lambda/(1-V)$. Hieraus folgt:

- Der *Nullperiodenanteil* für einen Periodendurchsatz λ mit der Variabilität $V < 1$ ist

$$w_{PE}(0) = V^{\lambda/(1-V)} \underset{\text{für } V \to 0}{=} e^{-\lambda}\ . \tag{9.44}$$

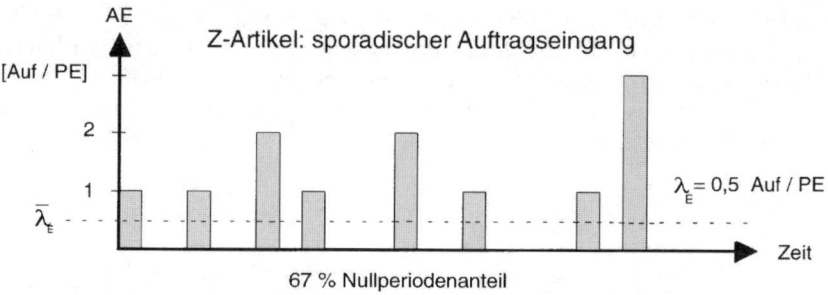

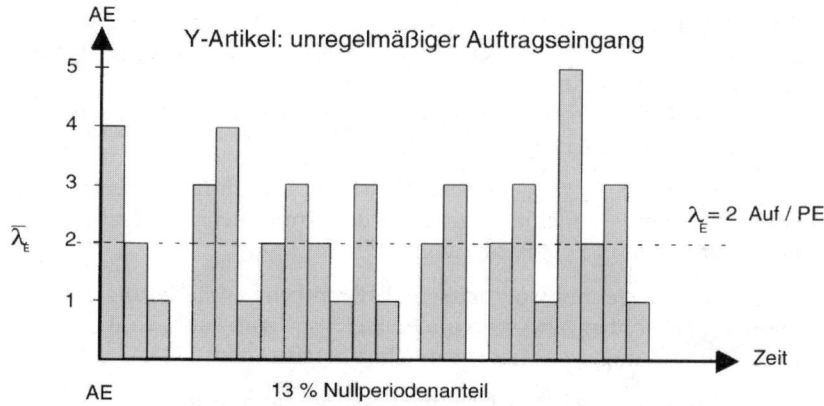

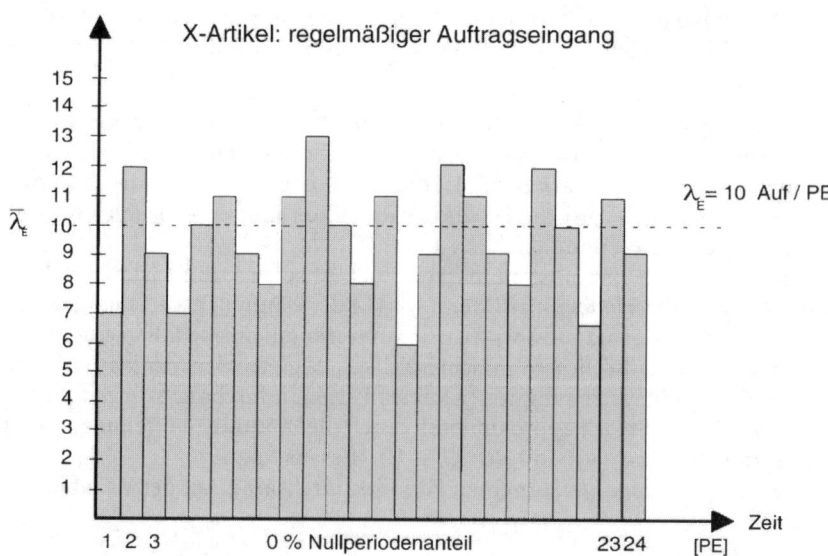

Abb. 9.8 Streuung und Nullperiodenanteil von X-, Y- und Z-Artikeln

Entsprechend ihrem Nullperiodenanteil lassen sich Ereignisse, Aufträge und Sortimente in drei *Klassen* einteilen [80; 81]:

1. *X-Ereignisse, X-Aufträge* oder *X-Artikel*: Der Nullperiodenanteil liegt nahe Null. Die *Ereignisse* sind *regelmäßig*. Für einen systematischen Zeitverlauf ist der zukünftige Verlauf *gut prognostizierbar*.

2. *Y-Ereignisse, Y-Aufträge* oder *Y-Artikel*: Der Nullperiodenanteil reicht bis zu 30 %. Die *Ereignisse* sind *unregelmäßig*. Auch bei systematischem Zeitverlauf ist der zukünftige Verlauf nur *ungenau prognostizierbar*.

3. *Z-Ereignisse, Z-Aufträge* oder *Z-Artikel*: Der Nullperiodenanteil liegt über 30 %. Die *Ereignisse* sind *sporadisch*. Ein systematischer Zeitverlauf ist kaum noch feststellbar. Der zukünftige Verlauf ist nur *sehr ungenau* oder *garnicht prognostizierbar*.

Aus Beziehung (9.44) ist ablesbar, daß der Nullperiodenanteil mit dem Periodendurchsatz und daher auch mit der Periodenlänge exponentiell abnimmt. Die XYZ-Klassifizierung hängt also von der Periodenlänge ab und korrelliert mit der ABC-Klassifizierung der Absatzmengen (s. *Abschnitt 5.7*).

9.9
Prognoseverfahren

Alle mathematischen Verfahren zur Prognose des zukünftigen Verlaufs einer Zeitreihe, eines stochastischen Stroms, eines Bedarfs oder eines Verbrauchs setzen voraus, daß sich der zeitliche Verlauf in einem bestimmten *Beobachtungszeitraum der Vergangenheit* für einen *Prognosezeitraum in der Zukunft* fortsetzt [76; 77; 226].

Wenn sich der systematische Zeitverlauf in einem aktuellen Beobachtungszeitraum nur wenig ändert, kann angenommen werden, daß der *Mittelwert* der zurückliegenden Perioden für einen Prognosezeitraum weiterhin erhalten bleibt, der nicht länger ist als der Beobachtungszeitraum. Dieser Mittelwert läßt sich entweder nach dem Verfahren des *gleitenden Mittelwerts* oder der *exponentiellen Glättung* berechnen.

Wenn sich aus einer Analyse zurückliegender Zeitreihen ableiten läßt, daß sich der systematische Zeitverlauf jeweils nach Ablauf einer bestimmten *Zykluszeit* wiederholt, ist das nachfolgend dargestellte *Zyklusverfahren* zur Prognose geeignet. Das Zyklusverfahren ist anwendbar zur Prognose zufallsabhängiger Wirtschaftprozesse, deren systematisches Zeitverhalten sich aus einem natürlichen, kalendarischen, kulturellen, geschäftlichen oder volkswirtschaftlichen *Fundamentalzyklus* erklären oder herleiten läßt:

- *Natürliche Fundamentalzyklen* sind die Umlaufzeiten von Erde und Mond, die hieraus abgeleiteten *Jahreszeiten* und die *Erzeugungszyklen* für Naturprodukte.
- *Kalendarischen Fundamentalzyklen*, die sich aus den natürliche Fundamentalzyklen ableiten, sind der *Tageszyklus*, der *Wochenzyklus*, der *Monatszyklus* und der *Jahreszyklus*.

Mit den natürlichen und den kalendarischen Fundamentalzyklen lassen sich viele der kulturellen, volkswirtschaftlichen und geschäftspolitischen Zyklen erklären und vorausberechnen:

- *Kulturelle Fundamentalzyklen* ergeben sich aus wiederkehrenden *Feiertagen*,
  wie *Weihnachten, Ostern*, das islamische *Ramadan* und *Schulferien*. Sie sind
  häufig mit kalendarischen Zyklen verknüpft.
- *Volkswirtschaftliche Fundamentalzyklen* sind die *Konjunkturzyklen*, deren
  Länge und Höhe nicht genau prognostizierbar sind, und die *Angebots- und
  Nachfragezyklen*, wie der sogenannte *Schweinezyklus*.
- *Geschäftspolitische Zyklen* sind die Folge von *Ladenöffnungszeiten, Betriebszeiten, Schichtplänen, Fahrplänen, Aktionszyklen, Katalogzyklen, Dispositions-
  zyklen* oder *der Einteilung des Geschäftsjahrs*.

Anders als die extern bedingten Fundamentalzyklen lassen sich die geschäftspolitischen Zyklen von den Unternehmen beeinflussen oder verändern.

Bei einer Überlagerung eines zyklischen Zeitverlaufs durch stochastische
Schwankungen kann das Zyklusverfahren mit einem der beiden Mittelwertver-
fahren kombiniert werden. Wenn keine ausreichenden Anhaltspunkte für ein zy-
klisches Verhalten vorliegen, ist anstelle der Mittelwert- und Zyklusverfahren, die
sich in der Logistik bewährt haben, eine Prognose durch Ansatz einer *parametri-
sierten Modellfunktion*, wie der sogenannten *logistischen Funktion* möglich [251].
Allgemeine Modellverfahren werden vor allem in der *Absatzprognose* und für
volkswirtschaftliche Vorhersagen eingesetzt [76; 77].

1. Gleitender Mittelwert

Nach dem Verfahren des gleitenden Mittelwerts wird der Durchsatz λ_{i+k} zukünf-
tiger Perioden ab einem Gegenwartszeitpunt t_i gleich dem gemittelten Periodendurchsatz $\lambda_i(n)$ der letzten n zurückliegenden Perioden gesetzt:

$$\lambda_{i+k} = \lambda_i(n) = \sum_{j=i-n}^{i} \lambda_j/n \qquad \text{für } k \geq 1. \tag{9.45}$$

Jeweils nach Abschluß einer Gegenwartsperiode werden die Prognosewerte
(9.45) unter Verwendung des letzten IST-Wertes erneut berechnet.

Bei einer stochastische Streuung s_{PE} des Periodendurchsatzes ist nach dem Gesetz der großen Zahl der *stochastisch bedingte Fehler* des prognostizierten Mittelwertes (9.45):

$$\Delta_\lambda(n) = s_{PE}/n. \tag{9.46}$$

Die *Glättungszahl* n des gleitenden Mittelwertes (9.45) muß möglichst groß
gewählt werden, um den stochastischen Prognosefehler gering zu halten.

2. Exponentielle Glättung

Nach dem Verfahren der *exponentiellen Glättung* wird der Durchsatz λ_{i+k} zu-
künftiger Perioden ab einem Gegenwartszeitpunt t_i gleich dem *gewichteten Mittelwert* aus dem gemessenen Durchsatz λ_i und dem prognostizierten Durchsatz
$\lambda_i(\alpha)$ der abgeschlossenen Periode gesetzt:

$$\lambda_{i+k} = \lambda_{i+1}(\alpha) = \alpha \cdot \lambda_i + (1-\alpha) \cdot \lambda_i(\alpha) \qquad \text{für } k \geq 1. \qquad (9.47)$$

Der *Glättungsparameter* α ist eine reelle Zahl aus dem Intervall $0 < \alpha < 1$. Nach Abschluß einer Gegenwartsperiode werden die Prognosewerte (9.47) unter Verwendung des letzten IST-Wertes neu errechnet.

Durch sukzessives Einsetzen der Vergangenheitswerte $\lambda_i(\alpha)$ in die Definitionsgleichung (9.47) ergibt sich, daß durch die exponentielle Glättung der *gewichtete arithmetische Mittelwert*

$$\lambda_{i+1}(\alpha) = \alpha \cdot \sum_{j=0}^{i} (1-\alpha)^{i-j} \cdot \lambda_j. \qquad (9.48)$$

aller Vergangenheitswerte gebildet wird. Der Einfluß eines vergangenen Wertes λ_j auf den Mittelwert (9.48) nimmt wegen des Faktors $(1-\alpha)^{i-j}$ exponentiell mit dem Periodenabstand $(i-j)$ von der Gegenwartsperiode ab. Für Glättungsparameter nahe 1 nimmt der Einfluß der Vergangenheitswerte sehr rasch, für kleine Glättungsparameter langsam ab.

Aus dem Fehlerfortpflanzungsgesetz folgt für den *stochastisch bedingten Fehler* des Prognosewerts der exponentiellen Glättung

$$\Delta_\lambda(\alpha) = s_{PE} \cdot \alpha / (2-\alpha). \qquad (9.49)$$

Der stochastisch bedingte Fehler des Prognosewerts der exponentiellen Glättung ist also für kleine Glättungsparameter gering und für Glättungsparameter nahe 1 gleich der Streuung des Periodendurchsatzes. Um den stochastischen Prognosefehler gering zu halten, muß der *Glättungsparameter* α möglichst klein gewählt werden.

Die nach dem Verfahren des gleitenden Mittelwerts oder der exponentiellen Glättung berechneten Prognosewerte sind solange brauchbar, wie die systematischen zeitlichen Änderungen in den kommenden Perioden deutlich geringer sind als die stochastischen Schwankungen. Für Ströme mit systematisch veränderlichem Zeitverlauf erhöht sich der Prognosefehler (9.43) mit zunehmender Entfernung von der Gegenwart um die Abweichung Δ_t des systematischen zeitlichen Verlaufs vom konstanten Verlauf.

3. Zyklusverfahren für einfache Zyklen
Wenn sich das Zeitverhalten jeweils nach einer *Zykluszeit* T_Z wiederholt, wird die Zykluszeit so fein wie nötig unterteilt in eine Anzahl von N Perioden mit der *Periodenlänge* $T_{PE} = T_Z/N$ und den *Periodenendzeitpunkten* $t_{Zi} = t_{Zo} + i \cdot T_{PE}$, $i = 1,2,...,N$.

Der Zeitverlauf eines zyklisch veränderlichen Stroms innerhalb einer Zykluszeit T_Z ist dann darstellbar in der Form

$$\lambda_{PE}(i) = \lambda_Z \cdot g_Z(i) \qquad \qquad [ME/PE]. \qquad (9.50)$$

mit den *Zyklusgewichten* $g_Z(i)$ und der *zyklusbereinigten Stromintensität* λ_Z. Die Zyklusgewichte sind über einen vollen Zyklus auf 1 normiert. Es gilt also:

$$\sum_{i=1}^{N} g_Z(i) = 1. \qquad (9.51)$$

Die zyklusbereinigte Stromintensität ist gleich dem Mittelwert des Periodendurchsatzes im Verlauf eines Zyklus:

$$\lambda_Z = \sum_{i=1}^{N} \lambda_{PE}(i) \big/ N \qquad [ME/PE]. \qquad (9.52)$$

Die *Zyklusgewichte* für einen Zyklus Z mit den *gemessenen* Periodendurchsätzen $\lambda_{PE}(i)$ sind:

$$g_Z(i) = \lambda_{PE}(i) \big/ \lambda_Z \qquad (9.53)$$

In *Abb. 9.9* ist als Beispiel der auf diese Weise ermittelte Tages-, Wochen- und Jahresdurchsatz des Zentrallagers eines Handelsunternehmens dargestellt.

Zur Prognose wird zunächst für den Verlauf einer folgenden Periode der gemessene Verlauf der letzten abgeschlossenen Periode angesetzt. Wenn die systematische zeitliche Veränderung von stochastischen Schwankungen mit einer Streuung s_{PE} überlagert ist, sind die gemessenen Zyklusgewichte (9.53) der einzelnen Zyklen mit dem stochastischen Fehler s_{PE}/λ_Z behaftet.

Wenn die Zyklusgewichte eines Artikels mit schwachem Verbrauch von Zyklus zu Zyklus zu stark schwanken, ist es möglich, diese gleich den Zyklusgewichten einer ganzen Warengruppe oder anderer Produkte mit *analoger Verbrauchscharakteristik* aber deutlich höherem Periodenbedarf zu setzten, die wegen des höheren Bedarfs eine relativ geringe stochastische Streuung haben.

Anders, als bei diesem *Analogverfahren*, kann für den Periodenverlauf im nächst folgenden Zyklus auch der gleitende Mittelwert oder das gewichtete Mittel der Zyklusgewichte und der zyklusbereinigten Stromintensitäten aus mehreren zurückliegenden Zyklen angesetzt werden. Durch dieses *Kombinationsverfahren* läßt sich der stochastisch bedingte Fehler der Zyklusgewichte und der bereinigten Stromintensität auf die Größenordnung (9.46) oder (9.49) senken.[2]

4. Zyklusverfahren für überlagerte Zyklen

Wenn die systematische zeitliche Veränderung eines instationären stochastischen Stroms eine *Überlagerung* von zwei oder mehr wiederkehrenden Zyklen mit unterschiedlichen Zykluszeiten ist, beispielsweise von einem *Tag* T, einer *Wo-*

---

[2] Das aus bekannten Verfahren abgeleitete *Kombinationsverfahren* zur Prognose zyklisch veränderlicher stochastischer Ströme verbindet die Vorteile des gleitenden oder gewichteten Mittelwerts mit den Vorteilen des einfachen Zyklusverfahrens und erreicht nach wenigen Zyklen eine sehr gute Prognosegenauigkeit.

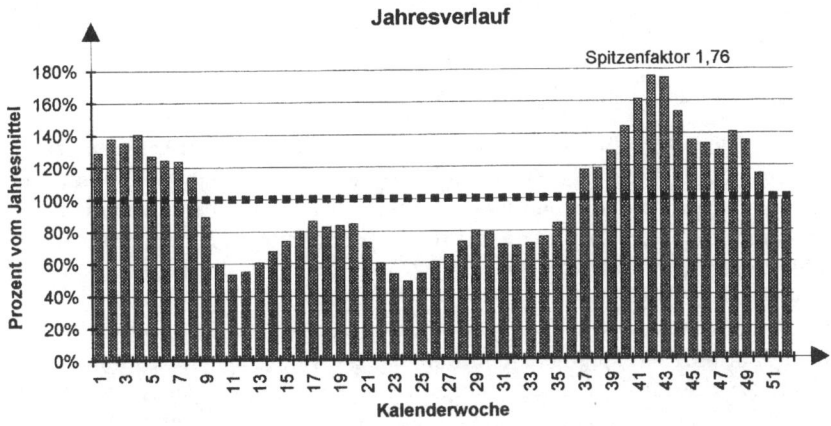

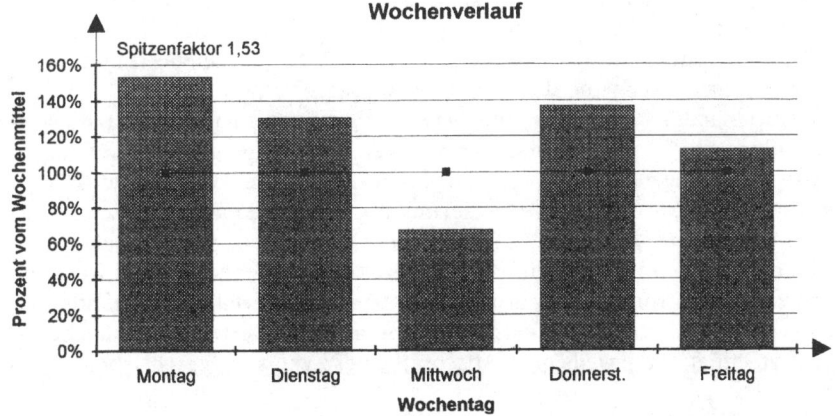

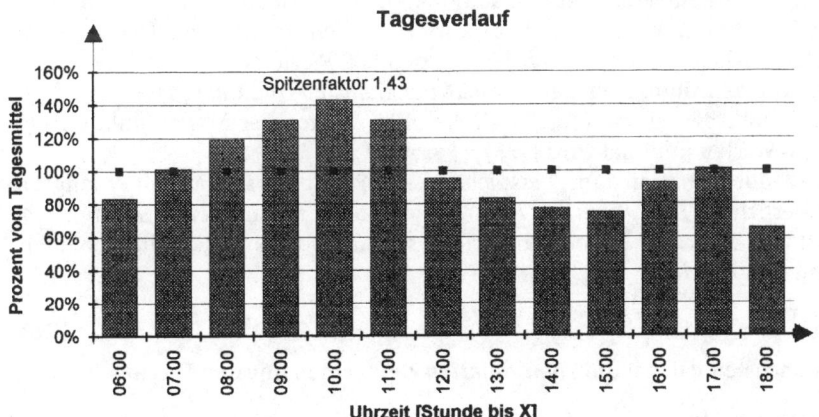

Abb. 9.9 Zyklusgewichte und Spitzenfaktoren des Jahres-, Wochen- und Tagesverlaufs der Versandanforderungen eines Handelslagers

che W und einem *Jahr* J, läßt sich der Strom darstellen als ein *Produkt der Einzel-
zyklen* [77]:

$$\lambda(i;k;l) = \lambda_0 \cdot g_T(i) \cdot g_W(k) \cdot g_J(l) \quad [\text{ME} / \text{PE}]. \qquad (9.54)$$

Der *Tageszyklus* ist gegeben durch die *Tageszyklusgewichte* $g_T(i)$ für die einzelnen
Stunden $i = 1,2,...24$ des Tages. Der *Wochenzyklus* wird durch die *Wochenzyklus-
gewichte* $g_W(k)$ für die einzelnen Wochentage $k = 1,2...7$ oder für Betriebstage $k =
1,2...5$ dargestellt. Der *Jahreszyklus* ist durch *Jahres-* oder *Saisonzyklusgewichte*
$g_J(l)$ für die Kalenderwochen $l = 1,2....52$ oder für die Kalendermonate $l = 1,
2,...12$ gegeben.

Eine anderes Beispiel für überlagerte Zyklen ist das Produkt aus einem Tageszyklus mit Stundeneinteilung, einem Monatszyklus mit Tageseinteilung und einem Jahreszyklus mit Monatseinteilung. In einigen Fällen gibt auch ein Produkt
aus einem Tageszyklus mit Stundeneinteilung und einem Jahreszyklus mit Kalen-
der- oder Betriebstagen den zeitlichen Verlauf am besten wieder. Allgemein ergeben sich die Zykluszeiten aus dem in der Vergangenheit beobachteten Zeitverlauf. Die Periodeneinteilung der einzelnen Zyklen wird dagegen bestimmt durch
den Verwendungszweck und die benötigten Genauigkeit der Prognose.

Die verschiedenen Zyklusgewichte lassen sich entweder nach dem Analogverfahren oder nach dem Kombinationsverfahren aus den gemessenen Zyklusgewichten zurückliegender Perioden errechnen und für die kommenden Zyklen
prognostizieren. Zur weiteren Verbesserung der Prognose müssen die Zyklusgewichte für *irreguläre Zyklen*, beispielsweise für Wochen mit nur 4 Arbeitstagen,
mit einem Feiertag oder vor Weihnachten, gesondert berechnet werden. Auch die
zyklusbereinigte Stromintensität (9.52) wird nach dem Verfahren des gleitenden
Mittelwerts oder der exponentiellen Glättung aus den Werten zurückliegender
Zyklen errechnet und jeweils nach Abschluß eines Zyklus fortgeschrieben.

5. Modellprognoseverfahren

Für den zeitlichen Verlauf eines instationären Stroms wird bei diesem Verfahren
eine *Modellfunktion* mit einer Anzahl freier *Parameter* angesetzt. Die freien Parameter der Modellfunktion werden aus den IST-Werten eines vergangenen Be-
obachtungszeitraums nach der *Methode der kleinsten Quadrate* so bestimmt, daß
die mittlere Abweichung (9.42) zwischen den Werten der Modellfunktion und
den IST-Werten minimal wird [76; 77; 82; 251].

Die Modellfunktion kann beispielsweise ein Produkt sein aus einer langsam
veränderlichen *Trendfunktion* $\lambda_{Tr}(t)$, einer auf 1 normierten *Zyklusfunktion*
$g_{Zyk}(t)$ und einer von Periode zu Periode stochastisch veränderlichen, ebenfalls
normierten *Zufallsfunktion* $g_{Zuf}(t)$:

$$\lambda(t) = \lambda_{Tr}(t) \cdot g_{Zyk}(t) \cdot g_{Zuf}(t). \qquad (9.55)$$

Im einfachsten Fall hat die *Trendfunktion* $\lambda_{Tr}(t)$ einen linearen Verlauf

$$\lambda_{Tr}(t) = \lambda_o \cdot (1 + c_{Tr} \cdot t). \qquad (9.56)$$

Allgemein wird für die Trendfunktion eine Summe von Potenzen $\Sigma\, c_n \cdot t_n$ mit Parametern c_n angesetzt. Für ein Produkt oder eine Leistung mit *endlicher Gesamt-*

absatzzeit ist die Trendfunktion eine *Absatzkurve* $\lambda_{Abs}(t)$, auch *Produktlebenskurve* genannt, die sich unter bestimmten Voraussetzungen aus der Absatzfunktion ähnlicher Produkte oder Leistungen ableiten läßt.

Die *Zyklusfunktion* $g_{Zyk}(t)$ kann, wie im Beispiel (9.54), das Produkt mehrerer *Einzelzyklusfunktionen* sein. Im allgemeinsten Fall ist die zyklische Funktion eine Fourierreihe aus trigonometrischen Funktionen

$$g_{Zyk}(t) = \sum \left(a_n \cdot sin(n \cdot \omega \cdot t) + b_n \cdot cos(n \cdot \omega \cdot t) \right) \tag{9.57}$$

mit freien Parametern a_n, b_n und ω.

Zur Prognose instationärer stochastischer Ströme der Logistik wie auch des kurz- und mittelfristigen Bedarfs von Produkten oder Leistungen sind die allgemeinen Modellverfahren weniger gut geeignet als das Zyklusverfahren, da es für Modellverfahren kaum möglich ist, den stochastisch bedingten Prognosefehler abzuschätzen und die problemadäquate Periodeneinteilung festzulegen.

6. Prognose bei Mehrstückbedarf

Bei vielen Prognoseverfahren wird stillschweigend vorausgesetzt, daß es sich bei den zu prognostizierenden Ereignissen um einen rekurrenten Prozeß mit Einzelereignissen handelt, wie er in *Abb. 9.2* oben dargestellt ist. In den Prognoserechnungen wird das Eintreffen eines Mehrfachereignisses genauso wie das mehrfache Eintreffen eines Einzelereignisses behandelt.

So wird zum Beispiel der Eingang eines Mehrstückauftrags über m_{VE} Verkaufseinheiten eines Artikels wie der Eingang von m_{VE} Einzelstückaufträgen mit einer Verkaufseinheit registriert. In der Zeitreihenanalyse zur Prognoserechnung wird also nicht zwischen Einzelstück- und Mehrstückaufträgen unterschieden. Das ist in der Auswirkung auf die Prognosegenauigkeit jedoch nur dann zulässig, wenn alle Aufträge stets die gleiche Menge anfordern und die Mengenvariabilität $V_m = 0$ ist.

Wenn die Auftragsmengen jedoch unterschiedlich sind und die *Mengenvariabilität* $V_m > 0$ ist, ist bei einer *Taktzeitvariabilität* V_τ die Durchsatzschwankung gemäß Beziehung (9.38) um den Faktor $(1+V_m/V_\tau)^2$ größer als bei gleichen Auftragsmengen oder Einzelstückaufträgen. Für schubweise stochastischen Poissonströme mit der Taktzeitvariabilität $V_\tau = 1$ und mit maximaler Mengenvariabilität $V_m = 1$ ist der Faktor gleich $\sqrt{2} = 1{,}41$ und die Streuung um 41,4 % größer als bei Einzelstückaufträgen. Entsprechend schlechter ist auch die Prognosegenauigkeit. Das ist beispielsweise bei der Berechnung der *Sicherheitsbestände* aus der gewünschten Lieferfähigkeit zu berücksichtigen (s. *Abschnitt 11.6*).

Bei einem *unkorreliertem Mehrstückbedarf*, wie ihn *Abb. 9.2* unten zeigt, sind die Zufallsverteilung und die Zeitabhängigkeit der Bedarfsmengen m_{VE} pro Auftrag und der Zeitabstände τ des Auftragseingangs voneinander unabhängig. In diesem Fall ist die Gesamtdurchsatzrate gemäß Beziehung (9.2) das Produkt $\lambda_P(t) = m_{VE}(t) \cdot \lambda_\tau(t)$ der mittleren Taktrate $\lambda_\tau(t)$ und der durchschnittlichen Bestellmenge $m_{VE}(t)$, die voneinander unabhängige Funktionen der Zeit sind. Der zukünftige Verlauf dieser beiden Funktionen läßt sich daher nach den vorangehend beschriebenen Verfahren aus den beobachteten Zeitreihen der Vergangenheit gesondert prognostizieren. Hieraus folgt die *Regel*:

- Bei stark schwankenden Auftragsinhalten ist eine gesonderte Analyse und Prognose von Auftragseingang und Auftragsinhalt erforderlich.

Die daraus resultierenden Vorhersagen und Dispositionsstrategien können von den Ergebnissen der undifferenzierten Einzelstückanalyse erheblich abweichen. Das wird von vielen Programmen zur Bedarfsprognose und Nachschubdisposition nicht berücksichtigt und führt zu falschem Schlüssen.

9.10
Bedarfsplanung und Bedarfsprognose

Die Bedarfsplanung bestimmt die Leistungsanforderungen und den Mengenbedarf der Produktions- und Leistungsstellen eines Unternehmens oder eines Betriebs für einen bestimmten Planungs- oder Dispositionszeitraum.

Dabei ist zwischen *Primärbedarf* und *Sekundärbedarf* zu unterscheiden [223]:

- Der *Primärbedarf* für Produkte und Leistungen wird von *externen Faktoren*, wie *Konsumentenverhalten*, *Wettbewerb*, *Jahreszeit* und *Konjunktur*, bestimmt und ist durch unternehmerische Maßnahmen nur *begrenzt beeinflußbar*.
- Der *Sekundärbedarf* für Produkte und Leistungen wird vom Primärbedarf *induziert*. Er läßt sich aus dem Primärbedarf aufgrund *technischer Zusammenhänge*, wie *Stücklisten* in Verbindung mit *Teiledurchlaufzeiten*, errechnen, durch *planerischen Maßnahmen*, wie Fahrpläne, Betriebszeitregelung und Kapazitäten, regeln oder durch *dispositive Maßnahmen*, wie die Auftrags-, Bestands- und Nachschubdisposition, beeinflussen.

Der Primärbedarf ist unter den vorangehend aufgeführten Voraussetzung prognostizierbar. Der Einfluß *unternehmerischer Maßnahmen*, wie Werbeaktionen, eine Veränderung des Produkt- und Leistungsangebots oder eine andere Preispolitik, auf die zukünftige Bedarfsentwicklung läßt sich zwar aufgrund von Erfahrungen abschätzen und planen, ist jedoch nur mit begrenzter Verläßlichkeit vorausberechenbar. Ebensowenig lassen sich die quantitativen Auswirkungen von *Verhaltensänderungen* der Konsumenten und des Wettbewerbs prognostizieren.

Für Dienstleistungsunternehmen, die keine Leistungen auf Vorrat produzieren können, ist es unerläßlich, ihre Systeme, Strukturen und Kapazitäten *flexibel* für einen veränderlichen Bedarf einzurichten. Aber auch in Unternehmen, die Konsumgüter produzieren oder mit diesen handeln, verbreitet sich zunehmend die Erkenntnis, daß es besser ist, *möglichst flexibel* auf die sich ändernden Anforderungen zu reagieren und den Markt nach dem *Pull-Prinzip* zu bedienen, als nach einem *relativ starren Absatzplan* Güter zu beschaffen oder zu produzieren und sie nach dem *Push-Prinzip* in den Markt zu drücken.

Bei einem bekannten, prognostizierbaren, geplanten oder fest in Auftrag gegebenen Primärbedarf ist der Sekundärbedarf im Prinzip berechenbar und damit auch planbar. Spezielle Verfahren der *Sekundärbedarfsrechnung*, wie die *MRP-Verfahren* (*Material Requirements Planning*), berechnen und terminieren aus dem Primärbedarf unter Berücksichtigung der *Stücklisten*, der *Teilefertigungszeiten*, der *Lagerbestände* und der aktuellen *Bestände in der Pipeline* den Teilebedarf für die zukünftigen Perioden [223; 234].

Das gilt zum Beispiel für den Sekundärbedarf der Flugzeugindustrie, der Anlagenhersteller, der Bauunternehmen und für Großprojekte. Der zukünftige Teile- und Materialbedarf läßt sich in diesen Branchen aus dem aktuellen *Auftragsbestand*, dem geplanten *Fertigstellungszeitpunkt* für die Anlage oder das Gesamtprojekt und den Lieferzeiten der Teile, der Module, der Anlagenkomponenten und des übrigen Materials ableiten.

Wenn eine Leistung oder ein Artikel für mehrere unterschiedliche und voneinander unabhängige Primärbedarfe benötigt wird, ist die artikelgenaue Bedarfsplanung unter Umständen sehr aufwendig. Beispiele hierfür sind Lagerartikel, Roh-, Hilfs- und Betriebsstoffe und Teile, die in unterschiedliche Fertigprodukte einfließen, sowie Produkte, die in verschiedenen Ausprägungen und Verpackungen auf mehreren Absatzmärkten vertrieben werden.

Es ist daher eine Frage der Zweckmäßigkeit und des Aufwands, ob der Bedarf einer Sekundärleistung oder eines Sekundärteils genau geplant oder wie ein unabhängiger Primärbedarf prognostiziert wird. Erkennbare Veränderungen des Primärbedarfs können dabei über *Korrelationsfaktoren* berücksichtigt werden. Die Bedarfsprognose unabhängig davon, ob es sich um einen Primär- oder einen Sekundärbedarf handelt, ist vor allem für die verbrauchsabhängige Nachschub- und Bestandsdisposition von anonym auf Lager gefertigten oder beschafften Artikeln zulässig, da ja grade durch den Lagerbestand Verbrauch und Beschaffung voneinander entkoppelt werden.

Zur logistischen Bedarfsprognose, wie auch für die Planung und Disposition, ist die *Feinheit der Periodeneinteilung* festzulegen. Die Periodeneinteilung ist abhängig von der Genauigkeit, die zur Planung oder Disposition benötigt wird, und ergibt sich daher aus der jeweiligen Aufgabenstellung. Wegen der Grenzen der Prognostizierbarkeit muß die Periodeneinteilung einerseits so grob wie möglich sein und andererseits so genau wie nötig. Hieraus folgt:

1. Für die *Planung und Disposition von Verkehrsanlagen* mit hohen Durchsatzraten, die sich – wie der Verkehr in Flughäfen, Bahnhöfen und auf den Straßen – in weniger als einer Stunde ändern, wird der *Tageszyklus* mit einer Periodeneinteilung von *10 Minuten* oder noch kürzer benötigt.

2. Für die *Planung und Disposition von Logistikbetrieben* muß der *Tageszyklus* mit der *Stundenabhängigkeit* der stochastischen Ströme, also der Ankunfts-, Durchsatz- und Abfertigungsraten und der Material-, Transport- und Verkehrsströme, bekannt sein. Um alle wesentlichen *systematischen Änderungen* im Tagesverlauf zu erfassen und zugleich die *stochastischen Schwankungen* herauszumitteln, ist die *Stunde* die geeignete Periodenlänge.

3. Für die *Planung und Disposition von Produktionsbetrieben* mit Lieferzeiten von einer oder mehreren Wochen wird der *Jahreszyklus* mit der *Wochenabhängigkeit* des Bedarfs und der *Kalenderwoche* als Periodenlänge benötigt. Bei Lieferzeiten von einem oder mehreren Tagen wird der Jahreszyklus mit dem Wochenverlauf und zusätzlich der Wochenzyklus mit dem Wochentagsverlauf benötigt. Eine *Just-In-Time-Fertigung* muß – wie ein Logistikbetrieb – unter Umständen auch den stundengenauen Bedarf des Abnehmers berücksichtigen.

4. Für die *Nachschub- und Bestandsdisposition* kann die Periodenlänge bei *bedarfsabhängiger Disposition* so lang gewählt werden, wie die geforderte *Reak-*

tionszeit zur Bedienung der Abrufaufträge, und bei *zyklischer Disposition* so lang, wie der *Dispositionszyklus*. Zur Bedarfsprognose ist in der Regel eine Periodenlänge von einem *Tag* oder einer *Woche* ausreichend. Um die Streuung der stochastischen Schwankungen zu erfassen, die zur Berechnung des Sicherheitsbestands benötigt wird, ist als Bemessungsgrundlage der *Betriebstag* zu wählen (s. *Abschnitt 11.6*).

Die Periodeneinteilung zur Prognoserechnung ist nicht notwendig gleich der Periodeneinteilung der Betriebs- und Arbeitszeiten. Für die Periodeneinteilung der Betriebs- und Arbeitszeiten gibt es einen *zeitlichen Handlungsspielraum*, der – wie in *Kapitel 8* dargestellt – zur Verkürzung von Durchlaufzeiten, zur Senkung der Betriebskosten und zur Verbesserung des Service genutzt werden kann. Eine Veränderung der Betriebszeiten kann jedoch Rückwirkungen auf den Bedarf haben. So können eine Verlängerung oder Verschiebung der Ladenöffnungszeiten oder die Einführung bedarfsabhängiger Betriebszeiten zu einem Anstieg des Auftragseingangs führen.

Für *Sonderleistungen* zur Deckung eines einmaligen Bedarfs oder für *Sonderartikel* mit kurzzeitigem Bedarf, wie *Aktionsware*, *Modewaren* oder *Saisonartikel*, ist im allgemeinen keine verläßliche Prognose aufgrund vergangener Zeitreihen möglich. Der mögliche Absatz von Sonderleistungen und Sonderartikeln läßt sich nur mit Hilfe einer *Marktanalyse* ermitteln oder aufgrund von *Erfahrungen* abschätzen.

In einigen Branchen ist jedoch auch für kurzlebige Artikel und für Produkte mit befristetem Bedarf eine *bedingte Prognose* durch einen Vergleich mit dem *Lebenszyklus* ähnlicher Leistungen oder Artikel möglich. Beispielsweise wird im *Versandhandel* mit zunehmender Genauigkeit der voraussichtliche Absatz eines Artikels aus dem *Bestellverlauf* für vergleichbare Artikel nach Erscheinen früherer Kataloge hergeleitet. In der *Automobilindustrie* wird mit Hilfe früherer *Anlaufverkaufskurven* ähnlicher Fahrzeugtypen der Verkauf von Neueinführungen geplant.

Grundsätzlich sollten *Bedarfsprognosen* von *erfahrenen Vertriebsleuten* und *Disponenten* sowie alle hieraus abgeleiteten *Bedarfsplanungen* von *kompetenten Planern* geprüft und durchdacht werden, bevor aus ihnen Handlungen abgeleitet werden, die mit wesentlichen Kosten oder größeren Risiken verbunden sind.

Jedes Programm, das nach einem bestimmten Prognoseverfahren aus Vergangenheitswerten den zukünftigen Bedarf errechnet, muß außer dem prognostizierten Bedarf auch den *Prognosefehler* der letzten Vorhersage angeben. Wird der Prognosefehler deutlich größer als die stochastische Streuung oder nimmt er in den letzten Perioden stark zu, ist das ein *Alarmzeichen*, das den Disponenten zu einer sorgfältigen Prüfung des errechneten Prognosewerts und einer eventuellen Korrektur des hieraus abgeleiteten Beschaffungsvorschlags veranlassen soll.[3]

---

3   Viele APS-Standardprogramme zur Bedarfsprognose und Nachschubdisposition weisen Fehler und Schwächen auf. So wird meist stillschweigend eine Einzelstückbestellung vorausgesetzt. Das kann für schubweise Bestellungen zu Prognosefehlern und Fehldispositionen führen. Andere Programme machen keine laufenden Angaben zur Prognosegenauigkeit und sind daher mit größter Vorsicht einzusetzen.

9.11
Spitzenfaktoren und Dimensionierung

Maßgebend für die Auslegung und Dimensionierung von Logistiksystemen, Logistikzentren und Produktionssystemen sind die Anforderungen in *Spitzenbelastungszeiten*.

Bei einem zyklischem Bedarfsverlauf ist die Anforderung zur Spitzenzeit gleich dem mit einem *maßgebenden Spitzenfaktor* multiplizierten Durchschnittsbedarf λ_0. Der *maßgebende Spitzenfaktor* ist gleich dem Produkt der *maximalen Zyklusgewichte* aller Zyklen, die länger sind als die geforderte *Reaktionszeit* des betreffenden Systems. Hieraus folgt der allgemeine *Dimensionierungsgrundsatz*:

- Bei der Planung und Dimensionierung sind die Spitzenfaktoren aller zyklischen Veränderungen zu berücksichtigen, deren Zykluszeit größer ist als die maximal zulässigen Durchlaufzeiten, Lieferzeiten oder Leistungserfüllungszeiten.

So muß beispielsweise der Versandbereich eines Logistikzentrums oder einer Umschlaganlage in der Regel innerhalb von ein oder zwei Stunden auf die Versandanforderungen für bereitstehende Ware reagieren können. Die zulässige Auftragsdurchlaufzeit eines Logistikzentrums beträgt dagegen für einen großen Teil der Aufträge einen oder mehrere Tage.

Hieraus ergeben sich folgende *Dimensionierungsregeln für Logistikzentren und Umschlaganlagen*:

1. Für die Auslegung der Funktionsflächen und für den Personal- und Gerätebedarf im *Warenausgang und Versand* ist der Tagesspitzenfaktor des Jahresspitzentages maßgebend. Dieser *Versandspitzenfaktor* f_V ist gleich dem Produkt aus *Tagesspitzenfaktor* f_T, *Wochenspitzenfaktor* f_W und *Jahres- oder Saisonspitzenfaktor* f_S

$$f_V = f_T \cdot f_W \cdot f_S. \tag{9.57}$$

2. Für das *Leistungsvermögen* und den Geräte- und Personalbedarf in den übrigen Funktionsbereichen ist der Spitzenfaktor für den mittleren Tagesdurchsatz maßgebend. Dieser *Durchsatzspitzenfaktor* f_D für den Spitzentag des Jahres ist gleich dem Produkt aus dem *Wochenspitzenfaktor* und dem *Saisonspitzenfaktor*

$$f_D = f_W \cdot f_S. \tag{9.58}$$

3. Für die Auslegung der Lagerkapazitäten ist der Bestandsspitzenfaktor f_B maßgebend. Bei optimaler Nachschubdisposition ist, wie in *Abschnitt 11.9* gezeigt wird, der *Bestandsspitzenfaktor* gleich der Wurzel aus dem Durchsatzspitzenfaktor

$$f_B = \sqrt{f_D}. \tag{9.59}$$

Als Beispiel zeigt *Abb. 9.9* den *Tagesverlauf*, den *Wochenverlauf* und den *Saisonverlauf* der Versandanforderungen eines Logistikzentrums für den stationären

Handel. Das Produkt von Tages-, Wochen- und Jahresspitzenfaktor des Versands beträgt $f_V = 3,85$. Der Versand ist also in der Spitzenstunde des Jahres fast viermal so hoch wie im Jahresdurchschnitt. Für den Durchsatzspitzenfaktor errrechnet sich $f_D = 1,76 \cdot 1,53 = 2,69$ und für den Bestandsspitzenfaktor $f_B = \sqrt{2,69} = 1,64$, also ein deutlich geringerer Spitzenfaktor als für den Tagesdurchsatz.

Wenn es möglich ist, einen Teil des Bedarfs der Spitzenzeiten vorzuproduzieren oder zu verschieben, lassen sich die Spitzenanforderungen glätten. Die *Abb. 3.4* zeigt für das gleiche Logistikzentrum wie *Abb. 9.9* den Saisonverlauf von Durchsatz und Beständen pro Kalendermonat. Die Saisonspitzenfaktoren des Monatsverlaufs sind wegen der Glättung über die längere Periode deutlich geringer als die Saisonspitzenfaktoren bezogen auf die Kalenderwochen.

9.12
Testfunktionen zur Szenarienrechnung

Wie in *Abschnitt 9.10* ausgeführt, sind der zeitliche Verlauf und die absolute Höhe von Auftragseingang, Leistungsanforderungen und Bedarf grundsätzlich nicht mit ausreichender Sicherheit für einen längeren Planungszeitraum prognostizierbar oder planbar.

Nicht nur Dienstleistungsunternehmen, auch Hersteller und Handelsunternehmen von Konsumgütern müssen sich daher darauf einstellen, nach dem *Pull-Prinzip* zu arbeiten und *flexibel* auf die sich verändernden Anforderungen des Marktes und der Kunden zu reagieren. Nichts anderes besagen im Prinzip die aktuellen Schlagworte *Efficient Consumer Response* (ECR), *Continuous Replenishment* (CRP) und *Supply Chain Management* (SCM) [23; 47; 48; 223; 234; 236].

Daher ist es unerläßlich, das Leistungsvermögen und das Verhalten geplanter Logistiksysteme und Produktionsbetriebe, die mit größeren Investitionen verbunden sind und deren Realisierung längere Zeit erfordert, für unterschiedliche *Szenarien* der Leistungsanforderungen und der Absatzentwicklung zu untersuchen. Ebenso sollten Verfahren und Algorithmen der Auftragsdisposition vor der Implementierung für verschiedene Szenarien des Auftragseingangs getestet werden.

Für derartige Szenarienrechnungen sind geeignete *Testfunktionen* für den Auftragseingang oder andere Leistungsanforderungen zu konstruieren, die es erlauben, den Tages-, Wochen- oder Jahreszyklus durch Variation der Zyklusgewichte zu verändern, die stochastische Streuung zu verkleinern oder zu vergrößern und den langfristigen Trend durch eine größere oder geringere Steigung abzuändern.

1 Modellfunktionen für Absatz und Verbrauch
Mit einem *EXCEL-Programm* kann die Zeit- und Zufallsabhängigkeit der Absatz- und Verbrauchsmengen VE pro Periode PE recht einfach durch folgende *Modellfunktion* simuliert werden:

$$\lambda(l) = \lambda_0 \cdot g_{Tr}(l) \cdot g_{Zyk}(l) \cdot g_{Stör}(l) \cdot g_{Zuf}(l) \qquad [VE/PE] \quad für\ l = 1,2,\dots . \quad (9.60)$$

Mit dem *Anfangsverbrauch* λ_0 läßt sich die absolute Höhe des mittleren Verbrauchs in der Periode l einstellen. Bei einer *Jahreseinteilung* in $N_J = 250$ Betriebstage (BT) ist für einen Untersuchungszeitraum von einem Jahr $l = 1,2 \dots$

250. Bei einer Jahreseinteilung in 52 Kalenderwochen ist $l = 1,2\ldots52$ und bei einer Einteilung in 12 Kalendermonate ist $l = 1,2\ldots12$ (s. *Abschnitt 8.2*).

Für die *Trendfunktion* $g_{Tr}(l)$ kann gemäß Beziehung (9.56) im einfachsten Fall ein linearer Verlauf

$$g_{Tr}(l) = 1 + c_{Tr} \cdot l / N_J \qquad (9.61)$$

angesetzt werden. Mit dem *Trendfaktor* c_{Tr} [%/a] läßt sich dann ein mehr oder weniger starker jährlicher Zuwachs oder Rückgang des mittleren Verbrauchs nachstellen. Anstelle eines linearen Verlaufs (9.61) kann in (9.60) auch eine empirische *Produktlebensfunktion* eingesetzt werden.

Die *Zyklusfunktion* $g_{Zyk}(l)$ wird entweder aus Erfahrungswerten übernommen, wie der in *Abb. 9.9* gezeigte Saisonverlauf, oder approximiert durch die *Modellzyklusfunktion*:

$$g_{Zyk}(l) = 1 + \left(f_{Zyk} - 1 \right) \cdot \text{SIN}\left(2\pi \cdot v_J \cdot l / N_J \right) . \qquad (9.62)$$

Hierin ist f_{Zyk} ein veränderbarer *Zyklusfaktor* und v_J [1/a] eine *Zyklusfrequenz*, mit der sich eine, zwei oder mehr Saisonspitzen pro Jahr einstellen lassen.

Mit der *Störfunktion*

$$g_{Stör}(l) = \text{WENN}\left(l < l_A ; 1 ; \text{WENN}\left(l > l_E ; 1 ; f_{Stör} \right) \right) \qquad (9.63)$$

kann ein kurzzeitiger Anstieg oder Abfall des Bedarfs um einen *Störfaktor* $f_{Stör}$ simuliert werden, der in einer *Störanfangsperiode* l_A beginnt und in einer *Störendperiode* l_E wieder aufhört.

Das Produkt $g_{Tr}(l) \cdot g_{Zyk}(l) \cdot g_{Stör}(l)$ der Modellfunktionen (9.61), (9.62) und (9.63) bildet eine systematische zeitliche Veränderung des Bedarfs ab. Dieser systematische Zeitverlauf kann über eine geeignete Zufallsfunktion durch eine stochastische Schwankung überlagert werden. Hierfür eignet sich die einfach programmierbare *Modellzufallsfunktion*:

$$g_{Zuf}(l) = 1 + c_{Zuf}\left(2 \cdot \text{ZUFALLSZAHL}() - 1 \right) \qquad (9.64)$$

mit dem *Zufallsfaktor* c_{Zuf}.

Die EXCEL-Funktion ZUFALLSZAHL() generiert für jede Periode φ voneinander unabhängige Zufallszahlen, die mit gleicher Wahrscheinlichkeit zwischen 0 und 1 liegen. Die Modellfunktion (9.64) erzeugt daher Zufallswerte, die mit einer *Rechtecksverteilung* zwischen den Werten $(1 - c_{Zuf})$ und $(1 + c_{Zuf})$ gleichverteilt sind (s. *Abb. 9.3*).

Die Variabilität dieser rechteckigen Zufallsverteilung ist $V_{Zuf} = 3/4 \cdot c_{Zuf}$. Soll also durch die Zufallsfunktion (9.64) ein stochastischer Strom λ mit der Variabilität V_λ simuliert werden, ist für den Zufallsfaktor $c_{Zuf} = \sqrt{3/4 \cdot V_\lambda}$ einzusetzen. Für einen *schubweisen stochastischen Poissonstrom* mit einer *Mengenvariabilität* V_m, der *Taktzeitvariabilität* $V_\tau = 1$ und dem systematischen Zeitverlauf $\lambda(l) = \lambda_0 \cdot g_{Tr}(l) \cdot g_{Zyk}(l) \cdot g_{Stör}(l)$ ist die Variablilität durch Beziehung (9.40) gegeben und der Zufallsfaktor:

$$c_{Zuf} = \left(3/4 \cdot \left(1 + V_m \right) \middle/ \left(\lambda_0 \cdot g_{Tr}(l) \cdot g_{Zyk}(l) \cdot g_{Stör}(l) \right) \right)^{1/2} . \qquad (9.65)$$

Mit Hilfe der Modellfunktionen (9.60) bis (9.64) und den angegebenen Faktoren und Parametern läßt sich beispielsweise die Güte eines Prognoseverfahrens testen oder die Auswirkung unterschiedlicher Strategien der Auftrags-, Nachschub- und Bestandsdisposition auf die Lagerbestände und Nachschubmengen untersuchen (s. *Abschnitt 10.5*).

2 Mengenschwankungen in mehrstufigen Versorgungsnetzen

Eine weitere Anwendungsmöglichkeit der Modellfunktion (9.60) ist die Untersuchung der Mengenschwankungen von Nachschubaufträgen und Beständen in den Stationen eines mehrstufigen Versorgungsnetzwerks. Hierzu gehört auch die sogenannte *Forrester-Aufschaukelung*, auch *Bullwhip-Effekt* genannt, nach der sich die Bedarfs- und Bestandsschwankungen mit zunehmender Entfernung einer Lieferstelle von der Endverbrauchsstelle bei rasch veränderlichem Bedarf immer stärker aufschaukeln [252].

Die Mengenschwankungen in den voranliegenden Lieferstellen von mehrstufigen Versorgungsnetzen haben verschiedene Ursachen:

- stochastische Bedarfsschwankungen von Periode zu Periode,
- Mengenschwankungen pro Bedarfsfall,
- starke saisonale oder große kurzzeitige Bedarfsveränderungen,
- unzureichende Informationen über den Absatz am Ende   (9.66)
  der Lieferketten,
- falsche Einschätzung des Konsumentenverhaltens,
- fehlerhafte oder unzureichende Verfahren der Bedarfsprognose,
- ungeeignete Strategien der Nachschub- und Bestandsdisposition.

Durch ein mathematisches Modell eines Logistiknetzwerks, beispielsweise zur Versorgung der Filialen eines Handelsunternehmens, lassen sich auf dem Rechner unter Verwendung der Modellfunktion (9.60) die von einer systematischen oder stochastischen Bedarfsänderung induzierten Auftrags- und Mengenströme in den Logistikstationen quantifizieren und *Nachschubstrategien* entwickeln, die eine unerwünschte Aufschaukelung vermeiden (s. *Abschnitte 11.3, 19.11/II und 19.12/II*).

Derartige Modellrechnungen ergeben, daß Bedarfsveränderungen am Ende der Lieferketten in der Regel nicht zu einem Aufschaukeln der Mengenschwankung in den voranliegenden Stationen der Lieferketten führen. Der sogenannte *Bull-Whip-Effekt* tritt nur auf in wenig verzweigten Versorgungsketten bei unzureichender Information und – ähnlich wie der bekannte *Schweinezyklus* [253] – infolge falscher Dispositionsstrategien. Bei richtiger Verwendung der Informationen aus vielen parallelen Distributionsketten für die Prognose des Gesamtbedarfs lassen sich gemäß den Ausführungen in *Abschnitt 9.7* die Schwankungen in den Vorstufen weiter reduzieren.

Auf dem Gebiet der Bedarfsprognose und der Disposition in mehrstufigen Versorgungsnetzwerken besteht noch erheblicher Enwicklungsbedarf. Interessierten Wissenschaftlichern und angehenden Logistikern bietet sich hier ein fruchtbares Forschungsgebiet von großer praktischer Bedeutung, denn die Dispositionsalgorithmen der meisten SCM-, MRP- und PPS-Programme sind noch immer unzureichend.

10 Auftragsdisposition und Produktionsplanung

Vor Ausführung der eingehenden Aufträge ist zu entscheiden, zu welcher Zeit, von welchen Leistungsbereichen, in welcher Form und in welcher Reihenfolge die Aufträge zu bearbeiten sind. Hieraus resultiert die *Aufgabe der Auftragsdisposition:*

- Die externen Aufträge sind so aufzulösen, zu bündeln, zu ordnen und als interne Aufträge auf die Leistungsbereiche und Leistungsstellen zu verteilen, daß bei Erfüllung der Auftragsanforderungen die verfügbaren Ressourcen *kostenoptimal* genutzt werden.

Die Auftragsdisposition können Disponenten, ein Rechner oder ein Disponent mit Rechnerunterstüzung ausführen [223; 234; 236]. Der Disponent, ob Mensch oder Rechner, arbeitet dabei nach bestimmten *Dispositionsstrategien.* Viele Dispositionsstrategien sind das Ergebnis längjähriger Erfahrung und des Probierens nach dem *Trial-and-Error-Verfahren.* Die bewährten Strategien sind teilweise in Form von *Arbeitsanweisungen* und *Dispositionsregeln* dokumentiert, häufig aber nur in den Köpfen der Disponenten vorhanden.

Die erforderliche Qualifikation der *Disponenten,* der Nutzen den sie stiften, aber auch der Schaden, den ein Disponent anrichten kann, sind nicht in allen Unternehmen ausreichend bekannt. In vielen Betrieben – auch von weltbekannten Unternehmen – liegt die Auftragsdisposition immer noch in den Händen einzelner Mitarbeiter. Wenn ein langjähriger Mitarbeiter in den Ruhestand geht, treten Probleme auf, weil der Disponent sein Wissen mitnimmt oder nicht rechtzeitig ein Nachfolger eingearbeitet wurde.

Um die Dispositionstätigkeit zu verbessern, die Strategien personenunabhängig zu dokumentieren und den Disponenten zu entlasten, ist es erforderlich, die sinnvollen Dispositionsstrategien und deren Parameter zu kennen, die *Strategiewirksamkeit* zu quantifizieren und zu vergleichen und die wirkungsvollsten Strategien auszuwählen und zu programmieren. Auf diese Weise ist es möglich, die Auftragsdisposition zunehmend einem Rechner zu übertragen. Für einfache Leistungs- oder Fertigungssysteme und gleichartige Aufträge kann ein Programm mit den richtigen Algorithmen die Disposition allein ausführen. Für komplexere Systeme und veränderliche Aufträge entlastet der Rechner den Disponenten von der Routinearbeit [223; 234; 236].

In *Kapitel 8* wurden bereits die *zeitlichen Handlungsmöglichkeiten* dargestellt und hieraus die *Zeitstrategien* der Auftragsdisposition abgeleitet. Die Beschaffungs-, Bestands- und Nachschubstrategien sind Gegenstand des folgenden *Kapitels 11*. In diesem Kapitel werden *Betriebsstrategien* für den optimalen Einsatz einzelner, paralleler und verketteter Leistungstellen behandelt, die sich in *Bearbeitungsstrategien, Zuordnungsstrategien, Abfertigungsstrategien* und *Fertigungsstrategien* einteilen lassen.

Aus den abstrakten Betriebsstrategien, die grundsätzlich in allen Fertigungs-, Logistik- und Leistungssystemen anwendbar sind, lassen sich für die Logistik konkrete Lager-, Kommissionier- und Transportstrategien ableiten. Deren Wirksamkeit und Einsetzbarkeit werden in den *Kapiteln 13* bis *19/II* analysiert.

In Verbindung mit den *Zeitstrategien* und den *Nachschubstrategien* lassen sich die Betriebsstrategien auch zur Auftragsdisposition verketteter Fertigungs- und Leistungssysteme mit parallelen Auftragsketten nutzen, wie sie *Abb. 8.1* zeigt. In der Fertigung sind die hier beschriebenen Betriebsstrategien einsetzbar für die Auftragsdisposition und Produktionsplanung von Werkstätten, Abfüll- und Verpackungsbetrieben sowie von Fertigungs- und Montagelinien. Die Betriebsstrategien sind auch nutzbar für die Disposition von administrativen Leistungsstellen, wie Büroarbeitsplätze, Schreibdienste und Call-Center. Auch die Arbeit der Auftragsdisposition selbst läßt sich nach diesen Strategien organisieren.

Die qualitative Auswirkung unterschiedlicher Betriebsstrategien auf bestimmte Zielgrößen, wie die *Auslastung* der Leistungsstellen, die *Auftragsdurchlaufzeit*, den *Lagerbestand* oder die *Prozeßkosten*, läßt sich meist relativ einfach beurteilen. Schwieriger ist schon die Quantifizierung der Abhängigkeit einer Zielgröße von den *Strategievariablen*. Die Strategieauswirkung auf die *Gesamtkosten* eines längeren Planungszeitraums läßt sich hingegen nur für begrenzte Systeme mit bestimmten Annahmen unter einschränkenden Voraussetzungen berechnen.

Die Wirksamkeit der Strategien, nach denen die *Auftragsdisposition* den aktuellen Auftragseingang bearbeitet, hängt von den *Fertigungsstrategien* ab, nach denen die *Produktionsplanung* die *Betriebszeiten* und *Kapazitäten* festlegt, um den mittelfristigen Bedarf wirtschaftlich zu bewältigen. Hierzu gehört vor allem die Entscheidung zwischen *Auftragsfertigung* und *Lagerfertigung*.

Zur Demonstration des Zusammenhangs zwischen *Auftragsdisposition* und *Produktionsplanung* wird nachfolgend ein *Algorithmus* entwickelt, mit dem sich für verschiedene Dispositions- und Fertigungsstrategien der *Auftragsbestand*, der *Lagerbestand* und die *Auftragsdurchlaufzeiten* in Abhängigkeit vom Auftragseingang und von der Produktionskapazität berechnen lassen. Mit Hilfe der angegebenen Berechnungsformeln werden Modellrechnungen durchgeführt zur Quantifizierung der Wirksamkeit unterschiedlicher Betriebstrategien.

Nicht weiter untersucht werden hier Betriebsstrategien für zentral gesteuerte komplexe Netzwerke aus parallel und hintereinander geschalteten Produktionsstellen, in denen Material oder Teile für mehrere Endprodukte erzeugt oder zusammengefügt werden. Das führt zu den *Produktions-Planungs- und Steuerungs-Systemen* (*PPS-Systeme*) und *Enterprise-Resource-Planning-Programmen* (*ERP-Programme*), deren weitere Behandlung den Rahmen dieses Buches sprengen würde [83; 84; 223; 234; 235; 236].

10.1
Leistungs- und Fertigungsstrukturen

In einer einzelnen Leistungs- oder Fertigungsstelle laufen, wie in *Abb. 1.6* dargestellt, nacheinander folgende *Vorgänge* ab:

Auftragseingang
Speichern des Auftragsbestands
Leistungserzeugung   (10.1)
Lagern der Fertigerzeugnisse
Auslauf der Leistungsergebnisse.

Ein Lagern oder Zwischenpuffern nach der Leistungserzeugung ist nur möglich, wenn die Leistungsergebnisse *lagerbare Objekte* oder *speicherbare Informationen* sind. Für Leistungsprozesse, wie z.B. Transporte, deren Ergebnis nicht speicherbar ist, entfällt der Lagervorgang.

Wie in den *Abb. 1.3, 8.1* und *10.1* und dargestellt, können einzelne Leistungs- und Fertigungsstellen miteinander zu Fertigungs- oder Leistungssystemen mit unterschiedlicher *Leistungsstruktur* kombiniert, verkettet und vernetzt sein. Die gesamte Auftragsdisposition vereinfacht sich erheblich für Fertigungs- und Leistungssysteme, die nach dem *Entkopplungsprinzip* ausgelegt sind:

- Alle Teile eines Leistungsnetzwerks, die nicht aus verfahrenstechnischen Gründen direkt miteinander verbunden sein müssen, sind durch ausreichend bemessene Auftrags- und Fertigpuffer voneinander zu entkoppeln und soweit wie möglich dezentral zu steuern.

Wenn ein Leistungs- und Fertigungssystem nach dem Entkopplungsprinzip aufgebaut ist, läßt sich die Auftragsdisposition aufteilen in eine *zentrale Disposition* der externen Aufträge und in die *dezentrale Disposition* der internen Aufträge in den entkoppelten Leistungs- und Fertigungsbereichen (s. Abschnitt 2.2).

1. Einzelne Fertigungs- oder Leistungsstellen
Im einfachsten Fall ist zur Ausführung eines Auftrags nur eine Fertigungs- oder Leistungsstelle erforderlich, wie sie in *Abb. 10.1 oben* dargestellt ist. Dann reduzieren sich die Strategien der Auftragsdisposition auf die in *Abschnitt 8.8* behandelten und in *Abb. 8.2* illustrierten *Zeitstrategien – Vorwärtsterminierung, Rückwärtsterminierung* und *freie Terminierung* – sowie auf die nachfolgend beschriebenen *Bearbeitungs-, Abfertigungsstrategien* und *Fertigungsstrategien*.

Beispiele für einzelne Fertigungsstellen sind *Abfüllstationen* der Getränkeindustrie, der Pharmaindustrie und der chemischen Industrie oder *Verpackungsstationen* der Konsumgüterindustrie(s. *Abb. 3.5*). Einzelne Leistungsstellen in der Logistik sind Ver- und Entladerampen, Warenannahmestellen, Packplätze oder Transportfahrzeuge.

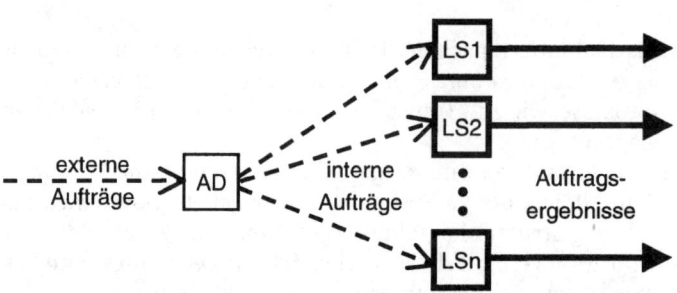

Einzelne Leistungs- und Fertigungsstelle

Paralelle Leistungs- oder Fertigungsstellen

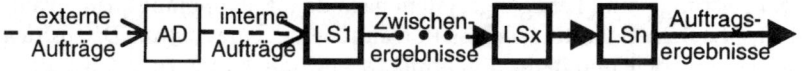

Verkettete Leistungs- und Fertigungsstellen

Abb. 10.1 Elementare Anordnungsmöglichkeiten der Leistungs- und Fertigungsstellen

Ergebnisse: Leistungen oder Produkte
AD: Auftragsdisposition
LS: Leistungs- oder Fertigungsstelle

2. Parallele Fertigungs- und Leistungsstellen

Bei begrenztem Leistungsvermögen einer Leistungsstelle und größerem Leistungsbedarf stehen – wie in *Abb. 10.1 mitte* dargestellt – für die Auftragsdurchführung in der Regel mehrere *parallele Leistungsstellen* zur Auswahl.

Wenn nicht vom Auftrag eine bestimmte Leistungsstelle vorgeschrieben ist, werden für die Auftragsdisposition paralleler Leistungsstellen *Zuordnungsstrategien* benötigt.

Einzelne und parallele Fertigungsstellen in der Produktion sind charakteristisch für die *Werkstattfertigung*. Beispiele für parallele Leistungsstellen in der innerbetrieblichen Logistik sind parallele Kommissionierbereiche und in der außerbetrieblichen Logistik die parallelen Transportketten (s. *Kapitel 19/II*).

3. Verkettete Leistungs- und Fertigungsstellen
Wenn zur Ausführung eines Auftrags, wie in *Abb. 10.1 unten* gezeigt, eine *Kette von Fertigungs- und Leistungsstellen* zu durchlaufen ist, kommen für die Auftragsdisposition die in *Abschnitt 8.9* beschriebenen Zeitstrategien hinzu, wie die *Push-Strategie*, die *Pull-Strategie* und die *Just-In-Time-Strategie*.

Verkettete Fertigungsstellen sind charakterisch für eine *Linienfertigung*. Beispiele für verkettete Fertigungsstellen sind Zigarettenmaschinen mit angeschlossener Verpackungsstation, Abfüllanlagen mit nachfolgender Verpackung und anschließender Palettierung oder *Fertigungslinien*, die aus einer Reihe von Maschinen oder Arbeitsplätzen bestehen. Beispiele für Leistungsketten in der Logistik sind die *Beschaffungs- und Lieferketten* (s. *Kapitel 19/II*).

4. Leistungsbäume
Wie in *Abb. 8.1* gezeigt, können an der Ausführung eines Auftrags mit nur einem Endprodukt oder einem Leistungsergebnis mehrere *parallele Prozeßketten* beteiligt sein, die zusammen einen *Leistungsbaum* bilden.

Von den parallelen Ketten eines Leistungsbaums ist die zeitkritische Leistungskette die *Hauptleistungskette*. Die anderen Leistungsketten sind *Nebenketten*, die in die Hauptkette münden. Für die Auftragsdisposition der Nebenketten eines *Leistungs- und Fertigungsbaums* werden zusätzlich geeignete *Zuführungs-* und *Nachschubstrategien* benötigt.

Beispiele für Leistungsbäume in der Fertigung sind die Endmontagebänder im Fahrzeugbau oder in der Druckmaschinenindustrie.

5. Vernetzte Fertigungs- und Leistungssysteme
Im allgemeinsten Fall ist zur Ausführung eines Auftrags ein *vernetztes Fertigungs-, Logistik- oder Leistungssystem* erforderlich, wie es in *Abb. 1.3* dargestellt ist. Ein vernetztes System besteht aus einer größeren Anzahl von Leistungs- oder Fertigungsstellen, die alle an der Auftragsausführung beteiligt sind.

Beispiele vernetzter Leistungssysteme der Logistik sind Speditionsnetzwerke, Fluggnetze der Luftverkehrsgesellschaften, Frachtnetze von Paketdienstleistern oder das Beschaffungsnetz eines Automobilwerks.

Wenn die einzelnen Stationen, Leistungsbereiche und Leistungsketten durch Zwischenpuffer voneinander entkoppelt sind, erhalten nur die Hauptleistungsketten, die an der Ausführung eines externen Auftrags direkt beteiligt sind, von der Zentraldisposition terminierte interne Aufträge. Die Auftragsplanung oder Arbeitsvorbeitung einer Hauptleistungskette disponiert die eingehenden Aufträge nach den hier beschriebenen Dispositions- und Fertigungsstrategien und leitet aus ihnen, gegebenenfalls durch *Stücklistenauflösung*, Unteraufträge für die zugehörigen Nebenleistungsketten ab.

Die Nebenleistungsketten und alle Leistungsstellen, die vor der in *Abb. 8.1* gezeigten *Auftragsprozeßgrenze* liegen, arbeiten nach dem *Pull-Prinzip*. Sie erhalten ihre Aufträge jeweils von der nächst folgenden Leistungsstelle und erzeugen
bei Bedarf ihrerseits interne Aufträge, die sie den vorangehenden Leistungsstellen direkt erteilen.

Wenn mehrere Hauptleistungsketten zur Auswahl stehen, benötigt die Zentraldisposition *Zuweisungsregeln* für die Verteilung der betreffenden Aufträge.
Zentralstrategien zur Abstimmung und Koordination der dezentralen Leistungsbereiche sind nur erforderlich, wenn sich eine optimale Zusammenarbeit der dezentralen Bereiche nicht selbstregelnd ergibt. Das aber muß das Ziel der operativen Auftragsdisposition sein.

6. Produktions- und Lagersysteme

Kombinierte Produktions- und Lagersysteme, die – wie in *Abb. 10.2* dargestellt –
aus einem *Produktionsbereich* und einem *Fertiglager* bestehen, sind in der Industrie weit verbreitet: Die Abfüllbetriebe der Konsumgüterindustrie, der Chemie
und in der Pharmaindustrie arbeiten je nach Auftragslage abwechselnd für externe Aufträge oder auf Lager. Die Zigarettenindustrie und die Getränkeindustrie
produzieren teilweise auf Lager und teilweise nach Kundenaufträgen. Auch die
Automobilindustrie montiert die Fertigfahrzeuge zum Teil nach konkreten Aufträgen und zum Teil anonym auf Lager oder für Händler.

Ein kombiniertes Produktions- und Lagersystem ist ein *Zweikanalsystem*
mit Rückkopplung, das zwei verschiedene *Auftragsketten* zur Auswahl bietet (s.
auch Abb. 3.7): Die erste Auftragskette läuft von der Auftragsdisposition über
einen Produktionsauftragspuffer direkt in die Produktion und danach durch
einen eventuell erforderlichen Ausgangspuffer zum Empfänger. Die zweite Auf-

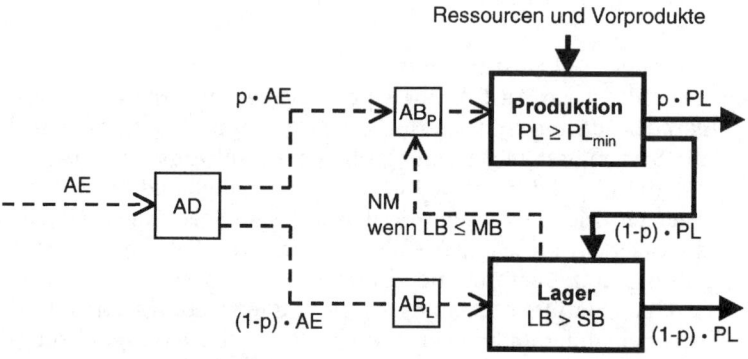

Abb. 10.2 Kombiniertes Produktions- und Lagersystem

AE	Auftragseingang	AD	Auftragsdisposition
AB_P	Produktionsauftragsbestand	AB_L	Lagerauftragsbestand
PL	Produktionsleistung	PL_{min}	Mindestleistung
LB	Lagerbestand	MB	Meldebestand
SB	Sicherheitsbestand	p	Anteil der Auftragsfertigung

tragskette läuft von der Auftragsdisposition über einen Lagerauftragspuffer in das Fertiglager und von dort zum Kunden. Die Lagerauftragskette induziert eine *interne Auftragskette* mit Nachschubaufträgen, wenn der Lagerbestand den Meldebestand unterschreitet.

Den beiden Auftragsketten entsprechen zwei *Logistikketten*: Die erste Logistikkette ist die Hauptleistungskette der Produktion, auf die aus den Nebenketten Vorprodukte, Material und Ressourcen zulaufen. Sie endet mit dem direkten Versand der Fertigprodukte an die Abnehmer. Die zweite Logistikkette umfaßt ebenfalls die Hauptkette der Produktion, verläuft aber über den Fertigpuffer und einen Zwischentransport weiter zum Lager und von dort nach einer bestimmten Lagerdauer zu den Abnehmern.

Entsprechend den beiden Auftragsketten sind für ein kombiniertes *Produktions- und Lagersystem* folgende *Betriebsarten* oder *Fertigungsstrategien* möglich:

- *Auftragsfertigung*: Alle eingehenden Aufträge werden an den Produktionsbereich zur Ausführung weitergeleitet. Die Produktion bearbeitet zu 100 % externe Aufträge. Abgesehen von einem Ausgangspuffer ist ein Fertigwarenlager nicht erforderlich.
- *Lagerfertigung*: Alle Aufträge werden an den Lagerbereich weitergeleitet und aus dem Fertigwarenbestand bedient. Die Produktion arbeitet zu 100 % für den Lagernachschub.
- *Auftrags- und Lagerfertigung*: Ein Teil der externen Aufträge wird an die Produktion und der restliche Teil an den Lagerbereich zur Ausführung gegeben. Die Produktion führt mit einem *Anteil* p ihrer Kapazität externe Aufträge und mit dem Anteil 1-p interne Lagernachschubaufträge aus.

Diese Fertigungsstrategien lassen sich mit den nachfolgenden *Dispositionsstrategien* und den in *Kapitel 11* dargestellten *Nachschubstrategien* kombinieren.

10.2
Bearbeitungsstrategien

Nach Überprüfung der Richtigkeit und Vollständigkeit des Auftragsinhalts beginnt die *Auftragsvorbereitung* mit der Zerlegung der externen Aufträge in Teilaufträge, die in einem zusammenhängenden Auftragsprozeß ausgeführt werden. Wenn zur Ausführung eines Teilauftrags eine Hauptleistungskette mit Nebenketten erforderlich ist, muß der Auftrag nach einer *Stückliste* weiter aufgelöst werden in *Komponenten, Teile* und *Module*, die aus den Nebenketten auf die Hauptkette zulaufen.

Auf die Zerlegung und Stücklistenauflösung der externen Aufträge folgt die Zuweisung der hieraus resultierenden *internen Aufträge* zu den Leistungsstellen oder Leistungsketten, von denen die Aufträge ausgeführt werden sollen. Für die dezentrale Auftragsdisposition besteht die Möglichkeit der *Einzelbearbeitung* oder der *Sammelbearbeitung* sowie der *Komplettbearbeitung* oder der *Teilbearbeitung* der internen Aufträge. Außerdem sind Kombinationen dieser *Bearbeitungsstrategien* möglich.

Bei der Leistungsproduktion ist zu unterscheiden zwischen einem *kontinuier-lichem* und einem *diskontinierlichem Betrieb*. Diese *Betriebsarten* oder *Ferti-gungsstrategien* sind abhängig von der *Verfahrenstechnik* und von der *Relation des Auftragseingangs zur Produktionskapazität*:

- *Kontinuierlicher Betrieb*: Solange der Auftragseingang größer ist als die Pro-duktionskapazität oder wenn aufgrund der Verfahrenstechnik ein ununter-brochener Prozeß erforderlich ist, werden die betreffenden Leistungs- und Fertigungsstellen durchlaufend betrieben.
- *Diskontinuierlicher Betrieb*: Wenn der Auftragseingang kleiner als die Produk-tionskapazität ist und die Verfahrenstechnik Unterbrechungen zuläßt, wird der Betrieb der Fertigungs- oder Leistungsssstellen unterbrochen, solange kei-ne Aufträge zu bearbeiten sind.

Für den diskontinuierlichen Betrieb muß der Start der Auftragsbearbeitung ge-regelt werden. Hierfür besteht die Möglichkeit der *Sofortausführung*, der *Termin-ausführung* und der *Vorabausführung*.

Die möglichen *Fertigungsstrategien* und ihre *Strategievariablen* sind in *Tabel-le 10.1* einander gegenübergestellt. Die Tabelle enthält außerdem Angaben zu den qualitativen Auswirkungen der Fertigungsstrategien auf die Durchlaufzeiten und die Lagerbestände.

Die nachfolgend beschriebenen Bearbeitungsstrategien sind mit den *Strate-gievariablen* in *Tabelle 10.2* aufgeführt. In dieser Tabelle sind auch die qualitati-ven Auswirkungen der Bearbeitungstrategien auf die *Prozeßkosten*, die mittleren *Durchlaufzeiten* und die *Termintreue* bewertet [11; 104].

Fertigungsstrategie Strategievariable	Durchlaufzeiten	Lagerbestand
Auftragsfertigung Mindestlosgröße	-- bis ++ auslastungsabhängig	++ ohne Fertigbestand
Lagerfertigung Nachschubmenge	++ auslastungsunabhängig	-- bis o bedarfsabhängig
Kontinuierlicher Betrieb Laufzeiten	-- bis ++ bedarfsabhängig	-- bis o bedarfsabhängig
Diskontinuierlicher Betrieb Startzeiten	o bis ++ auslastungsabhängig	-- bis ++ Lager- bzw. Auftragsf.

Tab. 10.1 Auswirkungen der Fertigungsstrategien

optimale Zeilerfüllung: ++
gute Zielerfüllung: +
keine Auswirkung: o
nachrangige Zielerfüllung: -

Bearbeitungsstrategie Strategievariable	Prozeßkosten	Durchlaufzeiten	Termintreue
Einzelbearbeitung keine	-	++	-
Sammelbearbeitung Batchgröße	++	--	+
Komplettbearbeitung keine	-	++	+
Teilbearbeitung Teilungsanzahl, Teilmengen	++	-	+
Sofortausführung keine	-	+	o
Terminausführung Starttermin	+	o	+
Vorabausführung Starttermin oder Losgröße	+	++	++
Parallelbearbeitung Stationszahl, Teilmengen	+	++	+

Tab. 10.2 Bearbeitungsstrategien und Strategiewirksamkeit

1.1 Einzelbearbeitung

Jeder Auftrag wird in der zugewiesenen Leistungsstelle gesondert eingeplant und unabhängig von anderen Aufträgen ausgeführt. Die Einzelbearbeitung ist die einfachste Bearbeitungsstrategie und erfordert keinen zusätzlichen Organisationsaufwand.

Die *Vorteile* der Einzelbearbeitung sind kurze Durchlaufzeiten, die Möglichkeit kundenspezifischer Bearbeitungsfolgen und die sofortige Ausführbarkeit von *Eilaufträgen*. Ein weiterer Vorteil besteht darin, daß die Einzelaufträge nicht wie bei der Sammelbearbeitung nach Auftragsabschluß getrennt und sortiert werden müssen.

Diese Vorteile werden durch folgende *Nachteile* erkauft:

- *hohe Rüst-, Tot- und Wegzeitanteile* mit der Folge höherer Prozeßkosten,
- *größere Schwankungen* der Durchlaufzeiten und geringere Termintreue,

- *schlechtere Auslastung* der Betriebsmittel und Anlagen,
- *geringere Füllungsgrade* von Ladeeinheiten und Transportmitteln.

Eine Einzelbearbeitung ist unvermeidlich, wenn es keinen Auftragsbestand gleichartiger Aufträge gibt, die sich bündeln lassen, wenn eine Ausführung nach Dringlichkeit unbedingt notwendig ist oder wenn von den Abnehmern kürzeste Lieferzeiten gefordert sind.

1.2 Sammelbearbeitung

Eine Anzahl von c_B Aufträgen, die den gleichen Bearbeitungsprozeß haben, wird zu einem *Auftragsstapel (Batch)* zusammengefaßt, der als interner *Sammel-, Batch- oder Serienauftrag* eine oder mehrere Leistungsstellen durchläuft. Die Sammelbearbeitung setzt einen Auftragsbestand voraus.

Die *Batchgröße* c_B – in der Fertigung *Losgröße* oder *Chargengröße*, in der Logistik *Pulklänge* oder *Seriengröße* genannt – ist eine *Strategievariable*, die zur Optimierung von Kosten oder Durchlaufzeiten genutzt werden kann.

In der *Fertigung* wird die Sammelbearbeitung als *Losgrößenfertigung* bezeichnet. Bei hohen Rüstkosten muß die Losgröße für eine wirtschaftliche Produktion größer als sein als eine bestimmte *Mindestlosgröße*, die eine *untere Restriktion* für die Losgrößenfertigung darstellt.

In der *Logistik* wird die Strategie der Sammelbearbeitung auch als *Batchbetrieb*, *Serienbearbeitung* oder *schubweise Abfertigung* bezeichnet. Die Batchgröße oder Pulklänge ist nach oben durch das *Fassungsvermögens* der Transportmittel und das Aufnahmevermögen der Transportelemente oder Stationen begrenzt. Das Fassungsvermögen und das Aufnahmevermögen sind daher *obere Restriktionen* für den Batchbetrieb und die schubweise Abfertigung.

Die Sammelbearbeitung bietet eine Reihe von *Vorteilen*, die sich vor allem bei vielen Kleinaufträgen positiv auswirken:

- geringere anteilige Rüst-, Tot- und Wegzeitanteile,
- dadurch höhere Durchsatzleistungen und geringere Prozeßkosten,
- geringere Schwankungen der Durchlaufzeiten und bessere Termintreue,
- höhere Auslastung von Betriebsmitteln und Anlagen,
- besserer Füllungsgrad der Lade- und Transporteinheiten.

Die *Nachteile* der Sammelbearbeitung sind:

- organisatorischer Zusatzaufwand,
- längere Durchlaufzeiten,
- beschränkte Möglichkeit einer vorrangigen Bearbeitung von Eilaufträgen,
- Notwendigkeit der abschließenden Trennung und Sortierung der Einzelaufträge.

Durch die *Seriengröße*, die *Reihenfolge* der Aufträge innerhalb einer Serie und geeignete *Prioritäten* für die Bearbeitungsfolge mehrerer Serienaufträge ist es in Grenzen möglich, die Terminforderungen zu erfüllen *und* die Prozeßkosten zu optimieren.

Im Extremfall ergibt die Optimierung entweder eine Batchlänge $c_B = 1$, das heißt eine Einzelbearbeitung, oder die Batchlänge $c_B = \infty$, das heißt einen kontinuierlichen Betrieb.

2.1 Komplettbearbeitung

Jeder Auftrag wird in einer Leistungsstelle in einem Arbeitsgang vollständig ausgeführt. Die Komplettbearbeitung ist ohne zusätzlichen Organisationsaufwand durchführbar. Das Auftragsergebnis entsteht geschlossen. Die Auftragsdurchlaufzeit ist minimal.

Eine Komplettbearbeitung ist in der Regel für Eilaufträge unerläßlich oder aus verfahrenstechnischen Gründen notwendig. In vielen Fällen wird auch vom Auftraggeber eine Komplettbearbeitung gefordert. Ein Vorteil der Komplettbearbeitung ist, daß keine Teilmengen zwischengelagert und am Ende zusammengeführt werden müssen.

Für Großaufträge, deren Bearbeitung länger als eine Schicht dauert, kann die Komplettbearbeitung zu Mehrschichtbetrieb, Überstunden oder Wochenendarbeit und damit zu Mehraufwand führen. Außerdem wird die betreffende Leistungsstelle für längere Zeit blockiert.

Nach Abschluß eines Komplettauftrags gegen Ende einer Schicht oder eines Betriebstags kann für die Leistungsstelle eine *Restzeit* verblieben, die nicht mehr für andere Aufträge nutzbar ist. Dadurch verschlechtert sich unter Umständen die Auslastung und die Kapazitätsnutzung.

2.2 Teilbearbeitung

Wenn sich daraus Vorteile ergeben, wird ein Auftrag in zwei oder mehr Teilen ausgeführt, um zwischendurch andere Aufträge zu bearbeiten. *Strategieparameter* der Teilbearbeitung sind die *Teilungsanzahl*, in die ein Auftrag aufgeteilt wird, und die *Teilauftragsmengen*, die in einem Stück gefertigt werden. Restriktionen sind die *Restauftragsmenge* und die *Mindestauftragsmenge*, die in einem Stück ausgeführt werden müssen.

Eine Teilauftragsbearbeitung bietet folgende *Handlungsmöglichkeiten*:

- Vorziehen und Einschieben von Eilaufträgen,
- Unterbrechung bei Schichtende,
- Optimierung der Auslastung und Kapazitätsnutzung,
- Verminderung von Anbruch- und Verschnittverlusten,
- Füllungsgradoptimierung von Lade- und Transporteinheiten.

Nachteile der Teilauftragsbearbeitung sind:

- erhöhter Organisationsaufwand,
- Zwischenspeicherbedarf für Teilmengen,
- Zusammenführung der Teilauftragsmengen,
- längere Auftragsdurchlaufzeiten.

Eine Teilauftragsbearbeitung ist für *Großaufträge* oft aus technischen Gründen unvermeidlich, beispielsweise wenn die Transportmenge das Fassungsvermögen eines Transportmittels überschreitet oder wenn die geforderte Menge nicht in einem Arbeitsgang gefertigt werden kann.

3.1 Sofortausführung

Jeder zugeteilte Einzel- oder Sammelauftrag wird von der betreffenden Leistungs- oder Fertigungsstelle ausgeführt, sobald hierfür Kapazität frei ist. Die Sofortausführung impliziert eine Auftragsabfertigung nach der *First-Come-First-Go-Strategie*.

Bei einer Sofortbearbeitung bildet sich vor jeder Leistungs- und Fertigungsstelle eine *Auftragswarteschlange*, deren Länge von der Kapazitätsauslastung und von den Schwankungen des Auftragseingangs und der Abfertigungszeiten abhängt (s. *Abschnitt 13.5*). Hieraus resultieren stochastisch schwankende *Auftragsdurchlaufzeiten*, die sich negativ auf die Termintreue auswirken.

Wenn die Leistungs- oder Abfertigungskapazität deutlich größer als der Auftragseingang ist und die stochastischen Schwankungen von Auftragseingang und Abfertigung nicht zu groß sind, sichert die Sofortausführung kürzeste Auftragsdurchlaufzeiten. Sie verzichtet jedoch auf die Möglichkeiten und Vorteile anderer Abfertigungsstrategien.

Daher wird die Sofortausführung in der Regel beschränkt auf wichtige Eilaufträge, für die bei zulässiger Teilbearbeitung auch eine Unterbrechung weniger dringlicher Aufträge sinnvoll sein kann. Der Anteil der sofort auszuführenden Eilaufträge darf jedoch 5 % nicht überschreiten, um die Wirksamkeit der anderen Strategien nicht zu verwässern.

3.2 Terminausführung

Terminausführung heißt, daß die Aufträge nach einer *festen Zeitstrategie* ausgeführt werden. Eine feste Zeitstrategie determiniert die Abfertigungsreihenfolge und ist nur begrenzt kompatibel mit den Reihenfolgestrategien. Feste Zeitstrategien sind:

> Vorwärtsterminierung
> Rückwärtsterminierung   (10.2)
> Just-In-Time-Ausführung
> Engpaßterminierung.

Diese Zeitstrategien sind in *Abschnitt 8.8* und *8.9* genauer beschrieben und in den *Abb. 8.2* und *8.3* dargestellt.

Wie die Sofortausführung legt die Just-In-Time-Ausführung die Ausführungsreihenfolge der Aufträge vollständig fest. Die Vorwärtsterminierung, die eine spezielle Vorausführungsstrategie ist, und die Rückwärtsterminierung lassen sich in Grenzen mit den Reihenfolgestrategien kombinieren. Die Engpaßterminierung ist am flexibelsten mit anderen Bearbeitungs- und Abfertigungsstrategien kombinierbar.

3.3 Vorabausführung

Vorabausführung heißt, daß eine Leistungs- oder Fertigungsstelle Aufträge ausführt, die entweder terminlich noch nicht fällig sind oder für die noch keine externen Aufträge vorliegen.

Eine Vorabausführung eines Leistungsauftrags ist beispielsweise die vorzeitige Durchführung eines Transportauftrags oder die Ablieferung einer Sendung vor dem vereinbarten Zustelltermin. Wenn für die vorab produzierte Ware oder Leistung keine externen Aufträge vorliegen, wenn also nach anonymen Lagernachschubaufträgen gearbeitet wird, ist die Vorabfertigung eine *Lagerfertigung* (s. *Abschnitt 11.2*).

Die vorzeitige Ausführung von Aufträgen mit lagerbarem Ergebnis erfordert einen nachgeschalteten *Puffer* oder ein *Lager*. Die Höhe des Puffer- oder Lagerbestands wird bestimmt vom zeitlichen Verlauf der Produktion und des Abgangs der Produkte (s. *Abb. 10.3* bis *10.7*).

Eine Vorabausführung ist entweder aus verfahrenstechnischen Gründen notwendig, um einen kontinuierlichen Betrieb zu erreichen, oder das Ergebnis einer gezielten Strategie, wie einer der *Zeitstrategien* (10.2) oder der *Nachschubstrategien*, die im folgenden Kapitel behandelt werden. *Ziele der Vorabausführung* von extern abgesicherten Aufträgen und der *Lagerfertigung* nach anonymen Nachschubaufträgen sind:

optimale Kapazitätsauslastung
minimale Rüst- und Prozeßkosten
hohe Lieferfähigkeit   (10.3)
minimale Lieferzeiten
hohe Termintreue.

Diese Strategieziele hängen teilweise voneinander ab und lassen sich nicht alle gleichzeitig erreichen. Bei der Vorabausführung externer Aufträge ist der *Strategieparameter* der *Starttermin* und bei der Vorabausführung anonymer Lagernachschubaufträge die *Losgröße*.

10.3
Zuordnungsstrategien

Für die Zuordnung der internen Aufträge zu den parallelen Stationen oder Prozeßketten, die für eine Ausführung zur Auswahl stehen, gibt es unterschiedliche Strategien. Maßgebend für die *Zuordnungsstrategie*, nach der die zentrale Auftragsdisposition arbeitet, ist die Priorität der *Ziele*:

gleichmäßige Kapazitätauslastung
maximale Stationsauslastung
kleinster Auftragspuffer
minimale Wartezeit   (10.4)
kürzeste Durchlaufzeit
geringste Bestände
minimale Prozeßkosten.

Um die jeweils zielführende Zuordnung vornehmen zu können, ist es erforderlich, laufend die Kapazitätsauslastung, die Länge der Auftragspuffer und die Höhe der Bestände zu verfolgen und für jeden neu hereinkommenden Auftrag die Länge der Durchlaufzeit und die Höhe der Prozeßkosten zu errechnen. Konkrete Zuordnungsstrategien für logistische Leistungsstellen sind in *Abschnitt 10.5* und in *Abschnitt 13.3* angegeben.

Bei zulässiger Auftragsteilung ist eine weitere Zuordnungsstrategie die

- *Parallelbearbeitung*: Der Auftrag wird in soviele Teile zerlegt, wie freie Leistungs- oder Fertigungsstationen zur Verfügung stehen, und von diesen gleichzeitig ausgeführt.

Strategieparameter der Parallelbearbeitung sind die *Anzahl der Parallelstationen* und die *Mengen der Teilaufträge*, die den Parallelstationen zugewiesen werden.

Der wesentliche Vorteil der Parallelbearbeitung ist die Möglichkeit einer erheblichen Verkürzung der Auftragsdurchlaufzeiten für Großaufträge. Zusätzlich lassen sich durch eine Aufteilung und Zuordnung von Großaufträgen zu Parallelstationen in manchen Fällen die Kosten senken.

Die Parallelbearbeitung ist jedoch mit Mehraufwand verbunden, der einen Teil der Kosteneinsparung aufzehren kann: die Teilaufträge sind auf mehrere Stellen zu verteilen; die parallele Ausführung muß koordiniert und synchronisiert werden; die resultierenden Auftragsergebnisse sind an einer Stelle zusammenzuführen und dort zu sammeln, bis der letzte Teilauftrag fertiggestellt ist.

Die Parallelbearbeitung von Großaufträgen wird seit langem in der Fertigung und in der Logistik – insbesondere im Großanlagenbau und auf Großbaustellen – praktiziert. Von der Strategie der Parallelbearbeitung wird auch in *Hochleistungsrechnern* für die Abarbeitung von größeren Berechnungs- und Sortieraufträgen Gebrauch gemacht.

10.4
Abfertigungsstrategien

Soweit die Reihenfolge der Auftragsdurchführung nicht bereits durch Zeitstrategien und Bearbeitungsstrategien festgelegt ist, hat die dezentrale Auftragsdisposition einer Leistungs- und Fertigungsstelle die Handlungsfreiheit, durch unterschiedliche *Reihenfolgestrategien* und *Prioritätsregeln* die Kosten zu senken, die Leistung zu steigern, die Durchlaufzeit zu verkürzen oder andere Ziele zu erreichen.

Das Ergebnis der Reihenfolgediposition wird in der Automobilindustrie sehr anschaulich als *Perlenkette* bezeichnet. Die Perlenkette der Endmontage ist die bunte Reihenfolge der Fahrzeuge auf dem Montageband.

In *Tabelle 10.3* sind die nachfolgend beschriebenen *Abfertigungsstrategien* und ihre *Strategievariablen* zusammengestellt. Die Auswirkungen der Abfertigungsstrategien auf Durchsatzleistung, Warteschlangen und Wartezeiten werden in *Abschnitt 13.3* unter Anwendung der Grenzleistungsgesetze und der Warteschlangentheorie analysiert und quantifiziert.

Abfertigungsstrategie Strategievariable	Prozeßkosten	Durchlaufzeiten	Termintreue
First-In-First-Out Lieferzeitfolge	--	+	+
First-Come-First-Go Startzeitfolge	--	+	-
Dringlichkeitsfolge Dringlichkeitsklassen	-	+	++
Zeitbedarfsfolge an- oder absteigende Auftragsprozeßzeit	o	+	o
Rüstkostenfolge Reihenfolge	++	-	o
Rüstzeitfolge Reihenfolge	+	+	+
Wertfolge an- oder absteigender Auftragswert	+	--	o
Mengenfolge an- oder absteigende Auftragsmenge	+	--	o

Tab. 10.3 Wirksamkeit der Abfertigungsstrategien

1. First-In-First-Out und First-Come-First-Go

Bei der *First-In-First-Out-Strategie* – kurz FIFO – wird der Auftrag, der zuerst ankommt, *zuerst fertiggestellt*. Die *Reihenfolge der Fertigstellungstermine* ist gleich der Reihenfolge des Auftragseingangs.

Bei der *First-Come-First-Go-Strategie* – kurz FIGO – wird mit dem Auftrag, der zuerst ankommt, *zuerst begonnen*. Die *Reihenfolge der Starttermine* ist gleich der Reihenfolge des Auftragseingangs.

Wenn die Durchlaufzeiten paralleler Leistungsstellen gleich lang sind oder keine parallele Bearbeitung möglich ist, sind die FIGO-Fertigstellungstermine gleich den FIFO-Fertigstellungsterminen. Dann ist die FIFO-Strategie identisch mit der FIGO-Strategie.

2. Dringlichkeitsfolgen

Die Aufträge des Auftragsbestands werden in zwei oder mehr *Dringlichkeitskategorien* eingeteilt. Die dringlichen Aufträge werden vor weniger dringlichen Aufträgen ausgeführt, *Eilaufträge* vor *Normalaufträgen*.

Im Extremfall hat jeder Auftrag einen extern vorgegebenen Fertigstellungstermin, der die Reihenfolge der Starttermine bestimmt.

3. Zeitbedarfbedarfsfolgen

Die Aufträge des Auftragsbestands werden nach absteigender oder aufsteigender Durchlaufzeit, die entweder für den Leistungs- oder Fertigungsprozeß einer Station oder für das Durchlaufen einer längeren Prozeßkette benötigt wird, geordnet und in der Reihenfolge des *Zeitbedarfs* ausgeführt.

4. Rüstfolgestrategien

Die Aufträge eines Auftragsbestands werden so geordnet und nacheinander ausgeführt, daß die Summe der bei Auftragswechsel anfallenden *Rüstkosten* oder *Rüstzeiten* minimal ist.

Beispielsweise werden die Aufträge in einem Abfüllbetrieb, einer Druckerei oder einer Stoffärberei in *Hell-Dunkel-Folge* ausgeführt. Dunklere Farben folgen auf hellere Farben, um Reinigungszeiten oder Makulatur zu minimieren.

5. Wertfolgen

Aufträge mit hohem Auftragswert werden vor Aufträgen mit geringerem Wert ausgeführt, oder umgekehrt, geringwertige Aufträge vor hochwertigen Aufträgen:

Bei einer Auftragsfertigung erhöht die Ausführung in *absteigender Wertfolge* die Liquidität und spart Zinsen, wenn die Aufträge sofort fakturiert werden können.

Wenn auf Lager gefertigt wird oder die Aufträge erst zu einem späteren Termin fakturiert werden, vermindert die Ausführung in *aufsteigender Wertfolge* die Kapitalbindung und den Zinsaufwand.

6. Mengenfolgen

Aufträge mit großer Stückzahl oder großer Auftragsmenge werden vor Aufträgen mit kleinen Mengen oder Stückzahlen ausgeführt oder umgekehrt.

7. Wirksamkeit der Abfertigungstrategien

Wie die Bewertung in *Tabelle 10.3* zeigt, sind die drei Ziele *Kostensenkung, Durchlaufzeitverkürzung* und *Termintreue* durch die Abfertigungsstrategien unterschiedlich und nicht gleichzeitig erreichbar:

* Die Reihenfolgestrategien nach FIFO, FIGO und Dringlichkeit sind auf die Verkürzung der Durchlaufzeiten und die Termintreue ausgerichtet.
* Die Rüstkostenminimierung zielt auf eine Senkung der Prozeßkosten ab.
* Mit einer Minimierung der Rüstzeiten lassen sich Kosten und Durchlaufzeiten senken.
* Die Ausführung nach Zeitbedarf bewirkt bei leichter Kostensenkung eine bessere Termintreue.
* Eine Ausführung nach Wertfolge oder Menge kann Zinskosten sparen.

Die Wirksamkeit der Abfertigungsstrategien ist unterschiedlich und bei einigen Strategien, wie der Reihenfolge nach Zeit- oder Mengenbedarf, relativ gering. Bevor für die Realisierung einer Strategie Aufwand getrieben wird, ist daher der *Strategieeffekt* sorgfältig zu analysieren und wenn möglich zu quantifizieren.

10.5
Auftragsfertigung und Lagerfertigung

Zwischen Auftragsfertigung und Lagerfertigung wird in vielen Unternehmen nach qualitativen Kriterien oder aufgrund von Erfahrungen – entweder pauschal für bestimmte Artikel und Auftragsarten oder fallweise für einzelne Aufträge – entschieden. Nur in Ausnahmefällen werden für diese grundlegende Entscheidung *Modellrechnungen* durchgeführt oder programmierbare *Algorithmen* eingesetzt.

In *Abschnitt 11.2* werden die Auswirkungen der Entscheidung zwischen Auftragsbeschaffung und Lagerbeschaffung aus Sicht des Abnehmers analysiert und *Auswahlkriterien für lagerhaltige Artikel* hergeleitet. Hier wird ein *Algorithmus* zur Berechnung der wichtigsten Zielgrößen für unterschiedliche Fertigungs- und Dispositionsstrategien des Produzenten beschrieben.

Der Algorithmus wird für das in *Abb. 10.2* gezeigte, relativ einfache Produktions- und Lagersystem entwickelt und anhand eines Beispiels aus der Automobilindustrie erläutert. Eine Erweiterung des Algorithmus auf Leistungs- und Fertigungsbäume mit einer Hauptleistungskette und mehreren Nebenketten ist grundsätzlich möglich. Das beschriebene Verfahren – jeweils projektspezifisch angepaßt – hat sich in verschiedenen Beratungsprojekten in der Getränkeindustrie, der Chemie, der Zigarettenindustrie und der Automobilindustrie bewährt und zu erheblichen Verbesserungen und Einsparungen geführt.

Die wichtigste Eingabegröße der Modellrechnungen ist der *Auftragseingang* pro Periode

$$AE(i) \quad i = 1, 2, \ldots, N_{PE} \qquad\qquad [ME\,/\,PE] \qquad\qquad (10.5)$$

gemessen in den jeweiligen *Mengeneinheiten* [ME] der Produktion.

Der betrachtete *Planungs-* oder *Untersuchungszeitraum* kann ein *Tag*, eine *Woche*, ein *Jahr* oder ein noch längerer Zeitraum sein, der ab Beginn t_A aufgeteilt ist in N_{PE} *Perioden*

$$PE(i) = [t_A + (i-1)T_{PE}; t_A + iT_{PE}] \quad i = 1, 2, \ldots, N_{PE}. \qquad (10.6)$$

Die *Periodenlänge* T_{PE} ist eine *Stunde*, ein *Arbeitstag* oder eine andere zweckmäßige Zeitspanne (s. *Abschnitt 8.2*). Die nachfolgenden Modellrechnungen werden für einen Planungszeitraum von einem Jahr mit einer Periodeneinteilung in 250 Arbeitstage [AT] durchgeführt.

Für den Auftragseingang (10.5) kann mit echten Vergangenheitswerten oder mit einer Testfunktion gerechnet werden. In den Modellrechnungen wird die *Testfunktion* (9.59) verwendet, die den Vorteil hat, daß der *Trendverlauf*, das *Saisonverhalten* und die *Zufallsabhängigkeit* des Auftragseingangs gezielt verändert werden können. Damit lassen sich auch die Auswirkungen dieser externen Einflußfaktoren analysieren.

1. Produktionskapazität und Produktionsleistung

Die *Produktionskapazität* ist gleich der *maximalen Produktionsleistung* PL_{max} pro Periode, also die maximale Leistungsmenge, die in einer Periode produziert werden kann.

Die Produktionsleistung wird einerseits durch die *technische Grenzleistung* μ_P [ME/h] des Leistungs- oder Fertigungsbereichs und andererseits durch die *maximale Betriebszeit* BZ_{max} [h/PE] pro Periode bestimmt:

$$PL_{max} = \mu_p \cdot BZ_{max} \qquad\qquad [ME/PE]. \qquad\qquad (10.7)$$

Soweit arbeitsrechtlich möglich und verfahrenstechnisch zulässig, kann die *Produktionsleistung* $PL(i)$ in der Periode i durch eine *variable Betriebszeit* $BZ(i)$ dem Bedarf angepaßt werden. Damit ist:

$$PL(i) = \mu_p \cdot BZ(i) \qquad\qquad [ME/PE]. \qquad\qquad (10.8)$$

Bei größerem Auftragsbestand ist eine Leistungssteigerung durch Überstunden oder Mehrschichtbetrieb möglich. Bei nachlassendem Auftragseingang sind Kurzarbeit oder Ausfallschichten mögliche Anpassungsmaßnahmen.

Eine flexible Anpassung der Betriebszeiten an die aktuelle Auftragslage wird als *flexible Fertigung* oder *atmende Fabrik* bezeichnet. In einer atmenden Fabrik bestimmen der Auftragseingang und die Fertigungsstrategie die Produktionsfunktion $PL(i)$ und diese nach der Umkehrbeziehung

$$BZ(i) = PL(i)/\mu_p \qquad\qquad [h/PE] \qquad\qquad (10.9)$$

die Betriebszeiten.

In einer Fertigung mit einem *festen Betriebszeitplan*, der zu Beginn des Planungszeitraums auf den erwarteten Bedarf abgestimmt wird, begrenzen die geplanten *Betriebszeiten* $BZ(i)$ gemäß Beziehung (10.8) die Produktionsleistung $PL(i)$. Wenn in einem Zeitraum $[i_1; i_2]$ *Werksferien* vereinbart sind, ist für $i \in [i_1; i_2]$ die Produktionsleistung $PL(i) = 0$.

In vielen Fällen kann die Produktion nicht sofort oder noch in der gleichen Periode auf den Auftragseingang reagieren, sondern erst $x \geqslant 1$ Perioden später. Die *Reaktionszeit* x heißt auch *Einfrierzeit* (*freezing time*), weil nur bis zu x Perioden vor der Produktionsperiode eine Umdisposition möglich und danach die *Perlenkette* der Produktionsaufträge eingefroren ist.

In der Regel gibt es eine *Mindestbetriebszeit* BZ_{min} [h/PE], die für eine wirtschaftliche Produktion nicht unterschritten werden darf, und damit eine *minimale Produktionsleistung*:

$$PL_{min} = \mu_p \cdot BZ_{min} \qquad\qquad [ME/PE]. \qquad\qquad (10.10)$$

Nachdem die Produktion einmal wegen Auftragsmangel unterbrochen wurde, ist ein Wiederanlauf der Produktion wegen der damit verbundenen Anlauf- und Rüstkosten erst sinnvoll, wenn der Auftragsbestand eine bestimmte *Mindestlosgröße* LG_{min} [ME] erreicht hat.

In den den Modellrechnungen wird eine Automobilfabrik für Personenwagen [Fz] mit einer maximalen Produktionsleistung im Dreischichtbetrieb von 750 Fz/AT und einer Reaktionszeit von 1 Tag betrachtet. Die wirtschaftliche Mindestbetriebszeit ist der Einschichtbetrieb. Die minimale Produktionsleistung beträgt dann 250 Fz/Tag. Ein Produktionsstart ist ab einer Zweischichtproduktion von einer Woche sinnvoll, das heißt für eine Mindestlosgröße von 2.500 Fahrzeugen.

1. Auftragsfertigung
Mit einer *Produktionsleistung* $PL(i)$, einem *Produktionsauftragseingang* $AE_p(i)$ und einem Auftragsbestand $AB_p(i\text{-}1)$ am Periodenanfang ergibt sich der

- *Produktionsauftragsbestand* am Periodenende:

$$AB_p(i) = \mathrm{MAX}\big(0; AB_p(i-1) + AE_p(i) - PL(i)\big) \quad [ST]. \tag{10.11}$$

Bei einer kombinierten Auftrags- und Lagerfertigung (s.u.) kann die Produktion in einer Periode größer sein ist als die Summe von Auftragsanfangsbestand und Auftragseingang. Dann sinkt der Auftragsbestand am Periodenende auf Null und es entsteht ein Fertigbestand.

Bei *konstanter Fertigung* ist die Produktionsleistung $PL(i)$ nach Beziehung (10.8) durch den Betriebszeitplan fest vorgegeben. Bei *flexibler Fertigung* beginnt die Produktion, wenn x Perioden zuvor der Produktionsauftragsbestand größer ist als die Mindestlosgröße. Sie läuft dann mit maximaler Leistung PL_{max} bis der Auftragsbestand $AB(i\text{-}x)$ zum Freezing-Zeitpunkt i-x kleiner ist als die Produktionskapazität. In der darauf folgenden Periode wird der Restbestand $AB(i\text{-}x)$ abgearbeitet. Sinkt der Auftragsbestand damit unter die minimale Produktionsleistung PL_{min}, wird die Produktion solange unterbrochen, bis der Auftragsbestand wieder auf die Mindestlosgröße angestiegen ist.

Hieraus ergibt sich der *Algorithmus* für die

- *Produktionsleistung* bei flexibler Fertigung

$$PL(i) = \begin{cases} \mathrm{MIN}\big(PL_{max}; AB_p(i-x)\big) & \text{wenn } AB_p(i-x) > LG_{min} \\ \mathrm{MIN}\big(PL_{max}; AB_p(i-x)\big) & \text{wenn } AB_p(i-x-1) > AB_p(i-x) > PL_{min}. \\ 0 & \text{wenn } AB_p(i-x-1) < AB_p(i-x) > LG_{min}. \end{cases} \tag{10.12}$$

Die Produktionsdurchlaufzeit $DZ_p(i)$ zum Zeitpunkt i ist bei kontinuierlicher Produktion gleich der Reaktionszeit x plus der Zeit, in der der aktuelle Auftragsbestand (10.12) abgearbeitet wird. In den Zeiten ohne Produktion kommt die Wartezeit $(LG_{min}-AB_p(i))/AE_p(i)$ bis zum Erreichen der Mindestmenge hinzu. Hieraus folgt für die

- *Produktionsdurchlaufzeit*

$$DZ_p(i) = \begin{cases} x + AB_p(i) / PL_{max} & \text{wenn } AB_p(i-x) > LG_{min} \\ x + \left(LG_{min} - AB_p(i)\right) / AE_p(i) + AB_{min} / PL_{max} \\ & \text{wenn } AB_p(i-x-1) < AB_p(i-x) < LG_{min} \\ x + AB_p(i) / PL_{max} & \text{wenn } AB_p(i-x-1) > AB_p(i-x) > PL_{min}. \end{cases} \quad (10.13)$$

Für das o.g. Berechnungsbeispiel aus der Automobilproduktion und zwei verschiedene Auftragseingänge ist in den *Abb. 10.3* und *10.4 oben* der mit *Beziehung* (10.12) errechneten Verlauf der *Produktionsleistung* dargestellt und *unten* der daraus nach *Beziehung* (10.11) resultierende *Auftragsbestand*. Für den Auftrags-

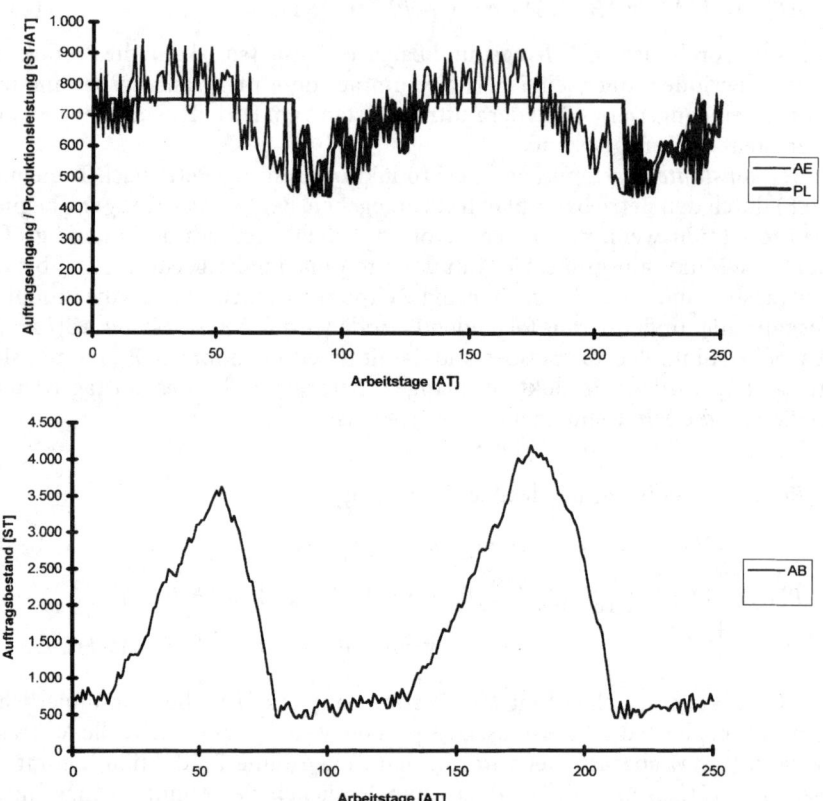

Abb. 10.3 Produktionsfunktion und Auftragsbestand bei kontinuierlicher flexibler Auftragsfertigung

AE	Auftragseingang	AE_{mittel} = 700 Fz/h	
PL	Produktionsleistung	x = Reaktionszeit = 1 AT	
PL_{min} = 250 FZ/AT		PL_{max} = 750 FZ/AT	
AB	Auftragsbestand		

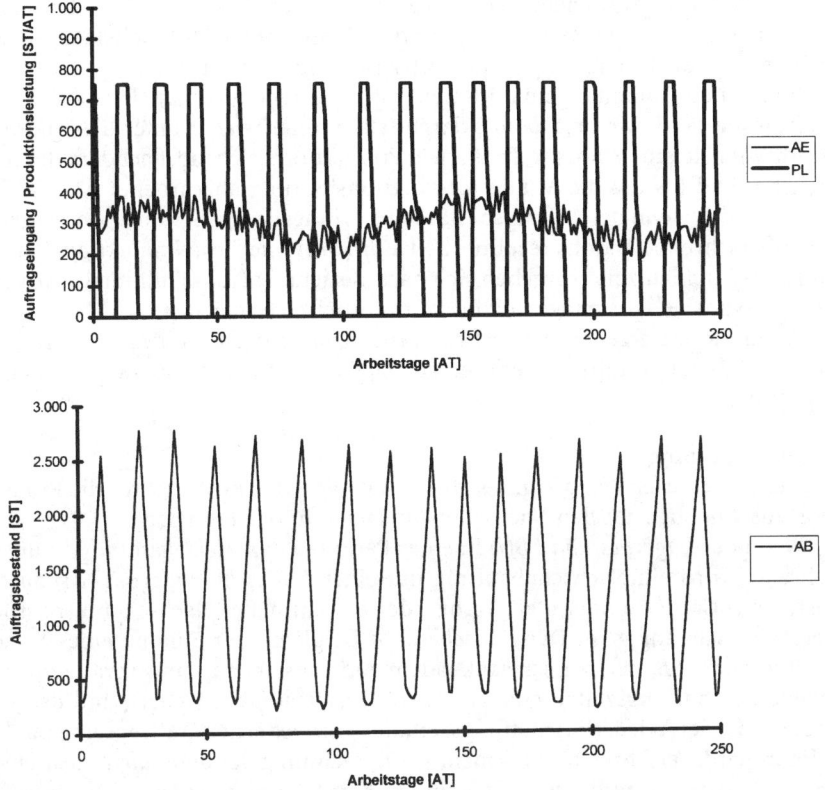

Abb. 10.4 Produktionsfunktion und Auftragsbestand bei diskontinuierlicher flexibler Auftragsfertigung

AE	Auftragseingang	$AE_{\text{mittel}} = 250$ Fz/h	
PL	Produktionsleistung	$x = $ Reaktionszeit $= 1$ AT	
$PL_{\text{min}} = 250$ FZ/AT		$PL_{\text{max}} = 750$ FZ/AT	
AB	Auftragsbestand	$LG_{\text{min}} = $ Mindestlosgröße $= 2.500$ FZ	

eingang wurde in diesen Modellrechnungen die *Testfunktion* (9.59) verwendet, die jeweils in den oberen Abbildungen zusammen mit den Produktionsfunktionen gezeigt ist.

Im ersten Fall, den *Abb. 10.3* zeigt, ist der mittlere Auftragseingang mit 700 Fz/AT so groß, daß der Auftragsbestand auch zu saisonschwachen Zeiten nicht unter die minimale Produktionsleistung absinkt. Daher ist eine *kontinuierliche Produktion* möglich, die vom 20. bis zum 75. Arbeitstag sowie vom 130. bis zum 223. Arbeitstag mit voller Kapazität arbeitet und sich in den Zwischenzeiten dem sinkenden Auftragsbestand anpaßt. In den Spitzenzeiten, in denen der Auftragseingang größer als die Fertigungskapazität ist, steigt der Auftragsbestand bis zu 4.000 Fahrzeuge. Danach sinkt er bei einer Reaktionszeit von 1 AT bis auf eine Tagesproduktion von 750 Fahrzeugen.

Für die Auftragsdurchlaufzeiten ergeben sich nach Beziehung (10.13) minimal 2 Arbeitstage, maximal 9 Arbeitstage und im Jahresmittel 6,8 Arbeitstage. Mit zunehmender Auslastung steigen die Auftragsdurchlaufzeiten an.

Im zweiten Fall mit einem mittleren Auftragseingang von 250 Fz/AT sinkt der Auftragsbestand, wie in *Abb. 10.4* dargestellt, immer wieder unter die minimale Produktionsleistung von 250 Fz/AT. Die Produktion bricht ab, nachdem der Auftragsbestand bis auf die Mindestproduktionsleistung abgearbeitet ist, und beginnt wieder, wenn der Auftragsbestand die Mindestlosgröße von 2.500 Fahrzeugen überschreitet. Daraus resulitert eine *diskontinuierliche Produktion.* Für die Auftragsdurchlaufzeiten ergeben sich nach Beziehung (10.13) minimal 2 Arbeitstage, maximal 8 Arbeitstage und im Jahresmittel 3,9 Arbeitstage.

Wenn die Lieferzeiten der Auftragsproduktion für die Auftraggeber zu lang sind und dadurch Aufträge verloren gehen, ist ein möglicher Ausweg die Lagerfertigung.

2. Lagerfertigung

Bei reiner Lagerfertigung ergibt sich der Auftragseingang $AE_P(i)$ für die Produktion auschließlich aus den Nachschubaufträgen für das Fertiglager.

Wenn der *Lagerbestand LB(i)* in einer Periode i den *Meldebestand MB* unterschreitet, wird ein Nachschubauftrag mit einer *Nachschubmenge NM(i)* ausgelöst, die entweder immer gleich groß oder bei optimaler Nachschubdisposition verbrauchsabhängig ist. Der *Meldebestand* ist gleich der Summe eines *Sicherheitsbestands SB*, der bei schwankendem Auftragseingang und veränderlichen Wiederbeschaffungszeiten eine geforderte *Lieferfähigkeit* sichert, und des Verbrauchs in der Wiederbeschaffungszeit, der vom externen Auftragseingang bestimmt wird. Verfahren und Formeln zur Berechnung der *optimalen Nachschubmenge* und des *Sicherheitsbestands* sind in *Kapitel 11* angegeben.

Die *Wiederbeschaffungszeit* T_{WBZ} hängt ab von der *Produktionsdurchlaufzeit*, der in Periodenlängen T_{PE} gemessenen *Transportzeit* $TZ = z \cdot T_{PE}$ zwischen Produktion und Lager sowie von der Art der Nachschubauslieferung.

Für die Auslieferung an das Fertiglager sind folgende *Auslieferstrategien* möglich:

- *Geschlossene Nachschubauslieferung:* Die in einer oder aufeinander folgenden Prioden produzierte Nachschubmenge wird in einem *Fertigpuffer* (FP) angesammelt und erst an das *Fertiglager* (FL) ausgeliefert, wenn sie vollständig ist.
- *Kontinuierliche Nachschubauslieferung:* Die produzierte Nachschubmenge wird Stück für Stück, in vollen Lade- oder Transporteinheiten, oder jeweils am Ende einer Periode an das Fertiglager ausgeliefert.

Bei geschlossener Auslieferung ist die minimale Wiederbeschaffungszeit $T_{WBZ} = z + x + NM/PL_{max}$ und bei Auslieferung mindestens einmal pro Periode $T_{WBZ} = z + x$. Damit folgt bei einem *Lagerauftragseingang* $AE_L(i)$ für den

- *Meldebestand*

$$MB(i) = \begin{cases} SB + (z + x + NM / PL_{max})AE_L(i) & \text{bei geschlossener Auslieferung} \\ SB + (z + x)AE_L(i) & \text{bei kontinuierlicher Auslieferung} \end{cases}$$

$$(10.14)$$

Bei optimaler Nachschubdisposition und reiner Lagerfertigung ergibt sich damit für den

- *Produktionsauftragsbestand* am Periodenende

$$AB_p(i) = \begin{cases} NM(i) & \text{wenn } LB(i-1) < LB(i) > MB \\ AB_p(i-1) - PL(i) & \text{wenn } LB(i-1) > LB(i) \\ 0 & \text{wenn } LB(i-1) > LB(i) < MB. \end{cases} \qquad (10.15)$$

Aus dem Produktionsauftragsbestand (10.15) folgt mit dem Algorithmus (10.12) die Produktionsleistung.

Bei kontinuierlicher Nachschubauslieferung wird während der Produktionsphase laufend der Lagerbestand durch die Produktionsleistung $PL(i-z)$ der Tages $i-z$ aufgefüllt, an dem der Transport ans Lager abgeht. Gleichzeitig gehen vom Lagerbestand die Mengen des Auftrageingangs $AE(i)$ ab. Daher sind am Ende der Periode i

- *Fertigpufferbestand $FB(i)$* und *Lagerbestand $LB(i)$* bei *kontinuierlicher Auslieferung* an das Lager

$$FB(i) = 0$$
$$LB(i) = LB(i-1) - AE_L(i) + PL(i-z). \qquad (10.16)$$

Bei geschlossener Nachschubauslieferung wird die fertig produzierte Nachschubmenge *NM* erst am Tag i der Fertigstellung aus dem Fertigpuffer an das Fertiglager geliefert. Sie kommt dort am Tag $i + z$ an und füllt den Lagerbestand wieder auf. Hieraus resultieren

- *Fertigpufferbestand* und *Lagerbestand* bei *geschlossener Auslieferung* an das Lager

$$FB(i) = FB(i-1) + PL(i) - \text{WENN}\left(FB(i-1) + PL(i) = NM; NM; 0\right)$$
$$LB(i) = LB(i-1) - AE_L(i) + \text{WENN}\left(FP(i-z-1) + PL(i) = NM; NM; 0\right). \qquad (10.17)$$

Für das Beispiel der Automobilproduktion zeigen die *Abb. 10.5* bei geschlossener Auslieferung und *Abb. 10.6* bei kontinuierlicher Auslieferung *oben* den mit diesen Beziehungen errechneten Verlauf der *Produktionsleistung* und *unten* den Verlauf des *Lagerbestands*. Aus dem Vergleich der beiden Modellrechnungen wie auch aus den Berechungsformeln ist ablesbar:

- Der Produktionsverlauf ist für beide Auslieferstrategien gleich, aber verschoben. Wegen der kürzeren Wiederbeschaffungszeit beginnt die Produktion für den Lagernachschub bei kontinuierlicher Auslieferung um $NM/2PL_{max}$ später.
- Der typische Sägezahnverlauf des Lagerbestands hat bei geschlossener Auslieferung senkrechte Anstiegsflanken und bei kontinuierlicher Auslieferung schräg verlaufende Anstiegsflanken.
- Der Lagerbestand ist bei kontinuierlicher Nachschubauslieferung fast um einen Faktor 2 geringer als bei geschlossener Nachschubauslieferung.

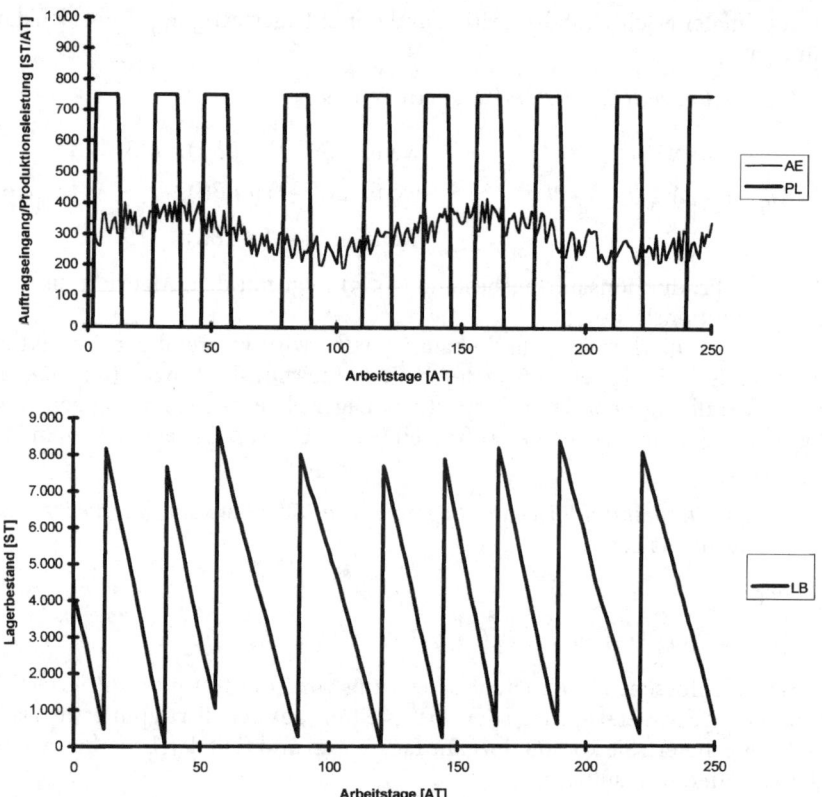

Abb. 10.5 Produktionsfunktion und Lagerbestand bei flexibler Lagerfertigung mit geschlossener Nachschubauslieferung

AE Auftragseingang	$AE_{\text{mittel}} = 300$ Fz/h
PL Produktionsleistung	$LG_{\text{min}} = 1.250$ FZ
$PL_{\text{min}} = 250$ FZ/AT	$PL_{\text{max}} = 750$ FZ/AT
LB Lagerbestand	$NM =$ Nachschubmenge $= 8.000$ FZ

- Der Unterschied zwischen geschlossener und kontinuierlicher Auslieferung verringert sich mit abnehmender Nachschubmenge und verschwindet, wenn der Nachschub in nur einer Periode produziert werden kann.

Wenn zwischen der Produktion und dem Fertiglager ein Transport stattfindet, ist die Auslieferung in vollen Lade- und Transporteinheiten kostenoptimal. Daraus ergibt sich die *optimale Nachschub- und Auslieferungsstrategie*:

- Die Nachschub- und Lagerkosten sind am günstigsten, wenn die Nachschubmenge eine ganzzahliges Vielfaches des Fassungsvermögens der Ladeeinheiten und der Transporteinheiten ist und in vollen Lade- und Transporteinheiten kontinuierlich von der Produktion an das Lager ausgeliefert wird.

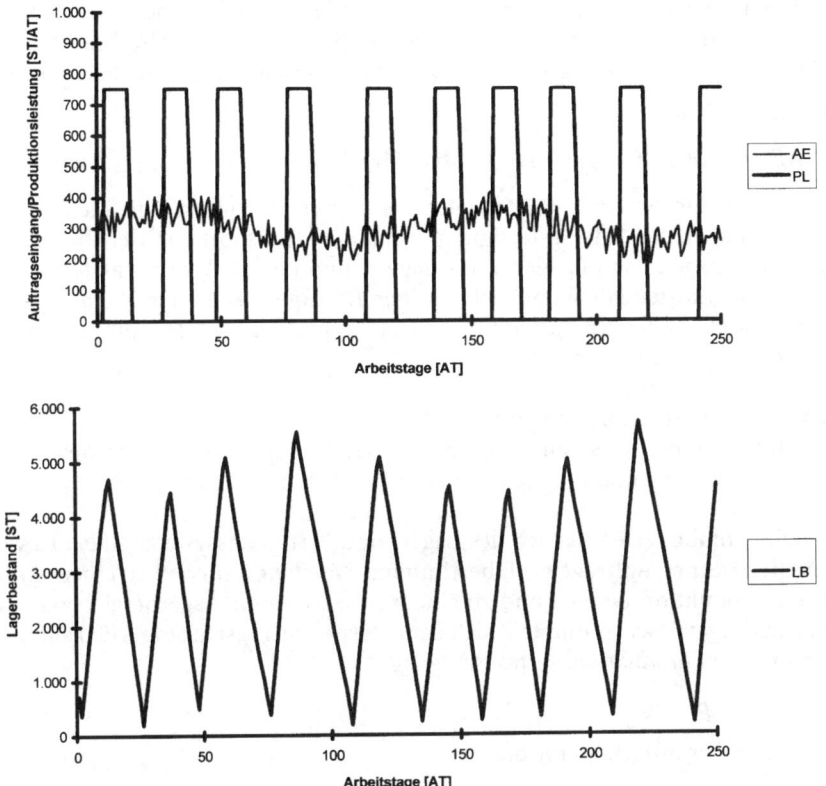

Abb. 10.6 Produktionsfunktion und Lagerbestand bei flexibler Lagerfertigung mit kontinuierlicher Auslieferung

AE	Auftragseingang	AE_{mittel} = 300 Fz/h
PL	Produktionsleistung	LG_{min} = 1.250 FZ
PL_{min} = 250 FZ/AT		PL_{max} = 750 FZ/AT
LB	Lagerbestand	NM = Nachschubmenge = 8.000 FZ

Strategieparameter zur weiteren Minimierung der Summe von Transportkosten für den Lagernachschub und Lagerkosten sind das *Fassungsvermögen* der eingesetzten Lade- und Transportmittel sowie die *Lagernachschubmenge* (s. *Kapitel* 11).

Bei reiner Lagerfertigung ist die Auftragsdurchlaufzeit gleich der Auftragsbearbeitungszeit im Fertiglager, die bei verfügbarem Lagerbestand in der Regel wenige Stunden bis maximal ein Tag beträgt und damit wesentlich kleiner als die Produktionsdurchlaufzeit ist. Hieraus folgt:

- Bei ausreichender Produktionsleistung und richtig bemessenem Sicherheitsbestand ermöglicht die Lagerfertigung minimale Lieferzeiten.

Minimale Lieferzeiten sind nur bei ausreichendem Lagerbestand möglich. Wenn die Produktion den Nachschub nicht rechtzeitig liefert und der Verbrauch in der Wiederbeschaffungszeit größer ist als der Lagerbestand $LB(i)$, entsteht ein

- *Lagerauftragsbestand*

$$AB_L(i) = \text{MAX}\big(0;\ AB_L(i-1) + AE_L(i) - LB(i)\big).$$ (10.18)

Der Preis für die kurzen Lieferzeiten der Lagerfertigung sind die Mehrkosten, die gegenüber der Auftragsfertigung durch den Transport von der Produktion zum Fertiglager, das Einlagern, das Lagern und das Auslagern entstehen. Von diesen Mehrkosten fallen bei hochwertigen Erzeugnissen und großem Lagerbestand vor allem die *Zinskosten* für die Kapitalbindung und das *Absatzrisiko* ins Gewicht (s. *Abschnitt 11.2*).

3. Auftrags- und Lagerfertigung
Durch eine kombinierte Auftrags- und Lagerfertigung lassen sich die Vorteile der Auftragsfertigung und der Lagerfertigung nutzen und die Nachteile in Grenzen vermeiden.

Beim kombinierten Betrieb des Lager- und Fertigungssystems *Abb. 10.2* werden die externen Aufträge nach bestimmten *Zuteilungskriterien* zu einem Anteil p dem Produktionsbereich und zu einem Anteil $1-p$ dem Lagerbereich zur Ausführung zugewiesen. Damit teilt sich der externe Auftragseingang $AE(i)$ auf in einen *externen Produktionsauftragseingang*

$$AE_p(i) = p \cdot AE(i)$$ (10.19)

und einen *Lagerauftragseingang*

$$AE_L(i) = (1 - p) \cdot AE(i),$$ (10.20)

deren Summe gleich dem *Gesamtauftragseingang* ist:

$$AE(i) = AE_p(i) + AE_L(i).$$ (10.21)

Der Auftragsbestand der Produktion ergibt sich bei kombinierter Auftrags- und Lagerfertigung aus dem externen Produktionsauftragseingang (10.19) und den internen Lagernachschubaufträgen, die bei Erreichen des Meldebestands MB, also wenn $LB(i) < MB$ wird, erteilt werden. Daraus folgt für den

- *Produktionsauftragsbestand* bei kombinierter Auftrags- und Lagerfertigung

$$AB_p(i) = \text{MAX}\big(0; AB_p(i-1) + AE_p(i) - PL(i) + \text{WENN}(LB(i) < MB;\ MB;0)\big)$$ (10.22)

Die Produktionsleistung bei kombinierter Auftrags- und Lagerfertigung errechnet sich mit dem allgemeinen Algorithmus (10.12) aus dem Produktionsauftragsbestand (10.22).

Nach Beziehung (10.14) ist der Meldebestand vom aktuellen Verbrauch und von der *Lagerproduktionsleistung PL_L* abhängig, die zur Fertigung des Lagernachschubs bereitgestellt wird. Damit die Wiederbeschaffungszeit für das Fertiglager nicht zu lang ist, muß für den Lagernachschub ein Anteil $p_L \geqslant p$ der maximal möglichen Produktionsleistung freigehalten werden. Die Produktionskapazität $PL_A(i)$ für die Auftragsfertigung ist daher während der Lagernachschubproduktion begrenzt durch

$$PL_A(i) \leqq (1-p_L) \cdot PL_{max}. \tag{10.23}$$

Mit Hilfe der angegebenen Formeln lassen sich die Auswirkungen des Auftragseingangs auf die Produktionsfunktion, den Auftragsbestand, den Lagerbestand und die Durchlaufzeiten für unterschiedliche Einflußfaktoren und Strategieparameter berechnen. Die Anzahl der *Einflußfaktoren*, wie Höhe, Saisonalität und Schwankung des Auftragseingangs, der *Strategieparameter*, wie die Nachschubmenge, die Produktionskapazität und die Reaktionszeit, und der *Handlungsmöglichkeiten*, wie Periodeneinteilung, Werksferien oder Verteilung zwischen Auftrags- und Lagerfertigung ist jedoch so groß, daß eine Darstellung und Diskussion auch nur der wichtigsten Abhängigkeiten den Rahmen sprengen würde.

Dem interessierten Leser wird empfohlen, mit den angegeben Formeln ein *Tabellenkalkulationsprogramm* zu schreiben, das soviele Zeilen hat, wie Perioden betrachtet werden, und damit selbst Modellrechnungen mit enstprechenden Parametervariationen durchzuführen. Mit einem solchen Tabellenkalkulationsprogramm wurden die in den *Abb. 10.3* bis *11.7* dargestellten Kurvenverläufe errechnet.

Die *Abb. 10.7* zeigt für das Beispiel der Automobilindustrie das Ergebnis der Tabellenkalkulation bei einer kombinierten Auftrags- und Lagerproduktion mit einer konstanten Produktionsleistung, die gleich dem durchschnittlichen Auftragseingang ist. Im Verlauf der kontinuierlichen Produktion ensteht in Zeiten, in denen der Auftragseingang größer ist als die Produktionskapazität, ein zunehmender Auftragsbestand, nachdem der Lagerbestand abgebaut ist. Wenn der Auftragseingang unter die Produktionsleistung sinkt, nimmt der Auftragsbestand wieder ab. Danach baut sich aus der Überschußproduktion ein zunehmender Lagerbestand auf.

Aus den angegebenen Beziehungen und Modellrechnungen lassen sich folgende *Zuweisungsregeln* für die Auftragsfertigung und die Lagerfertigung herleiten und ihre Auswirkungen quantifizieren:

- *Großaufträge* eignen sich besser für die Auftragsfertigung, kleinere Aufträge besser für die Auslieferung ab Lager.
- *Eilaufträge* und *Sofortaufträge* sind vorteilhafter ab Lager auszuliefern.
- *Terminaufträge* werden bei gleichmäßig hohem Auftragseingang auf Termin gefertigt und direkt ausgeliefert und bei geringem oder schwankendem Auftragseingang in Zeiten geringerer Auslastung vorgefertigt und über das Lager ausgeliefert.
- Bei einer *Mehrvariantenfertigung* sind gängige und geringerwertige Varianten mit prognostizierbarem Bedarf günstiger auf Lager zu produzieren und seltene oder hochwertigere Varianten mit sporadischem Bedarf besser nach Kundenauftrag.

In der Konsumgüterindustrie werden beispielsweise Großaufträge mit Aktionsware gleich nach der Produktion in die termingerecht bereitgestellten Sattelaufliegerfahrzeuge verladen und am Fertigwarenlager vorbei direkt zu den *Regio-*

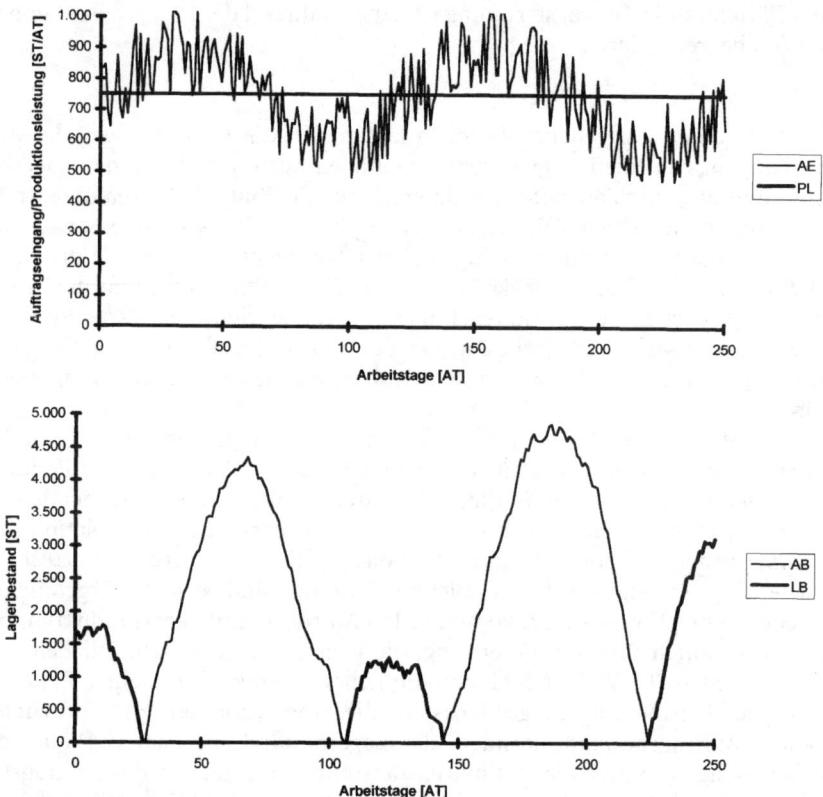

Abb.10.7 Produktionsfunktion, Auftragsbestand und Lagerbestand bei kombinierter
Auftrags- und Lagerfertigung

AE   Auftragseingang AE_{mittel} = 750 Fz/h
PL   Produktionsleistung = PL_{max} = 750 FZ/AT
AB   Auftragsbestand   LB   Lagerbestand

nallagern oder *Crossdockingstationen* des Handels transportiert. Abgesehen von
den dadurch ersparten Kosten für den Zwischentransport und die Überlagernah-
me lassen sich mit der *Direktlieferstrategie* die Schwankungen des Lagerauftrag-
seingangs reduzieren und die Lagerbestände senken. Nicht selten stehen jedoch
einer kurzfristigen Einführung der Direktauslieferung organisatorisch oder da-
tentechnisch fest installierte Abläufe im Wege, die sich nur mit größerem Aufwand verändern lassen.

10.6
Strategiekombinationen

In Abhängigkeit von den Leistungsanforderungen, Rahmenbedingungen und
Zielen des einzelnen Unternehmens oder eines speziellen Projekts lassen sich mit

den beschriebenen Algorithmen und den Angaben der *Tabellen 10.1, 10.2* und *10.3* geeignete Fertigungs-, Zuordnungs- und Abfertigungsstrategien auswählen und miteinander kombinieren. Die angegebenen Strategievariablen und die in den nachfolgenden Kapiteln entwickelten Berechnungsverfahren ermöglichen in vielen Fällen eine Quantifizierung und Optimierung der Strategieeffekte.

Soweit die Strategien miteinander verträglich sind, können auch Strategiekombinationen eingesetzt werden. Das kann in der *Auftragsdisposition* und *Produktionsplanung* auf folgende Art geschehen:

- *Feste Auftragsdisposition*: Alle bis zum Periodenbeginn eingegangenen Aufträge werden nach festen Dispositionsstrategien eingeplant und unabhängig vom weiteren Auftragseingang wie geplant ausgeführt. Bei einem gut vorhersehbaren und strukturell gleichbleibendem Auftragseingang können die wirksamsten Strategien im voraus ausgewählt, die Strategievariablen optimiert und als *Dispositionsalgorithmen* auf einem Rechner implementiert werden.
- *Rollierende Auftragsdisposition*: Zu Periodenbeginn, zu Tagesanfang oder vor Schichtbeginn, im Extremfall bei Eintreffen eines zusätzlichen Auftrags werden *alle* Aufträge des *Auftragsbestands* zusammen mit den inzwischen eingetroffenen Aufträgen neu disponiert. Soweit mit der Auftragsbearbeitung noch nicht begonnen wurde, kann das zu einer *Umdisposition* der früheren Aufträge führen.

Die *rollierende Auftragsdisposition* ist relativ aufwendig und läßt sich bei größerem Auftragsbestand und vielen Bearbeitungsstationen nur mit einem Rechner durchführen.

Für eine Neugestaltung der Auftragsdisposition und Produktionsplanung hat sich ein Vorgehen in folgenden *Arbeitsschritten* als zweckmäßig erwiesen:

1. Analyse und Optimierung der bestehenden Leistungs- und Fertigungsstrukturen.
2. Erfassung und Dokumentation der Leistungs- und Fertigungskapazitäten.
3. Auswahl und Festlegung der *Fertigungsstrategien* und *Betriebsparameter* unter Berücksichtigung der für den gesamten Planungszeitraum zu erwartenden Bedarfsmengen und Auftragsstrukturen.
4. *Abgrenzung der Aufgaben* zwischen der zentralen und der dezentralen Auftragsdisposition.
5. Auswahl geeigneter *Zeitstrategien*, *Bearbeitungsstrategien* und *Zuordnungsstrategien* für die *zentrale* Auftragsdisposition.
6. Analyse, Quantifizierung und Auswahl der Zeit- und Abfertigungsstrategien für die Auftragsdisposition und Auftragsvorbereitung in den *dezentralen* Leistungs- und Fertigungsbereichen für die kurzfristigen Bedarfsmengen und Auftragsstrukturen.

Die nach diesem Vorgehen entwickelten Strategien und Dispositionsparameter sind in Form von *Arbeitsanweisungen* und *Regeln* für die Disponenten zu dokumentieren, besser noch als Dispositionsalgorithmen in einem *Auftragsdispositions- und Produktionsplanungsprogramm* (ADP) zu implementieren.

Die am Markt angebotenen Standardprogramme zur Auftragsdisposition und Produktionsplanung ermöglichen nicht immer die Realisierung aller sinnvollen Strategien. Sie müssen daher vor dem praktischen Einsatz sorgfältig geprüft, aufgabenspezifisch angepaßt und durch Zusatzprogramme erweitert werden [234; 235; 236].

11 Bestands- und Nachschubdisposition

Bestände sind notwendig zum Ausgleich von temporären Abweichungen zwischen Verbrauch und Produktion sowie zur Sicherung der Versorgung bei Produktions- und Lieferunterbrechungen. Sie sind erforderlich zur Erfüllung von Leistungs- oder Serviceanforderungen und geeignet zur Optimierung der Betriebskosten.

Warenbestände binden Kapital, kosten Zinsen, benötigen Lagerplatz und sind mit Risiken verbunden. Daher versuchen viele Unternehmen – insbesondere in Zeiten *schwacher Konjunktur* – durch Vorgabe hoher Drehzahlen einen Bestandsabbau zu erzwingen, ohne die daraus möglicherweise resultierenden Kostensteigerungen und Leistungsminderungen ausreichend zu berücksichtigen.[1] In anderen Unternehmen steigen die Bestände – vor allem in Zeiten *guter Konjunktur* – über das benötigte Maß hinaus an.

Beide Verhaltensweisen sind Folgen einer allgemeinen *Unsicherheit* und *Unkenntnis* der Verfahren, Strategien und Auswirkungen der *Bestands- und Nachschubdisposition*. Die *Unkenntnis* besteht trotz einer kaum noch überschaubaren Vielzahl theoretischer Arbeiten, Fachbücher und Veröffentlichungen auf diesem Gebiet [14; 86; 87; 88; 89; 90; 91; 91; 92]. Viele Arbeiten untersuchen ohne Anwendungsbezug unterschiedliche Nachschubstrategien und enthalten stark vereinfachende, unpraktikable oder falsche Formeln zur Berechnung von Nachschubmengen und Sicherheitsbeständen. Die *Unsicherheit* resultiert auch aus den unplausiblen Bestellvorschlägen der Dispositionsprogramme, die mit ungeeigneten Formeln oder mit falschen Dispositionsparametern rechnen [234; 235; 236].

Neben der allgemeinen Unkenntnis sind in vielen Fällen folgende *Schwachpunkte* die Ursache für zu hohe oder zu geringe Bestände:

- geteilte Verantwortung für Bestände und bestandsabhängige Kosten
- fehlende Kriterien zur Auswahl lagerhaltiger Artikel
- übertriebene Anforderungen an die Lieferfähigkeit
- unzureichende, spekulative oder zu optimistische Bedarfsprognose
- unzulängliche Dispositionsverfahren.

---

1 Das kann soweit gehen, daß unbedingt benötigte Produktionslager als „Werksentkopplungsmodule" bezeichnet werden, um das Vorhandensein von Lagern vor dem Vorstand zu verbergen.

Die ersten drei Schwachpunkte lassen sich durch *strategische Maßnahmen* der Bestands- und Nachschubdisposition beheben:

1. *Verantwortung nur einer Stelle für die Bestände und* die bestandsabhängigen Kosten.
2. *Gezielte Auswahl der lagerhaltigen Artikel* in allen Stufen der Logistikkette.
3. *Bedarfsgerechte Festlegung* der *Lieferfähigkeit* für lagerhaltige Artikel.

Zur Unterstützung der *strategischen Dispositionsentscheidungen* werden in diesem Kapitel die Aufgaben, Ziele und Merkmale von *Puffern, Lagern* und *Speichern* analysiert, deren verschiedene Funkionen unterschiedliche Dispositionsverfahren erfordern, und *Auswahlkriterien für lagerhaltige Artikel* entwickelt.

Nachdem festgelegt ist, in welcher Stufe der Logistikkette welche Waren mit welcher Lieferfähigkeit gelagert werden sollen, beginnt die *operative Aufgabe* der Bestands- und Nachschubdisposition:

- Nachschub und Bestände sind so zu disponieren, daß bei *minimalen Kosten* eine vorgegebene *Lieferfähigkeit* gewährleistet ist.

Die *operative Bestands- und Nachschubdisposition* umfaßt die *Teilaufgaben:*

1. Bestimmung der *Dispositionsparameter* für die lagerhaltigen Artikel,
2. Rollierende Prognose oder Abschätzung des zukünftigen *Bedarfs,*
3. Aktuelle Berechnung der optimalen *Nachschubmenge,*
4. Regelmäßige Überprüfung der *Sicherheitsbestände.*

Nachfolgend werden die hierfür benötigten *Dispositionsparameter* und *Prozeßkostensätze* definiert und die *Logistikkostenfunktion* für den Nachschub- und Lagerprozeß aufgestellt. Aus dieser wird eine allgemeine Formel zur Berechnung der *kostenoptimalen Nachschubmenge* hergeleitet. Nach Definition der *permanenten* und der *mittleren Lieferfähigkeit* wird der erforderliche *Sicherheitsbestand* berechnet. Aus der Verbrauchsabhängigkeit der optimalen Bestände ergeben sich Konsequenzen für die *Zentralisierung von Beständen.*

Abschließend werden praktikable *Nachschubstrategien* dargestellt und miteinander verglichen. Mit Hilfe eines *Tabellenprogramms zur Bestands- und Nachschuboptimierung* werden die *Einflußfaktoren* auf die Bestandshöhe und die Prozeßkosten untersucht. Hieraus ergibt sich eine Reihe von *Maßnahmen zur Bestandsoptimierung.*

11.1
Puffern, Lagern, Speichern

Die Gründe für Material- und Warenbestände in den Logistikketten sind vielfältig. Für die Planung des Platzbedarfs sowie für die Bestands- und Nachschubdisposition ist es zweckmäßig, nach den in *Tabelle 11.1* aufgeführten *Funktionen, Zielen* und *Merkmalen* die Bestandsarten *Puffern, Lagern* und *Speichern* zu unterscheiden.

In der Praxis werden diese drei *Bestandsarten* nicht immer klar getrennt und die Begriffe *Puffern, Lagern* und *Speichern* unterschiedlich oder synonym verwendet. In einigen Fällen haben Bestände auch mehrere Funktionen. So ist der Übergang vom Puffern zum Lagern und vom Lagern zum Speichern fließend und abhängig von der Disposition.

1. Puffern

Puffern ist das *Bereithalten* eines möglichst geringen *Arbeitsvorrats* eines oder weniger Artikel für die Produktion, Verarbeitung oder Abfertigung. Aufgabe ungeregelter oder gezielt disponierter Pufferbestände ist die Sicherung einer gleichmäßig hohen Auslastung einer Leistungsstelle mit stochastisch schwankendem Zulauf und Verbrauch.

Ein Pufferbestand, der für *längere Zeit* oder *unbefristet* vorgehalten wird, schwankt wie in *Abb. 11.1* dargestellt zufallsabhängig um einen *Mittelwert* m_B, dessen Höhe so bemessen ist, daß es nicht zu einer Unterbrechung der Versorgung kommt. Die *Liegezeit* des Materials oder des einzelnen Warenstücks ist relativ *kurz*.

	PUFFERN	**LAGERN**	**SPEICHERN**
Funktionen	**Bereithalten** zum Verbrauch zur Verarbeitung zur Bearbeitung zur Abfertigung	**Bevorraten** von Handelsware von Produktionsbedarf von Fertigwaren von Ersatzteilen	**Aufbewahren** zur Produktion zum Transport zur Aktionsauslieferung zum Sortieren
	Stau permanenter Warteschlangen	Lagern von Reservemengen	Speichern temporärer Warteschlangen
Ziele	Auslastungssicherung Unterbrechungsschutz minimaler Platzbedarf	sofortige Verfügbarkeit optimale Lieferfähigkeit minimale Prozeßkosten	Kapazitätsnutzung minimale Kosten maximaler Erlös
Bedarf	**permanent**	**permanent**	**temporär**
Bestandshöhe	minimal stochastisch um Mittelwert schwankend	optimal stochastisch abfallender Sägezahnverlauf	vorbestimmt ansteigend , konstant abfallend
Artikelspektrum	minimal	breit	gering
Liegezeit	kurz	mittel bis lang	vorbestimmt
Disposition	**zufallsabhängige Staueffekte**	**verbrauchsabhängig Pull-Prinzip**	**planabhängig Push-Prinzip**
Einflußfaktoren	Varianz von Zulauf und Verbrauch Verfügbarkeit der Lieferstelle	geforderte Lieferfähigkeit Verbrauch Nachschub Prozeßkosten	Produktionsplan Absatzplan Lade- und Tourenplan Zykluszeiten

Tab. 11.1 Funktionen, Ziele und Merkmale von Puffen, Lagern und Speichern

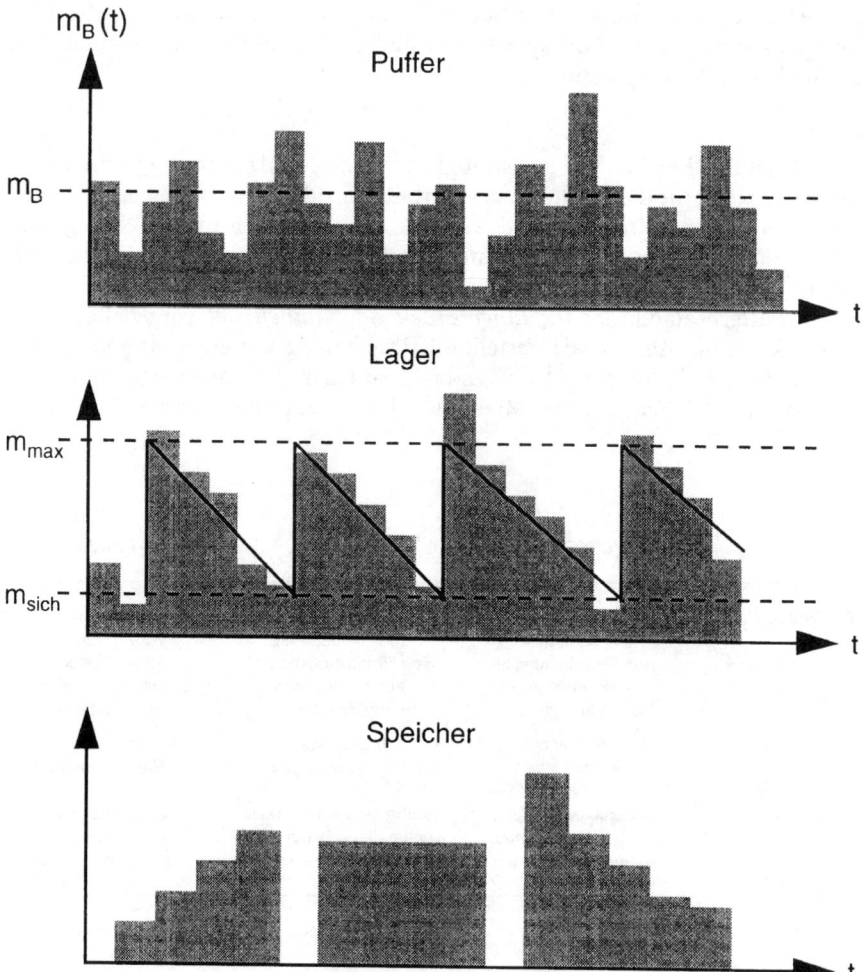

Abb. 11.1 Bestandsverlauf für Puffer, Lager und Speicher

$m_B(t)$ aktueller Bestand in Ladeeinheiten
m_{max} durchschnittlicher Maximalbestand
m_{min} durchschnittlicher Minimalbestand

Zu unterscheiden sind Puffer mit Disposition und Puffer ohne Disposition. Beispiele für *Puffer mit Disposition* sind:

- *Material- und Teilepuffer* vor Bearbeitungsstationen, Produktionsmaschinen und Arbeitsplätzen zur Entkopplung störungs- und ausfallgefährdeter Leistungsstellen und zur Sicherung eines unterbrechungsfreien Betriebs.
- *Warenpuffer* vor Kommissionierplätzen und in den Verkaufstheken oder Regalen von Läden, Märkten und Handelsfilialen zur Sicherung einer vorgegebenen Warenverfügbarkeit.

Für *Puffer mit Disposition* ist der Nachschub *verbrauchsabhängig*. Die Nachschubdisposition arbeitet nach dem *Pull-Prinzip*, wobei in der Regel ein minimaler Platzbedarf in unmittelbarer Nähe der Bedarfs- oder Abfertigungsstelle angestrebt wird.

Beispiele für *Puffer ohne Disposition* mit einen permanenten stochastischen Zulauf und Verbrauch sind *Warteschlangen* vor Leistungsstellen und Transportknoten mit zufallsabhängigem Zulauf oder stochastisch schwankendem Bedarf. Bei den *Puffern ohne Disposition*, deren Zulauf *unabhängig von der Abfertigung* ist, bestimmt sich die Höhe der Pufferbestände aus der Stärke und Variabilität des einlaufenden Stroms und der Größe und den Schwankungen des Leistungsvermögens der Abfertigungsstelle nach den in *Kapitel 13* behandelten *Staugesetzen*.

2. Lagern

Lagern ist das *Bevorraten der Bestände* einer größeren Anzahl *von Artikeln* oder eines breiten Sortiments *mit* länger *anhaltendem Bedarf*.

Wie in den *Abb. 10.5, 10.6, 11.1* und *11.4* dargestellt, sinkt der Lagerbestand eines Artikels von einem *Maximalbestand* sägezahnartig bis ein *Mindestbestand* erreicht ist, der durch eine *Nachschubmenge* wieder bis zum Maximalbestand aufgefüllt wird. Die *Lagerdauer* der einzelnen Verbrauchseinheit ist relativ lang. Die Summe der Bestände aller Artikel eines Lagers schwankt weniger stark als die Bestände der einzelnen Artikel.

Ziele des Lagerns sind die sofortige *Verfügbarkeit* der Lagerware, die Sicherung einer *vorgegebenen Lieferfähigkeit*, die *Glättung saisonaler Bedarfsschwankungen* zur besseren *Produktionsauslastung* und die *Optimierung der dispositionsabhängigen Logistikkosten*. *Beispiele* für Lagerbestände sind

- *Produktionsversorgungslager* mit Roh-, Hilfs- und Betriebsstoffen,
- *Zwischenlager* für Teile, Halbfertigprodukte und Module,
- *Fertigwarenlager, Auslieferungslager* und *Ersatzteillager* der Industrie.
- *Zentrallager, Regionallager* und *Filiallager* von Handelsunternehmen mit regelmäßig nachbestellter *Stapelware* oder *Dispositionsware*, deren Bedarf prognostizierbar ist.
- *Vorratslager* der Konsumenten.

Lagerbestände sind grundsätzlich frei disponierbar. Die optimale Nachschubdisposition der Lagerbestände wird vom Bedarf bestimmt und arbeitet nach dem *Pull-Prinzip*. Die Höhe der Bestände ist abhängig vom Dispositionsverfahren, von Art und Höhe des Verbrauchs, von der Wiederbeschaffungszeit und den Mindestmengen der Lieferstelle sowie von den Rüst-, Nachschub- und Lagerkosten.

3. Speichern

Speichern ist das *Ansammeln* und *Aufbewahren* von Material oder Ware zur Produktion, zum Transport, zum Verkauf oder zum Sortieren für einen *begrenzten Zeitraum*. *Ziele* des Speicherns sind die *optimale Nutzung* von Fertigungs- oder Transportkapazitäten zu minimalen Kosten, der *Ausgleich von Erzeugungszyklen* oder das Erzielen maximaler Erlöse durch günstige *Beschaffung* in großer Menge.

In einem Speicher wird in der Regel nur der Bestand relativ weniger Artikel angesammelt und aufbewahrt. Der Speicherbestand eines Artikels wird – wie in *Abb. 11.1* dargestellt – entweder aus *Teilanlieferungen* aufgebaut und zu einem vorgegebenen Zeitpunkt komplett ausgeliefert, in gleicher Menge für eine bestimmte Zeit aufbewahrt und dann in einem Schub vollständig ausgeliefert oder zu einem festen Zeitpunkt komplett angeliefert und in *Teilauslieferungen* abgebaut. Beispiele für *Speicherbestände* sind:

- *Vorräte von Naturrohstoffen*, die zur Erntezeit entstehen und im Verlauf eines Jahres verbraucht werden.
- *Aktionsware* des Handels, die mit einem bestimmten Vorlauf beschafft und zum Aktionszeitpunkt sehr rasch ausgeliefert wird.
- Projektspezifisch beschafftes Material und hergestellte Teile für eine Gesamtanlage oder ein Bauvorhaben, die auf einer *Speicherfläche* gesammelt und dann verbaut werden.
- *Frachtgut*, das an einem Umschlagpunkt angesammelt wird bis das Fassungsvermögen eines Transportmittels oder der Abfahrtszeitpunkt erreicht ist.
- *Temporäre Warteschlangen* vor Leistungsstellen oder Transportknoten mit zyklischer Abfertigung.
- *Schubweise angelieferte Ware*, die auf die Weiterverteilung wartet.
- Warenstücke, Behälter oder Ladeeinheiten die in einem *Sortierspeicher* gesammelt werden, um sie nach Zielorten oder anderen Kriterien zu ordnen.

Die Höhe der Speicherbestände wird bestimmt von einem Absatzplan, einem Produktionsplan, einem Fahrplan, einer Sortierstrategie oder einem Abfertigungszyklus. Die *Liegezeit* im Speicher ist meist vorbestimmt. Die Disposition von Speicherbeständen ist *planabhängig* und arbeitet in der Regel nach dem *Push-Prinzip*.

So kann ein *Teil* einer Warenmenge, die für eine Verkaufsaktion beschafft und in einem Zentrallager angesammelt wurde, nach einem festen *Verteilungsschlüssel* bei Beginn der Aktion an die Filialen ausgeliefert werden. Der restliche Aktionsbestand dient als Bedarfsreserve und wird an die Filalen mit dem besten Abverkauf nachgeliefert. Anteil und Verteilungsschlüssel der Erstverteilung für Aktionsware sind wichtige *Stategieparameter* von Verkaufsaktionen.

Nicht nur Material und Waren, auch *Aufträge* und *Daten* lassen sich speichern, puffern und lagern. Durch gebündelte Ausführung gesammelter Aufträge oder durch das Arbeiten aus einem permanenten *Auftragspuffer* können – ebenso wie durch eine Lagerfertigung – Auslastung und Herstellkosten optimiert werden. Vor der Bestandsdisposition muß daher die *Auftragsdisposition* entscheiden, welche Aufträge auf Lager und welche kundenspezifisch ausgeführt werden sollen (*s. Kapitel* 10).

Eine besondere Form des Speicherns ist das längere *Aufbewahren* von Gütern, Waren, Dokumenten, Büchern, Filmen, Datenträgern, Bildern und Wertgegenständen bis zu einem Zeitpunkt, zu dem sie wieder benötigt oder genutzt werden. Beispiele für *Aufbewahrungsspeicher*, die besondere Zugriffs- und Sicherheitsanforderungen erfüllen müssen, sind Bibliotheken, Archive, Depots, Möbellager und Tresore.

11.2
Auswahlkriterien für lagerhaltige Artikel

Ein produzierendes Unternehmen muß regelmäßig prüfen, ab welcher Ferti-
gungsstufe welche Artikel kundenspezifisch hergestellt und welche Materialien,
Teile und Fertigwaren anonym auf Lager beschafft oder gefertigt werden. Entsprechend muß sich ein Handelsunternehmen entscheiden, welche Artikel in
welcher Stufe der Logistikkette permanent auf Lager gehalten und welche Artikel
auf Kundenauftrag bei den Lieferanten bestellt werden sollen. Allgemein stellt
sich für jede Stufe der Logistikketten die Frage, ob und für welche Artikel zwischen eine *Lieferstelle* und eine *Kundenstelle* eine *Lagerstelle* geschaltet werden
soll (s. *Abb. 11.2*).

Die Lieferstelle, die das Produkt selbst herstellt oder ihrerseits die Ware aus einem Lager liefert, kann ein *externer Lieferant* oder eine *interne Betriebsstelle*
sein. Die von der Lieferstelle *kundenspezifisch* hergestellte oder beschaffte Ware
wird als *Kundenware*, die von der Lieferstelle *anonym* auf Lager gelieferte Ware
als *Lagerware* bezeichnet.

Maßgebend für die Entscheidung, ob Kundenware oder Lagerware hergestellt
oder beschafft wird, sind der *Service*, den der Kunde benötigt oder der ihm ge-
boten werden soll, die *Kosten* für den Direktbelieferungsprozeß im Vergleich zu
den Kosten für den Nachschub- und Lagerprozeß sowie das *Absatzrisiko*, das mit
der Lagerhaltung verbunden ist.

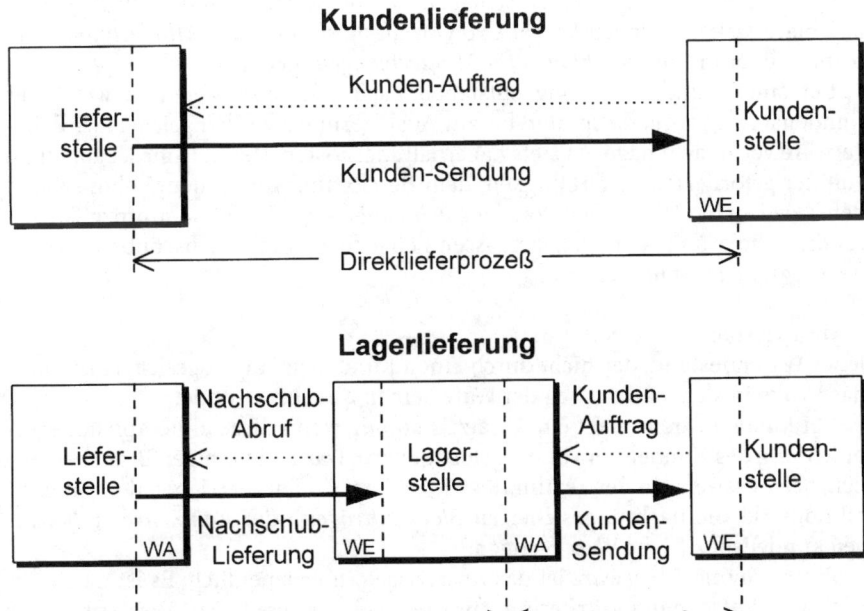

Abb. 11.2 Kundenlieferung und Lagerlieferung

1. Serviceauswirkungen

Für Lagerware ist der Servicegrad optimal: Die benötigte *Lieferfähigkeit* läßt sich durch einen ausreichend bemessenen *Sicherheitsbestand* gewährleisten. Die *Lieferzeit* wird allein von der Auftragsdurchlaufzeit und der Versandzeit der Lagerstelle bestimmt und kann daher extrem kurz sein.

Der Servicegrad für Kundenware ist dagegen *ungewiß* und *schwankend*. Bei kundenspezischer Fertigung ist die *Lieferzeit* abhängig von der Auslastung der produzierenden Lieferstelle. Bei kundenspezifischer Beschaffung aus einem Lieferantenlager wird der Servicegrad von dessen Lieferfähigkeit und der Zustellzeit der gewählten Beschaffungskette bestimmt.

2. Kostenauswirkungen

Die Stückkosten der Fertigung sind vom Produkt, vom Fertigungsverfahren und von den *Rüstkosten* pro Auftrag abhängig. Die *Stückkosten* einer produzierenden Lieferstelle sind daher für Kundenaufträge mit geringen Mengen höher als für Lagernachschubaufträge mit großen Mengen.

Bei einer Kundenauftragsfertigung besteht zwar die Möglichkeit, zur Senkung der anteiligen Rüstkosten Einzelaufträge zu sammeln bis eine *Mindestmenge* erreicht ist, die in einem Durchgang gefertigt wird. Die *Serienbearbeitung* der Kundenaufträge aber verlängert bei geringem Auftragseingang und kleinen Kundenaufträgen die Lieferzeit.

Auch eine Lieferstelle, die nicht selbst produziert, hat *Auftragsbearbeitungskosten*, die jedoch in der Regel deutlich geringer sind als die Rüstkosten der Fertigung. Bei externen Lieferstellen schlagen sich die Rüstkosten und die Auftragsbearbeitungskosten in der Vorgabe von *Mindestlosgrößen* und *Mindestabnahmemengen* oder in *Preiszuschlägen für Mindermengen* nieder.

Bei einer Kundenfertigung entstehen Lagerhaltungskosten nur, wenn der Kundenauftrag vorgefertigt und bis zur Auslieferung zwischengelagert wird. Lagerware verursacht dagegen stets Lagerhaltungskosten. Deren Höhe ist abhängig von der geforderten Lieferfähigkeit, dem Beschaffungspreis, dem Volumen und dem Gewicht der Ware sowie von der *Nachschubmenge*. Die Gesamtprozeßkosten für die Belieferung über ein Lager lassen sich jedoch durch Nachschub in *optimalen Losgrößen* minimieren.

3. Absatzrisiko

Jeder Warenbestand, der nicht durch einen Kundenauftrag abgesichert ist, birgt das Risiko in sich, daß ein Teil der Ware keinen Abnehmer findet.

Bei *Kundenware* besteht ein Absatzrisiko nur, wenn diese ohne Abnahmeverpflichtung des Kunden im voraus gefertigt wird. Das ist in einigen Branchen üblich, beispielsweise in der Textilindustrie und bei Zulieferbetrieben der Automobilindustrie, die nach ungesicherten *Blockaufträgen* oder *Rahmenvereinbarungen* kundenspezifische Ware fertigen.

Für anonyme *Lagerware* ist das Absatzrisiko unvermeidlich. Es ist daher ein wichtiges Entscheidungskriterium für die Lagerhaltigkeit. Das Absatzrisiko für Lagerware hängt ab von

ZIELFUNKTION	KUNDENLIEFERUNG	LAGERHALTUNG
Lieferfähigkeit	**ungesichert, schwankend**	**optimal**
Einflußfaktoren	Fertigungslosgröße Auslastung	Sicherheitsbestand
SERVICE		
Lieferzeit	**ungesichert, schwankend**	**minimal**
Einflußfaktoren	Fertigungslosgröße Auslastung	Auftragsbearbeitung
Lagerprozeßkosten	**minimal**	**mittel bis hoch**
Einflußfaktoren	Liefertermin Auftragsdisposition	Nachschubmenge Lieferfähigkeit Stückpreis, Volumen, Gewicht Saisonalität und Stochastik
KOSTEN		
Fertigungskosten	**mittel bis hoch**	**optimal**
Einflußfaktoren	Produkt und Verfahren Rüst- und Auftragskosten Seriengröße und Lieferzeit Saisonalität und Stochastik	Produkt und Verfahren Rüst- und Auftragskosten Nachschubmenge
ABSATZRISIKO	**minimal**	**mittel bis hoch**
Einflußfaktoren	nur bei Vorfertigung ohne Abnahmenverpflichtung	Alterung und Verderblichkeit Innovation und Mode Verwendungsbreite Bestandsreichweite

Tab. 11.2 Auswirkungen und Einflußfaktoren von Kundenlieferung und Lagerfertigung

Kundenfertigung und Lagerfertigung der Industrie
Kundenbestellung und Lagersortiment im Handel
Lagerprozeßkosten: Kosten für Bestellung + Transport + Einlagern + Lagern + Bestand
Fertigungskosten: Kosten für Rüsten + Produzieren + Material

- der *Innovationszeit* des betreffenden Artikels, die für modische Waren oder Computerprodukte besonders kurz ist,
- der *Alterungsgefahr* oder *Verderblichkeit* der Ware, wie sie z.B. für Lebensmittel besteht,
- der *Absetzbarkeit* der Ware, die von der *Verwendbarkeit*, der *Abnehmerzahl* und den *Märkten* bestimmt wird,
- der *Bestandsreichweite*, das heißt, der Relation des Lagerbestands zum Verbrauch.

Dem Absatzrisiko steht in einigen Fällen eine hohe *Gewinnchance* gegenüber, beispielsweise bei Ersatzteilen oder bei spekulativ oder kostengünstig beschaffter Ware [221]. In jedem Fall aber muß das Absatzrisiko, das nach zu langer La-

HAUPTKRITERIEN	KUNDENLIEFERUNG Kundenware	LAGERHALTUNG Lagerware
Unterkriterien	Bestellartikel	Bestandsartikel
PRODUKT	**speziell**	**universell**
Stückpreis	mittel bis hoch	gering bis mittel
Stückvolumen	mittel bis groß	klein bis mittel
Verwendungsbreite	gering	groß
SERVICE	**ungewiß**	**optimal**
Lieferzeit	schwankend	minimal
Lieferfähigkeit	ungesichert	bedarfsgerecht
BEDARF	**temporär**	**permanent**
Prognostizierbarkeit	schlecht	gut
Auftragsgröße	groß	klein
ABSATZRISIKO	**hoch**	**gering**
Innovationszeit	kurz	lang
Verderblichkeit	groß	gering
OPTIMIERUNGSTRATEGIE	**Auftragsbündelung**	**Nachschubbündelung**
Strategievariable	Seriengröße	Nachschublosgröße

Tab. 11.3 Einsatzkriterien und Optimierungsstrategien für Kundenlieferung und Lagerhaltung

Industrie: Kundenfertigung und Lagerfertigung
Handel: Kundenbestellung und Lagerbeschaffung

gerdauer oder erkennbarer Unverkäuflichkeit zu *Abschriften* führt, bei der Bestandsdisposition durch einen angemessenen *Risikozins* kalkulatorisch berücksichtigt werden. Hierfür gilt die Regel:

- Der *Lagerrisikozins* liegt für modische Waren und andere Artikel mit zeitlich begrenzter Verkäuflichkeit, wie Computer, zwischen 10 und 15 % p.a. und für Artikel mit mehrjähriger Verkäuflichkeit und Einsetzbarkeit zwischen 3 und 5 % p.a.

Um das Absatzisiko des Lagerbestands zu begrenzen, kann auch für jeden Artikel eine maximal *zulässige Reichweite* RW_{zul} [PE] festgelegt werden, durch die die Nachschubmenge und der Sicherheitsbestand begrenzt werden, wenn sich aus der geforderten Lieferfähigkeit oder der Bestellmengenrechnung ein Bestand ergibt, dessen Reichweite höher ist als die maximal zulässige Reichweite.

Die qualitativen *Auswirkungen* von Kundenlieferung oder Lagerhaltung und die damit verbundenen *Einflußfaktoren* auf Service, Kosten und Absatzrisiko sind in *Tabelle 11.2* zusammengestellt. Hieraus ergeben sich die in *Tabelle 11.3* aufgeführten *Entscheidungskriterien.*

Danach gelten folgende *Abgrenzungsregeln* zwischen Kundenliefung und Lagerhaltung:

1. Die *Kundenlieferung* ist *unvermeidlich,* wenn das Produkt sehr *speziell,* nur für wenige oder nur einen Kunden geeignet ist.
2. Eine *Kundenlieferung* ist *anzustreben,* wenn der Bedarf temporär, der Stückpreis hoch, die Auftragsmenge, das Volumen oder das Gewicht groß und das Absatzrisiko hoch ist.
3. Die *Lagerhaltung* ist *unvermeidlich,* wenn eine kurze Lieferzeit und eine hohe Lieferfähigkeit Voraussetzungen sind für die Absetzbarkeit der Ware.
4. Eine *Lagerhaltung* ist *vorteilhaft,* wenn der Gewinn im Vergleich zum Absatzrisiko hoch, der Bedarf vorhersehbar und die Kosten für den Nachschub- und Lagerprozeß geringer sind als die Kosten für den Direktlieferprozeß.

Während die ersten drei Abgrenzungsregeln relativ allgemein und qualitativ sind, ist zur Anwendung der letzten Abgrenzungsregel eine vergleichende *Prozeßkostenrechnung* durchzuführen. Hierzu werden die *Dispositionsgrößen* des betreffenden Artikels und die *Prozeßkostensätze* für die betrachtete Logistikkette benötigt.

11.3
Disposition ein- und mehrstufiger Lagerstellen

Einstufige Lagerstellen sind durch vorangehende und nachfolgende Produktions- oder Bearbeitungsstellen von anderen Lagerstellen der Logistikkette getrennt. Beispiele für einstufige Lagerstellen sind *Produktionslager,* die ohne Zwischenpuffer direkt die Maschinen versorgen, und *Verkaufsbestände* in Märkten und Filialen, aus denen der Kunde bedient wird.

Wenn in einer Logistikkette mehrere Lagerstellen unmittelbar aufeinander folgen, handelt es sich um *mehrstufige Lagerstellen.* Beispiele für *zweistufige Lagerstellen* sind *Materialpuffer* unmittelbar an den Maschinen mit vorgeschalteten *Reservelagern.* Ein Beispiel für *interne dreistufige Lagerstellen* ist ein *Kommissioniersystem* mit *Zugriffsbeständen* auf den Bereitstellplätzen, *Nachschubbeständen* auf den Nachschubplätzen, die in unmittelbarer Nähe der Bereitstellplätze angeordnet sind, und *Vorratsbeständen* in einem getrennten Reservelager. Ein Beispiel *externer dreistufiger Lagerstellen* ist das *Fertigwarenwarenlager* eines Produzenten, das ein *Zentrallager* eines Handelsunternehmens beliefert, aus dem die *Verkaufsbestände* in den Filialen aufgefüllt werden.

Für die Bestandsdisposition müssen alle Größen der betrachteten Logistikkette *vollständig* und *aktuell* bekannt sein, die Einfluß haben auf die Nachschub- und Lagerhaltungskosten. Für jede einzelne Lagerstelle sind das die *Kostensätze*

Abb. 11.3 Einzeldisposition von Nachschub und Bestand nach dem Meldebestandsverfahren

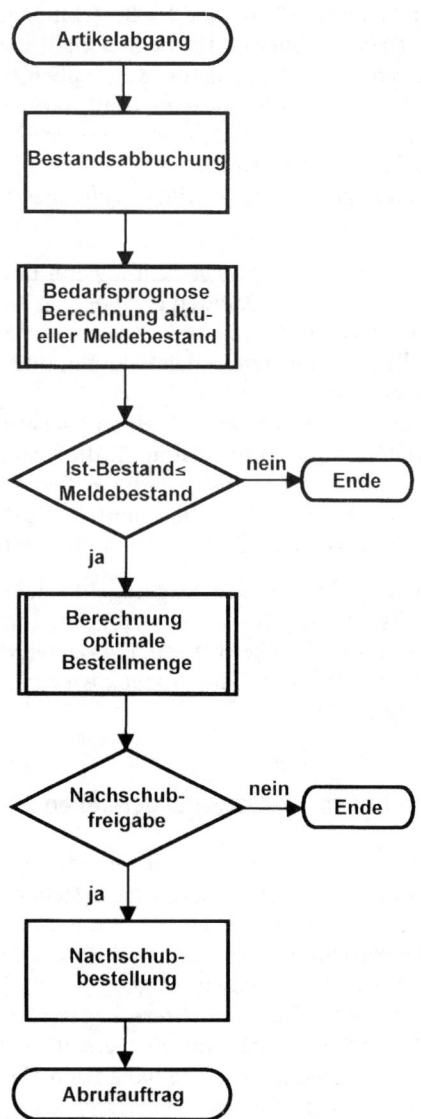

für den Nachschub- und Lagerprozeß sowie die *Artikellogistikdaten*, die *Verbrauchswerte* und die *Nachschubgrößen*.

Der Ablauf der *bestandsabhängigen Nachschubdisposition* einer Lagerstelle für einen einzelnen Artikel ist *Abb. 11.3* dargestellt. Die maximale *Bestandshöhe* und der *Meldebestand* werden von der Nachschubmenge und vom Sicherheitsbestand bestimmt, die voneinander unabhängige *Strategievariable* der Nachschub- und Bestandsdisposition sind:

- Die *Nachschubmenge* ist die *Strategievariable der Nachschubdisposition* und geeignet zur kostenoptimalen Bündelung des Nachschubbedarfs.
- Der *Sicherheitsbestand* ist die *Strategievariable der Bestandsdisposition* und erforderlich zur Erfüllung der benötigten Lieferfähigkeit.

Bei *mehrstufigen Lagerstellen* sind die Nachschubgrößen der nachfolgenden Lagerstelle gleich den Verbrauchswerten der vorangehenden Lagerstelle. Hieraus folgt das in *Abb. 8.4 Mitte* gezeigte Prinzip der *Nachschubdisposition nach dem Pull-Prinzip* für mehrstufige Lagerstellen:

- Bestände und Nachschubmengen in mehrstufigen Lagerketten werden zuerst für die letzten Lagerstellen, dann mit den Nachschubmengen der letzten Stellen als Verbrauchsmengen für die vorangehenden Lagerstellen und so fort bis zu den ersten Lagerstellen disponiert.

Die schrittweise Disposition kann entweder von einer zentralen Auftragsdisposition, von einem Rechner oder dezentral von den einzelnen Lagerstellen durchgeführt werden. Sie führt in der gesamten Logistikkette *selbstregelnd* zu optimalen Nachschubmengen und Beständen, wenn jede Stelle mit den jeweils optimalen Meldebeständen und Nachschubmengen disponiert, deren Berechnung nachfolgend dargestellt wird.

Ein Wechsel der Transportmittel oder der Ladeeinheiten wirkt sich über die Kostensätze für den Nachschub und für das Lagern auf die Disposition und die Bestände aus. Wird für eine bestandsführende Bedarfsstelle ein *anderer Beschaffungsweg* gewählt, ergeben sich infolge der dadurch veränderten Dispositionsgrößen und Prozeßkostensätze in allen Lagerstufen einschließlich der Bedarfsstelle selbst andere Bestände und Nachschubmengen.

So ergeben sich durch eine *Transportbündelung* im Zulauf und in der Auslieferung erhebliche Kosteneinsparungen und Serviceverbesserung bei der Belieferung vieler Bedarfsstellen mit geringem Einzelverbrauch aus einem *Zentrallager* im Vergleich zur *Regionallagerbelieferung*.

Die wechselseitige Abhängigkeit der Bestände in den *Lieferketten* von den Herstellern bis zum *Point of Sales* (POS) des Handels hat seit einiger Zeit größere Aufmerksamkeit gefunden. Die sich hieraus ergebenden Optimierungsmöglichkeiten werden unter dem Schlagwort *Efficient Consumer Response* (ECR) propagiert. Der Anstoß für ECR resultiert aus der besseren und schnelleren datentechnischen Verbindung der Unternehmen durch *Electronic Data Interchange* (EDI) und einer leistungsfähigeren Software zur *Prognose* und Bestandsdisposition. In vielen ECR-Projekten fehlen jedoch die Anwendung der richtigen *Dispositionsstrategien*, die konsequente Nutzung der *Strategievariablen* und die Kenntnis der hierfür benötigten *Dispositionsparameter* [16; 23; 47; 48, 94; 95; 96; 97; 98; 234; 236].

11.4
Dispositionsparameter

Die Dispositionparameter der Bestands- und Nachschubdisposition umfassen die *Artikellogistikdaten*, die *Verbrauchswerte* und die *Nachschubgrößen*, die Einfluß auf die Höhe der Bestände haben. Nur wenn alle diese Dispositionsparameter vollständig und hinreichend genau bekannt sind, ist eine *optimale Bestands- und Nachschubdisposition* möglich.

1. Artikellogistikdaten

Zur Disposition von Aufträgen, Beständen und Transporten werden die logistischen *Artikelstammdaten* benötigt (s. *Abschnitt 12.7*):

- *Mengeneinheit* [ME = WST, kg, l, m, m², m³...] des *Artikels* [Art].
- *Volumen* v_{VE} [l/VE], *Gewicht* g_{VE} [kg/VE] und *Inhalt* c_{VE} [ME/VE] der *Verbrauchseinheit* oder *Verkaufseinheit* [VE]
- *Beschaffungswert* P_{VE} [DM/VE] pro Verbrauchseinheit (s. *Abschnitt 11.6*)
- *Kapazität* C_{LE} [VE/LE] der zur Nachschublieferung und Einlagerung verwendeten *Ladeeinheiten* [LE].
- Geforderte *permanente Lieferfähigkeit* η_{lief} oder *mittlere Lieferfähigkeit* η_{Mlief}.

Darüber hinaus ist zur Bestandsdisposition eine gute Warenkenntnis erforderlich, die Beschaffenheit, Herkunft und Verwendungszweck der Artikel umfaßt.

In vielen Unternehmen sind die *Artikellogistikdaten* nicht vollständig erfaßt oder nicht in den *Artikelstammdaten* im Rechner hinterlegt. Das ist ein Grund dafür, daß bestimmte Dispositionsstrategien nicht durchführbar sind oder der Rechner falsche Bestellvorschläge macht.

2. Verbrauchsdaten

Aus dem Verbrauch der zurückliegenden Perioden lassen sich bei *hinreichend regelmäßigem Bedarf* nach den in *Kapitel 9* dargestellten *Prognoseverfahren* für einen längeren Prognosezeitraum folgende *Verbrauchsdaten* ableiten:

- *Periodenverbrauch* λ_{VE} [VE/PE] und *Verbrauchsstreuung* s_{VE} [VE] in Verbrauchseinheiten,
- *Auftragsmenge* m_V [VE/VAuf] und *Mengenstreuung* s_m pro Verbrauchsauftrag,
- *Mindestmenge* m_{Vmin} [VE/VAuf] pro *Verbrauchsauftrag* [VAuf].

Aus dem Periodenverbrauch oder Absatz λ_{VE} [VE/PE] der Verbrauchseinheiten und deren Inhalt c_{VE} [ME/VE] ergibt sich der *Verbrauch in Mengeneinheiten* ME:

$$\lambda_{ME} = c_{VE} \cdot \lambda_{VE} \qquad\qquad [ME/PE]. \qquad\qquad (11.1)$$

Wird der zukünftige Periodenverbrauch mit Hilfe eines Rechnerprogramms aus dem zurückliegenden Verbrauch ermittelt, ist es notwendig, daß der Disponent die Prognosewerte regelmäßig beurteilt und nach seiner Erfahrung und Absatzkenntnis entweder bestätigt oder korrigiert.

Wenn die Streuung des Periodenverbrauchs nicht bekannt oder nur schwer meßbar ist, kann ein Poissonprozeß angenommen und gemäß Beziehung (9.40) mit der

maximalen Streuung $s_{VE} = \sqrt{2 \cdot m_V \cdot \lambda_{VE}}$ gerechnet werden (s. *Abschnitt 9.7*).

3. Nachschubgrößen

Eine in Grenzen frei wählbare *Strategievariable der Nachschubbündelung* ist die

- *Nachschubmenge* m_N [VE/NAuf] pro *Nachschubauftrag* [NAuf].

Für externe Lieferstellen ist die Nachschubmenge gleich der *Bestellmenge*, für interne Produktionsstellen gleich der *Fertigungslosgröße*.

Aus der mittleren Nachschubmenge und dem durchschnittlichen Periodenverbrauch ergeben sich die *Nachschubfrequenz*

$$f_N = \lambda_{VE} / m_N \qquad\qquad [NAuf / PE] \qquad\qquad (11.2)$$

und die *Zykluszeit*

$$T_N = 1 / f_N \qquad\qquad [PE]. \qquad\qquad (11.3)$$

Frequenz und Zykluszeit des Nachschubs sind also keine unabhängigen Dispositionsparameter sondern durch den Periodenverbrauch und die Nachschubmenge bestimmt.

Die zur Anlieferung der Nachschubmenge m_N benötigte *Anzahl Ladeeinheiten* mit einem Fassungsvermögen C_{LE} [VE/LE] ist:

$$M_N = [m_N / C_{LE}] \qquad\qquad [LE], \qquad\qquad (11.4)$$

wobei die eckigen Klammern [...] das *Aufrunden* auf die nächst größere ganze Zahl bedeuten. Wie in *Abb. 12.10* dargestellt, ist die Abhängigkeit des Ladeeinheitenbedarfs von der Nachschubmenge eine unstetige *Treppenfunktion*.

Für unterschiedliche Nachschubmengen, die nicht gleich einem ganzzahligen Vielfachen der Ladeeinheitenkapazität sind, ist der *mittlere Ladeeinheitenbedarf* für eine Nachschubmenge m_N (s. Abschnitt 12.5):

$$M_N = \begin{cases} m_N / C_{LE} + (C_{LE} - 1) / 2C_{LE} & \text{wenn } m_N > C_{LE} \\ 1 & \text{wenn } m_N \leq C_{LE}. \end{cases} \qquad (11.5)$$

Wenn $m_N > C_{LE}$ ist, enthält jede Nachschubanlieferung eine Ladeeinheit, die durchschnittlich zu einem Anteil $(C_{LE}-1)/2C_{LE}$ leer ist. Wenn $m_N \leq C_{LE}$ ist, wird stets eine ganze Ladeeinheit benötigt. Für Beziehung (11.5) läßt sich in geschlossener Form schreiben:

$$M_N = MAX \left(1; \, m_N / C_{LE} + (C_{LE} - 1) / 2C_{LE} \right) \, [LE]. \qquad (11.5)$$

Der Leeranteil $(C_{LE}-1)/2C_{LE}$ und die aus diesem resultierenden Zusatzkosten für Transport und Lagerung teilweise leerer Ladeeinheiten können zum Verschwinden gebracht werden durch eine *Mengenanpassungsstrategie*, nach der die Nachschubmenge auf ein ganzzahliges Vielfaches des Fassungsvermögens einer Ladeinheit ab- oder aufgerundet wird.

Die *zulässige Nachschubmenge* kann durch eine vorgegebene *Mindestnachschubmenge* m_{Nmin} [VE/NAuf] nach unten begrenzt sein:

$$m_N \geq m_{Nmin} \qquad\qquad [VE / NAuf]. \qquad\qquad (11.6)$$

Die Mindestmenge für den Nachschub ist entweder eine vom Lieferanten vorgegebene *Mindestbestellmenge* oder ein von der Produktion vorgegebenes *minimales Fertigungslos*. Jede vorgegebene Mindestmenge muß infrage gestellt und die mit ihrer Aufhebung verbundenen Mehrkosten ermittelt werden, wenn dadurch eine Senkung der Prozeßkosten möglich erscheint.

Maßgebend für den *Meldebestand* und für den *Sicherheitsbestand* sind der Periodenverbrauch sowie

- die Länge T_{WBZ} [PE] und die Streuung s_{WBZ} [PE] der *Wiederbeschaffungszeit*.[2]

Die Wiederbeschaffungszeit ist die Beschaffungszeit für die Mindestnachschubgröße bei wiederholter Bestellung. In der rollierenden Nachschubmengenrechnung darf nicht mit der Erstbeschaffungszeit und auch nicht mit einer mengenabhängigen Beschaffungszeit gerechnet werden.

Bei einem Absatz λ_{VE} [VE/PE] ist die *Verbrauchsmenge in der Wiederbeschaffungszeit*:

$$m_{WBZ} = T_{WBZ} \cdot \lambda_{VE} \qquad\qquad [VE]. \qquad\qquad (11.7)$$

Länge und Streuung der Wiederbeschaffungszeit lassen sich für etablierte Lieferanten durch eine Auswertung der Lieferzeiten für vergangene Nachschubbestellungen ermitteln. Neue Lieferanten müssen sich in einer *Rahmenvereinbarung* für die Abrufbelieferung zu verläßlichen Lieferzeiten verpflichten.

11.5
Bestandsgrößen

Wenn die Nachschubmenge bis zum Erreichen eines Mindestbestands gleichmäßig verbraucht und regelmäßig neuer Nachschub angeliefert wird, hat der Bestand im Mittel den in *Abb. 11.4* dargestellten sägezahnartigen Zeitverlauf. Aufgrund der *Stochastik* des Verbrauchs und wegen der *Ganzzahligkeit* der Verbrauchseinheiten ist der Zeitverlauf des aktuellen Bestands eine unregelmäßige *Treppenfunktion*. Aus dem Zusammenwirken mehrerer stochastischer Einflüsse resultiert die in *Abb. 11.1* und *Abb. 11.4* gezeigte Streuung des Bestands um den mittleren Verlauf.

Der *Minimalbestand* m_{min} [VE] variiert im Verlauf der Zeit um einen Sicherheitsbestand, der die *Strategievariable der Bestandsdisposition* ist:

- Der *Sicherheitsbestand* m_{sich} [VE] *verhindert*, daß infolge stochastischer Bedarfsschwankungen oder unsicherer Lieferzeiten der Lagerbestand vor Eintreffen des Nachschubs auf Null sinkt und dadurch *Lieferunfähigkeit* eintritt.

Die Höhe des Sicherheitsbestands – auch *eiserner Bestand* genannt – wird bestimmt von der geforderten Lieferfähigkeit. Er hängt von der Streuung des Verbrauchs und der Wiederbeschaffungszeit ab, ist aber unabhängig von der Nachschubmenge (s. *Abschnitt 11.8*). Bei einem vorgegebenen Sicherheitsbestand m_{sich} und korrekter Nachschubdisposition ist der Minimalbestand m_{min} im langzeitigen Mittel gleich den Sicherheitsbestand m_{sich}.

---

2 Wiederbeschaffungszeit, Durchsatzraten und andere zeitabhängige Größen müssen durchgängig auf die gleiche Zeiteinheit, z. B. auf einen Kalendertag, einen Betriebstag oder die Periodenlänge bezogen sein.

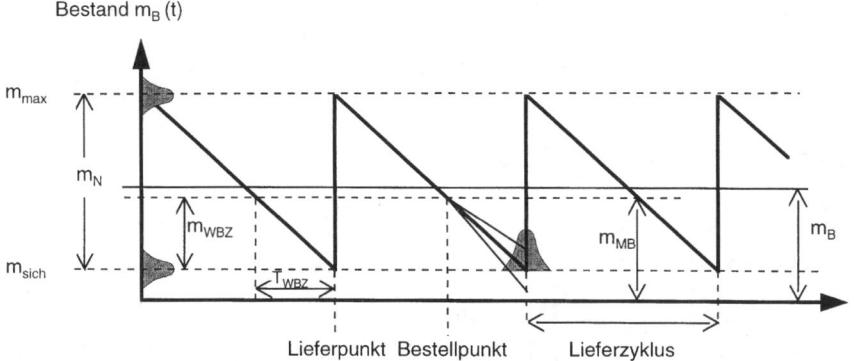

Abb. 11.4 Bestandsverlauf bei gleichbleibendem Verbrauch [29]

$m_B(t)$	aktueller Bestand
m_{sich}	Sicherheitsbestand = Mindestbestand
m_{max}	durchschnittlicher Maximalbestand
m_N	Nachschubmenge
$m_B = m_{sich} + m_N/2$	mittlerer Bestand
m_{WBZ}	Verbrauch in der Wiederbeschaffungszeit
$m_{MB} = m_{sich} + m_{WBZ}$	Meldebestand

Der *aktuelle Bestand* $m_B(t)$ schwankt also zwischen dem *Sicherheitsbestand* und einem *Maximalbestand* m_{max}:

$$m_{sich} < m_B(t) < m_{max} \qquad [VE]. \qquad (11.8)$$

Für den *Maximalbestand* gilt bei einer Nachschubmenge m_N:

$$m_{max} = m_{sich} + m_N \qquad [VE]. \qquad (11.9)$$

Aus den Beziehungen (11.8) und (11.9) folgt:

- Der *mittlere Lagerbestand* ist gleich der Summe von Sicherheitsbestand und halber Nachschubmenge:

$$m_B = m_{sich} + m_N / 2 \qquad [VE]. \qquad (11.10)$$

Die Nachschubmenge und der Sicherheitsbestand sind also zwei Hebel, von denen die Bestandshöhe abhängt. Von diesen beiden Hebeln wird der Sicherheitsbestand in seiner Auswirkung häufig unterschätzt, nicht immer korrekt festgelegt und nur selten aktualisiert.

Zur Unterbringung eines Bestands m_B in Ladeeinheiten mit dem Fassungsvermögen C_{LE} werden $M_B = [m_B/C_{LE}]$ ganze Ladeeinheiten benötigt. Wenn nicht nur volle Ladeeinheiten nachgeliefert und verbraucht werden, ist der

- *mittlere Bestand in Ladeeinheiten* mit Fassungsvermögen C_{LE}

$$M_B = MAX \left(1; \ (m_{sich} + m_N / 2) / C_{LE} + (C_{LE} - 1) / 2C_{LE}\right) \qquad [LE], \qquad (11.11)$$

denn im Mittel ist pro Artikelbestand eine Ladeeinheit zu $(C_{LE} - 1)/2C_{LE}$ leer. Nur wenn für Nachschub *und* Verbrauch die *Mengenanpassungsstrategie* der Rundung auf ganze Ladeeinheiten befolgt wird, entfällt der Zusatz $(C_{LE}-1)/2C_{LE}$. Der *Lagerplatzbedarf* N_{LP} [LE-Plätze] zur Unterbringung der Ladeeinheiten des Bestands für einen Artikel in einem Lager hängt ab von der *Art der Lagerung*, wie Einzel- oder Mehrplatzlagerung, und von der *Lagerordnung*, wie feste oder freie Lagerordnung (s. *Abschnitt 16.4/II*).

Der *Lagerplatzbedarf* bei *Einzelplatzlagerung* ist:

$$N_{LP} = [(m_{sich} + f_{LO} \cdot m_N)/C_{LE}] \qquad [LE - Plätze] \qquad (11.12)$$

mit dem *Lagerordnungsfaktor*

$$f_{LO} = \begin{cases} 1/2 & \text{für } freie \ Lagerordnung \\ 1 & \text{für } feste \ Lagerordnung. \end{cases} \qquad (11.13)$$

Ohne Mengenanpassungsstrategie ergibt sich hieraus der *mittlere Lagerplatzbedarf bei Einzelplatzlagerung*

$$N_{LP} = MAX\left(1; (m_{sich} + f_{LO} \cdot m_N)/C_{LE} + (C_{LE} - 1)/2C_{LE}\right). \qquad (11.14)$$

Der *Lagerplatzbedarf bei Mehrplatzlagerung* mit einer Platzkapazität $C_{LP} > 1$, zum Beispiel für Blocklager oder Durchlauflager, errechnet sich nach den in *Kapitel 16/II* angegebenen Beziehungen.

Aus dem Durchschnittsbestand leiten sich verschiedene *Lagerkenngrößen* ab:

- Die *mittlere Bestandsreichweite* RW_B [PE] ist gleich der *Verbrauchszeit* des mittleren Bestands bei Fortsetzung des bisherigen Verbrauchs

$$RW_B = m_B / \lambda_{VE} \qquad\qquad [PE]. \qquad (11.15)$$

Die *Sicherheitsbestandsreichweite* RW_{sich} und die *maximale Reichweite* RW_{max} eines Artikels ergeben sich entsprechend, indem in die Beziehung (11.15) anstelle des Durchschnittsbestands der Sicherheitsbestand bzw. der Maximalbestand eingesetzt wird.

Die Reichweite des Bestands unterscheidet sich von der *Liegezeit* oder *Lagerdauer* der einzelnen Artikeleinheit. Diese hängt von der *Entnahmestrategie*, wie *First-In-First-Out* (FIFO) oder *Last-In-Last-Out* (LIFO), und vom Verbrauch ab. Die tatsächliche Lagerdauer läßt sich erst bei Auslagerung der Ware feststellen, wenn der Einlagerzeitpunkt vermerkt wurde.

Aus der Begrenzung des Absatzrisikos für den Lagerbestand durch eine maximal *zulässige Reichweite* RW_{zul} ergibt sich als obere Grenze für Nachschubmenge und Sicherheitsbestand die *Risikorestriktion*:

$$m_{sich} + m_N < RW_{zul} \cdot \lambda_{VE}. \qquad (11.16)$$

Eine derartige Risikorestriktion, die eine Überalterung der Bestände verhindert, fehlt in vielen Dispositionsprogrammen.

Die reziproke mittlere Reichweite ist der

- *Lagerumschlag*

$$U_B = \lambda_{VE} / m_B = 1/RW_B \qquad\qquad [1/PE]. \qquad (11.17)$$

Der auf ein Jahr bezogene Lagerumschlag wird als *Lagerdrehzahl* [1/Jahr] bezeichnet. Der Lagerumschlag darf nicht mit der *Nachschubfrequenz* verwechselt werden. Aus den Definitionsgleichungen (11.2) und (11.17) ist ablesbar:

- Der Lagerumschlag unterscheidet sich von der Nachschubfrequenz um den Faktor $m_N/m_B = 2m_N/(2m_{sich}+m_N)$.

Bei geringem Sicherheitsbestand ist der Lagerumschlag nahezu doppelt so groß wie die Nachschubfrequenz. Bei gleicher Nachschubfrequenz verringert sich der Lagerumschlag mit zunehmendem Sicherheitsbestand. Hieraus folgt die Regel:

- Ein Lagerumschlag, der kleiner ist als die Nachschubfrequenz, ist ein Indiz für zu hohe Sicherheitsbestände.

Die Angabe der Bestandsreichweite und des Lagerumschlags kann sich auf einzelne Artikel beziehen, aber auch auf den Bestand eines ganzen Lagers oder eines Sortiments. Bestandsreichweite und Lagerumschlag aber sind nur für ein homogenes Sortiment, das die Bedingungen des Mittelwertsatzes der Logistik erfüllt, sinnvolle Kennzahlen. Je heterogener das Sortiment und je unterschiedlicher die Artikel in einem Lager sind, umso unsinniger wird die Betrachtung der pauschalen Bestandsreichweite oder Lagerdrehzahl.

Spätestens bei Erreichen oder Unterschreiten des Meldebestands muß ein Nachschubauftrag erteilt werden, damit die Lagerstelle lieferfähig bleibt.

- Der *Meldebestand* m_{MB} [VE] ist gleich der Summe von Sicherheitsbestand und Verbrauchsmenge in der Wiederbeschaffungszeit

$$m_{MB} = m_{sich} + T_{WBZ} \cdot \lambda_{VE} \qquad [VE]. \qquad (11.18)$$

Der *Bestellzeitpunkt* t_{BP} ist der Zeitpunkt, für den $m_B(t_{BP}) = m_{MB}$ ist, zu dem also der Meldebestand erreicht wird.

Bei instationärem Verbrauch $\lambda_{VE} = \lambda_{VE}(t)$ verändern sich Sicherheitsbestand und Verbrauch in der Wiederbeschaffungszeit im Verlauf der Zeit. Daher muß der Meldebestand bei jeder *Bestandsprüfung* mit den aktuellen Werten der Verbrauchsprognose neu berechnet werden (s. *Abb. 11.3*).

11.6
Kostensätze der Nachschub- und Lagerprozesse

Die von der Bestands- und Nachschudisposition abhängigen *Lagerlogistikkosten,* kurz *Lagerungskosten* genannt, setzen sich zusammensetzen aus den *Nachschubkosten* und den *Lagerhaltungskosten.*

Die *Nachschubkosten* umfassen alle Kosten für den Nachschubprozeß, der sich von der Nachschubdisposition bis zur Einlagerung des Nachschubs in den Lagerplatz erstreckt. Sie setzen sich aus den *Nachschubauftragskosten*, den *Zutransportkosten* und den *Einlagerkosten* zusammen. Die *Lagerhaltungskosten* sind die Summe der *Zinskosten für den Bestandswert* und der *Lagerplatzkosten zur Unterbringung der Bestandsmenge.*

Zur Kalkulation und Optimierung der Lagerlogistikkosten werden die Kostensätze der beteiligten Leistungsprozesse benötigt.

1. Nachschubauftragskosten k_{NAuft} [DM/NAuf]

Die *Nachschubauftragskosten* sind die Summe

$$k_{NAuf} = k_{LAAuf} + k_{LIAuf} + k_{TRSend} \qquad [DM/NAuf] \qquad (11.19)$$

folgender *Kostenanteile*:

- *Auftragskosten der Lagerstelle* k_{LAAuf} für die Nachschubdisposition, das Erstellen des Abrufauftrags, den Informationsaustausch mit der Lieferstelle, die Sendungsannahme und die Eingangserfassung pro Nachschubanlieferung.
- *Auftragskosten der Lieferstelle* k_{LIAuf} für die Auftragsannahme, das *Rüsten* in der Fertigung, die Auftragsbearbeitung, die Disposition von Fertigung, Lager, Warenausgang und Versand sowie für die Rechnungsstellung und Kommunikation mit der Lagerstelle.
- *Transportkosten pro Sendung* k_{TRSend}, die bei *Einzeltransport* des Nachschubs eines Artikels von der Lieferstelle zur Lagerstelle in voller Höhe anfallen und bei gebündeltem Transport des Nachschubs für mehrere Artikel anteilig entstehen.

Die Auftragskosten der Lieferstelle fallen *explizit* nur bei den internen Lieferstellen an. Sie sind jedoch ebenso wie die Transportkosten bei *Belieferung frei Lagerstelle* in den Lieferpreisen der externen Lieferanten enthalten.

Bei entsprechenden Konditionen werden sie in Form von *Mindermengenzuschlägen*, *Großmengenrabatten* oder *Logistikrabatten* gesondert in Rechnung gestellt (s. *Abschnitt 7.6*). Wenn sich die Auftragskosten der Lieferstelle durch das Dispositionsverhalten der Lagerstelle verändern, müssen diese bei der Bestandsdisposition durch korrigierte Prozeßkostensätze berücksichtigt werden.

2. Spezifische Transportkosten k_{TrLE} [DM/LE]

Die Transport- oder Frachtkosten pro Ladeeinheit für den Transport zwischen Lieferstelle und Lagerstelle sind abhängig von den gewählten Ladeeinheiten, von der Entfernung zwischen Lieferstelle und Lagerstelle, von der Transportart und von der Kapazität der eingesetzten Transportmittel (s. *Kapitel 18/II*).

Sie werden wie die Transportkosten pro Sendung maßgebend beeinflußt von der Summe der Nachschubmengen aller Artikel, die von derselben Lieferstelle in einer Transportsendung angeliefert werden, also vom Ausmaß der *Transportbündelung* (s. *Kapitel 19/II*).

3. Spezifische Einlagerkosten k_{Lein} [DM/LE]

Die Kosten pro Ladeeinheit für das Einlagern der einzelnen Ladeeinheit vom Wareneingang auf den Lagerplatz sind Bestandteil der Nachschubkosten. Sie können grundsätzlich auch den Transportkosten zugerechnet werden.

4. Beschaffungspreis P_{VE} [DM/VE]

Benötigt wird entweder der Beschaffungspreis pro Mengeneinheit P_{ME} [DM/ME] oder pro Verbrauchseinheit P_{VE} [DM/VE]. Mit dem Inhalt der Verbrauchseinheit

c_{VE} [ME/VE] folgt der Preis pro Mengeneinheit aus dem Preis pro Verbrauchseinheit nach der Beziehung:

$$P_{ME} = P_{VE} / c_{VE} \qquad\qquad [DM / ME]. \qquad (11.20)$$

Der Beschaffungspreis ist bei Fremdbezug der *aktuelle Netto-Einkaufspreis* pro Verbrauchseinheit abzüglich aller Rabatte und Skonti, der für die zu erwartende Nachschubmenge gilt. Bei Eigenfertigung ist der Beschaffungspreis gleich den *Herstellkosten ohne Rüstkostenanteil* und *ohne Gemeinkostenzuschläge*.

In der Dispositionsrechnung darf für den Beschaffungspreis nicht mit dem Verkaufspreis, mit den Vollkosten oder mit überholten Einkaufspreisen gerechnet werden, auch wenn die bilanzielle Bestandsbewertung hiervon abweicht.[3]

5. Lagerzinssatz z_L [% pro PE]
Der Lagerzinssatz ist die Summe

$$z_L = z_K + z_R \qquad\qquad [\% \text{ pro PE}] \qquad (11.21)$$

des Kapitalzinssatzes z_K, mit dem die Kapitalbindung durch den *Bestandswert* zu verzinsen ist, und eines *Risikozinssatzes* z_R, durch den das *Abwertungsrisiko* wegen Schwund, Alterung und Unverkäuflichkeit sowie eine eventuelle *Bestandsversicherung* kalkulatorisch berücksichtigt werden.

Eventuelle Zahlungsfristen der Lieferstelle sind ohne Einfluß auf die Zinskosten des Lagerkapitals, da vor Ablauf der Zahlungsfrist freigesetztes Lagerkapital anderweitig zinssparend einsetzbar ist.

6. Spezifische Lagerplatzkosten k_{LP} [DM/LE·PE]
Die Lagerplatzkosten pro Ladeeinheit und Periode beziehen sich auf die Lagerzeit einer Ladeeinheit und unterscheiden sich – allein schon wegen der verschiedenen Maßeinheit – grundlegend von den Ein- und Auslagerkosten, die sich auf die durchgesetzte Ladeeinheit beziehen.

Die Lagerplatzkosten sind ebenso wie die Einlager- und Auslagerkosten abhängig von der *Art der Ladeeinheiten* und von der *eingesetzten Lagertechnik*, jedoch unabhängig vom Wert des Inhalts der Lagereinheit. Hieraus folgt:

- Es ist es falsch, die Lagerplatzkosten, wie allgemein üblich, mit einem Prozentsatz des Bestandswertes oder unter Einbeziehung der Ein- und Auslagerkosten zu kalkulieren.

Für ausgewählte Ladeeinheiten, Transportarten und Lagertechniken sind einige Prozeßkostensätze in *Tabelle 11.4* zusammengestellt. Hieraus geht hervor, wie unterschiedlich die Prozeßkostensätze sein können. Daher müssen die zur Disposition benötigten Prozeßkostensätze stets für den konkreten Einsatzfall neu ermittelt und laufend aktualisiert werden.

Die zur kostenoptimalen Disposition benötigten internen und externen Prozeßkostensätze sind nicht einfach zu ermitteln. Sie dürfen nicht aus allgemeinen

---

3   Siehe Fußnote 5.

LEISTUNGSKOSTEN

LEISTUNGSART	Leistungs-Einheit	kleinere Lager von	bis	größere Lager von	bis	Preis-Einheit
Auftragskosten	Lagerstelle					
Disposition + Abruf	N-Auftrag	6,00	8,00	5,00	7,00	DM/N-Auftrag
Eingangserfassung	N-Auftrag	15,00	25,00	8,00	12,00	DM/N-Auftrag
Einlagern	einschließlich interner Transport vom WE zum Lager					
Behälter	Behälter	0,50	0,70	0,30	0,45	DM/Beh
Palette	Palette	4,50	6,00	2,50	4,00	DM/Pal
Lagern	Einzelplatzlagerung					
Behälter	Beh-KTag	0,07	0,12	0,04	0,05	DM/Beh-KTag
Palette	Pal-KTag	0,50	0,80	0,25	0,35	DM/Pal-KTag
Auslagern	ohne Kommissionieren und ohne Transport zum WA					
Behälter	Behälter	0,40	0,50	0,20	0,35	DM/Beh
Palette	Palette	3,00	4,00	1,50	2,50	DM/Pal
Lagerzinssatz		9,0%	20,0%	7,0%	17,0%	pro Jahr
Kapitalbindung	-	4,0%	12,0%	4,0%	12,0%	pro Jahr
Lagerrisiko	-	5,0%	8,0%	3,0%	5,0%	pro Jahr

Ladeeinheiten	Einheit	**Volumen** außen	innen	Einh	**Außenabmessungen** Länge	Breite	Höhe
Behälter	l/LE	74	63	mm	600	400	310
Palette	l/LE	1.008	860	mm	1.200	800	1.050

Tab. 11.4 Ausgewählte Kostensätze für Nachschub und Lagern

Prozeßkosten der Leistungsarten ohne Gemeinkostenzuschläge, Preisbasis 1998
1 Jahr = 365 Kalendertage (KTage) = 250 Betriebstage (BTage)

Kennzahlen abgeleitet oder ungeprüft von anderen Unternehmen übernommen werden. Deshalb enthalten die Eingabefelder der Dispositionsprogramme für die Prozeßkostensätze häufig keine oder falsche Werte. Unkorrekte Prozeßkostensätze aber verfälschen die Nachschubmengenrechnung.

11.7
Lagerlogistikkosten

Ziele der Bestands- und Nachschubdisposition sind die *Sicherung einer geforderten Lieferfähigkeit* und die Minimierung der dispositionsabhängigen Logistikkosten, die mit dem Nachschub- und Lagerprozeß verbunden sind. Diese *Lagerlogistikkosten* oder *Lagerungskosten* sind die Summe der *Nachschubkosten* K_N und der *Lagerhaltungskosten* K_L:

$$K_{NL}(m_N) = K_N(m_N) + K_L(m_N) \qquad [DM/PE], \qquad (11.22)$$

Mit den zuvor angegebenen Zusammenhängen und Prozeßkostensätzen ergibt sich bei einem Verbrauch λ_{VE}, einer Nachschubmenge m_N und einer Nachschubfrequenz $f_N = \lambda_{VE}/m_N$ für die *Nachschubkosten*:

$$K_N(m_N) = (\lambda_{VE}/m_N) \cdot \left(k_{NAuf} + (k_{TrLE} + k_{Lein}) \cdot [m_N/C_{LE}]\right). \qquad (11.23)$$

Für eine Nachschubmenge m_N und einen Sicherheitsbestand m_{Nsich} sind die *Lagerhaltungskosten*:

$$K_L(m_N) = P_{VE} \cdot z_L \cdot (m_{sich} + m_N/2) + k_{LP} \cdot \left[(m_{sich} + f_{LO} \cdot m_N)/C_{LE}\right]. \qquad (11.24)$$

Hierin bedeuten die eckigen Klammern das Aufrunden auf die nächst größere ganze Zahl.

Die hieraus ohne den Ganzzahligkeitseffekt resultierende Abhängigkeit der Lagerlogistikkosten (11.22) von der Nachschubmenge ist für ein Beispiel in *Abb. 11.5* dargestellt. Aus dieser Darstellung wie auch aus den Beziehungen (11.22) bis (11.24) ist ablesbar:

- Die *Nachschubkosten* sinken umgekehrt proportional mit der Nachschubmenge m_N.
- Die *Lagerhaltungskosten* steigen proportional mit dem Sicherheitsbestand und der Nachschubmenge.
- Die *Lagerlogistikkosten* sinken mit zunehmender Nachschubmenge zunächst ab, steigen dann mit weiter zunehmender Nachschubmenge an und haben bei einer *optimalen Nachschubmenge* m_{Nopt} einen Minimalwert, der gleich den *optimierten Logistikkosten* ist.
- Der Verlauf der Lagerlogistikkosten ist in einem größeren Bereich um die optimale Nachschubmenge relativ flach.

Wegen des flachen Kurvenverlaufs im Bereich des Minimums hängt die Höhe der minimalen Lagerlogistikkosten nicht sehr empfindlich vom genauen Wert der optimalen Nachschubmenge ab. Das hat für die Berechnung der optimalen Nachschubmenge und für die Nachschubdisposition folgende Konsequenzen:

- Die Berechnung der optimalen Nachschubmenge braucht nicht besonders genau zu sein.
- Ein berechneter Optimalwert für die Nachschubmenge muß nicht akribisch eingehalten werden, vor allem dann nicht, wenn durch ein Auf- oder Abrunden volle Lade- oder Transporteinheiten erreichbar sind.

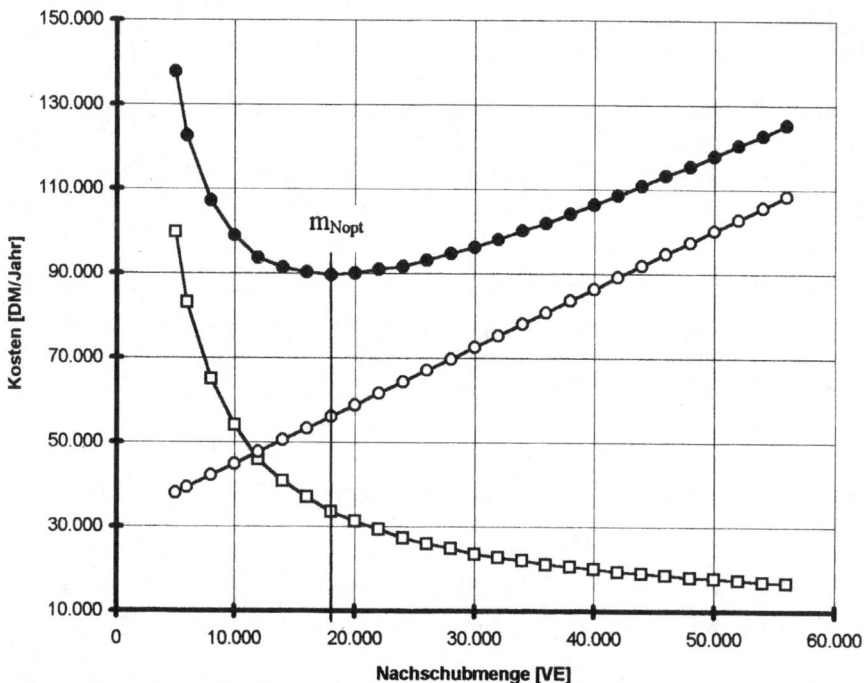

Abb. 11.5 Lagerlogistikkosten als Funktion der Nachschubmenge
Beispiel : Fertigwarenlager für Zigaretten
Parameter : s. Tabellen 11.4 und 11.7
Quadrate: Nachschubkosten
Kreise : Lagerhaltungskosten
Punkte : Nachschubkosten + Lagerhaltungskosten

- Die Ungenauigkeit einzelner Dispositionsparameter und Prozeßkostensätze wirkt sich relativ wenig auf die optimale Nachschubmenge und die optimierten Lagerlogistikkosten aus.
- Die Ungenauigkeit mehrerer Dispositionsparameter und Prozeßkostensätze mittelt sich nach dem Fehlerausgleichsatz teilweise heraus.

Die Unempfindlichkeit der optimalen Nachschubmenge und der optimierten Lagerlogistikkosten gegenüber Veränderungen und Ungenauigkeiten der Parameter und Kostensätze erleichtert zwar die theoretische Lösung des Optimierungsproblems, rechtfertigt aber nicht das Fortlassen oder die falsche Berücksichtigung wichtiger Einflußgrößen, wie der Lagerplatzkosten.

Die optimale Nachschubmenge läßt sich analytisch nur berechnen, wenn die Kostenfunktion $K_{NL}(m_N)$ *stetig differenzierbar* ist. Für Ladeeinheiten mit $C_{LE} > 1$ sind die Lagerlogistikkosten (11.22) jedoch eine *Treppenfunktion* der Nachschubmenge, die keine stetige Ableitung hat (s. *Abb. 12.10*). Wenn $m_N > C_{LE}$ ist, ergibt sich mit Beziehung (11.5) für die *mittlere Nachschubmenge* in Ladeeinheiten und Beziehung (11.14) für den *mittleren Lagerplatzbedarf* für die *mittleren Nachschubkosten*

$$K_{Nm} = (k_{TrLE} + k_{Lein}) \cdot \lambda_{VE} / C_{LE} +$$
$$\left(k_{NAuf} + (k_{TrLE} + k_{Lein})(C_{LE} - 1) / 2C_{LE} \right) \cdot \lambda_{VE} / m_N. \tag{11.25}$$

und für die *mittleren Lagerhaltungskosten*

$$K_{Lm} = P_{VE} \cdot z_L \cdot (m_{sich} + m_N / 2) + k_{LP} \cdot \left((m_{sich} + f_{LO} \cdot m_N) / C_{LE} \right.$$
$$\left. + (C_{LE} - 1) / 2C_{LE} \right). \tag{11.26}$$

Die Summe $K_{NLm}(m_N) = K_{Nm}(m_N) + K_{Lm}(m_N)$ ist stetig nach der Nachschubmenge m_N differenzierbar. Durch Nullsetzen der Ableitung der Kostenfunktion $K_{NLm}(m_N)$ und Auflösung nach m_N ergibt sich die

- *Kostenoptimale Nachschubmenge*

$$m_{Nopt} = \sqrt{2 \cdot \lambda_{VE} \cdot \left(k_{NAuf} + (k_{TrLE} + k_{Lein})(C_{LE} - 1) / 2C_{LE} \right) / (P_{VE} \cdot z_L + 2f_{LO} \cdot k_{LP} / C_{LE})} \tag{11.27}$$

Wenn die Nachschubmenge mindestens gleich dem Verbrauch in der Wiederbeschaffungszeit sein soll, muß zusätzlich $m_{Nopt} \geq T_{WBZ} \cdot \lambda_{VE}$ sein.

Darüber hinaus ist die Nachschubmenge aufgrund der *Mindestbestellmengenforderung* (11.6) und der *Risikorestriktion* (11.16) eingeschränkt auf den Bereich:

$$m_{Nmin} < m_{Nopt} < RW_{zul} \cdot \lambda_{VE} - m_{sich}. \tag{11.28}$$

Mit Beziehung (11.10) und der optimalen Nachschubmenge (11.27) folgt der

- Optimale mittlere Lagerbestand

$$m_{Bopt} = m_{sich} + m_{Nopt} / 2. \tag{11.29}$$

Durch Einsetzen der optimalen Nachschubmenge (11.27) in die Kostenfunktion (11.22) ergeben sich die *optimierten Lagerlogistikkosten*

$$K_{Lopt} = K_{LN}(m_{Nopt}). \tag{11.30}$$

Die Berechnungsformel (11.27) für die optimale Nachschubmenge geht für $C_{LE} = 1$ und $k_{LP} = 0$, also bei Vernachlässigung der Ladeeinheitenkapazität und der Lagerplatzkosten, in die bekannte *Andler-Formel* über [11; 14; 16; 80; 86; 87; 88; 99; 100; 101].[4] Für Ladeeinheiten mit einer Kapizät $C_{LE} > 1$ und Lagerplatzkosten, die im Ver-

---

4 Die in Deutschland übliche Bezeichnung *Andler-Formel* ist eigentlich ungerechtfertigt: *Andler* selbst verweist in seiner diesbezüglichen Arbeit aus dem Jahr 1929 auf andere, frühere Veröffentlichungen zur Losgrößenoptimierung und hat die betreffende Formel übernommen [100]. In Amerika und England wird die klassische Losgrößenformel als *Harris-* oder *Wilson-Formel* bezeichnet [16]. Die erste Losgrößenformel wurde nach Kenntnis des Verfassers von dem Amerikaner F. *Harris* im Jahr 1913 veröffentlicht [91].

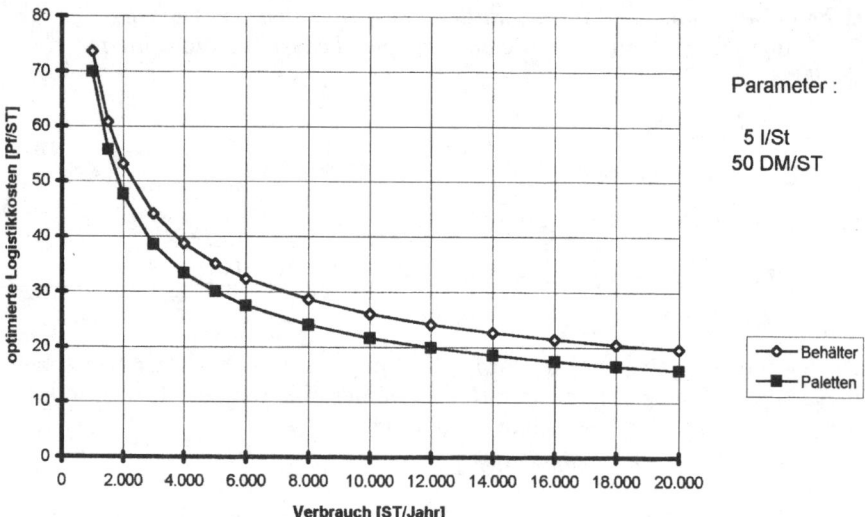

Abb. 11.6 Verbrauchsabhängigkeit der optimierten Lagerlogistikkosten

Beispiel :   Handelswarenlager
Parameter :   Ladungsträger (s. *Tabelle 11.4*)

gleich zu den Zinskosten nicht vernachlässigbar sind, aber unterscheidet sich die allgemeine Nachschubformel (11.27) von der Andler-Formel in mehrfacher Hinsicht.

Eine wichtige Konsequenz aus der *Nachschubformel* (11.27) ebenso wie aus der Andler-Formel ist:

- Die optimale Nachschubmenge steigt proportional mit der Wurzel aus dem Verbrauch.

Weitere Konsequenzen aus der *allgemeinen Nachschubformel (11.27)*, die in den üblichen Bestellmengenrechnungen nach der Andler-Formel nicht beachtet werden, sind:

1. Die Lagerlogistikkosten, die optimale Nachschubmenge und der optimale Lagerbestand hängen von der Art und Kapazität der verwendeten *Ladeeinheiten* ab (s. *Abb. 11.6*). Die Verwendung zu großer Ladeeinheiten führt z.B. zu einem hohen Anteil von *Anbrucheinheiten* und dadurch zu Mehrkosten.

2. Lagerplatzkosten, optimale Nachschubmenge und optimaler Lagerbestand hängen von der *Lagerordnung* ab. Bei fester Lagerordnung und relativ geringen Sicherheitsbeständen sind die Lagerplatzkosten deutlich höher als bei freier Lagerordnung.

3. Nicht nur der Wert sondern auch das *Volumen der Lagerware* bestimmt die Lagerhaltungskosten, die optimale Nachschubmenge und den optimalen Bestand (s. *Abb. 11.7*).

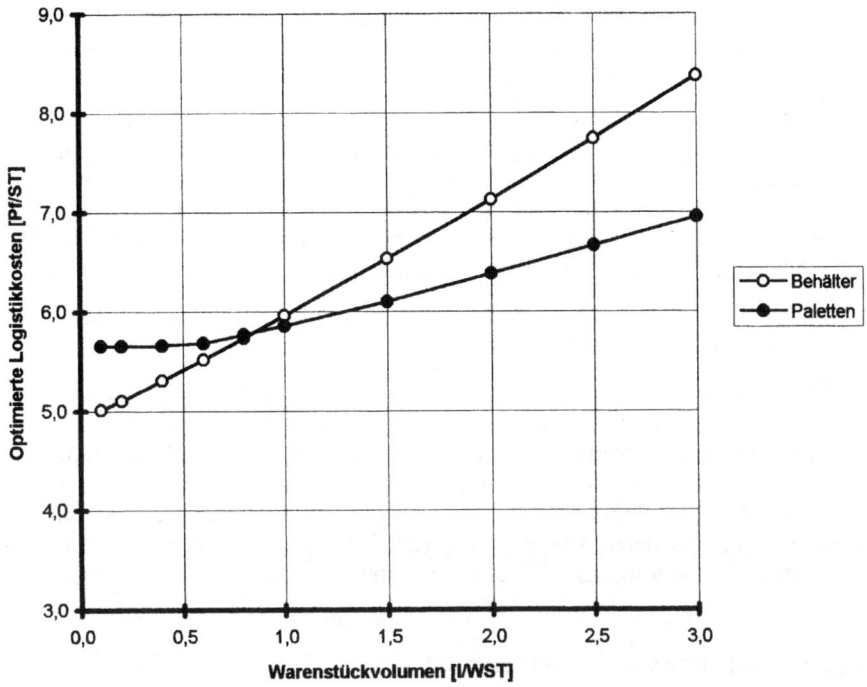

Abb. 11.7 Optimierte Lagerlogistikkosten als Funktion des Stückvolumens
Parameter: Ladungsträger

4. Ohne *Auffüllstrategie* erhöhen sich die Lagerlogistikkosten. Bei geringen Nachschubmengen und Beständen können die Mehrkosten für Anbrucheinheiten nicht unwesentlich zu den Lagerlogistikkosten beitragen.
5. Die betriebswirtschaftlich übliche, jedoch grundsätzlich falsche Kalkulation der Lagerplatzkosten mit einem Lagerkostensatz in Prozent vom Bestandswert führt zu überhöhten Beständen von billigen und großvolumigen Artikeln.
6. Die optimale Nachschubmenge und der optimale Bestand hängen von der Höhe der Prozeßkostensätze ab. Mit Ansteigen der spezifischen Auftragskosten, Transportkosten und Einlagerkosten nehmen Nachschubmenge und Bestand zu. Bei hohem Warenwert, ansteigenden Zinsen und größeren Lagerplatzkosten werden Nachschubmenge und Bestand geringer.

Da die Leistungskosten auslastungsabhängig sind, ist zu entscheiden, mit welchen Kostensätzen zu rechnen ist (s. *Abschnitt 6.9*). Für die Nachschubmengenrechnung gilt:

- Wenn es sich um *externe Leistungen* handelt, muß mit den aktuellen Leistungspreisen gerechnet werden, die auf Vollkostenbasis kalkuliert sind und sich im Verlauf der Zeit aufgrund von Angebot und Nachfrage ändern können.

- Für *interne Leistungen* müssen die Leistungskostensätze auf Vollkostenbasis für die maximal mögliche Leistung und Kapazitätsnutzung der Produktion, des Lagers und des Transportsystems kalkuliert werden.

Wird statt mit den *Vollauslastungskostensätzen* mit auslastungsabhängigen Kostensätzen kalkuliert, ergeben sich bei geringer Auslastung höhere Kostensätze und dadurch nach der allgemeinen Nachschubformel eine Senkung der Inanspruchnahme. Bei einer hohen Auslastung resultieren geringere Prozeßkostensätze mit dem Effekt zunehmender Inanspruchnahme. Dieser unsinnige Effekt läßt sich verhindern durch die Strategie *saisonabhängiger Prozeßkostensätze*:

- In Zeiten geringer Auslastung werden die Prozeßkostensätze gesenkt und bei Annäherung an die Grenzleistung erhöht.

So werden durch eine Anhebung der Rüstkosten bei Annäherung an die Grenzen der Produktionskapazität eine Abnahme der Nachschubfrequenz, größere Losgrößen, geringere Rüstzeitverluste und eine Steigerung der Produktionskapazität erreicht.[5] Ebenso verhindert ein Heraufsetzen der spezifischen Lagerplatzkosten mit zunehmendem Füllungsgrad ein Überlaufen des Lagers. Eine Senkung der spezifischen Lagerplatzkosten bei geringem Füllungsgrad bewirkt eine bessere Lagernutzung und günstigere Nachschubkosten.

11.8
Lieferfähigkeit und Sicherheitsbestand

Die Lieferfähigkeit – auch *Lieferbereitschaft* genannt – ist die *Wahrscheinlichkeit*, daß ein lagerhaltiger Artikel lieferbar ist.

Bei *Mehrstückaufträgen* ist die Lieferfähigkeit nur dann gegeben, wenn die angeforderte Menge vollständig geliefert werden kann. Eine abgeschwächte Form der Lieferfähigkeit ist die *Teillieferfähigkeit*, die erfüllt ist, wenn mindestens eine Artikeleinheit lieferbar ist.

Eine Verschärfung ist dagegen die Auftragslieferfähigkeit für *Mehrpositionsaufträge*, die fordert, daß die bestellten Mengen aller angesprochenen Artikel lieferbar sind. Hierfür gilt:

- Die *Auftragslieferfähigkeit* für Mehrpositionsaufträge ist gleich dem Produkt der Lieferfähigkeiten der betreffenden Artikel.

Wenn z.B. die Lieferfähigkeit der einzelnen Artikel eines Sortiments 98 % beträgt, dann ist die Auftragslieferfähigkeit für Aufträge mit durchschnittlich 5 Positionen nur $(98\ \%)^5 = 0{,}98^5 = 0{,}90 = 90\ \%$.

---

5 Produktionsgetriebene Unternehmen tendieren dazu, in auslastungsschwachen Zeiten verstärkt auf Lager zu produzieren, um dadurch die Fertigung weiter auszulasten und vermeintlich den Deckungsbeitrag zu verbessern. Dabei wird jedoch übersehen, daß Lagerware maximal zu Herstellkosten ohne Deckungsbeitrag zu bewerten ist. Ein Deckungsbeitrag wird erst durch den Verkauf der Ware erwirtschaftet. Wenn also absehbar ist, daß der Markt die Ware nicht abnimmt, muß die Produktion sofort gedrosselt werden.

Für alle diese Arten der Lieferfähigkeit ist zu unterscheiden zwischen permanenter und mittlerer Lieferfähigkeit:

- Die *permanente Lieferfähigkeit* η_{lief} muß zu allen Zeitpunkten gewährleistet sein.
- Die *mittlere Lieferfähigkeit* η_{Mlief} muß im langzeitigen Mittel gesichert sein.

Für *Ersatzteile, Produktionsteile* und andere Artikel mit hohen *Fehlmengenkosten* ist eine *permanente Verfügbarkeit* erforderlich, deren Höhe sich aus einer Abschätzung der *Ausfallkosten* in Relation zu den Mehrkosten für den Sicherheitsbestand ergibt. Für *lieferkritische Artikel* sind daher relativ hohe Sicherheitsbestände zu bevorraten. Für *lieferunkritische Artikel*, wie *Handelsware* oder *Konsumgüter*, auf die der Abnehmer auch warten kann und deren temporäre Nichtverfügbarkeit keinen oder nur geringen Schaden verursacht, genügt es, die *mittlere Verfügbarkeit* auf einem geschäftspolitisch gewünschten Stand zu halten.

In der Regel wird zwischen der permanenten und der mittleren Lieferfähigkeit nicht unterschieden. Daher wird für lieferunkritische Artikel häufig eine zu hohe permanente Lieferfähigkeit gefordert mit der Folge, daß die Sicherheitsbestände überhöht sind und unnötige Mehrkosten für die Lagerhaltung entstehen.

1. Sicherheitsbestand für permanente Lieferfähigkeit

Das Bevorraten eines Sicherheitsbestandes ist eine *Sicherheitsstrategie* gegen Lieferunfähigkeit oder positiv gesagt, zur Sicherung einer geforderten Lieferfähigkeit. Der *Sicherheitsbestand* soll mit einer Wahrscheinlichkeit, die gleich der geforderten Lieferfähigkeit ist, verhindern, daß infolge stochastischer Bedarfsschwankungen oder unsicherer Lieferzeiten der Lagerbestand vor Eintreffen des Nachschubs auf Null sinkt und dadurch *Lieferunfähigkeit* eintritt.

Bei unkorreliert um einen Mittelwert λ_{VE} [VE/PE] schwankendem Periodenverbrauch ist die Verbrauchsmenge in der Wiederbeschaffungszeit T_{WBZ} [PE] – wie in *Abb. 11.4* angedeutet – mit einer *Streuung* s_{WBZ} [VE] um einen Mittelwert m_{WBZ} [VE] *normalverteilt*. Die Normalverteilung des Verbrauchs in der Wiederbeschaffungszeit ergibt sich unabhängig von der Verteilungsfunktion der Taktzeiten, der Verbrauchsmengen und der Wiederbeschaffungszeiten aus dem Gesetz der großen Zahl (s. *Abschnitt 9.5*). Daher gilt:

- Bei einem mittleren Verbrauch $m_{WBZ} = T_{WBZ} \cdot \lambda_{VE}$ in der Wiederbeschaffungszeit T_{WBZ}, der mit einer Streuung s_{WBZ} stochastisch schwankt, ist der zur Sicherung einer *permanenten Lieferfähigkeit* η_{lief} erforderliche *Sicherheitsbestand*

$$m_{sich} = f_{sich}(\eta_{lief}) \cdot s_{WBZ} \qquad [VE]. \qquad (11.31)$$

Der *Sicherheitsfaktor* f_{sich} ist gegeben durch die *inverse Standardnormalverteilung* (9.20). Seine Abhängigkeit von der geforderten Lieferfähigkeit ist für übliche Sicherheitsgrade der *Tabelle 11.5* zu entnehmen. Aus dem Funktionswert $f_{sich}(50\%) = 0$ folgt die Aussage:

- Ohne Sicherheitsbestand ist die permanente Lieferfähigkeit 50 %.

Sicherheitsgrad	Sicherheitsfaktor
50,0%	0,00
80,0%	0,84
85,0%	1,04
90,0%	1,28
95,0%	1,64
98,0%	2,05
99,0%	2,33
99,9%	3,09

Tab. 11.5 Sicherheitsfaktoren für unterschiedliche Sicherheitsgrade
Sicherheitsgrad = Lieferfähigkeit, Überlaufsicherheit u.a.

Die Streuung s_{WBZ} des Verbrauchs in der Wiederbeschaffungszeit kann durch Analyse der Verbrauchsschwankungen in den zurückliegenden Wiederbeschaffungszeiten ermittelt werden.

Bei *konstanter Wiederbeschaffungszeit* läßt sich die Streuung des Verbrauchs in der Wiederbeschaffungszeit aus der Streuung s_{VE} des Periodenverbrauchs λ_{VE} ableiten. Wenn T_{PE} [ZE] die Periodenlänge ist, dann ist $N_{WBZ} = T_{WBZ}/T_{PE}$ die Anzahl Perioden, die in der Wiederbeschaffungszeit verstreichen. Daher gilt nach dem Gesetz der großen Zahl (9.22):

$$s_{WBZ} = \sqrt{T_{WBZ} / T_{PE}} \cdot s_{VE}. \tag{11.32}$$

Um die Höhe des benötigten Sicherheitsbestands beurteilen und beeinflussen zu können, ist es erforderlich, die *Ursachen* der Verbrauchsschwankungen in der Wiederbeschaffungszeit genauer zu kennen. Die Verbrauchsschwankungen werden durch drei voneinander unabhängige *Effekte* bewirkt (s. *Kapitel 9*):

1. Schwankungen der Zeitabstände τ zwischen den einzelnen Verbrauchsanforderungen, die durch eine *Taktvariabilität* $V_\tau = (s_\tau/\tau_V)^2$ gegeben sind, führen zu einem stochastisch schwankenden Periodenverbrauch λ_{VE}.
2. Schwankungen der Verbrauchsmenge pro Bedarf um einen Mittelwert m_V, die durch eine *Mengenvariabilität* $V_m = (s_m/m_V)^2$ gegeben sind, haben zusätzliche stochastische Veränderungen des Periodenverbrauchs zur Folge.

3. Schwankungen der Wiederbeschaffungszeit T_{WBZ} mit der *Zeitvariabilität* V_T = $(s_T/T_{WBZ})^2$ bewirken eine Schwankung des Verbrauchs in der Wiederbeschaffungszeit.

Wenn die Wiederbeschaffungszeit konstant ist und nur die ersten beiden Effekte zusammenwirken, ist die Streuung des Verbrauchs in der Wiederbeschaffungszeit durch Beziehung (9.38) mit $T = T_{WBZ}$ gegeben. Schwankt auch die Wiederbeschaffungszeit mit einer Variabilität $V_T > 0$, erhöht sich die Streuung des Verbrauchs in der Wiederbeschaffungszeit auf [75]:

$$s_{WBZ} = \sqrt{\lambda_{VE} \cdot T_{WBZ} \cdot m_V \cdot (V_\tau + V_m) + \lambda_{VE}^2 \cdot T_{WBZ}^2 \cdot V_T} \ . \qquad (11.33)$$

Durch Einsetzen in Beziehung (11.31) folgt:

• Bei einem Periodenverbrauch λ_{VE} mit einer Taktzeitvariabilität V_τ, einer mittleren Verbrauchsmenge pro Bedarf m_V und einer Mengenvariabilität V_m ist der *Sicherheitsbestand*

$$m_{sich} = f_{sich}(\eta_{lief}) \cdot \sqrt{\lambda_{VE} \cdot T_{WBZ} \cdot \left(m_V \cdot (V_\tau + V_m) + \lambda_{VE} \cdot T_{WBZ} \cdot V_T \right)} \ , \qquad (11.34)$$

wenn die *permanente Lieferfähigkeit* η_{lief} betragen soll und die Wiederbeschaffungszeit mit der Zeitvariabilität V_T um einen Mittelwert T_{WBZ} schwankt.

Aus der allgemeinen Beziehung (11.34) ist ablesbar:

• Der Sicherheitsbestand ist unabhängig von der Nachschubmenge.
• Der Sicherheitsbestand nimmt mit der geforderten Lieferfähigkeit überproportional zu.
• Der Sicherheitsbestand wächst mit der Wurzel aus dem Periodenverbrauch.
• Bei Mehrstückverbrauch erhöht sich der Sicherheitsbestand um die Wurzel aus der mittleren Verbrauchsmenge.
• Der Sicherheitsbestand nimmt mit der Mengenvariabilität zu.
• Für längere Wiederbeschaffungszeit mit großen Schwankungen ist ein höherer Sicherheitsbestand erforderlich als für kurze Wiederbeschaffungszeiten mit geringen Schwankungen.

Die Abhängigkeit des Sicherheitsbestands für die permanente Lieferfähigkeit vom Periodenverbrauch und von der Wiederbeschaffungszeit ist in *Abb. 11.8* dargestellt.

Der über die Sicherheitsbestände bewirkte Einfluß von Wiederbeschaffungszeit und Termintreue auf den Lagerbestand wird bei den Bemühungen zur Bestandssenkung nicht immer ausreichend berücksichtigt. Beide Einflußmöglichkeiten aber sollten konsequent genutzt werden, denn auf das Verhalten der Zulieferer kann der Lagerbetreiber meist einen wesentlich größeren Einfluß nehmen als auf das Bestellverhalten von Kunden und Verbrauchsstellen.

Der zeitliche Auftragseingang ist in der Regel *poissonverteilt*. Die Taktvariabilität V_τ ist dann gleich 1. Damit vereinfacht sich die allgemeine Beziehung (11.34) auf [75]:

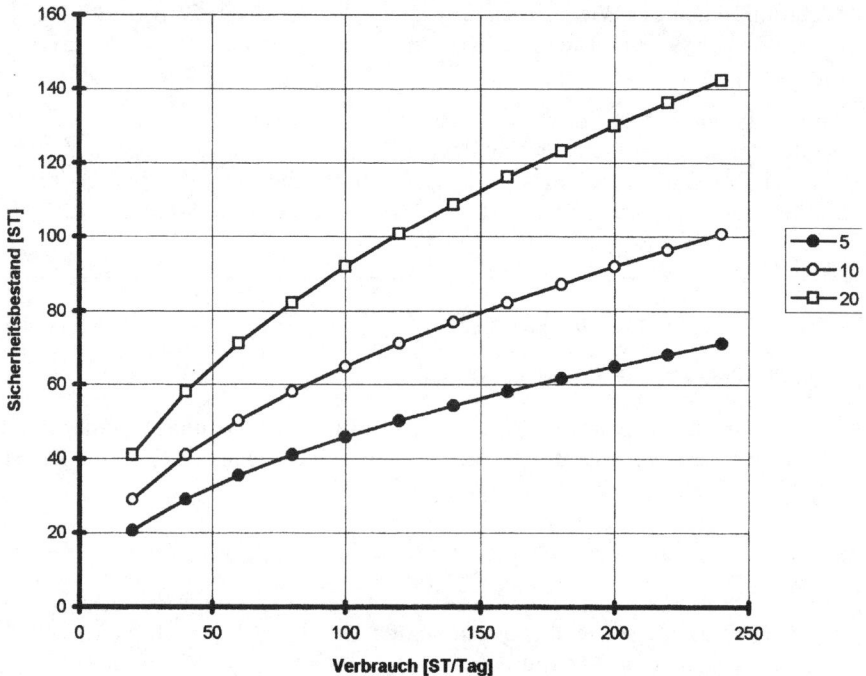

Abb. 11.8 Verbrauchsabhängigkeit des Sicherheitsbestands

Wiederbeschaffungszeit   10, 10, 20 Arbeitstage
Lieferfähigkeit   permanent 98 %
Einzelstückverbrauch

$$m_{sich} = f_{sich}(\eta_{lief}) \cdot \sqrt{\lambda_{VE} \cdot T_{WBZ} \cdot (m_V \cdot (1+V_m) + \lambda_{VE} \cdot T_{WBZ} \cdot V_T)} \ . \qquad (11.35)$$

Zur Erläuterung sei als Beispiel ein Artikel mit einem prognostizierten Bedarf von $\lambda_B = 100$ VE pro Betriebstag betrachtet, dessen Auftragseingang poissonverteilt ist. Die mittlere Menge pro Bedarf beträgt $m_V = 12$ VE und die Schwankung ± 6 VE. Die Mengenvariabilität ist dann $V_m = (6/12)^2 = 0{,}25$. Die Wiederbeschaffungszeit sei im Mittel 10 Betriebstage mit einer Unsicherheit von ± 3 Tagen. Dann ist die Zeitvariabilität $V_T = (3/10)^2 = 0{,}09$. Wenn die permanente Lieferfähigkeit $\eta_{lief} = 95$ % sein soll, errechnet sich aus Beziehung (11.35) der Sicherheitsbestand $m_{sich} = 1{,}64 \cdot \sqrt{1.000 \cdot (12 \cdot (1+0{,}25) + 1.000 \cdot 0{,}09)} = 531$ VE. Dieser entspricht einem mittleren Bedarf von 5,3 Tagen.

Die mittlere Bestellmenge und deren Variabilität lassen sich grundsätzlich durch eine Analyse früherer Bedarfsanforderungen ermitteln. Ist das nicht möglich und über die Verteilung der Bestellmengen nichts bekannt, kann auch hierfür eine Poissonverteilung angenommen und die Mengenvariabilität $V_m = 1$ gesetzt werden.

In vielen Fällen ergibt die Auftragsanalyse, daß die Höhe der mittleren Bestellmenge und die Mengenvariabilität durch wenige Großaufträge bestimmt werden. Wenn das so ist, lassen sich Sicherheitsbestand und optimale Nachschubmenge durch folgende *Auswahlstrategie* senken:

• Voraussehbare Aufträge mit großen Stückzahlen werden, soweit es die Lieferzeitforderungen zulassen, nicht ab Lager geliefert sondern kundenspezifisch gefertigt oder beschafft.

Für einen Einzelstückverbrauch mit poissonverteiltem Auftragseingang ist die Mengenvariabilität $V_m = 0$. Daher gilt:

• Der Sicherheitsbestand für einen poissonverteilten *Einzelstückverbrauch* ist bei *schwankender Wiederbeschaffungszeit*

$$m_{sich} = f_{sich}(\eta_{lief}) \cdot \sqrt{\lambda_{VE} \cdot T_{WBZ} \cdot (1 + \lambda_{VE} \cdot T_{WBZ} \cdot V_T)} \ . \tag{11.36}$$

und für *konstante Wiederbeschaffungszeit*

$$m_{sich} = f_{sich}(\eta_{lief}) \cdot \sqrt{\lambda_{VE} \cdot T_{WBZ}} \ . \tag{11.37}$$

Die zur Sicherung einer geforderten Lieferfähigkeit bei schwankender Wiederbeschaffungszeit oder bei einem Mehrstückverbrauch notwendige Erhöhung des Sicherheitsbestands wird in vielen Programmen zur Bestandsdisposition nicht korrekt berücksichtigt.

2. Sicherheitsbestand bei mittlerer Lieferfähigkeit
Solange der Bestellpunkt nicht erreicht ist, ist ein Lagerbestand vorhanden und die Lieferfähigkeit 100 %. Erst nach Unterschreiten des Meldebestands kann der Restbestand während der Wiederbeschaffungszeit infolge stochastischer Bedarfsschwankungen oder schwankender Lieferzeiten vor Eintreffen des Nachschubs auf Null sinken und *Lieferunfähigkeit* eintreten.

Beträgt die permanente Lieferfähigkeit η_{lief}, dann ist die Wahrscheinlichkeit der Lieferunfähigkeit in der Wiederbeschaffungszeit $1 - \eta_{lief}$. Die Dauer der Lieferunfähigkeit pro Nachschubvorgang ist maximal $\cdot T_{WBZ}$. Die Lieferunfähigkeit für eine maximale Dauer T_{WBZ} tritt mit der Nachschubfrequenz $f_N = \lambda_{VE}/m_N$ ein. Andererseits kann die mittlere Lieferfähigkeit nicht kleiner sein als die permanente Lieferfähigkeit. Hieraus folgt:

• Bei einer permanenten Lieferfähigkeit η_{lief}, einer Wiederbeschaffungszeit T_{WBZ}, einem Periodenverbrauch λ_{VE} und einer mittleren Nachschubmenge m_N ist die *mittlere Lieferfähigkeit*

$$\eta_{Mlief} \geq MAX\left(\eta_{lief}; \ 1 - (\lambda_{VE}/m_N) \cdot (1 - \eta_{lief}) \cdot T_{WBZ}\right). \tag{11.38}$$

Ist zum Beispiel der Periodenverbrauch 5.000 VE/Jahr, die Nachschubmenge 500 VE und die Wiederbeschaffungszeit 14 Kalendertage = 14/365 Jahre, so resultiert aus Beziehung (11.38) bei einer permanenten Lieferfähigkeit von 90 % eine mittlere Lieferfähigkeit von mindestens 96,2 %. Selbst für einen Sicherheitsbestand 0, d.h. bei einer permanenten Lieferfähigkeit von nur 50 %, ergibt sich in diesem Fall immer noch eine mittlere Lieferfähigkeit von mindestens 61,4 %.

Durch Auflösung der Gleichung (11.38) nach η_{lief} ergibt sich:

- Wenn eine mittlere Lieferfähigkeit η_{Mlief} ausreicht, genügt der Sicherheitsbestand für die permanente Lieferfähigkeit

$$\eta_{lief} = MAX\left[0,5; \ MIN\left(\eta_{Mlief}; \ 1 - m_N \cdot (1 - \eta_{Mlief})/(\lambda_{VE} \cdot T_{WBZ})\right)\right]. \qquad (11.39)$$

So ergibt sich aus (11.39) für das oben betrachtete Beispiel, daß für eine mittlere Lieferfähigkeit von 95 % ein Sicherheitsbestand ausreicht, der für eine permanente Lieferfähigkeit von nur 87 % erforderlich ist. Da der Sicherheitsfaktor $f_{sich}(87\%) = 1,13$ um 32 % kleiner ist als der Sicherheitsfaktor $f_{sich}(95\%) = 1,64$, bedeutet die Forderung einer mittleren Lieferfähigkeit von 95 % anstelle einer permanenten Lieferfähigkeit von 95 % in diesem Fall eine Reduzierung des Sicherheitsbestands um 32 %.

Allgemein folgen aus den Beziehungen (11.38) und (11.39) die *Regeln:*

- Die mittlere Lieferfähigkeit ist bei gleichem Sicherheitsbestand für geringe Nachschubfrequenz und kurze Wiederbeschaffungszeit erheblich höher als die permante Lieferfähigkeit.
- Mit zunehmender Wiederbeschaffungszeit und abnehmender Nachschubmenge, also mit Erhöhung der Nachschubfrequenz, nimmt die mittlere Lieferfähigkeit bis auf den Wert der permanenten Lieferfähigkeit ab.
- Die Sicherheitsbestände lassen sich deutlich senken, wenn statt der permanenten Lieferfähigkeit eine mittlere Lieferfähigkeit gleicher Höhe ausreicht.

Anders als der Sicherheitsbestand für die permanente Lieferfähigkeit ist der Sicherheitsbestand für die mittlere Lieferfähigkeit abhängig von der Nachschubmenge.

3. Kosten der Lieferfähigkeit

Sicherheit hat ihren Preis. Das gilt auch für die Sicherung der Lieferfähigkeit durch das Halten von Sicherheitsbeständen. Die Kosten zur Sicherung einer permanenten Lieferfähigkeit sind gleich den Kosten für die dauernde Lagerung des erforderlichen Sicherheitsbestands. Diese setzen sich zusammen aus den Lagerzinskosten und den Lagerplatzkosten:

$$K_{sich} = (P_{LE} \cdot z_L + k_{LPI}/C_{LE}) \cdot m_{sich} \qquad [DM/PE]. \qquad (11.40)$$

Damit sind die *spezifischen Sicherheitskosten* pro durchgesetzte Verbrauchseinheit

$$k_{Lsich} = (P_{LE} \cdot z_L + k_{LPI}/C_{LE}) \cdot m_{sich}/\lambda_{VE} \qquad [DM/VE]. \qquad (11.41)$$

In Verbindung mit der allgemeinen Beziehung (11.34) für den Sicherheitsbestand sind hieraus folgende Abhängigkeiten ablesbar:

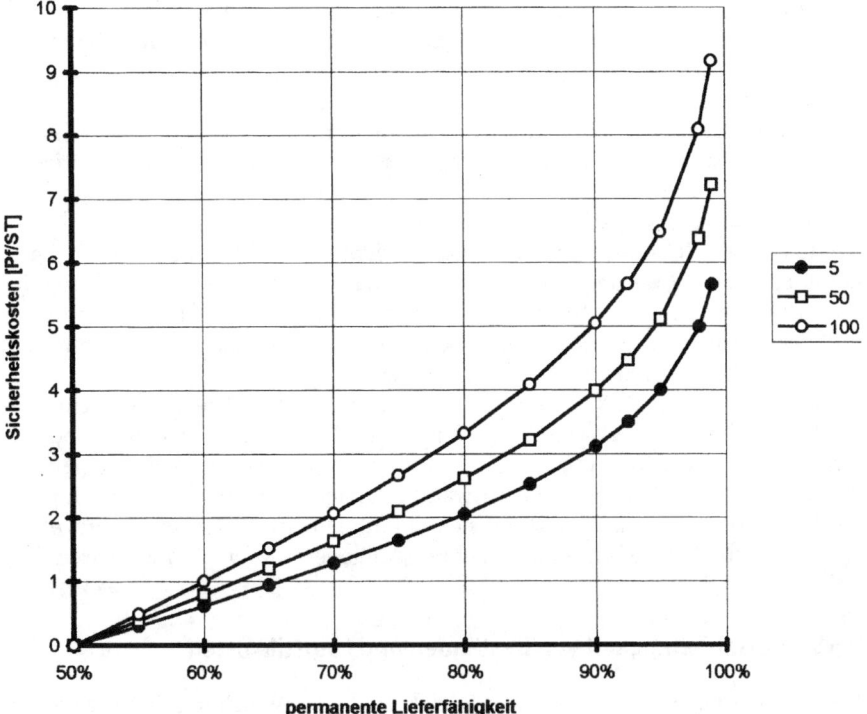

Abb. 11.9 Abhängigkeit der Sicherheitskosten von der permanenten Lieferfähigkeit

Parameter: Stückvomunen 5, 10, 100 l/ST
Wiederbeschaffungszeit 2 Wochen

- Die Kosten zur Sicherung der Lieferfähigkeit wachsen mit der geforderten permanenten Lieferfähigkeit rasch an (s. *Abb. 11.9*).
- Die spezifischen Sicherheitskosten sinken umgekehrt proportional mit der Wurzel aus dem Periodenverbrauch.
- Die Sicherheitskosten steigen mit Länge und Unsicherheit der Wiederbeschaffungszeit.
- Die Kosten der Lieferfähigkeit nehmen mit dem Preis und dem Volumen der Verbrauchseinheiten zu.

Die Kosten zur Sicherung der Lieferfähigkeit sind eine Art *Versicherungsprämie*. Vertrieb oder Kunden, die 100 % Lieferfähigkeit fordern, sollten darüber aufgeklärt werden, daß es hundertprozentige Lieferfähigkeit nicht gibt, da sie unbezahlbar ist.

Die Sicherheitskosten (11.41) sind über den Sicherheitsbestand von der geforderten Lieferfähigkeit η_{lief} abhängig. Die *Nichtlieferfähigkeit* tritt mit der Wahrscheinlichkeit $\eta_{Nlief} = 1 - \eta_{lief}$ ein. Hieraus läßt sich folgendes Verfahren zur *Optimierung der Sicherheitskosten* ableiten [11]:

- Wenn k_{fehl} [DM/VE] die *Fehlmengenkosten* der Nichtlieferfähigkeit sind, ist die *kostenoptimale Lieferfähigkeit* $\eta_{lief\ opt}$ die Lösung der Gleichung $k_{Lsich}(\eta_{lief\ opt}) = (1-\eta_{lief\ opt}) \cdot k_{fehl}$.

Die Fehlmengenkosten als Folge einer Nichtlieferfähigkeit sind bei Handelsware der entgangene Gewinn oder Deckungsbeitrag, für Zulieferteile der Fertigung die Kosten der Produktionsunterbrechung und für Ersatzteile die Stillstandskosten bis zum Eintreffen des Fehlteils [221].

Auch wenn sich die Fehlmengenkosten nicht einfach bestimmen lassen und daher abgeschätzt werden müssen, ist durch das Verfahren der Optimierung der Sicherheitskosten eine objektive Bestimmung der benötigten Lieferfähigkeit möglich. Ohne ein solches Verfahren kann die Lieferfähigkeit nur mit einer gewissen Willkür nach Ermessen festgelegt werden.

Das Verfahren zur Bestimmung der optimalen Lieferfähigkeit aus den Fehlmengenkosten wurde beispielsweise mit Erfolg für die Bevorratung von Ersatz- und Verschleißteilen in den Wartungs- und Instandsetzungswerken der Bahn eingeführt. Bei teilweise gegenüber dem IST-Zustrand erhöhten, in einigen Fällen auch reduzierten Sicherheitsbeständen ließen sich damit die betroffenen Gesamtprozeßkosten um mehr als 25 % senken und mehrere Millionen DM pro Jahr einsparen.

11.9
Verbrauchsabhängigkeit von Beständen und Logistikkosten

Der mittlere Lagerbestand ist nach Beziehung (11.29) gleich der Summe von Sicherheitsbestand und halber Nachschubmenge. Nach Beziehung (11.27) und (11.34) sind die optimale Nachschubmenge und der Sicherheitsbestand proportional zur Wurzel aus dem Periodenverbrauch. Daher gilt:

- Bei optimaler Nachschubdisposition von Artikeln mit regelmäßigem Verbrauch ist der *optimale Lagerbestand* proportional zur Wurzel aus dem *Periodenverbrauch*

$$m_{Bopt} = F_L \cdot \sqrt{\lambda_{VE}} \ . \tag{11.42}$$

Der Proportionalitätsfaktor F_L ist ein *Lagerstrukturfaktor*, der abhängig ist von den Dispositionsparametern, den Kostensätzen und der geforderten Lieferfähigkeit des betreffenden Lagers.

Aus der Proportionalität (11.42) folgen die *Planungsregeln*:

- Wenn der Absatz eines Artikels mit regelmäßigem Bedarf um einem bestimmten Faktor steigt, dann erhöht sich der Lagerbestand bei optimaler Disposition und gleichbleibender Lieferfähigkeit nur um die Wurzel aus diesem Faktor.
- Der *Bestandsspitzenfaktor* f_{Bsais}, um den sich der mittlere Bestand eines Artikel gegenüber dem Jahresdurchschnittsbestand erhöht, ist bei optimaler Disposition gleich der Wurzel aus dem *Verbrauchsspitzenfaktor* f_{Vsais}, um den der Verbrauch in der Saisonspitze höher ist als im Jahresmittel:

$$f_{Bsais} = \sqrt{f_{Vsais}} \ . \tag{11.43}$$

Diese Planungsregeln sind nutzbar zur Bechnung der Bestände für steigenden oder abnehmenden Absatz und für die korrekte Berücksichtigung von *Saison-schwankungen* bei der Lagerplanung. So ist bei einer Verdoppelung des Verbrauchs nur mit einem Anstieg des mittleren Lagerbestandes um einen Faktor $\sqrt{2} = 1{,}41$, also nur um 41 % zu rechnen, wenn die Bestände optimal disponiert werden.

Abgesehen von den Effekten der Anbrucheinheiten folgt aus den Beziehungen (11.22), (11.27) und (11.30) für die Verbrauchsabhängigkeit der *spezifischen Lager-logistikkosten* bei optimaler Bestandsdisposition:

$$k_{Lopt} = K_{Lopt} / \lambda_{VE} = k_0 + k_1 / \sqrt{\lambda_{VE}} \qquad [DM/VE]. \qquad (11.44)$$

Der konstante Kostenanteil k_0 umfaßt die vom Periodenbedarf unabhängigen spezifischen Transport- und Einlagerkosten. Der variable Kostenanteil mit dem Faktor k_1 wird von den Auftrags- und Lagerhaltungskosten bestimmt, deren Anteil an den spezifischen Logistikkosten bei optimaler Nachschubdisposition mit zunehmendem Durchsatz geringer wird. Aus diesem Zusammenhang, der in den *Abb. 11.10* und *11.11* dargestellt ist, ergibt sich:

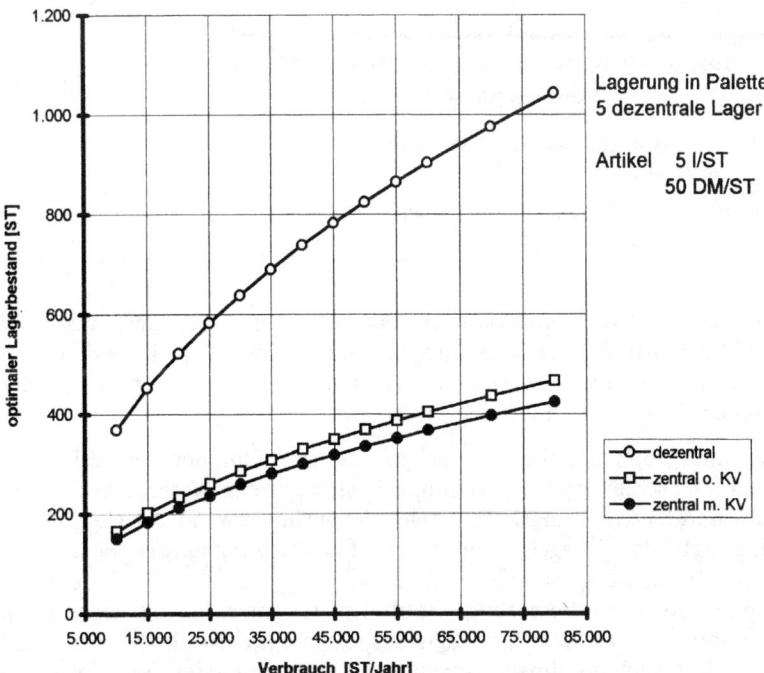

Abb. 11.10 Verbrauchsabhängigkeit des optimalen Lagerbestands bei zentraler und dezentraler Lagerung

dezentral   Summenbestand in 5 Lagern gleicher Größe
zentral o. KV: Zentrallager ohne Kostenverbesserung
zentral m. KV: Zentrallager mit Kostenverbesserung

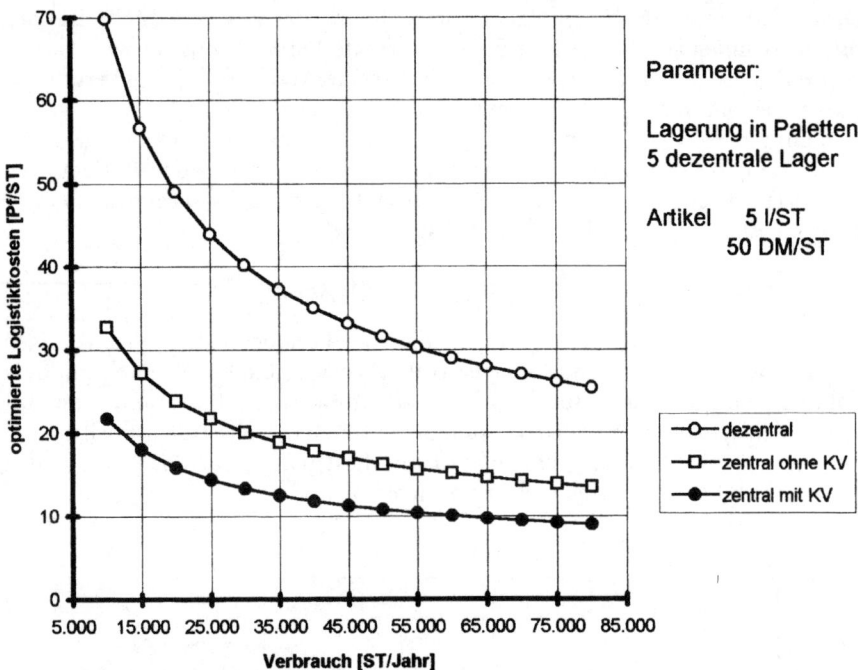

Abb. 11.11 Verbrauchsabhängigkeit der Lagerlogistikkosten
bei zentraler und dezentraler Lagerung

Voraussetzung: Optimale Nachschub- und Bestandsdisposition

- Die spezifischen Lagerlogistikkosten sinken bei optimaler Bestands- und
  Nachschubdisposition umgekehrt proportional mit der Wurzel aus dem Verbrauch asymptotisch bis auf einen kleinsten Wert, der gleich der Summe der
  spezifischen Transport- und Einlagerkosten ist.

Wegen des unterproportionalen Anstiegs der Bestände und der Degression der
spezifischen Nachschub- und Lagerhaltungskosten mit dem Verbrauch sind die
Nachschub- und Lagerhaltungskosten sehr viel geringer, wenn der Gesamtverbrauch eines Artikels mit regelmäßigem Bedarf aus einem *Zentrallager* statt aus
mehreren *dezentralen Lagern* beliefert wird.

Eine weitere Kostenverbesserung ergibt sich bei einer Zentralisierung von
Lagern, Kommissionieren und Umschlag aus den möglichen Einsparungen bei
den Lieferstellen. Auch die Einsparungen durch Bündelung der Transporte, die
allerdings durch die Mehrkosten für das zusätzliche Be- und Entladen im zentralen Umschlagpunkt und für längere Transportwege teilweise wieder kompen-
siert werden, begünstigen in vielen Fällen das zentrale Lagern und Umschlagen
der Ware. Hierauf beruht ein wesentlicher Effekt der *Logistikzentren* (s. *Abb.
1.14*).

11.10
Zentralisierung von Beständen

Zur Optimierung der Logistikketten, zur Auswahl optimaler Lieferwege und zur Kalkulation der Einsparungen, die durch eine Bestandsbündelung erreichbar sind, ist es erforderlich, die durch eine Zentralisierung mögliche *Bestandsreduzierung* zu quantifizieren.

Wenn λ_{Ai} die Verbräuche des Artikels A in den Lagern L_i der *dezentralen Verbrauchsstellen* VS_i, i = 1... N, sind, ist der *Gesamtverbrauch* des Artikels

$$\lambda_A = \sum_{i=1}^{N} \lambda_{Ai} \qquad [VE/PE]. \qquad (11.45)$$

Den dezentralen Verbräuchen entsprechen bei optimaler Disposition gemäß Beziehung (11.42) die Einzelbestände in den *dezentralen Lagern*:

$$m_{BAi} = F_{DL} \cdot \sqrt{\lambda_{Ai}}, \qquad (11.46)$$

wobei der *Lagerstrukturfaktor* F_{DL} von den Dispositionsparametern, den Kostensätzen und der geforderten Lieferfähigkeit der dezentralen Lager abhängt. Einem zentralisierten Verbrauch (11.45) entspricht bei optimaler Disposition der *Zentralbestand*:

$$m_{ZBA} = F_{ZL} \cdot \sqrt{\lambda_A} \qquad (11.47)$$

mit dem Lagerstrukturfaktor F_{ZL} des Zentrallagers. Durch Auflösung von (11.46) nach λ_{Ai} und von (11.47) nach λ_A und Einsetzen der Ergebnisse in (11.45) folgt der *Zentralisierungssatz für den Artikelbestand*:

- Durch das Zusammenfassen in einem Zentrallager mit optimaler Nachschubdisposition reduziert sich die Summe der dezentralen Artikelbestände

$$m_{DBA} = \sum_i m_{BAi} \qquad (11.48)$$

bei optimaler Bestands- und Nachschubdisposition auf einen *Zentrallagerbestand*

$$\mathbf{m_{ZBA}} = (F_{ZL}/F_{DL})^2 \cdot \sqrt{\sum_i m_{BAi}^2}. \qquad (11.49)$$

Der Zentrallagerbestand m_{ZB} eines *Artikelsortiments* mit den Einzelbeständen m_{BAi} in den dezentralen Lagern L_i ergibt sich durch Summation von (11.48) über alle Artikel:

$$m_{ZB} = \sum_A m_{ZBA} = (F_{ZL}/F_{DL})^2 \cdot \sum_A \sqrt{\sum_i m_{BAi}^2}. \qquad (11.50)$$

Unter der Voraussetzung, daß die Artikel in allen dezentralen Lagern die gleiche relative Gängigkeit haben, ist die Summe über A mit der Wurzel der Summe über i vertauschbar. Dann folgt der *Zentralisierungssatz für den Sortimentsbestand*:

- Sind die Summen der Einzellagerbestände der Artikel A eines Sortiments mit *gleicher relativer Gängigkeit* in den dezentralen Lagern L_i, i = 1,2...N,

$$m_{DBi} = \sum_A m_{BAi} \, , \tag{11.51}$$

dann ist die *Gesamtsumme* der dezentralen Bestände des Sortiments

$$m_{DB} = \sum_i m_{DBi} \tag{11.52}$$

und der *Zentrallagerbestand* des gleichen Sortiments bei optimaler Disposition:

$$m_{ZB} = (F_{ZL} / F_{DL})^2 \cdot \sqrt{\sum_i m_{DBi}^2} \, . \tag{11.53}$$

Bei extremen Unterschieden der relativen Gängigkeit der einzelnen Artikel in den dezentralen Lagern ist der mit Beziehung (11.53) errechnete Zentrallagerbestand bis zu 30 % geringer als der mit der korrekten Beziehung (11.50) errechnete Sortimentsbestand im Zentrallager (s. *Abschnitt 9.6*).

Die Voraussetzung gleicher relativer Gängigkeit der Artikel in den dezentralen Lagern ist jedoch in vielen Fällen zumindest für Teilsortimente recht gut erfüllt. Daher gilt in guter Näherung der *Wurzelsatz für die Zentralisierung von Lagerbeständen*, auch *Square Root Law* genannt [102]:

- Bei optimaler Bestands- und Nachschubdisposition und gleicher relativer Gängigkeit der Artikel in den dezentralen Lagern ist der Zentrallagerbestand gleich der Wurzel aus der Quadratsumme der Bestände in den dezentralen Lagern multipliziert mit $(F_{ZL}/F_{DL})^2$.

Bei gleichen Lagerstrukturfaktoren F_{ZL} und F_{DL} ergibt sich nach dieser Regel beispielsweise für das Zusammenfassen von 3 dezentralen Lagern mit den Einzelbeständen m_{DB1} = 300, m_{DB2} = 400 und m_{DB3} = 500 VE und dem Summenbestand m_{DB} = 1.200 VE ein Zentrallagerbestand m_{ZB} = $\sqrt{300^2 + 400^2 + 500^2}$ = 707 VE. Durch eine Lagerzentralisierung ist also in diesem Fall eine Bestandsreduktion um 41 % möglich.

Für dezentrale Lager mit gleichem Bedarf und gleichen Lagerstrukturfaktoren F_{ZL} = F_{DL} vereinfacht sich die Zentralisierungsregel für Bestände zu der *Faustregel*:

- Durch eine Zentralisierung der Bestände aus N_L dezentralen Lagern mit den gleichen Sortimenten und den gleichen Verbräuchen läßt sich der Gesamtbestand in einem Zentrallager bei optimaler Bestands- und Nachschubdisposition um einen Faktor $1/\sqrt{N_L}$ gegenüber dem Summenbestand der dezentralen Lager senken.

Diese einfache Zentralisierungsregel wird in der Praxis meist angewendet, ohne die einschränkenden Voraussetzungen zu beachten, wie die Gleichheit der dezentralen Lager und Sortimente, die optimale Bestandsdisposition und gleiche Strukturfaktoren. Das kann zu überhöhten Einsparungserwartungen, falscher Bestandsplanung und Fehlentscheidungen führen, die sich nach dem Bau eines Zentrallagers nicht mehr korrigieren lassen. So resultiert aus einer Zusammenlegung von nicht überlappenden Sortimenten auch bei optimaler Disposition keine Bestandsreduzierung.

Die Strukturfaktoren für kleine dezentrale Lager und große Zentrallager unterscheiden sich in der Regel aus folgenden Gründen:

- Infolge des höheren Durchsatzes reduzieren sich bei gleicher Technik die spezifischen Einlager- und Lagerplatzkosten eines Zentrallagers im Vergleich zu den entsprechenden Kosten dezentraler Lager.
- In einem größeren Zentrallager sind die Leistungskosten durch den Einsatz rationeller Lager und Fördertechnik deutlich geringer als in kleinen dezentralen Lagern. So kann das Zentrallager ab einer bestimmten Mindestkapazität weitaus kostengünstiger als automatisches Hochregallager statt als manuell bedientes Staplerlager ausgeführt werden.
- Im Zentrallager lassen sich wegen der höheren Bestände Lagereinheiten mit größerer Kapazität einsetzen. Das führt zu einer weiteren Senkung der Leistungskosten.

Die Auswirkung dieser Effekte auf die Prozeßkostensätze für zentrale und dezentrale Lager ist z.B. aus *Tabelle 11.4* ablesbar.

Infolge der Rationalisierungseffekte der Zentrallagerung kann der Strukturfaktor F_{ZL} für ein Zentrallager um 10 % bis 20 % kleiner sein als der Strukturfaktor F_{DL} dezentraler Lager. Damit wird der Faktor $(F_{ZL}/F_{DL}) \approx 0{,}7$ bis $0{,}8$ und es folgt:

- Zentrallagerbestand eines Artikel ist um einen Faktor 0,7 bis 0,8 niedriger als der Bestand, der sich aus den Beziehungen (11.50) und (11.53) ohne diesen Faktor ergibt.

Abb. 11.10 zeigt die Bestandssenkung in Abhängigkeit vom Verbrauch für das Beispiel einer Zusammenlegung von 5 dezentralen Lagern gleicher Größe in einem Zentrallager ohne und mit einer Kostenverbesserung im Zentrallager.

Auch wenn sich durch die Belieferung aus einem Zentrallager die Lieferzeiten für die Verbrauchsstellen im Vergleich zur Direktbelieferung durch die Lieferanten erheblich verkürzen lassen, werden die dezentralen Verbrauchsstellen VS_i in vielen Fällen zur Überbrückung der Nachlieferzeit weiterhin minimale *Pufferbestände* m_{DPi} bevorraten. Diese Pufferbestände werden nach dem in *Abschnitt 11.11* dargestellten Bereitstellverfahren in der Regel nicht mit einzelnen Warenstücken sondern mit einer optimalen Auffüll- oder Nachschubmenge schubweise nachgefüllt. Ein solcher schubweiser Warenabruf durch die angeschlossenen Verbrauchsstellen aber führt im Zentrallager aufgrund der Beziehung (11.37) entweder zu erhöhten Sicherheitsbeständen oder zu einer Reduzierung der Lieferfähigkeit.

Die Summe $m_{DP} = \Sigma m_{DPi}$ der in den dezentralen Verbrauchsstellen vorgehaltenen Pufferbestände, wie beispielweise der *Verkaufsbestände* in den Filialen des Handels, muß bei der Ermittlung der Bestandsreduzierung durch Einrichtung eines Zentrallagers berücksichtigt werden. Eine Bestandsreduzierung ergibt sich daher nur, wenn die Summe des Zentrallagerbestands m_{ZB} und der mimimalen Pufferbestände m_{DP} kleiner ist als die Summe der dezentralen Lagerbestände m_{DB} ohne Zentrallagerung, wenn also:

$$m_{ZB} + m_{DP} < m_{DB}. \tag{11.54}$$

Entscheidend für die Lagerzentralisierung ist jedoch nicht allein die Bestandsreduzierung oder die Verbesserung der Lieferfähigkeit, sondern die Senkung der Prozeßkosten. Die *Abb. 11.11* zeigt für ein Beispiel, wie hoch die Senkung allein der internen Nachschub- und Lagerhaltungskosten durch die Zentralisierung und zusätzlich durch die Kostendegression und effizientere Technik des Zentrallagers sein kann. Eine Zentralisierung der Bestände von Artikeln mit regelmäßigem Bedarf bringt daher für geeignete Sortimente erheblich höhere Einsparungseffekte der Logistikkosten als allgemein erwartet.

Andererseits vermindern sich die Einsparungen in der gesamten Logistikkette, die sich von den Lieferanten bis zu den Bedarfsstellen erstreckt, bei Einrichtung eines Zentrallagers um die *Mehrkosten für den Transport*, die aus einer größeren Entfernung des Zentrallagers von den Bedarfsorten resultieren. Um den Gesamteffekt von Logistikzentren richtig zu bewerten, ist es daher notwendig, die gesamte betroffene Logistikkette einschließlich der außerbetrieblichen Transporte zu betrachten (s. *Kapitel 19/II*).

11.11
Nachschubstrategien

Abhängig vom *Kriterium der Nachschubauslösung* lassen sich drei grundlegend verschiedene *Verfahren der Nachschubdisposition* unterscheiden:

Bereitstellverfahren (b)
Meldebestandsverfahren (s)   (11.55)
Zykluszeitverfahren (t).

Das Auslösekriterien für den Nachschub ist beim Bereitstellverfahren der Verbrauch der *Bereitstellmenge* b, beim Meldebestandsverfahrens das Erreichen des *Meldebestands* s und beim Zykluszeitverfahrens ein *Dispositionszeitpunkt* t.

Bei jedem dieser drei Dispositionsverfahren gibt es für die Nachschubmenge die *Optionen*:

Mindestnachschubmenge (m)
optimale Nachschubmenge (q)
Auffüllmenge auf einen Sollbestand (S).   (11.56)

Durch Kombination der drei *Dispositionsverfahren* b, s und t mit den drei *Nachschuboptionen* m, q und S ergeben sich 9 unterschiedliche *Nachschubstrategien*: (b,m), (b,q) und (b,S); (s,m), (s,q) und (s,S); (t,m), (t,q) und (t,S).[6] Die wichtigsten *Merkmale* und *Eignungskriterien* dieser Nachschubstrategien sind in *Tabelle 11.6* zusammengestellt.

---

6 Üblicherweise werden nur die zwei Auslösekriterien s und t mit den beiden Nachschuboptionen q und S zu den 4 Standardstrategien (s,q), (s,S), (t,q) und (t,S) kombiniert [81; 104].

NACHSCHUBSTRATEGIEN

MERKMALE	Bereitstellverfahren verbrauchsabhängig	Meldebestandsverfahren bestandsabhängig	Zykluszeitverfahren zeitabhängig
Kontroll- Zeitpunkt	bei Entnahme oder bei Anlieferung	bei Bedarfsbuchung	zu festen Dispositionszeiten
Nachschub- Auslösung	Leerung Bereitstellmenge oder Leerplatz im Vorpuffer	Erreichen Meldebestand in Verbindung mit Bestand anderer Artikel	Erreichen Bestellpunkt in Verbindung mit Bestand anderer Artikel
Nachschub- Menge	(b,q) : volle Ladeeinheit (b,S): Pufferplatzkapazität (b,m) : Mindestmenge	(s,q) : optimale Menge (s,S): Auffüllen Sollbestand (b,m) : Mindestmenge	(t,q) : optimale Menge (t,S): Auffüllen Sollbestand (b,m) : Mindestmenge
Vorteile	minimaler Bestand selbstregelnd	opimaler Bestand selbstregelnd	Nachschubabstimmung für mehrere Artikel
Nachteile	erhöhte Nachschubkosten	erschwerte Nachschubabstimmung	erhöhter Bestand fremdgeregelt
Bestandsart	Arbeitspuffer	Nachschublager	Verkaufsbestände
Platzangebot Platzkosten	gering sehr hoch	ausreichend günstig	pro Artikel begrenzt hoch
Nachschubzeit Schwankungen	sehr kurz unzulässig	kurz bis lang zulässig	kurz bedingt zulässig

Tab. 11.6 Merkmale und Eignungskriterien von Nachschubstrategien

b: freier Pufferplatz   s: Meldebestand   t: Bestellzeitpunkt
m: Mindestmenge   q: Nachschubmenge   S: Sollbestand

1. Bereitstellverfahren

Bereitstellverfahren sind speziell geeignet zum selbstregelnden Nachfüllen des *Bereitstellpuffers* einer Verbrauchsstelle. Die Verbrauchsstelle kann eine Maschine, ein Arbeitsplatz, ein Montageband, ein Kommissionierplatz, eine Versandrampe, das Verkaufsregal einer Handelsfiliale oder eine andere Stelle mit kontinuierlichem Bedarf sein.

Die Gestaltung eines Bereitstellpuffers und der Ablauf des Nachschubs sind in *Abb. 11.12* dargestellt. Grundprinzip ist, daß in einem Vorpuffer in unmittelbarer Nähe der Verbrauchsstelle eine *Nachschubeinheit* wartet, die nach Verbrauch des Inhalts der *Zugriffseinheit* auf den Bereitstellplatz nachrückt.

Bei einer verbrauchsabhängigen Bereitstellung bestehen die beiden *Nachschuboptionen:*

1. Bei jeder *Entnahme* wird geprüft, ob der Bereitstellplatz noch Verbrauchseinheiten enthält. Wenn der Bereitstellplatz geleert ist, wird eine volle Nachschubeinheit angefordert.

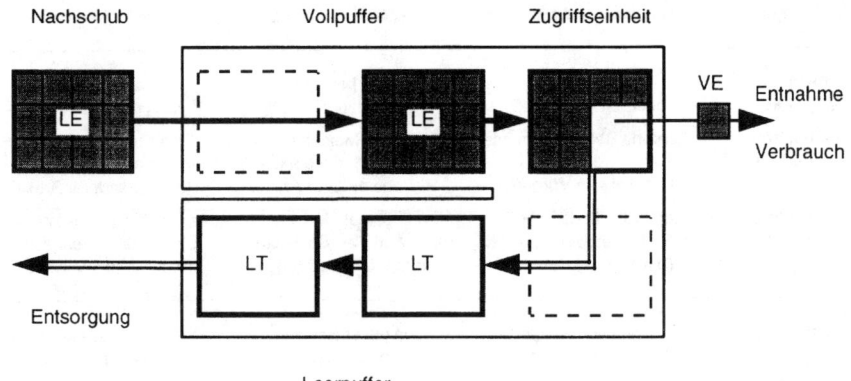

Abb. 11.12 Bereitstellpuffer und Nachschubversorgung

Vollpufferkapazität	3 Ladeeinheiten LE
Leerpufferkapazität	3 Ladungsträger LT
Ladeeinheitenkapazität	12 Verbrauchseinheiten VE

2. Bei jeder *Anlieferung* einer Nachschubeinheit wird kontrolliert, ob im Vorpuffer Platz ist. Die freien Pufferplätze werden mit Nachschubeinheiten aufgefüllt.

Bei der ersten Nachschuboption arbeitet das *Bereitstellverfahren* nach dem sogenannten *Flip-Flop-Prinzip*. Der Vorratsbestand wird dabei auf *minimalem Niveau* gehalten und zugleich ein unterbrechungsfreies Arbeiten gesichert. Geschieht der Abruf einer Nachschubeinheit mit Hilfe einer Behälterbegleitkarte, wird das Flip-Flop-Prinzip auch als *Kanban-Verfahren* bezeichnet (s. *Abschnitt 8.9*).

Die *minimale Nachschubmenge* für das Flip-Flop-Prinzip ist gleich dem *Bedarf in der Wiederbeschaffungszeit*, der sich nach Beziehung (11.57) aus dem Verbrauch und der Wiederbeschaffungszeit errechnen läßt. Die *erste Nachschubeinheit* muß zusätzlich einen *Sicherheitsbestand* enthalten, der nach Beziehung (11.36) die benötigte *Versorgungssicherheit* gewährleistet. Da der Platz am Verbrauchsort meist knapp ist und die Platzkosten hoch sind, ist die aus Beziehung (11.27) resultierende kostenoptimale Nachschubmenge in vielen Fällen nicht wesentlich größer als die minimale Nachschubmenge.

Um die Anzahl der Nachschubtransporte zu minimieren, muß das Fassungsvermögen der eingesetzten Ladungsträger mindestens so groß sein, daß sie die optimale Nachschubmenge plus Sicherheitsbestand aufnehmen können. Damit nicht zuviel Luft transportiert und gepuffert wird, darf das Fassungsvermögen auch nicht wesentlich größer sein. Hieraus resultiert die *Dimensionierungsregel*:

- Das *Fassungsvermögen der optimale Ladungsträger* für das *Flip-Flop-Verfahren* ist gleich der *Mindestnachschubmenge*

$$C_{LE} \approx m_{Nmin} = m_{WBZ} + T_{WBZ} \cdot \lambda_{VE} \qquad [VE/LE]. \qquad (11.57)$$

Bei dieser Bemessung der Ladungsträger kann der Nachschub stets in vollen Ladeeinheiten ausgeführt werden.

Bei der *zweiten Nachschuboption* muß der *Vollpuffer* mindestens eine volle Ladeeinheit und der *Leerpuffer* mindestens einen leeren Ladungsträger aufnehmen können (s. *Abb. 11.12*). Wenn keine Ladungsträger eingesetzt werden, beispielsweise bei Bereitstellung der einzelnen Verbrauchseinheiten in einem *Durchlaufkanal*, ist kein Leerpuffer erforderlich. Die *Vollpufferkapazität* C_P [LE] muß dann mindestens gleich dem Wert (11.3) mit der Mindestnachschubmenge (11.57) sein, um den Verbrauch in der Wiederbeschaffungszeit plus dem Sicherheitsbestand aufnehmen zu können.

Wenn die optimale Nachschubmenge deutlich größer ist als die minimale Nachschubmenge (11.57), muß die Kapazität C_P so groß bemessen sein, daß der Puffer die optimale Nachschubmenge aufnehmen kann. Die *optimale Nachschubmenge* ist dann gleich der *Auffüllmenge*

$$m_{Nauf} = C_P - m_B(t), \qquad (11.58)$$

2. Meldebestandsverfahren
Das Meldebestandsverfahren ist besonders geeignet für *Nachschub- und Reservelager*. Immer wenn eine Bedarfsmeldung eingeht, wird geprüft, ob durch diese der Meldebestand (11.18) unterschritten wird. Wenn das der Fall ist, gibt es die zwei *Nachschuboptionen*:

- *Bestellpunktabhängige Einzeldisposition*: Gemäß dem in *Abb. 11.3* dargestellten Ablauf wird nach Erreichen des Meldebestands für jeden einzelnen Artikel eine Nachschubbestellung in Höhe der *optimalen Nachschubmenge* (11.27) unabhängig vom Nachschubbedarf anderer Artikel ausgelöst.
- *Bestellpunktabhängige Sammeldisposition*: Wenn ein Artikel den Meldebestand erreicht hat, wird gemäß dem in *Abb. 11.13* dargestellten Ablauf für alle Artikel der *gleichen Lieferstelle* geprüft, ob die *Sollbestandsdifferenz*

$$\Delta_B(t) = m_{Bsoll} - m_B(t) \qquad (11.59)$$

zwischen dem aktuellen *IST-Bestand* $m_B(t)$ und einem *Sollbestand* m_{Bsoll} größer ist als die Mindestnachschubmenge m_{Nmin}. Für eine optimalen Teil dieser Artikel wird bei der gleichen Lieferstelle eine *Sammelbestellung* in Höhe der Sollbestandsdifferenzen (11.59) ausgelöst.

Das Auffüllen des Bestands weiterer Artikel des gleichen Lieferanten auf den Sollbestand bietet gegenüber der unabhängigen Einzelbestellung die Möglichkeit einer optimalen *Bündelung* von Nachschubtransporten wie auch von Produktionsaufträgen:

- Wenn mit der Lieferstelle oder dem Lieferanten eine *Rabattstaffel* für größere Bestellauftragswerte vereinbart wurde, kann durch eine Sammelbestellung der Maximalrabatt ausgeschöpft werden.
- Bei ausreichendem Gesamtbedarf aus einer Lieferstelle können Anzahl und Nachschubmengen der gleichzeitig in einer Nachschubbestellung berücksichtigten Artikel so gewählt werden, daß sich in Summe *volle Ladeeinheiten* oder besser noch *ganze Ladungen*, beispielsweise volle Wechselbrücken oder volle Sattelauflieger, ergeben.
- Bei Artikeln, die aus den gleichen Einsatzstoffen von derselben Fertigungsstelle ohne große Umrüstzeit nachproduziert werden, beispielsweise Spirituosen, die aus einem Produkt in der gleichen Abfüllanlage in unterschiedliche Flaschentypen abgefüllt werden, besteht die Möglichkeit zur gebündelten Produktion und damit zu einer Verminderung der anteiligen Rüstzeit.

Die gebündelte Nachschublieferung ist mit geringeren anteiligen Auftrags- und Transportkosten für den einzelnen Artikel verbunden. Das führt nach der allgemeinen Nachschubformel (11.27) zu einer geringeren optimalen Nachschubmenge und einer höheren optimalen Nachschubfrequenz. Der *optimale Sollbestand* ist daher näherungsweise gleich der Summe von Sicherheitsbestand und optimaler Nachschubmenge für den Einzelnachschub:

$$m_{Bsoll} = m_{sich} + m_{Nopt} , \tag{11.60}$$

auch wenn eine vorgezogene Bestellung effektiv eine höherer Nachschubfrequenz bewirkt als die optimale Nachschubfrequenz $f_{Nopt} = \lambda_{VE}/m_{Nopt}$ der unabhängigen Einzelbestellung.

Ist die verfügbare Lagerkapazität für den einzelnen Artikel durch eine *Platzkapazität* C_P begrenzt, die kleiner ist als die Sollbestandsdifferenz (11.60), beispielsweise, weil im Lager eine *Festplatzordnung* besteht, dann ist die Nachschubmenge für die Sammeldisposition gleich der *Auffüllmenge* (11.58).

Das Meldebestandsverfahren erfordert *bei jedem Verbrauch eine Bestandskontrolle* und ist daher bei manueller Durchführung mit relativ hohem Aufwand verbunden. In dem Maße aber, wie Bedarfsabbuchung und Bestandskontrolle zusammen mit der Bestelleingabe automatisch von einem *Materialwirtschaftssystem* in der EDV durchgeführt werden, das *ausreichend verläßliche Bedarfswerte* prognostiziert, gilt:

- Das *Meldebestandsverfahren* ist eine *optimale Nachschubstrategie*, wenn die Nachschubmenge nach Beziehung (11.27) und der Sicherheitsbestand nach (11.36) oder (11.39) mit *aktuellen Dispositionsparametern* und *Prozeßkostensätzen* errechnet werden.

Aus der Optimierung von Nachschubmenge und Sicherheitsbestand, die zu den angegebenen Berechnungsformeln geführt hat, ergibt sich, daß durch das Meldebestandsverfahren die Forderung einer angemessenen Lieferfähigkeit bei kostenoptimaler Bestandshöhe erfüllt wird.

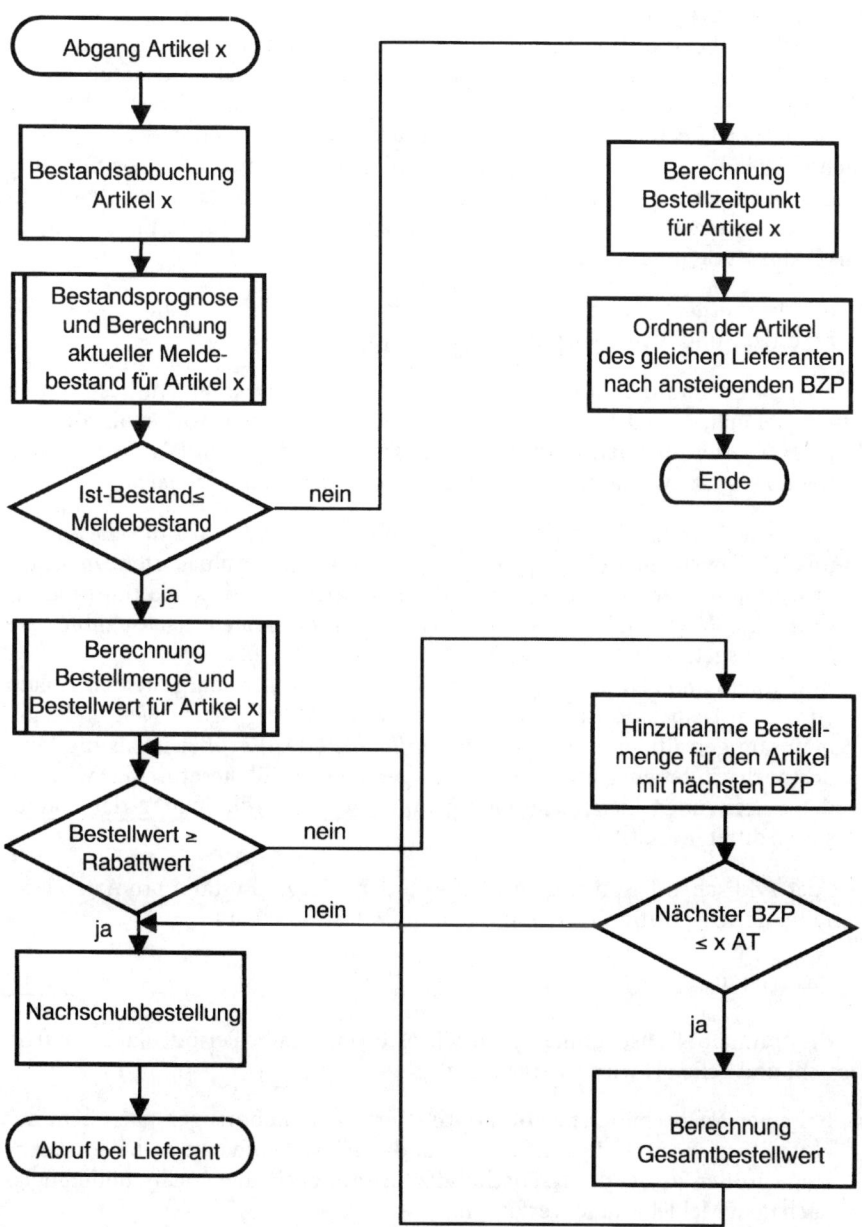

Abb. 11.13 Bestellpunktabhängige Sammeldisposition von Nachschub und Bestand für mehrere Artikel einer Lieferstelle

BZP : Bestellzeitpunkt in Arbeitstagen (AT) ab IST-Zeitpunkt
x : maximale Vorgriffszeit in Anzahl AT

3. Zykluszeitverfahren

Die Nachschubdisposition nach dem Zykluszeitverfahren ist besonders geeignet, wenn die Disposition ohne Rechnerunterstützung manuell durchgeführt wird oder wenn ein Lieferant nur zu bestimmten Zeiten Nachschub liefert.

Damit der Lieferant in regelmäßigen Touren liefern kann und der Disponent nicht bei jeder Einzelbestellung tätig werden muß, werden Disposition und Nachschublieferungen nach dem Zykluszeitverfahren zu bestimmten Zeitpunkten nach einem vorgegebenen *Dispositionszyklus* durchgeführt. Ein Dispositionszyklus ist definiert durch

- die *Dispositionszykluszeit* T_D [PE], die *Dispositionszeitpunkte* $t_{Di} = t_{Do} + i \cdot T_D$, i = 0,1,2..., und die *Dispositionsfrequenz* $f_D = 1/T_D$.

Gebräuchlich sind die *monatliche Nachschubdisposition* an einem bestimmten Tag des Monat, die *wöchentliche Diposition* an einem festen Wochentag, die *tägliche Disposition* zu einer bestimmten Tageszeit oder die *stündliche Disposition*.

Beim Zykluszeitverfahren bestehen folgende *Nachschuboptionen*:

- *Zyklische Einzeldisposition*: Zum Dispositionszeitpunkt wird für alle Artikel unabhängig voneinander geprüft, ob ihr Bestand bis zum nächsten Dispositionszeitpunkt den Meldebestand (11.18) unterschreiten wird, und für diese Artikel eine Nachschubbestellung in Höhe der optimalen Nachschubmenge (11.27) ausgelöst.
- *Zyklische Sammeldisposition*: Gemäß dem in *Abb. 11.14* dargestellten Ablauf wird zum Dispositionszeitpunkt für alle Artikel der *gleichen Lieferstelle* gemeinsam geprüft, ob die *Sollbestandsdifferenz* (11.59) größer ist als die Mindestnachschubmenge m_{Nmin}. Für einen geeigneten Teil dieser Artikel wird bei der betreffenden Lieferstelle eine gebündelte Gesamtbestellung der Sollbestandsdifferenzen (11.59) ausgelöst.

Bei der zyklischen Disposition erhöht sich der mittlere Bestand pro Artikel gegenüber der Disposition zum optimalen Bestellzeitpunkt auf

$$m_{Bzykl} = m_{Bopt} + \lambda_{VE} \cdot T_D / 2 , \qquad\qquad (11.61)$$

da die optimale Nachschubmenge im Mittel um eine halbe Periodenlänge zu früh bestellt und geliefert wird. Hieraus folgt:

- Bei einer Nachschubdisposition optimaler Nachschubmengen nach dem Zykluszeitverfahren ist die mittlere Bestandsreichweite um eine halbe Periodenlänge größer als bei der Nachschubdisposition optimaler Nachschubmengen nach dem Meldebestandsverfahren.

Bei monatlicher zyklischer Disposition erhöht sich also die Lagerreichweite im Mittel um 10 Arbeitstage und bei wöchentlicher Disposition um 2 bis 3 Tage. Im Grenzfall sehr kurzer Dispositionszeiten $T_D \rightarrow 0$ geht das Zykluszeitverfahren effektiv in das Meldebestandsverfahren über. Zwei wichtige *Konsequenzen* hieraus sind:

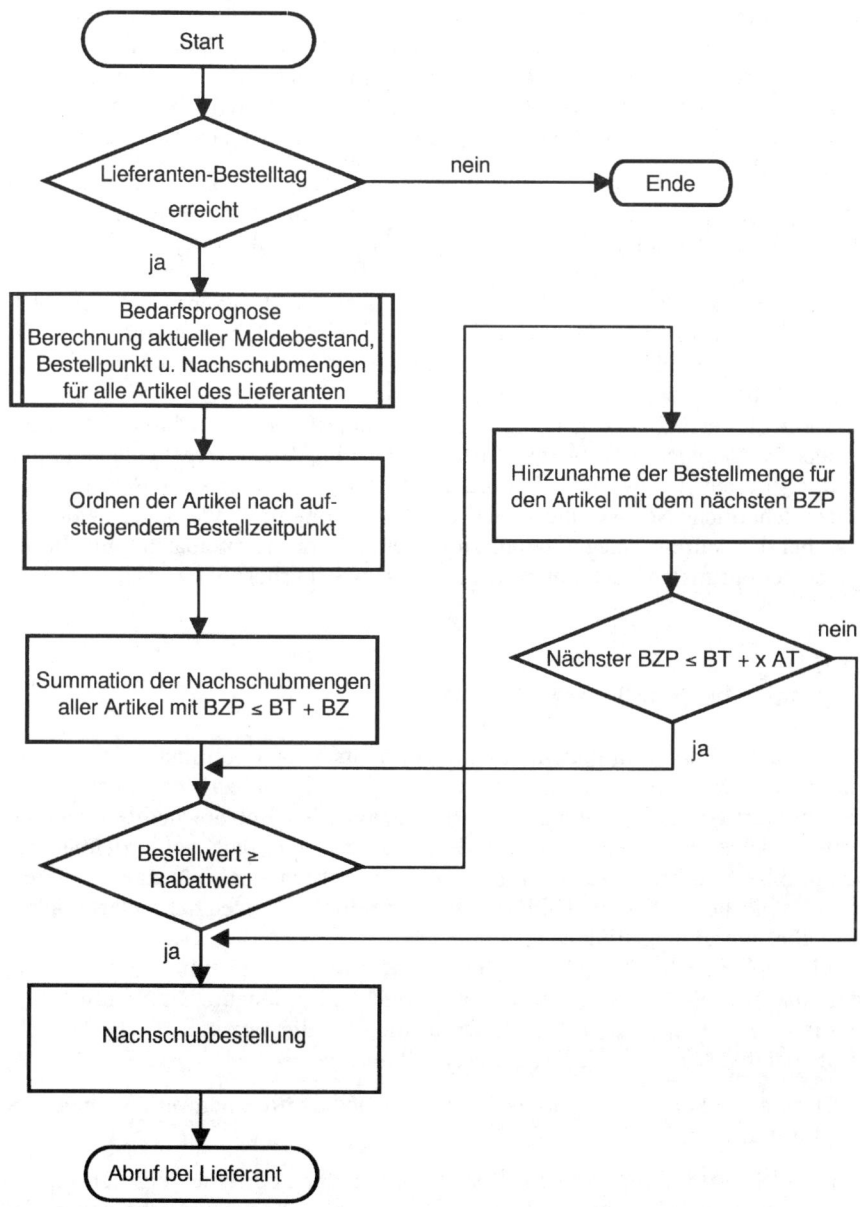

Abb. 11.14 Zyklische Sammeldisposition von Nachschub und Bestand für mehrere Artikel einer Lieferstelle

BT : Bestelltag der betreffenden Lieferstelle
BZ : Bestellzykluszeit
BZP : Bestellzeitpunkt in Arbeitstagen (AT) ab IST-Zeitpunkt
x : maximale Vorgriffszeit in Anzahl AT

- Wenn der Nachschub nach dem Zykluszeitverfahren disponiert wird, muß der Dispositionszyklus so kurz wie möglich sein, um Überbestände zu vermeiden.
- Durch Übergang von der monatlichen auf die wöchentliche Disposition läßt sich die mittlere Reichweite um 8 Arbeitstage und durch Übergang von der wöchentlichen auf die tägliche Disposition um 2 Arbeitstage verkürzen.

Aufgrund dieser Erkenntnis, allein durch Umstellung von monatlicher auf wöchentliche Disposition, konnten die Lagerbestände in einem Großunternehmen der chemischen Industrie um mehr als ein Drittel gesenkt und jährliche Kosten in zweistelliger Millionenhöhe eingespart werden.

Durch das zyklische Auffüllen auf den Sollbestand ist – ebenso wie beim Meldebestandsverfahren – eine optimale Nachschubbündelung möglich. Mit einer zyklischen Sammeldisposition werden die Bestände unvermeidlich noch etwas höher als bei der zyklischen Einzeldisposition.

Wenn die verfügbare Lagerkapazität für den einzelnen Artikel durch eine vorgegebene *Platzkapazität* C_P begrenzt ist, z. B., weil im Verkaufsregal eine *Festplatzordnung* besteht, ist die Nachschubmenge gleich der *Auffüllmenge* (11.58). Um eine unwirtschaftliche Nachschubdisposition oder zu hohe Bestände zu vermeiden, ist also bei der Auffüllstrategie darauf zu achten, daß die Platzkapazität annähernd gleich der optimalen Nachschubmenge plus dem Sicherheitsbestand ist.

11.12
Disposition bei instationärem Bedarf

Bei *instationärem Verbrauch* müssen Sicherheitsbestand, optimale Nachschubmenge und Meldebestand unter Verwendung der aktuellen *Prognosewerte* für den zukünftigen Bedarf laufend neu errechnet werden. Entsprechend sind vorgegebene Platzkapazitäten und verwendete Ladungsträger regelmäßig zu überprüfen und bei deutlichen Abweichungen von der optimalen Größe zu korrigieren. Andernfalls kommt es zu Fehldispositionen, einem Absinken der Lieferfähigkeit und überhöhten Logistikkosten.

Eine optimale Nachschub- und Bestandsdisposition ist bei instationärem Bedarf also nur möglich, wenn dieser mit ausreichender Genauigkeit prognostizierbar ist (s. *Abschnitte 9.8* und *9.9*). Hieraus folgt für die maximale Bestandsreichweite bei instationärem Bedarf die *Dispositionsregel*:

- Der Bestand darf nicht größer sein als der Bedarf für einen verläßlichen Prognosezeitraum.

Ohne EDI-Verbindung mit dem Verbrauchsort, der über einen eigenen Puffer- oder Lagerbestand verfügt, erfährt die Lieferstelle von einer Verbrauchsänderung erst, wenn die nächste Nachschubbestellung eintrifft. Die Zeitdifferenz dieser Informationsverzögerung ist im Mittel gleich der halben Reichweite der letzten Nachschubmenge. Infolge der Informationsverzögerung aber hinkt die Anpassung der Bestände stets hinter der aktuellen Veränderung des Bedarfs her.

Speziell für lagerhaltige Artikel mit einem hohen saisonalen Spitzenbedarf, der sich mit ausreichender Genauigkeit aus dem Bedarfsverlauf der Vergangenheit prognostizieren läßt, besteht die Möglichkeit einer *Antizipationsstrategie*:

- Der über den Jahresdurchschnittsverbrauch hinausgehende Bedarf der Saisonzeit wird vorgefertigt, um die Belastung der Produktion zu vergleichmäßigen und um die Kapazitäten während der Saison für die kundenspezifische Fertigung freizuhalten.

Neue Möglichkeiten zur rechtzeitigen Anpassung der Bestände an einen sich ändernden Verbrauch ergeben sich aus einem *elektronischen Datenaustausch* (EDI) zwischen Lieferstelle, Lagerstelle und Verbrauchsstelle. Bei elektronischem Datenaustausch entfällt die Informationsverzögerung. Dadurch lassen sich Nachschub und Bestand aller Liefer- und Lagerstellen einer Versorgungskette ohne Zeitverzug *synchron* auf den Verbrauch am Ende der Kette einstellen [85].

11.13
Strategien zur Bestandsoptimierung

Eine wirksame und wirtschaftliche Senkung von Beständen ist nur möglich, wenn bekannt ist, welche Einflußfaktoren sich in welcher Art und Stärke auf die Bestandshöhe und die davon abhängigen Logistikkosten auswirken. Ohne diese Kenntnis ist eine Diskussion über Bestandshöhen sinnlos [80].

Zur Berechnung der Abhängigkeit der optimalen Nachschubmenge, des Sicherheitsbestands, des Meldebestands und des Lagerbestands von der Lieferfähigkeit, den Dispositionsparametern und den Kostensätzen ist das am Ende dieses Kapitels in *Tabelle 11. 7* wiedergegebene *Programm zur Bestands- und Nachschuboptimierung* geeignet. Die *Ergebnisfelder* dieses in EXCEL ausgeführten Tabellenprogramms enthalten die zentralen *Dispositionsformeln* (11.22), (11.27) bis (11.30) und (11.34), die auf die entsprechenden *Eingabefelder* zugreifen. Mit Hilfe dieses Programms wurden unter Verwendung der Kostensätze aus *Tabelle 11.4* für mehrere Beispiele die in den *Abb. 11.4* bis *11. 11* dargestellten funktionalen Abhängigkeiten berechnet.

Aus diesen Kurven, den vorangehend hergeleiteten Formeln und den zuvor erläuterten Planungsregeln und Gesetzmäßigkeiten ergibt sich eine Reihe von *Strategien zur Bestandsoptimierung*. Diese lassen sich unterscheiden in *Bestandssenkungstrategien* mit dem Ziel einer Reduzierung allein der Lagerhaltungskosten und *Bestandsoptimierungstrategien* zur Senkung aller bestandsabhängigen Logistikosten. Eine Bestandsoptimierung kann unter Umständen auch zu einer Erhöhung der Bestände führen.

Die wirksamsten *Bestandssenkungsstrategien* ohne negative Auswirkungen auf die übrigen Logistikkosten sind:

- *Bereinigung des lagerhaltigen Sortiments* durch Überprüfung der Notwendigkeit der Lagerhaltigkeit.
- *Übergang zur Auftragsfertigung* oder zur *kundenspezifischen Bestellung* für nicht notwendig lagerhaltige Artikel oder für Großmengenaufträge.

- Verbesserte *Verfahren zur Prognose* des zukünftigen Verbrauchs und laufende *Kontrolle der Prognosewerte* unter Verwendung aktueller Informationen vom Point of Sales des Endverbrauchs in allen Stufen der Versorgungskette.
- Begrenzung der Nachschubmengen durch Vorgabe *maximal zulässiger Reichweiten*.
- Disposition *optimaler Nachschubmengen*.
- *Verkürzung der Dispositionsfrequenz* bei zyklischer Disposition.
- *Reduzierung der Wiederbeschaffungszeiten*.
- *Minimierung der Schwankungen* der Wiederbeschaffungszeiten durch Auswahl zuverlässiger Lieferanten und verläßlicher Belieferungswege.
- *Überprüfung der geforderten Lieferfähigkeit* auf Angemessenheit und Anpassung an den tatsächlichen Bedarf.
- *Übergang* von der permanenten *zur mittleren Lieferfähigkeit* für unkritische Artikel.
- Korrekte Berechnung und permanente *Überprüfung der Sicherheitsbestände*.

Ein Indiz für überhöhte Sicherheitsbestände ist ein Lagerumschlag, der kleiner ist als die Nachschubfrequenz. *Indizien* für nicht optimale Nachschubdisposition sind:

1. Die Spitzenfaktoren des saisonalen Bestandsverlaufs sind größer als die Wurzel aus den Spitzenfaktoren des saisonalen Verbrauchs (s. Beziehung (11.42).
2. Die Lorenzkurve der Bestände für Dispoware liegt oberhalb der Lorenzkurve der Verbräuche eines nachdisponierbaren Sortiments. (s. *Abb. 5*, und *5.4* in *Abschnitt 5.8*).

Versuche zur Bestandsenkung durch Vorgabe ungeprüfter oder pauschaler *Benchmarks*, wie maximale Reichweite und minimaler Lagerumschlag, für das ganze Unternehmen, für ein komplettes Sortiment oder ein gesamtes Lager sind keine Bestandsoptimierungsstrategien. Sie führen bestenfalls zu Kostenverschiebungen, in vielen Fällen aber zu einer Erhöhung der Logistikkosten in anderen Abschnitten der Logistikkette.

Bestandsoptimierungsstrategien, deren Wirksamkeit jedoch für jeden Anwendungsfall sorgfältig zu prüfen ist, sind:

- Verwendung *korrekter Dispositionsformeln* und Einsatz *geeigneter Dispositionsstrategien*.
- Regelmäßige Überprüfung und Aktualisierung der Dispositionsparameter und Kostensätze, die zur Berechnung der optimalen Nachschubmenge verwendet werden.
- *Nachschubdisposition der Bestände* in mehrstufigen Lagerstellen *nach dem Pull-Prinzip*. Da Artikelwert und Lagerkosten im Verlauf einer Logistikkette zunehmen, verschieben sich die Bestände durch die Disposition nach dem Pull-Prinzip vom Ende der Logistikkette auf die voranliegenden Lagerstellen.
- *Runden* der Nachschubmengen *auf volle Ladeeinheiten*.
- *Bündelung des Nachschubs* für Artikel aus einer Lieferstelle und Abstimmung auf die Transportmittelkapazität.

DISPOSITIONSZEITEN	Dispositionszeitraum	Jahr	Dauer:	250	Betriebstage
	Dispositionsstrategie	s;q	Zykluszeit:	0	BTage
ARTIKELDATEN	**MB 600**		Mengeneinheit :	**Zigarette**	= ME
	Verbrauchseinheit [VE]	**Stange**	Inhalt:	200	ME/VE
	Einkaufspreis/Herstellkosten			24,15	DM/VE
	Ladeeinheit [LE]	**Palette**	Kapazität:	1.200	VE/LE
	Lieferbereitschaft	99,5% mittel		99,0%	permanent
	Maximale Reichweite			125	BTage
VERBRAUCHSWERTE	**Verbrauch**	150.000.000 ME/Jahr		3.000	VE/BTag
	Auftragsmenge		Mittelwert	2.500	VE/VAuf
	Variabilität	0,04	Streuung	500	VE/VAuf
NACHSCHUBGRÖSSEN	Mindestmenge			15.000	VE/NAuf
	Wiederbeschaffungszeit		Mittelwert	3	BTage
	Variabilität	0,00	Streuung	0	BTage
	Optimale Nachschubmenge			**18.000**	**VE/NAuf**
	Runden auf volle LE	ja		**15,0**	**LE/NAuf**
KOSTENSÄTZE	**Nachschubauftragskosten**		Lagerstelle	20,00	DM/NAuf
			Lieferstelle	575,00	DM/NAuf
	Transportkosten		Sendung:	20,00	DM/NAuf
	Lieferstelle-Lagerstelle		Beförderung:	10,00	DM/LE
	Lagerkosten		Einlagern:	4,00	DM/LE
			Lagern:	0,50	DM/LE*BTag
	Lagerordnungsfaktor	freie Lagerordnung		1/2	
	Gesamtauftragskosten			615,00	DM/NAuf
		Kapital	**Risiko**	**Gesamt**	
	Lagerzinssatz	8,0%	3,0%	**11,0%**	pro Jahr
BESTANDSGRÖSSEN	**Sicherheitsbestand**		Verbrauchseinheiten:	**11.253**	**VE**
			Ladeeinheiten:	9,4	LE
	Lagerbestand		maximale Menge:	29.253	VE
			mittlere Menge:	**20.253**	**VE**
			Ladeeinheiten:	**16,9**	LE
	Meldebestand			**20.253**	**VE**
	Bestandswert			**489.118**	**DM**
LOGISTIKKOSTEN	Nachschubkosten			34.375	DM/Jahr
	Lagerhaltungskosten			55.975	DM/Jahr
	Logistikkosten			**90.350**	**DM/Jahr**
	Prozeßkosten = spezifische Logistikkosten			**0,120**	**DM/VE**
	davon		Sicherheitskosten	0,041	DM/VE

Tab. 11.7 Tabellenprogramm zur Bestands- und Nachschuboptimierung

- Belieferung einer großen Anzahl von Verbrauchsstellen mit geringem Einzel-
bedarf über einen oder mehrere *Umschlagpunkte* in vollen Transportmitteln.
- Zentralisierung von Beständen in einem oder mehreren *Logistikzentren*.

Die beiden letzten Strategien erfordern eine differenzierte Logistikkostenrechnung für die Gesamtheit aller Artikel über alle Belieferungswege von den Lieferanten bis zu den Verbrauchsstellen. Dabei sind auch die Logistikkosten der Lieferanten zu berücksichtigen, soweit diese von den Nachschubmengen und der Nachschubstrategie der Verbrauchs- und Lagerstellen abhängig sind. Durch eine Bündelung der Belieferung über Umschlagpunkte oder aus bestandsführenden Logistikzentren lassen sich im Vergleich zur Direktbelieferung nur für ausgewählte Lieferanten und Artikelgruppen Logistikkosten einsparen.

Eine weitere Voraussetzung für eine kostensenkende Nachschubbündelung und Bestandsreduzierung durch Zentralisierung ist, daß die Warenströme und Zentrallagerbestände der Artikel, für die eine Kostensenkung durch Zentralbelieferung möglich erscheint, zusammen eine *kritische Masse* erreichen, für die sich der Bau und Betrieb eines rationellen Umschlag- oder Logistikzentrums lohnt (s. *Abschnitt 6.8*).

Die in diesem Kapitel dargestellten Strategien zur Bestands- und Nachschubdisposition und die entwickelten Berechnungsformeln für die optimale Nachschubmenge und den angemessenen Sicherheitsbestand wurden in zahlreichen Beratungsprojekten mit Erfolg genutzt. In unterschiedlichen Branchen, wie in der Automobilindustrie, der Zigarettenindustrie, der Getränkeindustrie und in der Ersatzteilversorgung, sowie im stationären Handel konnten dadurch in kurzer Zeit erhebliche Bestandssenkungen und Kosteneinsparungen, teilweise in zweistelliger Millionenhöhe, erreicht werden.

12 Logistikeinheiten und Logistikstammdaten

Logistikeinheiten sind materielle Objekte, die in unterschiedlicher Größe und Zusammensetzung die verschiedenen Stationen der Logistikketten durchlaufen. Die Logistikstammdaten der Objekte und Stationen werden zur Planung, Steuerung und Optimierung der Logistikketten benötigt.

Wie in *Abb. 12.1* dargestellt, werden lose Waren, Produkte, Sendungen, Frachtstücke, Leergut oder andere *Fülleinheiten* zum Fördern, Heben, Lagern und Versand in *Ladungsträgern* zu *Ladeeinheiten* gebündelt. Für den außerbetrieblichen Transport werden die Ladeeinheiten in *Transporthilfsmitteln* oder *Transportgefäßen* zu *Transporteinheiten* zusammengefaßt.

Über kürzere Entfernungen führen Flurförderzeuge oder Förderanlagen den Transport der Ladeeinheiten durch. Über größere Entfernungen befördern Transportmittel die Ladeeinheiten zwischen den Versandstellen, den Logistikstationen und den Empfangsstellen. In den Logistikstationen werden die Ladeeinheiten mit den Fülleinheiten auf Stauflächen für kurze Zeit gepuffert und in Lagersystemen für längere Zeit gelagert.

Hieraus resultiert die *Aufgabe der Ladeeinheitenoptimierung* [105; 108]:

- Für ein gegebenes Spektrum von Fülleinheiten sind durch richtige Auswahl, Zuordnung, Befüllung und Kennzeichnung von Ladungsträgern optimale Ladeeinheiten zu bilden, in denen die Fülleinheiten eine Logistikkette mit geringstem Aufwand durchlaufen können.

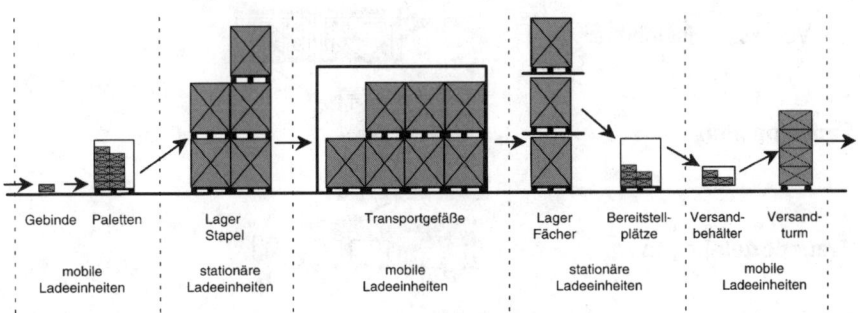

Abb. 12.1 Fülleinheiten und Ladeeinheiten in der Logistikkette

In diesem Kapitel werden die Funktionen der Ladeeinheiten analysiert und die Logistikstammdaten von Fülleinheiten und Ladeeinheiten definiert.

Zur Berechnung der Anzahl der Ladeeinheiten, die für eine bestimmte *Füllmenge* benötigt werden, ist die Kenntnis der *Ladeeinheitenkapazität* erforderlich. Schwerpunkt dieses Kapitels ist daher die Berechnung der Kapazität und des Füllungsgrads von Ladeeinheiten. Kapazität und Füllungsgrad der Ladeeinheiten sind abhängig von der *Menge* und *Beschaffenheit* der Fülleinheiten. Sie werden außerdem von der *Pack-* und *Füllstrategie* bestimmt.

Mit den resultierenden Berechnungsformeln lassen sich die Auswirkungen unterschiedlicher Pack- und Füllstrategien auf den Ladeeinheitenbedarf, den Füllungsgrad und die Volumennutzung quantifizieren. Sie sind grundlegend für die Dimensionierung und Optimierung von Lager-, Kommissionier- und Transportsystemen.

Im letzten Abschnitt des Kapitels wird das Konzept einer *Logistikdatenbank* mit den hierfür benötigten Logistikstammdaten beschrieben.

12.1
Funktionen der Ladeeinheiten

Als *Fülleinheiten* [FE] werden die zusammengefaßten Logistikeinheiten und als *Ladeeinheiten* [LE] die resultierenden Logistikeinheiten in den verschiedenen Stufen der *Verpackungshierarchie* bezeichnet. In *Abb .12.2* sind die *unternehmensspezifischen Verpackungsstufen* und *Ladeeinheiten* eines Unternehmens der Konsumgüterindustrie dargestellt. *Tabelle 12.1* enthält die Bezeichnungen der Logi-

Abb. 12.2 Logistikeinheiten und Verpackungsstufen eines Unternehmens der Konsumgüterindustrie stikeinheiten in den *Verpackungsstufen* einer *allgemeinen Verpackungshierarchie*.[1]

Logistikeinheiten können auch ohne Verpackung versandt oder ohne Ladungsträger gelagert und transportiert werden. Dann ist die Logistikeinheit einer unteren Verpackungsstufe gleich der Ladeeinheit einer höheren Verpackungsstufe.

Das *Bündeln* von *Fülleinheiten* zu *Ladeeinheiten* bietet folgende *Vorteile* und *Optimierungsmöglichkeiten* [105; 106; 107; 109; 110; 111]:

- Durch standardisierte *Verpackungen* und *Gebinde* lassen sich Güter und lose Waren, die zur Handhabung, zum Stapeln oder für den Versand ungeeignet sind, *handhabbar, stapelbar* und *beförderungsfähig* machen.
- *Genormte Verpackungseinheiten* sind Voraussetzung für den Einsatz von *Handhabungsrobotern* und automatischen *Kommissioniersystemen*.
- Durch *Ladungsträger* können Gebinde oder Güter, die wegen ihrer Beschaffenheit zur Lagerung nur schlecht oder garnicht geeignet sind, *lagerfähig* gemacht werden.
- *Genormte Lagereinheiten* sind die Voraussetzung für moderne *Lagertechnik* und *automatische Lagersysteme*.
- Das Zusammenfassen einer größeren Anzahl von Fülleinheiten zu wenigen Ladeeinheiten führt zu einer Senkung der anteiligen Handling-, Lager- und Transportkosten.
- Durch normierte und aufeinander abgestimmte Ladeeinheiten lassen sich die *Übergänge* zwischen Lager-, Kommissionier- und Fördersystemen sowie der *Umschlag* zwischen inner- und außerbetrieblichen Transportsystemen *beschleunigen* und *rationalisieren*.
- Durch das Bilden von *Transporteinheiten* lassen sich Frachtgut, Ladungen und andere Fülleinheiten, die wegen ihrer Beschaffenheit für den Transport schlecht oder ungeeignet sind, *transportfähig* machen und einer bestimmten *Transporttechnik* anpassen.
- *Genormte* und aufeinander *abgestimmte* Fülleinheiten, Ladeeinheiten und Transporteinheiten ermöglichen *Befüllungsstrategien* und *Stapelschemata* mit *minimalem Packungsverlust* und *optimaler Volumennutzung*.
- *Ladungsträger* und *Transporthilfsmittel* bieten Schutz gegen Beschädigung, Sichern den Inhalt vor Diebstahl und Schwund und machen Umverpackungen entbehrlich.

Diesen Vorteilen und Handlungsmöglichkeiten des Einsatzes von Lade- und Transporteinheiten stehen allerdings auch *Nachteile* gegenüber:

- Das *Befüllen, Sichern, Kennzeichnen* und *Entleeren* der Lade- und Transporteinheiten sind mit zusätzlichem *Aufwand* verbunden.

---

1 Für die Bezeichnung von Logistikeinheiten und Ladungsträgern gibt es unterschiedliche Begriffe, die vielfach branchenabhängig sind [111; 112]. *Tabelle 1* enthält einen Normierungsvorschlag für die Oberbegriffe. Die zur Erläuterung angegebenen Beispiele sind jedoch aufgrund der unterschiedlichen Begriffsverwendung in der Logistik teilweise mehrdeutig.

VS Bezeichnung	Verpackungsstufe und Logistikeinheit	Maßeinheit
Inhalt	Ladungsträger	Inhalt/Kapazität
0 Ware	**Mengeneinheit** (Maßeinheit)	**ME**
Lose Ware	Schüttgut, Feststoff, Flüssigkeit, Gas Meterware, Flächenware, Massenware	l, m^3, kg, t m,m^2,m^3,Stück
1 Artikel [Art]	**Verkaufseinheit** (Artikeleinheit)	**VKE**
Verpackte Ware	Warenstück, Packung, Sack Faß, Flasche, Dose, Display, Tray	[WST/VKE] [ME/VKE]
2 Umverpackung **[Uvp]**	**Verpackungseinheit** (Gebinde)	**VPE**
Lieferauftrag Bestellung	Paket, Tray, Karton, Kasten, Kiste Palette, Kanister, Tank, Silobehälter	C_{VPE} [VKE/VPE]
3 Sendung [Snd]	**Versandeinheit** (Packstück, Colli)	**VE**
Versandauftrag	Paket, Karton, Behälter, Klappbox Rollbehälter, Palette, Kiste, Container	C_{VE} [VPE/VE]
4 Ladung [Ldg]	**Ladungseinheit** (Frachtstück)	**LE**
Fracht Partie	Paket, Kiste, Palette, Container Unit Load Device (ULD Luftfracht) 20- und 40-Fuß-Container	C_{LE} [VE/LE]
5 Transport [Trp]	**Transporteinheit** (Transportgefäß)	**TE**
	Wechselbrücke, Sattelauflieger, Silofahrzeug LKW-, Schiffs., Flugzeug-Laderaum Waggon, Silowagen, Kesselwagen	C_{TE} [LE/TE]

Tab. 12.1 Verpackungsstufen und Logistikeinheiten

VS: Verpackungsstufe

- Anschaffung, Wartung und Reinigung der Ladungsträger und Transporthilfsmittel verursachen *Kosten*.
- Lade- und Transporthilfsmittel müssen zur Befüllung bereitgestellt und nach der Verwendung entsorgt oder als *Leergut* zum nächsten Einsatzort gebracht werden.

- Wenn die Innenmaße der *Ladeeinheit* und die Außenmaße der *Fülleinheiten* maßlich nicht aufeinander abgestimmt sind, kommt es zu *Packungsverlusten*.
- Wenn die Füllmenge kein ganzahliges Vielfaches der Kapazität einer Ladeeinheit ist, entstehen *Anbrucheinheiten* und *Füllungsverluste*.
- Das Eigenvolumen der Ladungsträger und Transporthilfsmittel hat *Laderaumverluste* und das Eigengewicht *Nutzlastverluste* zur Folge.
- Das *Ansammeln* ausreichender Mengen zur wirtschaftlichen Füllung sowie das Befüllen und Entleeren der Ladeeinheiten erfordern *Zeit*. Dadurch verlängern sich Durchlaufzeiten, Lieferzeiten und Transportzeiten.

Es ist Aufgabe der Logistik, diese Nachteile des Einsatzes von Ladungsträgern und Transporthilfsmittel zu minimieren, damit die Vorteile aus der Bündelung und Normierung optimal zum tragen kommen. [105, 106, 107, 108; 109].

12.2
Fülleinheiten und Füllaufträge

Fülleinheiten können elementare oder zusammengesetzte Logistikeinheiten sein:

- *Elementare Logistikeinheiten* durchlaufen eine betrachtete Logistikketten unverändert.
- *Zusammengesetzte Logistikeinheiten* werden in der Logistikkette unter Verwendung von Packmitteln, Ladungsträgern oder Transportmitteln aufgebaut und wieder aufgelöst.

Elementare Fülleinheiten der *Verpackungsstufe* 0 sind *lose Waren*, wie Schüttgut, Feststoffe, Flüssigkeiten oder Gase, *unverpackte Waren*, wie Meterware, Flächenware oder Massenware und *einzelne Warenstücke* [WST], Maschinen oder Anlagenteile.

Fülleinheiten der ersten Verpackungsstufe sind die *Verkaufseinheiten* [VKE] oder *Artikeleinheiten* [AE], die lose oder unverpackte Ware enthalten. In der zweiten Verpackungsstufe werden hieraus mit Hilfe von *Packmitteln* auftragsabhängige *Verpackungseinheiten* [VPE] oder *Gebinde* [Geb] gebildet. Diese werden in der dritten Verpackungsstufe durch *Versandverpackungen, Klappboxen, Behälter* oder *Paletten* zu sendungsbestimmten *Versandeinheiten* [VE] oder *Packstücken* [PST] zusammengefaßt.

Lagereinheiten [LE] entstehen durch Bündeln von Fülleinheiten in einem Behälter, auf einer Palette oder in einem anderen *Ladehilfsmittel* zum Zweck der *Lagerung*. Für die Beförderung werden Fülleinheiten unter Einsatz von *Ladungsträgern*, wie Paletten, Gitterboxpaletten oder ISO-Container, in *Ladungseinheiten* zusammengefaßt. *Transporteinheiten* [TE] entstehen durch das Beladen von *Transporthilfsmitteln* oder *Transportgefäßen*, wie Container, Wechselbrücken, Sattelauflieger oder Waggons (s. *Kapitel 19/II*).

Fülleinheiten besonderer Art sind *Lebewesen*, wie Vieh oder Pferde. Auch *Personen*, die von Automobilen, Eisenbahnen, Flugzeugen oder Schiffen befördert werden, sind logistisch betrachtet Fülleinheiten.

1. Füllaufträge
Die Anforderungen an das Befüllen von Ladeeinheiten werden durch Füllaufträge vorgegeben. Füllaufträge regeln das Verpacken, Palettieren, Lagern, Kommissionieren, Versenden und das Beladen für den Transport.
Die *Kenndaten eines Füllauftrags* [FA] sind:

- *Auftragsart*: Verpackungsauftrag, Palettierauftrag, Lagerauftrag, Kommissionierauftrag, Versandauftrag oder Beladeauftrag;
- *Fülleinheiten* [FE]: Beschaffenheit, Inhalt, Außenmaße und Gewicht der Fülleinheiten, wie der Artikeleinheiten eines Packauftrags, der Packstücke einer Sendung oder der Ladeeinheiten einer Ladung;
- *Positionsanzahl* n_{FA} [Pos/FA]: Anzahl Positionen eines Füllauftrags, wie die Artikelanzahl eines Kommissionier- oder Packauftrags, die Anzahl Aufträge eines Versandauftrags oder die Anzahl Sendungen eines Beladeauftrags;
- *Positionsmengen* m_{FAi} [FE/Pos]: Anzahl Fülleinheiten der Auftragspositionen $i = 1, 2 \dots n_{FA}$.

Aus der Positionsanzahl n und den Positionsmengen resultiert die *Füllmenge* eines Auftrags:

$$m_{FA} = \sum_{i=1}^{n} m_{FAi} \qquad \left[FE/FA \right]. \qquad (12.1)$$

Abhängig von Anzahl und Inhalt der Auftragspositionen lassen sich *artikelreine*, *auftragsreine* und *sendungsreine* sowie *artikelgemischte, auftragsgemischte* und *sendungsgemischte Füllaufträge* unterscheiden.

Logistikketten, Logistiksysteme und Logistikzentren müssen meist für eine Vielzahl von Artikeln mit unterschiedlicher Beschaffenheit und zeitlich veränderlichen Bestandsmengen sowie für Aufträge mit unterschiedlichen Anzahlen von Positionen und Mengen ausgelegt und flexibel nutzbar sein. Zur Berechnung der Anzahl Ladeeinheiten, die in den Logistikketten bewegt, gelagert oder benötigt werden, ist es in manchen Fällen unvermeidlich und unter bestimmten Voraussetzungen zulässig, anstelle der Vielzahl im einzelnen meist unbekannter Füllaufträge *Cluster* hinreichend gleichartiger Füllaufträge zu betrachten und mit den *Mittelwerten der Auftragskenndaten* der *Auftragscluster* zu rechnen.

2. Kenndaten der Fülleinheiten
Maßgebend für das Befüllen der Ladeeinheiten sind folgende *Stammdaten* der Fülleinheiten:

- *Inhalt* m_{FE} [ME/FE]: Menge [ME] oder Anzahl [ST] der in einer Fülleinheit enthaltenen Artikeleinheiten, Warenstücke, Verkaufseinheiten oder anderer Logistikeinheiten;
- *Außenmaße*: *Länge* l_{FE} [mm], *Breite* b_{FE} [mm], *Höhe* h_{FE} [mm] quaderförmiger Fülleinheiten und *Durchmesser* d_{FE} [mm] zylindrischer oder kugelförmiger Fülleinheiten.
- *Gewicht* g_{FE} [kg/FE]: Gesamtgewicht von Inhalt und Verpackung der Fülleinheit.

Aus den Kennwerten der einzelnen Fülleinheiten lassen sich die *minimalen, mittleren* und *maximalen Werte* einer größeren Anzahl von Fülleinheiten errechnen. Für Fülleinheiten, die von der Quader-, Zylinder- oder Kugelform abweichen, kann für viele logistische Fragestellungen zur Mittelwertbestimmung mit den Maßen der *Hüllquader* gerechnet werden.

Das Befüllen von Ladeeinheiten wird durch folgende *Pack- und Füllrestriktionen* für die Fülleinheiten eingeschränkt:

- *Belastbarkeit* $g_{FE\,bel}$ [kg/FE]: maximal zulässige Gewichtsbelastung einer Fülleinheit;
- *Stapelfaktor* $C_{FE\,y}$: maximal zulässige Anzahl übereinander stapelbarer Fülleinheiten;
- *Stapelrichtung*: vorgeschriebene *Oberseite, Standfläche* oder *Außenfläche*;
- *Schachtelfaktor* und *Schachtelmaße*: Maximalzahl ineinander schachtelbarer *Hohlkörper* und Außenabmessungen der entstehenden *Verbundeinheit*.

Wie in *Abb. 12.3* dargestellt, ist durch *logistikgerechte Ladungsträger* ein platzsparendes Ineinanderschachteln möglich oder durch *logistikgerechte Formge-*

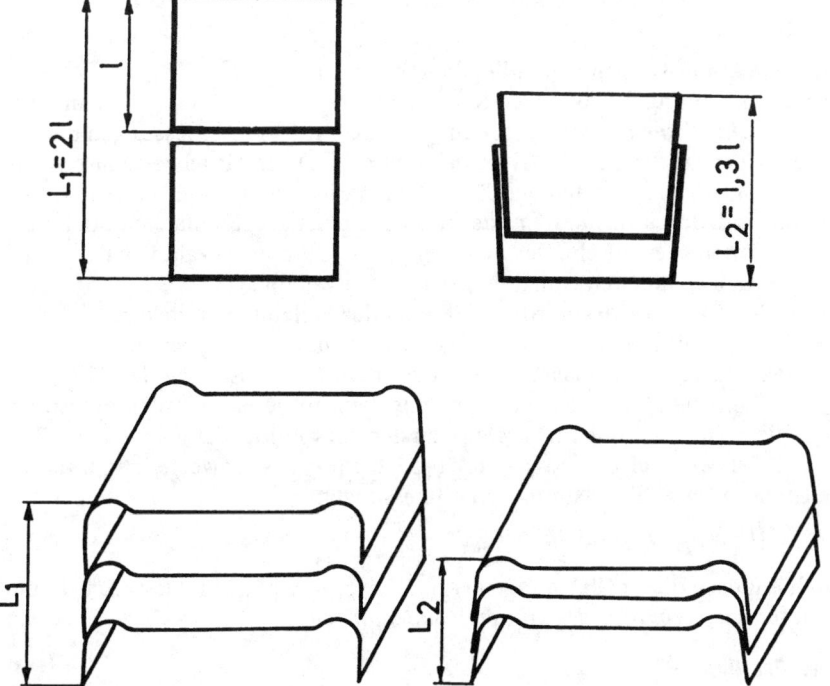

Abb. 12.3 Logistikrechte Ladungsträger und Formgebung [9]

Oben: unverschachtelte und verschachtelte Behälter
Unten: unverschachtelte und verschachtelte Preßteile

bung, etwa von Preßteilen, eine raumsparendes Aufeinanderstapeln [9]. Der dadurch enstehende Stapel ineinander verschachtelter Fülleinheiten kann logistisch als *Verbundeinheit* betrachtet werden, deren Inhalt gleich dem Schachtelfaktor ist.

Wenn die Höhen nicht durch eine *Stapelvorschrift* vorgegeben sind, gilt für die Abmessungen einer Menge von Fülleinheiten, deren minimale Höhe $h_{FE\,min}$ ist:

$$l_{FE} \geq b_{FE} \geq h_{FE} \geq h_{FE\,min}. \tag{12.2}$$

Aus den Abmessungen einer quaderförmigen Fülleinheit ergibt sich das *Fülleinheitenvolumen*

$$V_{FE} = l_{FE} \cdot b_{FE} \cdot h_{FE}, \tag{12.3}$$

aus dem Gewicht und dem Volumen das *spezifische Gewicht* des Füllguts

$$\gamma_{FE} = g_{FE} / V_{FE} \qquad \left[g / cm^3 \right]. \tag{12.4}$$

Fülleinheiten, deren Volumen im Vergleich zum Innenvolumen der Ladeeinheit sehr klein ist, wie Muttern, Schrauben, Granulat oder Sand, sind *Schüttgut*. Im Extremfall ist das Füllgut ein homogener *Feststoff*, eine *Flüssigkeit* oder ein *Gas* mit Fülleinheiten molekularer Größe.

3. Mittlere Abmessungen von Fülleinheiten

Für die Berechnung der mittleren Kapazität von Ladeeinheiten für Fülleinheiten mit *unterschiedlichen Abmessungen* müssen die mittleren Abmessungen und das mittlere Gewicht der Fülleinheiten bekannt sein. Diese Mittelwerte lassen sich aus den Logistikstammdaten der Fülleinheiten errechnen, oder wenn diese nicht bekannt sind, durch *Ausmessen* oder *Auslitern* einer repräsentativen Stichprobe von Fülleinheiten ermitteln. Das Auslitern einer größeren Anzahl von Fülleinheiten oder Artikeleinheiten ist jedoch recht zeitaufwendig.

In vielen Fällen ist das mittlere Volumen der Fülleinheiten bekannt oder aus dem Durchschnittsgewicht und dem spezifischen Gewicht über die Beziehung (12.4) berechenbar. Dann lassen sich die mittleren Abmessungen der Fülleinheiten bei hinreichender Gleichverteilung aus dem mittleren Volumen berechnen. Wenn die minimale Höhe im Vergleich zu den vorkommenden Längen und Breiten klein ist, wenn also $h_{FE\,min} \ll l_{FE}, b_{FE}$ ist, gilt bei Gleichverteilung zwischen den Grenzen (12.2) für die mittleren Abmessungen:

$$b_{FE} = \left(l_{FE} + h_{FE} \right) / 2 \text{ und } h_{FE} = b_{FE} / 2. \tag{12.5}$$

Durch Auflösen dieser Gleichungen ergibt sich $b_{FE} = 2/3 \cdot l_{FE}$ und $h_{FE} = 1/3 \cdot l_{FE}$ und damit für das *Verhältnis der mittleren Seitenlängen*:

$$l_{FE} : b_{FE} : h_{FE} = 3:2:1 \tag{12.6}$$

Wenn $h_{FE\,min} \ll l_{FE}, b_{FE}$ ist, ergibt eine Mittelwertrechnung unter Berücksichtigung der Restriktion (12.2) für das mittlere Volumen der Fülleinheiten:

$$v_{FE} = 4/3 \cdot l_{FE} \cdot b_{FE} \cdot h_{FE}. \tag{12.7}$$

Nach dieser Beziehung ist bei sehr unterschiedlichen Abmessungen das mittlere Volumen v_{FE} der Fülleinheiten um 1/3 größer als das Volumen einer Fülleinheit mit den mittleren Abmessungen. Durch Auflösen der Gleichungen (12.6) und (12.7) nach den mittleren Seitenlängen ergibt sich der *Satz*:

- Eine größere Anzahl von Fülleinheiten mit dem mittleren Volumen v_{FE} und Maßen, die in den Grenzen (12.1) mit $h_{FEmin} \ll l_{FE}$, b_{FE} gleichverteilt sind, hat die *mittleren Abmessungen*

$$l_{FE} = 3/2 \cdot v_{FE}^{1/3} \qquad b_{FE} = v_{FE}^{1/3} \qquad h_{FE} = 1/2 \cdot v_{FE}^{1/3}. \qquad (12.8)$$

In einer *Simulationsrechnung* für 1.000 Fülleinheiten wurden mehrmals von einem Zufallsgenerator Quaderabmessungen erzeugt, nach der Größe geordnet und über die Gesamtheit gemittelt. Die Simulation ergab für die mittleren Seitenlängen in Übereinstimmung mit der theoretischen Vorhersage (12.6) die Verhältnisse $l_{FE} : b_{FE} = 1{,}50 \pm 0{,}01$ und $b_{FE} : h_{FE} = 2{,}00 \pm 0{,}02$.

Das Ausmessen der Längen, Breiten und Höhen einer *Stichprobe* von mehr als 3.000 Artikeleinheiten eines Kaufhaussortiments ergab ein Verhältnis der mittleren Länge zur mittleren Breite von 1,7 und der mittleren Breite zur mittleren Höhe von 2,4. Die im Vergleich zu den theoretischen Werten größeren experimentellen Werte erklären sich aus der Ungleichverteilung der Abmessungen und der endlichen minimalen Höhe der Artikel des Kaufhaussortiments [112]. Die relativ geringe Abweichung des experimentellen Seitenverhältnisses vom theoretischen Wert zeigt aber auch, daß es ohne allzu große Fehler zulässig ist, näherungsweise mit den Werten der Beziehungen (12.6) und (12.8) zu rechnen.

12.3
Ladeeinheiten und Ladungsträger

Ladeeinheiten werden durch Zusammenfassen von Fülleinheiten mittels eines Ladungsträgers gebildet. Die *Ladungsträger* können genormte oder spezielle Lade- oder Transporthilfsmittel sein, sich aber auch auf das Verpacken, Umwickeln oder Umreifen eines Stapels oder Blocks von Fülleinheiten reduzieren oder vollständig entfallen [106; 109; 111; 112].

Zur Herleitung von Formeln für die Berechnung von Kapazität und Füllungsgrad ist folgende abstrakte *Definition der Ladeeinheit* geeignet:

- Eine Ladeeinheit ist ein Raum mit bestimmten Abmessungen, der zur Aufnahme von Fülleinheiten geeignet ist.

Diese Definition, die *Abb. 12.4* veranschaulicht, umfaßt *mobile Ladeeinheiten*, die sich bewegen lassen, wie auch *stationäre Ladeeinheiten*, die sich an festen Plätzen befinden.

Die mobilen Ladeeinheiten haben – auch wenn sie über Straßen und Schienen rollen – bezüglich Kapazität und Füllungsgrad die gleichen Eigenschaften wie die stationären Ladeeinheiten. Sie werden daher auch als *rollendes Lager* bezeichnet.

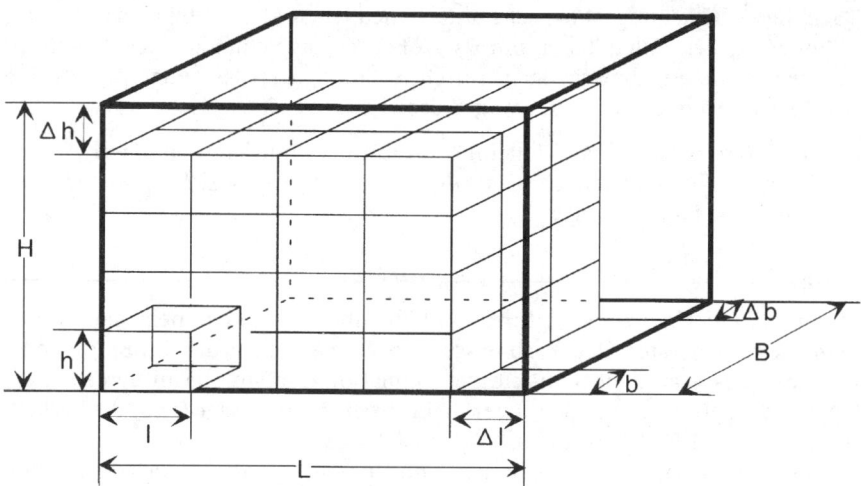

Abb. 12.4 Ladeeinheiten und Fülleinheiten

l, b, h: Außenmaße der Fülleinheiten
L, B, H: Innenmaße der Ladeeinheit
$\Delta_l, \Delta_b, \Delta_h$: Restlängen bei Parallelpackung

1. Stationäre Ladeeinheiten

Stationäre Ladeeinheiten sind Teilräume, die an festen Orten zum Lagern, Puffern und Bereitstellen von Lagereinheiten voneinander abgegrenzt sind. Sie werden entsprechend ihrer Funktion als *Lagerplatz, Pufferplatz* oder *Bereitstellplatz* bezeichnet (s. *Kapitel* 16/II).

Beispiele für stationäre Ladeeinheiten sind:

- *Abstellflächen* in Wareneingang, Warenausgang, Umschlaganlagen und Produktion;
- *Bereitstell- und Pufferplätze* vor und hinter Arbeitsplätzen und Maschinen;
- *Bodenflächen* einer Halle oder eines Freigeländes zur *Block-* oder *Flächenlagerung;*
- *Fachbodenplätze* eines *Fachregallagers;*
- *Lagerfächer* in Ein- und Mehrplatzlagern;
- *Lagerkanäle* von Einfahrregalen, Durchlauflagern oder Kanallagern;
- *Staubahnen* von Sortierspeichern oder in Stetigfördersystemen;
- *Park- und Abstellflächen* für PKW, LKW, Wechselbrücken oder Container;
- *Pufferstrecken* in spurgeführten Fahrzeugsystemen;
- *Abstellgleise* in Eisenbahnanlagen.

Semistationäre Ladeeinheiten sind begrenzt bewegliche Logistikeinheiten, wie Schubladen oder Plätze in Umlauflagern, Verschieberegalen und Paternosterlagern.

2. Mobile Ladeeinheiten

Mobile Ladeeinheiten lassen sich bewegen, befördern, stapeln und transportieren. Sie können auch einen eigenen Antrieb haben. Abhängig von Einsatz und Funktion lassen sich die mobilen Ladeeinheiten einteilen in Verpackungs- und Versandsandeinheiten, in Lager- und Ladungseinheiten sowie in passive und aktive Transporteinheiten:

- *Verpackungseinheiten* [VPE] sind mit Warenstücken oder Artikeleinheiten gefüllte *Packmittel* und *Gebinde*, wie Pakete, Trays oder Kartons.
- *Versandeinheiten* [VE] sind zum Zweck des *Versands* mit Logistikeinheiten befüllte *Versandhilfsmittel*, wie Ein- und Mehrwegbehälter, Paletten oder Frachtcontainer.
- *Lagereinheiten* [LE] sind für die *Lagerung* in einem *Lagerhilfsmittel*, wie *Behälter, Tablar, Palette, Kassette* oder *Lagergestell*, zusammengefaßte Logistikeinheiten.
- *Ladungseinheiten* [LE] sind für den *Transport* auf einem *Lade- oder Transporthilfsmittel*, wie einer Paletten oder in einem Luftfrachtcontainer, verladenene Logistikeinheiten.
- *Passive Transporteinheiten* [TE] sind beladene *Transportgefäße* ohne eigenen Antrieb, wie ISO-Container, Wechselbrücken, Sattelauflieger oder Waggons.
- *Aktive Transporteinheiten* [TE] sind beladene *Transportmittel* mit eigenem Antrieb.

Wie bei der bekannten *Puppe in der Puppe* kann eine größere Ladeeinheit kleinere Ladeeinheiten enthalten, in denen sich wiederum noch kleinere Ladeeinheiten befinden. Diese in *Abb. 12.2* dargestellte *Selbstähnlichkeit* ist typisch für die Ladeeinheiten in der Logistikkettte.

Tabelle 12.2 enthält die *Kenndaten* häufig eingesetzter Ladungsträger und Ladeeinheiten. Die *Abb. 12.5* und *12.6* zeigen die Abmessungen von *Sattelaufliegern*

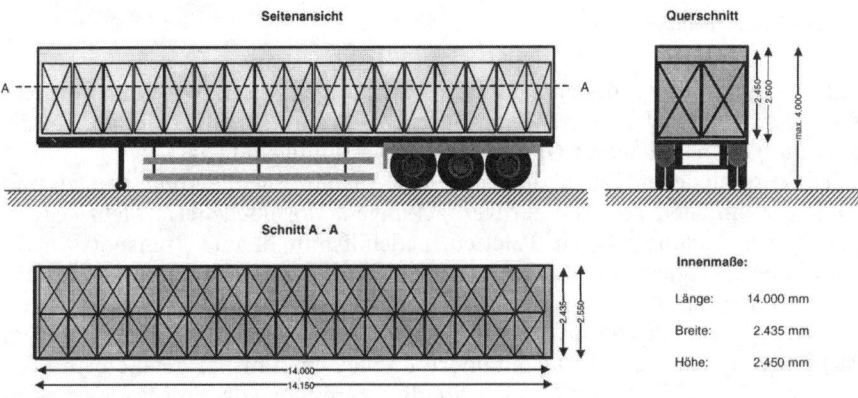

Abb. 12.5 Sattelaufliegerbrücke mit CCG1-Paletten

Querladekapazität 2·17 = 34 CCG1-Paletten/SA
Längsladekapazität 3·11+2 = 35 CCG1-Paletten/SA

Ladeeinheit			Außenmaße				Innenmaße				Volumen-effizienz
Ladungsträger	Größe	Abkürz. LE	Länge l [mm]	Breite b [mm]	Höhe h [mm]	Volumen v [l]	Länge L [mm]	Breite B [mm]	Höhe H [mm]	Volumen V [l]	neff
Karton		**Kart**									
Normkarton	klein		400	300	400	48	380	280	380	40	84,2%
	normal		600	300	400	72	580	280	380	62	85,7%
	groß		650	450	450	132	630	430	430	116	88,5%
Behälter		**Beh**									
Industrieklappbox	klein	INDU-Box	400	300	235	28	365	280	215	22	77,9%
	groß	INDU-Box	600	400	335	80	558	350	315	62	76,5%
EURO-Faltbox	klein	EURO-Box	400	300	207	25	370	270	198	20	79,6%
	groß	EURO-Box	600	400	307	74	570	370	298	63	85,3%
Tablar	standard	**Tab**	1.260	320	460	185	1.260	320	420	169	91,3%
Palette		**Pal**									
Halbpalette	hoch	HalbPal	800	600	1.950	936	800	600	1.800	864	92,3%
EURO-Palette	flach	FlachPal	1.200	800	600	576	1.200	800	450	432	75,0%
	mittel	CCG1	1.200	800	1.050	1.008	1.200	800	900	864	85,7%
	hoch	CCG2	1.200	800	1.950	1.872	1.200	800	1.800	1.728	92,3%
Industrie-Palette	hoch	INDU-Pal	1.200	1.200	1.950	2.808	1.200	1.200	1.800	2.592	92,3%
Container		**CONT**									
ISO-Container	20-Fuß	20"-CONT	6.058	2.438	2.438	36.008	5.867	2.330	2.197	30.033	83,4%
	40-Fuß	40"-CONT	12.192	2.438	2.438	72.467	11.998	2.330	2.197	61.418	84,8%
Transportmittel		**TM**									
Wechselbrücke	Koffer	WB	7.150	2.500	2.600	46.475	7.050	2.460	2.400	41.623	89,6%
Sattelauflieger	Koffer	SAL	14.150	2.550	2.600	93.815	14.000	2.435	2.450	83.521	89,0%

Tab. 12.2 Standardisierte Ladungsträger und Ladeeinheiten

Mittlere Volumeneffizienz: 85%

und *Wechselbrücken*. Diese normierten *Transportgefäße* setzen sich im europäischen Straßenverkehr immer weiter durch, da ihre Innenmaße recht gut auf die *Standardpalettengrößen* CCG1 und CCG2 abgestimmt sind [113].

Die verschiedenen Typen, die technische Ausführung, die Abmessungen und weitere Kenndaten von Standardverpackungen, Normbehältern, Mehrwegverpackungen, Ladungsträgern, Paletten, Ladehilfsmitteln und Transportmitteln sind in einschlägigen *VDI-, DIN-* und *ISO-Richtlinien* beschrieben und spezifiziert [111; 113; 114; 116].

Die Organisation von *Behälter-* oder *Palettenpools* sowie des Kreislaufs von Mehrwegverpackungen, ISO-Containern und leeren Transportgefäßen sind Gegenstand der *Leergutlogistik*. Auch für die Leergutlogistik sind die in diesem Buch dargestellten Strategien und Verfahren grundlegend [113; 116; 117; 118]. Dabei haben die *ökologischen Ziele*, die sich u.a. in der *Verpackungsordnung* [119] niederschlagen, ein besonderes Gewicht (s. *Abschnitt 3.4*).

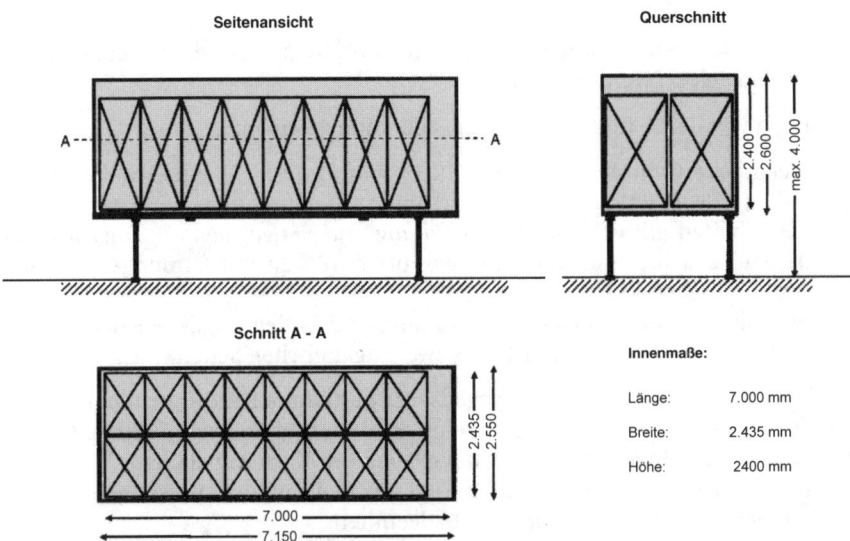

Abb. 12.6 Wechselbrücke mit CCG1-Paletten

Querladekapazität $2 \cdot 8 = 16$ CCG1-Paletten/WB
Längsladekapazität $3 \cdot 5 + 2 = 17$ CCG1-Paletten/WB

3. Kenndaten der Ladeeinheiten

Der Platzbedarf, die Lagerung und der Transport einer Ladeeinheit hängen von folgenden *Stammdaten* ab:

- *Inhalt, Füllmenge* oder *Beladung* m_{LE} [FE/LE]: Anzahl der in einer Ladeeinheit enthaltenen Fülleinheinheiten [FE];
- *Außenmaße: Ladeinheitenlänge* l_{LE} [mm], *Ladeinheitenbreite* b_{LE} [mm] und *Ladeinheitenhöhe* h_{LE} [mm] bei Quaderform und *Durchmesser* d_{LE} [mm] bei zylindrischer Form;
- *Gesamtgewicht* g_{LEges} [kg/LE]: Gewicht der vollen Ladeeinheit mit Ladungsträger.

Für die Kapazität und den Packungsgrad der Ladeeinheiten sind folgende *Stammdaten* maßgebend:

- *Innenmaße* oder *Laderaummaße: Beladelänge* L_{LE} [mm], *Beladebreite* L_{LE} [mm] und *Beladehöhe* H_{LE} [mm] quaderförmiger Laderäume sowie weitere Maße irregulärer Laderäume.
- *Nutzlast, Füllgewicht, Tragfähigkeit* oder *Lastgewicht* G_{LE} [kg/LE]: maximal zulässiges Gewicht der Beladung einer Ladeeinheit.

Weitere wichtige Eigenschaften der Ladeeinheiten sind

- *Belastbarkeit* g_{LEbel} [kg/LE]: maximal zulässige Gewichtsbelastung einer vollen Ladeeinheit;

- *Stapelfaktor* C_{LEy}: maximal zulässige Anzahl aufeinander stapelbarer Ladeeinheiten;
- *Befüllbarkeit*: Anzahl und Lage der Seiten, von denen aus die Ladeeinheit befüllt und geleert werden kann.

Abhängig von der Befüllbarkeit lassen sich unterscheiden:

- Ladeeinheiten mit *einseitiger Befüllung und Entleerung*, wie Behälter, Sattelauflieger, ISO-Container oder Lagerkanäle mit einer offenen Seite;
- Ladeeinheiten mit *gegenseitiger Befüllung und Entleerung*, wie Durchlaufkanäle, Füllschächte, Staubahnen oder Pufferstrecken mit Öffnungen an zwei entgegengesetzten Seiten
- Ladeeinheiten mit *mehrseitiger* Befüllung und Entleerung, wie Paletten oder andere Ladungsträger mit mehr als zwei zugänglichen Seiten.

In *Abb.12.7* sind für einseitig und gegenseitig befüllbare Ladeeinheiten mögliche *Packstrategien* dargestellt. *Abb. 12.8* zeigt eine von fünf Seiten befüllbare EURO-Palette, die nach einem optimalen *Packschema* mit Kartons beladen ist.

Für quaderförmige Ladeeinheiten folgt aus den Außenabmessungen das *Außenvolumen* oder *Bruttovolumen* der Ladeeinheit

$$v_{LE} = l_{LE} \cdot b_{LE} \cdot h_{LE}. \tag{12.9}$$

und aus den Innenabmessungen das *Innenvolumen* oder *Nettovolumen*, auch *Laderaum* oder *Nutztraum* genannt

$$V_{LE} = L_{LE} \cdot B_{LE} \cdot H_{LE}. \tag{12.10}$$

Das Verhältnis von Nettovolumen zum Bruttovolumen ist die *Volumeneffizienz* der Ladeeinheit:

$$\eta_{Veff} = V_{LE}/v_{LE} \qquad \left[\%\right]. \tag{12.11}$$

Das Verhältnis von Nutzlast zum zulässigen Gesamtgewicht ist die *Gewichtseffizienz*

$$\eta_{Geff} = G_{LE}/g_{LEges} \qquad \left[\%\right]. \tag{12.12}$$

Aus *Tabelle 12.2* ist ablesbar, daß die Volumeneffizienz der gebräuchlichsten Ladeeinheiten zwischen 75 % und 93 % liegt und im Mittel 85 % beträgt. Sie ist relativ unabhängig von der Größe der Ladeeinheiten. Die Gewichtseffizienz liegt für Ladehilfsmittel im Bereich 94 % bis 96 % und für Transporthilfsmittel im Bereich von 80 bis 95 %.

Das *Eigengewicht* des Ladungsträgers verursacht einen *technischen Gewichtsverlust* $\eta_{Gver} = 1-\eta_{Geff}$. Die *Eigenabmessungen* des Ladungsträgers bewirken den *technischen Volumenverlust* $\eta_{Vver} = 1-\eta_{Veff}$. Technischer Gewichtsverlust und Volumenverlust werden von der *Konstruktion* und vom *Material* des Ladungsträgers bestimmt.

Aus den Stammdaten der einzelnen Ladeeinheiten lassen sich die *minimalen*, *mittleren* und *maximalen Werte* einer größeren Anzahl von Ladeeinheiten errechnen.

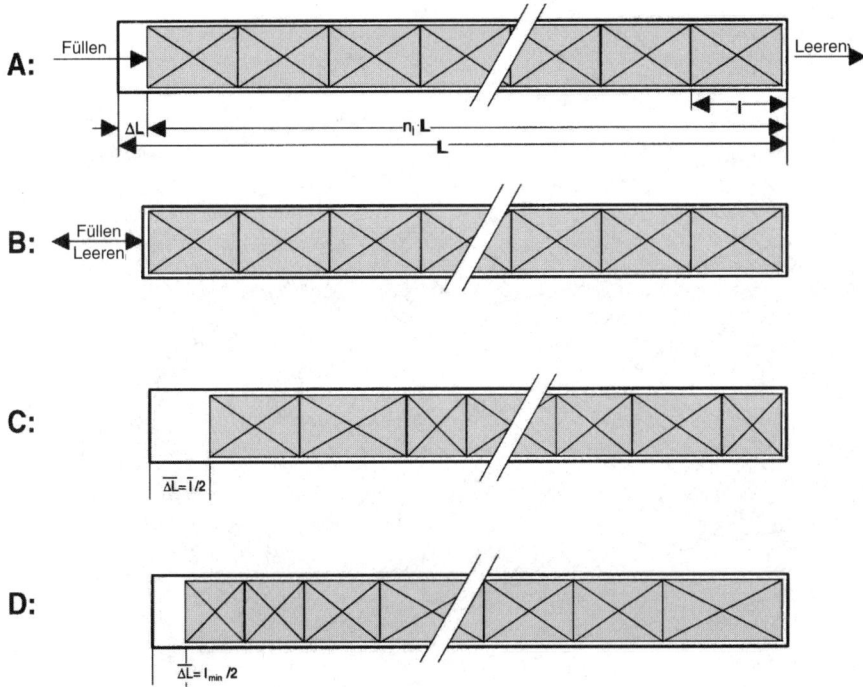

Abb. 12.7 Eindimensional befüllte Ladeeinheiten

A: Längspackung ohne Längenanpassung bei gleichen Fülleinheiten
   Kapazität $C = [L/l]$, Restlänge $\Delta L = L - [L/l] \cdot l$
B: Längspackung mit Längenanpassung bei gleichen Fülleinheiten
   Kapazität $C = [L/l] = N_l$, Restlänge $\Delta L = 0$
C: ungeordnete Längspackung von ungleichen Fülleinheiten
   Mittlere Kapazität $C = L/l + l/2$, Mittlere Restlänge $\Delta L = l/2$
D: geordnete Längspackung von ungleichen Fülleinheiten
   Mittlere Kapazität $C = L/l + l_{min}/2$, Mittlere Restlänge $\Delta L = l_{min}/2$

4. Kapazität und Packungsgrad
Die *Kapazität* der Ladeeinheiten ist maßgebend für den Bedarf an Ladeeinheiten, die zur Unterbringung einer bestimmten *Verlademenge* oder *Füllmenge* benötigt wird:

- Die *Kapazität* oder das *Fassungsmögen* einer Ladeeinheit C_{LE} [FE/LE] ist die maximale Anzahl Fülleinheiten, die sich mit einer bestimmten *Packstrategie* unter Beachtung der *Packrestriktionen* in eine Ladeeinheit einfüllen läßt.

Bei *gewichtsbestimmter Ladung*, das heißt für $[G/g] < [V/v]$, wird die *maximale Kapazität* einer Ladeeinheit durch die zulässige Nutzlast und bei *volumenbestimmter Ladung*, das heißt für $[V/v] < [G/g]$, vom Laderaum begrenzt. Daher ist die *maximale Ladeeinheitenkapazität*

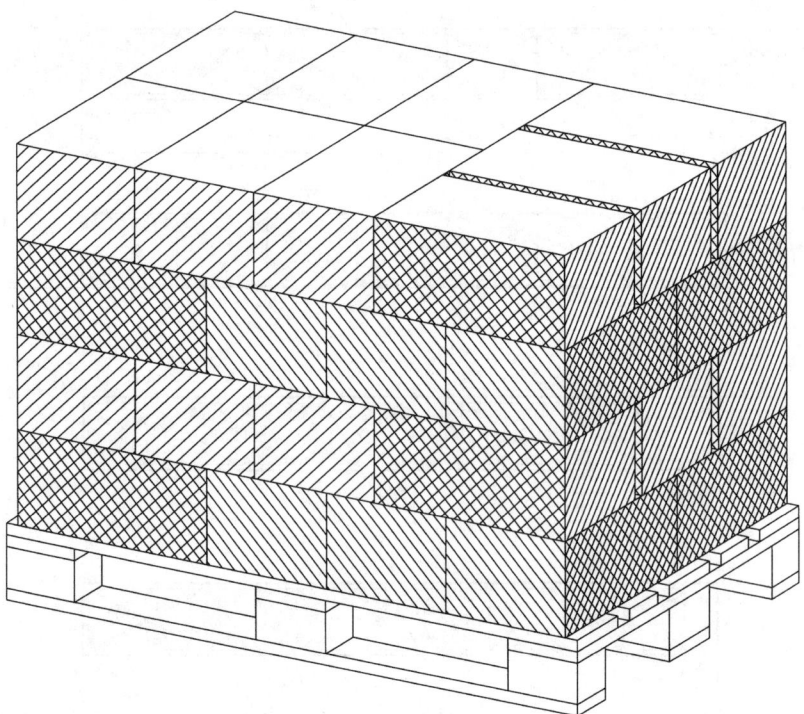

Abb. 12.8 Optimales Packschema von Kartons auf einer CCG1-Palette

$$C_{max} = MIN\left(\lfloor G/g \rfloor; \lfloor V/v \rfloor\right) \qquad [FE/LE]. \qquad (12.13)$$

Hier wie in den folgenden Formeln bedeuten die eckigen Klammern [...] ein *Abrunden* des Klammerinhalts auf die nächst kleinere ganze Zahl.

Weiterhin wird auf die Indizes FE und LE verzichtet, wenn die Bedeutung der Größen ohne Indizierung aus dem Zusammenhang klar ist. Die kleinen Buchstaben l, b, h, v und g bezeichnen Außenmaße, Volumen und Gewicht der Fülleinheiten. Die großen Buchstaben L, B, H, V und G sind die Innenabmessungen, das Laderaumvolumen und die zulässige Nutzlast der Ladeeinheiten. Wenn das Befüllen mit ungleichen Fülleinheiten betrachtet wird, sind mit den gleichen Buchstaben die entsprechenden *Mittelwerte* für eine größere Gesamtheit gemeint.

Wenn die Beladung allein vom Gewicht bestimmt wird, ist zur Optimierung der Laderaumnutzung keine Packstrategie erforderlich. Wird für einen Teil einer größeren Lademenge die Kapazität vom Volumen und für einen Teil vom Gewicht bestimmt, kann der Ladeeinheitenbedarf durch eine *Ladungsverteilungsstrategie* minimiert werden (s. *Abschnitt 16.5.5/II*).

Bei volumenbestimmter Kapazität hängt die Volumennutzung und damit die Kapazität der Ladeeinheiten von der *Packstrategie* ab. Deren *Wirksamkeit* wird gemessen durch den *Packungsgrad*:

- Der *Packungsgrad* ist der Anteil des Innenvolumens V_{LE} der Ladeeinheit, der bei voller Nutzung der Kapazität C_{LE} vom Volumen $C_{LE} \cdot v$ der Fülleinheiten ausgefüllt wird:

$$\eta_{pack} = C_{LE} \cdot v / V \qquad \left[\%\right]. \qquad (12.14)$$

Der *Packverlust* ist der bei voller Nutzung der Kapazität unausgefüllte Anteil des Innenvolumens und ergibt sich aus dem Packungsgrad:

$$\eta_{pverl} = 1 - \eta_{pack} \qquad \left[\%\right]. \qquad (12.15)$$

Durch Umkehrung von Beziehung (12.14) folgt für einen bekannten Packungsgrad η_{pack} die *effektive Ladeeinheitenkapazität*

$$C_{eff} = \eta_{pack} \cdot V / v. \qquad (12.16)$$

Ziel jeder Packstrategie ist eine Maximierung der effektiven Ladeeinheitenkapazität. Da eine komplizierten Packstrategie meist mit einem höheren Aufwand verbunden ist, muß sie zu einer besseren effektiven Kapazität führen als eine einfachere Packstrategie.

5. Ladeeinheitenbedarf und Füllungsgrad

Der *Ladeeinheitenbedarf* ist die *minimale Anzahl Ladeeinheiten*, die zur Unterbringung einer bestimmten *Füllmenge* benötigt wird. Der *Ladeeinheitenbedarf* für eine *Füllmenge* m_{FA} [FE], die in gleichartigen Ladeeinheiten mit der *Kapazität* C verladen wird, ist daher:

$$\mathbf{M_{FA}} = \left\{ \mathbf{m_{FA}} / \mathbf{C} \right\} \qquad \left[\mathbf{LE}\right]. \qquad (12.17)$$

Die geschweiften Klammern {...} bezeichnen in den Formeln ein *Aufrunden* des Klammerinhalts auf die nächst höhere ganze Zahl.

Ein Maß für die Wirksamkeit einer Füllstrategie ist der Füllungsgrad der Ladeeinheiten:

- Der *mittlere Füllungsgrad* ist das Verhältnis des tatsächlichen Inhalts zum maximal möglichen Inhalt aller Ladeeinheiten eines Füllauftrags

$$\eta_{füll} = m_{FA} / \left(M_{FA} \cdot C \right) \qquad \left[\%\right]. \qquad (12.18)$$

Bei optimaler Füllung ist $\eta_{füll}$ = 100 %. Wenn die Füllmenge kein ganzzahliges Vielfaches der Kapazität ist, ensteht pro Füllauftrag mindestens eine *Anbrucheinheit*, deren Inhalt kleiner als die Kapazität ist. Infolge der Anbrucheinheiten ist $\eta_{füll}$ < 100 %.

Umgekehrt ist bei einem mittleren Füllungsgrad $\eta_{füll}$ von Ladeeinheiten mit der Kapazität C der Ladeeinheitenbedarf

$$M_{FA} = m_{FA} / \left(\eta_{füll} \cdot C \right). \qquad (12.19)$$

Bei vorgebener Füllmenge und Ladeeinheitenkapazität wird der Füllungsgrad
von der *Füllstrategie* bestimmt. Ziel jeder Füllstrategie ist eine Minimierung des
Ladeeinheitenbedarfs durch Maximierung des Füllungsgrads.

12.4
Packstrategien

Fülleinheiten mit Abmessungen, die wesentlich kleiner als die Innenmaße der
Ladeeinheit sind, können wie Schüttgut *ungeordnet* in Ladeeinheiten abgefüllt
werden. Aus den Lücken zwischen den einzelnen Fülleinheiten und den Innen-
wänden der Ladeeinheit resultiert ein *Packverlust*, der umso größer ist, je unge-
ordneter, sperriger und größer die Fülleinheiten in Relation zur Ladeeinheit
sind.

Durch *Anordnen* der Fülleinheiten nach geeigneten *Packstrategien* lassen sich
die Packverluste minimieren und das Innenvolumen einer Ladeeinheit maximal
zu nutzen.

- Eine *Packstrategie*, *Beladestrategie* oder *Staustrategie* ist ein Verfahren zum
  Stapeln von Fülleinheiten in oder auf einem Ladungsträger mit dem Ziel einer
  maximalen Nutzung des verfügbaren Laderaums unter Beachtung vorgebener
  Packrestriktionen.

Packstrategien sind typische *Ordnungsstrategien*, deren Strategievariablen die
Anordnungsmöglichkeiten der Fülleinheiten in einer Ladeeinheit sind.

Das Ergebnis einer *Packstrategie* ist entweder eine allgemeine *Packvorschrift*
mit bestimmten *Regeln* für das Anordnen, Stapeln und Stauen der Fülleinheiten
oder ein individuelles *Packschema*, das heißt, eine bestimmte räumliche
Anordung der Fülleinheiten in der Ladeeinheit, wie das in *Abb. 12.8* gezeigte *Pa-
lettierschema* für Kartons. Im Unterschied zu einem Packschema ist eine Packvorschrift ein *Algorithmus*, aus dem sich allgemeingültige Formeln zur Berechnung der Kapazität herleiten lassen.

1. Packrestriktionen
Beim Befüllen einer Ladeeinheit mit unteilbaren Fülleinheiten sind folgende *allgemeine Packrestriktionen* zu beachten:

- *Ganzzahligkeitsbedingung*: Eine Ladeeinheit kann nur ein *ganze Anzahl* von
  Fülleinheiten enthalten.
- *Gewichtsbeschränkung*: Das Füllgewicht muß kleiner sein als die *Nutzlast* der
  Ladeeinheit.
- *Maßbegrenzung*: Die größte Abmessung der Fülleinheiten muß kleiner sein als
  das größte Innenmaß, die zweitgrößte Abmessung kleiner als das zweitgrößte
  Innenmaß und die kleinste Abmessung kleiner als das kleinste Innenmaß der
  Ladeeinheit.

In den meisten Fällen besteht zusätzlich eine *Maßbegrenzung der Ladeeinheiten*:
Die Außenmaße der beladenen Ladeeinheit dürfen bestimmte Maximalmaße
nicht überschreiten.

Die Beladehöhe von Ladeeinheiten, die durch das Befüllen *dreidimensionaler Ladungsträger*, wie Behälter, Gitterboxen und Container, gebildet werden, ist konstruktiv festgelegt. Für *flache Ladungsträger*, wie Paletten oder Bodenlagerplätze, ist hingegen die *Beladehöhe* in Grenzen frei wählbar [105; 113]. Sie wird entweder durch eine *maximale Beladehöhe* H_{max}, durch die zulässige *Nutzlast* oder die *Stapelbarkeit der Fülleinheiten* begrenzt. Die Beladehöhe ist daher eine zur Optimierung nutzbare Variable [105]. Für einige Ladeeinheiten, beispielsweise für Paletten mit zulässigem Lastüberstand oder für die Bodenlagerplätze eines Blocklagers, sind außer der Höhe auch die Länge und die Breite der Ladeeinheit nutzbare Optimierungsparameter.

Wenn verschiedene Ladungsträger mit unterschiedlicher Konstruktion oder Abmessung verfügbar sind, besteht eine weitere *Optimierungsmöglichkeit* in der *Auswahl* der Ladeeinheiten und in der *Zuordnung* des Füllguts zu den im Einsatz befindlichen Ladungsträgern. Hierfür werden geeignete *Auswahl-* und *Zuweisungsstrategien* benötigt (s. *Kapitel 16/II* und *Kapitel 19/II*).

Spezielle Packrestriktionen, die sich nur auf einzelne Fülleinheiten oder bestimmte Ladeeinheiten beziehen, sind:

- *Stapelrestriktionen*: Die Fülleinheiten dürfen wegen begrenzter *Belastbarkeit* oder *Kippgefahr* nur in beschränkter Anzahl übereinander gestellt werden.
- *Höhenvorgaben*: Eine Seite der Fülleinheiten ist als Oberseite vorgegeben und dadurch eine Kante als Höhenrichtung ausgezeichnet.
- *Anordnungsrestriktionen*: Eine Seite der Fülleinheiten muß, z.B. zum Lesen einer Kodierung, in einer bestimmten Richtung oder an einer zugänglichen Außenseite angeordnet sein.
- *Sicherheitsanforderungen*: Die Fülleinheiten müssen, beispielsweise, um ein Umkippen, ein Verrutschen oder eine Schieflage zu vermeiden, in der Ladeeinheit gleichmäßig verteilt sein, oder, um eine bessere Ladungssicherheit zu erreichen, in zueinander verdrehten oder miteinander verschränkten Lagen gestapelt werden.

Hinzu kommen fallweise *technische Restriktionen*, wie spezielle Stapel- oder Lagervorschriften für Langgut, Flachgut oder Sperrigteile.

2. Packoptimierung

Die Aufgabe der Packoptimierung ist die Lösung eines *mehrdimensionalen Verschnittproblems* [120]. Zur Durchführung der Packoptimierung gibt es heute leistungsfähige *Packoptimierungsprogramme*, die nach unterschiedlichen OR-Verfahren arbeiten [121, 122]:

Beispielsweise werden nach dem Verfahren der *Vollenumeration* durch systematische Permutation für vorgegebene Fülleinheiten und Ladeeinheiten alle möglichen Packungsschemata erzeugt. Aus den zulässigen Lösungen, die alle Packrestriktionen erfüllen, wird durch Vergleich der Packungsgrade das *optimale Packungsschema* ausgewählt. Die zur Packoptimierung durch Vollenumeration benötigte Rechenzeit nimmt mit der Kapazität der Ladeeinheiten rasch zu, denn die Anzahl N_{PS} aller möglicher Packungsschema liegt bei dreidimensionaler Befüllung zwischen $3! \leqq N_{PS} \leqq 3! \cdot C!$. Der hohe Rechenaufwand für eine exakte

Packoptimierung ist allerdings für einen leistungsfähigen Rechner von untergeordneter Bedeutung.

Packoptimierungsprogramme sind einsetzbar zur Ermittlung des optimalen
Packschemas für *gleiche Fülleinheiten* und zur Ermittlung eines optimalen *Stau-
schemas* für *unterschiedliche Fülleinheiten*. Wenn mehrere Pack- und Füllrestriktionen zu beachten sind, kann in vielen Fällen das optimale Pack- oder Stauschema nur mit Hilfe eines Packoptimierungsprogramms generiert werden.

Ein Pack- oder Stauschema, das nach einem OR-Verfahren generiert wird, ist
jeweils nur für den betrachteten Einzelfall optimal. Daher ist die Anwendbarkeit
der Packoptimierungsprogramme beschränkt auf die operative Ermittlung von
optimalen Pack-und Stauschemata für definierte Füllaufträge.

Allgemeingültige Berechnungsformeln für die *mittlere Kapazität* und den
durchschnittlichen Ladeeinheitenbedarf bei unterschiedlichen Fülleinheiten und
Füllmengen lassen sich hingegen mit Hilfe von Packoptimierungsprogrammen
nicht herleiten. Die Abhängigkeit der Kapazität und des Ladeeinheitenbedarfs
von den Fülleinheiten und der Füllmenge aber muß für die Gestaltung und Optimierung von Lieferketten und Logistiksystemen bekannt und quantifizierbar
sein. Hierfür werden nachfolgend allgemeine Packstrategien mit Packvorschrif-
ten entwickelt und für diese Formeln zur Berechnung von Kapazität und Pak-
kungsgrad bei gleichen und unterschiedlichen Fülleinheiten hergeleitet.

3. Packstrategien für gleiche Fülleinheiten
Die einfachste Strategie zur Packoptimierung gleicher quaderförmiger Fülleinheiten in einem ebenfalls quaderförmigen Laderaum ist die in *Abb. 12.4* dargestellte *Packstrategie* 1:

- *Parallelpackung mit fester Seitenausrichtung*: Beginnend in einer unteren Ecke
  der Ladeeinheit werden die Fülleinheiten mit ihren Seitenflächen in einer vorgegebenen Ausrichtung parallel zu den Innenflächen der Ladeeinheit lückenlos nebeneinander, hintereinander und übereinander angeordnet.

Bei Seitenausrichtung der Fülleinheiten mit *l* parallel zu *L*, *b* parallel zu *B* und *h*
parallel *H* ist die *Kapazität* der Ladeeinheit mit der *Packstrategie* 1:

$$C(l,b,h) = [L/l] \cdot [B/b] \cdot [H/h] \qquad [\text{FE}/\text{LE}]. \qquad (12.20)$$

Der *Packungsgrad* folgt durch Einsetzen von (12.20) in Beziehung (12.14). Für Par-
allelpackungen mit anderer Seitenausrichtung ergeben sich die Kapazität und
der Packungsgrad aus den Beziehung (12.20) und (12.14) durch entsprechende
Vertauschung von *l*, *b* und *h* bei festgehaltenem *L*, *B* und *H*.

Wenn nur die Höhenrichtung fest vorgegeben und die Anordnung in Längs-
und Breitenrichtung frei ist, läßt sich die Packstrategie 1 verbessern zur *Packstrategie* 2A:

- *Parallelpackung mit höhenbeschränkter Seitenpermutation*: Von den Packschemata, die mit der Parallelpackung für die zwei möglichen Anordnungen
  resultieren, wird das Packschema mit dem besseren Packungsgrad gewählt.

Die *Kapazität* der Ladeeinheiten mit der *Packstrategie* 2A ist

$$C_{2A} = MAX\big(C(l,b,h); C(b,l,h)\big).$$ (12.21)

Hierin sind $C(l,b,h)$ und $C(b,l,h)$ die durch Beziehung (12.20) gegebenen Kapazitäten bei fester Seitenausrichtung.

Wenn die Seitenausrichtung durch keine Höhen- oder Seitenrestriktion beschränkt wird, ist ein weiterer Schritt zur Optimierung die *Packstrategie* 2B:

- *Parallelpackung mit vollständiger Seitenpermutation*: Von den maximal 6 möglichen Ausrichtungen der Seitenflächen der Fülleinheiten in Relation zu den Seitenflächen der Ladeeinheit wird die Seitenausrichtung mit dem besten Packungsgrad ausgewählt.

Mit der *Packstrategie* 2B ist die *Kapazität* der Ladeeinheit

$$C_{2B} = MAX\big(PERM\big(C(l,b,h)\big)\big).$$ (12.22)

Hierin sind (12.23)

$$PERM\big(C(l,b,h)\big) = \big(C(l,b,h); C(l,h,b); C(b,l,h); C(b,h,l); C(h,b,l); C(h,l,b)\big).$$

alle *Permutationen* der Maße l, b, h in der Kapazität $C(l,b,h)$, die durch (12.20) gegeben ist.

Wie in *Abb.12.7* für die Längsrichtung dargestellt, ergibt sich bei der Parallelpackung in jeder Raumrichtung eine *Restlänge*, die minimal 0 und maximal gleich den Fülleinheitmaßen l, b und h ist, im Mittel also $l/2$, $b/2$ und $h/2$ beträgt. Wenn die Maße der Ladeeinheiten und/oder der Fülleinheiten nicht festgelegt sind, lassen sich die Restlängen der Fülleinheiten, die bei gleicher Ausrichtung nicht nutzbar sind, vermeiden durch die

- *Strategie der Maßanpassung*: Die Innenmaße der Ladeeinheit und die Außenmaße der Fülleinheiten werden im Verhältnis ganzer Zahlen n_l, n_b und n_h festgelegt, so daß

$$L = n_l \cdot l \qquad B = n_b \cdot b \qquad H = n_h \cdot h.$$ (12.24)

Die Kapazität der Ladeeinheiten ist bei optimaler Maßanpassung

$$C = n_l \cdot n_b \cdot n_h.$$ (12.25)

Die Strategie der Maßanpassung führt zu einem Packungsgrad $\eta_{pack} = 100\%$. Sie läßt sich in der Praxis entweder nutzen zur *Optimierung der Fülleinheitabmessungen* bei vorgegebener Ladeeinheit oder zur *Optimierung der Ladeeinheitenabmessungen* bei vorgegebenen Abmessungen der Fülleinheiten. Die wechselseitige Abstimmung der Innen- und Außenabmessungen von Ladeeinheiten und Fülleinheiten hat zur Entwicklung der genormten *Standardeinheiten* geführt, die in *Tabelle 12.2* zusammengestellt sind.

Wenn die Abmessungen der Fülleinheiten und Ladeeinheiten fest vorgegeben sind und die Relation (12.24) nicht erfüllt ist, kann versucht werden, den Packraum durch die Packstrategien 3A und 3B zu nutzen. Die *Packstrategie* 3A ist die

- *Parallelpackung mit Restraumnutzung bei fester Höhenrichtung*: Wenn für die Restlänge $L/l - l \cdot [L/l] > b$ ist, wird nach Durchführung der Parallelpackstrategie in *Längsrichtung* ein weiterer Stapel errichtet, in dem Länge l und Breite b der Fülleinheiten vertauscht sind.

Für $l > b$ ist die *Kapazität* der Ladeeinheit mit Packstrategie 3A:

$$C(l,b,h) = [L/l] \cdot [B/b] \cdot [H/h] + \left[\left(L - l \cdot [L/l] \right)/b \right] \cdot [B/l] \cdot [H/h]. \qquad (12.26)$$

Die *Packstrategie* 3B ist die

- *Parallelpackung mit Restraumnutzung bei freier Höhenrichtung* mit den Schritten:

  Schritt 1: Wenn für die *Restlänge* $L/l - l \cdot [L/l] > b$ oder h ist, wird nach Durchführung der Parallelpackstrategie in *Längsrichtung* ein weiterer Stapel errichtet, in dem Länge und Breite oder Länge und Höhe der Fülleinheiten vertauscht sind.

  Schritt 2: Wenn die *Restbreite* $B/b - b \cdot [B/b] > l$ oder h ist, wird nach Durchführung der Parallelpackstrategie in *Querrrichtung* ein weiterer Stapel errichtet, in dem Breite und Höhe oder Breite und Länge der Fülleinheiten vertauscht sind.

  Schritt 3: Wenn die *Resthöhe* $H/h - h \cdot [H/h] > l$ oder b ist, wird nach Durchführung der Parallelpackstrategie in *Höhenrichtung* eine weitere Lage aufgestapelt, in der Höhe und Breite oder Höhe oder Länge der Fülleinheiten vertauscht sind.

Mit $l > b > h$ ist die *Kapazität* der Ladeeinheit mit *Packstrategie* 3B:

$$C(l,b,h) = [L/l] \cdot [B/b] \cdot [H/h] + \left[\left(L - l \cdot [L/l] \right)/b \right] \cdot$$
$$\cdot [B/l] \cdot [H/h] + \left[\left(B - b \cdot [B/b] \right)/h \right] \cdot [L/l] \cdot [H/b]. \qquad (12.27)$$

Die Packstrategien der Parallelpackung mit Restraumnutzung lassen sich kombinieren mit der Strategie der Seitenpermutation zur *Packstrategie* 4A:

- *Parallelpackung mit Restraumnutzung und höheneingeschränkter Seitenpermutation.*

und zur *Packstrategie* 4B:

- *Parallelpackung mit Restraumnutzung und uneingeschränkter Seitenpermutation.*

Die Kapazität der Ladeeinheiten ergibt sich für die *Kombinationsstrategien* 4A und 4B mit Hilfe der Beziehung (12.22), wobei jedoch für die Kapazität $C(l,b,h)$ die Beziehung (12.26) bzw. (12.27) einzusetzen ist.

Die Packoptimierung läßt sich systematisch weiter fortsetzen durch *sukzessives Drehen* von zwei, drei und mehr kompletten *Längs-, Quer- oder Höhenschichten* um 90 Grad, durch *Drehen einzelner Längs-, Quer- oder Hochstapel* und durch Kombination der Ergebnisse dieser Strategien mit den Strategien der Seitenpermutation und der Restraumnutzung. Für die *kombinierten Packstrategien* lassen sich ebenfalls Berechnungsformeln angeben, die mit der Anzahl der Drehungen und Permutationen immer länger werden. Wegen des dafür erforderlichen Platz-

Rang	Nr.	Packstrategie	Restriktionen	Packungsgrad Mittelwert	Abweichung vom Optimum
1.	OPT	Optimale Packung	keine	92,8%	0,0%
2.	4B	Parallelpackung + Restraumnutzung + Seitenpermutation	keine	90,4%	2,7%
3.	2B	Parallelpackung + Seitenpermutation	keine	88,5%	4,9%
4.	4A	Parallelpackung + Restraumnutzung + Seitenpermutation	Höhe	86,2%	7,7%
5.	2A	Parallelpackung + Seitenpermutation	Höhe	83,6%	11,0%
6.	3B	Parallelpackung + Restraumnutzung	keine	81,6%	13,7%
7.	3A	Parallelpackung + Restraumnutzung	Höhe	77,5%	19,8%
8.	1	Parallelpackung	Höhe	75,7%	22,7%

Tab. 12.3 Packungsgrade für unterschiedliche Packstrategien

Berechnungsergebnisse für je 50 unterschiedliche Füllaufträge zum Beladen von Paletten unterschiedlicher Abmessungen mit quaderförmigen Paketen
mittleres Packstückvolumen   18 l/Gebinde
mittleres Ladeeinheitenvolumen   1.323 l/Palette
Füllstücke mit Seitenausrichtung   l>b
mittlere Seitenrelation   l:b = 1,46

bedarfs wird hier auf die Angabe dieser Berechnungsformeln verzichtet, die sich der interessierte Leser analog zu den obigen Beziehungen selbst herleiten kann.

Die Formeln lassen sich verwenden für ein Programm zur Berechnung von Kapazität und Packungsgrad bei unterschiedlichen Packstrategien in Abhängigkeit von den Abmessungen der Fülleinheiten und der Ladeeinheiten. Mit Hilfe eines solchen *Packoptimierungsprogramms* wurden die *Tabelle 12.3* angegebenen mittleren Packungsgrade mit den beschriebenen Packstrategien für 50 verschiedene Versandkartons errechnet. Zum Vergleich ist in der Tabelle außerdem die Abweichung des mittleren Packungsgrad einer bestimmten Packstrategie vom Packungsgrad des jeweils optimalen Stapelschemas angegeben, das durch Vollenumeration ermittelt wurde [120; 121; 123].

Die *Tabelle 12.4* enthält die Ergebnisse einer Zufallssimulation der Abmessungen von 50 quaderförmigen Fülleinheiten, die nach den beschriebenen Packstrategien in Ladeeinheiten mit einem Volumen, das 100 mal so groß ist wie das mittlere Volumen der Fülleinheiten, verladen wurden.

Aus den beiden Tabellen und weiteren Simulationsrechnungen, bei denen alle relevanten Parameter, wie das Volumenverhältnis V/v, die Seitenausrichtung und das Innenseitenverhältnis $L : B : H$, systematisch variiert wurden, ergeben sich folgende *Gesetzmäßgkeiten* und *Regeln*:

- Mit zunehmendem Volumenverhältnis V/v, also mit abnehmender Fülleinheitsgröße und zunehmender Ladeeinheitengröße, nehmen die Packungsgrade zu und die Unterschiede zwischen den Packstrategien ab.
- Die Packstrategie 4B der Parallelpackung mit Restraumnnutzung und Seitenpermutation führt für Volumenverhältnisse V/v > 100, d.h. für Fülleinheiten, deren Abmessungen im Mittel mindestens um den Faktor 5 kleiner sind als die

Rang	Nr.	Packstrategie	Restriktion	Packungsgrad Simulation	Verschnittfaktor	Packungsgrad Theorie
1.	OPT	Optimimale Packung	keine	87,7%	0,20	87,6%
1.	4B	Parallelpackung + Restraumnutzung + Seitenpermutation	keine	87,3%	0,20	87,6%
2.	4A	Parallelpackung + Restraumnutzung + Seitenpermutation	Höhe	84,3%	0,25	84,7%
3.	3B	Parallelpackung + Restraumnutzung	keine	81,6%	0,30	81,8%
3.	2B	Parallelpackung + Seitenpermutation	keine	82,8%	0,30	81,8%
4.	3A	Parallelpackung + Restraumnutzung	Höhe	75,9%	0,40	76,3%
4.	2A	Parallelpackung + Seitenpermutation	Höhe	77,2%	0,40	76,3%
5.	1	Parallelpackung	Höhe	72,8%	0,50	71,0%

Tab. 12.4 Mittlerer Packungsgrad und Verschnittfaktoren von Packstrategien zum Befüllen von Ladeeinheiten
Simulation: mittlerer Packungsgrad für 50 verschiedene Füllaufträge mit quaderförmigen Füllstücken
Theorie: mittlerer Packungsgrad nach Beziehung (12.36)
Relativer Laderaum $V/v = 100$
Mittlere Seitenrelation $l:b = 1,6$; $b:h = 2,2$

Innenmaße der Ladeeinheit, zu mittleren Packungsgraden, die mit maximal 0,5 % nur unwesentlich vom mittleren Packungsgrad der optimalen Packstrategie abweichen.

- Die optimale Packstrategie kann im Vergleich zur Packstrategie 4B, abhängig vom Einzelfall, für relativ große Fülleinheiten mit $V/v < 10$, d.h. für Fülleinheitenabmessungen größer als 1/3 der Ladeeinheitenmaße, im Mittel zu Verbesserungen des Packungsgrads um mehr als 10 % führen .

- Eine Höhenrestriktion verschlechtert den erreichbaren Packungsgrad für Volumenrelationen $V/v > 100$ um weniger als 5 % und für $V/v < 10$ im Mittel um 5 bis 10 %.

- Die einfache Packstrategie 2B der Parallelpackung mit Seitenpermutation ergibt im Mittel nahezu die gleichen Packungsgrade wie die Strategie 3B der Parallelpackung mit Restraumnutzung. Beide Packstrategien sind also nahezu gleichwertig.

- Für Volumenrelationen $V/v > 100$ führen die einfachen Packstrategien 2B und 3B zu Packungsgraden, die im Mittel bis zu 5 % geringer sind als der Packungsgrad des optimalen Packschemas.

- Für Volumenrelationen $V/v < 10$ sind die Packungsgrade der einfachen Strategien 2B und 3B im Mittel bis zu 10 % schlechter als der Packungsgrad des optimalen Packschemas

- Die einfache Packstrategie 1 der reinen Parallelpackung ist für Volumenrelationen V/v bis 1.000 um 10 bis 20 % schlechter als die optimale Packstrategie. Sie ist daher nur ausreichend für relativ kleine Fülleinheiten mit einem Volumenverhältnis V/v deutlich über 1.000.

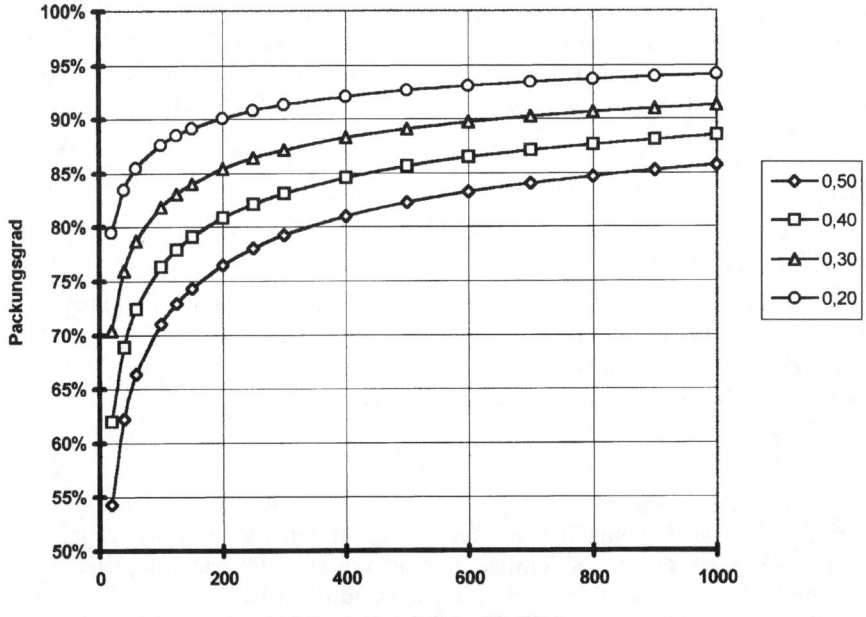

Abb. 12.9 Packungsgrad als Funktion der Ladeeinheitengröße
Parameter: Verschnittfaktoren verschiedener Packstrategien

Für die erreichbare Volumennutzung ist vor allen anderen Einflußfaktoren das Verhältnis V/v der Größe des Laderaums zur Größe der Fülleinheiten, also die *relative Laderaumgröße* maßgebend (s. *Abb. 12.9*).

4. Mittlere Kapazität und Packungsgrad
Zur Auswahl, Dimensionierung und Optimierung von Ladeeinheiten in Logistiksystemen mit Fülleinheiten unterschiedlicher Abmessungen werden Berechnungsformeln für die *Mittelwerte* von Kapazität und Packungsgrad der Ladeeinheiten benötigt. Dafür wird zunächst eine Vielzahl von Füllaufträgen betrachtet, die in sich gleiche Fülleinheiten enthalten, deren Fülleinheiten von Auftrag zu Auftrag aber unterschiedlich sind.

Die nachfolgenden Berechnungsformeln beziehen sich jeweils auf eine *hinreichend homogene Gesamtheit von Fülleinheiten*, deren Einzelabmessungen um die Mittelwerte *l, b* und *h* so weit streuen, daß die unstetige *Ganzzahligkeitsfunktion* [...] mit ausreichender Genauigkeit durch eine *Mittelwertsfunktion* ersetzt werden kann. Das ist der Fall, solange die Streuung der Einzelabmessungen größer ist als ein Viertel der Mittelwerte. Andererseits sind die maximalen Fülleinheitabmessungen durch die Innenmaße der Ladeeinheit begrenzt.

Wenn die Abmessungen der Fülleinheiten um weniger als ein Viertel der Mittelwerte schwanken, kann näherungsweise mit den Ganzzahligkeitsfunktionen gerechnet werden, in die für diesen Fall jeweils die Mittelwerte einzusetzen sind.

Die Ganzzahligkeitsfunktion hat allerdings den Nachteil, daß sie nicht differrenzierbar und daher für analytische Optimierungsrechungen ungeeignet ist.

Für unterschiedliche Längen l der Fülleinheit liegen die durch das Abrunden entstehenden ganzen Zahlen [L/l] zufallsverteilt in dem Intervall

$$L/l - 1 \leq \left[L/l\right] \leq L/l \,. \tag{12.28}$$

Daher ist im Mittel

$$\left[L/l\right] = L/l - 1/2 \,. \tag{12.29}$$

Die Beziehung (12.29) besagt, daß durch das ganzzahlige Abrunden im Mittel der Betrag 1/2 verloren geht. Der mittlere *Verschnittverlust*, das heißt die mittlere *Restlänge* beträgt also bei eindimensionaler Beladung $0,5 \cdot l$. Analog gilt für die Mittelwerte der Breiten- und Höhenverhältnisse:

$$\left[B/b\right] = B/b - 1/2 \quad \text{und} \quad \left[H/h\right] = H/h - 1/2 \,. \tag{12.30}$$

Wie in den *Abb. 12.4* und *12.7* dargestellt, besagen diese Formeln, daß aus der Unterteilbarkeit der Fülleinheiten *Restlängen* resultieren, die im Mittel gleich den halben Kantenlängen der Fülleinheiten in der betreffenden Richtung sind.

Durch Einsetzen der Beziehungen (12.29) und (12.30) anstelle der Ausdrücke mit den eckigen Klammern in die Formel (12.20) ergibt sich für die *mittlere Kapazität* der Ladeeinheit bei dreidimensionaler Befüllung nach der einfachen Parallelpackungsstrategie mit Fülleinheiten unterschiedlicher Abmessungen:

$$C\left(l,b,h\right) = \left(1 - 0,5 \cdot l/L\right) \cdot \left(1 - 0,5 \cdot b/B\right) \cdot \left(1 - 0,5 \cdot h/H\right) \cdot V/v \,. \tag{12.31}$$

Nach Beziehung (12.7) ist im Mittel $b = 3/4 \cdot v/(l \cdot h)$. Wird dieser Ausdruck für die mittlere Breite einer Fülleinheit in Beziehung (12.31) eingesetzt, folgt durch Nullsetzen der partiellen Ableitung nach l bei festgehaltenem h und v, daß die Kapazität ein Maximum erreicht, wenn $l/b = L/B$ ist. Ebenso folgt durch Variieren von l bei festem b und v, daß die Kapazität für $l/h = L/H$ maximal ist. Analoge Berechnungen lassen sich auch für die übrigen Packstrategien durchführen. Hieraus folgt der Satz:

● Die mittlere Kapazität ist bei einer Befüllung ohne Packrestriktionen am größten, wenn das Seitenverhältnis der Fülleinheiten gleich dem Seitenverhhältnis der Ladeeinheiten ist

$$l : b : h \;=\; L : B : H \,. \tag{12.32}$$

Wenn nicht grade eine Innenlänge der Ladeeinheit ein ganzzahliges Vielfaches einer Kante der Fülleinheit ist, ergibt sich ein optimaler Packungsgrad mit der

● *Seitenausrichtungsstrategie*: Beginnend an einer unteren Ecke der Ladeeinheit werden die Fülleinheiten mit der längsten Kante parallel zur längsten Innenseite der Ladeeinheit und mit der zweitlängste Kante parallel zur zweitlängsten Innenseite der Ladeeinheit aufgestapelt.

Unter Berücksichtigung der Relation (12.6) für das mittlere Seitenverhältnis der Fülleinheiten folgt aus (12.32) die *Regel*:

- Das *optimale Seitenverhältnis* uneingeschränkt befüllbarer Ladeeinheiten mit dem geringsten mittleren Packungsverlust für eine Vielzahl unterschiedlicher Fülleinheiten ist

$$L : B : H = 3 : 2 : 1. \tag{12.33}$$

Aus *Tabelle 12.2* ist zu entnehmen, daß die Grundmaße L und B vieler Standardbehälter und Normpaletten dieser Regel entsprechen [106; 111].

Aus den Beziehungen (12.8) und (12.32) folgen für unkorrellierte Längen, Breiten und Höhen der Fülleinheiten und der Ladeeinheiten bei optimalem Seitenverhältnis, im Mittel die Beziehungen

$$L/l = B/b = H/h = \left(V/v\right)^{1/3}. \tag{12.34}$$

Durch Einsetzen dieser Beziehungen in die Formel (12.31) und in die entsprechenden Formeln für die Kapazität der übrigen Packstrategien ergibt sich:

- Die *mittlere Kapazität* einer uneingeschränkt befüllbaren Ladeeinheit mit dem Innenvolumen V ist für unterschiedliche Fülleinheiten mit dem mittleren Volumen v

$$C = \left(1 - f_{str} \cdot \left(v/V\right)^{1/3}\right)^3 \cdot V / v. \tag{12.35}$$

Nach Beziehung (13.14) ist damit der *mittlere Packungsgrad*:

$$\eta_{pack} = \left(1 - f_{str} \cdot \left(v/V\right)^{1/3}\right)^3. \tag{12.36}$$

Der *Verschnittfaktor* f_{str} hängt von der Packstrategie ab. Bei Befüllung einer Ladeeinheit nach der einfachsten Parallelpackstrategie liegt der Verschnittfaktor zwischen 0 und 1 und ist im Mittel 0,5. Für die übrigen Packstrategien ergeben sich aus Analysen und Simulationsrechnungen die *Verschnittfaktoren*:

Nr.	Packstrategie	Restriktion	Verschnittfaktor f_{str}
1	Paralellpack	keine	0,50
2A	Parallelpack + Seitenpermutation	Höhe	0,40
3A	Parallelpack + Restraumnutzung	Höhe	0,40
2B	Parallelpack + Seitenpermutation	keine	0,30
3B	Parallelpack + Restraumnutzung	keine	0,30
4A	Parallelpack + Restraumn. + Seitenperm.	Höhe	0,25
4B	Parallelpack + Restraumn. + Seitenperm.	keine	0,20
OPT	Optimale Packung	keine	0,20.

Mit diesen Verschnittfaktoren errrechnen sich aus Beziehung (12.36) mittlere Packungsgrade, die für größere Ladeeinheiten mit V/v > 20 weitgehend unabhängig von der relativen Laderaumgröße V/v mit einer Genauigkeit von besser als 2 % mit den simulierten mittleren Packungsgraden übereinstimmen.

So zeigt *Tabelle 12.4* für die Volumenrelation V/v = 100 den Vergleich der mittleren Packungsgrade, die sich aus einer Simulationsrechnung ergeben, mit den theoretischen Werten aus Beziehung (12.36). In *Abb. 12.9* ist die mit Hilfe der Beziehung (12.36) berechnete Abhängigkeit des durchschnittlichen Packungsgrads von der Größenrelation V/v für unterschiedliche Verschnittfaktoren dargestellt.

5. Beladestrategie für gemischte Befüllung

Wenn die Fülleinheiten eines Füllauftrags unterschiedliche Abmessungen haben und in den Ladeeinheiten gemischt werden dürfen, läßt sich die mittlere Restlänge in den drei Raumrichtungen durch Befüllen der Ladeeinheiten mit Fülleinheiten in absteigender Größe reduzieren. Wie in *Abb. 12.7 C* dargestellt, ergibt sich dadurch in Längsrichtung eine von $l/2$ auf $l_{min}/2$ verminderte mittlere Restlänge, wenn l die mittlere und l_{min} die kürzeste Länge der Fülleinheiten sind.

Aus dieser Überlegung resultiert die *Beladestrategie für gemischte Befüllung ohne Reihenfolgerestriktion* mit den Schritten:

Schritt 1: Die Fülleinheiten des Auftrags werden nach absteigender Größe geordnet.

Schritt 2: Die Fülleinheiten mit dem größten Volumen werden nach der Parallelpackstrategie mit Seitenpermutation in die hierfür benötigte Anzahl Ladeeinheiten eingefüllt.

Schritt 3: Aus der verbleibenden Menge werden die Fülleinheiten mit dem größten Volumen ausgewählt, die grade noch in die Resträume der teilbefüllten Ladeeinheiten hineinpassen und in die Resträume nach der Parallelpackstrategie mit Restraumnutzung gepackt.

Schritt 4: Der Schritt 3 wird mit den nächst kleineren Fülleinheiten fortgesetzt, bis sich keine der verbleibenden Fülleinheiten mehr in den Resträumen unterbringen läßt.

Schritt 5: Mit den übrigen Fülleinheiten werden die Schritte 1 bis 4 solange durchlaufen bis alle Fülleinheiten in Ladeeinheiten eingefüllt sind.

Mit dieser Mehrschrittstrategie werden die Resträume mindestens so gut genutzt, wie beim Befüllen der Ladeeinheiten mit gleichen Fülleinheiten, deren Abmessungen gleich den mittleren Abmessungen der ungleichen Fülleinheiten sind. Wegen der kleinen Fülleinheiten sind die Restlängen im Mittel kleiner als bei einer Befüllung mit gleichen Fülleinheiten. Hieraus folgt die *Regel*:

• Die mittlere Kapazität und der durchschnittliche Packungsgrad einer Ladeeinheit sind bei *gemischter Befüllung mit ungleichen Fülleinheiten* nach der Mehrschrittstrategie ohne Reihenfolgerestriktion ebenfalls mit den Beziehungen (12.35) und (12.36) berechenbar.

Bei gemischter Befüllung mit ungleichen Fülleinheiten liegt der Verschnittfaktor im Bereich:

$$0{,}10 \;\leq\; f_{str} \;\leq\; 0{,}20. \tag{12.37}$$

Wird für das Befüllen der Ladeeinheiten mit unterschiedlichen Fülleinheiten eine bestimmte Reihenfolge vorgegeben, die die möglichen Packstrategien einschränken, vermindert sich der erreichbare Packungsgrad.

Wenn sich die Abmessungen der vorkommenden Fülleinheiten um mehr als einen Faktor 10 voneinander unterscheiden, ist es notwendig, durch geeignete *Clusterung* die Gesamtheit der Fülleinheiten in Gruppen hinreichend homogener Fülleinheiten aufzuteilen und die Gestaltung, Dimensionierung und Optimierung für jede dieser Gruppen gesondert durchzuführen. Eine derartige Clusterung der Artikel- oder Fülleinheiten und die Zuordnung optimaler Ladeeinheiten sind weitere *Bündelungs- und Ordnungsstrategien* zur Planung und Optimierung von Logistiksystemen.

12.5
Füllstrategien und Ladeeinheitenbedarf

Ziel der Packstrategien ist eine optimale Nutzung des Laderaums einer Ladeeinheit, um die Kapazität zu maximieren. Das Ziel der Füllstrategien ist die Minimierung des Abruchverlusts eines Füllauftrags, um den Ladeeinheitenbedarf zu minimieren:

- Eine *Füllstrategie* ist ein Verfahren zum Verteilen der Fülleinheiten eines Auftrags auf eine minimale Anzahl von Ladungsträgern unter Beachtung vorgebener *Füllrestriktionen*.

Füllstrategien sind ebenfalls *Ordnungsstrategien*. *Strategievariablen* sind die Verteilungsmöglichkeiten der Fülleinheiten eines Auftrags auf die Ladeeinheiten.

1. Füllrestriktionen
Beim Befüllen von Ladeeinheiten sind zusätzlich zu den Packrestriktionen bestimmte Füllrestriktionen zu beachten. Eine häufig vorkommende *Füllrestriktion* ist die

- *Positionsreine Befüllung*: Die einzelnen Ladeeinheiten dürfen nur Fülleinheiten der gleichen Position des Füllauftrags enthalten.

Wenn die Positionen eines Füllauftrags einzelne Artikel betreffen, bedeutet die positionsreine Befüllung *Artikelreinheit*: Die einzelnen Ladeeinheiten dürfen jeweils nur die Fülleinheiten eines Artikels enthalten. Artikelgemischte Ladeeinheinheiten sind unzulässig.

Enthalten die Positionen des Füllauftrags einzelne Auftragsinhalte, ist Positionsreinheit gleichbedeutend mit *Auftragsreinheit*: Der Inhalt eines Auftrags darf nicht zusammen mit dem Inhalt anderer Aufträge in eine Ladeeinheit gefüllt werden. Auftragsgemischte Ladeeinheiten sind unzulässig, artikelgemischte Ladeeinheiten erlaubt.

Wenn die Füllauftragspositionen einzelne Sendungsinhalte betreffen, heißt Positionsreinheit *Sendungsreinheit* der Ladeeinheiten: Die Frachtstücke einer Sendung dürfen nicht zusammen mit den Frachtstücken anderer Sendungen in

eine Ladeeinheit gefüllt werden. Sendungsgemischte Ladeeinheiten sind unzulässig, auftragsgemischte und artikelgemischte Ladeeinheiten erlaubt.
Eine weitere *Füllrestriktion* ist die

- *Reihenfolgerestriktion*: Die Fülleinheiten müssen in einer vorgegebenen Reihenfolge zugänglich sein und entsprechend eingefüllt werden.

Eine Reihenfolgerestriktion ist zum Beispiel die Beladefolge eines Transportmittels nach der Reihenfolge der Zielorte, um ein Umstapeln der Ladung beim Entladen zu vermeiden. Ein anderes Beispiel ist die Befüllung von Versandeinheiten zur Nachschubversorgung von Filialen in der Reihenfolge der Verkaufstheken, um die Entnahme zu erleichtern. Eine Reihenfolgerestriktion für das Befüllen von Lagerfächern ergibt sich aus dem FIFO-Prinzip (s. *Abschnitt 16.4/II*).

2. Füllstrategie für gewichtsbestimmte Ladung
Bei gewichtsbestimmter Ladung mit $G/g > V/v$ folgt aus der Unteilbarkeit und der begrenzten Belastbarkeit der Fülleinheiten sowie aus der Gewichtsbeschränkung der Ladeeinheiten die:

- *Füllstrategie für gewichtsbestimmte Ladung*: Bis zum Erreichen der Nutzlast sind die schweren, großen, kompakten und belastbaren Fülleinheiten zuerst und die leichten, sperrigen, kleinen und belastungsempfindlichen Fülleinheiten weiter oben zu stapeln.

Die Füllstrategie für gewichtsbestimmte Ladung ist in analogen Schritten durchzuführen, wie die im letzten Abschnitt unter Punkt 5 beschriebene Beladestrategie für gemischte Befüllung. Dabei werden die Fülleinheiten im ersten Schritt nach absteigendem Gewicht geordnet.
Aus den Beziehungen (12.13) und (12.17) folgt für den *Ladeeinheitenbedarf* zur Unterbringung der Füllmenge m_{FA} [FE] bei gewichtsbestimmter Ladung

$$M_{FA} = \left\{ m_{FA} / \left[G/g \right] \right\} \qquad [LE]. \qquad (12.38)$$

Hierin ist G die zulässige Nutzlast und g das mittlere Fülleinheitengewicht. Die *eckigen Klammern* bedeuten wie zuvor ein *Abrunden* auf die nächst kleinere ganze Zahl, die *geschweiften Klammern* ein *Aufrunden* auf die nächst größere ganze Zahl.

3. Mengenanpassung und Kapazitätsanpassung
Ein optimaler Füllungsgrad von 100 % wird erreicht, wenn beim Verladen einer Füllmenge keine Anbrucheinheiten entstehen. Wenn die Füllmengen verändert werden dürfen, lassen sich Anbrucheinheiten verhindern durch die

- *Mengenanpassungsstrategie*: Die Füllmenge oder Liefermenge m_{FA} wird auf ein ganzzahliges Vielfaches $N_{FA} \cdot C$ der Ladeeinheitenkapazität C auf- oder abgerundet.

Die *Mengenanpassungsstrategie* wird in der Praxis vielfach genutzt: Die *Losgrößen* der Produktion werden auf ein ganzzahliges Vielfaches einer Palettenkapazität festgelegt, die *Nachschubmengen* auf den Inhalt ganzer Ladeeinheiten gerundet oder die *Versandmengen* für das gleiche Ziel angesammelt, bis die Kapazität einer Transporteinheit gefüllt ist.

Wenn die Füllmenge nicht veränderbar ist, aber die Kapazität der Ladeeinheiten angepaßt, ausgewählt oder verändert werden kann, besteht eine andere Möglichkeit zur Vermeidung oder Reduzierung der Anbruchverluste durch die

- *Kapazitätsanpassungsstrategie*: Die Kapazität der eingesetzten Ladeeinheiten wird so ausgewählt oder festgelegt, daß ein ganzzahliges Vielfaches $N_{FA} \cdot C$ der Ladeeinheitenkapazität gleich der Füllmenge m_{FA} ist.

Für Packaufträge bedeutet die Kapazitätsanpassung die mengenabhängige Auswahl der Packmittel. Für Palettieraufträge besteht die Möglichkeit zum Einsatz von Paletten unterschiedlicher Abmessungen und Beladehöhen. Bei Transportaufträgen werden entsprechend der Ladungsgröße Transportmittel mit passender Kapazität ausgewählt.

Wenn alle Ladeeinheiten vollständig gefüllt sind, ist der Ladeeinheitenbedarf gleich der ganzen Zahl N_{FA}:

$$m_{FA}/C \leq M_{FA} \leq \left(m_{FA} -1\right)/C+1. \qquad (12.39)$$

Mit der Kapazitätsanpassung gelingt ist es in der Regel nicht immer, Anbrucheinheiten vollständig zu vermeiden, sondern nur, den Füllungsgrad der Anbrucheinheiten im Vergleich zum Füllungsgrad ohne Kapazitätsanpassung deutlich zu verbessern. Eine weitere Verbesserung des Füllungsgrads ist durch Kombination der Kapazitätsanpassung mit der Mengenanpassung möglich.

3. Ladeeinheitenbedarf ohne Mengen- und Kapazitätsanpassung

Wenn keine Mengen- oder Kapazitätsanpassung möglich und die Streuung der Füllmengen eines betrachteten Auftragsclusters größer ist als ein Viertel der Ladeeinheitenkapazität ist, liegt der gemäß Beziehung (12.17) durch Aufrunden errechnete Ladeeinheitenbedarf M_{FA} zufallsverteilt im Intervall

$$m_{FA}/C \leq M_{FA} \leq \left(m_{FA} -1\right)/C+1. \qquad (12.40)$$

Durch Mittelung über die Intervallgrenzen (12.40) folgt hieraus unter Berücksichtigung der Tatsache, daß pro Füllauftrag mindestens eine Ladeeinheit benötigt wird, der *Satz*:

- Ohne Gewichtsbegrenzung, Mengenanpassung und Kapazitätsanpassung ist der *mittlere Ladeeinheitenbedarf* für eine Füllmenge m_{FA} bei einer Kapazität C

$$M_{FA} = MAX\left(1; m_{FA}/C+\left(C-1\right)/2C\right) \qquad [LE]. \qquad (12.41)$$

Für Füllaufträge mit mehreren Positionen folgt:

- Ohne Gewichtsbegrenzung, Mengenanpassung und Kapazitätsanpassung ist der *mittlere Ladeeinheitenbedarf* für Füllaufträge mit der Füllmenge m_{FA} und N Positionen, die *positionsrein* in Ladeeinheiten der Kapazität C zu befüllen sind,

$$M_{FA} = MAX\left(1; m_{FA}/C + N \cdot (C-1)/2C\right) \qquad [LE]. \qquad (12.42)$$

Die Formeln (12.41) und (12.42) resultieren aus dem anschaulich einsichtigen Sachverhalt, daß bei positionsreiner Befüllung ohne Mengenanpassung pro Position eine *Anbrucheinheit* entsteht, deren Inhalt zwischen 1 und C liegt und im Mittel (C-1)/2 beträgt. Der *Anbruchverlust* ist pro getrennt zu beladender Füllauftragsposition im Mittel (C-1)/2C einer Ladeeinheit.

Für C = 1 ensteht kein Anbruchverlust. Für C = 2 ist der mittlere Anbruchverlust pro Position 1/4 einer Ladeeinheit. Für große Kapazität C ≫ 1 ist (C–1)/2C = 0,5 und der mittlere Anbruchverlust pro Position eine halbe Ladeeinheit.

Abb. 12.10 zeigt für eine Ladeeinheitenkapazität C = 5 FE/LE die mit Formel (12.17) für konstante Füllmengen und mit Formel (12.41) für veränderliche Füllmengen errechneten Abhängigkeiten des Ladeeinheitenbedarfs von der Füllmenge. Die Funktion (12.41) für variable Füllmengen ist im Bereich m_{FA} > (C–1)/2 eine mittlere Grade durch die Treppenfunktion (12.17) für feste Füllmengen und im Bereich m_{FA} ≤ (C – 1)/2 identisch mit der Treppenfunktion.

Wenn die Füllstücke mehrerer Artikel oder Aufträge *gemischt* in die Ladeeinheiten gefüllt werden dürfen, ist die Summe der zusammen einfüllbaren Artikel

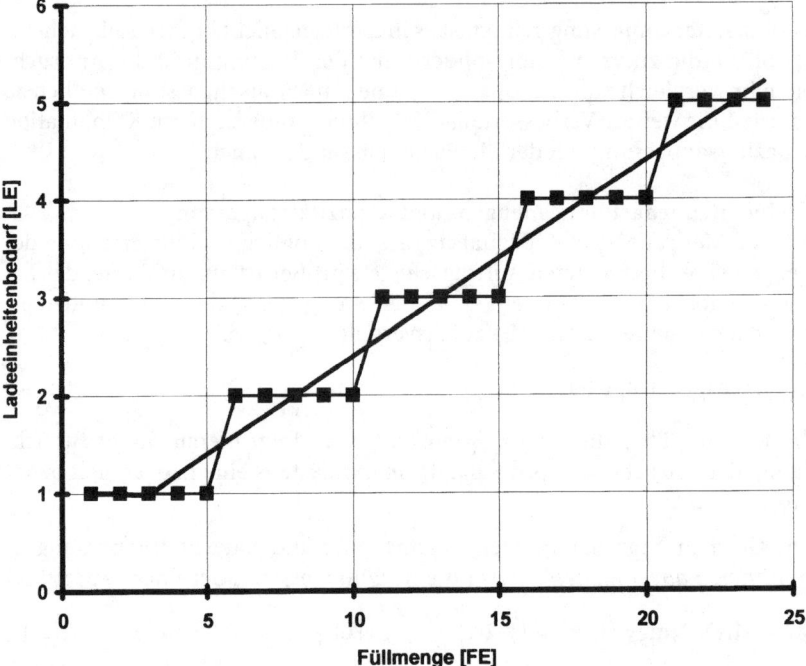

Abb. 12.10 Ladeeinheitenbedarf als Funktion der Füllmenge

Ladeeinheitenkapazität: C = 5 FE/LE
Treppenfunktion: LE-Bedarf bei definierter Füllmenge nach Bez. (12.17)
Gradenverlauf: mittlere LE-Bedarf bei variabler Füllmenge nach Bez. (12.41)

oder Aufträge eine Füllauftragsposition, für die Berechnungsformel (12.41) anwendbar ist. Enthält eine Füllauftragsposition N_A Artikel, dann verteilt sich der Anbruchverlust der Füllposition auf die N_A Artikel. Der mittlere Anbruchverlust pro Artikel ist dann $((C-1)/2C)/N_A$.

Durch Einsetzen der Beziehung (12.42) in die Definitionsgleichung (12.18) des mittleren Füllungsgrads folgt:

- Ohne Gewichtsbegrenzung, Mengenanpassung und Kapazitätsanpassung ist der *mittlere Füllungsgrad* für Füllaufträge mit der Füllmenge m_{FA} und N Positionen, die *positionsrein* in Ladeeinheiten der Kapazität C zu befüllen sind,

$$\eta_{\text{füll}} = m_{FA} / \text{MAX}\left(C; m_{FA} + N \cdot \left(C-1\right)/2\right) \quad \left[\text{LE}\right]. \tag{12.43}$$

Aus dieser Funktion sind folgende *Gesetzmäßigkeiten* ablesbar, die in den *Abb. 12.11* und *12.12* für unterschiedliche Ladeeinheitenkapazitäten dargestellt sind:

- Der Füllungsgrad nimmt mit zunehmender *Kapazität* der Ladeeinheiten ab, da der Anbruchverlust pro Füllauftrag immer größer wird.
- Der Füllungsgrad verbessert sich mit zunehmender *Füllmenge*, da der Anbruchverlust pro Füllauftrag mit der Füllmenge abnimmt.

Diese Abhängigkeiten lassen sich durch die Berechnungsformel (12.43) quantifizieren. Sie sind für die Auswahl und Dimensionierung von Ladeeinheiten von grundlegender Bedeutung.

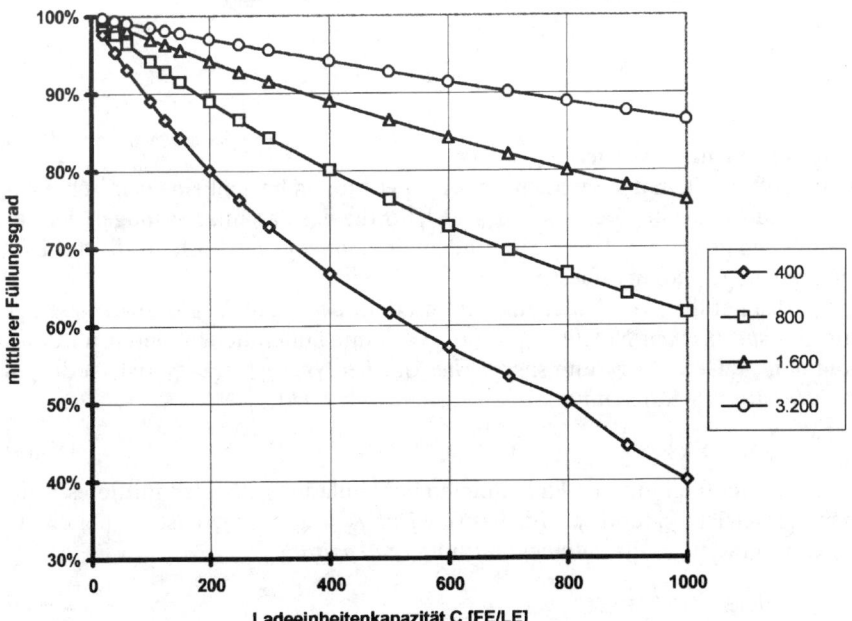

Abb. 12.11 Kapazitätsabhängigkeit des Füllungsgrads von Ladeeinheiten

Parameter: mittlere Füllmenge pro Füllauftrag [FE/FA]

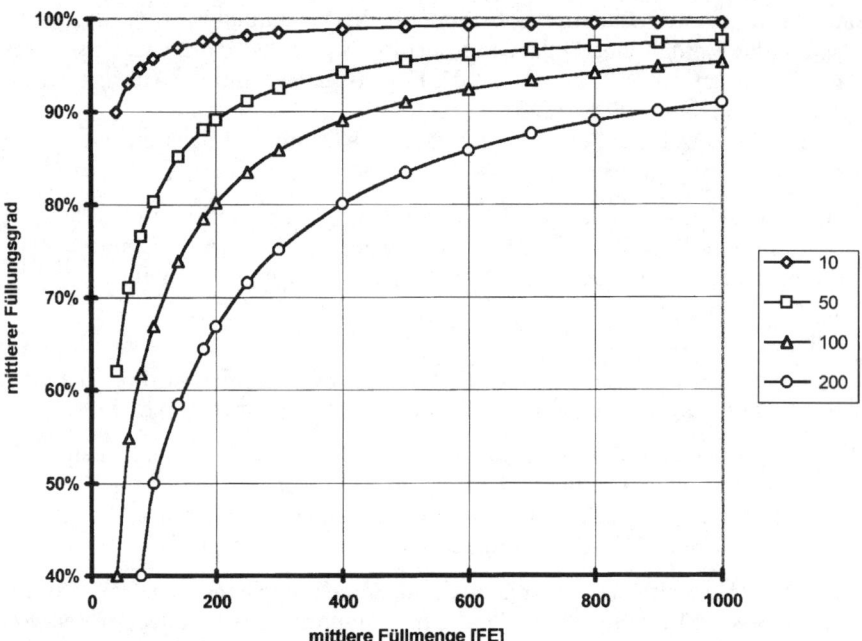

Abb. 12.12 Füllmengenabhängigkeit des Füllungsgrads von Ladeeinheiten

Parameter: Kapazität der Ladeeinheiten [FE/LE]

4. Optimale Ladungsverteilung

In der Luftfracht, in der Seefracht und in Speditionen besteht eine gemischte Ladung häufig aus einer *Teilmenge* m_A [FE], für die das Fassungsvermögen der Ladeeinheiten gewichtsbestimmt ist, und einer *Teilmenge* m_B [FE], für die das Fassungsvermögen volumenbestimmt ist.

Für das Befüllen von Ladeeinheiten mit dem Laderaum V_{LE}, der Nutzlast G_{LE} und der *spezifischen Nutzlast* $\gamma_{LE} = G_{LE}/V_{LE}$ mit Fülleinheiten, deren mittleres Volumen v_A, Gewicht g_A und *spezifisches Gewicht* $\gamma_A = g_A/v_A > \gamma_{LE}$ ist, ist die *gewichtsbestimmte Kapazität*:

$$C_A = \left[G_{LE}/g_A \right]. \tag{12.44}$$

Für das Befüllen mit den Fülleinheiten der Teilladung B, deren mittleres Volumen v_B, Gewicht g_B und *spezifisches Gewicht* $\gamma_B = g_B/v_B < \gamma_{LE}$ ist, ist bei einem Packungsgrad η_{pack} die *volumenbestimmte Kapazität*:

$$C_B = \eta_{pack} \cdot V_{LE}/v_B. \tag{12.45}$$

Der gesamte *Ladeeinheitenbedarf* ist *bei separater Beladung*:

$$M_{sep} = \left\{ m_A/C_A \right\} + \left\{ m_B/C_B \right\}. \tag{12.46}$$

Von den $\{m_A/C_A\}$ gewichtsbestimmten Ladeeinheiten ist bei separater Beladung die Nutzlast voll ausgelastet aber ein Teil des Laderaums nicht gefüllt. Von den $\{m_B/C_B\}$ volumenbestimmten Ladeeinheiten ist der Laderaum voll genutzt aber ein Teil der Nutzlast unausgelastet.

Bei *gemischter Beladung* mit C_{Aopt} Fülleinheiten der Teilladung A und mit C_{Bopt} Fülleinheiten der Teilladung B werden sowohl die Nutzlast G_{LE} wie auch der effektive Laderaum $\eta_{pack} \cdot V_{LE}$ der Ladeeinheiten vollständig genutzt, wenn gleichzeitig folgende Bedingungen erfüllt sind:

$$C_{Aopt} \cdot g_A + C_{Bopt} \cdot g_B = G_{LE}$$
$$C_{Aopt} \cdot v_A + C_{Bopt} \cdot v_B = \eta_{pack} \cdot V_{LE}. \tag{12.47}$$

Durch Auflösen dieses Gleichungssystems nach C_{Aopt} und C_{Bopt} folgt:

- Die Nutzlast G_{LE} und der effektive Laderaum $\eta_{pack} \cdot V_{LE}$ einer Ladeeinheit werden maximal genutzt mit den *optimalen Teilladungskapazitäten*

$$C_{Aopt} = \eta_{pack} \cdot \left((\gamma_{LE} - \gamma_B)/(\gamma_A - \gamma_B)\right) \cdot (V_{LE}/v_A)$$
$$C_{Bopt} = \eta_{pack} \cdot \left((\gamma_A - \gamma_{LE})/(\gamma_B - \gamma_A)\right) \cdot (V_{LE}/v_B). \tag{12.48}$$

Wenn eine gemischte Beladung der Ladeeinheiten mit Fülleinheiten der Teilladungen A und B zulässig ist und für die spezifischen Gewichte der beiden Teillasten und die spezifische Nutzlast die Relation

$$\gamma_A > \gamma_{LE} > \gamma_B. \tag{12.49}$$

gilt, läßt sich der Ladeeinheitenbedarf durch optimale Ladungsverteilung minimieren. Die *Ladungsverteilungsstrategie* besteht aus folgenden Schritten:

Schritt 1: Die Ladeeinheiten werden mit den optimalen Teilladungskapazitäten (12.48) beladen bis entweder die Teilmenge m_A aller schweren oder die Teilmenge m_B aller leichten Fülleinheiten verladen ist. Die dadurch enstehende Anzahl gemischt befüllter Ladeeinheiten ist

$$M_{AB} = MIN\left(\{m_A/C_{Aopt}\}; \{m_B/C_{Bopt}\}\right). \tag{12.50}$$

Schritt 2: Wenn die verbleibende Restmenge $(m_A - M_{AB} \cdot C_{Aopt})$ der Teilladung A größer 0 ist, wird diese in zusätzliche Ladeeinheiten verladen. Die dadurch entstehende Anzahl nur mit A-Fracht beladener Ladeeinheiten ist

$$M_A = MAX\left(0; \{(m_A - M_{AB} \cdot C_{Aopt})/C_A\}\right). \tag{12.51}$$

Schritt 3: Wenn die verbleibende Restmenge $(m_B - M_{AB} \cdot C_{ABopt})$ der Teilladung B größer 0 ist, wird diese in zusätzliche Ladeeinheiten verladen. Die dadurch entstehende Anzahl nur mit B-Fracht beladener Ladeeinheiten ist

$$M_B = MAX\left(0; \{(m_B - M_{AB} \cdot C_{Bopt})/C_B\}\right). \tag{12.52}$$

Die insgesamt bei *optimaler Ladungsverteilung* entstehende Anzahl Ladeeinheiten ist also:

$$M_{opt} = M_{AB} + M_A + M_B. \tag{12.53}$$

Für ein Beispiel zeigt *Abb. 12.13* den mit Hilfe der Beziehungen (12.44) bis (12.53) berechneten Ladeeinheitenbedarf bei separater und bei optimaler Beladung in Abhängigkeit vom Mengenverhältnis der gewichtsbestimmten zur volumenbestimmten Teilladung. Hieraus sind folgende *Dispositionsregeln* ablesber:

- Bei einem *optimalen Mengenverhältnis*

$$\left(m_A / m_B\right)_{opt} = C_{Aopt} / C_{Bopt} = \left(\gamma_{LE} - \gamma_B\right) / \left(\gamma_A - \gamma_{LE}\right) \tag{12.54}$$

der Teilladungen A und B mit den spezifischen Gewichten $\gamma_A > \gamma_{LE} > \gamma_B$ läßt sich durch Ladungsverteilung der Ladeeinheitenbedarf um 20 % und mehr reduzieren.

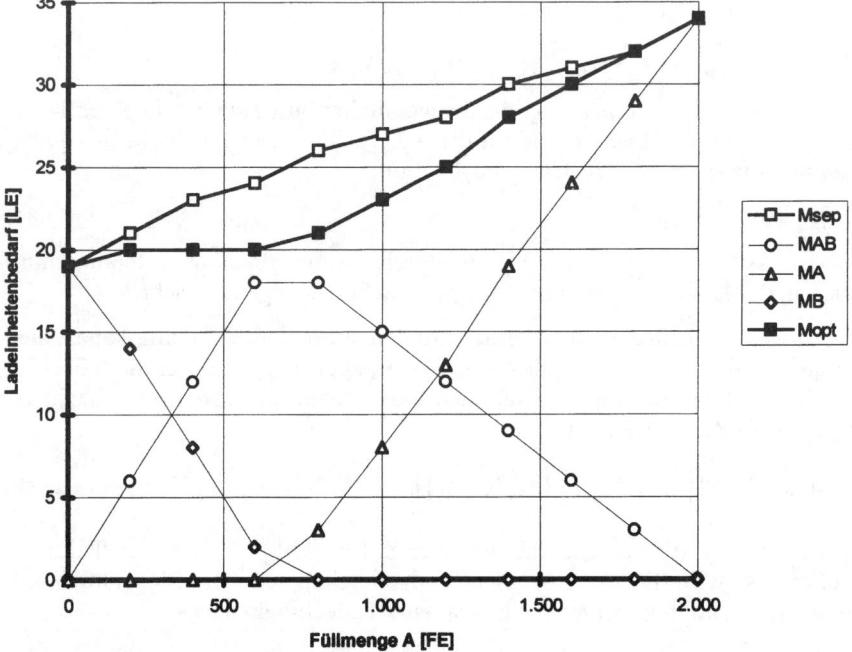

Abb. 12.13 Ladeeinheitenbedarf bei seperater und optimaler Ladungverteilung als Funktion der Füllmenge

Füllmenge: $m_{AB} = m_A + m_B = 2.000$ Fülleinheiten
M_{sep}: LE-Bedarf bei seperater Befüllung der leichten und schweren FE
M_{opt}: LE-Bedarf bei optimaler Ladungsverteilung
M_{AB}: LE-Anzahl mit gemischter Befüllung
M_A: LE-Anzahl nur mit schweren A-Frachtstücken
M_B: LE-Anzahl nur mit leichten B-Frachtstücken

- Die durch optimale Ladungsverteilung erreichbare Reduzierung des Ladeeinheitenbedarfs nimmt mit dem Unterschied der spezifischen Gewichte der Teilladungen zu.

Diese Zusammenhänge sind erfahrenen Spediteuren bekannt. Sie versuchen daher bei einer Übermenge volumenbestimmter Ladung, zusätzlich gewichtsbestimmte Ladung zu akquirieren und bei einer Übermenge gewichtsbestimmter Ladung, zusätzliche volumenbestimmte Ladung zu bekommen, um die verfügbaren Ladekapazität maximal zu nutzen. Die vorangehenden Formeln ermöglichen eine Berechnung des optimalen Mengenverhältnisses (12.54) und eine optimale Beladung mit den Teilladungskapazitäten (12.48).

12.6
Volumenoptimale Ladeeinheiten

Bei der Gestaltung, Planung und Optimierung von Logistikketten und Logistiksystemen wie auch im operativen Betrieb sind immer wieder folgende Fragen zu beantworten:

- Wie groß sollen die zu verwendenden Ladeeinheiten sein?
- Wieviele unterschiedliche Ladeeinheitengrößen werden benötigt?
- Welche der vorgegebenen Ladeeinheiten sind für welche Füllaufträge einzusetzen?

Maßgebend für die Optimierung der Logistikketten sind die *Prozeßkosten* und für die Auslegung der Logistiksysteme die *Gesamtbetriebskosten*. Die Prozeßkosten und die Betriebskosten sind von der Anzahl, vom Volumen und vom Gewicht der Logistikeinheiten, zusätzlich aber von vielen weiteren Einflußfaktoren abhängig.

Die Kosten steigen in der Regel mit der Anzahl, dem Volumen und dem Gesamtgewicht der Ladeeinheiten. Die Anzahl der Ladeeinheiten nimmt bei volumenbestimmter Beladung mit dem Volumen ab. Daher gibt es *kostenoptimale Ladeeinheiten*. Deren Größe läßt sich jedoch, wenn überhaupt, nur aus den projektspezifischen Kosteneinflußfaktoren und Zusammenhängen berechnen. Beispiele für die Optimierungsmöglichkeiten durch richtige Auswahl und Dimensionierung der Ladeeinheiten werden in den weiteren Kapiteln behandelt (z.B. *Abb. 17.40/II*).

Eine wichtiges, wenn auch nicht alleiniges Ziel der Auswahl und Dimensionierung der Ladeeinheiten ist die Minimierung des Gesamtvolumens der für bestimmte Füllaufträge oder Auftragscluster benötigten Ladeeinheiten, d.h. die Bestimmung der *volumenoptimalen Ladeeinheit*. Für die volumenoptimale Ladeeinheit ist die Volumennutzungsgrad maximal.

- Der *Volumennutzungsgrad* η_V der Ladeeinheiten eines Füllauftrags ist gleich der Nutzung des gesamten Nettovolumens $M_{FA} \cdot V_{LE}$ der M_{FA} Ladeeinheiten mit dem Einzelladeraum V_{LE} durch das Gesamtladevolumen $m_{FA} \cdot v_{FE}$ der m_{FA} Fülleinheiten mit dem Einzelvolumen v_{FE}:

$$\eta_V = m_{FA} \cdot V_{FE} / \left(M_{FA} \cdot V_{LE} \right). \tag{12.55}$$

Mit der Definitionsgleichung (12.14) des Packungsgrads η_{pack} und der Definitionsgleichung (12.18) des Füllungsgrads $\eta_{füll}$ folgt aus Gleichung (12.55) der *Satz*:

- Der Volumennutzungsgrad der Ladeeinheiten eines Füllauftrags ist gleich dem Packungsgrad multipliziert mit dem Füllungsgrad:

$$\eta_V = \eta_{pack} \cdot \eta_{füll}. \tag{12.56}$$

Der mittlere Packungsgrad nimmt gemäß (12.36) mit zunehmendem Volumen der Ladeeinheiten ab, während der mittlere Füllungsgrad nach Beziehung (12.43) mit ansteigender Kapazität, also mit zunehmendem Volumen immer schlechter wird.

Durch Einsetzen der Beziehung (12.36) für den mittleren Packungsgrad und der Beziehung (12.43) für den mittleren Füllungsgrad in Beziehung (13.56) folgt mit Beziehung (12.16) für die Abhängigkeit der mittleren Volumennutzung vom *relativen Laderaumvolumen*

$$x = V/v. \tag{12.57}$$

die Beziehung:

$$\eta_V(x) = \frac{2 \cdot m_{FA} \cdot \left(1 - f_{str} \cdot x^{-1/3}\right)^3}{2 \cdot m_{FA} + x \cdot \left(1 - f_{str} \cdot x^{-1/3}\right)^3}. \tag{12.58}$$

Die mit Beziehung (12.58) berechnete Abhängigkeit des Volumennutzungsgrads von der relativen Ladeeinheitengröße x ist für ein Beispiel in *Abb. 12.14* dargestellt. Aus dem funktionalen Zusammenhang zwischen Volumennutzungsgrad und Ladeeinheitenvolumen folgt der Satz:

- Ohne Mengen-, Kapazitäts- oder Maßanpassung gibt es eine *optimale Ladeeinheitengröße* $x_{opt} = (V/v)_{opt}$, für die die Volumennutzung der Ladeeinheiten eines Füllauftrags maximal ist.

Für die Größe x_{opt} der volumenoptimalen Ladeeinheit folgt durch Ableitung der Funktion (12.58) nach x und Nullsetzen die Bestimmungsgleichung:

$$2 \cdot f_{str} \cdot m_{FA} \cdot x^{-4/3} - 9 \cdot f_{str}^2 \cdot x^{-2/3} + 6 \cdot f_{str} \cdot x^{-1/3} - 1 = 0. \tag{12.59}$$

Diese Gleichung höherer Ordnung ist nicht explizit lösbar. Eine exakte numerische Lösung der Gleichung (12.59), die mit Hilfe einer Zielwertsuche errechnet wurde, ergibt für zwei verschiedene Verschnittfaktoren den in *Abb. 12.15* dargestellten Verlauf der volumenoptimalen Ladeeinheitengröße x_{opt} in Abhängigkeit von der mittleren Füllmenge m_{FA}. Eine *Näherungslösung* der Gleichung (12.59), die für die meisten Anwendungszwecke ausreicht, ist

$$x_{opt} = \left(2,3 \cdot f_{str} \cdot m_{FA}\right)^{3/4} \quad \text{für} \quad f_{str} > 0. \tag{12.60}$$

Unter Berücksichtigung der Tatsache, daß der Laderaum der Ladeeinheit größer sein muß als das Fülleinheitenvolumen, folgt hieraus bei einem Verschnittfaktor $f_{str} > 0$ für den

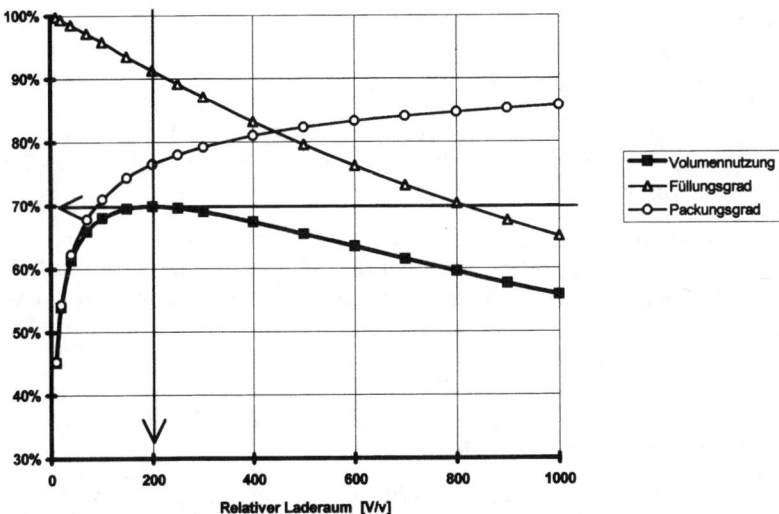

Abb. 12.14 Packungsgrad, Füllungsgrad und Volumennutzungsgrad in Abhängigkeit vom relativen Laderaum

Parameter: Mittlere Füllmenge m_{FA} = 800 FE
Verschnittfaktor f_{str} = 0,50
Ergebnis: Volumenoptimale Ladeeinheitengröße V_{LE} = 200 v_{FE}
Optimaler Volumennutzungsgrad η_{LE} = 70%

Abb. 12.15 Abhängigkeit der optimalen Ladeeinheitengröße von der mittleren Füllmenge

Parameter: Verschnittfaktor f_{str} = 0,20 und 0,30

- *Laderaum der volumenoptimalen Ladeeinheit:*

$$V_{opt} = v \cdot MAX\left(1; \left(2,3 \cdot f_{str} \cdot m_{FA}\right)^{3/4}\right).$$ (12.61)

Aus dem funktionalen Zusammenhang (12.57) und mit dem Laderaum (12.61) der volumenoptimalen Ladeeinheiten ergeben sich folgende *Regeln* für die Auswahl und Dimensionierung von Ladeeinheiten:

- *Dimensionierungsregel für volumenoptimale Ladeeinheiten*: Wenn keine Mengen- oder Maßanpassung möglich ist, hat die volumenoptimale Ladeeinheit für Füllaufträge eines Auftragsclusters mit einer mittleren Füllmenge m_{FA} das Innenvolumen (12.61).
- *Auswahlregel für volumenoptimale Ladeeinheiten*: Von zwei zur Auswahl stehenden Ladeeinheiten, von denen die eine ein kleineres und die andere ein größeres Volumen als das optimale Innenvolumen (12.61) hat, ist die mit der besseren Volumennutzung zu wählen.

Nach diesen Zuweisungsregeln sind Fülleinheiten mit geringem Stückvolumen und geringer Menge in kleinen Ladeeinheiten unterzubringen, Fülleinheiten mit geringem Stückvolumen und hohem Bestand oder mit großem Volumen und geringer Menge in mittelgroßen Ladeeinheiten und Fülleinheiten mit großem Stückvolumen und großer Menge in großen Ladeeinheiten. Diese Zusammenhänge sind anschaulich einleuchtend und qualitativ weitgehend bekannt.

Die vorangehenden Beziehungen zur Berechnung der mittleren Volumennutzung aber machen die *Zuordnungsregeln* für die Praxis nutzbar. Dabei ist jedoch zu beachten, daß für die Kosten nicht allein die Größe der Ladeeinheiten maßgebend ist und im Einzelfall andere Einflußgrößen vorrangig sein können.

12.7
Logistikstammdaten

Trotz der grundlegenden Bedeutung der Logistikstammdaten werden diese nicht in allen Unternehmen erfaßt, nicht in allen DV-Stammdateien vollständig hinterlegt oder nicht laufend aktualisiert. Hieraus kann die Verwendung falscher Versandverpackungen, der Einsatz ungünstiger Ladungsträger, die Fehlbelegung der Lagerbereiche und die Nutzung kostenungünstiger Logistikketten resultieren [32; 33].

Korrekte und vollständige Logistikstammdaten werden benötigt für die Kalkulation

- verursachungsgerechter Leistungskosten und Leistungspreise,
- der Logistikkosten von Artikeln, Warengruppen und Aufträgen,
- der Logistikkosten einzelner Lieferanten und der gesamten Beschaffung,
- der Logistikkosten einzelner Kunden und der gesamten Distribution.

Sie sind außerdem Voraussetzung für die

- Auswahl und Zuordnung optimaler Ladungsträger und Transportmittel,
- Realisierung von Pack- und Füllstrategien zur Bildung optimaler Ladeeinheiten,

- Bestimmung optimaler Beschaffungs-, Belieferungs- und Transportketten,
- Kalkulation des Ladungsträger- und Transportmittelbedarfs,
- Berechnung von Leistungen und Personalbedarf des Kommissionierens,
- Verursachungsgerechte Vergütung von Logistikleistungen,
- Zuweisung optimaler Lager- und Kommissionierbereiche,
- Gestaltung, Dimensionierung und Optimierung von Logistiksystemen.

Um für alle diese Verwendungszwecke die Logistikdaten im Rechner verfügbar zu halten, ist eine *Logistikdatenbank* erforderlich [33]. Eine Logistikdatenbank ist eine *relationale Datenbank* mit *Referenztabellen* und *Verzeichnissen*, die jeweils zusammengehörige Stammdaten enthalten. Ein bestimmter Stammdatensatz ist jeweils nur in einer Referenztabelle hinterlegt, auf die allen anderen Tabellen und Programme zugreifen.

Die Logistikdatenbank eines Industrie- oder Handelsunternehmenes umfaßt folgende Haupt- und Unterverzeichnisse:

- *Auftrags- und Artikellogistikdaten* mit

  Auftragslogistikdaten   (12.62)
  Artikellogistikdaten

- *Standortlogistikdaten* mit

  Lieferantenlogistikdaten
  Betriebslogistikdaten   (12.63)
  Verkaufsstellenlogistikdaten

- *Logistikeinheitenverzeichnisse* mit

  Ladeeinheitenverzeichnis
  Verpackungsverzeichnis
  Ladehilfsmittelverzeichnis
  Transportmittelverzeichnis   (12.64)
  Verkaufsplatzverzeichnis
  Lagerplatzverzeichnis.

- *Leistungskostenverzeichnis* mit

  Handlingkosten
  Lagerleistungskosten
  Transportleistungskosten   (12.65)
  Frachtkosten
  Administrative Leistungskosten

Nachfolgend werden die Inhalte dieser Verzeichnisse, deren Struktur sich in der Praxis bewährt hat, näher erläutert. Die angegebenen Logistikkenndaten müssen unternehmensspezifisch ergänzt und angepaßt werden [31; 32; 33]. *Abb. 12.16* zeigt die Stammdatensätze und Verzeichnisse der Logistikdatenbank eines Handelsunternehmens.

Außer den Logistikdaten enthalten die logistischen Stammdaten und Verzeichnisse technische, kommerzielle und andere Daten, die hier nicht behandelt

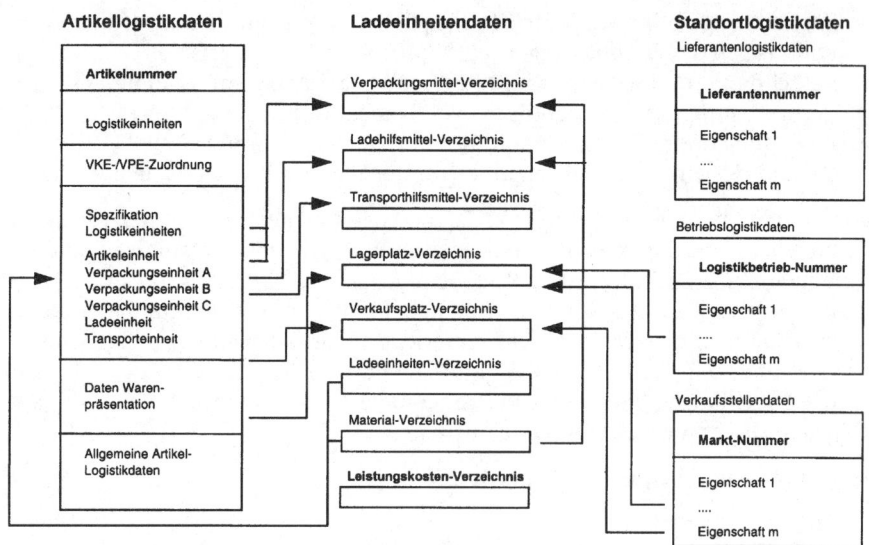

Abb. 12.16 Stammdatensätze und Verzeichnisse der Logistikdatenbank
eines Handelsunternehmens

werden. Die Verzeichnisse und Stammdatensätze der Logistik beziehen sich wiederum teilweise auf kommerzielle Stammdaten und technische Datenverzeich-
nisse, wie *Preisverzeichnisse, Materialverzeichnisse* und *Etikettenverzeichnisse*.

1. Auftrags- und Artikellogistikdaten
Die Auftragslogistikdaten spezifizieren die mit einem Auftrag verbundenen logistischen Leistungsanforderungen und lösen die Prozesse in den Logistikketten
vom Herstell- oder Versandort bis zum Empfangsort aus (s. *Abschnitt 2.1*).
    Dementsprechend umfassen die *Auftragslogistikdaten*:

- *Adressen*   der Lieferstelle und der Empfangsstelle
- *Artikelnummern*   der zu liefernden Artikel oder zu fertigenden Produkte.
- *Liefermengen*   Anzahl zu liefernder Artikel- oder Produkteinheiten
- *Zeitanforderungen*: Abholtermin, Lieferzeit oder Zustelltermin.

Für reine Leistungsaufträge tritt an die Stelle der Artikelnummer eine *Leistungsspezifikation* oder eine *Leistungsnummer*, die sich auf ein *Leistungsverzeichnis*
bezieht. Die geforderten Leistungsmengen sind in *Leistungseinheiten* angegeben.
    Die Artikellogistikdaten umfassen alle Informationen und Daten eines Arti-
kels, die zur Durchführung der Logistikprozesse benötigt werden. *Artikellogistikdaten* sind daher die erforderlichen Daten und Angaben über:

- *Artikelnummer*   EAN-Nummer oder interne Artikelnummer
- *Herkunft*   Adresse der Lieferstelle oder des Lieferanten
- *Bezeichung*   Name oder übliche Bezeichnung

- *Beschaffenheit*   Aggregatzustand, Materialart, Gefahrgutklasse, Brand-klasse
- *Artikelleinheiten*   Maßeinheit für lose Ware (m, m², m³, Liter, kg, t) Mengeneinheit für verpackte Ware (VKE, VPE....)
- *Liefereinheiten*   in denen der Artikel angeliefert und ausgeliefert wird; Beschaffenheit, Verpackung, Inhalt, Maße, Gewicht und Packrestriktionen
- *Ladeeinheiten*   in denen die Liefereinheiten versandt werden; Ladungsträger, Inhalt, Maße, Gewicht, Pack-und Füllrestriktionen
- *Vorschriften*   Artikelspezifische Vorgaben für Handling, Lager, Transport und andere Logistikprozesse
- *Beschaffungsquellen*   Adressen der Lieferstellen oder Lieferanten,
- *Lagerhaltigkeit*   Auftragsfertigungsartikel, Lagerartikel mit eigenem Bestand oder aus fremden Bestand
- *Lieferfähigkeit*   für lagerhaltige Artikel
- *Beschaffungszeit*   Erstbeschaffungzeit, Wiederbeschaffungszeit.
- *Wert*   Einkaufspreis oder Erzeugungskosten (EK) Verkaufspreis oder Verrechnungspreis (VP)

Alle Informationen, für die ein gesondertes Verzeichnis existiert, beschränken sich auf die Angabe eines enstsprechenden *Kennworts* oder einer *Kennummer*.

Zusätzlich zu den *quantifizierbaren Daten* und den *standardisierten Informationen*, die durch *Kennworte* und *Kennzahlen* angeben werden, gibt es auftrags- und artikelspezifische Abgaben, die fallweise in Form beschreibender Hinweise einzugeben sind.

1. Standortlogistikdaten
Die Logistikdaten eines Standorts umfassen alle Daten und Informationen, die Auswirkungen haben auf die logistische Leistungserfüllung.

Zu den *Lieferantenlogistikdaten* gehören:

- *Auslieferadressen*   des oder der Lieferstandorte
- *Warenausgang*   Anzahl Tore, Fläche und Pufferkapazitäten, Ausgangskontrolle
- *Belieferungsketten*   zur Auswahl stehende Belieferungswege und Belieferungsformen
- *Logistikkondition*   Preisstellung für die verschiedenen Belieferungsketten
- *Logistikeinheiten*   von der Lieferstelle eingesetzte Ladungsträger und Transporthilfsmittel
- *Zeitangaben*   Betriebszeiten, Lieferzeiten, Abholzeiten, Zustellzeiten.

Die *Betriebslogistikdaten* betreffen die logistischen Gegebenheiten in den eigenen Betrieben, Lagern und Logistikstandorten des Unternehmens außer den Verkaufsstellen. Sie umfassen Angaben über:

- *Wareneingang*   Anzahl Tore, Fläche und Pufferkapazitäten, Erfassung und Kontrolle

- *Lagerbereiche*   Lagertypen, Kapazitäten und Grenzleistungen der vorhandenen Lager
- *Kommissionierung*   Arten, Kapazitäten und Grenzleistungen der Kommissionierung
- *Warenausgang*   Anzahl Tore, Fläche und Pufferkapazitäten, Ausgangskontrollen
- *Logistikeinheiten*   im Betrieb einsetzbare Ladungsträger und Logistikeinheiten
- *Zeitangaben*   Betriebszeiten, Standardlieferzeiten, Abholzeiten.

Die Verkaufsstellen eines Unternehmens, wie die Verkaufsniederlassungen, Läden, Filialen oder Märkte, sind Logistikstandorte, die speziell auf den *Kunden* und für den *Verkaufserfolg* ausgelegt sind. Die *Logistikdaten der Verkaufsstellen* spezifizieren die logistischen Gegebenheiten in diesen Leistungsbereichen und umfassen Angaben über:

- *Wareneingang*   Anzahl Tore, Fläche und Pufferkapazitäten, Erfassung und Kontrolle
- *Reservelager*   Lagertypen, Kapazitäten und Grenzleistungen der Reservelager
- *Verkaufsplätze*   Arten und Kapazität der Verkaufsplätze zur Warenbereitstellung
- *Logistikeinheiten*   in der Verkaufsstelle einsetzbare Ladungsträger und Logistikeinheiten
- *Zeitangaben*   Betriebszeiten, Verkaufszeiten.

Auch bei den Standortlogistikdaten beschränken sich alle Informationen, für die ein gesondertes Verzeichnis existiert, auf die Angabe eines enstsprechenden *Kennworts* oder einer *Kennummer*.

3. Logistikeinheitendaten
Die Verzeichnisse der Logistikeinheitendaten werden zweckmäßig aufgeteilt in

- Verzeichnisse *elementarer Logistikeinheiten*:

  Artikeleinheiten
  Verpackungseinheiten

- Verzeichnisse *zusammengesetzter Logistikeinheiten*.

  Verkaufseinheiten, Verbrauchseinheiten oder Abgabeeinheiten
  Einkaufseinheiten, Bestelleinheiten oder Nachschubeinheiten
  Bereitstelleinheiten und Lagereinheiten
  Handlingeinheiten und Entnahmeeinheiten
  Verpackungseinheiten und Versandeinheiten
  Frachteinheiten, Ladungseinheiten und Transporteinheiten.

- Verzeichnisse der *Ladungsträger*:

  Packmittel: Flaschen, Fässer, Säcke, Beutel, Rollen, Dosen, Fässer
                         Trays, Kartons, Pakete

Ladehilfsmittel: Schubladen, Behälter, Kassetten, Tablare und Paletten
Transporthilfsmittel: Container, Wechselbrücken, Sattelauflieger, Waggons
Transportmittel: Flurförderzeuge, Lastzüge, Lastwagen, Schienenfahrzeuge, Binnenschiffe, Seeschiffe, Flugzeuge

- Verzeichnisse der *Lagerplätze*:

Lagerplätze: Boden-, Block-, Regal-, Behälter-, Palettenlagerplätze
Verkaufsplätze: Schubfächer, Fachböden, Haken, Theken, Bodenplätze u.a.

Unabhängig vom Inhalt werden zur Spezifikation der in den Betrieben und Logistikketten vorkommenden Logistikeinheiten folgende *Logistikeinheitendaten* benötigt:

- *Identnummer*   Kennummer der Logistikeinheit
- *Bezeichnung*   technisch-funktionaler Name
- *Einsatzorte*   Angabe der betreffenden Standorte und Logistikketten
- *Form*   Würfel, Quader, Zylinder, Kugel, Hüllkörper u.a.
- *Ladungsträger*   Ladungsträger gemäß *Ladungsträgerverzeichnis*
- *Vorschriften*   spezifische Vorschriften wie Lastaufnahmepunkte und Vorgaben für Logistikprozesse
- *Außenmaße*   Länge, Breite, Höhe, Durchmesser und Volumen des maximalen Außenkörpers gefüllter Ladeeinheiten
- *Gewichte*   Maximalgewicht, Minimalgewicht, Durchschnittsgewicht gefüllter Ladeeinheiten einschließlich Ladungsträger
- *Kapazität*   Innenmaße, Laderaum, Nutzlast
      Maximalzahl definierter Fülleinheiten
- *Restriktionen*   Belastbarkeit, Stapelfaktor, Stapelrichtung und Befüllbarkeit
- *Kodierung*   Art und Größe der Kodierung gemäß *Kodierungsverzeichnis,* Inhalt und Anbringungsort der Kodierung.

Diese allgemeinen Kenndaten der Logistikeinheiten sind für spezielle Einheiten, wie die Ladungsträger, zu ergänzen um technische Daten, wie Material, Wiederverwendbarkeit, Entsorgungsvorschriften, Beschaffungspreis, Eigentümer usw.

4. Leistungskostensätze

In den Verzeichnissen der logistischen Leistungskosten sind alle *Leistungskostensätze* und *Leistungspreise* gespeichert, die zur Kalkualtion von Artikel- und Auftragslogistikkosten sowie von optimalen Nachschubmengen und Losgrößen benötigt werden.

Die Anwendungsmöglichkeiten, die Struktur und die Herkunft der Kostensätze und Preise der Unterverzeichnisse (12.65) sind in den vorangehenden *Kapiteln 7 Logistikkosten* und *8 Leistungsvergütung* sowie in den nachfolgenden Kapiteln dargestellt und erläutert.

13 Grenzleistungen und Staueffekte

Leistungs- und Logistiksysteme sind Netzwerke von *Stationen*, die durch *Transportverbindungen* miteinander verknüpft sind und von Logistikobjekten durchlaufen werden (s. *Abb.1.3*). Die *Logistikobjekte* [LO] oder *Abfertigungseinheiten* [AE] können Produkte, Waren, Sendungen, Ladeeinheiten, Personen und Transporteinheiten aber auch Aufträge, Belege, Informationen und Daten sein. In den Abfertigungs-, Produktions- und Leistungsstellen des Systems werden die Objekte verbraucht, abgefertigt oder erzeugt.

Die *Leistungs- und Durchsatzfähigkeit* der einzelnen Stationen und Verbindungen bestimmt das *Leistungs- und Durchsatzvermögen* des Gesamtsystems. *Warteschlangen* in den Stationen und auf den Verbindungen verlängern die Durchlaufzeiten der Logistikobjekte von den Eingängen und Quellen des Logistiksystems zu den Ausgängen und Senken. Für die optimale Gestaltung und Dimensionierung eines neuen Systems sowie für die Bewertung, den Vergleich und die Verbesserung vorhandener Systeme ist daher die Kenntnis der *Grenzleistungen* und *Staueffekte* der Stationen und Verbindungen erforderlich, aus denen sich die Systeme zusammensetzen [29; 78; 79; 124].

Hierfür werden in diesem Kapitel das *Durchsatzverhalten* der Stationen von Leistungs- und Logistiksystemen analysiert, Formeln zur Berechnung der *technischen Grenzleistungen* hergeleitet und *Abfertigungsstrategien* beschrieben. Für die verschiedenen Stationstypen und Abfertigungsstrategien werden *Grenzleistungsgesetze* entwickelt und anhand ausgewählter Beispiele erläutert.

Wenn der Zulauf die Grenzleistung einer Station erreicht oder überschreitet, kommt es zu *Warteschlangen*, *Rückstaus* und *Blockierungen*. Die Auswirkungen und die Quantifizierung dieser *Staueffekte* sind Gegenstand eines weiteren Abschnitts.

Durch Störungen und Ausfälle wird die *technische Grenzleistung* der Systemelemente auf eine *verfügbare Grenzleistung* reduziert. In einem weiteren Abschnitt werden daher die *Zuverlässigkeit* und *Verfügbarkeit* von Elementen, Leistungsketten und Systemen behandelt. Die angegebenen Definitionen und Berechnungsformeln sind grundlegend für den *Funktionstest* und die *Abnahme* von Leistungsketten und Systemen mit diskontinuierlicher Belastung [125]. In den letzten beiden Abschnitten werden *Funktions- und Leistungsanalysen* und Tests zur *Abnahme von Systemen* dargestellt.

13.1
Leistungsdurchsatz

Wie die *Abb. 1.3* zeigt, laufen in die $i = 1,2...N_E$ *Eingangsstationen* ES_i eines Leistungssystems N_E *Einlaufströme* λ_{Ei} [LO_i/ZE] hinein und aus den $j = 1,2...N_A$ *Ausgangsstationen* AS_j insgesamt N_A *Auslaufströme* λ_{Ej} [LOj/ZE] heraus, die aus gleichartigen oder unterschiedlichen Logistikobjekten [LO] bestehen. Hinter den Einlaufstationen verteilen sich die Ströme $\lambda_n(t)$, die in der Regel zeitabhängig sind, auf die verschiedenen Leistungs- und Logistikstationen, in denen sie zusammenlaufen, verzweigt werden, enden oder andere Ströme erzeugt werden.

Produktionssysteme, Logistiksysteme und Transportsysteme sind Subsysteme der Leistungssysteme eines Unternehmens, einer Branche oder einer Volkswirtschaft. Sie unterscheiden sich voneinander durch das Ausmaß der Veränderung, die im System mit oder an den Logistikobjekten stattfindet (s. *Kapitel 1* und 15):

- Wenn die einlaufenden materiellen Objekte im System technisch verändert oder aus ihnen andere Objekte erzeugt werden, wenn also anders beschaffene Objekte das System verlassen, ist das Leistungssystem ein *Produktionssystem*.
- Wenn die einlaufenden materiellen Objekte das System nach gewisser Zeit in gleicher oder anderer Zusammensetzung technisch unverändert verlassen, handelt es sich um ein reines *Logistiksystem*.
- Wenn die Einlaufströme aus Lade- oder Transporteinheiten bestehen, die das System an einem anderen Ort inhaltlich unverändert verlassen, ist das Logistiksystem ein *Transportsystem* (s. *Kapitel 18/II*).

Das Durchsatz- und Leistungsvermögen eines Produktions-, Logistik- oder Transportsystems wird durch die Durchsatz- oder Leistungsfähigkeit eines oder weniger Engpaßelemente begrenzt. *Engpaßelemente* sind die Stationen einer Leistungskette, die bei dem geforderten Durchsatz am höchsten ausgelastet sind.

Das Durchsatz- und Leistungsvermögen eines Systems oder einer Station bezieht sich stets auf eine bestimmte *Zeiteinheit* [ZE] oder *Bemessungszeit*, deren Länge von den gestellten Anforderungen abhängt. Maßgebend für die Auslegung und Dimensionierung eines Leistungs- und Logistiksystems sind in der Regel der Durchsatz und Leistungsbedarf in der *Spitzenstunde* des *Spitzentages* des Planungszeitraums (s. *Abschnitt 9.11*). Hieraus folgt die *Bemessungsregel*:

- Die *Strombelastungen* λ [LO/h oder AE/h], mit denen Leistungsberechnungen, Auslastungsanalysen und Stauuntersuchungen durchgeführt werden, beziehen sich in der Regel auf die Zeiteinheit einer *Stunde* [h].

Außerdem ist zu berücksichtigen, ob die Leistungs- und Durchsatzströme *stationär* oder *zeitabhängig, getaktet* oder *stochastisch* sind. Dabei ist zu unterscheiden zwischen *rekurrenten Strömen*, in denen die Logistikobjekte *einzeln* und *unabhängig* voneinander eintreffen, und *schubweisen Strömen*, in denen die Logistikobjekte in *Schüben* oder *Pulks* gleicher oder unterschiedlicher Größe ankommen (s. *Abschnitt 9.1*).

13.2
Elementarstationen und Transportelemente

Die Stationen und Verbindungen, aus denen ein Leistungs- und Logistiksystem aufgebaut ist, lassen sich nach unterschiedlichen Gesichtspunkten klassifizieren (s. *Abschnitt 1.3*). Grundlegend für die Berechnung der Grenzleistungen und Staueffekte ist die Unterscheidung zwischen elementaren und zusammengesetzten Stationen (s. *Abb. 1.3* und *1.5*):

- Eine *Elementarstation* hat nur *eine* zentrale *Abfertigungszone*, in die alle ankommenden Ströme hineinlaufen und aus der alle ausgehenden Ströme herauskommen. Sie läßt sich ohne Verlust ihrer Funktion nicht in einfachere Stationen zerlegen.
- Eine *zusammengesetzte Station* hat *mehrere* parallele oder nacheinander geschaltete *Abfertigungszonen*. Sie läßt sich zerlegen in aneinandergrenzende Elementarstationen.

In den Leistungs- und Logistiksystemen sind die Stationen weiter voneinander entfernt und durch Transportverbindungen miteinander verknüpft, die die Entfernungen überbrücken. Die Leistungs- und Durchsatzfähigkeit aber ergibt sich für zusammengesetzte Stationen ebenso wie für die Systeme aus den Grenzleistungen der konstituierenden Stationen und Verbindungen.

Daher beschränkt sich die weitere Untersuchung zunächst auf die unterschiedlichen *Typen von Elementarstationen*:

- Eine *Elementarstation* vom *Typ* (n,m) mit der *Ordnung* $o = n + m$ erzeugt in einer *Abfertigungszone* aus n *Einlaufströmen* λ_{Ei} [LO_i/h], $i = 1,2,...n$, die an den Eingangsstellen E_i in die Station einlaufen, m *Auslaufströme* λ_{Aj} [LO_j/h], $j = 1,2,...m$, die an den Ausgangsstellen A_j das Element verlassen.

Die einfachsten Elementarstationen sind die Quellen, die Senken und die Bedienungsstationen. Elementarstationen eines Transportsystems sind die *irreduziblen Transportknoten* oder *Transportelemente* [78; 124]:

- Ein *Transportelement* vom *Typ* (n,m) mit der *Ordnung* $o = n + m$ überführt in einer *Umschaltzone* die Transporteinheiten [TE] von n *Einlaufströmen* λ_{Ei} [TE/h], $i = 1,2,...n$, die über die *Eingangspunkte* E_i einlaufen, in m Auslaufströme λ_{Aj} [TE/h], $j = 1,2,...m$, die an den Ausgangspunkten A_j das Element verlassen.

Die einfachsten Transportelemente sind die *Verbindungen*:

- Eine *Transportverbindung* ist ein Element der Ordnung 2 vom Typ $(1;1)$, das einen Strom von Lade- oder Transporteinheiten über eine *Transportweglänge* s [m] von einem Einlaufpunkt E zu einem Ausgangspunkt A befördert.

Die *Abb. 13.1* zeigt in aufsteigender Ordnung die *Struktur* einiger einfacher Elementarstationen. In *Abb. 13.9* ist die Struktur einer Elementarstation, eines Transportelements oder eines Transportknotens der Ordnung $n+m$ von Typ (n,m) dar-

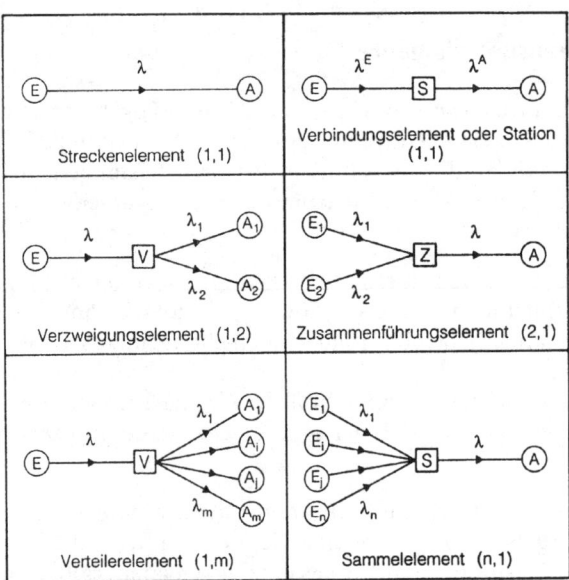

Abb. 13.1 Einfache Systemelemente in aufsteigender Ordnung

E_i Eingangspunkte A_j Ausgangspunkte

gestellt. Beispiele für die *technische Ausführung* von Stationen und Transportelementen zeigen die weiteren Abbildungen.

1. Quellen

Quellen sind Elementarstationen vom Typ $(0,m)$, aus denen m Auslaufströme λ_{Aj}
herauskommen. Eventuell vorhandene Einlaufströme einer Quelle werden zunächst nicht näher betrachtet.

Beispiele für Quellstationen erster Ordnung sind

Eingangsstationen
Rohstofflagerstellen
Produktionsstellen
Montagestellen   (13.1)
Abfüllstationen
Palettierautomaten
Entladestellen,

wenn diese nur einen Ausgang haben. Haben die Quellstationen (13.1) zwei oder
mehr Ausgänge, die gleichartige oder unterschiedliche Logistikeinheiten in mehrere Richtungen abgeben, handelt es sich um Quellen höherer Ordnung.

Quellen geben die auslaufenden Objekte in einem oder mehreren *Quellströ-*
men λ_{Aj} [LO/h] ab. Der Quellstrom oder die Erzeugungsrate λ wird von der *Takt-*

zeit τ [s/LO] des Erzeugungsprozesses und der *Pulklänge c* [LO], das heißt von der Anzahl Objekte bestimmt, die in einem Schub erzeugt wird.

Zwischen Stromintensität, Taktzeit und Pulklänge besteht der Zusammenhang:

- Bei einer in Sekunden gemessen mittleren Taktzeit τ [s] und einer mittleren *Pulklänge c* ist die auf eine Stunde bezogene *Stromintensität*

$$\lambda(c) = 3600 \cdot c / \tau \qquad [LO/h]. \qquad (13.2)$$

Da alle Ströme, die ein betrachtetes System durchlaufen, über eine Eingangsstation aus einer *externen Quelle* oder aus einer *internen Quelle* kommen, müssen für die Leistungsberechnung und die Stauanalyse die Größe und die Eigenschaften aller einlaufenden und aller im System erzeugten Ströme bekannt sein.

Die Quellströme können zeitlich konstant sein oder sich mit der Zeit verändern. Abhängig davon, ob die Taktzeiten konstant oder stochastisch veränderlich sind, und davon, ob die Objekte die Quelle einzeln oder in Pulks verlassen, ist ein Quellstrom ein *rekurrenter*, ein *stochastischer* oder ein *schubweiser Strom* (s. *Abb. 9.2 in Abschnitt 9.1*).

Die maximal mögliche Erzeugungsrate einer Quelle, die sich nach Beziehung (13.2) aus der *minimalen Taktrate* τ_{min} ergibt, ist die *Grenzleistung* der Quelle:

$$\mu(c) = \lambda_{max}(c) = 3600 \cdot c / \tau_{min} \qquad [LO/h]. \qquad (13.3)$$

Für die Auslegung und Dimensionierung von Leistungs- und Logistiksystemen, die wie viele Produktionssysteme und die meisten Transport- und Verkehrssysteme nach dem Push-Prinzip arbeiten, gelten die *Dimensionierungsregeln* (s. *Abschnitt 8.9*):

1. *Leistungsanforderungen bei Push-Betrieb*: Wenn die Abläufe vom *Push-Prinzip* bestimmt werden, ergeben sich die maximalen Leistungsanforderungen an die Stationen des Systems aus den Grenzleistungen der Quellen.

2. *Systemauslegung bei Push-Betrieb*: Für den Push-Betrieb ist das System mit seinen einzelnen Stationen beginnend bei den Eingängen und internen Quellen *den durchlaufenden Strömen folgend* bis zu den Ausgängen und Senken auszulegen und zu dimensionieren.

Da materielle Objekte nicht aus dem Nichts entstehen, haben alle Quellen bis auf die Rohstofflagerstellen einen oder mehrere Eingänge, in die das benötigte Material, Aufträge oder Transporteinheiten einlaufen, die wie in *Abb. 13.2 B* dargestellt zu entladen sind. Ob auch die Eingangsströme einer Quellstation berücksichtigt werden, hängt von der Problemstellung und von der Systemabgrenzung ab:

- Eine *Quellstation* vom Typ (n,m) der Ordnung $o = n + m$ ist eine Quelle mit m Ausgangsströmen, bei der n Eingangströme berücksichtigt werden.

So ist beispielsweise eine Abfüllstation für Getränke in Flaschen, die als Leergut zugeführt, abgefüllt und zu je 24 Stück in Kästen abgepackt werden, eine Quellstation der Ordnung 4 vom Typ (3,1). Die drei Einlaufströme sind das Füllgut, die

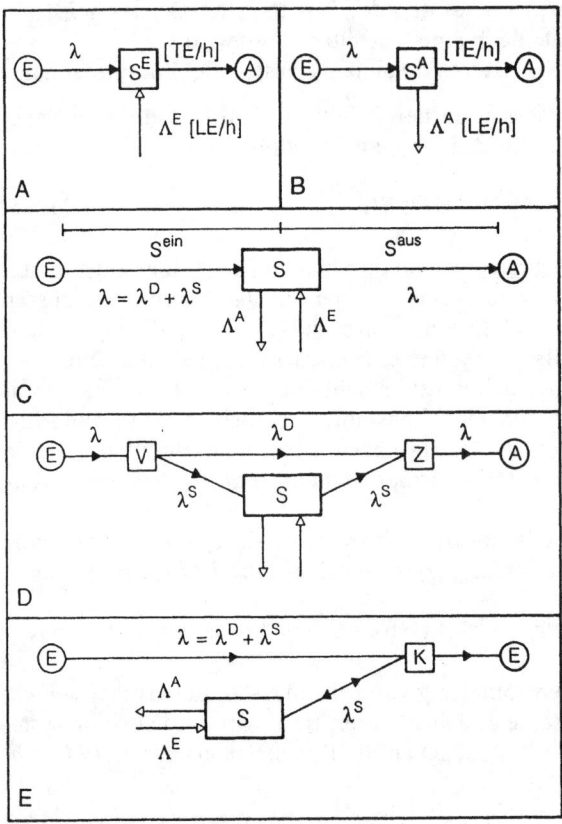

Abb. 13.2 Übergangsstationen zwischen Transportsystemen

A : Beladestation auf der Fahrstrecke (*on-line-station*)
B : Entladestation auf der Fahrstrecke (*on-line-station*)
C : Be- und Entladestation auf der Fahrstrecke (*on-line-station*)
D : Seitliche Be- und Entladestation neben der Strecke (*of-line station*)
E : Rückseitige Be- und Entladestation neben der Strecke (*of-line station*)
Λ : Ladeeinheitenströme [LE/h]
λ : Transporteinheitenströme [TE/h]

leeren Flaschen und die leeren Kästen. Der Auslaufstrom besteht aus den vollen Getränkekästen mit je 24 Flaschen.

2. Senken

Senken sind Elementarstationen vom Typ (n;0), in denen n Einlaufströme λ_{Ei} [LO$_i$/h] enden und deren eventuell vorhandene Auslaufströme zunächst unberücksichtigt bleiben.

Beispiele für Senken sind:

Ausgangsstationen
Verbrauchsstellen
Beladestellen
Verpackungsstationen
Verarbeitungsstationen   (13.4)
Depalettierstationen
Demontagestellen
Deponien
Endlager
Lagerstationen.

Als Beispiel zeigt *Abb. 13.2* unter A eine Beladestation, in der die einlaufenden Ladeeinheiten in Transporteinheiten verladen werden und auf diese Weise das System verlassen.

Senken absorbieren oder verbrauchen die einlaufenden Objekte einzeln oder schubweise mit einer *Verbrauchsrate* oder einem *Abnahmestrom* λ. Der Abnahmestrom wird gemäß Beziehung (13.2) von der Taktzeit τ [s/LO] und der *Pulklänge* c [LO] des Verbrauchs- oder Abnahmeprozesses bestimmt.

Für die Auslegung und Dimensionierung von Leistungs- und Logistiksystemen, die nach dem Pull-Prinzip betrieben werden, wie Beschaffungssysteme, Versandsysteme und Kommissioniersysteme, gelten die *Dimensionierungsregeln* (s. *Abschnitt 8.9*):

1. *Leistungsanforderungen bei Pull-Betrieb*: Wenn die Abläufe vom *Pull-Prinzip* bestimmt werden, ergeben sich die Leistungsanforderungen an die übrigen Stationen des Systems aus den maximalen Verbrauchsraten, Abnahmeströmen und Bedarf der Senken.

2. *Systemauslegung bei Pull-Betrieb*: Für den Pull-Betrieb ist das gesamte System mit seinen Stationen von den Ausgängen und den Senken her *entgegen den Strömen* bis hin zu den Eingängen und Quellen auszulegen und zu dimensionieren.

Da bei einem Betrieb nach dem Pull-Prizip alle Ströme, die in das System einlaufen oder in einer internen Quelle erzeugt werden, am Ende in einer internen oder externen Senke verschwinden, müssen die Größe und Eigenschaften der maximalen Aufnahmeströme aller Senken bekannt sein.

Materielle Objekte können nicht rückstandslos verschwinden. Daher haben alle Senken mit Ausnahme der Endlager und Deponien einen oder mehrere Ausgänge, aus denen mit einem bestimmten Zeitverzug erzeugte Güter, Abfall, Leergut oder zuvor eingelagerte Ladeeinheiten herauskommen. Analog wie bei den Quellen ist die Berücksichtigung der Ausgangsströme einer Senkenstation abhängig von von der Problemstellung und von der Systemabgrenzung:

- Eine *Senkenstation* vom Typ (n,m) der Ordnung $o = n + m$ ist eine Senke mit n Eingangsströmen, bei der m Ausgangsströme berücksichtigt werden.

Eine Senkenstation ist von der Auslaufseite her gesehen eine Quellstation. Umgekehrt ist eine Quellstation von der Einlaufseite her gesehen eine Senkenstation.

Die in *Abb. 13.2* unter A, B und C gezeigten Be- und Entladestationen ebenso wie Palettier- und Depalettierstationen sind Beispiele für derartige kombinierte Quell- oder Senkenstationen.

3. Bedienungsstationen
Bedienungsstationen sind Elementarstationen zweiter Ordnung vom Typ (1;1), in die ein Einlaufstrom einläuft und aus denen ein Auslaufstrom herauskommt.

Wie in der Prinzipdarstellung *Abb. 13.3* gezeigt, wird in einer *Bedienungsstation* an oder mit den einlaufenden Objekten mit einer *Taktzeit*, die gleich der *Bearbeitungszeit* oder *Vorgangszeit* des Bedienungsprozesses ist, einzeln oder schubweise eine Veränderung durchgeführt, eine Serviceleistung erbracht oder eine Erfassung vorgenommen (s. *Abschnitt 8.5*).

In einer *unstetigen Bedienungsstation* kommen die einzelnen Objekte für den Bedienungsvorgang zum Stillstand. In einer *stetigen Bedienungsstation* bewegen sich die Objekte während des Bedienungsvorgangs.

Beispiele für *Bedienungsstationen* sind:

Servicestationen
Abfertungsstationen
Mautstationen
Arbeitsplätze
Etikettierstationen   (13.5)
Kontrollpunkte
Erfassungsstationen
Meß- und Prüfsstellen
Lesestationen.

Die maximale Strombelastbarkeit einer Bedienungsstation ist gleich der *Abfertigungsgrenzleistung*. Für die Berechnung der Grenzleistung gilt:

- Die Grenzleistung einer Elementarstation mit einer mittleren *Abfertigungszeit* τ_{ab} [s] ist bei Abfertigung mit einer mittleren *Pulklänge c* [LO]

$$\mu(c) = \lambda_{max}(c) = 3600 \cdot c / \tau_{ab} \qquad [LO/h]. \qquad (13.6)$$

Bei *Einzelabfertigung* ist $c = 1$ und bei *paarweiser Abfertigung* $c = 2$. Bei konstanter *schubweiser Abfertigung* hat c einen festen Wert.

Bei *getakteter Abfertigung* sind die Taktzeiten gleichbleibend. Bei *stochastischer Abfertigung* schwanken die Taktzeiten zufallsabhängig um einen Mittelwert. Im allgemeinsten Fall schwanken Taktzeiten *und* Pulklänge um bestimmte Mittelwerte (s. *Abb. 9.2*).

4. Stetige Verbindungen
In einer stetigen Verbindung – auch *Streckenelement* genannt – können die Lade- oder Transporteinheiten den Transportweg vom Eingang bis zum Ausgang durchlaufen ohne anzuhalten. Zum Halt kommen die Einheiten auf einer stetigen

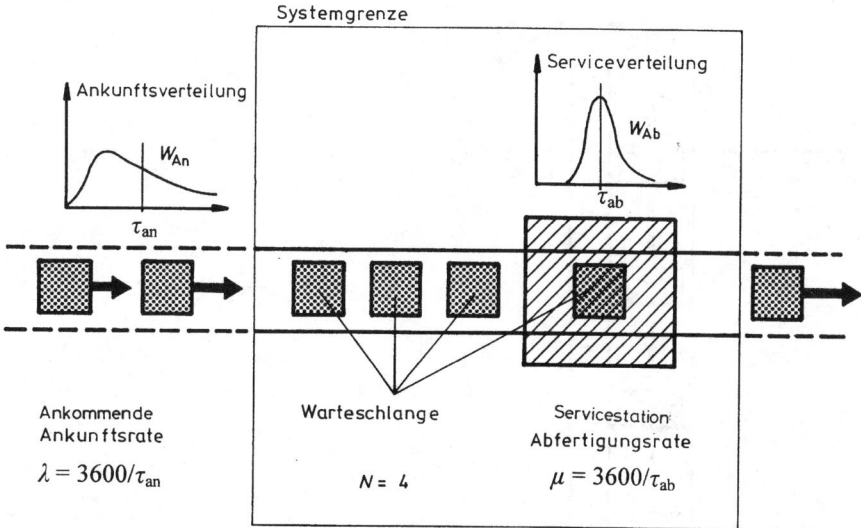

Abb. 13.3 Bedienungsstation oder Wartesystem vom Typ $W_{an}/W_{ab}/1$

W_{an} Ankunftsverteilung
W_{ab} Abfertigungs- oder Serviceverteilung

λ Ankunftsrate oder Einlaufstrom
τ_{an} Ankunftstaktzeit

μ Abfertigungsrate oder Grenzleistung
τ_{ab} Abfertigungs- oder Servicezeit

Transportverbindung nur bei einem *Rückstau* aus einem der nachfolgenden Elemente oder bei einer *Störung*.

Stetige Verbindungen in *Fördersystemen* zum Befördern von *Ladeeinheiten* oder *passiven Transporteinheiten* sind (s. *Abb.* 18.7/II) [29; 124; 127]:

    Röllchenbahnen
    Rutschen
    Rollenbahnen
    Gurtbänder   (13.7)
    S-Förderer
    Kreisförderer.

Zur Illustration zeigt *Abb.* 13.4 einen *S-Förderer*, der häufig als leistungsstarke Vertikalverbindung in Stetigfördersystemen für Paletten oder leichtes Stückgut eingesetzt wird.

Stetige Verbindungen in *Fahrzeugsystemen*, in denen *aktive Transporteinheiten* verkehren, wie Stapler, Schleppzüge, Hängebahnen, Kraftfahrzeuge oder Eisenbahnzüge, sind [115; 126]

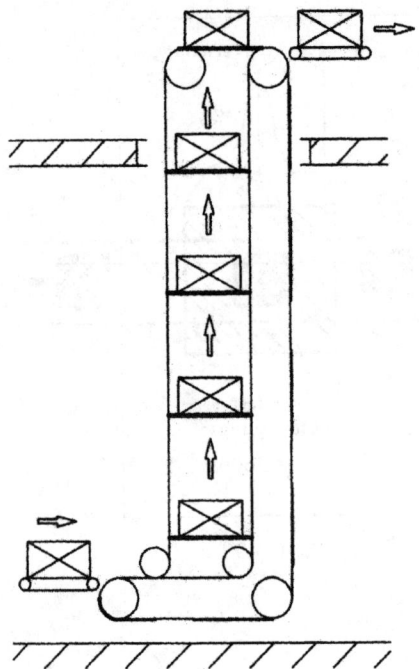

Abb. 13.4 Beispiel eines vertikalen Stetigförderers
S-Förderer für Pakete, Behälter oder Paletten

Fahrspuren
Fahrtrassen   (13.8)
Schienen.

Ist a_{min} [m] der *minimale Endpunktabstand* von zwei aufeinander folgenden La-
de- oder Transporteinheiten [TE] und v_S [m/s] die *aktuelle Fahrgeschwindigkeit*
auf der Verbindungsstrecke, dann ist die Taktzeit auf der Transportstrecke

$$\tau_S = a_{min} / v_S \qquad\qquad [TE/h]. \qquad\qquad (13.9)$$

Durch Einsetzen von Beziehung (13.9) in Beziehung (13.6) folgt die *Grenzleistungsformel für stetige Verbindungen*:

- Die *Grenzleistung einer stetigen Verbindung* mit der Fahrgeschwindigkeit v_S
  [m/s] und einem minimalen Endpunktabstand a_{min} [m] ist bei Einzeldurch-
  fahrt

$$\mu = 3600 \cdot v_S / a_{min} \qquad\qquad [TE/h]. \qquad\qquad (13.10)$$

Streckenelement	Ladeinheit	Endpunkt-abstand	Geschwin-digkeit	Grenzleistung
	LE	[m]	[m/s]	[LE/h]
Rollenbahn	EURO-Palette	1,4	0,30	771
	Normbehälter	0,7	0,50	2.571
Tragkettenförderer	EURO-Palette	1,5	0,20	480
	Normbehälter	1,5	0,50	1.200
Bandförderer	EURO-Palette	1,5	0,30	720
	Normbehälter	0,7	0,80	4.114
Kreisförder	EURO-Palette	2,5	0,20	288
	Normbehälter	1,0	0,40	1.440
S-Förderer	EURO-Palette	2,0	0,20	360
	Normbehälter	0,6	0,40	2.400

Tab. 13.1 Grenzleistungen stetiger Verbindungselemente in Fördersystemen

Tabellenkalkulationsprogramm mit Formel (13.10)
EURO-Palette: $l \times b \times h = 1.2000 \times 800 \times 1.800$ mm
Normbehälter: $l \times b \times h = 600 \times 400 \times 300$ mm

Wenn die Verbindung von Pulks mit je c Transporteinheiten durchfahren wird, ist die rechte Seite von (13.10) mit c zu multiplizieren und für $a_{min}(c)$ der minimale Endpunktabstand der Pulks einzusetzen.

In *Fördersystemen* ist der minimale Endpunktabstand zweier aufeinander folgender Einheiten gleich der *Länge der Transporteinheiten* l_{TE} [m] plus einem geometrisch oder technisch bedingten *Konstruktionsabstand* l_{konstr} [m], der im günstigsten Fall gleich 0 ist [78]:

$$a_{min} = l_{LE} + l_{konstr} \qquad [m]. \qquad (13.11)$$

Tabelle 13.1 enthält die mit Hilfe der Beziehungen (13.10) und (13.11) aus den technischen Kenndaten errechneten Grenzleistungen der wichtigsten stetigen Verbindungselemente von *Fördersystemen* für Paletten und Behälter.

In *Fahrzeugsystemen* ist der minimale Endpunktabstand der Transporteinheiten abhängig von der Art der *Abstandsregelung*, der *Länge der Transporteinheiten* l_{TE} [m] und vom *Sicherheitsabstand* l_{sich} [m] zwischen den Transporteinheiten.

Um bei einem Unfall eines voranfahrenden Fahrzeugs einen Aufprall zu verhindern, muß der Sicherheitsabstand so groß sein wie die Länge des *Bremswegs* l_{br} [m]:

$$l_{sich} = l_{br} \qquad\qquad\qquad [m]. \qquad\qquad\qquad (13.12)$$

Bei einer *Fahrzeuggeschwindigkeit* v_S [m/s], einer *Reaktionszeit* t_0 [s] und einer maximal zulässigen *Notbremskonstanten* b_n^- [m/s²] ist der *Bremsweg* oder sogenannte *Bremsschatten*, der jedem Fahrzeug vorauseilt:

$$l_{br} = v_S \cdot t_0 + v_S^2 / 2b_n^- \qquad\qquad [m]. \qquad\qquad\qquad (13.13)$$

Bei *aktiver Abstandsregelung* verhindert die Fahrzeugsteuerung oder der Fahrer durch rechtzeitiges Abbremsen, daß der Abstand zum voranfahrenden Fahrzeug, der durch Abstandmessung permanent kontrolliert wird, den Sicherheitsabstand unterschreitet. Daher ist in diesem Fall der *minimale Endpunktabstand* einzeln aufeinander folgender Transporteinheiten:

$$a_{min} = l_{TE} + v_S \cdot t_0 + v_S^2 / 2b_n^- \qquad\qquad [m]. \qquad\qquad\qquad (13.14)$$

Bei *passiver Abstandsregelung* oder *Blockstreckenregelung* ist der Fahrweg in *Blockstrecken* unterteilt, deren Länge mindestens gleich der Länge der Transporteinheiten plus dem Bremsweg ist. Eine Blockstreckensteuerung hindert eine Transporteinheit solange an der Einfahrt in die nächste Blockstrecke, wie sich in dieser noch eine andere Transporteinheit befindet. Daher ist in diesem Fall der *minimale Endpunktabstand* einzeln aufeinander folgender Transporteinheiten

$$a_{min} = 2 \cdot l_{TE} + v_S \cdot t_0 + v_S^2 / 2b_n^- \qquad\qquad [m]. \qquad\qquad\qquad (13.15)$$

Der Vergleich der Beziehungen (13.14) und (13.15) zeigt, daß der Mindestabstand bei passiver Abstandsregelung größer ist als bei aktiver Abstandsregelung. Daher ist die maximale Durchsatzleistung bei aktiver Abstandsregelung größer als mit einer Blocksteuerung.

Durch Einsetzen der Beziehung (13.14) für den minimalen Endpunktabstand in die allgemeine Grenzleistungsformel (13.10) folgt die *Grenzleistungsformel für Streckenelemente* in Fahrzeugsystemen:

• Die *Grenzleistung eines Streckenelements*, das von Transporteinheiten der *Länge* l_{TE} [m], die eine *Notbremskonstante* b_n^- [m/s²] und eine *Reaktionszeit* t_0 [s] haben, mit einer *Fahrgeschwindigkeit* v_S [m/s] *einzeln* durchfahren wird, ist

$$\mu_S(v_S) = 3600 / (t_0 + l_{TE} / v_S + v_S / 2b_n^-) \qquad [TE/h]. \qquad\qquad (13.16)$$

In *Abb. 13.5* ist die mit Hilfe dieser Beziehung errechnete Geschwindigkeitsabhängigkeit der *Streckengrenzleistung* einer Fahrspur für Straßenfahrzeuge unter-

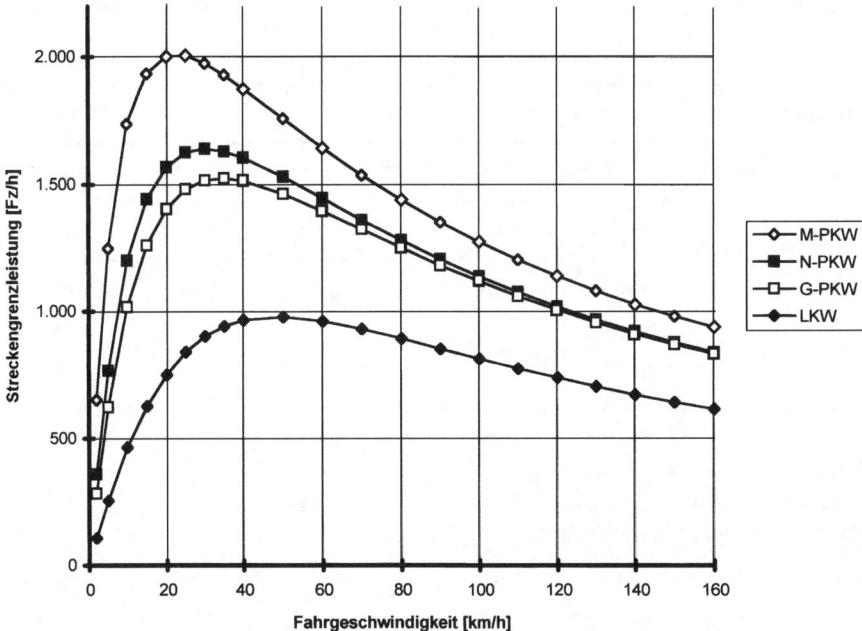

Abb. 13.5 Geschwindigkeitsabhängigkeit der Streckengrenzleistung einer Fahrsspur für Straßenfahrzeuge

M-PKW: Mini-PKW
N-PKW: Normal-PKW
G-PKW: Groß-PKW
LKW: Lastzug
Technische Kenndaten s. Tabelle 13.2

schiedlicher Länge dargestellt.[1] Hieraus geht hervor, daß die Streckengrenzleistung mit zunehmender Fahrgeschwindigkeit zunächst rasch ansteigt und nach Erreichen eines Maximums langsam wieder abfällt. Für kurze Fahrzeuge ist die optimale Grenzleistung deutlich größer als für lange Fahrzeuge. Allgemein folgt aus der Beziehung (13.16) der *Zusammenhang*:

- Die Grenzleistung eines Streckenelements ist von der Fahrgeschwindigkeit abhängig und hat ein Maximum bei der *durchsatzoptimalen Geschwindigkeit*

$$v_{Sopt} = \sqrt{2 \cdot l_{TE} \cdot b_n^-} \qquad [m/s]. \qquad (13.17)$$

---

1   Aus der Fahrschulregel, daß der Abstand zum vorherfahrenden Fahrzeug mindestens gleich der halben Tachoanzeige in Meter sein soll, ergibt sich – ohne Berücksichtigung der Fahrzeuglänge – mit Beziehung (13.10) eine geschwindigkeitunabhängige Durchsatzleistung pro Fahrspur von 2000 Fz/h. Messungen der Verkehrsleistung stark befahrener Straßen ergeben jedoch deutlich geringere Werte [128; 129].

Streckenelement	Fahzeug-Typ	Fahrzeug-länge	Tot-zeit	Optimale Geschwind.	Notbrems-konstante	Grenzleistung
	TE	[m]	[s]	[m/s]	[m/s²]	[TE/h]
Hängebahnschiene	Elektrofahrzeug	1,5	0,5	1,2	0,5	1.221
FTS-Fahrtrasse	FTS-Fahrzeug	2,5	0,7	1,9	0,7	1.067
Fahrbahn	Schleppzug	8,0	1,0	4,0	1,0	720
Straßenfahrspur	Mini-PKW	2,5	1,0	6,3	8,0	2.011
	Normal-PKW	5,0	1,0	8,4	7,0	1.640
	Groß-PKW	6,5	1,0	8,8	6,0	1.456
	Lastzug	18,0	1,0	13,4	5,0	977

Tab. 13.2 Grenzleistungen von Streckenelementen in Fahrzeugsystemen

Tabellenkalkulationsprogramm mit Formeln (13.16) und (13.17)
1m/s = 3,6 km/h; 1km/h = 0,28 m/s

Die leistungsoptimale Geschwindigkeit steigt hiernach mit der Fahrzeuglänge und der Notbremskonstanten an. Sie liegt im Straßenverkehr – abhängig von den Anteilen der verschiedenen Fahrzeugtypen – bei ca. 30 km/h.

Aus der Abhängigkeit (13.16) ergibt sich die Möglichkeit einer *bedarfsabhängigen Leistungsregelung* durch Anpassung der Fahrgeschwindigkeit an den aktuellen Durchsatz. Diese *Optimierungsmöglichkeit* wird zum Beispiel im Straßenverkehr genutzt, indem auf viel befahrenen Strecken die Grenzleistung durch eine belastungsabhängige Geschwindigkeitsregelung der aktuellen Verkehrsbelastung angepaßt wird.

Die *Tabelle 13.2* enthält die Grenzleistungen der Streckenelemente verschiedener Fahrzeugsysteme, die sich mit Beziehung (13.16) bei der jeweils leistungsoptimalen Geschwindigkeit (13.17) aus den angegebenen technischen Kenndaten ergeben. Die durchsatzoptimale Geschwindigkeit ist jedoch in der Regel nicht gleich der kostenoptimalen Geschwindigkeit [222].

5. Unstetige Verbindungen

Unstetige Verbindungen oder *Verbindungselemente* sind Stationen, in denen die Lade- oder Transporteinheiten von einem intermittierend arbeitenden *Umsetzelement* mit einer *Kapazität* c_U [LE oder TE] über einen Verbindungsweg der *Länge s* [m] befördert werden. Beispiele für *Verbindungselemente* sind

Verschiebewagen
Drehscheiben
Schwenktische
Umsetzer

Hub- und Senkstation (13.18)
Aufzüge
Shuttlefahrzeuge.

Auch *Transportfahrzeuge*, die an einem Beladeort starten, nach einem Fahrweg s den Entladeort erreichen und nach dem Entladen zum Ausgangsort zurückkehren, können zur Berechnung der maximalen Beförderungsleistung als Umsetzelement betrachtet werden.

Die minimale Taktzeit, mit der $c \leqq c_U$ Einheiten von einem Verbindungselement abgefertigt werden können, ist gleich der Summe der *Einlaufzeit* oder *Beladezeit* $t_{bel}(c)$, der doppelten *Wegzeit* $t_{weg}(s)$ des Umsetzelements für die Hin- und Rückfahrt und der *Auslaufzeit* oder *Entladezeit* $t_{ent}(c)$:

$$\tau_v(c;s) = t_{bel}(c) + 2 \cdot t_{weg}(s) + t_{ent}(c) \qquad [s]. \qquad (13.19)$$

Die *Wegzeit* für die Fortbewegung über eine Strecke der Länge s [m] mit einer *Maximalgeschwindigkeit* v_m [m/s] und der mittleren *Bremsbeschleunigungskonstanten* $b_m = 2\, b^+ b^- / (b^+ + b^-)$ [m/s²] ist (s. *Abschnitt 16.10/II*):

$$t_{weg}(s) = \mathbf{MAX}(2\sqrt{s/b_m}\,; \quad s/v_m + v_m/b_m) \qquad [s]. \qquad (13.20)$$

Wegen des Zeitbedarfs für die Rückfahrt geht die Wegzeit (13.20) in die Taktzeit (13.19) doppelt ein.

Wenn s_{ein} der *Einlaufweg*, s_{aus} der *Auslaufweg* und die t_0 die *Totzeit* für Schalt- und Reaktionsvorgänge ist, folgt mit Beziehung (13.20) für die *Einlaufzeit* $t_{ein}(c)$ $= t_0 + t_{weg}(s_{ein})$ und für die *Auslaufzeit* $t_{aus}(c) = t_0 + t_{weg}(s_{aus})$, die für das Einlaufen bzw. Auslaufen der $c \leqq c_U$ Einheiten benötigt wird. Bei schubweiser Abfertigung sind der Einlaufweg und der Auslaufweg mindestens gleich der maximalen Länge $c \cdot l_{TE}$ eines Pulks. Wenn die c Ladeeinheiten nicht in einem Schub ver- und entladen werden, sind die Beladezeit und die Entladezeit größer als die Einlaufzeit und die Auslaufzeit eines Pulks.

Durch Einsetzen von (13.19) in Beziehung (13.6) folgt:

- Die *Grenzleistung* einer *unstetigen Verbindung*, eines *Verbindungselements* oder eines *Transportmittels*, das die *Ladekapazität* c_U, die *Beladezeit* $t_{bel}(c)$ und die *Entladezeit* $t_{ent}(c)$ hat und für einen *Verfahrweg s* die *Wegzeit* $t_{weg}(s)$ benötigt, ist bei Abfertigung von Schüben der mitteren Pulklänge $c \leqq c_U$

$$\mu_v(c;s) = 3600\, c\, / \,(t_{bel}(c) + 2t_{weg}(s) + t_{ent}(c)) \qquad [TE/h]. \qquad (13.21)$$

Die Abhängigkeit der Grenzleistung von der Länge des Verfahrwegs ist für das Beispiel eines Verteilerwagens für Paletten mit unterschiedlicher Kapazität in *Abb. 13.6* dargestellt. Die *Tabelle 13.3* enthält die Grenzleistungen weiterer unstetiger Verbindungen von Fördersystemen für Paletten und leichtes Stückgut, die mit Hilfe der Beziehung (13.21) aus den technischen Kenndaten berechnet wurden.

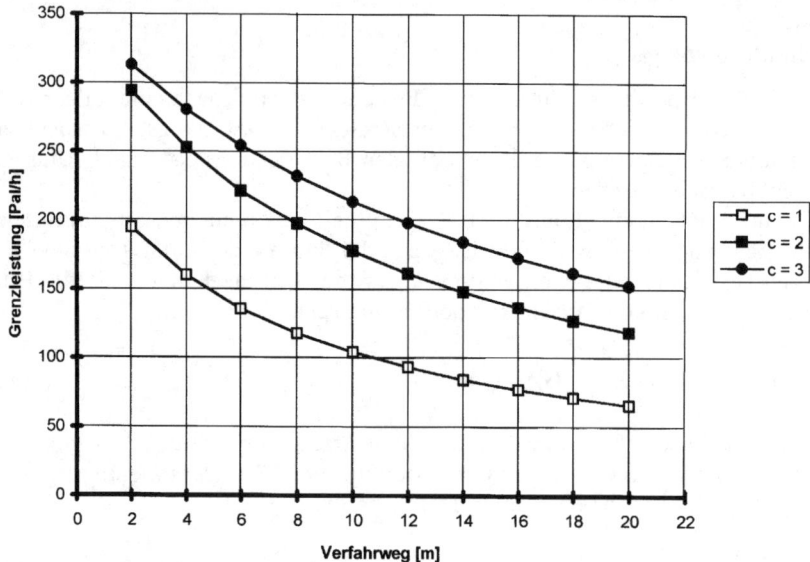

Abb. 13.6 Abhängigkeit der Grenzleistung eines Verteilerwagens von der Länge des Verfahrwegs

c Kapazität des Verteilerwagens [Pal], Technische Kenndaten s. Tabelle 13.3

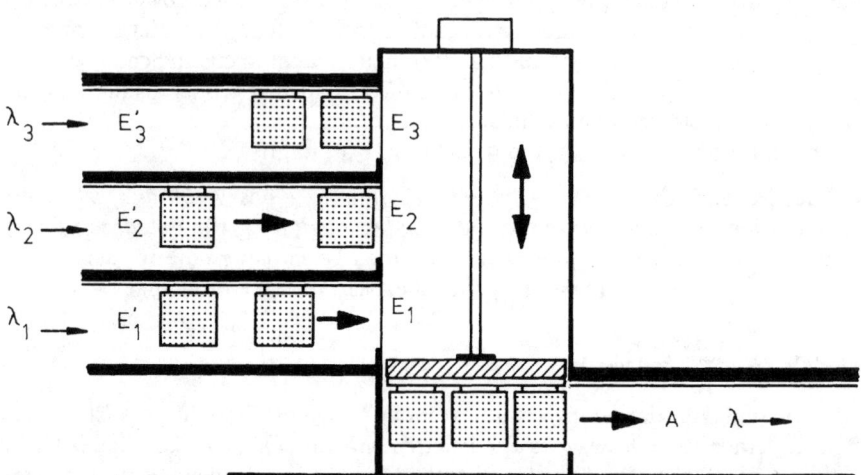

Abb. 13.7 Absenkstation einer Einschienenhängebahn mit einer Abfertigungskapazität für $c_A = 3$ Fahrzeuge

Verbindungselement	Ladeeinheit	Abfertigungs-kapazität	Ein- und Auslaufzeit	Geschwin-digkeit	Bremsbe-schleunigung	Verfahrweg	Grenzleistung
Lastaufnahme	LE	[LE/Fahrt]	[s]	[m/s]	[m/s²]	[m]	[LE/h]
Verschiebewagen	EURO-Pal	1	12,0	0,20	0,3	4,0	**68**
mit Rollenbahn oder Tragketten	EURO-Pal	2	20,0	0,20	0,3	4,0	**117**
	Behälter	2	6,0	0,50	0,5	4,0	**300**
mit Teleskopgabel	EURO-Pal	1	22,0	0,50	0,5	4,0	**90**
	EURO-Pal	1	22,0	0,50	0,5	8,0	**64**
Verteilerwagen	EURO-Pal	1	12,0	1,00	0,8	4,0	**160**
mit Rollenbahn oder Tragketten	EURO-Pal	1	12,0	1,00	0,8	8,0	**118**
	EURO-Pal	2	20,0	1,00	0,8	4,0	**236**
Hubstation	EURO-Pal	1	12,0	0,20	0,3	3,0	**83**
mit Rollenbahn oder Tragketten	EURO-Pal	1	12,0	0,20	0,3	6,0	**49**
	EURO-Pal	2	20,0	0,20	0,3	3,0	**140**
	Behälter	2	6,0	0,50	0,5	3,0	**360**

Tab. 13.3 Grenzleistungen unstetiger Verbindungselemente in Fördersystemen

Tabellenkalkulationsprogramm mit Formel (13.21)
EURO-Palette: $l \times b \times h = 1.200 \times 800 \times 1.800$ mm
Normbehälter: $l \times b \times h = 600 \times 400 \times 300$ mm

Aus Beziehung (13.21), der *Abb. 13.6* und den tabellierten Grenzleistungen ist ablesbar:

- Den stärksten Einfluß auf die Grenzleistung eines Verbindungselements oder Transportfahrzeugs haben die Ladekapazität und die Länge des Transportwegs.

Hieraus folgt, daß sich das Leistungsvermögen unstetiger Verbindungselemente und intermittierend arbeitender Förderelemente vor allem durch eine vergrößerte Ladekapazität c_U und eine Verkürzung des Transportwegs steigern läßt. Weitere Verbesserungsmöglichkeiten sind die Verkürzung der Be- und Entladezeiten, größere Brems- und Beschleunigungswerte und – bei größeren Entfernungen – eine höhere Fahrgeschwindigkeit.

6. Verzweigungs- und Zusammenführungselemente

Wie das Beispiel der in *Abb. 13.7* dargestellten Absenkstation einer Hängebahn zeigt, haben die unstetigen Verbindungen (13.18) in vielen Fällen mehrere Eingänge oder mehrere Ausgänge. Dann sind sie *Verzweigungselemente, Zusammenführungselemente* oder *Transportelemente höherer Ordnung.*

Verzweigungselemente sind Transportelemente der Ordnung 3 vom Typ (1;2) mit einem Eingang und zwei Ausgängen, die einen *Einlaufstrom* $\lambda_E = \lambda_{A1} + \lambda_{A2}$

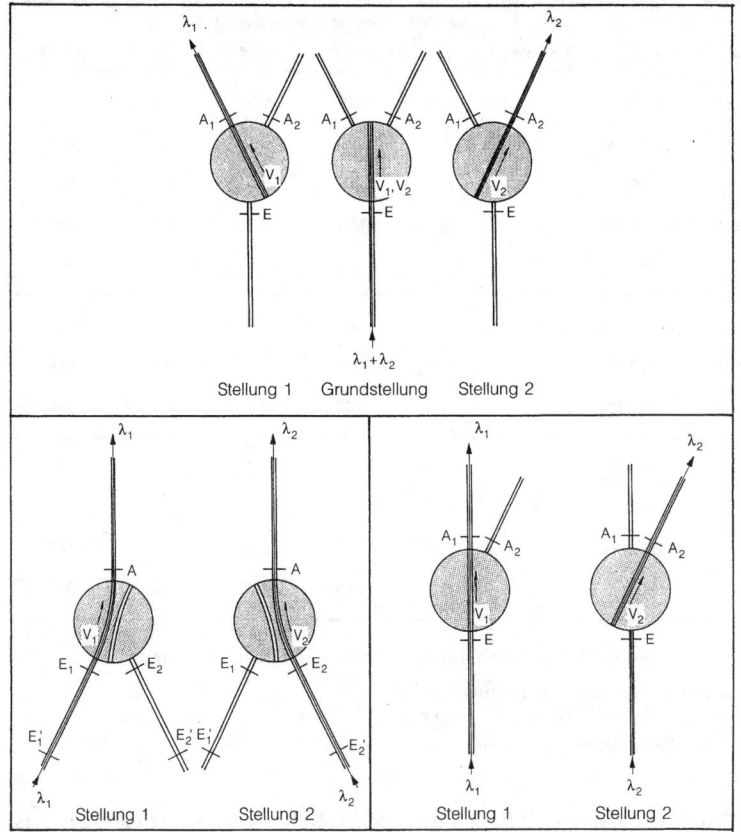

Abb. 13.8 Unstetige, halbstetige und stetige Verzweigungs- und Zusammenführungselemente einer Hängebahn

in zwei *partielle Auslaufströme* λ_{A1} und λ_{A2} aufteilen. Beispiele für Verzweigungselemente sind (s. *Abb. 18.8/II*):

> Weichen
> Schwenktische
> Drehscheiben   (13.22)
> Fahrbahnverzweigungen
> Umsetzer

sowie die alle Verbindungslemente (13.18) mit zwei Ausgängen.

Zusammenführungselemente sind Transportelemente der Ordnung 3 vom Typ (2;1) mit zwei Eingängen und einem Ausgang, die zwei *partielle Einlaufströme* λ_{E1} und λ_{E2} zu einem *Auslaufstrom* $\lambda_A = \lambda_{E1} + \lambda_{E2}$ vereinigen. Beispiele für Zusammenführungselemente sind die in umgekehrter Richtung arbeitenden Verzweigungselemente (13.18) und (13.22) (s. auch *Abb. 18.9/II*).

Die *Abb. 13.8* zeigt die Verzweigungs- und Zusammenführungselemente einer *Hängebahn*. Hieraus ist ersichtlich, daß es *stetige*, *halbstetige* und *unstetige* Verzweigungselemente und Zusammenführungselemente gibt, abhängig davon ob die Verbindungen in die Verzweigungs- und Zusammenführungsrichtungen *stetig* oder *unstetig* sind.

Bei den unstetigen Verbindungsrichtungen ist die Umschaltzone ein intermittierend arbeitendes *Umschaltelement*, das – wie in *Abb. 13.7* dargestellt – eine bestimmte *Kapazität* $c_U \geqq 1$ hat und $c \leqq c_U$ gleichzeitig einlaufende Einheiten zu einem Auslaufpunkt umsetzt.

Die technisch maximal durchsetzbaren partiellen Ströme sind die *partiellen Grenzleistungen* μ_1 und μ_2, die bei schubweiser Abfertigung von der mittleren Pulklänge $c \leqq c_U$ abhängen. Für stetige Verbindungsrichtungen läßt sich die partielle Grenzleistung mit Hilfe der Beziehungen (13.10) und (13.16) und für unstetige Verbindungsrichtungen mit Hilfe von Beziehung (13.21) aus den technischen Kenndaten berechnen.

Bei mehr als zwei Ausgängen wird aus einem Verzweigungselement ein *Verteilerelement*; mit mehr als zwei Eingängen ist ein Zusammenführungselement ein *Sammelelement*. Diese speziellen Transportlemente höherer Ordnung sind ebenfalls in *Abb. 13.1* dargestellt.

7. Transportelemente höherer Ordnung

Beispiele für Transportelemente höherer Ordnung mit $n > 2$ Eingängen und/oder $m > 2$ Ausgängen sind (s. *Abb. 13.7* und *18.10/II*):

Verteilerwagen
Drehscheiben
Aufzüge
Hub- und Senkstationen   (13.23)
Regalbediengeräte
Krane
Kreuzungen
Kreuzungsweichen
Mehrfachweichen.

Zwischen den n Eingängen E_i und den m Ausgängen A_j eines Transportelements höherer Ordnung fließen durch stetige oder unstetige Verbindungen $n \cdot m$ partielle Ströme λ_{ij}.

Die *Partialströme* λ_{ij} laufen, wie in *Abb. 13.9* dargestellt, als Bestandteile der n Einlaufströme

$$\lambda_{Ei} = \sum_j \lambda_{ij} \ . \tag{13.24}$$

in die Umschaltzone ein und werden dort umgewandelt in die m Auslaufströme

$$\lambda_{Ai} = \sum_i \lambda_{ij} \ . \tag{13.25}$$

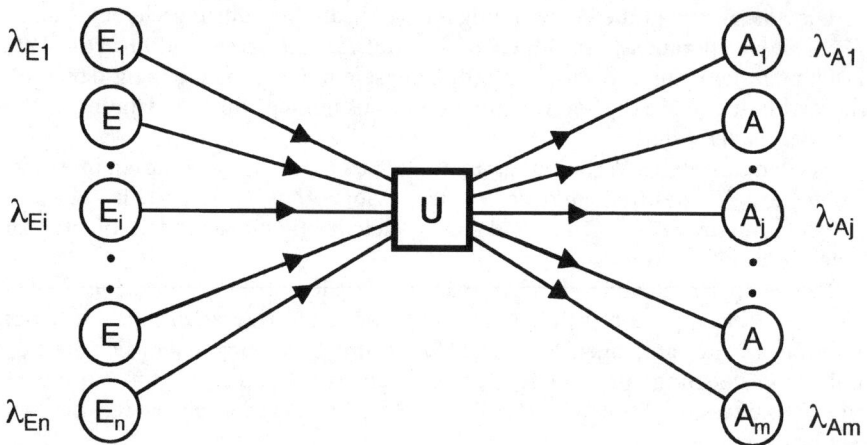

Abb. 13.9 Irreduzibler Transportknoten (Transportelement) der Ordnung $o = n + m$ vom Typ (n,m)

Der *Gesamtstrombelastung* des Transportelements ist also

$$\lambda = \sum_{ij} \lambda_{ij} = \sum_{i} \lambda_{Ei} = \sum_{j} \lambda_{Aj} \ . \tag{13.26}$$

Für die maximalen Durchsatzleistungen in den verschiedenen Verbindungen des Transportelements gilt das *partielle Grenzleistungsgesetz*:

- Jeder *Partialsstrom* λ_{ij} ist nach oben begrenzt durch die *partielle Grenzleistung* λ_{ij} der entsprechenden Verbindung $E_i \to A_j$

$$\lambda_{ij} \leqq \mu_{ij} \tag{13.27}$$

Das partielle Grenzleistungsgesetz besagt, daß alle *partiellen Stromauslastungen* kleiner als 100 % sein müssen, daß also

$$\rho_{ij} = \lambda_{ij} / \mu_{ij} \leqq 1 \qquad \text{für alle i und j.} \tag{13.28}$$

Wie bei den Verzweigungen und Zusammenführungen lassen sich die Transportelemente entsprechend den vorkommenden Verbindungsarten einteilen in *stetige, teilstetige* und *unstetige Transportelemente*. Die partiellen Grenzleistungen sind für die stetigen Verbindungsrichtungen mit Hilfe der Beziehungen (13.10) oder (13.16) und für die unstetigen Verbindungsrichtungen mit Hilfe von Beziehung (13.21) zu berechnen.

Ein Transportelement wird nicht nur durch die Partialströme ausgelastet, sondern auch durch die *Wechselzeiten*, die beim Funktionswechsel von einer Verbindung zu einer anderen Verbindung auftreten:

- Die *Wechselzeit* oder *Zwischenzeit* $z_{ij\,kl}$ [s] ist die Zeit, die bei Funktionswechsel eines Transportelements von einer Verbindung $E_i \to A_j$ zu einer anderen

Verteilerelement Sammelelement	Ladeeinheiten- Typ LE	Abfertigungs- Kapazität [LE]	Verfahr- weg [m]	Umschalt- zeit [s]	Grenzleistungen	
					Durchlauf [LE/h]	Abzweig [LE/h]
Rollenbahn-Drehtisch-Rollenbahn	EURO-Paletten	1	2,0	0,0	**600**	**140**
	EURO-Paletten	2	2,0	0,0	**600**	**210**
	Normbehälter	1	1,0	0,0	**3.000**	**300**
	Normbehälter	2	1,0	0,0	**3.000**	**450**
Rollenbahn-Hubtisch-Tragkette	EURO-Paletten	1	0,0	0,0	**650**	**180**
	Normbehälter	1	0,0	0,0	**3.000**	**450**
Rollenbahn-Verschiebewagen	EURO-Paletten	1	4,0	0,0	**700**	**70**
	Normbehälter	1	1,5	0,0	**3.000**	**220**
	Normbehälter	2	1,5	0,0	**3.000**	**400**
Rollenbahn-Weiche-Rollenbahn	Normbehälter	1	0,0	9,0	**1.800**	**1.800**
Rollenbahn-Gurttransfer-Rollenbahn	Normbehälter	45 Grad	0,0	1,7	**3.000**	**2.700**
Rollenbahn-Bandabweiser-Rollenbahn	Normbehälter	45 Grad	0,0	1,8	**3.000**	**2.320**
Rollenbahn-Kettenausschleuser	Normbehälter	90 Grad	0,0	0,0	**3.000**	**1.360**
	Normbehälter	45 Grad		0,0	**3.000**	**2.700**
Rollenbahn-Puscher-Rollenbahn	Normbehälter	1	0,0	0,0	**2.400**	**600**

Tab. 13.4 Grenzleistungen von Verteiler- und Sammelelementen
in Paletten- und Behälterfördersystemen

EURO-Palette : $l \times b \times h = 1.200 \times 800 \times 1.800$ mm
Normbehälter : $l \times b \times h = 600 \times 400 \times 300$ mm

Verbindung $E_k \rightarrow A_l$ zwischen dem Einlauf der letzten Einheit des Stroms λ_{ij} und dem frühest möglichen Auslauf der ersten Einheit des Stroms λ_{kl} verlorengeht.

Die Wechselzeit der Transportelemente entspricht der *Rüstzeit*, die bei einem Funktionswechsel einer Produktionsstelle oder einer Elementarstation auftritt.

Die Wechselzeit zwischen zwei stetigen Verbindungsrichtungen ist gleich der *Räum- und Schaltzeit*, die zwischen dem Einlauf der letzten Einheit einer Richtung und dem Auslauf der ersten Einheit der nächsten Richtung benötigt wird.

Bei einer Drehweiche, wie sie *Abb. 13.8* zeigt, ist die Wechselzeit gleich der Drehzeit des Weichentellers in die neue Durchlaßrichtung plus der Fahrzeit für den Weg vom Einlaufpunkt zum Auslaufpunkt. Bei einer einspurigen Fahrstrecke mit Gegenverkehr, wie sie an Baustellen häufig vorkommt, ist die Wechselzeit gleich der Zeit zwischen der Einfahrt des letzten Fahrzeugs in der einen Richtung und der Ausfahrt des ersten Fahrzeugs der Gegenrichtung.

Die Wechselzeit zwischen zwei unstetigen Verbindungsrichtungen ist 0, wenn sie in den Schatten der Taktzeit (13.19) fällt.

In *Tabelle 13.4* sind die Grenzleistungen und Wechselzeiten einiger Transportelemente von Paletten- und Behälterfördersystemen angegeben.

Wenn $v_{ij\,kl}$ [1/h] die *Umschaltfrequenz* zwischen den Verbindungen $E_i \rightarrow A_j$ und $E_k \rightarrow A_l$ ist, geht pro Stunde, also pro 3.600 s, insgesamt die Zeit $v_{ij\,kl} \cdot z_{ij\,kl}$ [s] für das Wechseln verloren. Hieraus folgt:

- Die *Wechselzeitbelastung* eines Transportelements mit den *Wechselzeiten* $z_{ij\,kl}$ [s] und den *Umschaltfrequenzen* $v_{ij\,kl}$ [1/h] ist

$$\rho_w = \sum_{ij} \sum_{kl} v_{ij\,kl} \cdot z_{ij\,kl} / 3600. \tag{13.29}$$

Wahrend der Wechselzeitbelastung (13.29) kann eine Station nicht für die eigentlich benötigte Durchsatzfunktion genutzt werden.

13.3
Abfertigungsstrategien

Im Gegensatz zu den Grenzleistungen und Wechselzeiten, die konstruktionsabhängig und daher nur schwer veränderbar sind, lassen sich die Umschaltfrequenzen während des Betriebs durch geeignete *Abfertigungsstrategien* verändern und dem Bedarf anpassen:

- Eine *Abfertigungsstrategie* regelt, in welcher *Anzahl* und *Priorität* die einlaufenden Einheiten abgefertigt und auf die verschiedenen Ausgangsrichtungen verteilt werden.

Wie fast alle Strategien in der Logistik ergeben sich die Abfertigungsstrategien aus den drei Grundstrategien *Bündeln*, *Ordnen* und *Sichern* und ihren *Gegenstrategien* (s. *Abschnitt 5.2*). Mit einer Abfertigungsstrategie lassen sich unterschiedliche *Ziele* verfolgen, wie:

- *Auslastungsziele*

  maximale Auslastung der Station   (13.30)

- *Leistungsziele*

  maximaler Durchsatz in allen Verbindungsrichtungen   (13.31)
  maximaler Durchsatz für bestimmte Verbindungsrichtungen

- *Zeitziele*

  minimale Abfertigungszeiten für alle Verbindungsrichtungen   (13.32)
  minimale Abfertigungszeiten für bestimmte Verbindungsrichtungen

- *Stauziele*

  minimale Warteschlangen und Wartezeiten   (13.33)
  kein Blockieren vorangehender Stationen

- *Sicherheitsziele*

  größtmögliche Störungs- und Ausfallsicherheit
  maximale Verkehrssicherheit   (13.34)
  minimale Unfallgefahr für personenbesetzte Fahrzeuge.

Diese Ziele sind in der Regel nicht kompatibel und lassen sich nicht durch die gleichen Strategien erreichen. Daher müssen die angestrebten Ziele vor der Auswahl der Abfertigungsstrategien klar definiert und in ihrer Rangfolge festgelegt werden (s. *Kapitel 5.1*).

Die Auswirkung der verschiedenen Abfertigungsstrategien auf die maximal möglichen Durchsatzleistungen einer Elementarstation oder eines Transportelements lassen sich mit Hilfe der *Grenzleistungsgesetze* quantifizieren.

1. Auslastungsstrategien

Wenn die *Abfertigungskapazität* eines Transportelements $c_U > 1$ ist, können bis zu c_U Einheiten gleichzeitig abgefertigt werden. Für Stationen mit $c_U > 1$ muß daher die Anzahl der Einheiten, die in einem Pulk in die Abfertigungs- oder Umschaltzone einlaufen, durch eine *Auslastungs-* oder *Bündelungsstrategie* geregelt werden. Mögliche Auslastungsstrategien sind:

- *Einzelabfertigung*: Die ankommenden Einheiten laufen nacheinander einzeln in die Abfertigungs- oder Umschaltzone, werden dort *einzeln* abgefertigt und in die geforderte Auslaufrichtung umgesetzt.
- *Konstante Pulkabfertigung*: Die ankommenden Einheiten laufen in Schüben *gleicher Pulklänge* $c \leqq c_U$ in die Abfertigungs- oder Umschaltzone, werden dort *gemeinsam* abgefertigt und in die geforderte Auslaufrichtung umgesetzt
- *Variable Pulkabfertung*: Die ankommenden Einheiten laufen in Schüben *wechselnder Pulklänge* $c \leqq c_U$ in die Abfertigungs- oder Umschaltzone, werden dort *gemeinsam* abgefertigt und in die geforderte Auslaufrichtung umgesetzt.

Eine *Einzelabfertigung* ist unvermeidlich, wenn die Abfertigungs- oder Umschaltzone zu einer Zeit nur eine Einheit aufnehmen und abfertigen kann. Sie hat den Vorteil minimaler Abfertigungzeit aber den Nachteil einer geringeren Grenzleistung.

Die maximale Auslastung einer Station mit einer Aufnahmekapazität $c_U > 1$ wird mit der *konstanten Pulkabfertigung* erreicht, wenn $c = c_U$ ist. Bei geringer Strombelastung führt diese Strategie jedoch dazu, daß die ersten eintreffenden Einheiten länger warten müssen, bevor die zur Vollauslastung geforderten c Einheiten aufgelaufen sind. Die Folge sind also lange effektive Durchlaufzeiten. Wenn jede Abfertigung mit Kosten verbunden ist, wird jedoch mit der Abfertigung maximaler Pulklängen Geld gespart.[2]

Um längere Wartezeiten zu vermeiden und die effektiven Durchlaufzeiten gering zu halten, wird eine Station mit einer Kapazit $c_U > 1$ besser nach der Strategie der *variablen Pulkabfertigung* betrieben. Nach jeder Abfertigung werden aus der nächsten vorgegeben Einlaufrichtung die inzwischen eingetroffenen $c \leqslant c_U$ Einheiten abgefertigt. Mit dieser Regelung wird die Station mit zunehmender Belastung immer höher ausgelastet.

Bei niedriger Belastung ist allerdings mit dieser Strategie die Auslastung gering. Dafür aber sind die effektiven Durchlaufzeiten erheblich kürzer als bei der konstanten Pulkabfertigung. Im Vergleich zur Einzelabfertigung aber sind die Durchlaufzeiten auch bei der variablen Pulkabfertigung länger, da für den Ein- und Auslauf und meist auch für die Bearbeitung und das Umsetzen von mehr als einer Einheit mehr Zeit benötigt wird als für eine einzelne Einheit.

2. Vorfahrtstrategien
Bei Stationen mit mehr als einem Eingang muß zusätzlich zur Pulklänge die *Priorität* der Abfertigung geregelt sein. Zur Prioritätsregelung von Elementarstationen und Transportelementen sind folgende *Ordnungsstrategien* oder *Vorfahrtregelungen* geeignet:

- *Gleichberechtigte Abfertigung* (*First-Come-First-Served FCFS*): Die ankommenden Einheiten werden in der Reihenfolge ihres Eintreffens abgefertigt.
- *Einfache Vorfahrt* (z.B. *Vorfahrtstraße*): Die Einheiten aus einer nachberechtigten Einlaufrichtung dürfen nur in die Abfertigungzone einlaufen, wenn zwischen zwei aufeinander folgenden Einheiten aus den bevorrechtigten Richtungen eine ausreichend große *Grenzzeitlücke* (13.37) vorkommt.
- *Absolute Vorfahrt* (z.B. *Stopstraße*): Alle Einheiten aus einer nachberechtigten Einlaufrichtung müssen an ihrem Einlaufpunkt anhalten und warten, bis zwischen zwei aufeinander folgenden Einheiten aus den bevorrechtigten Richtungen eine ausreichend große *Grenzzeitlücke* vorkommt.

Beide Vorfahrtstrategien setzen eine Priorisierung der Einlaufrichtungen in einer *Vorfahrtsrangfolge* voraus:

$$\lambda_{E1} \text{ vor } \lambda_{E2} \text{ vor } \lambda_{E3} \text{ vor } \lambda_{E4} \text{ vor } \ldots \ldots \text{ vor } \lambda_{En}. \tag{13.35}$$

Bei der Zusammenführung von zwei Strömen wird der vorfahrtberechtigte Strom als *Hauptstrom* λ_H und der benachteiligte Strom als *Nebenstrom* λ_N bezeichnet. Dann gilt:

$$\lambda_H \text{ vor } \lambda_N. \tag{13.36}$$

Das heißt nicht, daß der Nebenstrom kleiner als der Hauptstrom ist.

Damit mindestens eine Nebenstromeinheit ohne Behinderung des Hauptstroms einlaufen kann, muß der Zeitabstand zwischen zwei Einheiten des Hauptstroms größer sein als die Summe der minimalen Taktzeiten von Hauptstrom und Nebenstrom und der Wechselzeiten vom Hauptstrom zum Nebenstrom und wieder zurück. Die benötigte *Grenzzeitlücke* ist daher:

---

2   Das Dilemma ist jedem Reisenden bekannt, der schon einmal auf eine Fähre oder ein Fahrzeug getroffen ist, das erst abfährt, wenn genügend Passagiere da sind.

$$t_{\text{grenz}} = \tau_H + \tau_N + z_{HN} + z_{NH} = \tau_H + \tau_N + z. \tag{13.37}$$

Bei absoluter Vorfahrt ist die *Gesamtwechselzeit* $z = z_{HN}+z_{NH}$ um die *Brems-* und *Anfahrzeit* der haltenden Nebenstromeinheit größer als die Gesamtwechselzeit der einfachen Vorfahrt.

Mit der einfachen und der absoluten Vorfahrt wird zu Lasten der Gesamt-durchsatzleistung und auf Kosten der effektiven Durchlaufzeiten der nachbe-rechtigten Richtungen für die bevorrechtigten Richtungen eine kürzere Durch-laufzeit erreicht. Die absolute Vorfahrt bietet gegenüber den beiden anderen Vor-fahrtregelungen eine größere Funktionssicherheit und gewährleistet im Straßen-verkehr eine geringere Unfallgefahr.

Von den drei Vorfahrtstrategien ist die einfache Vorfahrt mit dem geringsten Aufwand zu realisieren. Wegen der erforderlichen Messung der Grenzzeitlücke ist die steuerungstechnische Realisierung der absoluten Vorfahrt in der Regel aufwendiger und mit höheren Kosten verbunden. Für die gleichberechtigte Ab-fertigung besteht bei hoher Strombelastung das Problem, die Anzahl und die An-kunftszeiten der wartenden Einheiten zu erfassen.

3. Steuerungsstrategien
Die größtmögliche Sicherheit gegen Störungen und Unfälle bieten die *Steue-rungsstrategien*:

- *Konstante zyklische Abfertigung* (*Feste Ampelregelung*): Jede Einlaufrichtung E_i wird mit der *Bedienungsfrequenz* v_i [1/h] für eine *gleichbleibend lange Zy-kluszeit* T_{Zi} [s] geöffnet, in der nur die Einheiten aus dieser Richtung abgefer-tigt werden.

- *Flexible zyklische Abfertigung* (*Flexible Ampelregelung*): Jede Einlaufrichtung E_i wird mit der *Bedienungsfrequenz* v_i [1/h] für eine *bedarfsabhängige Zyklus-zeit* $T_{Zi}(\lambda_i)$ [s] geöffnet, in der nur die Einheiten aus dieser Richtung abgefer-tigt werden.

Strategieparameter der zyklischen Abfertigung sind die *Bedienungsfrequenzen*, die *Zykluszeiten* und die *Reihenfolge* der Einlaufrichtungen innerhalb eines Ge-samtzyklus. Wenn jede Einlaufrichtung E_i pro Zyklus n_i mal bedient wird, ist die *Gesamtzykluszeit*:

$$T_Z = \sum_i n_i \cdot T_{zi} \qquad [\text{s}]. \tag{13.38}$$

Damit ist die *Gesamtbedienungsfrequenz*

$$v_Z = 3600 / T_Z \qquad [1/\text{h}]. \tag{13.39}$$

und die Bedienungsfrequenz der Einlaufrichtung E_i

$$v_i = n_i \cdot v_z \qquad [\text{s}]. \tag{13.40}$$

Die zyklische Abfertigung gewährleistet im Vergleich zu den Vorfahrtstrategien die größte Störungssicherheit und die geringste Unfallgefahr. Sie ist jedoch mit einer Leistungseinbuße verbunden, die von den *Umschaltfrequenzen* und den *Wechselzeiten* abhängt.

Aus den Beziehungen (13.29), (13.38) und (13.39) ist ablesbar:

- Mit kurzen Zykluszeiten lassen sich hohe Bedienungsfrequenzen und kurze Wartezeiten erreichen, dafür aber ist der Leistungsverlust hoch.
- Mit längeren Zykluszeiten vermindert sich der Leistungsverlust, zugleich aber sinken die Bedienungsfrequenzen und steigen die Wartezeiten an.

Die steuerungstechnische Realisierung der zyklischen Abfertigung ist aufwendiger und teurer als für die Vorfahrtstrategien. Wegen der erforderlichen Messung der Strombelastungen und der Regelung der Frequenzen ist die flexible Ampelregelung noch aufwendiger als die feste Ampelregelung.

Ein wesentlicher Nachteil der zyklischen Abfertigung sind die systematischen *Warteschlangen*, die sich während der *Sperrzeiten* auf den Zulaufstrecken bilden. In der Sperrzeit können die Warteschlangen bis in voranliegende Stationen anwachsen und diese blockieren, wenn die Zykluszeiten aufeinander folgender Stationen nicht synchronisiert sind.

4. Parallel- und Reihenbetriebsstrategien

Außer durch geeignete Abfertigungsstrategien für die einzelnen Stationen lassen sich Leistungsvermögen, Durchlaufzeiten und Betriebskosten eines Systems, das aus parallelen und nacheinander geschalteten Stationen besteht, durch übergreifende *Systemstrategien* optimieren. Eine Systemstrategie regelt die Belastung und den Funktionsablauf *mehrerer Stationen*.

Für die unterschiedlichen Logistiksysteme, wie die Umschlag-, Transport-, Lager- und Kommissioniersysteme, gibt es eine Vielzahl *spezieller Systemstrategien*, die in den nachfolgenden Kapiteln behandelt werden. In fast allen Leistungs- und Logistiksystemen aber kommen die folgenden Parallel- und Reihenbetriebsstrategien zum Einsatz.

Wenn in einem System, wie in *Abb. 13.10* dargestellt, nach einer Verzweigungsstelle mehrere Abfertigungsstationen oder Prozeßketten zur Auswahl stehen, die alle die gleiche Funktion bieten, das gleiche Ergebnis erzeugen oder zum selben Ziel führen, sind – abgesehen vom reinen Zufallsbetrieb ohne Strategie – folgende *Parallelbetriebsstrategien* möglich

- *Zyklische Einzelzuweisung*: Die ankommenden Einheiten werden in zyklischer Folge einzeln auf die parallelen Stationen oder Prozeßketten verteilt.
- *Zyklische Pulkzuweisung*: Die ankommenden Einheiten werden in zyklischer Folge pulkweise auf die parallelen Stationen oder Prozeßketten verteilt, wobei die Pulklänge konstant oder auslastungsabhängig sein kann.
- *Auslastungsabhängige Einzelzuweisung*: Die ankommenden Einheiten werden jeweils der Station oder Prozeßkette zugewiesen, die zum Zeitpunkt des Eintreffens am geringsten ausgelastet ist und daher die kürzeste Warteschlange hat.
- *Auslastungsabhängiges Auffüllen*: Die ankommenden Einheiten werden der ersten Station mit freier Staukapazität zugewiesen. Bei ansteigendem Zustrom werden nacheinander weitere Stationen hinzugenommen. Bei abnehmendem Strom werden Stationen geräumt.

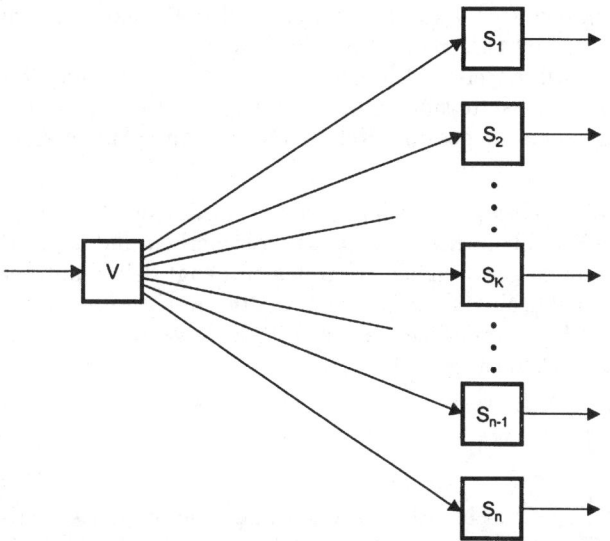

Abb. 13.10 Parallele Abfertigungsstationen oder Leistungsketten

V : Verzweigungs- und Zuteilungsstelle
S_k Abfertigungsstation oder Prozeßketteneingang

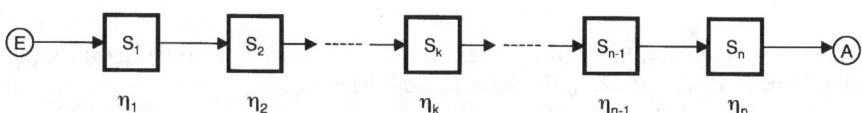

Abb. 13.11 Einfache Leistungskette, Logistikkette oder Transportkette

S_k Stationen (Leistungsstellen, Abfertigungsstationen, Transportelemente)
η_k Funktionssicherheiten (Zuverlässigkeit oder Verfügbarkeit)

Für die Steuerung des Durchlaufs der Einheiten durch eine Prozeßkette, Logistik-kette oder Transportkette, die – wie in *Abb. 13.11* dargestellt – aus einer Reihe auf-einander folgender Stationen besteht, gibt es die *Reihenbetriebsstrategien*:

- *Freier Durchlauf*: Die ankommenden Einheiten laufen unabhängig voneinan-der auf die einzelnen Stationen zu und werden dort nach den zuvor beschrie-benen Abfertigungsstrategien abgefertigt.
- *Gedrosselter Einzeldurchlauf*: Stochastisch verteilt ankommende Einheiten, deren zeitlicher Abstand τ_E kleiner ist als die längste Abfertigungszeit τ_{max} der Stationen in der Leistungskette, werden von einer *Einlaßdrossel* erst durchge-lassen, wenn $\tau_E = \tau_{max}$ ist.
- *Gedrosselter Pulkdurchlauf (Engpaßbelegung)*: Die ankommenden Einheiten werden von einer *Einlaßstelle* in Pulks gruppiert, deren Länge c_E gleich der

maximalen Abfertigungskapazität c_{max} und deren zeitlicher Abstand τ_E gleich der längsten Abfertigungszeit τ_{max} in der Prozeßkette ist.

- *Geregelter Durchlauf* („Grüne Welle"): Die Zykluszeiten der aufeinander folgenden Stationen der Prozeßkette sind so aufeinander abgestimmt, daß ein längerer Pulk von Einheiten die gesamte Kette ohne Halt durchlaufen kann [128; 130].

Die Parallel- und Reihenbetriebsstrategien haben unterschiedliche Auswirkungen auf die Leistung, die Durchlaufzeiten, die Funktionssicherheit und die Prozeßkosten. Die Auswahl unter den möglichen Strategien hängt daher von der Zielsetzung und den Prioritäten ab. Hierzu ist eine sorgfältige Analyse und Quantifizierung der *Strategieeffekte* erforderlich, die mit Hilfe der folgenden Grenzleistungs- und Staugesetze möglich ist [75; 79].

13.4
Grenzleistungsgesetze

Damit eine Elementarstation oder ein Transportelement die benötigten Abfertigungs- und Durchsatzleistungen erbringen kann und vor keinem der Einlaufpunkte ein endloser Stau anwächst, muß die *Gesamtauslastung* ρ, die gleich der Summe der partiellen *Stromauslastungen* und der *Wechselzeitbelastung* ist, zu allen Betriebszeiten kleiner als 1 sein:

$$\rho = \sum_{ij} \rho_{ij} + \rho_w < 1. \tag{13.41}$$

Durch Einsetzen von Beziehung (13.28) für ρ_{ij} und von Beziehung (13.29) für ρ_W folgt hieraus das *allgemeine Grenzleistungsgesetz*:

- Notwendige Bedingung für die Leistungsfähigkeit einer Elementarstation oder eines Transportelements mit den partiellen *Grenzleistungen* μ_{ij} [LO/h] und den *Umschaltzeiten* $z_{ij\,kl}$ [s], das von den Partialströmen λ_{ij} [LO/h] durchflossen und mit den Umschaltfrequenzen $\nu_{ij\,kl}$ [1/h] umgeschaltet wird, ist

$$\rho = \sum_{i=1}^{n} \sum_{j=1}^{m} \lambda_{ij} / \mu_{ij} + \sum_{i,k=1}^{n} \sum_{j,l=1}^{m} \nu_{ij\,kl} \cdot z_{ij\,kl} / 3600 \; < \; 1. \tag{13.42}$$

Das Grenzleistungsgesetz (13.42) ist eine notwendige Funktionsbedingung für alle Stationen und Transportelemente, in deren Abfertigungs- und Umschaltzone sich zu gleicher Zeit nur die Einheiten *einer* Verbindungsrichtung befinden dürfen. Wenn die Abfertigungs- und Umschaltzone den gleichzeitigen Durchlauf der Ströme aus mehr als einer Einlaufrichtung zuläßt, erstrecken sich die Summen in Beziehung (13.42) nur über die Einlaufrichtungen, deren Ströme nicht gleichzeitig fließen können.

Für Abfertigungsstationen und Transportelemente, deren Abfertigungs- und Umschaltzone eine *Kapazität* $c_U > 1$ hat, setzen sich die Partialströme λ_a zusammen aus Stromanteilen $\lambda_a(c)$ mit *richtungsreinen Schüben* der Länge $c = 1, 2, ..., c_U$.

Die partielle Auslastung $\rho_a = \lambda_\alpha / \lambda_\alpha$ in der Grenzleistungsbeziehung (13.42) ist in diesem Fall gleich der Summe

$$\lambda_a / \mu_a = \sum_{c=1}^{c_U} \lambda_a(c) / \mu_a(c) \qquad \text{mit } \alpha = \text{i,j.} \tag{13.43}$$

Die von der Pulklänge abhängigen partiellen Grenzleistungen $\mu_\alpha(c)$ lassen sich mit Hilfe der vorangehenden Beziehungen berechnen.

Die Wahrscheinlichkeit, daß c Einheiten des Partialstroms λ_α aufeinander folgen, ist $(\lambda_\alpha / \lambda)^c$. Die Wahrscheinlichkeit, daß die nächst folgende Einheit nicht zum Partialstrom λ_a gehört, ist $(\lambda - \lambda_\alpha)/\lambda$. Das Produkt dieser beiden Wahrscheinlichkeiten ist die Folgenwahrscheinlichkeit:

- Die *Folgewahrscheinlichkeit*, daß in einem stochastisch durchmischten Gesamtstrom λ, der sich aus den Partialströmen λ_α zusammensetzt, genau c Einheiten eines Partialstroms aufeinander folgen, ist also

$$w_a(c) = (\lambda_a / \lambda)^c \cdot (\lambda - \lambda_a) / \lambda. \tag{13.44}$$

Die *Folgewahrscheinlichkeit* (13.44) ist allgemein nutzbar zur Berechnung der relativen Häufigkeit der Folgen von c Lade- oder Transporteinheiten gleicher Art in einem zufallsgemischten Strom, beispielsweise von Fahrzeugen gleicher Farbe in einem Verkehrsstrom [78/2].

Mit der Folgenwahrscheinlichkeit folgt für die Stromanteile $\lambda_\alpha(c)$ in der Grenzleistungsformel (13.43):

$$\lambda_a(c) = \begin{cases} w_a(c) \cdot \lambda & \text{für } c < c_U \\ (\lambda_a / \lambda)^c \cdot \lambda & \text{für } c = c_U \end{cases}. \tag{13.45}$$

Für die verschiedenen Elementarstationen, Transportelemente und Abfertigungsstrategien ergeben sich aus den allgemeinen Grenzleistungsgesetzen (13.42) und (13.43) *spezielle Grenzleistungsgesetze*.

Nachfolgend werden die Grenzleistungsgesetze für Verzweigungs- und Zusammenführungselemente bei unterschiedlichen Abfertigungsstrategien behandelt. Die hieraus resultierenden Aussagen und Zusammenhänge gelten grundsätzlich auch für Elementarstationen und Transportelemente höherer Ordnung [78; 124].

Für einige Transportelemente wurde zum Test der analytischen Grenzleistungskurven eine *digitale Simulation* durchgeführt [61]. Die Simulationsergebnisse, die in den nachfolgenden Diagrammen eingetragen sind, bestätigen die analytischen Berechnungen mit Hilfe der Grenzleistungsgesetze.

1. Grenzleistungsgesetz für Zusammenführungen und Verzweigungen

Bei Einzelabfertigung reduziert sich das allgemeine Grenzleistungsgesetz (13.42) für Verzweigungselemente mit einem Eingang und zwei Ausgängen sowie für Zusammenführungselemente mit zwei Eingängen und einem Ausgang auf die Forderung:

$$\lambda_1 \,/\, \mu_1 + \lambda_2 \,/\, \mu_2 + v \cdot z \,/\, 3600 < 1 \; . \tag{13.46}$$

Dabei sind die Partialströme λ_i für ein Zusammenführungselement die Anteile des *Einlaufstroms*

$$\lambda_E = \lambda = \lambda_1 + \lambda_2 \tag{13.47}$$

und für ein Verzweigungselement die Anteile des *Auslaufstroms*

$$\lambda_A = \lambda = \lambda_1 + \lambda_2 \; . \tag{13.48}$$

Da bei nur zwei Betriebsstellungen die Hinschaltfrequenz gleich der Rückschaltfrequenz ist, sind für die Grenzbelastbarkeit des Elements nur die *Umschaltfrequenz*

$$v = v_{12} = v_{12} \; . \tag{13.49}$$

und die *Summe der Wechselzeiten*

$$z = z_{12} + z_{12} \; . \tag{13.50}$$

maßgebend. Bei Pulkabfertigung sind die partiellen Auslastungen λ_i/μ_i gemäß Beziehung (13.43) zu zerlegen in Stromanteile mit richtungsreinen Schüben gleicher Länge.

2. Belastungsgrenzen bei zyklischer Abfertigung
Bei zyklischer Abfertigung der Einlaufströme eines Zusammenführungselements ist die Umschaltfrequenz durch Beziehung (13.39) gegeben. Damit folgt aus dem Grenzleistungsgesetz (13.46) der Satz:

- Bei zyklischer Abfertigung mit der *Zykluszeit* T_Z [s], der *Wechselfrequenz* $v = 3600/T_Z$ [1/h] und der *Wechselzeit* z [s] sind die Partialströme eines Zusammenführungslements begrenzt durch die Bedingung

$$\lambda_1 \,/\, \mu_2 + \lambda_1 \,/\, \mu_2 + z \,/\, T_Z \; < \; 1 \; . \tag{13.51}$$

Für das in *Abb. 13.8* dargestellte Beispiel einer beidseitig stetig arbeitenden Hängebahndrehweiche zeigt *Abb. 13.12* die aus dem Grenzleistungsgesetz (13.51) mit den angegebenen partiellen Grenzleistungen resultierenden *Grenzleistungskurven*.

Die *Grenzleistungskurve* (13.51) für die maximal zulässigen *Belastungszustände* $(\lambda_1; \lambda_2)$ ist eine Grade. Im Grenzfall sehr großer Zykluszeiten verläuft die Grade zwischen den beiden Achsenschnittpunkten $(\mu_1; 0)$ und $(0; \mu_2)$. Mit abnehmender Zykluszeit und zunehmender Zyklusfrequenz verschiebt sich die Grenzleistungsgrade in Richtung auf den Nullpunkt. Die Leistungseinbuße infolge die Wechselzeitbelastung wird immer größer [78].

3. Belastungsgrenzen bei gleichberechtigter Abfertigung
Bei *Einzelabfertigung* gleichberechtigter Ströme ist die Wahrscheinlichkeit w_{ij} einer Umschaltung von Partialstrom λ_i auf Partialstrom λ_j gleich der bedingten

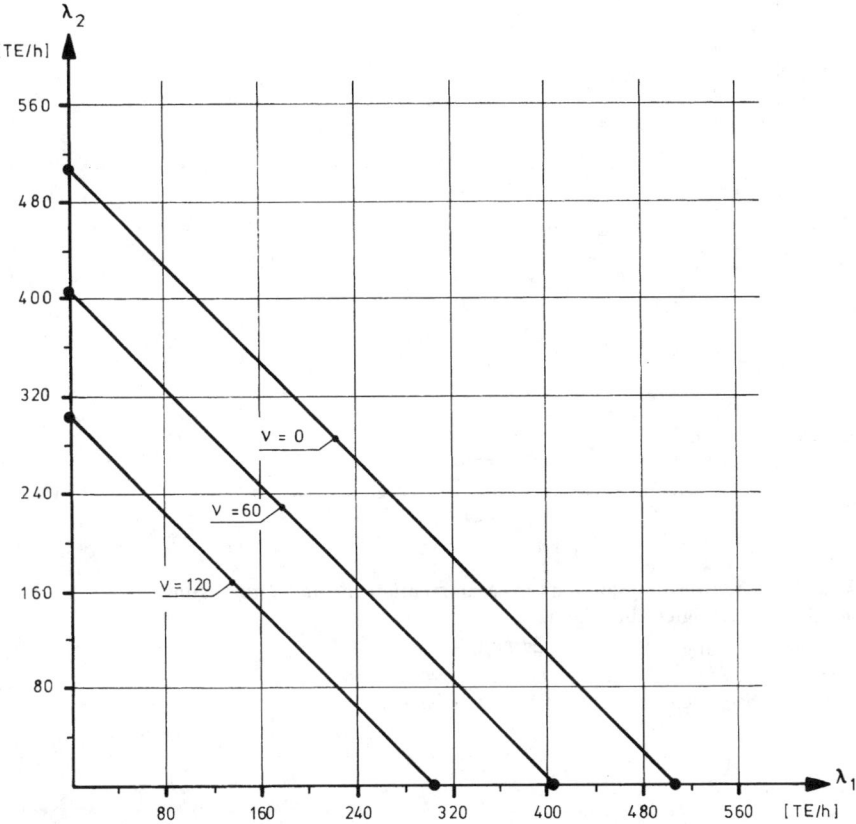

Abb. 13.12 Grenzleistungsgraden eines stetigen Zusammenführungs- oder Verzweigungselements bei zyklischer Abfertigung

v [1/h] Umschaltfrequenz
übrige Parameter s. *Abb. 13.13*

Wahrscheinlichkeit, daß die nächste nach einer Einheit des Partialstroms λ_i ankommende Einheit dem Partialstrom λ_j angehört.

Die Wahrscheinlichkeit, daß eine Einheit eines stochastisch durchmischten Gesamtstroms $\lambda = \sum \lambda_i$ dem Partialstrom λ_i angehört, ist λ_i/λ. Die Wahrscheinlichkeit, daß die nächstfolgende Einheit dem Partialstrom λ_j angehört, ist λ_j/λ. Die *Umschaltwahrscheinlichkeit* ist gleich dem Produkt dieser beiden Wahrscheinlichkeiten:

$$w_{ij} = (\lambda_i / \lambda) \cdot (\lambda_j / \lambda). \tag{13.52}$$

Die Umschaltfrequenz, das heißt die Anzahl Umschaltungen von Partialstrom λ_i auf Partialstrom λ_j und umgekehrt, wird damit

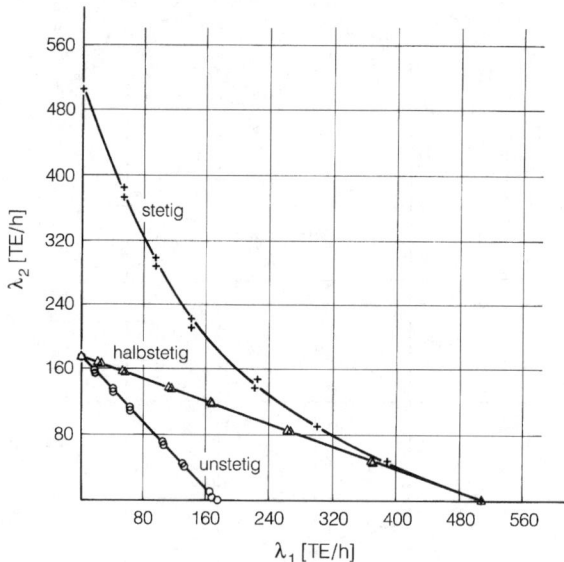

Abb. 13.13 Grenzleistungskurven für Zusammenführung und Verzweigung bei gleichberechtigter Abfertigung

Stetige Verbindung	$\mu_{stet} = 507$ TE/h; $z = 12$ s
Unstetige Verbindung	$\mu_{unst} = 173$ TE/h; $z = 0$ s
Kreuze, Kreise, Dreiecke	Simulationsergebnisse

$$v_{ij} = w_{ij} \cdot \lambda = \lambda_i \cdot \lambda_j / \lambda \tag{13.53}$$

Für nur zwei Einlaufströme oder zwei Auslaufströme ist $\lambda = \lambda_1 + \lambda_2$. Durch Einsetzen von (13.53) in (13.49) und (13.46) folgt damit:

- Bei gleichberechtigter Abfertigung stochastischer Ströme λ_i [LO/h] in einem Zusammenführungs- oder Verzweigungslement mit der Wechselzeit z [s] sind die Partialströme begrenzt durch die Bedingung

$$\lambda_1 / \mu_2 + \lambda_1 / \mu_2 + (\lambda_1 \cdot \lambda_2 / (\lambda_1 + \lambda_2)) \cdot z / 3600 \; < \; 1. \tag{13.54}$$

Für das in *Abb. 13.8* dargestellte Beispiel unterschiedlicher Drehweichen einer Hängebahn zeigt *Abb. 13.13* die aus dem Grenzleistungsgesetz (13.54) mit den angegebenen partiellen Grenzleistungen resultierenden *Grenzleistungskurven*.

Für die stetigen Zusammenführungs- und Verweigungselemente ist die Grenzleistungskurve eine um 45 Grad gedrehte Hyperbel, deren Durchbiegung von der Größe der Wechselzeit bestimmt wird. Die Abweichung der Hyperbel von der Verbindungsgraden der Punkte $(\mu_1; 0)$ und $(0; \mu_2)$ ist der Leistungsverlust infolge der Umschaltbelastung.

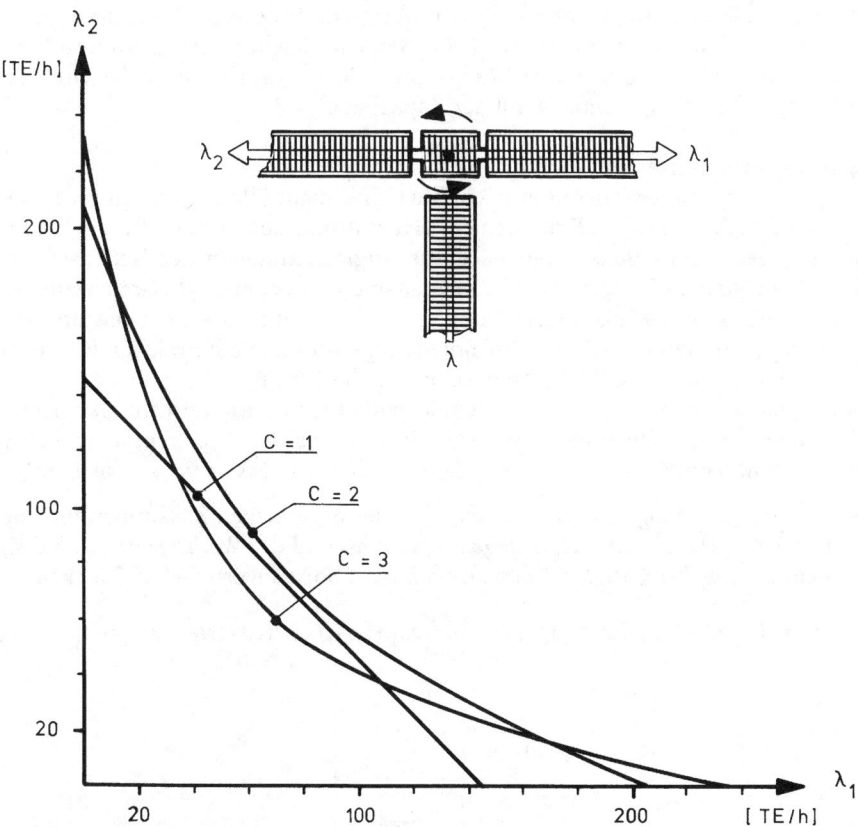

Abb. 13.14 Grenzleistungskurven einer unstetigen Verzweigung
mit Abfertigungskapazität $c = 1, 2$ und 3 LE

Rollenbahn- Drehtisch- Rollenbahn für Paletten mit den Grenzleistungen für
$c = 1$: $\mu_1(1) = \mu_2(1) = 144$ Pal/h
$c = 2$: $\mu_1(1) = \mu_2(1) = 118$ Pal/h; $\mu_1(2) = \mu_2(2) = 207$ Pal/h
$c = 3$: $\mu_1(1) = \mu_2(1) = 100$ Pal/h; $\mu_1(2) = \mu_2(2) = 178$ Pal/h
$\quad\mu_1(3) = \mu_2(3) = 231$ Pal/h

Bei den halbstetigen und bei den unstetigen Elementen sind die Grenzleistungskurven Verbindungsgraden zwischen den beiden Achsenschnittpunkten $(\mu_1; 0)$ und $(0; \mu_2)$, da die Wechselzeit Null ist. Da jedoch die Grenzleistung in der unstetigen Verbindungsrichtung deutlich geringer ist als in der stetigen Verbindungsrichtung, liegen beide Grenzleistungsgraden weit unter der Grenzleistungskurve der stetigen Elemente.

Für das Beispiel einer halbstetigen Rollenbahndrehweiche mit Kapazität für c_U Paletten ergeben sich mit der Zerlegung (13.45) der Partialströme in Anteile gleicher Schublänge aus dem Grenzleistungsgesetz (13.54) die *Abb. 13.14* dargestellten Grenzleistungskurven [78]. Hieraus ist ablesbar, daß ein größeres Fassungsvermögen des Drehtisches nicht für alle Belastungszustände (λ_1; λ_2) zu einer Verbesserung der Durchsatzleistung führt. Im Bereich gleicher Partialströme ist die Wahrscheinlichkeit längerer richtungsreiner Schübe gering und die Drehzeit größer als für einen Drehtisch mit der Kapazität $c_U = 1$.

4. Belastungsgrenzen bei Vorfahrt

Bei einer Zusammenführung mit Vorfahrt sind nicht alle Zeitlücken zwischen den vorfahrtberechtigten Einheiten des Hauptstroms ausreichend für ein behinderungsfreies Einschleusen der nachberechtigten Einheiten des Nebenstroms. Alle Zeitlücken im Hauptstrom, die kleiner sind als die benötigte Grenzzeitlücke (13.37), gehen für die Leistungsnutzung verloren. Daher ist das Grenzleistungsgesetz (13.54) in diesem Fall nur eine notwendige aber keine hinreichende Bedingung für die Leistungsfähigkeit einer Zusammenführung.

Aus einer genauen Analyse der Zeitlückenverteilung resultiert für Hauptströme, wenn deren Taktzeiten annähernd eine *modifizierte Exponentialverteilung* haben (s. *Abschnitt* 9.2 und *Abb.* 9.2), das *Grenzleistungsgesetz für Vorfahrt* [78/3]:

- Der *maximal mögliche Nebenstrom* λ_N einer einspurigen Zusammenführung mit den partiellen *Grenzleistungen* λ_N und λ_H und der *Wechselzeit z* ist *bei* einem *vorfahrtberechtigten Hauptstrom* λ_H mit poissonverteilten Zeitlücken

$$\lambda_N < \exp\!\left(-(\lambda_H\mu_H\, z\,/\,3600)/(\mu_H - \lambda_H)\right)\Big/\!\left[\exp((\lambda_H\mu_H\,/\,\mu_N)/(\mu_H - \lambda_H))-1\right]. \quad (13.55)$$

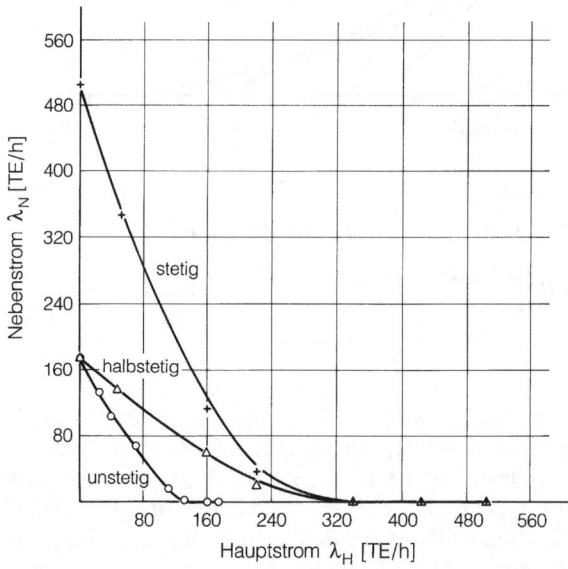

Abb. 13.15 Grenzleistungskurven stetiger, halbstetiger und unstetiger Zusammenführungen bei absoluter Vorfahrt

Parameter   *Abb. 13.13*
Kreuze, Kreise, Dreiecke   Simulationsergebnisse

Für die in *Abb. 13.8* dargestellten stetigen, halbstetigen und unstetigen Hänge-bahnweichen zeigt *Abb. 13.15* die aus dem Grenzleistungsgesetz (13.55) resultie-renden *Grenzleistungskurven bei Vorfahrt.* Aus dem Diagramm und aus der Grenzleistungsformel (13.55) sind folgende *Regeln* ablesbar:

• Die Durchlaßfähigkeit für den Nebenstrom wird durch eine Vorfahrtregelung im Vergleich zur gleichberechtigten stochastischen Abfertigung erheblich re-duziert.

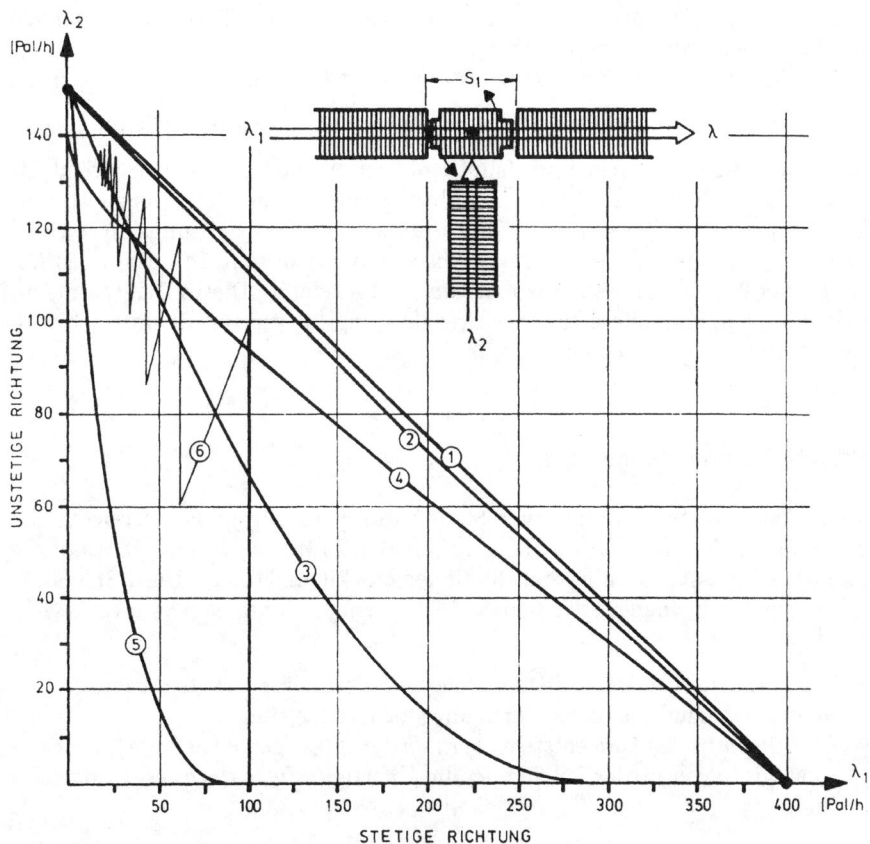

Abb. 13.16 Grenzleistungskurven für verschiedene Abfertigungsstrategien Rollenbahn- Drehtisch- Rollenbahn für Paletten

Parameter: $\mu_1 = 400$ TE/h; $\mu_2 = 150$ TE/h; $z = 1{,}25$ s
Kurve 1 zyklische Abfertigung mit Umschaltfrequenz $\nu \ll 60$ 1/h
Kurve 2 gleichberechtigte Einzelabfertigung
Kurve 3 absolute Vorfahrt rekurrenter Ströme mit λ_1 vor λ_2
Kurve 4 absolute Vorfahrt rekurrenter Ströme mit λ_2 vor λ_1
Kurve 5 absolute Vorfahrt rekurrenter Ströme mit λ_2 vor λ_1 und $\tau_1 = 20$ s
Kurve 6 absolute Vorfahrt mit getaktetem Hauptstrom λ_1

- Die Durchlaßfähigkeit nimmt mit ansteigendem Hauptstrom rasch ab und sinkt nahezu auf Null, lange bevor der Hauptstrom die Grenzleistung erreicht hat.

Dieser Effekt ist jedem Autofahrer bekannt, der einmal an einer hochbelasteten Vorfahrtstraße auf eine ausreichende Lücke zum Einschleusen gewartet hat. Ein anderes Beispiel sind Sekretärinnen, die ihren Chef stets absolut vorrangig bedienen und daher fast nie ausreichend Zeit für Aufträge anderer Mitarbeiter haben.

Die Leistungsminderung durch eine Vorfahrtregelung wird in der *Verkehrsplanung* nicht ausreichend beachtet, solange mit der bekannten Formel von *Harders* gerechnet wird, die die Mindestabstände der Fahrzeuge vernachlässigt und daher bei hoher Hauptstrombelastung eine weitaus zu große Durchlaßfähigkeit für den Nebenstrom ergibt [128; 130].

Eine Konsequenz aus dem Grenzleistungsgesetz (13.55) ist das *Vorfahrtsprinzip*:

- Der stärkere Strom sollte Vorfahrt haben vor dem schwächeren Strom.

Je gleichmäßiger die Lücken im Hauptstrom verteilt sind, umso mehr weicht das Durchlaßverhalten einer Zusammenführung von der stetigen Grenzleistungskurve (13.55) ab. Bei *getaktetem Hauptstrom* hat die Grenzleistungskurve einen *sprunghaften Verlauf*, wie er für das Beispiel einer halbstetigen Zusammenführung einer Rollenbahn als *Kurve 6* in *Abb. 13.16* gezeigt ist. Dieses Diagramm enthält außerdem einen Vergleich der Grenzleistungskurven für die unterschiedlichen Abfertigungsstrategien.

13.5
Staueffekte und Staugesetze

Wenn die Gesamtbelastung einer Station die Belastungsgrenze erreicht oder überschreitet, kommt es vor den Einlaufpunkten zu *Wartezeiten*, *Warteschlangen* und *Rückstaus*, die voranliegende Stationen blockieren können. Diese Staueffekte können durch einen *stochastischen* oder einen *systematischen Stau* verursacht werden:

- Ein *stochastischer Stau* entsteht *unterhalb* der zulässigen Belastungsgrenze, wenn der Zulauf oder die Abfertigung stochastisch sind.
- Ein *systematischer Stau* entsteht *oberhalb* der zulässigen Belastungsgrenze unabhängig davon, ob der Zulauf oder die Abfertigung getaktet oder stochastisch sind.

Die Analyse der Einflußfaktoren und die Berechnung von Größe und Auswirkungen stochastischer Staus sind Gegenstand der *Warteschlangentheorie* [75; 132; 133; 134]. Die Theorie der Warteschlangen liefert Formeln zur Berechnung der Staueffekte, die in der Regel recht kompliziert sind und deren Voraussetzungen in der Praxis häufig nicht erfüllt sind oder sich kaum überprüfen lassen.

Wegen der generellen Ungenauigkeit der Leistungsanforderungen und der Unkenntnis der genauen Taktzeitverteilungen genügen in der Logistik zur Berechnung und Abschätzung der zu erwartenden Staueffekte für viele Anwendungsfälle einfache *Näherungsformeln*, die sich unter relativ allgemeinen Voraussetzungen aus den exakten Formeln der Warteschlangentheorie herleiten lassen [29; 79].

Bei richtiger Dimensionierung und korrektem Betrieb eines Logistiksystems sind die stochastischen Staus bei *Einzelabfertigung* von relativ untergeordneter Bedeutung. Ein systematischer Stau, der auch bei schubweiser Ankunft und gebündelter Abfertigung entsteht, kann hingegen wesentlich größere Auswirkungen haben. Die systematischen Staus aber werden in der Warteschlangentheorie, wenn überhaupt, nur am Rande behandelt.

1. Klassifizierung der Wartesysteme

In der Warteschlangentheorie ist zur Kurzbezeichnung eines allgemeinen Wartesystems, wie es in *Abb. 13.10* dargestellt ist, mit einer *Ankunftsverteilung* W_{an}, n parallelen Abfertigungsstationen und der *Abfertigungsverteilung* W_{ab} die *Kendall-Notation* gebräuchlich [75]:

$$W_{an} \, / \, W_{ab} \, / \, n \tag{13.56}$$

Ein Wartesystem mit nur einer Bedienungsstationen zeigt *Abb. 13.3*. Das einfachste und daher am häufigsten betrachtete Wartesystem M/M/1 ist eine einzelne Bedienungsstation mit exponentialverteilten Ankunfts- und Abfertigungszeiten, die als *Poissonströme* oder als *Markov-Prozeß* bezeichnet werden.

Das System M/D/1 hat eine exponentialverteilte Ankunftsverteilung und eine getaktete Abfertigung, die auch als *Dirac-Verteilung* bezeichnet wird. Das System D/M/1 hat einen getakteten Zulauf und eine exponentialverteilte Abfertigung. Die Zulaufverteilung und die Abfertigungsverteilung des Systems $E_k/E_l/1$ sind *Erlangverteilungen* und des Systems G/G/1 sind allgemeine Zufallsverteilungen [75] (s. *Abb. 9.4*).

Für Wartesysteme vom Typ $E_k/E_l/1$ gibt es explizite Formeln zur Berechnung der Staueffekte [75]. Aus diesen Formeln ist ableitbar, daß die Staueffekte vor einer Abfertigungsstation in erster Näherung nur von der *Systemauslastung* und der *Systemvariabilität* abhängen [79].

- Die *Systemvariabilität* ist der Mittelwert der *Einlaufvariabilität* $V_E = (s_E/\tau_E)^2$ und der *Abfertigungsvariabiltität* $V_A = (s_A/\tau_A)^2$:

$$V = (V_E + V_A) / 2. \tag{13.57}$$

Hieraus folgt weiterhin der Satz:

- Stochastisch bedingte Staueffekte treten nur auf, wenn die *Systemvariabilität* größer 0 ist.

Um die Staueffekte für Wartesysteme vom Typ G/G/n mit $n > 1$ Parallelstationen berechnen zu können, muß zusätzlich zu den Mittelwerten und den Variabilitäten des Zulaufs und der Abfertigung die *Abfertigungsstrategie* bekannt sein.

Aus den nachfolgend angegebenen Näherungsformeln zur Berechnung der Staueffekte für Systeme vom Typ G/G/1 und G/G/n ergeben sich grundlegende *Auslegungsregeln* für stochastisch belastete Logistik- und Transportsysteme. Außerdem lassen sich mit Hilfe der Näherungsformeln die Auswirkungen verschiedener Abfertigungsstrategien abschätzen.

Wenn diese Auslegungsregeln berücksichtigt und die Abfertigungsstrategien richtig genutzt werden, sind die einzelnen Stationen eines logistischen Netzwerks ausreichend voneinander entkoppelt und eine schwierige stochastische Netzwerksanalyse unnötig.

2. Systemvariabilität

In *bestehenden Systemen* läßt sich die *Variabilität* oder *relative Varianz* $V_E = (s_E/\tau_E)^2$ eines stationären Einlaufstroms $\lambda_E = 3600/\tau_E$ grundsätzlich durch eine Messung der Zeitabstände τ zwischen den Endpunkten aufeinander folgender Einheiten ermitteln (s. *Abschnitt 9.2*). Solche Messungen sind in jedoch der Praxis sehr aufwendig, aus betrieblichen Gründen häufig kaum durchführbar oder, weil der Strom instationär ist, nur begrenzt brauchbar [129]. Für *neue Systeme* ist die Verteilung der Einlauftaktzeiten unbekannt und nur unter bestimmten Annahmen prognostizierbar.

Im *Straßenverkehr* wurde in zahlreichen Messungen für die Taktzeiten zwischen Personenwagen, die auf einer Fahrspur einander folgen, eine *modifizierte Exponentialverteilung* beobachtet [128; 129; 130]. Auch in vielen anderen Fällen gibt eine modifizierte Exponentialverteilung die Zufallsverteilung der Zeitabstände ausreichend genau wieder (s. *Abb. 9.2*).

Wenn die Taktzeiten eines Einlaufstroms eine modifizierte Exponentialverteilung mit der *minimalen Taktzeit* τ_{E0} haben, ist die *Zulaufgrenzleistung* $\lambda_E = 3600/\tau_{E0}$. Für die *Einlaufvariabilität* gilt dann (s. *Abschnitt 9.3*):

$$V_E = (s_E / \tau_E)^2 = (\tau_E - \tau_{E0} / \tau_E)^2 = (1 - \lambda_E / \mu_E)^2. \tag{13.58}$$

Im Grenzfall $\lambda_E \to 0$ folgt aus Beziehung (13.58) die Einlaufvariabilität $V_E = 1$, das heißt eine maximale Zulaufstreuung, und für den Grenzfall $\lambda_E \to \lambda_E$ die Einlaufvariabilität $V_E = 0$, das heißt ein getakteter Zulauf mit minimaler Taktzeit.

Für mehrere Einlaufströme λ_{Ei} mit den Zulaufgrenzleistungen λ_{Ei}, die in einer Station gleichberechtigt abgefertigt werden, ist die *Variabilität* der Einlaufströme näherungsweise gleich dem gewichteten Mittel der Variabilität (13.58) für die partiellen Ströme

$$V_E \approx \sum_i (\lambda_{Ei} / \lambda) \cdot V_{Ei}. \tag{13.59}$$

Die Variabilität der Grenzleistung einer Abfertigungsstation läßt sich bei bekannter Verteilung der Abfertigungszeiten mit Hilfe der Beziehung (9.7) und (9.8) aus *Abschnitt 9.2* berechnen. Bei einer *Rechtecksverteilung* der Abfertigungszeiten, wie sie in *Abb. 9.2* dargestellt ist, sind die Taktzeiten τ_a zwischen einer minimalen Taktzeit τ_{min} und einer *maximalen Taktzeit* τ_{max} gleichverteilt. In diesem Fall ergibt sich für die *Abfertigungsvariabilität*:

$$V_A = 1/3 \cdot ((\tau_{max} - \tau_{min}) / (\tau_{max} + \tau_{min}))^2. \tag{13.60}$$

Im Grenzfall $\tau_{min} = 0$ ist die Streuung der Abfertigungszeiten maximal und die Variablität der Rechteckverteilung $V_A = 1/3$. Im Grenzfall $\tau_{max} = \tau_{min}$ ist Abfertigung getaktet und die Variabilität $V_A = 0$.

Ein Transportelement, das in jeder Funktion F_α eine konstante Taktzeit τ_α hat und mit der partiellen Grenzleistung $\lambda_\alpha = 3600/\tau_\alpha$ arbeitet, hat eine diskrete Abfertigungsverteilung, deren Streuung sich mit Hilfe von Beziehung (9.12) berechnen läßt. Bei einer partiellen Strombelastung λ_α der Funktionen F_α ist die *mittlere Grenzleistung* einer solchen Abfertigungsstation:

$$\mu = \left(\sum_a (\lambda_a / \lambda) \cdot (1/\mu_a) \right)^{-1} \quad [AE/h]. \tag{13.61}$$

Für die *Abfertigungsvariabilität eines Transportelements* folgt damit:

$$V_A = \sum_a (\lambda_a / \lambda) \cdot (1 - \mu/\mu_a)^2. \tag{13.62}$$

Sind die partiellen Grenzleistungen für alle Funktionen gleich, ist die Abfertigungsvariabilität 0 und die Abfertigung durch das Transportelement getaktet.

Wenn sich die Systemvariabilität weder messen noch mit den angegebene Formeln berechnen läßt, genügt es in vielen Fällen, die Systemvariabiltät nach folgenden *Regeln* abzuschätzen:

- Im *günstigsten Fall* eines getakteten Zulaufs mit getakteter Abfertigung ist die Systemvariabilität 0.
- Im *ungünstigsten Fall* eines poissonverteilten Zulaufs mit poissonverteilter Abfertigung ist die Systemvariabilität 1.
- Im *mittleren Fall*, der bei stochastischem Zulauf und getakteter Abfertigung, bei getaktetem Zulauf und stochastischer Abfertigung oder bei einer Zulauf- und Abfertigungsvariabiltät 1/2 eintritt, ist die Systemvariabilität 1/2.

Wenn die Variabilität des Zulaufs und der Abfertigung unbekannt sind, kann überschlägig mit der *mittleren Systemvariabiltät* 1/2 gerechnet werden. Da die Zulaufströme bei Annäherung an die Grenzbelastbarkeit in den meisten Fällen zunehmend getaktet sind und die Abfertigungsvariabilität in der Praxis meist deutlich kleiner als 1 ist, liegt der Ansatz einer mittleren Systemvariabilität in der Regel auf der sicheren Seite.

3. Staugesetze für stochastische Staus
Die Gesamtanzahl aller Einheiten, die vor dem Einlaufpunkt warten und sich in der Abfertigung befinden, hat zu einem Zeitpunkt t einen *ganzzahligen Wert* $N(t)$, der allgemein als *Warteschlangenlänge* oder kurz als *Warteschlange* bezeichnet wird. Die *momentane Warteschlange* $N(t)$ ist eine stochastisch schwankende Zufallsgröße, deren exakter Wert für einen bestimmten Zeitpunkt t nicht vorausberechenbar ist.

Für den Fall der gleichberechtigten Einzelabfertigung stationärer Ströme lassen sich aus den Ergebnissen der Warteschlangentheorie folgende *Staugesetze* ableiten, deren Genauigkeit für die Planungspraxis ausreichend ist [79]:

- Die *mittleren partiellen Warteschlangen* auf den Zuführungsstrecken *vor* den Einlaufpunkten E_i haben bei gleichberechtigter Abfertigung die Länge

$$N_{Wi}{}^* = (\lambda_{Ei} / \lambda) \cdot (1 - \rho + V\rho) \cdot \rho^2 / (1 - \rho) \qquad [AE] \qquad (13.63)$$

- Die *Summe der Warteschlangen*, die im Mittel insgesamt auf den Zuführungsstrecken *vor* den Einlaufpunkten warten, ist bei gleichberechtigter Abfertigung

$$N_W{}^* = \sum_i N_{Wi}^* = (1 - \rho + V\rho) \cdot \rho^2 / (1 - \rho) \qquad [AE]. \qquad (13.64)$$

- Die *Gesamtwarteschlange aller Einheiten*, die sich im Mittel insgesamt vor und in der Station befinden, ist bei gleichberechtigter Abfertigung

$$N_W = (1 - \rho + V\rho) \cdot \rho / (1 - \rho) \qquad [AE]. \qquad (13.65)$$

- Die Gesamtwarteschlange schwankt im Verlauf der Zeit um den Mittelwert (13.65) mit der *Streubreite*

$$s_N \approx \sqrt{V \cdot \rho \cdot N_W} \qquad [AE]. \qquad (13.66)$$

- Die *mittlere partielle Wartezeit* der Einheiten, die auf der Zuführungsstrecke vor einem Einlaufpunkt E_i auf den Eintritt in die Abfertigungszone warten, ist bei gleichberechtigter Abfertigung [3]

$$Z_{Wi} = 3600 \cdot N_{Wi}{}^* / \lambda \qquad [s]. \qquad (13.67)$$

Hierin ist λ [AE/h] die *Gesamtstrombelastung* (13.26), ρ die *Gesamtauslastung*, die bei stochastischer Einzelabferteng durch Beziehung (13.42) gegeben ist, und V die *Systemvariabilität* (13.57).

Bei einer Zusammenführung mit Vorfahrt entsteht nur auf der nachberechtigten Nebenstrecke eine Warteschlange. In diesem Fall ist in den Beziehungen (13.63) bis (13.66) anstelle der Gesamtbelastung ρ die Partialbelastung $\rho_N = \lambda_N / \mu_N^*$ des Nebenstromzulaufs und für die Variabilität $V = 1$ einzusetzen. Die vom Hauptstrom λ_H abhängige Nebenstromgrenzleistung $\mu_N^*(\lambda_H)$ ist durch den Ausdruck auf der rechten Seite der Grenzleistungsformel (13.55) gegeben [79].

Für die in *Abb. 13.3* dargestellte Bedienungsstation zeigt *Abb. 13.17* die mit Hilfe der Beziehung (13.65) errechnete Abhängigkeit der mittleren Warteschlange von der Auslastung bei einer Systemvariabität 0,60. Die eingetragenen Punkte und Kreise sind das Ergebnis einer digitalen Simulation für zwei unterschiedliche Zulauf- und Abfertigungsvariabiltäten [61]. In *Abb. 13.18* ist die aus Beziehung (13.65) resultierende funktionale Abhängigkeit der mittleren Warteschlange von der Systemvariabilität dargestellt.

---

3 Der Zusammenhang (13.67) zwischen Wartezeit und Warteschlangenlänge wird auch *LITTLE'Gesetz* genannt.

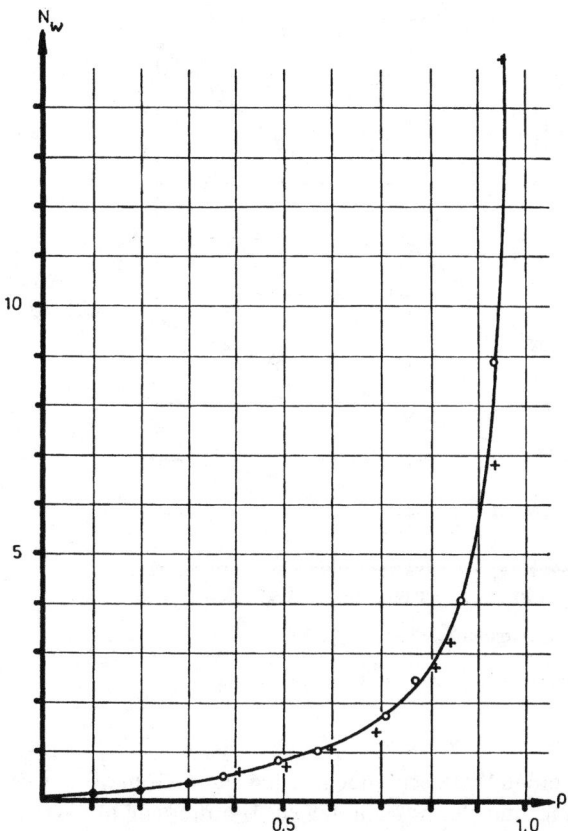

Abb. 13.17 Auslastungsabhängigkeit der mittleren Warteschlange

Systemvariabilität $V = (V_E + V_A)/2 = 0,6$
Kreuze   Simulationsergebnisse für $V_E = 0,2$ und $V_A = 1,0$
Kreise   Simulationsergebnisse für $V_E = 1,0$ und $V_A = 0,2$

Die auch für andere Verteilungen und Variabilitäten durchgeführten Simulationsrechnungen ergeben in guter Übereinstimmung mit den Ergebnissen der analytischen Näherungsrechnung folgende *Gesetzmäßigkeiten* [60; 61; 135]:

- Bei Auslastungen unter 50 % sind die Warteschlangen im Mittel kleiner als 1 und die Staueffekte auch bei maximaler Systemvarianz vernachlässigbar.
- Mit Annäherung an die Belastungsgrenze nehmen die Warteschlangen und damit auch die übrigen Staueffekte immer rascher zu.
- Die Staueffekte steigen *überproportional mit der Auslastung* und *linear mit der Systemvariabilität* an.
- Bei maximaler Systemvariabilität beginnt der steile Anstieg der Warteschlangen ab einer Auslastung von etwa 85 % und bei mittlerer Systemvariabilität ab einer Auslastung von 90%.

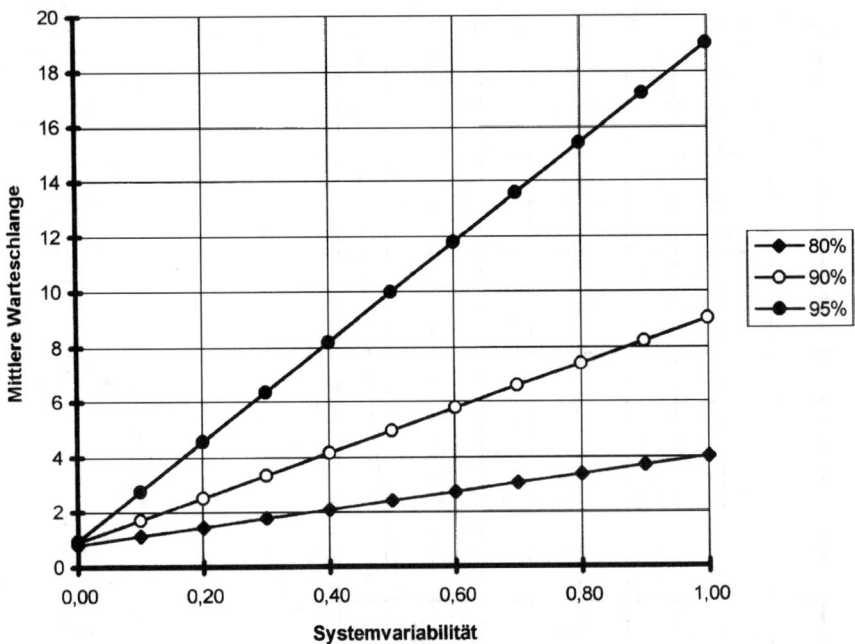

Abb. 13.18 Abhängigkeit der Warteschlange von der Systemvariabilität

Parameter:Auslastungsgrad

- Die Streuung der momentanen Warteschlange um den stationären Mittelwert nimmt mit der Auslastung und der Variabilität zu. Die momentane Warteschlange kann sich kurzzeitig auf hohe Werte aufschaukeln, aber auch bis auf 0 zurückgehen.
- Bei gleicher Systemvariabilität hat die spezielle Verteilung der Einlauf- und Abfertigungszeiten keinen praktisch bedeutsamen Einfluß auf die Staueffekte.

Zur Illustration der Zusammenhänge und als Beispiel für die Anwendbarkeit zeigt *Abb. 13.19* die mittlere Länge der Warteschlange vor einem halbstetigen Verzweigungselement mit Drehweiche als Funktion der partiellen Stromauslastung in Abzweigrichtung. Die Kurven wurden für unterschiedliche Auslastungen in Durchlaufrichtung mit Formel (13.65) berechnet. Die eingetragenen Punkte sind Ergebnisse einer digitalen Simulation [61]. Die Simulationsergebnisse stimmen gut mit dem Ergebnis der analytischen Näherungsrechnung überein.

4. Rückstau- und Blockierwahrscheinlichkeit

Auf dem Verbindungselement zwischen dem Ausgangspunkt einer Station und dem Eingangspunkt einer nachfolgenden Station können, wie in *Abb. 13.20* dargestellt, maximal *R* Einheiten gestaut werden. Wenn die Warteschlangenlänge die *Rückstaukapazität R* übersteigt, wird die vorangehende Station blockiert. Daraus resultiert eine reduzierte *Auslastbarkeit* dieser Station.

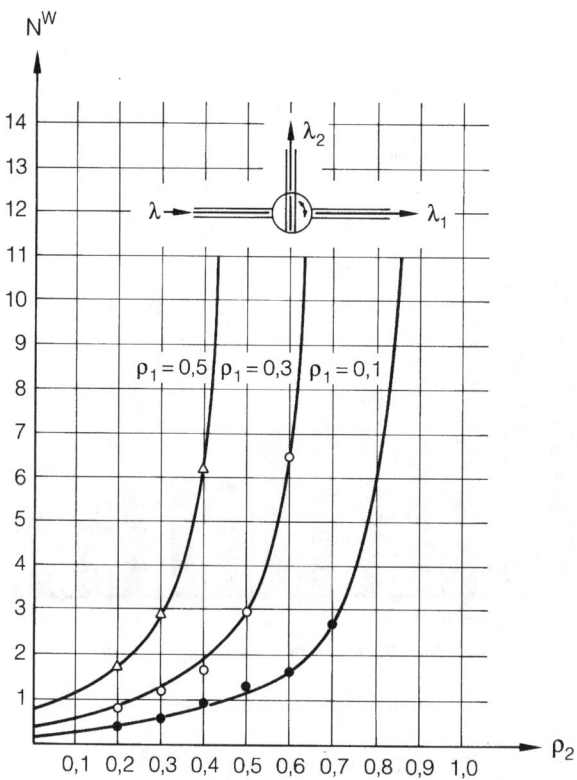

Abb. 13.19 Mittlere Warteschlange vor einer halbstetigen Verzweigung als Funktion der partiellen Auslastung in Abzweigrichtung

Parameter: partielle Auslastung in Durchlaufrichtung
Punkte, Dreiecke, Kreise: Simulationsergebnisse

Abb. 13.20 Abfertigungsstationen in Reihenschaltung mit Zwischenpuffer für 5 Abfertigungseinheiten

R   Staukapazität
AE   Abfertigungseinheiten
l_{AE} Länge der Abfertigungseinheiten
a_0 Stauplatzlänge
s_{ein} Einlaufweg

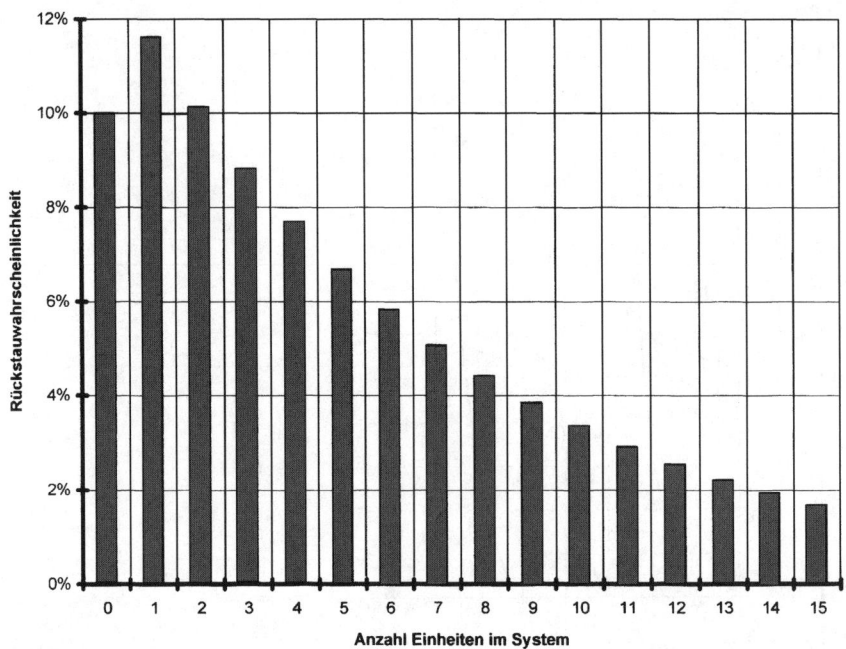

Abb. 13.21 Wahrscheinlichkeitsverteilung der momentanen Warteschlange
(Rückstauwahrscheinlichkeit)

Systemvariabilität $V = 0{,}75$ Auslastung $\rho = 90\%$
Mittlere Warteschlange $N_W = 7$ AE

Die Auslastungsreduzierung ist gleich der Blockierwahrscheinlichkeit der voranliegenden Station durch die folgende Station. Die *Blockierwahrscheinlichkeit* B_R ist die Wahrscheinlichkeit, daß die Warteschlange vor einer Station länger ist als die Rückstaukapazität R auf der Verbindung bis zur voranliegenden Station.

Die Blockierwahrscheinlichkeit ergibt sich aus der *Rückstauwahrscheinlichkeit* P_N. Diese ist gleich der Wahrscheinlichkeit, daß sich vor und in dem Wartesystem genau N Einheiten befinden.

Bei Einzelabfertigung eines stationären rekurrenten Stroms ist die *Rückstauwahrscheinlichkeit* für eine Systemvariabilität V und eine Gesamtauslastung ρ näherungsweise [51]:

$$P_N = ((1-\rho)/V)\cdot\left(\rho V/(1-\rho+\rho V)\right)^N \qquad \text{wenn } N \geqq 1. \qquad (13.68)$$

Die Wahrscheinlichkeit, die Abfertigungszone besetzt vorzufinden, ist gleich der Gesamtauslastung ρ der Abfertigungsstation. Die Wahrscheinlichkeit, die Station unbesetzt vorzufinden, ist daher:

$$P_N = 1-\rho \qquad \text{wenn } N = 0. \qquad (13.69)$$

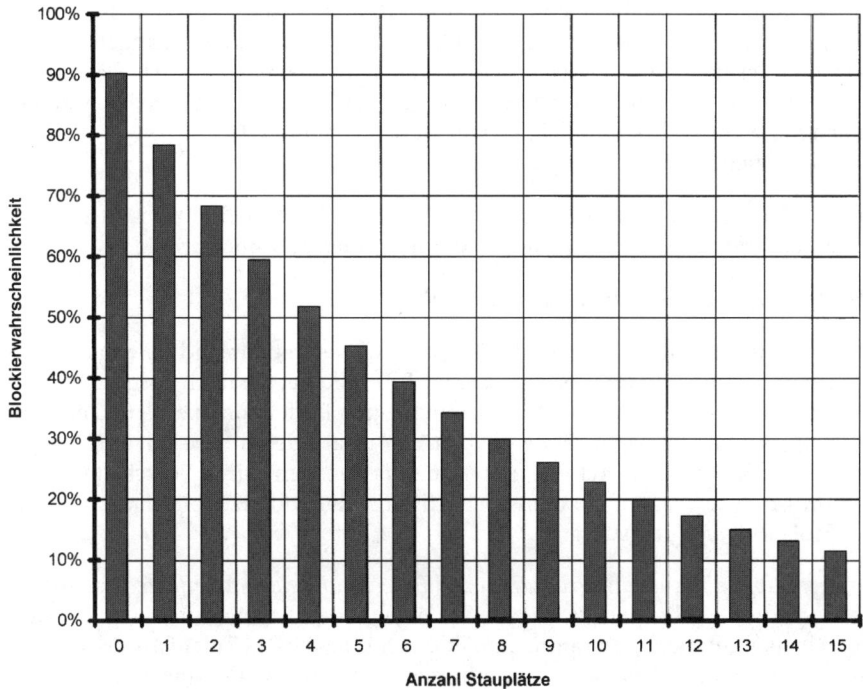

Abb. 13.22 Blockierwahrscheinlichkeit als Funktion der Staukapazität

Systemvariabilität $V = 0,75$ Auslastung $\rho = 90\%$
Mittlere Warteschlange $N_W = 7$ AE

Abb. 13.21 zeigt für eine Systemvariabilität $V = 0,75$ die mit Hilfe der Beziehungen (13.68) und (13.69) errechnete Rückstauwahrscheinlichkeit als Funktion der Warteschlangenlänge.

Die Rückstauwahrscheinlichkeit ist zugleich die Wahrscheinlichkeit, daß sich eine Einheit für eine Wartezeit $Z_W(N) = 3600\ N/\lambda$ vor dem Einlaßpunkt befindet, bis sie in die Abfertigungszone eingelassen wird.

Aus Beziehung (13.68) folgt:

- Die *Blockierwahrscheinlichkeit* oder *Überlaufwahrscheinlichkeit* für eine Rückstaukapazität R ist bei Einzelabfertigung eines rekurrenten stationären Einlaufstroms, einer Gesamtauslastung ρ und einer Systemvariabilität V

$$B_R = \sum_{N=R+1}^{\infty} P_N = \rho \cdot (\rho V / (1 - \rho + V \cdot \rho))^R.$$
(13.70)

Die Näherungformeln (13.68) und (14.70) für die Rückstau- und für die Blockierwahrscheinlichkeit werden durch entsprechende Simulationen ebenfalls sehr gut bestätigt [61; 79].

Die Abb. *13.22* zeigt für eine Systemvariabilität $V = 0{,}75$ die mit Beziehung (13.70) berechnete Blockierwahrscheinlichkeit als Funktion Staukapazität. Hieraus ist ablesbar, daß die Warteschlange eine Staukapazität von 7 AE-Plätzen mit einer Wahrscheinlichkeit von 30 % und eine Staukapazität von 11 Plätzen immer noch mit einer Wahrscheinlichkeit von 20 % überschreitet.

Die Beziehung (13.70) bedeutet:

- Die Blockierungswahrscheinlichkeit nimmt exponentiell mit der Anzahl der Stauplätze zwischen zwei aufeinander folgenden Stationen ab.

Hieraus ergeben sich die *Auslegungsregeln*:

- Wenn technisch möglich und wirtschaftlich vertretbar, sind aufeinanderfolgende Stationen oder Abschnitte einer Prozeßkette, die hoch ausgelastet sind und eine große Variabilität haben, durch einen Puffer voneinander zu entkoppeln, dessen Staukapazität deutlich größer ist als die mittlere Warteschlange.
- Staueffekte in einer Kette von Stationen lassen sich durch Vorschalten einer *Drosselstelle* senken, die den stochastisch zulaufenden Strom taktet und die Einlaufvarianz reduziert.

In der *Tabelle 13.5* ist ein *Programm zur Berechnung der Staueffekte* für Abfertigungsstationen abgedruckt, das die vorangehenden Formeln in einem EXCEL-Tabellenkalkulationsprogramm enthält. Nach Eingabe des Zulaufstroms, der Abfertigungsgrenzleistung sowie der minimalen und maximalen Taktzeiten für den Zulauf und die Abfertigung berechnet das Programm die Auslastung und die Systemvariabilität und hieraus die mittlere Warteschlange, die mittlere Wartezeit und die Rückstauwahrscheinlichkeit für die eingegebene Staukapazität. Dieses Programm hat sich bei der Stauanalyse von Fördersystemen und anderen Abfertigungsstellen in der Praxis sehr gut bewährt.

Als Beispiel enthält die *Tabelle 13.5* die Eingangsdaten eines *Palettierautomaten*, auf den Einzelkartons aus der Zigarettenproduktion zulaufen. Der Palettierautomat benötigt minimal 40 s, im Mittel 90 s und maximal 150 s für das Auftapeln der Kartons zu einer volle Palette nach vorgegebenen Packschemata. Ein Palettierauftrag umfaßt 24 bis 72 Kartons, die vor dem Palettierautomat in den Staubahnen eines *Sortierspeichers* sortenrein angesammelt werden.

Die Taktzeit, mit der der Inhalt einer Palette von den 24 parallel arbeitenden Zigarettenmaschinen fertiggestellt werden, ist mimimal 0 s, im Mittel 120 s und maximal 3000 s. Die zulaufenden *Logistikobjekte* LO sind in diesem Fall die im Sortierspeicher gesammelten *Pulks* mit den Kartons für eine Palette, denen *Palettieraufträge* entsprechen, die nach dem Ansammeln eines Paletteninhalts von der Prozeßsteuerung generiert werden.

Aus der Stauanalyse resultiert, daß bei einer Auslastung von 90 % im Mittel 6,3 Palettieraufträge durchschnittlich 9,7 min auf den Zulauf in den Palettierautomat warten. Die installierte Staukapazität des Sportierspeichers für R = 24 Palettieraufträge wird mit einer Wahrscheinlichkeit 3,3 % überschritten. Mit der gleichen Wahrscheinlichkeit wartet ein Palletierauftrag, also ein fertiger Pulk mit Kartons, im Sortierspeicher länger als die maximal zulässige Wartezeit von 36 min.

WARTESYSTEM

		Zulauf		Abfertigung	
		Palettieraufträge [AE]		**Palettierautomat**	
Durchsatz bzw. Grenzleistung		36	AE//h	40	AE//h
Auslastung			**90,0%**		
Taktzeit	mittel	100	s/AE	90	s/AE
	minimal	0	s/AE	40	s/AE
	maximal	3.000	s/AE	150	s/AE
Variabilität	Einlauf	1,00	Abfertigung	0,50	
		Systemvarabilität	**0,75**		
Staukapazität		maximal	24	AE	
Wartezeit		maximal	36,0	Minuten	

STAUEFFEKTE

		Abfertigungseinheiten vor Abfertigung		Abfertigungseinheiten im System	
Warteschlange	mittel	6,3	AE	7,0	AE
Wartezeit	mittel	607	s	697	s
		10,1	min	11,6	min
Überlaufwahrscheinlichkeit		mit	3,3%	Wahrscheinlichkeit	
	wird die Staukapazität von		24	AE überschritten	
	warten Abfertigungseinheiten länger als		36,0	min	

Tab. 13.5 Tabellenkalkulationsprogramm für Staueffekte
Abfertigungseinheit (AE): Palettierauftrag = Paletteninhalt
Eingabefelder: unterstrichen

Infolge der Rückstaus kam es während des Betriebs mit einer unzulässigen Häufigkeit von über 3 % zum Stillstand einzelner Zigarettenmaschinen. Aufgrund der durchgeführten Stauanalyse wurde beschlossen, einen zusätzlichen Palettierautomaten zu installieren. Dadurch sinkt die Rückstauwahrscheinlichkeit auf unter $3 \cdot 10^{-7}$.

5. Staueffekte bei Parallelabfertigung

Wartesysteme vom Typ G/G/n mit Abfertigung eines stochastischen Stroms durch n Parallelstationen kommen in der Praxis recht häufig vor. Beispiele für derartige *Parallelabfertigungssysteme*, deren Struktur in *Abb. 13.10* dargestellt ist, sind [11; 75]:

> Call-Center
> Schalter von Banken, Post und Bahn
> Mautstellen auf Autobahnen
> Paß- und Zollkontrollstellen   (13.71)
> Schreibdienste
> Wareneingangstore
> Fahrzeugpools.

Wenn der ankommende Strom λ nach der Strategie der *zyklischen Einzelzuweisung* auf n Stationen, die alle die *gleiche Grenzleistung* μ haben, verteilt wird, ist jede einzelne Station mit dem Strom $\lambda_n = \lambda/n$ belastet. Die mittlere Auslastung der einzelnen Stationen ist dann $\rho_n = \lambda/(n\mu)$. Wenn der Einlaufstrom ein Poissonstrom mit $V_E = 1$ ist, dann sind die Einlaufströme für die n Einzelstationen nach der zyklischen Aufteilung n-Erlangströme mit der Variabilität $V_{En} = 1/n$ (s. *Bez. (9.15)* [75; 136]).[4] Die mittlere Gesamtwarteschlange vor den n Stationen ist daher bei *zyklischer Einzelzuweisung*:

$$N_W(n)^* = n \cdot N_{Wn} = n \cdot (1 - \rho_n + V_n \cdot \rho_n) \cdot \rho_n^2 / (1 - \rho_n).$$ (13.72)

Für das Wartesystem M/M/n mit maximaler Zulauf- und Auslaufvariabilität ist die Systemvariabilität $V_n = (1 + 1/n)/2$.

Mit einem Gesamtzulaufstrom $\lambda = 220$ AE/h, der auf $n = 4$ Stationen mit den gleichen Grenzleistungen $\lambda_n = 60$ AE/h zyklisch aufgeteilt wird, ist die Stationsauslastung $\rho_n = 91{,}7$ %. Für die mittlere Gesamtwarteschlange vor den 4 Stationen resultiert in diesem Fall aus Beziehung (13.72) $N_W(n{=}4) = 26{,}5$ AE.

Mit der Strategie des *auslastungshängigen Auffüllens* wird dafür gesorgt, daß bei einer Stationsgrenzleistung λ die ersten $n(\lambda) = \text{ABRUNDEN}(\lambda/\mu)$ Stationen zu 100 % ausgelastet sind und eine weitere Station die Auslastung $\rho_n = (\lambda - n(\lambda) \cdot \mu)/\mu$ hat. Vor den voll ausgelasteten Stationen warten stets soviele Einheiten, wie dort Warteplätze installiert sind. Vor der letzten, teilausgelasteten Station warten insgesamt soviele Einheiten, wie sich mit Hilfe von Beziehung (13.64) für die Auslastung ρ_n dieser Station ergibt.

Bei der Auffüllstrategie genügt es, daß vor den einzelnen Stationen jeweils ein Warteplatz angeordnet ist, der nachgefüllt wird, sobald eine Einheit in die Abfertigungszone eingelassen wird. Alle ankommenden Einheiten, die keinen freien Warteplatz vorfinden, werden vor dem Verteilpunkt zurückgehalten, bis ein Warteplatz frei wird. Damit folgt für die mittlere *Gesamtwarteschlange bei auslastungsabhängigem Auffüllen* die Näherungsbeziehung:

---

4   Der Verfasser dankt *Prof. D. Arnold* für den Hinweis auf diesen Zusammenhang und das Problem der Staueffekte vor parallelen Abfertigungsstationen.

$$N_W(n)^* \approx \begin{cases} \text{MIN}\Big(n(\lambda)+1; (1-\rho_n + V\cdot\rho_n)\cdot\rho_n^2 / (1-\rho_n)\Big) & \text{wenn } n(\lambda) < n-1 \\ n(\lambda)+(1-\rho_n + V\cdot\rho_n)\cdot\rho_n^2 / (1-\rho_n). & \text{wenn } n(\lambda) \geq n-1. \end{cases} \tag{13.73}$$

Hierin ist $n(1)$ = ABRUNDEN(l/μ) und r_n = $(1-n(1)\cdot\mu)/\mu$. In dem betrachteten Beispiel mit der Belastung λ= 220 AE/h ist die Anzahl der voll ausgelasteten Stationen $n(220)$ = ABRUNDEN$(220/60)$ = 3 und die Auslastung der bei dieser Belastung benötigten vierten Station ϱ_n = $(220-3\cdot60)/60$ = 0,67. Damit ergibt sich bei maximaler Systemvariabilität V = 1 für die mittlere Gesamtwarteschlange $N_W(n=4)$ = 3 + 1,3 = 4,3 AE.

Der Vergleich der Ergebnisse zeigt, daß die Auffüllstrategie im Vergleich zur zyklischen Einzelzuweisung im Mittel 3,7 statt dauernd alle 4 Stationen belastet und dabei die mittlere Warteschlange nur 4,3 statt 26,5 Abfertigungseinheiten beträgt. Das setzt allerdings voraus, daß bei ansteigendem Zulaufstrom die Zahl der besetzten Abfertigungsstationen erhöht und bei abnehmendem Zulaufstrom die Zahl der besetzten Stationen reduziert wird.

Mit diesem Beispiel sollen die grundsätzlichen Möglichkeiten unterschiedlicher Abfertigungsstrategien für Parallabfertigungssysteme gezeigt werden. Die Vielzahl der Strategien und die unterschiedlichen Abfertigungssituationen erfordern jedoch eine tiefer gehende Analyse, die den Rahmen dieses Buches sprengen würde [29; 75].

6. Staugesetze für systematische Staus

Bei einem zeitlich veränderlichen Zulaufstrom $\lambda_Z(t)$ und einer zeitabhängigen Abfertigungsleistung von $\lambda_A(t)$ baut sich nach Ablauf einer Zeit T vor dem Einlaufpunkt eine Warteschlange auf mit einer Länge

$$N_W(T) = N_{W0} + \int_0^T \big(\lambda_Z(t) - \mu_A(t)\big)dt. \tag{13.74}$$

Hierin ist N_{W0} die Länge der Warteschlange zum Anfangszeitpunkt 0. Das Integral (13.74) ist nicht für alle möglichen Zeitverläufe des Zustroms und der Abfertigung lösbar.

Für den Fall, daß im Mittel $\lambda_Z < \mu_A$ ist, das heißt, daß im zeitlichen Mittel der Zustrom kleiner ist als die Abfertigungsleistung, kann infolge der stochastischen Schwankungen von Zulauf oder Abfertigung die Zulauffrequenz immer wieder kurzzeitig die Abfertigungsfrequenz überschreiten. Dadurch ensteht eine Warteschlange mit schwankender Länge. Die Verteilung und die mittlere Länge dieser stochastischen Warteschlange, die sich nach länger anhaltendem *stationären Zulauf und stationärer Abfertigung* ergibt, lassen sich mit den vorangehenden Beziehungen berechnen.

Ist im Mittel $\lambda_Z > \mu_A$ ist, übersteigt also der Zustrom permanent die Grenzleistung, ist das Integral (13.74) explizit lösbar, wenn $\lambda_Z(t)$ und $\mu_A(t)$ integrierbare Funktionen der Zeit sind. Für die einfachsten, aber praktisch besonders wichtigen Fälle ergeben sich aus (13.74) die *Staugesetze für systematische Staus*:

- Bei einem konstant anhaltenden Zulauf λ_Z und einer unzureichenden konstanten Abfertigung mit einer Grenzleistung $\mu_A < \lambda_Z$ wächst die Warteschlange nach einer Zeit T von einem Anfangswert 0 im Mittel an auf den Wert

$$N_W(T) = (\lambda_Z - \mu_A) \cdot T. \tag{13.75}$$

- Bei *unterbrochener Abfertigung*, also für $\mu_A = 0$, und konstantem rekurrenten Zulauftrom λ_Z erreicht die Warteschlange nach einer Zeit T die mittlere Länge

$$N_W(T) = \lambda_Z \cdot T. \tag{13.76}$$

- Bei einem *rekurrenten Zulaufstrom* λ_Z mit der Variabilität V_Z ist die Streuung der nach der Zeit T aufgelaufenen Warteschlange um den Mittelwert (13.76)

$$s_N = \sqrt{V_Z \cdot \lambda_Z \cdot T} = \sqrt{V_Z \cdot N_W(T)}. \tag{13.77}$$

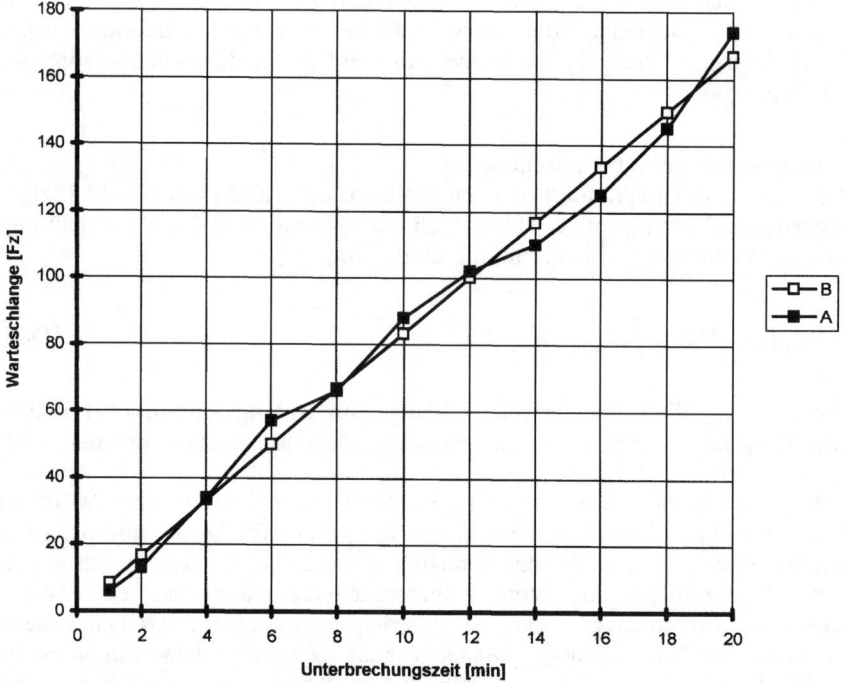

Abb. 13.23 Länge einer systematischen Warteschlange als Funktion der Unterbrechungszeit für rekurrenten und getakteten Zulauf

Kurve A: poissonverteilter Zulauf mit $V_z = 1$
Kurve B: getakteter Zulauf mit $V_z = 0$
Zulauf: 500 Fz/h

Für einen allgemeinen stochastischen Zulaufstrom mit Pulks, deren Länge und Zeitabstände zufallsabhängig schwanken, ist die Streuung der systematischen Warteschlange durch Beziehung (9.38) in *Abschnitt 9.7* gegeben.

Bei poissonverteilten Zulauftaktzeiten mit maximaler Einlaufvariabilität $V_Z = 1$ ist die Streuung der in ungleichmäßigen Sprüngen anwachsenden Warteschlange gleich der Wurzel aus der mittleren Warteschlangenlänge, also $s_N = \sqrt{N_W}$. Bei getaktetem Zulauf mit $V_Z = 0$ ist die Streuung der anwachsenden Warteschlange 0. Als Beispiel zeigt *Abb. 13.23* den Anstieg einer Warteschlange von Fahrzeugen in Abhängigkeit von der Dauer der Rotphase einer Straßenverkehrsampel.

Die relativ einfachen Staugesetze für systematische Staus sind in der Logistik vielseitg anwendbar. So läßt sich bei *zyklischer Abfertigung* mit Hilfe von Beziehung (13.76) der während der Sperrzeit T entstehende mittlere Stau und mit Hilfe der Beziehung (13.77) dessen Streuung errechnen [135]. Wenn auf eine Station mit konstanter Abfertigungsrate ein schubweiser Strom mit Pulks konstanter Länge zuläuft, ist der dadurch enstehende Rückstau mit Hilfe der Beziehung (13.75) berechenbar.

Haben die Lade- oder Transporteinheiten im Stau den Endpunktabstand a_S, dann ist die Länge der Warteschlange nach einer Zeit T

$$L_S(T) = a_S \cdot N_W(T) = a_S \cdot (\lambda_Z - \mu_A) \cdot T. \tag{13.78}$$

Hieraus resultiert für die *Stauausbreitungsgeschwindigkeit*

$$v_S = \partial L_S(T) / \partial T = a_S \cdot (\lambda_Z - \mu_A). \tag{13.79}$$

Wird beispielsweise die Durchlaßfähigkeit einer Fahrspur, auf der 1.200 Fz/h fahren, an einem bestimmten Punkt – etwa durch eine Verkehrskontrolle – auf 100 Fz/h gedrosselt, dann wächst der Stau von diesem Punkt aus entgegen der Fahrtrichtung mit einer Stauausbreitungsgeschwindigkeit von 6,6 km/h, wenn die Fahrzeuge im Stau einen mittleren Endpunktabstand von 6 m haben.

7. Auslastbarkeit

Die Auslasbarkeit einer Abfertigungsstation, eines Transportelements oder eines Teilsystems ist die maximal zulässige Auslastung, bei der noch alle Funktionen mit der benötigten Durchsatzleistung blockierungsfrei erbracht werden.

Wenn die Staukapazität auf den Zulaufstrecken begrenzt ist oder eine maximal zulässige Durchlaufzeit die Wartezeit begrenzt, ist die Auslastbarkeit aufgrund der Staueffekte kleiner als die maximale Auslastung, die aus den Grenzleistungsgesetzen resultiert.

Aus der vorangehenden Analyse der Staueffekte folgen die *Auslegungsgrundsätze* [79]:

- Die *Auslastbarkeit* eines Systemelements oder eines Transportelements bestimmt sich einerseits aus der Blockierwahrscheinlichkeit, die eine nachfolgende Station bei begrenztem Stauraum bewirkt, und anderserseits aus der maximal zulässigen Blockierung der vorangehenden Stationen.

- Die *Staukapazität* auf der Verbindung zwischen zwei aufeinander folgenden Stationen muß mindestens so groß sein wie die mittlere Warteschlange, die sich bei der geplanten Gesamtauslastung vor der zweiten Station ausbildet.

Die Auslastbarkeit folgt durch Auflösung von Beziehung (13.65) für die zulässige mittlere Warteschlange $N_W(\rho) = N_{Wzul}$ nach der Auslastung ρ. Für $V = 1$ ergibt sich auf diese Weise:

- Bei einer zulässigen mittleren Warteschlange N_{Wzul} und maximaler Systemvariabilität ist die *Auslastbarkeit* der Abfertigungsstation

$$\rho_{aus}(N) = N_{Wzul} / (1 + N_{Wzul}). \tag{13.80}$$

Wenn beispielsweise eine mittlere Warteschlange von 5 Abfertigungseinheiten zulässig ist, folgt bei maximaler Systemvariabilität, das heißt für $V = 1$, eine Auslastbarkeit von 83 %. Das Beispiel zeigt, daß infolge der Staueffekte die Auslastbarkeit einer Station nicht unerheblich reduziert werden kann. Mit abnehmender Systemvariabilität nimmt jedoch die Auslastbarkeit zu.

Wenn eine bestimmte Staukapazität R nur mit einer Wahrscheinlichkeit p überschritten werden darf, beispielsweise weil die Grenzleistung einer vorangehende Station maximal um p = 2 % reduziert werden darf, dann muß die zulässige Auslastbarkeit $\rho_{aus}(R)$ durch numerische Auflösung der Gleichung (13.70) mit $B_R(\rho) = p$ nach ρ bestimmt werden.

Wenn eine bestimmte Wartezeit Z mit einer Wahrscheinlichkeit q eingehalten werden soll, muß zunächst die für diese Zeitbegrenzung maximal zulässige Warteschlange N errechnet und für diese durch Auflösung der Beziehung (13.68) mit $P_N(\rho) = p = (1-q)$ nach ρ die Auslastbarkeit bestimmt werden.

Derartige Berechnungen zur Abschätzung der Auslastbarkeit sind unerläßlich für Systeme mit hoher Auslastung und geringer Staukapazität. Ein Beispiel sind konventionelle Kommisioniersysteme, wo in einer Gasse zu Spitzenzeiten mehrere Kommissionierer arbeiten, die sich bei Anfahrt des gleichen Fachs gegenseitig behindern können (s. *Abschnitt 17.11/II* und *Abb. 17.32/II*).

13.6
Zuverlässigkeit und Verfügbarkeit

Zuverlässigkeit und Verfügbarkeit sind Kenngrößen der *Funktionssicherheit* eines Systemelements, einer Leistungskette oder eines Systems. Die *Zuverlässigkeit* ist die Wahrscheinlichkeit, *daß* eine Funktion zu einem beliebigen Bedarfszeitpunkt ausgeführt wird. Die *Verfügbarkeit* gibt an, in welchem *Anteil der Betriebszeit* die Funktion richtig ausgeführt wird.

Die Zuverlässigkeit und die Verfügbarkeit von Stationen, Leistungsketten und Systemen mit *diskontinuierlicher Belastung* sind wie folgt definiert [125;137]:

- Die *Zuverlässigkeit* $\eta_{\alpha zuv}$ eines Systemelements, einer Leistungskette oder einer Systems für eine Funktion F_α ist die Wahrscheinlichkeit, daß die betreffende Funktion von dem Element, der Kette oder dem System während der planmäßigen *Betriebszeit* störungsfrei und korrekt ausgeführt wird.

- Die *Verfügbarkeit* $\eta_{\alpha\text{ver}}$ eines Systemelements, einer Leistungskette oder einer Systems für eine Funktion F_α ist die Wahrscheinlichkeit, das Element, die Kette oder das System während der planmäßigen *Betriebszeit* solange in betriebsfähigem Zustand anzutreffen, daß eine störungsfreie und korrekte Ausführung der betreffenden Funktion möglich ist.

Aus der Zuverlässigkeit folgt die *Unzuverlässigkeit* oder *Störungswahrscheinlichkeit*:

$$\eta_{\alpha\text{unz}} = 1 - \eta_{\alpha\text{zuv}}. \tag{13.81}$$

Aus der Verfügbarkeit ergibt sich die *Nichtverfügbarkeit* oder *Ausfallwahrscheinlichkeit*:

$$\eta_{\alpha\text{nver}} = 1 - \eta_{\alpha\text{ver}}. \tag{13.82}$$

Zur *Messung* von Zuverlässigkeit und Verfügbarkeit sind alle Funktionen F_α des Elements, der Prozeßkette oder des Systems für eine statistisch ausreichend lange *Testzeit* T_{test} mit den geplanten *Belastungsströmen* λ_α zu betreiben.

Die *Gesamtanzahl* der in dieser Zeit durchgeführten Tests der Funktion F_α ist dann

$$n_{\alpha\text{gesamt}} = \lambda_\alpha \cdot T_{\text{test}}. \tag{13.83}$$

Während der Testzeit werden für jede Funktion F_α gesondert alle auftretenden Störungen und Ausfälle erfaßt und zusammen mit den gemessenen *Unterbrechungszeiten* oder *Ausfallzeiten* $\tau_{i\alpha\text{aus}}$, $i = 1, 2, ..., n_{\alpha\text{falsch}}$, in einem *Störungsprotokoll* dokumentiert [125]. Aus der gezählten *Anzahl aller Störungen* $n_{\alpha\text{falsch}}$ der Funktion F_α und der *Gesamtanzahl durchgeführter Funktionstest* $n_{\alpha\text{gesamt}}$ folgt die *Anzahl richtiger Funktionserfüllungen*

$$n_{\alpha\text{richtig}} = n_{\alpha\text{gesamt}} - n_{\alpha\text{falsch}} \tag{13.84}$$

Damit ist die

- *gemessene partielle Zuverlässigkeit* des Elements, der Leistungskette oder des Systems

$$\eta_{\alpha\text{zuv}} = n_{\alpha\text{richtig}} / n_{\alpha\text{gesamt}} = n_{\alpha\text{richtig}} / (n_{\alpha\text{richtig}} + n_{\alpha\text{falsch}}) \tag{13.85}$$

Durch Summation der gemessenen Ausfallzeiten $\tau_{\text{aus}\,\alpha\,i}$ ergibt sich die *Gesamtausfallzeit* für die Funktion F_α:

$$T_{\alpha\text{aus}} = \sum_i \tau_{i\alpha\text{aus}}. \tag{13.86}$$

Die *mittlere Ausfallzeit* – auch *Mean Time To Restore (MTTR)* genannt – ist damit:

$$\tau_{\alpha\text{aus}} = MTTR_\alpha = T_{\alpha\text{aus}} / n_{\alpha\text{falsch}}. \tag{13.87}$$

Aus der Gesamtausfallzeit folgt die *Gesamteinschaltzeit* in der Funktion F_α:

$$T_{\alpha\,ein} = T_{test} - T_{\alpha\,aus}. \qquad (13.88)$$

Die *mittlere störungsfreie Einschaltzeit* zwischen zwei Ausfällen wird *Mean Time Between Failure MTBF* genannt. Sie ist

$$\tau_{\alpha\,ein} = MTFB_{\alpha} = T_{\alpha\,ein} / n_{\alpha\,falsch}. \qquad (13.89)$$

Aus der Gesamtausfallzeit und der Gesamteinschaltzeit errechnet sich die

- *gemessene partielle Verfügbarkeit* des Elements, der Leistungskette oder des Systems in der Funktion F_{α}

$$\eta_{\alpha ver} = T_{\alpha ein} / (T_{\alpha ein} + T_{\alpha aus}) = MTFB_{\alpha} / (MTTR_{\alpha} + MTFB_{\alpha}). \qquad (13.90)$$

Für längere Leistungsketten und komplexe Systeme ist eine Messung der Zuverlässigkeit und Verfügbarkeit in der Praxis kaum durchführbar, da es in der Regel nicht möglich ist, die erforderlichen technischen, betrieblichen und belastungsmäßigen Voraussetzungen für eine statistisch ausreichend lange Testzeit zu schaffen. Die Störungen und Ausfallzeiten und damit die Zuverlässigkeit und Verfügbarkeit einzelner Systemelemente lassen sich hingegen während des laufenden Betriebs leichter erfassen. Aus diesen Meßwerten können bei Kenntnis der Strombelastungen die Zuverlässigkeit und Verfügbarkeit für die Prozeßketten und für das Gesamtsystem berechnet werden.

Die voranstehenden und nachfolgenden Definitionen und Berechnungsformeln sind grundlegend für *Funktionstests* und *Abnahmen* von Prozeßketten und Systemen mit diskontinuierlicher Belastung durch *diskrete Ströme* (s. *Abschnitt 9.7*). Für die *Abnahme von förder- und lagertechnischen Systemen* gibt es spezielle *VDI- und FEM-Richtlinien*, die auf den 1976 vom Verfasser entwickelten Berechnungsformeln aufbauen. In diesen sind weitere Einzelheiten und Voraussetzungen für die Messung von Zuverlässigkeit und Verfügbarkeit geregelt [125; 137].

1. Verfügbarkeit der Systemelemente
Da alle partiellen Funktionen von einem irreduziblen Systemelement in der gleichen Abfertigungszone und in einem Transportelement vom gleichen Umschaltelement erbracht werden, unterbrechen Störungen und Ausfälle einer Funktion für die Dauer der Ausfallzeit den Durchsatz für alle Funktionen.

Hieraus folgt:

- Durch Störungen und Ausfälle der partiellen Funktionen eines irreduziblen Systemelements werden die technisch maximal möglichen partiellen Grenzleistungen μ_{α} um den Faktor *Gesamtverfügbarkeit* η_{ver} auf die *verfügbaren partiellen Grenzleistungen* reduziert

$$\mu_{\alpha ver} = \eta_{ver}(\lambda) \cdot \mu_{\alpha}. \qquad (13.91)$$

Für Systemelemente wird also nur die Gesamtverfügbarkeit benötigt. Diese läßt sich ohne die Funktionsunterscheidung α mit Hilfe der Beziehungen (13.86) und (13.90) aus der Gesamtausfallzeit T_{aus} und der Testzeit $T_{test} = T_{aus} + T_{ein}$ errechnen.

Eine nach den Funktionen getrennte Erfassung der Störungen und Ausfallzeiten ist für die Systemelemente also nicht erforderlich.

Aus den Definitionen und Beziehungen (13.81) bis (13.90) folgt die:

- Abhängigkeit der Verfügbarkeit von der Strombelastung, der mittleren Ausfallzeit und der Zuverlässigkeit η_{zuv}

$$\eta_{ver}(\lambda) = \mathbf{MAX}\left(0;1;1 - \lambda \cdot \tau_{aus} \cdot (1 - \eta_{zuv})\right). \tag{13.92}$$

Für das Beispiel eines Regalbediengeräts ist die Abhängigkeit der Verfügbarkeit von der Strombelastung, von der mittleren Ausfallzeit und von der Zuverlässigkeit in den *Abb. 13.24, 13.25* und *13.26* dargestellt. Aus dem Zusammenhang (13.92) und den *Abb. 13.24, 13.25* und *13.26* ist ablesbar:

- Mit abnehmender Zuverlässigkeit, zunehmender mittlerer Ausfallzeit und ansteigender Strombelastung sinkt die Verfügbarkeit.

Die Abhängigkeit der Verfügbarkeit von der Strombelastung resultiert daraus, daß bei hoher Belastung die Funktionsfähigkeit häufiger getestet wird. In dem Beispiel des Regalbediengeräts – s. *Abb. 13.24* – sinkt die Verfügbarkeit bei einer

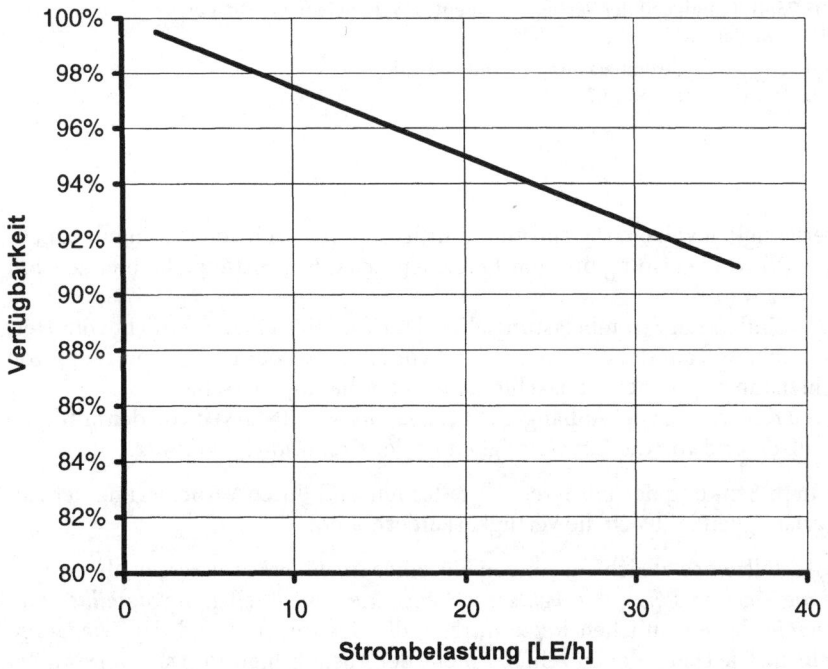

Abb. 13.24 Abhängigkeit der Verfügbarkeit eines Systemelements von der Strombelastung

Beispiel: Regalbediengerät
Grenzleistung μ_{RBG} = 36 Pal/h
Zuverlässigkeit η_{ver} = 99,0%
Mittlere Ausfallzeit τ_{aus} = 15 min

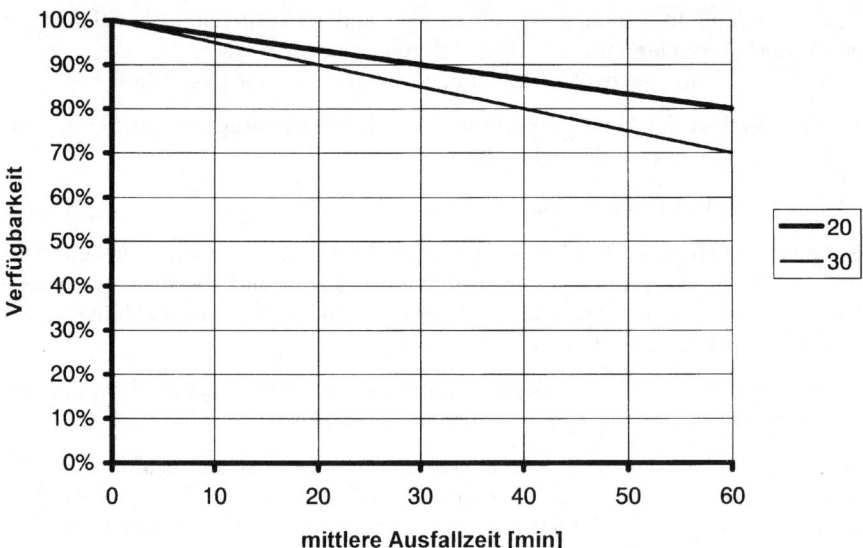

Abb. 13.25 Abhängigkeit der Verfügbarkeit eines Systemelements von der mittleren Ausfallzeit

Parameter   Strombelastung 20 und 30 Pal/h
Übrige Parameter   s. Abb. 13.24

Zuverlässigkeit von 99,0 % und einer mittleren Ausfallzeit von 15 min mit zunehmender Strombelastung bis zum Erreichen der Grenzleistung, die hier 36 LE/h beträgt, auf 91,0 %.

Der Einfluß der Strombelastung, die allein vom Betreiber und nicht vom Hersteller abhängt, auf die Verfügbarkeit ist vor allem bei der Dimensionierung von Hochleistungssystemen zu beachten, wird aber häufig übersehen.

Eine Konsequenz der Abhängigkeit (13.92) der Verfügbarkeit von der mittleren Ausfallzeit und von der Zuverlässigkeit ist der *Gestaltungsgrundsatz*:

• Durch Senkung der mittleren Ausfallzeiten und durch Verbesserung der Zuverlässigkeit läßt sich die Verfügkarkeit erhöhen.

Die *Ausfallzeit* setzt sich zusammen aus einer *Ausfallerkennungszeit*, der *Wartezeit auf Fachpersonal*, der *Fehlersuchzeit*, einer eventuellen *Ersatzteilbeschaffungszeit*, der eigentlichen *Reparaturzeit*, der *Testzeit* und und der *Wiedereinschaltzeit*. Die Dauer der einzelnen Anteile der Ausfallzeiten wird sowohl vom Betreiber wie auch vom Hersteller beeinflußt.

Herstellerabhängig Einflußfaktoren auf die Ausfallzeiten sind:

Konstruktion und Steuerung
Wartungs- und Reparaturfreundlichkeit

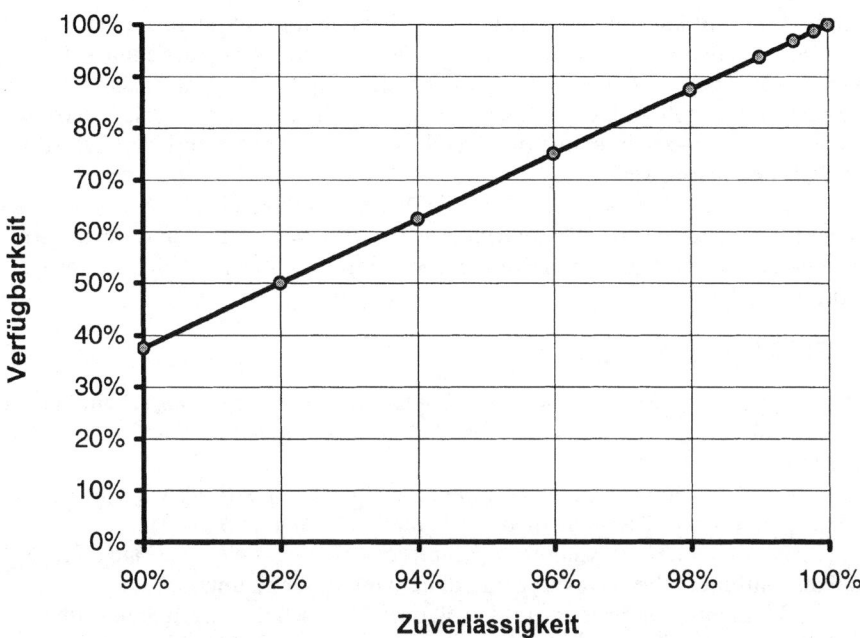

Abb. 13.26 Abhängigkeit der Verfügbarkeit eines Systemelements von der Zuverlässigkeit

Strombelastung $\lambda_{RBG} = 20$ Pal/h
Mittlere Ausfallzeit $\tau_{aus} = 15$ min
Übrige Parameter s. Abb. 13.24

Vollständigkeit der Ersatzteilempfehlung (13.93)
Qualität und Vollständigkeit der Dokumentation
Einweisung und Schulung des Betriebspersonals.

Betreiberabhängige Einflußfaktoren auf die Länge der Ausfallzeiten sind:

Aufmerksamkeit des Betriebspersonals
Qualifikation und Verfügbarkeit des Wartungspersonals
Einhaltung der Wartungsvorschriften (13.94)
Verfügbarkeit von Ersatzteilen
Art der Notfallorganisation
Schadensort.

Wegen der Vielzahl der Einflußfaktoren ist es oft schwierig, für die Abnahme von Systemen aber unabdingbar, die *Verantwortung* für die wichtigsten Einflußfaktoren auf die Ausfallzeit zwischen Hersteller und Betreiber eindeutig zu regeln [125].

2. Zuverlässigkeit der Systemelemente
Die Zuverlässigkeit eines diskontinuierlich belasteten Systemelements wird von seiner *Betriebszuverlässigkeit* bestimmt. In der *Zuverlässigkeitstheorie*, die sich

vorwiegend mit kontinuierlich belasteten Elementen und Systemen befaßt, wird die Betriebszuverlässigkeit auch als *Zuverlässigkeitsfunktion* oder einfach als Zuverlässigkeit bezeichnet [138; 139; 140; 141; 142; 149]. Wenn Verwechslungsgefahr besteht, wird die Zuverlässigkeit bei diskontinuierlicher Belastung als *Funktionszuverlässigkeit* bezeichnet und die Zuverlässigkeit bei kontinuierlicher Belastung als *Betriebszuverlässigkeit*.

Die *Betriebszuverlässigkeit* $R(t)$ ist die Wahrscheinlichkeit, daß ein Systemelement für eine Zeitdauer t der *kontinuierlichen Belastung* richtig und störungsfrei arbeitet. Sie nimmt bei stochastischem Störungsanfall mit der *Belastungszeit t* exponentiell ab:

$$R(t) = R_0 \cdot \exp(-t / t_\mathrm{m}). \tag{13.95}$$

Hierin ist R_0 die *Einschaltwahrscheinlichkeit*, das heißt, die Wahrscheinlichkeit eines erfolgreichen Einschaltens. t_m ist die *mittlere Laufzeit* bis zum Auftreten einer Störung.

Die mittlere Laufzeit zwischen zwei Störungen bei kontinierlicher Belastung wird in der Zuverlässigkeitstheorie ebenfalls als *Mean Time Between Failure* MTBF bezeichnet. Sie ist kleiner als die mittlere störungsfreie Einschaltzeit (13.89) bei diskontinuerlicher Belastung und daher von dieser zu unterscheiden.

Für Elemente, die jeweils erst bei Bedarf eingeschaltet werden, ist die Einschaltwahrscheinlichkeit $R_0 < 1$. Für permanent eingeschaltete Elemente, wie ein Förderband oder die Prozeßsteuerung, ist $R_0 = 1$.

Bei diskontinuierlichem Betrieb ist die Dauer der kontinuierlichen Belastung gleich der Zeit, die ein Systemelement zur Ausführung der Funktion benötigt, also gleich der *Durchlaufzeit* der in einem Schub einlaufenden Abfertigungseinheiten. Hieraus folgt:

• Die *Funktionszuverlässigkeit* diskontinierlich belasteter Systemelemente, Elementarstationen und Transportelemente nimmt exponentiell mit der *Stationsdurchlaufzeit* ab.

• Die *Betriebszuverlässigkeit* permanent belasteter Systemelemente, wie der Prozeßsteuerung, der Transportfahrzeuge und der Ladungsträger, nimmt exponentiel mit der *Einschalt-* oder *Einsatzdauer* ab.

Die Funkionszuverlässigkeit und die Betriebszuverlässigkeit der Systemelemente werden sowohl vom Hersteller wie auch vom Betreiber beeinflußt. *Herstellerabhängige Einflußfaktoren auf die Zuverlässigkeit* sind:

Konstruktion und Steuerung
Güte des Materials
Sorgfalt und Kontrolle der Montage   (13.96)
Dauer und Qualität der Inbetriebnahme
Ausgereiftheit und Bewährtheit.

Betreiberabhängige Einflußfaktoren auf die Zuverlässigkeit sind:

Dauer der Nutzung
Qualität und Regelmäßigkeit der Wartung

Sicherung gegen Beschädigungen
Beachtung der Bedienungsanweisungen $\qquad$ (13.97)
Intensität und Dauer der Belastung
Beschaffenheit der Abfertigungseinheiten.

Die Anbieter von Lager-, Förder- und Transportsystemen sollten in ihren Produktspezifikationen die garantierten Funktionssicherheiten und Verfügbarkeitswerte von Standardelementen bei definierter Durchsatzleistung angeben, um die Berechnung der Verfügbarkeit von Transportketten und Transportsystemen und entsprechende Abnahmevereinbarungen zu ermöglichen. Das ist jedoch bisher noch immer nicht die Regel.

3. Funktionssicherheit von Leistungs- und Prozeßketten
Leistungssysteme, Logistiksysteme und Transportsysteme werden von den Eingängen und internen Quellen bis zu den Ausgängen und internen Senken von Auftrags- und Logistikketten durchzogen, die aus eine Reihe von elementaren Leistungsstellen, Abfertigungselementen und Transportlementen bestehen. Eine solche Leistungskette ohne Redundanz zeigt *Abb. 13.11*.

Aus der Multiplikationsregel der Wahrscheinlichkeitsrechnung folgt:

- Die *Funktionssicherheit*, also die *Prozeßzuverlässigkeit* η_{zuv} oder die *Prozeßverfügbarkeit* η_{ver} einer Prozeßkette PK_α, die aus n hintereinandergeschalteten Stationen und Systemelementen $SE_{k\alpha}$, k = 1, 2...n, mit den Funktionssicherheiten $\eta_{k\alpha}$ besteht, ist

$$\eta_\alpha = \eta_{1\alpha} \cdot \eta_{2\alpha} \cdot \eta_{3\alpha} \cdots \eta_{n\alpha} = \prod_{k=1}^{n} \eta_{k\alpha}. \qquad (13.98)$$

Soweit es sich bei den Stationen der Prozeßkette um Elementarstationen oder Transportelemente handelt, ist in das Wahrscheinlichkeitsprodukt (13.98) die Gesamtfunktionssicherheit einzusetzen und nicht die partielle Funktionssicherheit, da auch die übrigen, nicht von der Prozeßkette PK_α genutzten Partialfunktionen die Elemente belasten. Hieraus folgt das *Wechselwirkungsprinzip*:

- Die Prozeßzuverlässigkeit und die Prozeßverfügbarkeit sind nicht nur vom Durchsatz der Leistungskette selbst sondern auch von der gleichzeitigen Belastung der Systemelemente durch andere Leistungsketten abhängig.

Aufgrund des Wechselwirkungsprinzips genügt es in der Regel nicht, nur die einzelnen Leistungsketten für sich zu betrachten. Zusätzlich muß auch das Zusammenwirken der verschiedenen Leistungsketten im System berücksichtigt werden (s. *Abschnitt 1.3*).

Eine weitere Konsequenz der Abhängigkeit (13.98) ist das *Komplexitätsprinzip*:

- Mit zunehmender Länge einer Leistungskette, also mit steigender Anzahl beteiligter Systemelemente, nehmen Prozeßzuverlässigkeit und Prozeßverfügbarkeit ab.

So ist beispielsweise die Prozeßverfügbarkeit einer Leistungskette mit 10 Elementen, deren Einzelverfügbarkeit jeweils 99,0 % beträgt, nur $(0,99)^{10} = 90,4$ %.

Außer Leistungsstellen, Abfertigungsstationen und Transportelementen trägt in der Regel auch die übergeordnete *Prozeßsteuerung* zur Erfüllung der Gesamtfunktion einer Leistungskette bei. Daher ist die *Funktionssicherheit der Prozeßsteuerung* η_{PS} ein gesonderter Faktor des Wahrscheinlichkeitsprodukts (13.98).

Die *Prozeßzuverlässigkeit einer Transportkette* ist die *Missionswahrscheinlichkeit* [138]:

- Die *Missionswahrscheinlichkeit* ist die Wahrscheinlichkeit, daß eine rechtzeitig abgehende Sendung oder Transporteinheit den Bestimmungsort zur vereinbarten Zeit mit vollständigem Inhalt unbeschädigt erreicht.

Wenn bei einem Transportprozeß primär die Einhaltung der geforderten Laufzeit gesehen wird und die korrekte und schadensfreie Zustellung als selbstverständlich gilt, wird die Prozeßzuverlässigkeit einer Transportkette als *Termintreue* bezeichnet.

In einem Fahrzeugsystem führt der Ausfall eines Fahrzeugs ebenso zu einer Störung des Transportprozesses wie der Ausfall der Transportelemente oder der Transportsteuerung. Bei einer Transportkette TK_{AB} von A über die Transportelemente TE_k, $k = 1, 2,...$, n, nach B, die von einzelnen Fahrzeugen [Fz] durchlaufen wird, ist daher die *Betriebszuverlässigkeit des Fahrzeugs* η_{Fz} für die Durchlaufzeit von A nach B ein weiterer Faktor in dem Produkt (13.98). Entsprechend ist in Fördersystemen zum Transport von Ladeeinheiten die *Betriebszuverlässigkeit der Ladeeinheiten* η_{LE} ein zusätzlicher Faktor im Produkt (13.98).

Wegen des Komplexitätsprinzips ist es ratsam, die Leistungsketten möglichst kurz zu machen. Hierfür gelten folgende *Gestaltungsmöglichkeiten*:

- *Auftrennen in Teilleistungsketten* durch Einbau einer *Entkopplungsstelle*, wie eine Lagerstation oder eine Produktionsstelle mit frei verfügbarem Bestand, die den Vorprozeß vom zeitkritischen Auftragsprozeß abkoppelt (s. *Abschnitte 8.6* und *8.10*).

- *Entkoppeln von Leistungsketten* durch einen *Zwischenpuffer*, dessen *Staukapazität* groß genug ist, um die zulaufenden Einheiten für die Dauer einer Störung in der nachfolgenden Kette aufzunehmen, und dessen *Inhalt* ausreicht, um den Folgeprozeß bei Störung des vorangehenden Teilprozesses weiter zu versorgen.

- *Nutzung oder Aufbau von Redundanzketten* gleicher Funktion, die parallel zu einem hochbelasteten oder besonders störanfälligen Abschnitt einer Leistungskette verlaufen.

Das Entkoppeln von Teilleistungsketten durch einen *Zwischenpuffer* ist ein übliches Verfahren in der Fertigungstechnik, das bei der Verkettung von Maschinen angewandt wird, um bei einem kurzzeitigen Ausfall einer vorgeschalteten oder nachfolgenden Maschine eine Produktionsunterbrechung zu vermeiden.

Wenn bei einer Produktionsleistung λ_2 [PE/h] der Maschine M_2 maximal eine Unterbrechungszeit τ_{1aus} [h] der vorgeschalteten Maschine M_1 überbrückt werden soll, muß der Inhalt des Zwischenpuffers $\lambda_2 \cdot \tau_{1aus}$ betragen. Um den Produktionsausstoß λ_1 [PE/h] der Maschine M_1 für eine maximale Unterbrechungszeit τ_{2aus} [h] der Maschine M_2 aufnehmen zu können, muß der Puffer zwischen M_1

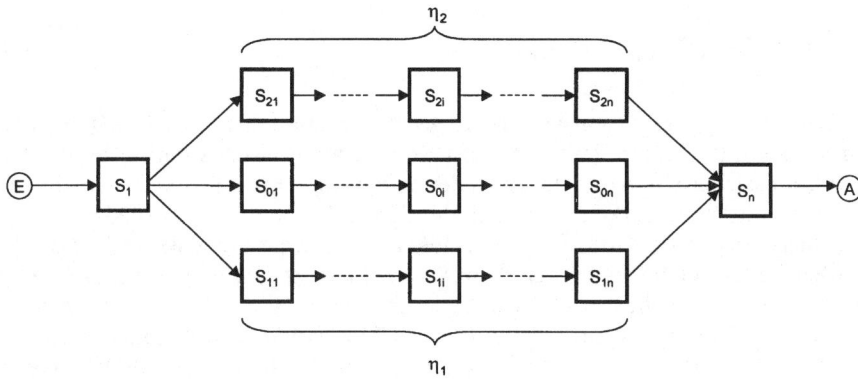

Abb. 13.27 Prozeßkette mit zweifacher Redundanz

PK_0 Hauptkette
PK_1 und PK_2 Ausweichketten
S_{rk} k-te Station der Parallelkette PK_r

und M_2 die Kapazität $\lambda_2 \cdot \tau_{2aus}$ haben. Bei stochastischer Schwankung des Zulaufs $\lambda = \lambda_1 = \lambda_2$ oder der Abfertigung muß der Zwischenpuffer außerdem die mittlere Warteschlange aufnehmen können, die sich vor der zweiten Maschine bildet und durch Beziehung (13.64) gegeben ist. Hieraus folgt die *Auslegungsregel*:

- Ein *Zwischenpuffer* zur Entkopplung einer Station S_1 mit der möglichen Ausfallzeit τ_{1aus} von einer Station S_2 mit der möglichen Ausfallzeit τ_{2aus} muß bei einer Durchsatzleistung λ die *Staukapazität* haben

$$C_{ZP} = \lambda \cdot (\tau_{aus1} + \tau_{aus2}) + (1 - \rho + V\rho) \cdot V \cdot \rho^2 / (1 - \rho) \quad [AE]. \tag{13.99}$$

Wie in *Abb. 13.27* für n = 2 dargestellt, hat eine Prozeßkette PK_0 mit *n-facher Redundanz* für einen bestimmten Teil der Gesamtkette n Ausweichmöglichkeiten auf parallele Prozeßketten PK_r, r = 1, 2,... n, mit gleicher Funktion und ausreichender Leistungsreserve. Wenn eine Parallelkette PK_r einen Anteil $p_r < 1$ des Durchsatzes einer Prozeßkette aufnehmen kann, bietet diese Kette eine *Teilredundanz*. Wenn $p_r = 1$ ist und die Parallelkette im Störungsfall den gesamten Durchsatz der Hauptkette PK_0 übernehmen kann, bietet die Kette eine *Vollredundanz*.

Die Wahrscheinlichkeit, daß eine parallele Kette mit der Funktionssicherheit η_r und dem Aufnahmefähigkeit p_r die Objekte des Stroms im Störungsfall übernehmen kann, ist gleich $p_r \cdot \eta_r$. Die Wahrscheinlichkeit, daß sie diese nicht übernehmen kann ist daher $(1 - p_r \cdot \eta_r)$. Die Wahrscheinlichkeit, daß keine der parallelen Ketten die Objekte des Stroms im Störungsfall übernehmen kann, ist gleich dem Produkt aller Nichtübernahmewahrscheinlichkeiten $(1 - p_r \cdot \eta_r)$. Daraus folgt:

- Die *Funktionssicherheit einer redundanten Prozeßkette* PK_α mit n *Parallelketten* AK_r, die die Funktionssicherheiten η_r und die *Aufnahmefähigkeiten* p_r haben, ist

$$\eta_\alpha = \left(1 - \prod_{r=0}^{n}(1 - p_r \cdot \eta_r)\right) \cdot \eta_{0\alpha}.$$ (13.100)

Hierin ist $\eta_{0\alpha}$ die Funktionssicherheit des nicht redundanten Abschnitts PK_0 der Prozeßkette PK_α. Diese läßt sich nach Beziehung (13.98) aus dem Produkt der Funktionssicherheiten der Stationen der nichtredundanten Restkette errechnen.

Wenn die Verfügbarkeit der nichtredundanten Restkette $\eta_{over} = 100\%$ ist, folgt beispielsweise aus (13.100) für die in *Abb. 13.27* gezeigte Prozeßkette, in der alle Parallelketten die Verfügbarkeit $\eta_r = 90\%$ haben, bei *Vollredundanz*, daß heißt für $p_0 = p_1 = p_2 = 1$, die Prozeßverfügbarkeit $\eta_{ver} = (1 - (1 - 0,90)^3) = 0,999 = 99,9\%$.

Bei einer Hauptkette mit $p_0 = 1$ und einer *Teilredundanz* der Parallelketten mit $p_1 = p_2 = 0,5$ ist die Prozeßverfügbarkeit $\eta_{ver} = (1 - (1 - 0,90)(1 - 0,5 \cdot 0,90)^2) = 0,970 = 97,0\%$. Die Prozeßverfügbarkeit bei Teilredundanz ist damit geringer als bei Vollredundanz, aber immer noch deutlich besser als die Prozeßverfügbarkeit ohne Redundanz, die nur 90,0 % beträgt.

4. Funktionssicherheit von Systemen

Jeder Funktion F_α eines Teil- oder Gesamtsystems entspricht eine Prozeßkette PK_α, die n_α der N_S Stationen des Systems mit der Strombelastung λ_α durchläuft. Wenn die *Gesamtstrombelastung* des Systems

$$\lambda = \sum_\alpha \lambda_\alpha$$ (13.101)

ist, wird die Funktion F_α mit der *Nutzungswahrscheinlichkeit* $p_\alpha = \lambda_\alpha/\lambda$ beansprucht. Die Funktionssicherheit des Gesamtsystems ist gleich dem mit den *Nutzungswahrscheinlichkeiten* p_α gewichteten Mittelwert der Prozeßsicherheiten η_α, die sich mit Hilfe der Beziehungen (13.98) und (13.100) aus den Funktionssicherheiten der Systemelemente berechnen lassen.

Hieraus folgt:

- Die *Systemzuverlässigkeit* eines Systems mit den Prozeßketten PK_α, den partiellen Strombelastungen λ_α und den Prozeßzuverlässigkeiten $\eta_{\alpha zuv}$ ist

$$\eta_{Sys\,zuv} = \sum_\alpha (\lambda_\alpha / \lambda) \cdot \eta_{\alpha zuv}.$$ (13.102)

- Die *Systemverfügbarkeit* eines Systems mit den Prozeßketten PK_α, den partiellen Strombelastungen λ_α und den Prozeßverfügbarkeiten $\eta_{\alpha ver}$ ist

$$\eta_{Sys\,ver} = \sum_\alpha (\lambda_\alpha / \lambda) \cdot \eta_{\alpha ver}.$$ (13.103)

Zur Demonstration der Berechnung einer Gesamtverfügbarkeit aus den Verfügbarkeiten der Systemelemente mit Hilfe der Beziehung (13.103) zeigt *Abb. 13.28* eine *Verfügbarkeitsanalyse* für zwei verschiedene Ausführungsformen des Zu- und Abfördersystems eines Hochregallagers. Die Verfügbarkeitsanalyse ergibt, daß bei gleicher Belastung die Systemverfügbarkeit eines getrennten Zu- und Ab-

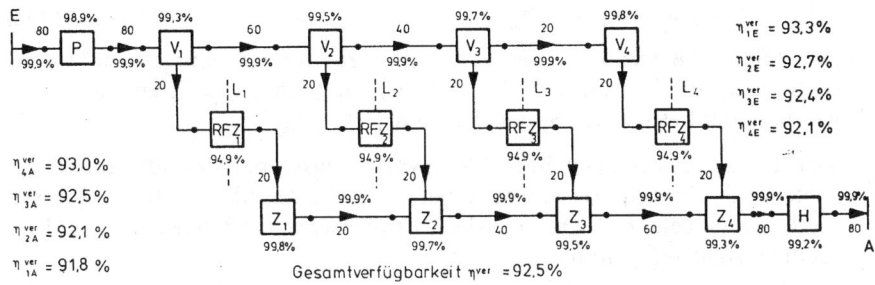

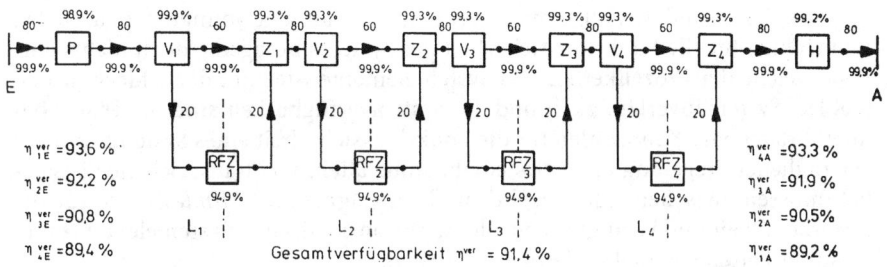

Abb. 13.28 Verfügbarkeitsanalyse des Zu- und Abfördersystem eines automatischen Hochregallagers

Oben	getrenntes Zu- und Abfördersystem
Unten	kombiniertes Zu- und Abfördersystem
Systemelemente	Profilkontrolle
V_i	Verzweigungselemente
Z_i	Zusammenführungselemente
RFZ_i	Regalförderzeuge
L_i	Lagergassen
H	Hubstation

fördersystems mit 92,5 % um 1,1 % besser ist die Systemverfügbarkeit von 91,4 % eines kombinierten Zu- und Abfördersystems [137].

Aus der Beziehung (13.102) ergibt sich nach Einsetzen von Beziehung (13.98) für die Prozeßverfügbarkeiten mit den durch Beziehung (13.85) gegebenen Zuverlässigkeiten $\eta_{\alpha\,zuv}$ der betroffenen Systemelemente nach längerer Umrechnung der einfache Satz [137]:

- Werden von einem Leistungs-, Logistik- oder Transportsystem während einer längeren Betriebszeit die angeforderten Funktionen $n_{richtig}$ mal richtig und n_{falsch} mal falsch oder gestört ausgeführt, dann ist die *Systemzuverlässigkeit*

$$\eta_{\text{Sys zuv}} = n_{\text{richtig}} / (n_{\text{richtig}} + n_{\text{falsch}}). \tag{13.104}$$

Analog folgt aus Beziehung (13.103) nach Einsetzen von Beziehung (13.98) für die Prozeßverfügbarkeiten mit den durch Beziehung (13.90) gegebenen Verfügbarkeiten η_{kver} der betroffenen Systemelemente [125; 137]:

- Haben die N Systemelemente SE_k eines Leistungs-, Logistik- oder Transportsystems, die jeweils von einem Anteil λ_k des Gesamtdurchsatzes λ belastet sind, während einer Gesamtbetriebszeit T die Gesamtausfallzeiten $T_{k\,\text{aus}}$, dann ist die *Systemverfügbarkeit*

$$\eta_{\text{Sys ver}} = \left(T - \sum_{k=1}^{N} (\lambda_k / \lambda) \cdot T_{k\,\text{aus}} \right) / T \tag{13.105}$$

Die Gewichte $g_\kappa = \lambda_\kappa / \lambda$ sind die *Strombelastungsfaktoren* der Systemelemente SE_k.

Mit den Beziehungen (13.104) und (13.105) lassen sich die Systemzuverlässigkeit und die Systemverfügbarkeit eines Gesamtsystems direkt aus den gemessenen Störungen und Ausfallzeiten errechnen. Die damit gewonnenen pauschalen Kennzahlen für die Funktionssicherheit des Systems besagen jedoch nichts darüber, welche der Prozeßketten und Systemelemente wie gut oder schlecht arbeiten. Die Systemzuverlässigkeit und die Systemverfügbarkeit sind daher nur bedingt brauchbare Kennzahlen für die Funktionssicherheit eines Systems und zur vertraglichen Regelung einer Systemabnahme allein nicht ausreichend. Zusätzlich müssen zwischen Auftraggeber und Auftragnehmer *Mindestwerte* für die Zuverlässigkeit und Verfügbarkeit aller funktionskritischen Systemelemente und Leistungsketten vertraglich festgelegt werden.

13.7
Funktions- und Leistungsanalyse

Um bei der Inbetriebnahme böse Überraschungen und kostspielige Änderungen zu vermeiden, ist vor der Realisierung eines geplanten Logistiksystems eine sorgfältige Funktions- und Leistungsanalyse durchzuführen.

Wenn ein bestehendes System seine Leistungsgrenzen erreicht hat oder stärker genutzt werden soll, hilft eine solche Analyse, *Engpässe* zu erkennen, *Schwachstellen* auszuweisen und Maßnahmen zur *Steigerung der Leistungsfähigkeit* zu planen.

Die *Arbeitsschritte* einer *Funktions- und Leistungsanalyse* sind:

1. Erstellen des *Strukturdiagramms* des Logistik- und Transportsystems mit allen Elementarstationen und Transportelementen und den zwischen diesen bestehenden Verbindungen.

2. Aufstellen des *Strombelastungsdiagramms* durch Eintragen aller in die Stationen einlaufenden und auslaufenden Leistungs- und Durchsatzströme in das Strukturdiagramm.

3. Aufstellen des *Leistungsdiagramms* durch Eintragen der partiellen Grenzleistungen für alle Elementarstationen, Verbindungen und Transportelemente in das Strukturdiagramm.

4. Erfassung und Überprüfung der *Abfertigungsstrategien* an den Stationen und Transportknoten sowie der *Systemstrategien* für Teilsysteme und Gesamtsystem.

5. Berechnung der *Auslastungen* von Stationen, Verbindungen und Transportknoten aus den Strombelastungen und den Grenzleistungen unter Anwendung der Grenzleistungsgesetze und Eintragung der Auslastungswerte in ein *Auslastungsdiagramm*.

6. Berechnung oder Abschätzung der *Staueffekte* vor den Stationen und Transportknoten mit Hilfe der Staugesetze und Eintragung der errechneten Warteschlangen und Blockierungswahrscheinlichkeiten in das resultierende *Staudiagramm*.

7. *Überprüfung der Funktions- und Leistungsfähigkeit* des Systems anhand des Auslastungsdiagramms und des Staudiagramms.

8. Erstellen eines *Verfügbarkeitsdiagramms* durch Eintragung der Verfügbarkeit der einzelnen Stationen, Verbindungen und Transportelemente.

9. *Verfügbarkeitsanalyse* durch Berechnung der *Prozeßverfügbarkeit* für die Auftrags- und Logistikketten und der *Systemverfügbarkeit* für das Gesamtsystem sowie Ermittlung der *funktionskritischen Elemente*.

Ein Logistiksystem oder Transportsystem kann die geforderten Durchsatzleistungen nur erbringen, wenn folgende *Funktionskriterien* erfüllt sind:

- Keine Station und kein Transportelement darf bei Normalbetrieb eine Auslastung über 85 % und in der Spitzenzeit von über 95 % haben.
- Die mittleren Warteschlangen vor den Stationen und Transportelementen müssen auch in der Spitzenzeit kleiner sein als die Staukapazität der zuführenden Verbindungen.

Wenn vor einzelnen Stationen die mittlere Warteschlange größer als die Staukapazität ist, muß die Blockierwahrscheinlichkeit für die vorangehend Station berechnet werden, um zu prüfen, ob deren Auslastung die Blockierung verkraftet.

Die Überprüfung der Funktions- und Leistungsfähigkeit nach diesen Kriterien zeigt rasch und lückenlos alle Engpaßstellen des Systems:

- *Engpaßstellen* sind Elementarstationen, Verbindungen und Transportelemente, die zu Spitzenzeiten zu mehr als 95 % ausgelastet sind oder deren Warteschlangen die Leistung voranliegender Stationen unzulässig beeinträchtigen.

Engpaßstellen sind die leistungsschwächsten Glieder der Leistungs- und Transportketten und begrenzen das Leistungs- und Durchsatzvermögen des Systems. Die Analyse hochbelasteter Systeme ergibt, daß ihre Leistungsfähigkeit in der Regel nur durch ein oder wenige Engpaßelemente begrenzt wird [144]. Bei diesen Engpaßelementen müssen die ersten Maßnahmen zur Steigerung der Leistungsfähigkeit des Gesamtsystems ansetzen.

Zur Engpaßbeseitigung bestehen folgende *Handlungsmöglichkeiten*:

- *Aufbohren des Engpasses*: Steigerung der Grenzleistungswerte durch erhöhte Abfertigungskapazität, verkürzte Ein- und Auslaufzeiten oder reduzierte Abfertigungszeiten.

- *Umgehung des Engpasses*: Ausweichen auf redundante Leistungs- und Transportketten, die die gleiche Funktion bieten und nicht so hoch ausgelastet sind.
- *Doppelung der Engpaßstation*: Einbau einer Parallelstation mit gleichen Funktionen.
- *Veränderung der Abfertigungsstrategie*: Gleichberechtigte Abfertigung anstelle von Vorfahrt oder Austausch von Haupt- und Nebenstrom.

In *Abb. 13.29* ist das Strukturdiagramm einer *Behälterförderanlage* in einem realisierten Kommissioniersystem mit statischer Bereitstellung dargestellt, das für eine Funktions- und Leistungsanalyse erstellt wurde. Die gepickte Ware wird in die vom Fördersystem zugeführten Auftragsbehälter abgelegt, die nach Ablage der letzten Austragsposition in die Packerei befördert werden. Engpaßelemente dieses Systems sind die Zusammenführungselemente Z auf dem Sammelkreisel, der entlang den Regalstirnseiten verläuft, sowie die Pickstationen S in den Regalgassen, die zu Rückstau in eine voranliegende Pickstation führen können.

Funktionskritische Elemente eines Logistiksystems sind alle Stationen, deren Ausfall zum Erliegen von mehr als 20 % der regulär geforderten Funktionen oder zu einer Leistungseinbuße von über 20 % führt. Die funktionskritischen Elemente ergeben sich aus dem Leistungs- und Verfügbarkeitsdiagramm des Systems durch schrittweises Nullsetzen der Verfügbarkeit der einzelnen Systemelemente und Berechnung der daraus resultierenden Funktions- und Leistungseinbußen.

Ausfallstellen sind Stationen und Transportelemente mit einer einer Verfügbarkeit unter 90 %. Sie blockieren vorangehende Stationen durch häufige oder länger dauernde Unterbrechungen, führen zur Unterauslastung nachfolgender Leistungsstellen und verursachen Lieferzeitverzögerungen und Terminüberschreitungen.

Die *Abb. 13.28* zeigt das Ergebnis einer *Leistungs- und Verfügbarkeitsanalyse* für zwei verschiedene *Zu- und Abfördersystemen* eines *automatischen Hochregallagers* [124; 125]. Für das System mit getrenntem Zu- und Abfördersystem sind die *Engpaßelemente* das erste Verzweigungselement des Zufördersystems und das letzte Zusammenführungselement des Abfördersystems. Engpaßelemente des kombinierten Zu- und Abfördersystem sind alle Verzweigungs- und alle Zusammenführungselemente. *Funktionskritische Elemente* sind in beiden Fällen die Regalbediengeräte, deren Verfügbarkeit bei voller Belastung hier wie in vielen anderen Fällen nur 95 % beträgt, bei guter Gerätekostruktion und regelmäßiger Wartung aber über 98 % liegen kann.

Wenn die *Durchlaufzeiten* zwischen den Eingangsstationen ES_i und den Ausgangsstationen AS_j eines Systems bestimmte Werte nicht überschreiten dürfen, sind zusätzlich zum Auslastungs- und Staudiagramm *Durchlaufzeitdiagramme* des Systems zu erarbeiten. Hierzu sind alle Leistungs-, Transport- und Auftragsketten gesondert darzustellen (s. *Kapitel 19/II*).

Für jede dieser Prozeßketten sind die Transportzeiten der Verbindungen, die Wartezeiten vor den Stationen und die Abfertigungs- oder Durchlaufzeiten der Elementarstationen und Transportelemente zu errechnen und aufzusummieren zur Gesamtdurchlaufzeit. Die errechneten *Gesamtdurchlaufzeiten* T_{ij} der ver-

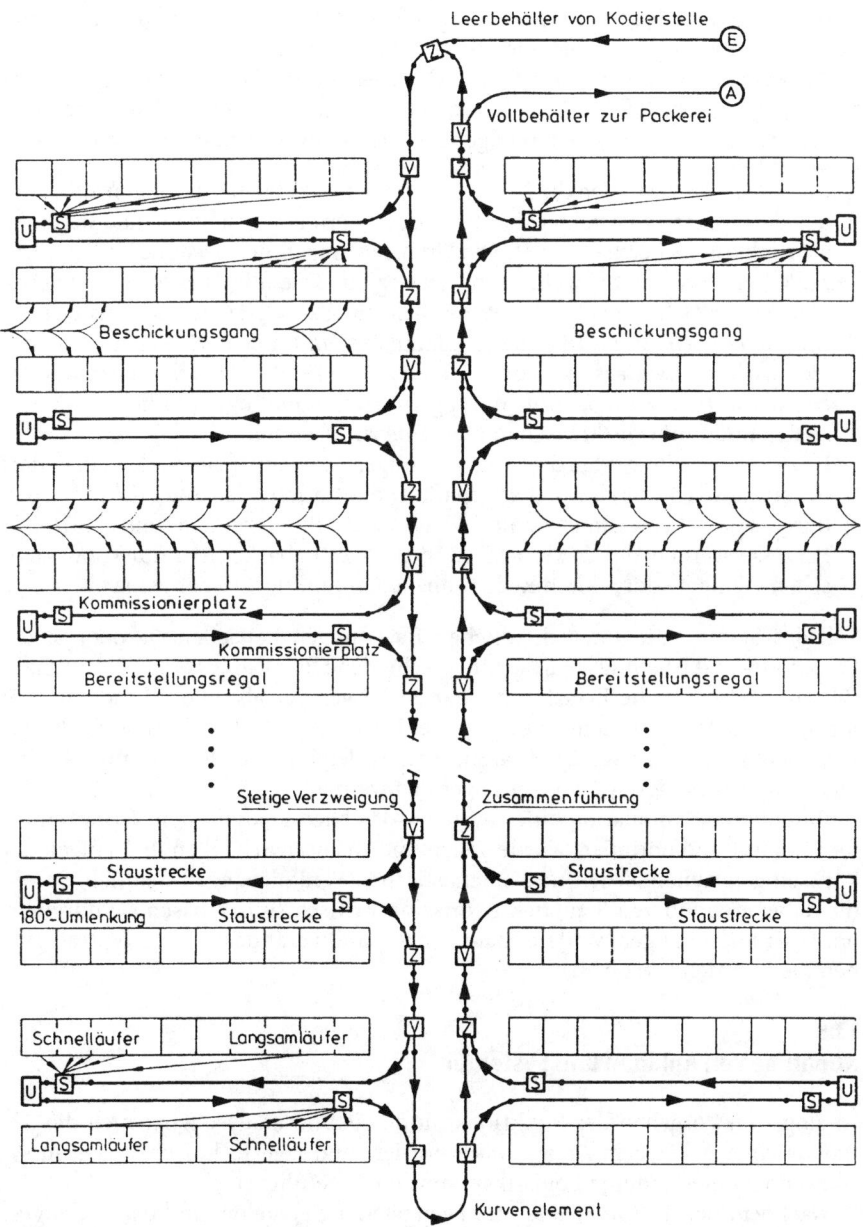

Abb. 13.29 Strukturdiagramm einer Behälterförderanlage in einem Kommissioniersystem

Systemelemente V_i Verzweigungselemente
               Z_i Zusammenführungselemente
               U   Umlenkscheibe
               S   Pickstation

schiedenen Prozeßketten von den Eingängen zu den Ausgängen sind dann mit den Vorgabewerten zu vergleichen (s. *Abschnitt 8.6*).

Aus der vorangehenden Analyse von Grenzleistungen, Staueffekten und Verfügbarkeit ergibt sich, daß für die Planung und Auslegung von Logistiksystemen und Leistungsketten ein Vorgehen in folgenden *Auslegungsschritten* zweckmäßig ist:

1. Im *ersten Schritt* werden die Leistungs- und Durchsatzanforderungen als stationär, die Prozesse als getaktet, die Durchlaufzeiten als konstant und alle Stationen als funktionssicher betrachtet. Die Grenzleistungen der Leistungsstellen, Prozeßketten und Systeme werden so ausgelegt, daß sie mit einer *Schwankungsreserve* von 10 % für die Mittelwerte der Belastung zur Spitzenstunde ausreichen.
2. Im *zweiten Schritt* wird für das geplante System unter Berücksichtigung der technischen Zuverlässigkeit der Elemente eine *Funktions- und Leistungsanalyse* bei *stationärer Belastung* durchgeführt, um die Engpaßstellen, Schwachstellen und funktionskritischen Elemente zu erkennen.
3. Im *dritten Schritt* werden die Grenzleistungen der Engpaßelemente dem Bedarf bei stochastischer Belastung angepaßt. Die resultierenden Staueffekte werden durch ausreichend dimensionierte Lager oder Pufferstrecken entschärft. Die Prozesse werden durch Verbesserung der Verfügbarkeit der funktionskritischen Elemente oder durch Redundanzketten funktionssicher gemacht.

Soll das System mit unterschiedlichen Belastungen betrieben werden, ist die Funktions- und Leistungsanalyse für verschiedene *Belastungsszenarien* durchzuführen. Wenn sich die Belastungsszenarien in weniger als einer Stunde ändern und die stochastischen Schwankungen der Leistungs- und Durchsatzanforderungen hoch sind, sollte nach der analytischen Auslegung und Optimierung eine *digitale Simulation* des Systems durchgeführt werden.

Eine digitale Simulation eines Systems, das nach analytischen Verfahren dimensioniert und optimiert wurde, macht die Wechselwirkungen und Folgen der kurzzeitigen dynamischen und stochastischen Veränderungen deutlich. Soweit die dabei erkennbaren Staueffekte funktionskritisch sind, müssen sie durch erhöhte Grenzleistungen, weitere Staustrecken und veränderte Betriebsstrategien behoben werden [59; 60; 61].

13.8
Abnahme von Anlagen und Systemen

Analog zum Vorgehen der Funktions- und Leistungsanalyse wird auch die *Abnahme* einer gelieferten Anlage, eines förder- und lagertechnischen Gesamtsystems oder eines anderen Logistiksystems durchgeführt [125].

Nachdem der *Auftragnehmer* die Fertigstellung gemeldet und der *Auftraggeber* die erforderlichen Betriebsmittel, Stapler, Paletten und Mitarbeiter bereitgestellt hat, wird ein *Funktions- und Leistungstest* durchgeführt:

• Im *Funktionstest* werden die zugesicherten Eigenschaften und Funktionen der einzelnen Systemelemente, der Anlagenteile und des Gesamtsystems geprüft und getestet.

- Im anschließenden *Leistungstest* wird das System mit den vetraglich vereinbarten Durchsatzleistungen belastet und die vertraglich zugesicherten Spielzeiten, Durchlaufzeiten und Grenzleistungen gemessen.

Nachdem der Funktions- und Leistungstest mit einer zuvor vereinbarten *Mindestverfügbarkeit* erfolgreich abgeschlossen ist, wird die Anlage dem Auftraggeber zur Nutzung übergeben. Andernfalls hat der Auftragnehmer die Pflicht zur
Nachbesserung binnen angemessener Zeit, in der Regel innerhalb von wenigen
Wochen. Nach Behebung der festgestellten Mängel wird der Funktions- und Leistungstest wiederholt.

Nach erfolgreichem Funktions- und Leistungstest beginnt die *Probezeit*, die
maximal gleich der *Gewährleistungszeit* ist. In der Probezeit werden laufend alle
auftretenden Störungen, Störungsursachen und Unterbrechungszeiten vom Betreiber erfaßt und daraus nach den in *Abschnitt 13.6* angegebenen Beziehungen
die Verfügbarkeit aller kritischen Einzelelemente, der wichtigsten partiellen
Funktionen und der Gesamtanlage errechnet.

Wenn die vertraglich vereinbarten Verfügbarkeitswerte nachhaltig erreicht
sind, wird ein Verfügbarkeitstest durchgeführt [137]:

- Für den *Verfügbarkeitstest* wird die Anlage für eine statistisch ausreichend lange Zeit, die in der Regel 1 bis 10 Tage beträgt, mit mindestens 70 % der Soll-
Leistung belastet.

Während des Verfügbarkeitstests werden von Vertretern des Auftraggebers und
des Auftragnehmers gemeinsam alle Störungen, Ursachen und Unterbrechungszeiten erfaßt und ausgewertet. Werden am Ende der Testzeit mit den vom Auftragnehmer zu vertretenden Störungen und Unterbrechungszeiten die vertraglich zugesicherten Verfügbarkeitswerte erreicht oder überschritten, ist die Anlage endgültig abgenommen.

Andernfalls ist der Auftragnehmer zur *Nachbesserung* verpflichtet. Wenn diese
nicht in angemessenere Zeit – maximal in 6 Monaten – gelingt, hat der Auftraggeber das Recht zur *Minderung* oder, falls vereinbart, zur *Wandlung*, wenn eine
Beseitigung grundlegend nutzungsschädlicher Mängel nicht möglich ist.

1. Pönalen

Eine bewährte Strategie zur Absicherung der vertraglich zugesicherten Leistungen
und Termine ist die Vereinbarung entsprechender *Vertragstrafen* oder *Pönalen*, wie
einer *Terminpönale*, einer *Leistungspönale* und einer *Verfügbarkeitspönale*. Jede
Pönale erhöht jedoch das Kostenrisiko des Anbieters und wird durch einen *Risikozuschlag* bei der Preiskalkulation berücksichtigt (s. *Abschnitt 7.2.2*). Mit der Höhe der
Pönale, die dem Auftragnehmer bei Nichteinhaltung der vertraglichen Leistungen
und Vereinbarungen droht, steigt daher auch der Anlagenpreis.

Eine pragmatische Lösung des Zielkonflikts zwischen Absicherung der Ver-
tragseinhaltung und Begrenzung der hieraus resultierenden Mehrkosten ist eine
Pönalebegrenzung:

- Die Summe aller Pönalen und Vertragsstrafen ist auf 10 % des Gesamtpreises
begrenzt.

Zusätzlich kann jede der nachfolgenden Einzelpönalen auf einen geringeren Wert begrenzt werden. Üblich sind 5 % des Preises für das betreffende Teilgewerk oder System.

2. Terminponäle

Zur Absicherung der Einhaltung eines Fertigstellungstermins wie auch von projektentscheidenden Eckterminen ist folgende *Terminpönaleregelung* geeignet:

- Wird der vereinbarte Termin für die Fertigstellung des Teil- oder Gesamtsystems aus Gründen, die der Auftragnehmer zu vertreten hat, nicht eingehalten, kann der Auftraggeber den Preis des betreffenden Teil- oder Gesamtsystems je angefangene Woche um 0,5 % mindern.

Wenn es auf eine tagesgenaue Termineinhaltung ankommt, ist statt der *Wochenpönale* von 0,5 % eine *Tagespönale* von 0,1 % des Preises pro angefangenen Arbeitstag der Terminüberschreitung sinnvoll.

Hat der Auftraggeber Interesse an einer vorfristigen Fertigstellung, kann zusätzlich zur Terminpönale eine analog formulierte *Terminbonusregelung* vereinbart werden.

3. Leistungspönale

Zur Absicherung der Einhaltung der vereinbarten Leistungs- und Kapazitätswerte einer Anlage oder eines Systems ist folgende *Leistungspönaleregelung* geeignet:

- Werden die garantierten Werte für Leistung und Kapazität eines Teil- oder Gesamtsystems aus Gründen, die der Auftragnehmer zu vertreten hat, nicht erreicht, hat der Auftraggeber Anspruch auf eine Minderung der Preises des betreffenden Teil- oder Gesamtsystems um 0,5 % je Prozentpunkt der Abweichung vom Vertragswert.

Entsprechend ist auch eine *Leistungsbonusregelung* für das Übertreffen bestimmter Leistungs- oder Kapazitätswerte möglich, wenn der Auftraggeber daran Interesse und einen Nutzen hat.

4. Verfügbarkeitspönale

Ein System oder eine Anlage ist für den Betreiber im praktischen Betrieb nur dann wirtschaftlich nutzbar, wenn die vereinbarten Funktionen und Leistungswerte mit ausreichender Verfügbarkeit erfüllt werden. Daher ist zusätzlich zur Termin- und Leistungspönale folgende *Verfügbarkeitspönaleregelung* sinnvoll:

- Werden die vereinbarten Werte der maximal zulässigen *Störungsquote* und der *Mindestverfügbarkeit* aus Gründen, die der Auftragnehmer zu vertreten hat, nicht innerhalb einer angemessenen Frist erreicht, kann der Auftraggeber den Preis des betreffenden Teil- oder Gesamtssystems je Prozentpunkt der Abweichung vom Garantiewert um 0,5 % mindern.

Beträgt beispielsweise die garantierte Mindestverfügbarkeit einer Anlage, deren Lieferwert 5,5 Mio. DM ist, 98,0 % und wird auch nach mehrfacher Nachbesse-

rung nur eine Verfügbarkeit von 95,0 % erreicht, so reduziert sich der Preis um
3·0,5 %·5.500.000 DM = 82.500 DM.

Die Verfügbarkeit einer Anlage oder eines Systems erreicht meist nicht sofort
nach Fertigstellung den angestrebten Wert, da viele Fehler und Störungen erst
nach längerem Betrieb auftreten und danach behoben werden können. Daher
muß die Frist für die Verfügbarkeitspönale abhängig von der Intensität der Anlagennutzung ab Betriebsbeginn ausreichend lang bemessen sein. Für Logistiksysteme wird die *Verfügbarkeitsfrist* in der Regel auf 6 Monate festgelegt.

Bis zum Ablauf aller Fristen zur Einhaltung von Leistungs- und Verfügbar-
keitswerten darf eine Anlage oder ein System nur mit dem Vorbehalt der Erfüllung noch ausstehender Vertragswerte abgenommen werden, auch wenn der *Ge-
fahrenübergang* auf den Auftraggeber mit dem Nutzungsbeginn eintritt.

14 Vertrieb und Logistik

Nach herkömmlicher Auffasung der Betriebswirtschaftslehre gehört die Distribution zu den Aufgaben des Vertriebs [14; 230]. Die zunehmende Fachkompetenz, die Durchgängigkeit der Prozesse und die Potentiale der Logistik machen es jedoch in vielen Fällen erforderlich, zur Sicherung der *Wettbewerbsfähigkeit* Logistik und Vertrieb organisatorisch voneinander zu trennen.

Der Vertrieb kann sich mit *Marketing* und *Verkauf* darauf konzentrieren, die Märkte zu erschließen, neue Kunden zu gewinnen und zu auskömmlichen Preisen Aufträge hereinzuholen. Die Logistik ist dafür verantwortlich, daß die Aufträge zu möglichst günstigen Kosten ausgeführt und termingerecht ausgeliefert werden.

Aus der Trennung von Logistik und Vertrieb ohne genaue Regelung der Zusammenarbeit können jedoch Konflikte, Ressentiments, Unverständnis und Widerstände resultieren, die den angestrebten Wettbewerbsvorteil verhindern. Voraussetzung für den gemeinsamen Erfolg von Logistik und Vertrieb ist daher, daß beide Seiten folgende *Grundsätze der Zusammenarbeit* einhalten, die auch für die Zusammenarbeit zwischen anderen Unternehmensbereichen gelten:

- Respekt vor den Aufgaben und Leistungen des Partners,
- Kenntnis der Ziele, Möglichkeiten, Probleme und Rahmenbedingungen,
- ausreichende Freiheitsspielräume zur Lösung der übertragenen Aufgaben,
- keine Über- oder Unterstellung sondern gleichberechtigte Partnerschaft,
- kritische Offenheit im Innenverhältnis, Einvernehmen nach außen,
- gegenseitige Unterstützung zum Nutzen der Kunden und des Unternehmens.

Ausgehend von den *Kernkompetenzen* des Vertriebs wird in diesem Kapitel dargestellt, welche *Nahtstellen* zwischen Logistik und Vertrieb bestehen, wie die Logistik den Vertrieb wirkungsvoll unterstützen kann und wo der Vertrieb die Notwendigkeiten und Möglichkeiten der Logistik berücksichtigen sollte.

14.1
Kernkompetenzen des Vertriebs

Kernkompetenzen und zentrale *Aufgaben* des Vertriebs sind [14]:

Erkundung des Marktbedarfs
Analyse der Wettbewerbssituation

Planung des Liefer- und Leistungsprogramms
Festlegung des Servicegrads
Organisation der Vertriebswege
Führung der Verkaufsorganisation
Absatz- und Verkaufsplanung
Werbung und Verkaufsförderung
Preiskalkulation und Angebotskalkulation
Anfragebearbeitung und Angebotsausarbeitung
Kundenbetreuung und Beratung
Auftragsverhandlung und Vertragsabschluß.

Um diese Aufgaben, deren Ziel das *Schaffen von Nachfrage* und das *Verkaufen des Liefer- und Leistungsprogramms* ist, zu erfüllen, verfügt der Vertrieb über *Außendienstmitarbeiter*, eine *Verkaufsorganisation*, einen *Vertriebsinnendienst* und einen *Marketingbereich*.

Die Verkaufsorganisation ist abhängig von der Art des Geschäfts und besteht in der Regel aus einem Netz von *Filialen, Verkaufsstellen, Niederlassungen, Geschäftsstellen, Vertretungen, Händlern* oder *Franchisepartnern*.

Zu den Aufgaben des *Vertriebsinnendienstes* gehören die *Anfragebearbeitung* und die *Auftragsannahme* mit der kommerziellen Auftragsprüfung, der Auftragserfassung und der Eingabe der Auftragsdaten in die DV. Nach Abstimmung und Bestätigung von Leistungsumfang, Preis und Lieferbedingungen wird ein Kundenauftrag zu einem verbindlichen externen Auftrag, der an die *Auftragsdisposition* weitergeleitet wird.

Das *Marketing* umfaßt die Planung, Auslösung und Überwachung aller Maßnahmen, die auf das Verkaufen der Güter und Leistungen eines Unternehmens gerichtet sind [230]. Wird auch das Erfüllen der Nachfrage, also die Ausführung der Aufträge, dem Marketing zugerechnet, umfaßt Marketing das gesamte Unternehmen. Das aber ist ein zu weit gehender Anspruch.[1] Auch eine Einbeziehung der Distribution als *Marketing-Logistik* in das Marketing ist unzweckmäßig, denn damit wird am Ausgang der Produktion die Durchgängigkeit der *Logistikketten* von den Lieferanten und der *Auftragskette* von den Kunden durch das Unternehmen bis zu den Kunden unterbrochen [19].

14.2
Auftragsdisposition

Die *Auftragsdisposition* zur Ausführung der bestellten Leistungen und die Disposition der Beschaffung und der Fertigung gehören nicht zu den Kernkompetenzen des Vertriebs. Die *Auftragsabwicklung* sollte daher auch nicht, wie in vielen

---

1   Nach einer ausklingenden Zeit, in der Marketingleute alle Unternehmensaktivitäten dem Marketing unterordnen wollten, versuchen heute manche Logistiker, die Logistik über alles zu stellen. Beides ist ein Zeichen von mangelndem Verständnis und fehlender Kenntnis der Leistungsbeiträge anderer Unternehmensbereiche.

Unternehmen üblich, zusammen mit dem Angebotswesen und der Auftragsannahme dem *Vertriebsinnendienst* unterstellt sein.

Die *Auftragsdisposition*, deren Aufgaben in den *Kapiteln 2, 8* und 10 beschrieben sind, ist der Dreh- und Angelpunkt zwischen Beschaffung, Produktion und Vertrieb. Sie erzeugt aus den externen Aufträgen nach geeigneten Dispositionsstrategien interne Aufträge für die Leistungsbereiche der Beschaffung, der Lieferanten, der Produktion, der Lager und des Versands, die am Auftragsprozeß beteiligt sind.

Nach Regeln und Prioritäten, die von der Unternehmensleitung in Abstimmung mit Vertrieb, Einkauf und Fertigung vorgegeben werden, entscheidet die Auftragsdisposition über

Eigenfertigung oder Fremdbeschaffung
Lagerfertigung oder Auftragsfertigung
Einsatz begrenzter Ressourcen
Nachschubmengen und Bestandshöhen
Beschaffungs- und Belieferungswege.

Diese Entscheidungen können zu Konflikten zwischen Vertrieb, Einkauf und Fertigung führen, die sich am besten lösen lassen, wenn die Auftragsdisposition der Unternehmenslogistik zugeordnet wird und keinem Bereich direkt unterstellt ist, der unmittelbar an der Auftragsdurchführung beteiligt ist (s. *Abschnitt 2.8*).

Wie auch die anderen Unternehmensbereiche, die Kundenkontakt haben, muß sich die Auftragsdisposition an den *Abstimmungsgrundsatz* halten:

• Der Vertrieb ist umgehend über alle wichtigen Kundenkontakte und kundennahen Aktivitiäten zu informieren und vor einer Änderung der kommerziellen Vereinbarungen einzuschalten.

Wird von diesem Grundsatz abgewichen, nimmt der Kunde den Repräsentanten des Vertriebs nicht mehr ernst. Dadurch verringern sich die Chancen für Anschlußaufträge, die der Vertrieb mit jedem Kundenkontakt verfolgt.

14.3
Liefer- und Leistungsprogramm

Der Vertrieb hat die *Sortimentsverantwortung*. Dazu gehören nicht nur der Sortimentsaufbau und die Markteinführung neuer Artikel, sondern auch die Prüfung, welche Artikel aus dem Sortiment genommen werden können und wo Sonderaktionen zum Abverkauf von Überbeständen notwendig sind. Ohne regelmäßige Bereinigung ufert das Sortiment aus. Der Anteil unverkäuflicher Ladenhüter und langsam drehender C-Artikel nimmt zu. Die Bestände wachsen an.

Dem Vertrieb fällt es schwer, von sich aus Artikel auslaufen zu lassen und Bestände von unverkäuflicher Ware abzuwerten. Daher muß die Unternehmenslogistik den Vertrieb bei der *Sortimentsanalyse* und *Sortimentsbereinigung* unterstützen. Hierfür muß sie dem Vertrieb *ABC-Analysen* von Aufträgen und Beständen liefern, die ausweisen, wo das Sortiment ausufert, mit welchen Artikeln die wesentlichen Umsätze erzielt werden, welche Bestände in Relation zum Absatz zu hoch sind und welche Artikel kaum noch verkauft werden (s. *Abschnitte 5.7* und *5.8*).

Die ABC-Analyse der verkauften Varianten eines Produkts aus vielen Komponenten gibt Hinweise, ob die Produktvarianten vom Markt angenommen werden und welche Einschränkungen der *Variantenvielfalt* möglich sind. Das *Variantenmanagement*, das mit diesen Informationen arbeitet, kann erhebliche Kosteneinsparungen bewirken [223].

Die Logistik berät den Vertrieb bei der Entscheidung, welche Artikel günstiger auf Lager gefertigt und welche besser nach Kundenaufträgen ausgeführt werden. Auch zur Planung und Markteinführung neuer *Produkte* kann die Logistik wirkungsvoll beitragen.

1. Verpackungslogistik

Die *Verpackungslogistik* [108] hat dafür zu sorgen, daß

- das *Material*, das für Produkte und Verpackungen eingesetzt wird, kostengünstig zu entsorgen, wiederverwendbar oder recyclebar ist [119],
- die *Form* des Produkts und die *Abmessungen* der Verpackung aufeinander und auf die eingesetzten Lade- und Transporthilfsmittel abgestimmt sind, so daß Volumenverluste minimiert, Lagerung und Transport gesichert und der Verpackungsrücklauf gering ist,
- die *Handlingkosten* beim Kommissionieren, beim Verladen und bei der Regalbefüllung in den Verkaufsstellen möglichst gering sind.

Durch Vorgabe logistisch optimaler *Verkaufs-* und *Nachschubmengen*, die ein *ganzzahliges Vielfaches* des Inhalts einer Umverpackung, einer Ladeeinheit, einer Palette oder einer Transporteinheit sind, lassen sich Mischpaletten, Anbrucheinheiten und die Feinkommissionierung vermeiden und damit die Distributionskosten reduzieren (s. *Kapitel* 12).

2. Trays und Displays

Trays und Displays sind spezielle Logistikeinheiten zur rationellen Verkaufsbereitstellung von abgepackter Ware in den Filialen, Märkten und Verkaufsgeschäften des Lebensmittel- und Konsumgütereinzelhandels. Mit artikelreinen oder artikelgemischten Logistikeinheiten zur direkten Verkaufsbereitstellung entfällt das zeitraubende und aufwendige Handling einzelner Verkaufseinheiten. Warenvereinnahmung und Warenbereitstellung in den Verkaufsfilialen finden mit größeren Ladeeinheiten statt. Die Vereinzelung wird dem Kunden überlassen.

Ein *Tray* ist eine *artikelreine Umverpackung* mehrerer Verkaufseinheiten zur *Bereitstellung im Regal*. Es besteht aus einem flachen Untersatz, wie einem Kartonboden, auf dem die Pakete, Tüten oder Blisterpackungen nebeneinander stehen, und ist für den Transport mit einer Schutzhaube gesichert, die vor dem Einräumen in das Regal abgenommen wird. Die Grundmaße der Trays sind auf die Standardmaße der Fachböden in den Verkaufsregalen und auf die Maße der EURO-Palette abgestimmt. Länge mal Breite sind zum Beispiel 200×200, 200×400, 400×400 und 400×600 mm.

Ein *Display* ist eine *Ladeeinheit*, in der Verkaufseinheiten unterschiedlicher Artikel auf einem Ladungsträger zur *Verkaufspräsentation* zusammengepackt sind. Als Ladungsträger werden meist halbe EURO-Paletten, sogenannte *Chep-Paletten*, mit den Grundmaßen 600×800 mm eingesetzt. Der Aufbau besteht aus Kartonteilen, die die Artikeleinheiten zusammenhalten und werbewirksam bedruckt sind.

Ein Vorteil des Displays besteht darin, daß der Lieferant die werbewirksame Aufmachung seiner Waren für alle Verkaufsstellen einheitlich vorgeben kann. Ein Nachteil sind die Kosten, die mit der Disposition und Herstellung der Displays verbunden sind. Displays werden vorwiegend für *Aktionen* eingesetzt.

Die größten Logistikeinheiten zur Verkaufsbereitstellung sind *artikelreine Ganzpaletten*, die im Verkaufsraum auf dem Boden stehen und von denen der Kunde die Verkaufsverpackungen direkt entnimmt. Artikelreine Ganzpaletten werden für schnelldrehende Artikel und für Aktionsware eingesetzt.

14.4
Lieferservice und Logistikqualität

Der Lieferservice ist ein wichtiger, in manchen Märkten sogar der entscheidende Wettbewerbsfaktor [19]. Es gehört zu den größten Sünden in einem Unternehmen, wenn eine Ware, für die aufwendig geworben wurde, nicht lieferfähig ist.

Der *Lieferservice* umfaßt die

- angemessene *Lieferfähigkeit* lagerhaltiger Ware,
- rechtzeitige *Verfügbarkeit* kundenspezifisch gefertigter Ware,
- wettbewerbsfähige *Lieferzeiten*,
- Erfüllung spezieller *Kundentermine*.

Der Vertrieb legt unter Berücksichtigung der Kundenwünsche, der Marktgegebenheiten und der Wettbewerbssituation *Standards* für *Lieferservice* und *Logistikqualität* fest. Maßstab für die Logistikqualität eines Unternehmens sind die zwischen Logistik und Vertrieb vereinbarten *Qualitätsstandards*. Abweichungen von den Standards sind *Qualitätsmängel*. Diese werden in *Mängelsstatistiken* erfaßt und vom Logistikcontrolling dem Vertrieb gemeldet (s. *Abschnitt 5.2*).

Darüber hinaus kann die Logistik dem Vertrieb kostenneutrale Serviceverbesserungen vorschlagen und die Mehrkosten für zusätzlich geforderte Serviceleistungen angeben. Die Logistik muß jedoch darauf achten, daß vom Vertrieb kein *logistischer Overkill* betrieben wird, wie die flächendeckende oder pauschale Zusage eines 24-Stunden-Auslieferservice, der nur von wenigen Kunden benötigt und honoriert wird.

14.5
Vertriebswege und Distributionsstruktur

Der *Vertriebsweg* bestimmt, über welche *Verkaufsmittler* das Liefer- und Leistungsprogramm des Unternehmens an welche *Kundengruppen* verkauft wird.

Abgesehen von *E-Commerce* und *Call-Centern* sind mögliche Vertriebswege der Verkauf über

- eigene Filialen und Verkaufsstellen an den Endverbraucher,
- den Großhandel an den Einzelhandel,
- Großkundenbetreuer an Handelsketten,
- Direktverkauf an Maschinenfabriken und Erstausstatter (OEM-Kunden),
- Regionalvertretungen an örtliche Wiederverkäufer und Verbraucher,
- eine Organisation selbstständiger Händler oder Franchisepartner.

Die Distribution umfaßt die *Lagerung,* die *Kommissionierung* und den *Transport* der *Fertigwaren* aus der Eigenproduktion und des fremdbeschafften *Handelssortiments* bis zum Ort der Übernahme durch den Kunden. Dafür gibt es unterschiedliche Lieferketten, deren Gestaltung in *Kapitel 19/II* behandelt wird. Die *Distributionsstruktur* mit der *Gebietseinteilung* und den *Standorten* von *Fertigwarenlagern, Logistikzentren* und *Umschlagstationen* und die *Lieferketten* werden bestimmt von den Lieferbedingungen, wie *Frei Haus* oder *Ab Werk,* von der Beschaffenheit der Ware, den Liefermengen, den Entfernungen und von den geforderten Lieferzeiten.

In vielen Unternehmen orientieren sich die Distributionsstruktur und die Belieferungswege an den Vertriebswegen. Die Distributionsgebiete und Zustellregionen sind deckungsgleich mit den historisch gewachsenen Vertretungsgebieten und Verkaufsregionen. Die Auslieferlager befinden sich häufig an den Standorten der Vertriebsniederlassungen. Die Aufgaben und Ziele von Vertrieb und Logistik sind jedoch unterschiedlich. Hieraus folgt:

- Vertriebswege und Belieferungwege müssen nicht übereinstimmen oder parallel verlaufen.
- Optimale Distributionsgebiete sind nicht deckungsgleich mit optimalen Vertriebsregionen.
- Die optimalen Standorte von Fertigwarenlagern, Logistikzentren und regionalen Auslieferlagern sind nicht gleich den optimalen Standorten der Vertriebsstützpunkte.

Ebensowenig, wie sich der Einkauf oder die Dispositionstelle des Kunden am Bedarfsort der Ware befinden müssen, ist es erforderlich, daß sich Vertriebsniederlassungen, Vertreterstandorte und Verkaufsstellen am gleichen Ort befinden wie die Lager- und Versandstellen. So ist eine optimale europaweite Vertriebsorganisation nach Ländern und Sprachregionen organisiert, während ein optimiertes europaweites Distributionssystem aus grenzüberschreitenden *EURO-Regionen* besteht, die an den *Ballungsgebieten* von Bevölkerung und Industrie sowie an den *Hauptverkehrswegen* ausgerichtet sind (s. *Abb. 19.20/II*).

14.6
Preiskalkulation und Logistikkosten

Zur Kalkulation der Listenpreise von Artikeln und der Verkaufspreise für Einzelangebote müssen neben den Herstell- und Beschaffungskosten die Auftrags- und

Artikellogistikkosten bekannt sein. Außerdem muß der Vertrieb für Verhandlungen mit Kunden über die *Lieferbedingungen* die Kostendifferenz zwischen Lieferung *frei Haus* und Lieferung *ab Werk* kennen.

Hierfür wird eine *Logistikkostenrechung* benötigt, die die *Leistungskosten* für selbst erbrachte Logistikleistungen kalkuliert und die *Leistungspreise* für fremdbeschaffte Logistikleistungen kennt. Für eine verursachungsgerechte Verteilung angefallener oder geplanter Logistikkosten auf die einzelnen Artikel oder Aufträge werden die *Logistikstammdaten* der Artikel und der Aufträge benötigt. Nur wenn die Logistikstammdaten vollständig verfügbar sind, ist eine Kalkulation korrekter *Logistikstückkosten* und *Auftragslogistikkosten* möglich (s. *Kap. 7*).

Logistikstammdaten und korrekte Logistikkosten sind heute erst in wenigen Unternehmen vollständig verfügbar. Vielfach wird für Kommissionierung, Lagerung und Transport noch mit pauschalen Zuschlagssätzen in Prozent vom Warenwert kalkuliert. Das kann infolge überhöhter Logistikkosten, nicht kostendeckenden Preisen und falschen Vertriebsentscheidungen zu Auftragsverlusten führen. Korrekte Logistikkosten tragen dazu bei, eine Fehlleitung von Ressourcen zu verhindern.

Weitere Beiträge kann die Unternehmenslogistik zur Preiskalkulation leisten, wenn sie über eine *Prozeßkostenrechnung* verfügt, die die Material-, Produktions- und Leistungskosten der gesamten Leistungskette von der Beschaffung bis zur Auslieferung erfaßt und den Produkten oder verkauften Leistungen verursachungsgerecht zuordnet.

14.7
Servicebereiche der Logistik

Zur Unterstützung des Vertriebs und zur Förderung des Geschäfts ist die Logistik verantwortlich für alle Servicebereiche, die logistische Dienstleistungen erbringen oder eng mit der Warendistribution verbunden sind. Hierzu gehören die Werbemittel- und Druckschriftenlogistik, die Service- und Ersatzteillogistik, die Logistik in den Verkaufsstellen und die logistische Beratung des Verkaufs und der Kunden.

1. Werbemittel- und Druckschriftenlogistik
Um Waren kaufen und verkaufen zu können, müssen Kunden und Verkaufsvermittler durch Muster und Werbemittel gewonnen sowie durch Druckschriften, Kataloge und Preislisten über das Liefer- und Leistungsprogramm des Unternehmens informiert werden. Nach dem Verkauf sind Kunden, Aktionäre und Geschäftspartner mit Geschäftsberichten, Unternehmensmitteilungen und Dokumentationen über Anlagen, Produkte und Ersatzteile zu versorgen.

Die Distribution der Werbemittel und Druckschriften ist keine Kernkompetenz des Vertriebs und in der Regel auch nicht der Unternehmenslogistik. Sie kann daher von der Logistik zusammen mit der Fertigwarendistribution organisiert oder unabhängig davon an einen hierauf spezialisierten Logistikdienstleister vergeben werden.

Die optimale unternehmensspezifische Lösung der Werbemitel- und Druckschriftenlogistik wird vom Umfang, vom zeitlichen Anfall und von der Art der
Werbemittel und Druckschriften bestimmt.

2. Ersatzteil- und Servicelogistik
Ein Industrieunternehmen, das anspruchsvolle technische Produkte, wie Fahrzeuge, elektronische Geräte oder hochwertige Maschinen herstellt, muß eine leistungsfähige *Serviceorganisation* haben. Bei der Kaufentscheidung für die Pri-
märprodukte wird die *Ersatzteilversorgung* immer wichtiger. In einigen Branchen, wie der Aufzugsindustrie, werden gewinnbringende Deckungsbeiträge nur
noch im Service- und Ersatzteilgeschäft erwirtschaftet.

Wenn der *After-Sales-Service* eng mit der Verkaufstätigkeit verbunden ist und
die Chancen für Anschlußaufträge fördert, sind Aufbau und Führung der *Serviceorganisation* Aufgaben des Vertriebs. Die *Ersatzteildistribution* und die *Werk-
stattlogistik* haben jedoch meist besondere logistische Anforderungen zu erfüllen, wie hohe *Teileverfügbarkeit* und extrem kurze *Wiederbeschaffungszeiten*. Sie
gehören daher zum Aufgabenbereich der Logistik [221; 249].

3. Verkaufsstellenlogistik
Die werbliche Gestaltung, das Angebot, die Warenpräsentation und die eigentliche Verkaufstätigkeit in den Verkaufsstellen und Fililalen liegen in der Verantwortung des Vertriebs.

Auch die Logistik fängt beim Kunden an. Voraussetzung für den erfolgreichen
Verkauf ist daher eine leistungsfähige Logistik in den Verkaufsstellen.

Aufgaben der Verkaufsstellenlogistik sind:

- Disposition von Reservebeständen und Nachschub für die Verkaufsbestände,
- Organisation und Technik der Warenanlieferung,
- Warenannahme und Eingangskontrolle
- wegoptimale und griffgünstige Aufstellung der Verkaufsregale,
- platzsparende Unterbringung der Zugriffsreserven,
- Nachfüllen der Verkaufsregale durch eigene Mitarbeiter oder externe Regal-
  pfleger (Rack Jobber),
- Organisation von Waren- und Datenfluß im Kassenbereich,
- Erfassung der Verkäufe und Aufträge am *Point of Sales* (POS),
- Entsorgung von Ladungsträgern, Verpackungsmaterial und zurückgegebenen
  Waren,
- Organisation eines Zustelldienstes für die Kunden.

Zeitaufnahmen und Analysen des Mitarbeitereinsatzes in Kaufhäusern und Han-
delsmärkten zeigen, daß oftmals 30 bis 40 % der Zeit auf logistische Tätigkeiten
entfällt. Zusätzliche Zeit wird für administrative Tätigkeiten und das Kassieren
benötigt. Der eigentliche Verkauf und die Kundenberatung erscheinen dagegen
mit einem Zeitanteil von weniger als 35 % nachrangig. Diese typischen Kennzahlen zeigen die Potentiale, die in der Logistik der Verkaufsstellen bestehen. Darüber hinaus steht die Verkaufsstellenlogistik in enger Wechselwirkung mit der
gesamten Unternehmenslogistik (s. *Abschnitt 19.12/II*).

4. Logistikberatung

Als typische Querschnittsfunktion muß die Unternehmenslogistik die Durchgängigkeit der Logistikprozesse von den Vorlieferanten bis zu den Endkunden organisieren, kontrollieren und sichern. Sie kann und soll jedoch nicht in allen Abschnitten der Logistikkette operativ tätig und auch nicht in allen Bereichen, in denen logistische Aufgaben anfallen und Fragen zu lösen sind, verantwortlich sein (s. *Abschnitt 2.9*).

In den Bereichen, die außerhalb des Verantwortungsbereichs der Unternehmenslogistik liegen, muß die Unternehmenslogistik jedoch logistische Fachberatung und Unterstützung anbieten. Diese umfassen:

- Beratung des Verkaufs und der Kunden in allen Fragen der Belieferung, wie Lieferzeiten, Lieferfrequenzen, Anliefertermine und Disposition von Nachschub und Beständen (ECR und CRP),
- Unterstützung des Vertriebs bei Verhandlungen mit Kunden über *Logistikkonditionen* und *Logistikrabatte*,
- Logistische Beratung des Vertriebs bei der Festlegung von *Verkaufsstandorten* und *Vertretungsgebieten* und bei der Organisation der *Vertretertouren*,
- Beratung des Einkaufs bei Verhandlung und Festlegung der Beschaffungsketten,
- Beratung der Lieferanten bei Aufbau und Optimierung der Belieferungsketten, insbesondere bei Aufbau einer neuen Lieferbeziehung und bei Einführung neuer Produkte,
- Entwicklung von logistischen Standardbedingungen für Einkauf und Verkauf,
- Kalkulation von Logistikkosten und Unterstützung der Preiskalkulation,
- Logistische Beratung der Unternehmensleitung bei der Vorbereitung und Durchführung von Kooperationen und Akquisitionen.

Der eigene Logistikbereich eines Unternehmens kann nicht für alle diese Aufgaben und Fragen permanent besetzt sein und muß daher bei Bedarf logistisch kompetente Unternehmensberatungen hinzuziehen.

Literatur

Angesichts der rasch wachsenden Anzahl Bücher, Fachzeitschriften, Berichte, Veröffentlichungen und wissenschaftlichen Arbeiten über Logistik ist eine vollständige Angabe der Literatur zu den in diesem Buch behandelten Themen nicht möglich.

In den einzelnen Kapiteln werden alle Werke zitiert, aus denen Anregungen, Strategien, Methoden, Verfahren, Algorithmen, Daten, Darstellungen oder Beispiele in den Text eingeflossen sind. Zusätzlich ist eine Auswahl einschlägiger Fachbücher und weiterführender Arbeiten zum jeweiligen Thema angegeben. Für Hinweise auf Publikationen, die hier dargestellte Strategien und Verfahren zu einem früheren Zeitpunkt behandeln als die zitierten Arbeiten, ist der Verfasser dankbar.

1. von Kleist H., (1810), Über die allmähliche Verfertigung der Gedanken beim Reden, in Heinrich von Kleist Sämtliche Werke, Knauer Klassiker, München/Zürich
2. Feldmann G. D.; (1998), Hugo Stinnes, Biographie eines Industriellen, 1870–1924, C.H. Beck, München
3. Hoffmann G.; (1998), Das Haus an der Elbchaussee, Die Godeffroys – Aufstieg und Niedergang einer Dynastie, Kabel-Verlag, Deutsches Schiffahrtsmuseum, Hamburg
4. Leithäuser G.L.; (1975), Weltweite Seefahrt, Safari-Verlag, Berlin
5. Jomini A.H., (1881), Abriß der Kriegskunst (Originaltitel: Précis d' art de la guerre), Berlin
6. Kant E., (1793), Über den Gemeinspruch: Das mag in der Theorie richtig sein, taugt aber nicht für die Praxis. Berl. Monatschrift, Neu: J. Ebbinghaus, Vittorio Klostermann, Frankfurt a. M. (1968)
7. Gudehus T., (1975), Transporttheorie, Programm einer neuen Forschungsrichtung, Industrie-Anzeiger Nr.64, S. 1379 ff,
8. Weise H.; (1998), Logistik – ein neuer interdisziplinärer Forschungszweig entsteht, Internationales Verkehrswesen (48) 6/98, S. 49 ff
9. Hubka V.; (1973), Theorie der Maschinensysteme, Grundlagen einer wissenschaftlichen Konstruktionslehre, Spinger, Berlin-Heidelberg-New York
10. Popper K.; (1973), Logik der Forschung, Zweiter Teil: Bausteine zur Theorie der Erfahrung, J.C.B. Mohr (Paul Siebeck), Tübingen, 5. Auflage, S. 30 ff
11. Churchman C. W., Ackhoff L. A., Arnoff E. L., (1961), Operations Research, R. Oldenbourg, Wien-München
12. Domschke W., Drexl A., (1990), Logistik: Standorte, R. Oldenbourg, München-Wien
13. Müller-Merbach H., (1970), Optimale Reihenfolgen, Springer-Verlag, Berlin-Heidelberg-New York
14. Wöhe G., (1969), Allgemeine Betriebswirtschaftslehre, Franz Vahlen, München
15. Baumgarten H. u.a. (1981–1999), RKW-Handbuch Logistik; Erich Schmidt Verlag, Berlin
16. Toporowski W., (1996), Logistik im Handel, Optimale Lagerstruktur und Bestellpolitik einer Filialhandelsunternehmung, Physica-Verlag, Heidelberg
17. Kapoun J., (1981), Logistik, ein moderner Begriff mit langer Geschichte, Zeitschrift für Logistik, Jg. 2,, Heft 3, S. 124 ff

18. Henning D.P., (1981), Spezifische Aspekte der Logistik im Handel, RKW-Handbuch Logistik, Band 3, Hrg. Prof. Dr. H. Baumgarten, ESV-Verlag, Berlin
19. Pfohl H.-Chr., (1990), Logistiksysteme, Betriebswirtschaftliche Grundlagen, 4. Aufl., Springer, Berlin-Heidelberg-New York
20. Krampe H., (1998), Territoriale Logistik, in Grundlagen der Logistik, hussverlag, München, 2. Auflage, S. 277 ff
21. Gudehus T, (1973), Grundlagen der Kommissioniertechnik, Dynamik der Warenverteil- und Lagersysteme, Girardet, Essen
22. Straube F., Gudehus T., (1994), Auch die Logistik gehört auf den Prüfstand, HARVARD BUSINESS manager, 4/1994, S. 42 ff
23. Laurent M., (1996), Vertikale Kooperation zwischen Industrie und Handel: neue Typen und Strategien zur Effizienzsteigerung im Absatzkanal, Dt. Fachverlag, Frankfurt am Main
24. Gerhardt M., Rechnergestützte Dispositionsverfahren für die Transportlogistik, Logistik im Unternehmen 9, Nr.7/8, S. 40 ff
25. Baumgarten H. u.a.; (1998), Zukunftspotentiale in der euoropäischen Logistikforschung, 15. Internationaler Logistikkongress, Europa vernetzen, Berichtsband 2, S. 839 ff
26. Heymann K.; (1997), Vernetzte Systeme beherrschen, Jahrbuch der Logistik 98, Verlagsgruppe Handelsblatt, S. 35 ff
27. Darr W.; (1992), Integrierte Marketing Logistik, Auftragsabwicklung als Element der marketinglogistischen Strukturplanung
28. Baumgarten H., (1992), Make-or-Buy entscheidet der Manager; Jahrbuch der Logistik '92, Verlagsgruppe Handelsblatt, Düsseldorf
29. Arnold D.; (1995), Materialflußlehre, Viehweg, Braunschweig-Wiesbaden
30. SAP, (1994), R/3-System MM, Verbrauchsgesteuerte Disposition, Software Handbuch, SAP AG, Walldorf
31. Centrale für Coorganisation GmbH (CCG); (1994), EAN 128-Standard, Internationale Codierung zur Übermittlung logistischer Dateninhalte, Coorganisation 1/94
32. Centrale für Coorganisation GmbH (CCG); (1995), Das EAN-Nummernsystem: Grundlage aller Coorganisation
33. Centrale für Coorganisation GmbH (CCG); (1993), Der SINFOS-Datenpool
34. Förster H., (1995), EDI in Europa, Rollt der EDI-Zug ?, Coorganisation 2/95, S. 14 ff.
35. Schmidt H., (1998), Das Diktat der Netzwerke, Frankfurter Allgemeine Zeitung, 27.6.1998, N.46/S. 13
36. Baumgarten H., Wolff S.; (1993), Perspektiven der Logistik, Trend-Analysen und Unternehmensstrategien, hussverlag, München
37. Baumgarten H.; (1996), Trends und Strategien der Logistik 2000, Analysen-Potentiale-Perspektiven, Technische Universität Berlin, Bereich Logistik
38. Gudehus T, (1972), Ermittlung der Planungsgrundlagen für Warenverteil- und Lagersysteme, dhf deutsche hebe und fördertechnik, Nr. 3/72
39. Kleiber W., (1992), HOAI Honorarordnung für Architekten und Ingenieure, Rehm, München
40. Gudehus T., (1973), Planung von Warenverteil- und Lagersystemen, Betriebs-Management Service
41. Gudehus T., (1994), Gestaltung und Optimierung außerbetrieblicher Logistikstrukturen, Fördertechnik 3/94
42. DIN 66001; (1993), Sinnbilder und ihre Anwendung, Standardsymbole zur Darstellung von Programm-, Prozeß- und Funktionsabläufen, Beuth, Berlin-Wien-Zürich, 12/93
43. Scheer A.-W.; (1995), Architektur integrierter Informationssysteme – Grundlagen der Unternehmensmodellierung, 2. Aufl., Berlin
44. Krallmann H.; (1996), Systemanalyse, R. Oldenbourg, München
45. Gudehus T.; (1979), Mechanisierung und Automatisierung in Transportsystemen, in Lagerlogistik; Verlag Industrielle Organisation, Zürich, S. 104 ff.
46. Mehldau M., (1991), Beitrag zur Teilautomatisierung des Materialfluß als Instrument logistischer Systemgestaltung, in Schriftenreihe BVL, Hrsg. Baumgarten H. und Ihde G.B., Band 25, hussverlag, München, Dissertation TU Berlin, Bereich Logistik

47. Ritter S., (1997), Warenwirtschaft, ECR und CCG, Dynamik im Handel 7-97, S. 18 ff
48. Breiter P. M., (1996), ECR – Efficient Consumer Response, Wer hat was davon ?, Distribution 7-98, S. 12 ff
49. Zangemeister C., (1972), Nutzwertanalyse in der Systemtechnik, Wittemannsche Buchhandlung, München
50. Borries R., Fürwentsches W., (1975), Kommissioniersysteme im Leistungsvergleich, moderne industrie, München
51. Schuh G.; (1996), Logistik in der virtuellen Fabrik, in Logistik Management, Springer, Berlin-Heidelberg-New York
52. Warnecke H.J.; (1993), Revolution der Unternehmenskultur – Fraktale Unternehmen, Springer, Berlin-Heidelberg-New York
53. DIN EN ISO 9000 ff; (1994) Qualitätsmanagement und Qualitätssssicherung, Beuth, Berlin-Wien-Zürich
54. Baumgarten H., (1993), Prozeßanalyse logistischer Abläufe, Fabrik 43. Jhrg. 6, S. 14-17
55. Leibfried K.H.J., McNair C.J.; (1992), Benchmarking, Von der Konkurrenz lernen, die Konkurrenz überholen, Haufe, Freiburg i.Br.
56. Röder A., Friehmuth U.; (1998), Standards für den Logistikvergleich, Logistik Heute, 10-98, S. 48 ff
57. Gudehus T (1992), Strategien in der Logistik, Fördertechnik 9/92, S. 5ff.
58. Horváth, P., (1992), Controlling, Verlag Franz Vahlen, München, 4. Aufl., S. 500 ff
59. Kuhn A., Reinhardt A., Wiendahl H.-P.; (1993), Handbuch der Simulationsanwendungen in Produktion und Logistik, Vieweg, Braunschweig Wiesbaden
60. Lanzendörfer R.; (1975), Simulationsmodelle von Transport-, Lager- und Verteilsystemen, Materialflußsysteme II, S. 135 ff, Krausskopf, Mainz
61. Volling K., Utter H.; (1972), Digitale Simulation diskreter Zufallsprozesse, fördern und heben 4 (Herr H. Utter hat auf dem Rechner der Demag-Fördertechnik AG die Simulationsrechnungen zum Test der analytischen Näherungsformeln durchgeführt)
62. Gudehus T, (1992), Analytische Verfahren zur Dimensionierung und Optimierung von Kommissioniersystemen, dhf 7/8-92
63. Gabler-Wirtschafts-Lexikon, (1992), Bd. 5, Th. Gabler, Wiesbaden
64. Berry L.L., Yadav M.S., (1997), Oft falsch berechnet und verwirrend- die Preise für Dienstleistungen, HARVARD BUSINESS manager 1/1997, S. 57 ff
65. Simon H., (1996), Können wir uns Dienstleistungen noch leisten ?, Frankfurter Allgemeine Zeitung, 1.4.1996
66. Mayer R., (1991), Prozeßkostenrechnung und Prozeßkostenmanagement, Verlag Franz Vahlen, München, S. 74 ff.
67. Weber J. (Hrsg.), (1993), Praxis des Logistik-Controlling, Schäffer-Poeschel Verlag, Stuttgart
68. Gudehus T., (1996), Systemdienstleister in der Logistik, Chancen, Risiken, Auswahlkriterien, TECHNICA 4/96, S.14–19
69. Gudehus T., (1995), Beschaffungsstrategien, Wettstreit der Konditionen, LOGISTIK HEUTE, 11-95, S.36–95
70. Gudehus H.; (1959), Bewertung und Abschreibung von Anlagen, Th. Gabler, Wiebaden
71. Landes D.S.; (1983), Revolution in Time, Harvard University Press, Cambridge, Massachusetts, and London, England
72. Zibell R. M.; (1990), Just-in-Time-Philosophie, Grundlagen, Wirtschaftlichkeit, in Schriftenreihe BVL, Hrsg. Baumgarten H. und Ihde G.B., Band 22, hussverlag, München, Dissertation TU Berlin, Bereich Logistik
73. Wolff S.; (1994), Zeitoptimierung der logistischen Ketten, in Schriftenreihe BVL, Hrsg. Baumgarten H. und Ihde G.B., Band 35, hussverlag, München, Dissertation TU Berlin, Bereich Logistik
74. Witt P.; (1998); Netzplantechnik, Handbuch Logistik, Hrg. J. Weber und H. Baumgarten, Schäffer-Pöschel, Stuttgart, S.412 ff
75. Ferschl F., (1964), Zufallsabhängige Wirtschaftsprozesse, Physica-Verlag, Wien-Würzburg

76. Lewandowski R.; (1974), Prognose- und Informationssysteme und ihre Anwendungen, de Gruyter, Berlin-New York
77. Nullau B. u.a.; (1969), Das Berliner Verfahren, Ein Beitrag zur Zeitreihenanalyse, DIW-Beiträge zur Strukturforschung, Heft 7, Duncker&Humblot, Berlin
78. Gudehus T., (1975), Grenzleistungsgesetze für Verteiler- und Zusammenführungselemente, Zeitschrift für Operations Research, Physica Verlag Würzburg, Band 20, 1976 B37-B61
    Gudehus T., (1975), Grenzleistungsgesetze für Verteiler- und Sammelemente, fördern und heben, Krausskopf-Verlag, Mainz, Nr.16
    Gudehus T., (1976), Grenzleistungen bei absoluter Vorfahrt, Zeitschrift für Operations Research, Physica Verlag Würzburg, Band 20, 1976 B127-B160
79. Gudehus T., (1976), Staueffekte vor Transportknoten, Zeitschrift für Operations Research, Würzburg, B207–B252
80. Soom E., (1979), So senken Sie die Lagerkosten, in Lagerlogistik, Hrsg. Rupper P. und Scheuchzer R.H., Verlag Industrielle Organisation, Zürich, S. 17 ff
81. Krampe H. , Lucke H.-J. (Hrg), (1993), Grundlagen der Logistik, Einführung in Theorie und Praxis logistischer Systeme, hussverlag, München
82. Kreyszig E., (1975), Statische Methoden und ihre Anwendungen, Vandenhoek & Ruprecht, Göttingen
83. Glaser H., Petersen L.; (1998), Verfahren der Produktionsplanung und -kontrolle, Handbuch Logistik, Hrg. Weber J. und Baumgarten H., Schäffer-Pöschel, Stuttgart, S.425 ff
84. Wiendahl H.P., (1998), Belastungsorientierte Auftragsfreigabe (BOA), Handbuch Logistik, Hrg. Weber J.und Baumgarten H., Schäffer-Pöschel, Stuttgart, S.436 ff
85. Scheer A.-W.; (1998), Informations- und Kommunikationssysteme in der Logistik, Handbuch Logistik, Hrg. Weber J.und Baumgarten H., Schäffer-Pöschel, Stuttgart, S. 495 ff.
86. Schneeweiß CH., (1981), Modellierung industrieller Lagerhaltungssysteme; Springer, Berlin-Heidelberg-New York
87. Popp W., (1979) Lagerhaltungsplanung, in Handwörterbuch der Produktionswirtschaft, Band VII, S. 1046 ff., C.E. Poeschel, Stuttgart
88. von Zwehl W., (1979), Wirtschaftliche Losgrößen, in Handwörterbuch der Produktionswirtschaft 1. Aufl., Band VII, S. 1166 ff., C.E. Poeschel, Stuttgart
89. Jünemann R., (1989), Materialfluß und Logistik, Springer, Berlin-Heidelberg-New York
90. Bogaschewski, R., (1996), Losgröße, Handwörterbuch der Produktionswirtschaft, 2. Aufl., Band 7, S. 1163 ff. C.E. Poeschel, Stuttgart
91. Harris F., (1913), How Many Parts to Make at Once, Factory – The Magazine of Management, S. 135–136 und S.152
92. Bellmann R., Glicksberg I., Gross O.; (1955), On the Optimal Inventory Equation, Management Science 2; S. 83 ff.
93. VDI-Richtlinie (1983); Sortiersysteme für Stückgut VDI 3619, Beuth, Berlin-Wien-Zürich
94. Bucklin L. P.,(1966), A Theory of Distribution Channel Structure; CA:IBER Special Publications
95. Cooper M.C., Lambert M.L., Pagh J.D., (1997); Supply Chain Management: More Than a New Name for Logistics, The International Logistics Management, Vol. 8, No. 1
96. Cavonato J. I., (1992); A Total Cost/Value Model for Supply Chain Competitiveness, Journal of Buisiness Logistics, Vol. 13, No. 2
97. Christofer M.; (1992), Logistics and Supply Chain Management; London, Pitman Publishing
98. Scott Ch., Westbrook R.; (1991), New Strategic Tools for Supply Chain Management, International Journal of Physical Distribution and Logistics Management, Vol. 21, No. 1
99. Singer P., (1995), Losgrößenverfahren, Neues Verfahren versus Andler, LOGISTIK HEUTE 10–95
100. Andler K., (1929), Rationalisierung der Fabrikation und optimale Losgröße, R. Oldenbourg, München
101. Taft E.W., (1918), Beitrag in „The Iron Age", Band 101, S. 1410, USA
102. Maister D.H., (1976), Centralisation of Inventories and the „Square Root Law", International Journal of Physical Distribution, Vol.6, No. 3, S. 126 ff.

103. Heidenbluth V., (1992), Kriterien zur Lagerkapazitätsbestimmung, TECHNIKA, Industrieverlag, Zürich
Heidenbluth V., (1992), Neues Optimierung-Modell für Bestände und Kapazitäten von Lagern , fördern und heben
104. Schulte C., (1995), Logistik, Wege zur Optimierung des Material- und Informationsflusses, Franz Vahlen, München
105. Gudehus T., Kunder R .(1977), Optimierung von Ladeeinheiten, Betriebswirtschaftliche Forschung und Praxis, Heft 1/1977
106. Grundke G.; (1995), Fortschritte bei Verpackungen, Jahrbuch der Logistik 1995, Verlagsgruppe Handelsblatt, S. 118 ff
107. Baumgarten H., (1972), Über technische und organisatorische Möglichkeiten zur Anpassung der Industriebetriebe an das Containersystem, Dissertation, TU Berlin
108. DIN 55510; (1982), Verpackung, Modulare Koordination im Verpackungswesen, Modulare Teilflächen des Flächenmodul 600 mm x 400 mm, Beuth, Berlin-Wien-Zürich
109. Michaletz T., (1994, Wirtschaftliche Transportketten mit modularen Containern; in Schriftenreihe BVL, Baugarten H. und Ihde G.B. hussverlag, München.
110. Centrale für Coorganisation GmbH (CCG); (1985), CCG1 und CCG2, Einheitliche Ladehöhen für EURO-Paletten
111. Richtlinien zur Standardisierung von Ladeeinheiten:
DIN 55405, Packstücke
DIN 30820, Kleinladungsträger
DIN 15146, Paletten
DIN 15155, Gitterbox
DIN 70013 und DIN/EN 284, Wechselbehälter
ISO R 668 und 830, Überseecontainer
112. Lange K., Reinhardt M., (1992), Ermittlung von Außenmaßen und Volumen der Warenstücke im Regionalverteilzentrum Norderstedt der HERTIE AG, Projektbericht ZLU, Zentrum für Logistik und Unternehmensplanung GmbH, Berlin
113. Centrale für Coorganisation GmbH (CCG); (1995), Logistik-Verbund für Mehrwegtransportverpackungen
114. Wollboldt F., Frerich-Sagurna R.; (1990), Logistikgerechte Palette, Mit weniger mehr erreichen, Jahrbuch der Logistik 1990, Verlagsgruppe Handelsblatt, S. 241 ff
115. DIN 30 781, (1989), Transportkette, Teil 1: Grundbegriffe, Teil 2: Systematik der Transportmittel und Transportwege, Beuth, Berlin-Wien-Zürich
116. Paulsmeyer J.; (1997), Mehrwegtransportverpackung, Der Boom ist ausgeblieben, Logistik Heute, 9-97, S. 50 ff
117. Wehking K.H.; (1994), Mehrwegtransportverpackung, Jahrbuch der Logistik 1994, Verlagsgruppe Handelsblatt, S. 115 ff
118. Stölzle W., Queisser J.; (1994), Gestaltung von Mehrwegtransportsystemen, Jahrbuch der Logistik 1994, Verlagsgruppe Handelsblatt, S. 183 ff
119. Verpackungsverordnung; (1991), Bundesgesetzblatt Teil 1, Nr. 36, S. 1234 ff
120. Gilmore P., Gomory R.E.; (1965), Multistage Cutting Stock Problems of Two and More Dimensions, Operations Research, Jg. 13, Heft 1
121. MULTISCIENCE GmbH, (1995), MULTIPACK, Optimierungs-Software für Logistik und Verpackungs-Entwicklung, , Heilbronn, Firmendruckschrift
122. MULTISCIENCE GmbH, (1995), Randvolle Laster dank richtiger Software, EUROCARGO 6/95
123. o. Verfasser, (1995), Gebindeabmessungen und optimale Packungsschemata, NORDMILCH e.G., PHILIP MORRIS u.a. [ZLU].
124. Gudehus T., (1977), Transportsysteme für leichtes Stückgut, VDI-Verlag, Düsseldorf
125. VDI- und FEM-Richtlinien zu Zuverlässigkeit und Verfügbarkeit, Beuth, Berlin-Wien-Zürich
(1983) Zuverlässigkeit und Verfügbarkeit von Transport- und Lageranlagen, VDI 3581
(1980) Grundlagen zur Erfassung von Störungen an Hochregalanlagen VDI 3580

(1992) Anwendung der Verfügbarkeitsrechnung für Förder- und Lagersysteme, VDI 3649
(1989) Regeln über die Abnahme und Verfügbarkeit von Regalbediengeräten und anderen Gewerken, FEM 9.222

126. Gudehus T., (1993), Analytische Verfahren zur Dimensionierung von Fahrzeugsystemen, OR Spektrum 15, 147–166

127. Martin H., (1995), Transport- und Lagerlogistik, Vieweg, Braunschweig-Wiesbaden

128. Wehner B.; (1970), Abwicklung und Sicherung des Verkehrsablaufs, Hütte, Band II,S. 364 ff., Wilhelm Ernst & Sohn, Berlin München Düsseldorf

129. Leutzbach W.; (1956), Ein Beitrag zur Zeitlückenverteilung gestörter Verkehrsströme, Dissertation, TH Aachen

130. Harders J.; (1968), Die Leistungsfähigkeit nicht signalgerelter Verkehrsknoten. Forschungsbericht Heft 7, Forschungsgesellschft e. V. des Bundesverkehrsministeriums, Bonn

131. Dorfwirth R.; (1961), Wartezeiten und Rückstau von Kraftfahrzeugen an nicht signalgesteuerten Verkehrsknoten. Forschungsarbeiten aus dem Straßenverkehrswesen, Neue Folge, Heft 43, Bad Godesberg

132. Gnedenko B.W.; (1984), Handbuch der Bedienungstheorie, Akademieverlag, Berlin

133. Krampe H., Kubat J., Runge W.; (1973), Bedienungsmodelle, München Wien

134. Schaßberger R.; (1973), Warteschlangen, New York Wien

135. Schütze P.; (1974) Überlastwahrscheinlichkeiten und Wartezeiten an Lichtsignalanlagen, Straßenbau und Verkehrstechnik, Heft 160

136. Ren G. ; (1998), Verhalten der Zwischenzeit der Fördereinheiten bei Verteiler- und Sammelelementen, S. 65 ff., deutsche hebe- und förderetchnik, 3/98

137. Gudehus T., Zuverlässigkeit und Verfügbarkeit von Transportsystemen,
Teil I (1976), Kenngrößen der Systemelemente, fördern+heben 26, Nr. 10, S 1021 ff,
Teil II (1976), Kenngröße von Systemen, fördern+heben 26, Nr. 13, S 1343 ff,
Teil III (1979) Grundformeln für Systeme ohne Redundanz, fördern+heben 29, Nr. 1, S 23 ff

138. Seifert W., Simon H.-J.; (1975), Systemzuverlässigkeit der Gepäckförderanlage im Flughafen Frankfurt, Techinsche Mitteilung AEG-Telefunken, 65. Jahrg., Heft 8, S. 320 ff

139. VDI Handbuch (1992), Technische Zuverlässigkeit, VDI Verlag Düsseldorf

140. Schwanda V.; (1974), Technische Zuverlässigkeit, in Materialflußsystem I, Krausskopf, Mainz, S. 235 ff,

141. Kaufmann A.; (1970), Zuverlässigkeit in der Technik, R. Oldenbourg, München

142. Hummitz P.; (1965), Zuverlässigkeit von Systemen, VEB-Verlag Technik, Berlin

143. Messerschmitt-Bölkow-Blohm; (1971), Technische Zuverlässigkeit, Springer, Berlin-Heidelberg-New York

144. Gudehus T.; (1995), Engpässe in Fördersystemen, fördern und heben 25, Nr. 3/4, S.206 ff

145. mehrere Verfasser, (1992), Lagertechnik `92, Sonderpublikation des Fördermittel Journals, Europa Fachpresse Verlag

146. Bäune R., Martin H., Schulze L; (1991), Handbuch der innerbetrieblichen Logistik, Logistiksysteme mit Flurförderzeugen, Hrg. Jungheinrich AG, Hamburg

147. Gudehus T., Hofmann K., (1973), Die optimale Höhe von Hochregallagern, deutsche hebe- und fördertechnik Nr. 2

148. Gudehus T., (1979), Transportsysteme für automatische Hochregallager, Teil I: Theoretische Grundlagen, fördern und heben 29, Nr. 7, S. 629 ff, Teil II: Technische Lösungsmöglichkeiten, fördern und heben 29, Nr. 9, S. 775 ff.

149. Gudehus T., Kunder R., (1974), Kapazität und Füllungsgrad von Stückgutlagern, Industrie-Anzeiger, Nr. 93/74 und Nr.104

150. Gudehus T., (1972), Wohin mit der Kopfstation ?, Materialfluß Nr. 8,

151. Workfactor, Leistung und Lohn, Arbeitgeberverband Deutschland

152. VDI, Richtlinie VDI 3590, Kommissioniersysteme, Blatt 1,2,3, (1994/1976/1977), Beuth, Berlin-Wien-Zürich

153. FEM-Richtlinie: Berechnungsgrundlagen für die Regalbediengeräte Toleranzen, Verformungen und Freimaße im Hochregallager, FEM 9.831, (1995)
154. Klimmek K., (1993), Kommissionierautomaten, Rentabilitätsrechnung vor Prestigeprojekt, Logistik Heute, 10-93
155. Vogt G., (1993), Kommissionier-Handbuch, Sonderpublikation der Zeitschrift Materialfluß, verlag moderne industrie
156. mehrere Verfasser, (1991), Europäischer Materialfluß Markt 1991
157. Miebach J., (1991), Zero Defect Picking- eine neue Sicht bei der Entwicklung von Kommissionierstrategien, Deutscher Logistik Kongreß, Berlin, Tagungsbericht, Band 1, S. 251 ff.
158. Gudehus T., (1974), Lagern und Kommissionieren, Trennen oder Kombination von Reservelager und Kommissionierbereich, fördern und heben Nr.15
159. Gudehus T., (1978), Die mittlere Anzahl von Sammelaufträgen, Zeitschrift für Operations Research, Würzburg, Band 22, B71-B78
160. VDI-Richtlinie VDI 3311; (1998), Beleglose Kommissioniersysteme (Entwurf)
161. Reinhardt M., (1993), Strategien für Planung und Betrieb eines Kommissioniersystems innerhalb eines Warenverteilzentrums, Diplomarbeit, TU Berlin, Bereich Logistik
162. Gudehus T., (1974), Dimensionierung von Durchflaglagern, Industrie-Anzeiger Nr. 48
163. Schröder F., (1994), Simulationsgestützte Überprüfung des Kommissionieraufwands für alternative Organisationsformen bei statischer Bereitstellung, Diplomarbeit, TU Berlin, Bereich Logistik
164. Gudehus T., Kunder R., (1975), Mittlere Wegzeiten beim eindimensionalen Kommissionieren, Zeitschrift für Operations Research, Band 19, S. B53 ff.
165. Miebach J., (1971), Die Grundlagen einer systembezogenen Planung von Stückgutlagern, dargestellt am Beispiel des Kommissionierlagers, Dissertation, TU Berlin
166. Schulte J, (1996), Berechnungsgrundlagen konventioneller Kommissioniersysteme, Dissertation, Universität Dortmund
167. MTM, Grundzüge des MTM, Programmierte Unterweisung, Deutsche MTM-Vereinigung, Hamburg
168. REFA, (1972), Methodenlehre des Arbeitsstudiums, Karl Hanser Verlag, München
169. Gudehus T., (1979), Transportsysteme, Handwörterbuch der Produktionswirtschaft, Poeschel, S. 2015 -2027
170. Bahke E.; (1973), Transportsysteme heute und morgen; Krauskopf, Mainz
171. Domschke W.; (1995), Logistik: Transport; R. Oldenbourg, München-Wien
172. Busacker R.G., Saaty T.L.; (1968), Endliche Graphen und Netzwerke, R. Oldenbourg, München-Wien
173. König D.; (1936), Theorie der endlichen und unendlichen Graphen; Leipzig
174. Sachs H.; (1988), Einführung in die Theorie der endlichen Graphen; Hanser, München
175. Vogt M.; (1997), Tourenplanung in Ballungsgebieten, Dissertation, Universität GH Kassel
176. Kern A.; (1994), Transportsteuerungssysteme – Konzeption, Realisierung und Systembeurteilung für den wirtschaftlichen logistischen Einsatz, in Schriftenreihe BVL, Baumgarten H. und Ihde G.B., hussverlag, München, Dissertation TU Berlin, Bereich Logistik
177. Ihde G.B.; (1991), Transport, Verkehr, Logistik, Vahlen, München
178. Matthäus F.; (1978), Tourenplanung, Verfahren zur Einsatzdisposition von Fuhrparks, Toechte Mittler, Darmstadt
179. Modaschl J.; (1986), Verhalten von Transportsystemen bei unterschiedlichen Fahrzeugeinzelstrategien, Dissertation, Universität Stuttgart,
180. Xiao W.; (1990), Verhalten von Transportsystemen, Einfluß unterschiedlicher Randbedingungen auf die Wirkungsweise von Transportstrategien, Dissertation, Universität Stuttgart
181. Domschke W.; (1985) Logistik, Rundreisen und Touren, R. Oldenbourg, München-Wien
182. Brandes T., (1997), Betriebsstrategien für Materialflußsysteme unter besonderer Berücksichtigung automatisierter Lagersysteme, Dissertation, TU Berlin, Bereich Logistik

183. Schmidt F.; (1988), Beitrag zur mathematisch-analytischen Erfassung der fahrzeugan-zahlbestimmenden Wirkungszusammenhänge komplexer fahrerloser Transportsyste-me, Dissertation, Universität Dortmund
184. Dullinger H.; (1996), Sortereinsatz in Kommissioniersystemen, Berichtsheft des 35. BVL-Forums „Pick&Pack – Fortschritte in der Kommissioniertechnik", BVL, Bremen
185. Gudehus T.; (1978); Transportmatrix und Fassungsvermögen, Zeitschrift für Operations Research, Band 22, B219ff, Physica Verlag, Würzburg
186. Vahrenkamp R., Vogt M; (1998), Tourenplanung und Fuhrparkmanagement, Logistik Jahrbuch 1998, S. 166 ff, handelsblatt fachverlag
187. Heymann K; (1997); Vernetzte Systeme beherrschen, Logistik Jahrbuch 1997, S. 166 ff, handelsblatt fachverlag
188. Feige D; (1998); Tourenplanung, Szenariotechnik optimiert Disposition, LOGISTIK HEUTE, 5-98, S. 21 ff
189. DIN 25 003; (1998), Systematik der Schienenfahrzeuge; Übersicht, Benennung, Begrifs-serkärung (z.Z. Entwurf)
190. DIN 15 003; (1997), Hebezeuge; Lastaufnahmeeinrichtungen, Lasten und Kräfte, Begriffe
191. Michaletz T.; (1994), Wirtschaftliche Transportketten mit modularen Containern, Logisti-sches Konzept zur Umverteilung des Güterverkehrsaufkommens, hussverlag, München
192. Kuhn A. (Hrg.), (1995), Prozeßketten in der Logistik: Entwicklungstrends und Umset-zungsstrategien, Dortmund
193. Herrmann G., Kliem D., Müller K.W., (1976), Normung in der Transportkette, Grundla-gen, Aufgaben, Organisation, Probleme, deutsche hebe und fördertechnik, 9/76, S. 67 ff
194. Bock D., Hildebrand H., Krampe K., (1996), Handelslogistik, in Grundlagen der Logistik, hussverlag, München, 2. Auflage, S.233 ff
195. Kempcke Th., (1997), Jährliche Fahrleistung 60.00 km, Dynamik im Handel, 7-97, S. 28 ff
196. Diruf G.; (1998); Modelle und Methoden der Tourenplanung, Handbuch Logistik, Schäf-fer-Pöschel, Stuttgart, S. 367 ff.
197. Prümper W., (1979), Logistiksysteme im Handel, die Organisation der Warenprozesse in Großbetrieben des Einzelhandels, Thun-Verlag, Frankfurt a.M.
     o. V., (1998), Karstadt testet Neuorganisation, Lebensmittelzeitung 13/98
198. Gudehus T., (1995), Beschaffungsstrategien, Wettstreit der Konditionen, LOGISTIK HEUTE, 11-95, S. 36 ff
199. o. V. , (1994), Kosteninformationssysteme für die leistungsorientierte Kalkulation von Straßengütertransporten, Bundesverband des deutschen Güterfernverkehrs (BDF) e.V.
200. Pittrohf K., (1996), KURT Kostenorientierte unverbindliche Richtpreistabellen, Hrg. Bundesverband des Deutschen Güternahverkehrs (BDN) e.V., Frankfurt
201. o. V., (1998,1997,1996), Preisspiegel Gütertransporte, Informationsdienst der Zeitschrift Distribution
202. o.V., (1995), Continuous Replenishment, Coorganisation 2/95, S. 31 ff.
203. Keebler J.S., Andraski J.C., Sease G.J.; (1998), Logistics Strategies in North America, Ta-gungsbericht des 15. Deutscher Logistikkongress, Berlin, Band 1 S. 49 ff.
204. Gudehus T.; (1994); Systemdienstleister – ja oder nein ?, Jahrbuch für Logistik, S. 180 ff.
205. Gudehus T.; (1995); Frei Haus oder ab Werk ?, Wettstreit der Konditionen, Jahrbuch für Logistik, S. 176 ff
206. Griesshaber H.; (1998), Industrie-, Transport- und Logistikbedingungen, Die AGB-Al-ternative des neuen Transportrechts, Verlag Dr. Grieshaber, München
207. Schaab W.; (1969), Automatisierte Hochregalanlagen, Bemessung und Wirtschaftlich-keit, VDI-Verlag, Düsseldorf
208. Gudehus H.; (1955), Das optimale Seitenverhältnis von Stückguthallen, Interne Stellung-nahme zu einer Untersuchung von G. Kienbaum für die Hamburger Hafen- und Lager-haus AG über Probleme des Stückgutumschlags
     Gudehus H.; (1958/59), Stadtautobahnnetz Hamburg, Interne Studie, Behörde für Wirt-schaft und Verkehr der Hansestadt Hamburg
     Gudehus H.; (1967), Wirtschaftlichkeit von Containerschiffen, Interne Studie, Behörde

für Wirtschaft und Verkehr der Hansestadt Hamburg

Gudehus H. (1967), Über den Einfluß der Frachtraten auf die optimale Schiffsgeschwindigkeit, Schiff und Hafen, 19.Jg., Heft 3/67

Gudehus H.; (1971) Optimierung von Handelsschiffen, Interne Studie, Behörde für Wirtschaft und Verkehr der Hansestadt Hamburg

Gudehus H.; (1971) Zur Besteuerung des Straßenverkehrs, Interne Studie, Behörde für Wirtschaft und Verkehr der Hansestadt Hamburg

209. Ewers H.-J., (1973), Systemorientierte Integration von Transportabläufen im Güterverkehr, Beiträge aus dem Institut für Verkehrswissenschaften an der Universität Münster, Heft 72, Göttingen.

210. Schlitgen R., Streitber H.J., (1995), Zeitreihenanalyse, R. Oldenbourg, Wien

211. Rürup B., (1995), Fischer Wirtschaftslexikon, Fischer Taschenbuch Verlag GmbH, Frankfurt am Main.

212. Gudehus T., (1971), Langgut- und Flachgutlagerung in automatisierten Hochregallagern, Industrie-Anzeiger Nr. 21

213. Feuchtinger ; (1954); Die Berechnung signalgesteuerter Knotenpunkte des Straßenverkehrs, Kirschbaum, Bielefeld

214. Großeschallau W.; (1984), Materialflußrechnungen, Logistik in Industrie, Handel und Dienstleistungen, Springer, Berlin-Heidelberg-New York

215. Ford L.R, Fulkerson D.R. ; (1962), Flows in Networks, Princeton University Press, Princeton, New York,

216. Berndt T., Krampe H, Lochmann G., Lucke H.J; (1983); Algorithmen für die Dospositive Steuerung des innerbetrieblichen Transportwesens, Hochschule für Verkehrswesen, 30, Nr. 3

217. Isermann H.; (1997), Softwaresysteme für die operative Tourenplanung. Wann kommt der Durchbruch ? Jahrbuch der Güterverkehrswirtschaft

218. Pawellek G.; (1997); Verkehrssysteme und Logistik, Innovative Methoden und Konzepte der Transportsystemplanung, Zeitschrift Mensch und Technik, VDI/VDE S. 23 ff

219. o. V., (1995), Was kostet die Welt ?, Kurier-, Expreß- und Paketdienste, Umfrage, LOGISTIK HEUTE 8-95, S. 19 ff.

220. Brockhaus Lexikon; (1984), Deutscher Taschenbuch Verlag, München, Band 17

221. Ihde B., Lukas G., Merkel H., Neubauer H., (1988), Ersatzteillogistik, hussverlag, München

222. Gudehus H.; (1967), Über den Einfluß der Frachtraten auf die optimale Schiffsgeschwindigkeit, Schiff und Hafen, Heft 3/67, 19. Jg., S. 173 ff

223. Schönsleben P.; (1998), Integrales Logistikmanagement, Planung und Steuerung von umfassenden Geschäftsprozessen, Springer, Berlin-Heidelberg-New York

224. Wiendahl H.P.; (1997), Betriebsorganisation für Ingenieure, Hanser Verlag, München-Wien, 4. Aufl.

225. Stommel H.J.; (1976), Betriebliche Terminplanung, de Gruyter, Berlin-New York

226. Boutellier R., Corsten D. (1997), Bessere Prognosen in der Logistik, Datenqualität und Modellgenauigkeit, Jahrbuch der Logistik 1997, Verlagsgruppe Handelsblatt, S. 115 ff

227. Andersen H. Chr.; (1835 ff.), Des Kaisers neue Kleider, in Das große Märchenbuch, Diogenes, Zürich

228. Churchman, C.W.; (1970), Einführung in die Systemanalyse, München

229. VDI-Richtlinie; (1982), Zeitrichtwerte für Arbeitsspiele und Grundbewegungen von Flurförderzeugen, VDI 2391.

230. Hammel W.; (1963), Das System des Marketing, Freiburg

231. Rall B.; (1998), Analyse und Dimensionierung von Materialflußsystemen mittels geschlossener Warteschlangengesetze, Dissertation, TH Karlsruhe

232. Greiling M.; (1997); Verbesserung der Produktionslogistik durch Losgrößenharmonisierung, Ein bedientheoretischer Ansatz, Dissertation, TH Karlsruhe

233. Lenk, H., Ropohl G. (Hrsg.); (1978), Systemtheorie als Wissenschaftsprogramm, Athenäum, Königstein/Taunus

234. Fritsche B.; (1999), Advanced Planning and Scheduling (APS), Die Zukunft von PPS und Supply Chain, LOGISTIK HEUTE, Heft 5-99, S. 50 ff

235. LOGISTIK HEUTE; (1992), Umfrage, Was bieten PPS-Systeme, LOGISTIK HEUTE, Heft 9-92, S. 81 ff

236. Scheutwinkel W.; (1999), SCM-Marktübersicht, Anspruch und Wirklichkeit, LOGISTIK HEUTE, Heft 5-99, S. 60 ff.

237. Axmann, N.; (1993), Handbuch für Materialflußtechnik, Stückgutförderer, expert-Verlag, Ehningen bei Böblingen

238. Bläsius, W.; (1999), Quo Vadis – Kombinierter Verkehr ?, deutsche hebe-und fördertechnik, dhf 3/99

239. Arnold D.; Rall B.; (1998), Analyse des Lkw-Ankunftsverhaltens in Terminals des Kombinierten Verkehrs, Internationales Verkehrswesen 6/98

240. Buscher R., Hayens O.; (1998), KV-Verkehr wirtschaftlich ?, Logistik Heute 7/8-98

241. Wolff S., Buscher R.; (1999), Porzeßbeschlunigung mit Logistik und IT, Branchenreport 1999 Automobilzulieferer, Verband der Automobilindustrie e.V. (VDA)

242. Gabler Wirtschaftslexikon (1993), 13. Aufl., Th. Gabler, S. 2156 ff. Wiesbaden

243. Baumgarten H.; (1999), Prozeßkettenmanagement, in Handbuch Logistik, Schäffer-Pösche, Stuttgart, S. 226 ff

244. Baumgarten H.; (1996), Wertschöpfungspartner Lieferant, in Jahrbuch Logistik 1996, Verlagsgruppe Handelsblatt, Düsseldorf, S. 10-13

245. Baumgarten H., Darkow I.; (1999), in Jahrbuch Logistik 1999, Verlagsgruppe Handelsblatt, Düsseldorf, S. 146 ff.

246. Baumgarten H., Wolff S.; (1999), Versorgungsmanagement – Erfolge durch Integration von Beschaffung und Logistik, in Handbuch Industrielles Beschaffungsmanagement, Gabler, Wiesbaden

247. Buscher R., Koperski D.; (1999), Logistikstrategien für die flexible Kundenwunschfabrik, in Jahrbuch Logistik 1999, Verlagsgruppe Handelsblatt, Düsseldorf, S. 190 ff.

248. Straube F.; (1999), Erfolgsfaktor der internationalen Logistik; Flexibilität und Stabilität durch Prozeß-Standardisierung, Logistik im Unternehmen, 10.Jg., Heft 9, S.3 ff

249. Straube F.; (1988), Kriterien zur Planung und Realisierung von Instandhaltungskosten in logistikorientierten Unternehmen, in Schriftenreihe BVL, Hrsg. Baumgarten H. u. Ihde G.B., hussverlag, München, Dissertation, TU Berlin

250. ZLU, Zentrum für Logistik und Unternehmensplanung GmbH, Berlin-Sao-Paulo-Boston

251. Krause B., Metzler P.; (1988), Angewandte Statistik, VEB Deutscher Verlag der Wissenschaften, S. 343 ff.

252. Gabler Lexikon Logistik, Management logistischer Netzwerke und Flüsse; (1998), Hrg. Klaus P. und Krieger W., Gabler, Wiesbaden

253. Schneider E.; (1969), Einführung in die Wirtschaftstheorie, J.C.B. Mohr, Tübingen, S. 312 ff.

254. Ahrens J., Straube F.; (1999), The Pull Principle, Logistics Europe, September 99, S. 64 ff.

255. Berentzen Chr.; (1999), 3. Logistik-Restrukturierung nach Firmenübernahmen in der Spirituosenindustrie, 16. Deutscher Logistik-Kongress, Tagungsbericht I, S. 751 ff.

256. Makowski E.; (1999), Maßstab für mehr Effizienz, Crossdocking bei Hornbach, Logistik Heute 4 EXTRA Handelslogistik, S. 82 ff.

Sachwortverzeichnis

für Band 1 (I) und Band 2 (II)

Druck: Mercedes-Druck, Berlin
Verarbeitung: Stürtz AG, Würzburg